自然灾害风险评估与区划原理和方法

（修订版）

章国材　编著

气象出版社
China Meteorological Press

内 容 简 介

本书对国内外流行的自然灾害风险评估及区划原理和方法进行了梳理和分析，提出了既科学又能用于实时防灾减灾的风险评估和区划的原理和方法。本书研究了大多数自然灾害的致灾临界条件，介绍了构建承灾体脆弱性曲线的方法，提出了基于自然灾害强度和影响范围预报，开展风险评估的两种技术路线，通过大量案例阐述了基于当前承灾体的易损性，如何评估自然灾害的风险。本书还证明了自然灾害风险区划实际上是致灾临界条件发生概率下承灾体可能损失的地理分布，并给出了大多数自然灾害风险区划的案例。本书可供从事自然灾害风险评估和区划研究、业务和管理的人员参考。

图书在版编目（CIP）数据

自然灾害风险评估与区划原理和方法 / 章国材编著. 修订版. -- 北京 : 气象出版社, 2024. 12. -- ISBN 978-7-5029-8271-3

Ⅰ. X43

中国国家版本馆 CIP 数据核字第 2024WY2804 号

自然灾害风险评估与区划原理和方法(修订版)

Ziran Zaihai Fengxian Pinggu yu Quhua Yuanli he Fangfa(Xiuding Ban)

出版发行：气象出版社

地　　址：北京市海淀区中关村南大街 46 号　　**邮政编码**：100081

电　　话：010-68407112(总编室)　010-68408042(发行部)

网　　址：http://www.qxcbs.com　　**E-mail**：qxcbs@cma.gov.cn

责任编辑：王萃萃　　**终　　审**：张　斌

责任校对：张硕杰　　**责任技编**：赵相宁

封面设计：楠竹文化

印　　刷：三河市君旺印务有限公司

开　　本：787 mm×1092 mm　1/16　　**印　　张**：26.5

字　　数：678 千字　　**彩　　插**：5

版　　次：2024 年 12 月第 1 版　　**印　　次**：2024 年 12 月第 1 次印刷

定　　价：150.00 元

再版前言

经济越发展，人民的生活水平越提高，自然灾害造成的损失越大，自然灾害事件预报和风险评估的需求越强烈。气象部门如何在灾害性天气预报的基础上，发展气象灾害事件预报和风险评估业务，是我多年思考的问题。2009 年我为此撰写并由气象出版社 2010 年 1 月出版了《气象灾害风险评估和区划方法》一书。此时恰逢中国气象局大力推动这项业务，因此，该书受到从事气象灾害风险评估与区划的研究和业务人员的广泛关注。在指导这项工作的过程中，我发现气象部门普遍存在对自然灾害风险原理不清、方法不对的问题。究其原因，主要是因为在自然灾害风险领域，从概念、名词到原理和方法，认知十分混乱，因而造成自然灾害风险评估和区划研究及业务上存在不少问题。因此，我深感迫切需要再写一本学术水平、实用价值高的专著，于是，2013 年我又撰写了《自然灾害风险评估与区划原理和方法》一书，对上述《气象灾害风险评估和区划方法》书中介绍的国内外一些错误方法进行了分析，同时增加了实时气象灾害事件预报和风险评估的内容及案例，并由气象出版社 2014 年 1 月出版。

2023 年 2 月，气象出版社编辑找到我，希望再版我撰写的有关自然灾害风险评估与区划方面的书。然而“光阴似箭，日月如梭”，转眼已过去近十年，自然灾害风险评估与区划的研究又有很多进展，再版时需要增加一些新的内容。为此，我在网上进行了比较广泛的调研，发现自然灾害风险评估与区划原理和方法存在的问题并未从根本上得到解决，不当的方法仍然“大行其道”；而且发表的文章多，实际应用少。例如，研究郑州市城市内涝风险的文章和学位论文不少，但是，没有单位或个人事前做过 2021 年“7・20”郑州市城市严重内涝的预报和风险评估，政府也没有采取防范措施，酿成大灾。所以，此书再版之际，我深感必须坚持正确的原理和方法。何谓正确？那就是原理和方法既要科学，又要能够用于实时防灾减灾。风险评估能够回答何种灾害在何时、何地、以何种规模发生，对某地或某区域有可能发生的风险是什么，找出引起这些风险的原因，进行早期预警，并提出防御措施。自然灾害风险区划能够回答如下两个问题：哪些地区是自然灾害高风险区，不适合建居民点、开发区和工程；如果确有必要建或人类社会已经处于自然灾害高风险区内又难以搬迁，应当采取什么工程性措施预防风险的发生，并为防灾工程的设计标准提供科学依据,以防御灾害风险的发生。本书在坚持正确的原理和方法的同时,增加了不少新案例,使读者能够了解更多正确的风险评估和区划的方法,以方便他们在研究和业务工作中参考。

我诚挚地希望读者在继续加强自然灾害风险评估与区划原理和方法研究的同时,高度重视风险评估与区划的业务工作,并在实际应用中促进此项工作的发展。

章国材

2023年8月于北京

第一版前言

20世纪以来，自然灾害已经成为人类社会可持续发展面临的重大挑战，政府和学术界也逐渐认识到以应急救灾为主的灾后管理模式已经难以应对当前和未来不断增大的灾害风险，开展有效的灾害风险管理（灾前管理）是预防自然灾害、减轻灾害损失的重要途径。1994年召开的第一次世界减灾大会指出，灾害风险和脆弱性评估研究是防灾备灾减灾规划的基础。1999年，联合国开始实施国际减灾战略计划（ISDR），鼓励各国将自然灾害风险的全面评估纳入国家发展计划，重视降低人类社会系统对灾害的脆弱性，建立更安全的世界。2003年，第一届世界风险大会在比利时首都布鲁塞尔召开，各国一致认为，对灾害的研究要从重视灾后分析转向重视灾害风险管理和灾害风险政策的灾前研究。2005年，第二次世界减灾大会发表了《兵库行动纲领》，提出“更有效地将灾害风险因素纳入各级政府的可持续发展政策、规划和方案”是实现国际减灾战略目标的重要保证。自然灾害风险应对已成为当前重大国际战略需求和重要科学前沿问题之一。

为了推动气象灾害风险评估和区划工作，2009年我撰写了《气象灾害风险评估与区划方法》一书。我当时写这本书的目的是向大家介绍自然灾害风险评估和区划的有关知识和方法，对于风险评估与区划原理和方法做了兼收并蓄的介绍，未加任何评论。此书出版后，恰逢中国气象局大力推动这项业务，因此，受到从事气象灾害风险评估与区划研究和业务人员的广泛关注。但在开展此项工作近四年的实践中，各地普遍出现了灾害风险原理不清、方法不当的问题。究其原因，主要是在自然灾害风险领域，从概念、名词到原理和方法，国内外认知不一，因而造成了灾害风险评估和区划研究与业务上的混乱。为此，我不得不在历次会议上“拨乱反正，正本清源”，耗费了不少心血。我深切感到需要再写一本科学、实用价值高的专著，以飨读者。

实用价值高是指在防灾减灾中的实用性问题。我们需要的是能用于气象防灾减灾的风险评估与区划方法，而不是其他方法。很显然，风险评估与区划的出发点和归宿是如何减少自然灾害对人民生命财产和社会经济效益的破坏和损害。具体来说，风险评估是为了预防风险，需要回答何种灾害在何时、何地、以何种规模发生，对某地或某区域有可能发生的风险是什么，找出引起这些风险的原因，而且对于每一次自然灾害过程都能够评估可能发生的风险，只有这样才能对自然灾害进行早期预警，并提出防御措施，即提出把损失控制在最低限度的具体有效对策。

自然灾害风险区划必须回答如下两个问题：①哪些地区是自然灾害高风险区，不适合建居民点、开发区和工程；②如果确有必要建或人类社会已经处于自然灾害高风险区内又难以搬迁，应当采取什么工程性措施预防风险的发生，并为防灾工程的设计标准提供科学依据，以防御灾害风险的发生。不能回答这两个问题的所谓风险区划就不是所需要的风险区划。

本书先阐述自然灾害风险的科学内涵，厘清风险度的表达式和风险评估模型；接着对灾害风险进行识别，确定产生自然灾害的临界条件，介绍如何构建承灾体脆弱性曲线；然后根据自然灾害影响范围和强度的预报，评估受灾害影响的承灾体数量和价值量以及可能造成的损失。我们将证明这种思路和方法不仅能够科学地回答风险的来源，而且能够用于实时气象防灾减灾。在第5章中将证明无论是科学正确性还是防灾的实用性，自然灾害风险区划实际上是致灾临界条件超越概率区划。因此，这本专著构成了从原理、方法到案例的完整的知识体系。我确信这本专著的思路和方法是科学正确的，且能用于防灾减灾。

由于书中阐述的原理和方法对所有自然灾害都适用，并不仅限于气象灾害，而且为了体现其科学性，每一章都有原理辨析的内容。因此，我将此书书名确定为《自然灾害风险评估与区划原理和方法》。

本书乃一家之言，不妥之处，敬请读者批评指正。

章国材*

2013年8月

---

* 章国材，研究员，原国家气象中心主任。

目　　录

第 1 章　自然灾害

在讨论自然灾害风险之前，让我们先从自然灾害入手进行讨论。

1.1　自然灾害的定义

虽然国内外对自然灾害的定义有较高的认同，但是，对于自然灾害定义的表述却各有不同。

(1)自然灾害是与自然现象有关的灾害；

(2)自然灾害，指自然界中所发生的异常现象，这种异常现象给周围的生物直接造成悲剧性的后果，相对于人类社会而言即构成灾难；

(3)自然灾害是由自然危险导致的灾害；

(4)自然灾害是能够直接造成灾难性后果的任何自然事件或力量；

(5)自然灾害是指自然界中发生的、能够直接造成生命伤亡与人类社会财产损失的事件。

上述定义中第 1 种和第 3 种定义并未真正说清楚自然灾害是什么，因为这两个定义本身并未对灾害进行定义；第 3 种定义虽增加了“自然危险”，但却未对自然危险进行定义，因此这两种定义不能真正称之为定义。其他 3 种定义虽然用词各异但是意思是基本相同的，它们都包含两个要素：自然灾害是自然事件，这个自然事件能够直接造成人员伤亡和人类社会财产损失。第 2 种定义还将这种影响扩展到生物界。本书取第 5 种定义，即只考虑自然灾害对人类社会的影响。

自然灾害具有自然和社会双重属性。自然灾害的发生是地球系统自然环境变化作用于人类社会的结果，既包括自然因素的作用，也包括人类社会承受或适应自然环境变化能力的作用，只要自然因素的变异程度不超过人类社会的承受能力，就不会产生危及人类生命财产和生存条件安全的不利后果。因此，致灾临界条件的研究就显得十分必要了。

自然灾害定义中有两个基本要件。一是自然灾害是自然界发生的事件，二是这个事件能够直接造成人员伤亡和人类社会财产损失。风险评估是评估自然灾害对人类社会的可能负面影响。

由于地球表层的物质圈是人类赖以生存和发展的环境，所以，只有发生在地球表层，诸如岩石圈、生物圈、水圈、大气圈的自然事件或力量才可能造成自然灾害。因此，我们必须深入研究地球表层巨系统，才能对自然灾害的危险性有正确的认识。

人类在与自然界的斗争中，为了保护自己，兴建了许多防灾工程，例如沿海的防浪堤，沿河的防洪各种设施等，由于这些防灾工程的建设致使致灾临界条件发生了重大变化，例如长江三峡工程的修建使长江中游干流致灾的大洪水提高到百年一遇。人类的活动也包含一些对灾害的负面影响，例如，大量水库的兴建一方面为解决人类用水安全提供了条件，另一方面这些水库特别是病险水库也成为“悬在人类头上的定时炸弹”，一旦降雨量超过了它们的承受能力，垮坝引发洪水将对下游的村镇和基础设施造成灭顶之灾。河南“75·8”特大暴雨引起河南板桥水库垮坝，造成2万多人死亡，便是一个明证。大量水库的兴建还使北方河流干涸，致使地下水分布和生态环境发生重大变化。人类不合理的开垦活动，导致水土流失、土地沙化；矿山的无序开采等不良活动导致地质灾害增多也是不争的事实等，因此，致灾临界条件的研究不可能一劳永逸，必须根据变化的环境不断予以修正。

自然灾害按其属性又可以分为突发性灾害和缓变性灾害。突发性灾害有火山爆发、地震、滑坡、泥石流、风灾、雹灾、雷击、洪涝、风暴潮、海啸灾害等，缓变性灾害有干旱、土壤侵蚀、地面沉降、荒漠化、岩漠化、海平面上升等。缓变灾害发展至一定危险度后又可诱发突发性灾害，例如二氧化碳等温室气体增加引起的气候变暖，当二氧化碳等温室气体的浓度积累到某个临界浓度值后，可能引起气候态的突变，从而造成自然灾害的强度和分布发生重大变化。本书重点研究的是突发性自然灾害。

1.2 灾害性天气与气象灾害

人们常常将灾害性天气、气象灾害以及由气象原因导致的次生灾害或衍生灾害混为一谈，因此，有必要首先厘清这些概念。

1.2.1 灾害性天气

气象上规定的灾害性天气有：台风、暴雨、大风、冰雹、大雾、沙尘暴、龙卷、雷击、大雪、冻雨、结冰、霜、低温、寒潮、高温、热浪、霾等。

灾害性天气是自然界发生的事件，但不一定会直接造成人员伤亡和人类社会财产损失，而且灾害性天气的等级是根据天气预报的需要人为划分的，与气象灾害的等级完全不是一回事。例如，暴雨(气象上定义为24 h累积降水量≥50 mm)虽然是非常重要的灾害性天气，但是暴雨并不一定会直接造成人员伤亡和人类社会财产损失，强降水造成的灾害是通过强降水引起的洪涝、地质灾害等造成的。除此而外，24 h累积降水达到50 mm在我国南方绝大多数地方并不会造成灾害，但是在北方地质条件和生态环境差的地方，小于50 mm的降雨量(主要是短历时强降水)也可能引发地质灾害或山洪。即使是在南方，当河流水位很高时，流域面雨量小于50 mm也可能引发洪水。因此，严格来讲，暴雨并非气象灾害。又如，气象上定义高温为日最高气温≥35 ℃，但它不一定产生灾害；农业上的高温灾害对不同农作物的不同生育期其温度阈值也是不一样的。低温灾害亦有同样的问题。因此，气象上定义的高温和低温都不是气象灾害。

1.2.2 非灾害性天气的气象灾害

干旱不是灾害性天气。美国气象学会根据干旱影响形式和对象的不同，将干旱分为4种类型：气象干旱、农业干旱、水文干旱和社会经济干旱(American Meteorological Society, 1997)。气象干旱以降水量统计特征作为指标和以降水量、气温统计特征作为指标；农业干旱主要以土壤水分、作物需水量等作物指标来划分的，例如帕默尔干旱指数(Palmer Drought Severity Index, PDSI)(Steppe, 2012)、作物水分胁迫指数(CWSI)、标准化降水蒸散指数(SPEI)等；水文干旱主要以地表径流和地下水指标划分；社会经济干旱主要以供水和人类需水指标划分。气象干旱和水文干旱主要关注自然属性，并不与承灾体的损失挂钩，所以不能称之为真正的气象灾害。虽然在干旱的灾害链中气象干旱发生最早，但它只是一种干旱的气候背景。只有农业干旱和社会经济干旱是自然(气象)灾害。

农业气象灾害、生态气象灾害(例如上面提到的荒漠化)也是气象灾害，但不是灾害性天气。雪崩、海平面上升不是灾害性天气，却是气象灾害等。

例如，小麦干热风亦称"干旱风""热干风"，俗称"火南风"或"火风"，是小麦生长发育后期的一种高温低湿并伴有一定风力的农业气象灾害，是我国北方冬麦区小麦生产中主要的气象灾害之一。小麦在干热风过程中蒸腾强度增大，水分供需失调，正常的生理活动受到抑制或破坏，促使小麦灌浆期缩短，千粒重下降，严重时可使小麦青干逼熟。一般年份干热风可使小麦减产 1～2 成，严重年份减产 3 成以上。我国小麦干热风(表 1.1)主要分为 3 种类型。

(1)高温低湿型。在小麦开花灌浆过程均可发生，是北方麦区干热风的主要类型。其特点是高温低湿，干热风发生时温度猛升，空气湿度剧降，最高气温可达 32 ℃以上，甚至可达 37～38 ℃，相对湿度可降至 25%～35%以下，风力在 3～4 m/s 以上；有的地区可能是静风，风向各地不一。另一特点是，气象要素值昼夜变化不大，白天干热难耐，夜间继续维持干热。这种高温低湿天气使小麦芒尖干枯炸芒，颖壳呈灰白色或青灰色，叶片卷曲凋萎。这类干热风发生的区域广，能造成小麦大面积干枯逼熟死亡，对小麦产量威胁很大。

(2)雨后热枯型。又称雨后青枯型或雨后枯熟型。一般发生于乳熟后期，即小麦成熟前 10 d 左右。其特点是雨后出现高温低湿天气，即在高温季节，先有一次阵性降水过程，雨后猛晴，温度骤升，湿度剧降；有时是长期连阴雨后，出现上述高温低湿天气，造成小麦青枯死亡。这类干热风发生区域虽不及高温低湿型广泛，但所造成的危害却比前者更加严重，一般可使千粒重下降 4～5 g 以上，减产 10%～20%以上。

(3)旱风型。又称热风型。其特点是风速大，与一定的高温低湿组合，对小麦的危害除了与高温低湿型相同外，大风还加强了大气干燥程度，促进农田蒸散，使叶卷缩呈绳状，叶片撕裂破碎。其主要发生在新疆地区和西北黄土高原的多风地带，在干旱年份出现较多。

表 1.1　小麦干热风指标

地区	气温指标	相对湿度指标	风速指标
华北	最高气温≥30 ℃	14 h 相对湿度≤30%	>3 m/s
河西走廊	最高气温≥30 ℃，其正距平≥12 ℃，干热风天气过程正距平≥8 ℃	14 h 相对湿度≤30%，过程 14 h 平均≤25%	有东风或静风

注：华北为行业标准，河西走廊为甘肃省武威农业气象试验站提出。

总之，我们把由于气象原因能够直接造成人员伤亡与人类社会财产损失的灾害称之为狭义的气象灾害，它们是原生灾害。灾害性天气并非都是气象灾害，一些气象灾害也不是灾害性天气，不能把灾害性天气与气象灾害混为一谈。

1.3　次生灾害和衍生灾害

自然灾害除了原生灾害外，还会引发次生灾害和衍生灾害。

1.3.1　次生灾害

自然灾害是在由自然系统和人类社会系统组合成的高度复杂系统中发生的现象，一种自然事件或力量常常会导致另一种自然事件或力量的出现。当一种自然事件导致另一种自然灾害事件出现时,我们将后一种自然灾害称之为次生灾害。

例如,强降水会诱发地质灾害和洪涝灾害,台风会产生风暴潮,地震会诱发崩塌、滑坡、海啸等其他自然灾害,一个地区的旱灾又容易诱发虫灾等等。地震和土壤侵蚀会诱发崩塌、滑坡,这是常见的现象。1933 年四川松潘叠溪地震(7.5 级)后,产生 1.5 亿 m^3 崩塌大滑坡群,阻塞岷江形成堰塞湖,蓄水 4.5 亿 m^3,后溃决形成 40 多米水头的暴发性洪水,席卷岷江两岸 11 个村寨,死亡 9300 人。2008 年 5 月四川汶川的大地震(8 级)同样产生大规模的崩塌和滑坡,并形成很多大大小小的堰塞湖,由于处理及时和得当,未产生因垮坝造成的人员伤亡。

气象灾害与地球自身演化过程中的地质作用密切相关,而且与地质灾害也存在着相关的灾害链。地球上印度洋板块与欧亚板块相撞,使喜马拉雅山急剧上升及青藏高原的强烈隆起,形成中国特有的季风气候;反过来,中国地质灾害分布又呈现出与气候带密切关系的区域性特征,降雨多、雨强大的我国南方和西南地区,地质灾害多、分布广。降水、温度和风力又会影响岩石土体性质、水动力条件的变化,破坏原有的地质平衡状态,导致侵蚀、风化、形变、变质、搬运、堆积、沉淀、溶蚀,相应诱发砂土液化、崩塌、滑坡、泥石流、土壤侵蚀、沙漠化等灾害。

因此,我们必须全面研究灾害链,才能对复杂的自然灾害进行更好的理解和预防。

由气象原因引发的次生灾害除了上面提到的地质灾害外,还有:江河洪水、山洪、城市内涝、积(渍)涝、海浪和风暴潮等海洋灾害、森林和草原火灾、空气污染、农林病虫害等。这些灾害由于与气象条件关系十分密切,离开致灾气象条件的分析和研究,不可能得到这些灾害的风险,因此,我们把由气象原因引发的次生灾害称为广义的气象灾害,这也是本书的研究重点之一。

1.3.2 衍生灾害

衍生灾害既不是原生的,也不是次生的,而是通过灾害链的传递产生的灾害。自然灾害发生之后,破坏了人类生存的和谐条件,由此还可以导生出一系列其他灾害,这些灾害泛称为衍生灾害。例如,地震发生后,如果处置不当,灾区还可能出现瘟疫、饥饿、社会动乱、人群心理创伤等社会性灾害,这些便是衍生灾害。例如,2007 年 7 月 16 日位于东京新潟的柏崎刈羽核电站发生地震后两分钟,核电站 6 号机组反应堆发生含微量放射性物质的水泄漏事故,不仅造成核电站附近居民的心理恐慌,更引起了日本各方对核电站安全的深层忧虑。再如大旱之后,地表与浅部淡水极度匮缺,迫使人们饮用深层含氟量较高的地下水,从而导致了氟病发生,这些都称为衍生灾害。衍生灾害不在本书的研究范围之内。

1.4 突发自然灾害事件等级划分标准

不同的学者对自然灾害等级有不同的划分标准,为了在突发自然灾害的防御中有共同语言,需要统一自然灾害等级的标准。2007 年 8 月 30 日第十届全国人民代表大会常务委员会第二十九次会议通过,自 2007 年 11 月 1 日起实施的《中华人民共和国突发事件应对法》第三条规定:"本法所称突发事件,是指突然发生,造成或者可能造成严重社会危害,需要采取应急处置措施予以应对的自然灾害、事故灾难、公共卫生事件和社会安全事件。

按照社会危害程度、影响范围等因素,自然灾害、事故灾难、公共卫生事件分为特别重大、重大、较大和一般四级。法律、行政法规或者国务院另有规定的，从其规定。”

参照《国家突发环境事件应急预案》(国办函〔2014〕119号)突发环境事件分级标准，制定突发自然灾害事件分级标准。按照社会危害程度、影响范围等因素，可以分为一般突发事件、较大突发事件、重大突发事件和特别重大突发事件。

(1)特别重大突发自然灾害事件

凡符合下列情形之一的，为特别重大突发自然灾害事件：

① 因自然灾害直接导致30人以上死亡或100人以上重伤的；

② 因自然灾害疏散、转移人员5万人以上的；

③ 因自然灾害造成直接经济损失1亿元以上的；

④ 因自然灾害造成区域生态功能丧失或该区域国家重点保护物种灭绝的；

⑤ 因自然灾害造成设区的市级以上城市集中式饮用水水源地取水中断的；

⑥ 造成重大跨国境影响的境内突发自然灾害事件。

(2)重大突发自然灾害事件

凡符合下列情形之一的，为重大突发自然灾害事件：

① 因自然灾害直接导致10人以上30人以下死亡或50人以上100人以下中毒或重伤的；

② 因自然灾害疏散、转移人员1万人以上5万人以下的；

③ 因自然灾害造成直接经济损失2000万元以上1亿元以下的；

④ 因自然灾害造成区域生态功能部分丧失或该区域国家重点保护野生动植物种群大批死亡的；

⑤ 因自然灾害造成县级城市集中式饮用水水源地取水中断的；

⑥ 造成跨省级行政区域影响的突发自然灾害事件。

(3)较大突发自然灾害事件

凡符合下列情形之一的，为较大突发自然灾害事件：

① 因自然灾害直接导致3人以上10人以下死亡或10人以上50人以下中毒或重伤的；

② 因自然灾害疏散、转移人员5000人以上1万人以下的；

③ 因自然灾害造成直接经济损失500万元以上2000万元以下的；

④ 因自然灾害造成国家重点保护的动植物物种受到破坏的；

⑤ 因自然灾害造成乡镇集中式饮用水水源地取水中断的；

⑥ 造成跨设区的市级行政区域影响的突发环境事件。

(4)一般突发自然灾害事件

凡符合下列情形之一的，为一般突发自然灾害事件：

① 因自然灾害直接导致3人以下死亡或10人以下中毒或重伤的；

② 因自然灾害疏散、转移人员5000人以下的；

③ 因自然灾害造成直接经济损失500万元以下的；

④ 因自然灾害造成跨县级行政区域纠纷，引起一般性群体影响的；

⑤ 对环境造成一定影响，尚未达到较大突发自然灾害事件级别的。

上述分级标准有关数量的表述中，“以上”含本数，“以下”不含本数。

第 2 章 自然灾害风险

“风险”一词的英文是“risk”，来源于古意大利语“riscare”，意为“todare”（敢），其实指的就是冒险，是利益相关者的主动行为。现代“风险”一词已不具有“冒险”的意义了。关于风险的讨论，在西方最早可见于 19 世纪末的经济学研究中，美国学者 J. Haynes 在其 1895 年所著的《Risk as an Economic Factor》（《风险作为经济因素》）一书中认为：风险意味着损害的可能性。

2.1 自然灾害风险定义

何为自然灾害的风险？不同的学科背景或不同的研究角度常有不同的理解，下面引述的是有关组织关于风险的定义。

《韦伯字典》（Webster，1989）：面临的伤害或损失的可能性。

《现代汉语词典》（中国社会科学院语言研究所词典编辑室，2016）：遭受损失、伤害、不利或毁灭的可能性。

联合国人道主义事务局在其 1991 年出版的名为《减轻自然灾害：现象、效果和选择》的著作中提到，自然灾害风险是特定地区在特定的时间内由于灾害的袭击所造成的人员伤亡、财产破坏和经济活动中断的预期损失。

联合国国际减灾战略 2009 年将风险定义为自然或人为灾害与承灾体的脆弱性之间相互作用而导致的有害结果或预料损失（死亡和受伤的人数、财产、生活、中断的经济活动、破坏的环境等）发生的可能性。

国家科委、国家计委、国家经贸委自然灾害综合研究组（1998）将风险定义为面临的或未来若干年内可能达到的灾害程度及其发生的可能性。

笔者没有引述学者的定义，因为学者的定义五花八门，随意性很大。

虽然有关组织对于“风险”定义用词各异，但是其基本意义是相同或相近的，其中都包含有类似的关键词：未来“损失”的“可能性”。自然灾害风险评估实际上就是要评估未来自然灾害可能造成的损失，是自然灾害对人类社会的一种可能的负面影响。

应当注意，诸多定义中用的是“可能性”，而不是一些学者所说的“不确定性”。在风险管理术语学中，“可能性”是指事情发生的机会，不论是明确的、测量的，还是客观或主观、定性或定量确定的，以及一般性或精确地描述（如在一定时段内的可能性和频率）。一些学者把风险定义为不确定性显然是不正确的。诚然，因为风险是人类社会未来的情景，风险具有一定的不确定性，正如《ISO 31000 风险管理标准》（2020）指出的：不确定性是指与事件和其后果或可能性的理解或知识相关的信息的缺陷的状态，或不完整。但是，人类对自然灾害事件和其后果或可能性并非完全不理解，对灾害知识相关的信息并非完全不了解，否则我们也无需研究风险，更不需要进行风险评估了。对有些自然灾害，例如地震，目前我们尚不能预报地震，但我们可以根据过去发生过的地震，规定建筑物的建设标准，以减少人员的伤亡。对于可以预报的自然灾害，人类可以把风险的不确定性降到最低。

本书采用联合国人道主义事务局的定义："自然灾害风险是特定地区在特定的时间内由于灾害的袭击所造成的人员伤亡、财产破坏和经济活动中断的预期损失。"很显然，按照这个定义，自然灾害风险是相对人类社会而言的。

2.2 自然灾害风险系统

在自然灾害风险领域，名词术语、概念相当混乱，为了厘清这些术语和概念，我们采取正本清源的思路和系统论的方法，对这些术语和概念进行科学的诠释和选用。

从系统论角度应该如何理解自然灾害风险呢？冯·贝塔朗菲(1968)的一般系统理论认为，任何系统，不管它是人造的还是自然的，必须从系统的组成、结构、过程、状态和功能 5 个方面进行全面分析研究。

我们先来分析自然灾害风险系统的组成和结构，从最上层分析，对于自然灾害风险系统，首先必须存在风险源，风险源(risk source)是单独地或以结合的形式具有产生风险的内在可能性的因素，即存在自然灾变；其次，必须有风险承载体(承灾体)，即人类社会。二者缺一不可。自然灾害是自然力超出承灾体的承受能力从而产生的灾损事件。

自然灾害对承灾体的作用显然是非线性，因此自然灾害风险(R)是自然灾害的危险性(h)和承灾体的易损性(v)的非线性函数：

$$R=f(h,v) \tag{2.1}$$

2.2.1 风险源及其危险性

风险产生和存在与否的第一个必要条件是要有风险源。自然灾害风险中的风险源是可能发生的自然灾变。风险源不但在根本上决定某种自然灾害风险是否存在，而且还决定着该种风险的大小。当自然界中的一种异常过程或超常变化达到某个临界值时，风险便可能发生。这种过程或变化的频率越大，给人类社会经济系统造成破坏的可能性就越大；过程或变化的超常程度越大，对人类社会经济系统造成的破坏就可能越强烈；因此，人类社会经济系统承受的来自该风险源的灾害风险就可能越高。在学术界，对风险源的这种性质，通常用风险源的危险性来描述，或简称为致灾危险性，如地震的危险性、洪涝的危险性、泥石流的危险性等。

风险源的危险性用风险源的灾变可能性和变异强度两个因素进行度量。一般地，风险源的变异强度越大、发生灾变的可能性越大则该风险源的危险性越高。风险源的变异强度及其对人类社会的影响是风险评估的主要内容；灾变发生的可能性用自然灾变发生的概率(频率)描述，是风险区划要研究的主要问题。我们将在第 6 章中专门研究这个问题。

有人将风险源的灾变可能性和变异强度两方面因素用一个综合的公式表示：

$$D=F(I,P)=\sum_{i=1}^{n}I_i\times P_i \tag{2.2}$$

式中，I_i 为自然灾害强度指数，P_i 为自然灾害发生频次(或概率)，$i=1,2,\cdots,n$，n 为灾害强度等级。我们来讨论这个公式的正确性问题。

假设 i 越大表示灾害强度越大，则它出现的概率应当越小，即 P_i 越小，二者相乘是一个

“中数”;反之,如果 i 越小表示灾害强度越小,则它出现的概率应当越大,即 P_i 越大,二者相乘也是一个“中数”,因此,D 指数是没有任何物理意义的。

实际上,表征风险源危险性的两个量(变异强度和灾变可能性)是时空不同的两个物理量,风险源的灾变强度是一个物理问题,而风险源的灾变可能性则是一个概率问题(数学问题),二者物理意义完全不同,不可能也没有必要组合成一个物理量。

另外,目前仍有部分学者把危险性和脆弱性混为一谈,认为危险性越高的区域,脆弱性越大。事实上,危险性和脆弱性是两个各自独立而又相互关联的领域,危险性是自然系统的属性,人类很难左右;脆弱性则重点关注社会经济系统,脆弱性是社会经济系统本身的属性,独立于自然系统。对于同样的承灾体,危险性越高的区域风险越大,而不是脆弱性越大。

2.2.2 承灾体及其易损性

有风险源并不意味着风险就一定存在,因为风险是相对于行为主体——人类及其社会经济活动而言的,只有某风险源有可能危害某风险载体后,风险承担者相对于该风险源才具有灾害风险。

对于风险形成来说,风险载体不仅决定了某种灾害风险是否存在,而且风险载体的性质还决定着灾害风险的形式和大小。风险载体对灾害的响应首先体现在其相对于某种风险源而具有的灾害易损性水平上。

(1)脆弱性与易损性

在承灾体的脆弱性问题上,学术界对其认识各异,我们有必要对脆弱性相关概念进行辨识。

“脆弱性”一词源于拉丁文“vulnerare”,原意为“伤害”,属于社会学范畴。而今脆弱性这一术语已经完全脱离了“伤害”的原意,不仅将其广泛应用于自然灾害研究中,而且在环境管理、公共卫生、扶贫、可持续发展、安全、土地利用、气候变化等领域都频繁出现。

在灾害学研究中,脆弱性的概念也是多种多样的。2004 年,联合国国际减灾战略机构(ISDR)将脆弱性定义为“一种状态,这种状态决定于一系列能够导致社会群体对灾害影响的敏感性增加的自然、社会、经济和环境因素或者过程”。环境和人类安全协会(UNU-EHS(2008)认为,脆弱性是风险受体(社区、区域、国家、基础设施、环境等)的内部和动力学特征,决定了特定灾害下的期望损失,由自然、社会、经济和环境因素共同决定,随时间发生改变。

对于脆弱性研究,自然科学侧重于承灾个体或系统遭受冲击的后果,社会科学更侧重于从社会、经济等各个方面寻找脆弱性产生的因素。社会科学和人类生态学领域主要侧重人、人群或社区(community)的脆弱性,特别关注社会经济和政治结构及其变化过程如何导致了人的脆弱性(Blaikie et al. ,1994;Bohle et al. ,1994),认为影响脆弱性的关键因素包括暴露、预见、应对、抵抗和从自然灾害中恢复的能力,是这些因素的综合作用影响着受灾害打击的后果。致灾因子与社会脆弱性相互作用的后果,通常以资源环境破坏、经济损失或人口伤亡来测量。

经济学研究中,脆弱性更多地关注贫困问题。在特定的政治经济背景下,一定区域的人口脆弱性被概念化为降低到消费临界值(如贫困线)的可能性(Amyl et al . ,2003)。

气候变化研究中,脆弱性定义考虑由气候变化导致的潜在破坏量,及在遭到致灾事件打击之前,系统内存在的一种状态(Luers et al. ,2005)。其中,潜在破坏量估计主要基于对致灾因子及其影响的评价。气候变化通常对暴露更为关注，如因海平面上升，暴露于沿海洪水风险区的人口和资产会增加到多少，风险会多大。系统内要素的状态，则关注脆弱性对灾情的放大或减轻的可能。

可持续发展研究扩展了脆弱性的概念，将脆弱性分析关注的焦点指向人与自然复合生态系统。可持续发展项目的研究和评估系统，提出了一个脆弱性分析的多维框架，认为脆弱性可定义为暴露、敏感性、适应能力的函数，表现在社会和生态系统的相互作用之中（McLauglin et al.，2003；Kasperson et al.，2005）。通过在不同的时空尺度上对人类和自然生态系统起影响作用的各种因素及其过程变量来测量和预测脆弱性与可持续性。Turner 等（2003）在对人与自然复合生态系统的研究中，定义脆弱性为人类或环境系统因外部打击或干扰，有可能经历伤害的程度。Nick（2003）区分了生态系统脆弱性、社会脆弱性，风险、适应能力和适应性，认为脆弱性只有针对特定的系统、特定的致灾因子而言才有意义，可笼统地归为社会脆弱性和生态系统脆弱性。

综上所述，在相关的文献中只要提到脆弱性，就会出现暴露性、敏感性、恢复力、易损性、应对能力、适应性等很多相关的概念，不同学者对它们的定义不同，对它们之间的关系理解不同。克拉克大学在厘清扰动、压力与灾害发生及驱动力的来源后，认为脆弱性有 3 个重要组成部分：暴露性、敏感性、适应性/弹性（Turner et al.，2003）。George（1989）认为脆弱性是暴露性、应对能力和恢复力的共同作用结果。下面我们来讨论如何正确使用这些术语。

① 脆弱性与暴露性

不少的学者将物理暴露作为脆弱性的组成部分。就事物的本质而言，脆弱性应当是承灾体的本身属性，不论自然灾害是否发生，这些属性都存在。外力作用时，脆弱性也是要通过承灾体本身来体现的。暴露性是指承灾体暴露在自然灾害中的数量和价值量，与承灾体本身的脆弱性没有关联。因此，暴露性不应当包含在脆弱性之内，它是一个独立变量，当我们暂不考虑人类防灾减灾能力时，物理暴露和脆弱性二者共同构成承灾体的易损性。

我们在文章中还能看到“孕灾环境暴露性”这种提法，将暴露性作为孕灾环境的一种性质，显然是不合适的，这是因为孕灾环境乃自然属性，意指地质地理环境；而暴露性乃社会属性，意指承灾体的暴露量，它与孕灾环境并无关联。我们将在 2.4.2 节讨论孕灾环境问题。

② 脆弱性与易损性

很多研究将脆弱性和易损性混为一谈，一些相关文献硬性将二者区别开来：a. 易损性侧重具体承灾个体（如建筑）；脆弱性既面对承灾个体，又面对系统，特别是区域脆弱性的研究。b. 易损性侧重于承灾体物理结构方面的特性，脆弱性除此之外，还要考虑恢复力、应对能力等社会经济要素。这种硬性区分既没有什么根据，又容易引起学术上的混乱。

“易损”者容易损失之谓也。易损性按其本意比脆弱性含义更加广泛，应当包括承灾体的暴露量和脆弱性。承灾体暴露量越多，易损的数量越多，风险就越大；同样，承灾体脆弱性越大易损性越大。反之亦然。因此，在研究风险的构成要素时，构成风险的第一层次要素应当是致灾危险性和承灾体的易损性而不是承灾体的脆弱性。这也是我们在风险度诸多的定义中采用联合国人道主义事务部风险度定义的原因（2.1 节）。

③ 应对能力和恢复力与脆弱性

适应或应对能力是灾害发生前和发生中系统能够修正或改变自身特征的行为，以更好地应对现实存在或预期会发生的外部打击的能力。适应或应对的直接结果是降低承灾体的易损性,提高系统应对外部打击的能力,从而可在一定程度上降低灾害风险。例如,在灾害发生前,将人群撤离可能受灾害影响的区域,使暴露于灾害中的人的数量降低到零,从而避免人员的伤亡。但是,对于其他一些承灾体,如果致灾因子强度超出了承灾体的承受能力,则尽管采取了适应或应对策略,系统还是会面临风险,造成损失。例如建筑物、农作物等难以搬迁,致灾因子强度超出了它们的承受能力,损失不可避免。

恢复力是承灾体(自然的或人类社会经济的)承受灾害打击遭受损失和破坏后,能够通过系统调整来恢复常态的能力。恢复力越强,恢复越快,意味着可能遭受的后续影响和损失越少,遭受下一轮打击之前的易损性也越低。因此,系统如何恢复以及其恢复的水平和速度,受系统前期易损性状态和水平的影响,而恢复的结果又会影响系统未来的易损性。因此,恢复力对当前承灾体的易损性是没有影响的,但是决定着未来承灾体的易损性。例如,智利 1960 年发生了人类记录到的最强的 9.5 级大地震后 ,智利政府立法,要求建筑物的强度必须抗 8 级地震,从此,智利建筑物的抗震能力大大提高,即建筑物的脆弱性大大下降了。智利中南部马乌莱大区当地时间 2010 年 2 月 27 日 03 时 34 分(世界协调时 06 时 34 分),又发生 8.8 级大地震,由于建筑物抗震能力强,如此强烈的地震仅造成 1279 人死亡或重伤。与此形成鲜明对照的是,加勒比岛国海地也是一个多地震的国家,当地时间 2010 年 1 月 12 日 16 时 53 分(北京时间 13 日 05 时 53 分),发生里氏 7.0 级大地震(根据中国地震台网测定,海地当地时间 2010 年 1 月 12 日下午发生里氏 7.3 级强烈大地震),首都太子港及全国大部分地区受灾情况严重,此次海地地震却造成 22.25 万人死亡,19.6 万人受伤。二者对比可以看出,由于承灾体(建筑物)脆弱性的不同,造成人员伤亡的差异何等巨大。

应对力和恢复力又是一种过程变量,前者主要用于灾害发生过程中,社会系统如何自我调节以降低灾害的风险,在实时风险评估中需要考虑应对能力(人类自觉的行为);后者主要用于灾后恢复、重建计划的制定,即找出薄弱环节及灾后高效恢复的措施和途径。系统的应对力和恢复力是积极的减灾行为。2005—2015 年兵库行动纲领(联合国大会减少灾害问题世界会议 2005 年 1 月 22 日第 206/6 号决议通过)便要求加强国家和社区的恢复力,增强人类的灾害意识,使防灾减灾行动更加积极、主动。

应对力和恢复力主要是人类自觉的防灾减灾行为,是为了降低承灾体的易损性,而承灾体的脆弱性是承灾体的一种状态变量,是自然灾害发生时承灾体承受致灾因子打击能力的一种度量,所以理论上脆弱性不应包含人类的应对能力和恢复力。

目前的脆弱性研究主要关注三个方面的内容:①各类型承灾个体(建筑物、农作物等)面对灾害的脆弱性,表现为灾害造成承灾体的损失率,侧重于研究承灾个体的物理脆弱性,通过承灾个体的脆弱性找到最基础的方式,反映区域总体自然灾害脆弱性特征,针对不同区域、不同状态下的脆弱性进行评估。我们在第 4 章将重点讨论承灾体的脆弱性。②社会脆弱性调查。挖掘承灾个体及群体脆弱性的社会根源。③区域性的系统脆弱性。分析全球、大洲、国家、地方、社区等不同空间尺度面临灾害时的脆弱性,找出影响因素,采取补救措施。后两种方法是在脆弱性形成机制还没有研究清楚的情况下,常采用指标体系评估一个区域的脆弱性。在指标体系中,不同的人设定的评估指标不同,而且不管是采用专家评估法,还是采用层次分析法、模糊数学、灰色系统等数学方法,都不能正确确定评估指标之间的关系,具有很大的人为因素,方法的科学性便成为最大的问题。另外,不同空间尺度数据的可得性和评估结果有效性检验的限制也使这些方法的发展受到严重阻碍。

(2)承灾体的易损性分析

根据前面的分析，承灾体的易损性应当包括承灾体的物理暴露、脆弱性和人类的防灾减灾能力（应对力和恢复力）三部分。

① 承灾体的物理暴露

既然自然灾害风险是自然力作用于承灾体的结果，因此，自然灾害风险首先取决于暴露在自然灾害中的承灾体的量（数量和价值量，学术界称其为物理暴露），物理暴露越大，风险就越大。

物理暴露是指暴露在自然灾害之下的人口、房屋、室内财产、农田、基础设施等的数量和价值量。社会发展造成了人口分布、经济发展程度、财产密度的变动等，人口和财产密度越大，暴露于灾害中的数量和价值量越多，自然灾害的风险就越大。同样强度的灾害，人口、财产密集区产生的灾害就越大；经济越发达，自然灾害造成的损失的绝对值便越大。因此，城市便成为防灾减灾的重点区。

② 承灾体的脆弱性

自然灾害风险取决于承灾体的脆弱性。承灾体的脆弱性是指风险载体受自然灾变破坏的可能性和对这种破坏或损害的脆弱性，是风险载体一旦遭受自然灾变打击时所表现出来的可能受到的影响和破坏的一种度量。很显然，对于同一风险源，不同承灾体的脆弱性是不同的。

风险载体的脆弱性水平是影响灾害风险大小的基本因素之一。一般说来，风险载体相对于某风险源的脆弱性愈低，则该风险载体遭受损失的可能性越小，其所载荷的来自该风险源的灾害风险就可能越小；反之越大。

风险载体的脆弱性高低，与影响它的风险源、风险载体本身和两者间的相互作用方式都有关系。第一，某风险载体的脆弱性一定是相对一定风险源而言的，且风险源的种类不同，该风险载体的脆弱性形式和水平通常都是不同的。例如，农作物对于干旱的脆弱性比对于地震的灾害脆弱性高；而建筑物则相反，建筑物地震的脆弱性很高，而干旱的脆弱性几乎为零。在量上，风险载体的脆弱性高低，还与影响它的风险源的变异强度有关，且风险源的变异强度越大，该风险载体就越有可能遭到破坏，因此其脆弱性越高。第二，风险载体自身的性质是其脆弱性产生和产生多大程度脆弱性的内因和基础。对于同一风险载体来说，其自身的特点，决定了其对来自不同类型风险源的影响，具有不同性质和程度的反应，如农作物对来自干旱缺水的反应敏感，而对来自地震振动的反应迟钝等。在量上，某风险载体相对于特定风险源的脆弱性高低，直接取决于该风险载体在组成、结构和功能上的优良程度及其抗干扰能力。第三，某风险载体相对于某风险源的脆弱性高低，还与风险源与风险载体两者间的相互作用方式密切相关，例如，风通过折断农作物茎秆而产生灾害，洪涝则通过对农作物的淹渍使其生理过程出现障碍等。

③ 人类的防灾减灾能力（应对力和恢复力）

承灾体包括人类，人类社会从古代开始就采取积极的防灾减灾行动，以降低自然灾害可能产生的风险。人类社会的防灾减灾能力是为了降低承灾体的易损性，它包括应对能力和恢复力。为什么这里的用词是易损性而不是脆弱性？这是因为人类社会可以通过减少承灾体的物理暴露和脆弱性这两个方面去降低自然灾害的风险。例如，根据地质灾害风险区划，将居民点撤离地质灾害高风险区，是防御地质灾害最根本的措施，这也是为了减少承灾体暴露于地质灾害区中的数量，从而降低地质灾害的风险。上面我们提到的智利政府立法要求建筑物抗 8 级地震,就是降低建筑物地震脆弱性的一种根本性措施。

防灾减灾措施是人类社会、特别是风险承担者用来应对灾害所采取的方针、政策、技术、方法和行动的总称,一般分为工程性防灾减灾措施和非工程性防灾减灾措施两类。人类社会的防灾减灾能力也是某种灾害风险能否产生以及产生多大风险的重要影响因素,人类的防灾减灾能力是承灾体易损性的对立面,防灾减灾能力越大,防灾减灾能力越强,承灾体的易损性越弱,相关的灾害风险就可能越小;反之,灾害风险可能越大。人类社会中各单项及综合的防灾减灾措施是为了减少承灾体的易损性。

人类为了减少承灾体的易损性,主动进行防灾工程建设。为了防御风暴潮,人类在沿海筑起了防浪堤,以保护城市和农田。为了防御洪水,人类在易出现洪水的江河沿线建起了防洪堤、排涝设施、泄洪区等。两千多年以前李冰父子设计的都江堰兼备防洪和灌溉之利,仍令今天全世界的专家叹为观止;长江三峡工程的建设使得长江中游干流上的防洪提高到 100 a 一遇的水平。这些防灾工程都是为了减少承灾体的物理暴露。又如,将某风险载体撤离某类风险源的高危险区,则该风险载体相对于该类风险源的灾害风险亦随之降低等。

建筑物抗震能力、输电线抗覆冰能力、设施农业抗风和抗雪压能力等都是根据自然灾害的危险性水平来进行设计的。多地震的国家或地区,政府根据地震烈度区划,制定了建筑物的抗震标准。这些措施都是为了降低承灾体的灾损敏感性。

非工程性防灾措施包括自然灾害监测预警、政府防灾减灾决策和组织实施水平以及公众的防灾意识和知识等几个方面。

如果自然灾害可以预报,则自然灾害预报可以为防灾赢得宝贵的时间,从而可以大大降低自然灾害的风险,减轻灾害造成的损失。自然灾害预报警报水平越高,自然灾害的风险就越低,防灾减灾的效益就越高,尤其是能大大减少人员的伤亡,因此在防灾减灾中占有重要地位。

很显然,政府防灾减灾决策与组织实施的水平越高,自然灾害的风险就越低,可能造成的损失和影响就越小,特别是对于可以预报的自然灾害而言更是如此。进入新世纪以后,台风的预警水平有了很大的提高,各级政府又制定并组织实施了台风应急预案,因此台风死亡的人数大大减少,台风造成的经济损失虽然随着 GDP 的快速增长而增加了,但是经济损失占 GDP 的比例却明显下降了。

防灾减灾不仅是政府的行为更是公众的行为,政府的行为也是为了公众的利益,只有公众的参与才能转化为防灾减灾的行动。公众防灾意识和知识的提高对于防灾减灾是至关重要的,例如雷电天气来时不要在树下和尖端物下避雨便可以避免雷击,大风来临时应当远离临时搭建物等便是避灾的基本常识,了解防灾的科学知识对于公众防灾减灾是十分必要的。

根据上面的分析,我们得到自然灾害风险系统构成如图 2.1。

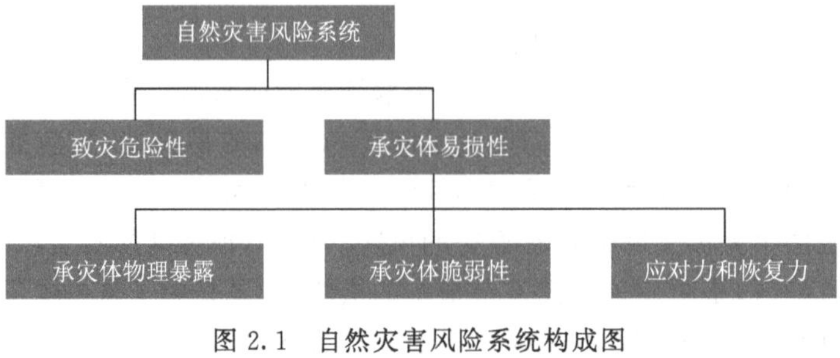

图 2.1 自然灾害风险系统构成图

2.3 自然灾害风险表达式

由于致灾危险性和承灾体易损性的组成元素异常复杂又具有不同的量纲，为了构造其表达式，各种元素的评估指标都应当归一化，从而引入风险度这个概念。

2.3.1 风险度

自然灾害风险可以用风险度来表达，它是一个归一化的函数。国际上常见的风险度表达式有：

风险度＝危险度＋易损度(Maskrey,1989)

风险度＝概率×损失(Smith,1996)

风险度＝危险度×结果(Deyle et al. ,1998)

风险度＝概率＋易损度(Tobin et al. ,1997)

风险度＝(致灾因子×脆弱性)－减缓能力(Ben,2000)

风险度＝发生概率×不同影响强度(IPCC,2001)

风险度＝致灾因子出现的概率(Downing et al. ,2001a)

风险度＝危险度×易损度(United Nations Department of Humanitarian Affairs,1992)

很显然，Maskrey(1989)，Tobin 等(1997)，Ben(2000)的表达式是欠妥当的，因为自然灾害是风险源对承灾体的非线性作用产生的，将自然灾害的危险度(或发生概率)与承灾体的易损度线性叠加，从方法而论是不正确的，因为方法的不正确便会造成极不合理的结果。例如，内陆城市根本不存在风暴潮的风险(第一项风暴潮危险度为 0)，但是由于任何城市都存在易损性(第 2 项易损度不为 0)，二者相加得出内陆城市仍然存在风暴潮的风险，这是多么荒谬的结论。又如一个没有人类活动的地区(例如月球)，易损度为 0，但可能存在多种自然灾害(自然灾害的危险度不为 0)，二者相加亦得出有风险的结论。应用上述两种方法，都得出这些地区存在自然灾害的风险，这显然是不合理的。有人辩解说，内陆地区不评估风暴潮风险就是了。殊不知，在最基本的科学问题上，方法的科学性包括它的普适性，“只适用于此不适用于彼”的模型不足为训。

另外，按照风险的原始定义：损失的可能性，Smith(1996)，Deyle 等(1998)的表达式使用了“损失”“结果”这样的词，显然与“损失的可能性”不一致，与“风险”原始定义不符。

IPCC(2001)在“Climate Change”(气候变化)中的风险度定义实际只包含了危险度，没有反映灾害对人类社会的影响，而且犯了式(2.2)中我们已经指出的错误。Downing 等(2001a)的定义只讲致灾因子出现的概率，没有反映致灾因子强度，更没有反映灾害对人类社会的影响。

在以上的诸多定义中，联合国人道主义事务局(United Netions Departnet of Humanitarian Affairs,1992)的表达式被很多学者所肯定，但同样有问题，自然灾害的风险度 R_d 被表示为风险源的危险度(H_h)和承灾体的易损度(V_b)的乘积：

$$R_d = f(h, v) = H_h \cdot V_b \tag{2.3}$$

式(2.3)用的算术乘，仍然没有正确反映出自然灾害风险的科学内涵。这是因为风险虽然是风险源作用于人类社会和社会经济系统而产生的，但是风险是相对于人类社会和社会经济系统而言的，在风险表达式中只能显式出现人类社会的预期损失。因此危险度和易损度二者不是算术乘而应当是逻辑乘的关系，所以，自然灾害风险的正确表达式应当是：

$$R_d = H_h \cap V_b \tag{2.4}$$

2.3.2 风险源危险性分析

前面我们已经指出，风险源危险性包括风险源变异强度和变异可能性两个方面。变异可能性(概率)将在第6章讨论，下面我们来讨论风险源变异强度问题，风险源变异强度与哪些因素有关呢？

首先，风险源变异强度与致灾因子有关，所谓致灾因子是指一切可能引起人员伤亡、财产损失及资源破坏的各种自然异变因素。致灾因子与自然灾害系统内部运动和变化有关。例如，地震和地球内部结构有关，是地壳、地幔、地球内部流体运动和相互作用产生地震动(地面加速度)的结果，因此地震的致灾因子是地震动(地面加速度)。气象灾害是大气系统与地球表面系统相互作用的结果，每一种气象灾害的致灾因子都不同。风灾的致灾因子是强风，它可以由强气压梯度力产生，也可以是对流运动中产生的强下曳气流等；雹灾的致灾因子是冰雹的着地动能和持续时间，冰雹则是大气强对流运动的产物；旱灾的致灾因子是长时间少雨等。海洋灾害是海洋流体系统与地壳系统和大气系统相互作用产生巨浪和高潮位的结果。地质灾害是地质系统与大气系统相互作用的结果，它的致灾因子可以是地震，也可以是强降雨或不合理的人类开发活动等，或者是它们的共同作用。例如，泥石流灾害，致灾因子可能是一场暴雨，也可能是突然的冰雪融水或其他的增水事件等。

其次，地球表面发生的自然灾害，其风险源变异强度都与孕灾环境有关。孕灾环境包括地形地势、海拔高度、山川水系分布、地质、地貌等，是风险源变异强度的另一决定因素。例如，同样的降水量，地势低洼的地方容易出现洪涝灾害，不容易出现干旱灾害。虽然降雨是地质灾害最重要的触发因子，根据国土资源部全国县(市)地质灾害调查结果，降雨不仅是全部的泥石流，也是90%的滑坡和81%的崩塌灾害的引发因素(李媛 等，2004)，但是，在不同坡度、高程、地下水、斜坡岩石结构和岩性及植被状况等的地质地理条件下，触发滑坡、泥石流等地质灾害的临界降雨量是不同的。因此，地质地理环境条件是产生地质灾害的内因(内部条件)，降雨是诱发因子，是外因或称为外部条件。又如，山地多冰雹，平原多龙卷，都是孕灾环境不同造成的。

对于孕灾环境，学术界有不同的理解。有的学者把孕灾环境看成是由大气圈、水圈、生物圈、岩石圈、物质文化圈所组成的综合地球表层环境，是体现在地球表层过程中一系列具有耗散特性的物质循环和能量流动以及信息与价值流动的过程。这种包罗万象的认识过于宽泛，把自然界和人类社会都包含在其中，反而不利于研究风险源的危险性。有的学者认为孕灾环境应当包括自然环境和社会环境两部分。其理由是无人不成灾，没有人口的地方可能有泥石流，但不可能有泥石流灾害；城市的大小，经济的强弱都会影响灾害的大小，所以都属于孕灾环境。但是，在自然灾害风险领域，承灾体是指人类社会及其社会经济活动，自然灾害对人类社会的影响属于承灾体易损性研究的范畴，因此，不宜将社会环境作为孕灾环境看待，否则，必然出现学术上的重复。因此，孕灾环境应当是有利于形成自然灾害的自然环境，简单地说就是发生自然灾害所需的地质地理生态环境。

最后，人类建设的防灾工程是研究致灾危险性需要考虑的另外一个因素，这是因为防灾工程改变了致灾危险性。例如，防洪工程建设之后，防洪的标准提高了，也即产生洪水的水位和临界流域面雨量提高了。所以，防洪工程是抗灾因子（致灾的反面），是致灾危险性的决定因素之一。

因此，从本质上讲，致灾的物理条件（ph）、孕灾环境（自然地质地理生态环境条件）e_e 和防灾工程（c_{egn}）三者都是致灾危险性因子。风险源变异强度是这三者的非线性函数：

$$H_h = f(\mathrm{ph}, e_e, c_{egn}) \tag{2.5}$$

很多自然灾害，例如地震，虽然我们已经知道地震引发的地面加速度或烈度是致灾因子，但是到目前为止，仍然找不到地震引发的地面加速度或烈度的形成条件，所以预报地震是困难的。尽管如此，风险源危险性的核心就是研究风险源变异强度的形成条件，我们将这个条件称之为致灾临界条件。如果我们研究得到了一种自然灾害的致灾临界条件，就从理论上证明了这种自然灾害风险的存在。我们也可以根据致灾临界条件做自然灾害事件预报；如果我们又有该自然灾害发生地区承灾体的物理暴露和脆弱性的信息，我们就可以作风险评估了。第 3 章将详细研究多种自然灾害的致灾临界条件。

因为孕灾环境（自然地质地理生态环境条件）以及防灾工程具有相对固定的特点，孕灾环境和防灾工程的变化不常发生，因而致灾临界条件在一定时期内具有相对的固定性。只有发生大的灾害，自然地质地理生态环境条件才会发生明显的变化，才需要重新研究致灾临界物理条件。例如，2008 年四川汶川地震极大地改变了当地的地质条件，产生地质灾害的临界雨量下降了。Fan 等（2021）通过机器学习的方法发现，某一年确定的震后滑坡易发性评价因子，在几年后已经不适合预测滑坡易发性。其次，防灾设施被破坏或兴建了新的防灾设施，致灾临界条件也发生了变化。因此，孕灾环境或防灾工程发生变化了，必须重新研究致灾临界条件。

需要指出的是，风险源变异强度是致灾因子（它本身也与孕灾环境有关）、孕灾环境和防灾工程的高度非线性函数，每一种自然灾害都有自己的特殊表达式，需要具体问题具体分析，不可能用一个统一的模型表达，更不可能用线性模型描述。国内外不少学者将致灾危险性评价指标分解为致灾因子、孕灾环境、人类活动三大类因素，分别研究各类的评价指标，然后用统计的方法（层次分析法、模糊数学、灰色系统等）组合这些指标，各指标的权重由所谓的专家评估法给出，这种做法显然是不科学的。例如，有的学者把泥石流危险度区划指标体系分解为地质条件、地形地貌、水文条件、人类活动四大因素，地质条件又分解为地层岩性、地震因子、距断层距离 3 个评价指标，地形地貌又分解为山坡坡度、高程、滑坡点密度 3 个评价指标，水文条件又分解距河流的距离、降水条件 2 个指标，人类活动又分解为植被因子、土地利用类型 2 个指标。然后用层次分析法建立泥石流危险度区划指标体系，各指标的权重通过所谓的专家评估法给出。这种做法显然不可能从本质上真正理解致灾的危险性，因为它不可能回答危险性到底有多大、危险性的根源在哪儿这样的问题。因此，不可能得到真正的致灾危险性，因而是不科学的。

2.3.3　承灾体易损性表达式

在 2.2 节中我们已经指出：承灾体的易损性（V_b）由暴露在自然灾害中的承灾体的量（数量和价值量，学术界称其为物理暴露（E））、承灾体的脆弱性（V_d）及人类防灾减灾能力（应对力和恢复力 C_d）所组成。对于每一种承灾体，其物理暴露量和自身的脆弱性以及人类对其的防灾减灾能力都是独立变量，是可以分离变量的；其在灾害中物理暴露量和自身脆弱性的乘积去除人类可以防御的那部分损失(人类应对灾害的措施就是为了减少承灾体的损失)应当是其可能的损失量。所以承灾体的易损性(V_b)的数学表达式应当是:

$$V_{b,i}=E_i\cdot V_{d,i}\cdot(1-C_{d,i}) \tag{2.6}$$

式中,$V_{b,i}$ 是第 i 种承灾体的易损量,E_i 是第 i 种承灾体的物理暴露量,$V_{d,i}$ 是第 i 种承灾体的脆弱性,$C_{d,i}$ 是第 i 种承灾体的人类防灾减灾能力。

式(2.6)的物理意义是暴露于自然灾害中的承灾体由于其自身的脆弱性及人类应对灾害后可能遭受的损失。

承灾体的物理暴露量包括承灾体暴露的数量和价值量,很显然,承灾体暴露的数量越多,价值量越高,可能的风险越大。

承灾体脆弱性包括人口、房屋、农作物、牲畜、基础设施等的脆弱性。对于同一种自然灾害,不同承灾体的脆弱性不同;对于不同的自然灾害,同一种承灾体的脆弱性不同。因此,应当研究每一种自然灾害的每一种承灾体的脆弱性。很显然,承灾体的脆弱性越高,可能的风险越大。

人类防灾减灾能力包括防灾能力、抗灾救灾能力和灾后重建能力等(下同),同样,对不同的承灾体,人类的防灾减灾能力都是不同的。注意到人类的防灾减灾能力是为了降低承灾体的易损性,所以在式(2.6)中是以$(1-C_{d,i})$的形式出现的。

在式(2.6)中,E_i 和 $V_{d,i}$ 不可能为零;但是当 $C_{d,i}=1$ 时,$(1-C_{d,i})=0$,即当防御能力完全发挥至100%时(此时 $C_{d,i}=1$),承灾体的易损性为零。但是对于绝大多数承灾体,自然灾害风险总是存在不可防御的部分(设为 a_i),不可防御的风险(a_i)对不同灾害是不同的,对不同的承灾体也是不同的,应当从防御得好和不好(最好是没有防御)的个例对比分析中得到。因此,归一化的承灾体的易损性应当表示为:

$$V_{b,i}=E_i\cdot V_{d,i}\cdot[a_i+(1-a_i)(1-C_{d,i})] \tag{2.7}$$

2.3.4 自然灾害风险表达式

根据式(2.4)和式(2.7),我们可以得到自然灾害 h 对第 i 类承灾体的风险表达式:

$$R_{d,i}=H_h\cap\{E_i\cdot V_{d,i}\cdot[a_i+(1-a_i)(1-C_{d,i})]\} \tag{2.8}$$

式(2.8)只是一个形式性的表达式。虽然自然灾害风险系统是由风险源危险性(致灾危险性)和承灾体易损性组成的,但是风险是相对承灾体而言的,因而从逻辑上讲,风险表达式中的构成元素只应当包括承灾体的物理暴露和脆弱性以及人类防灾减灾能力,而不应当包括致灾危险性。致灾危险性 H_h 是引发灾害的条件,它的强度不是灾害损失本身,在风险表达式中只能作为产生灾害的条件出现,因此,对于人类社会,第 i 种承灾体的风险应当是而且只能是:

$$R_{d,i}\mid_{H(I)}=E_i\cdot V_{d,i}\cdot[a_i+(1-a_i)(1-C_{d,i})]\mid_{H(I)} \tag{2.9}$$

式中,$i=1,2,\cdots,n$,n 为受自然灾害 H 影响的承灾体的种类。

式(2.9)的物理意义是在强度为 I 的自然灾害打击之下,暴露在自然灾害中的第 i 类承灾体因其自身的易损性而可能造成的损失。它首先取决于暴露在自然灾害中的承灾体的数量和价值量(E_i)。很显然,自然灾害强度越大、影响范围越大,暴露在自然灾害中的承灾体数量和价值量越多,可能损失就越大;其次,取决于承灾体自身的脆弱性($V_{d,i}$),承灾体脆弱性越大,可能损失就越大。人类防灾减灾行动就是为了减少这种损失。

在进行实时风险评估时,式(2.9)中的 $C_{d,i}$ 只应当包括应对能力,而不应当包括恢复能力，其原因在前面已经阐述过了。

如果风险评估模型不能真正反映承灾体可能的损失，那么都不是我们所需要的风险评估模型，因而都是不可取的。

第 h 类灾害的总风险为评估区域内所有承灾体的风险之和：

$$R_d \big|_{H(I)} = \sum_{i=1}^{n} R_{d,i} \big|_{H(I)} \tag{2.10}$$

因为承灾体易损性是易变的，尤其是在经济快速发展的中国，承灾体的物理暴露和社会经济的脆弱性（缺乏应对或恢复的弹性或能力）每年都在变化，因此，风险评估应当针对当前承灾体的易损性进行，使用历史上承灾体的物理暴露和脆弱性资料评估当前的风险时，必须予以订正。另外，由于承灾体的易损性变化大，尤其是每次自然灾害过程人类实施防灾的措施（或称为应对行动）难以预料，因此，自然灾害风险具有不确定性，自然灾害风险评估虽然也带有预测性，但是由于它自身的不确定性，称“风险评估”更为恰当。

2.4 自然灾害风险管理

在最新版的《ISO31000 风险管理标准》(2020)中提出了风险管理原则、框架、过程之间的关系（图 2.2）。

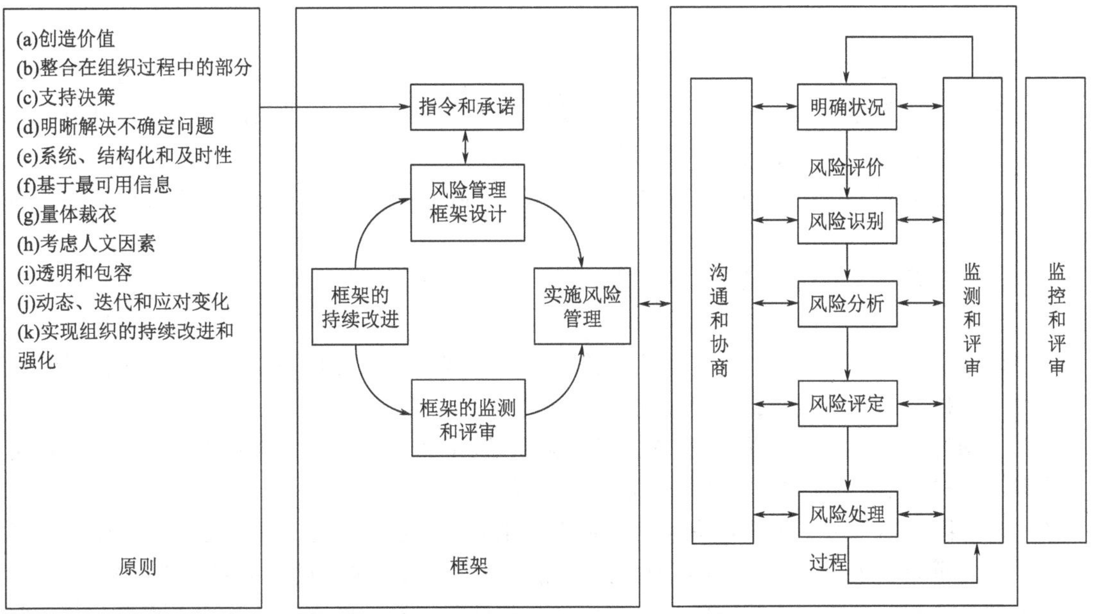

图 2.2　风险管理原则、框架、过程之间的关系

2.4.1 风险管理框架

风险管理框架(risk management framework)提供在组织内设计、实施、监测、评审和持续改进风险管理的基本原则和组织安排的要素集合。基本原则包括管理风险的方针、目标、指令和承诺。组织安排包括计划、关系、责任、资源、过程和活动。风险管理框架被嵌入到组织的整

个战略和运营的方针和实践中。

风险管理计划(risk management plan):在风险管理框架内规定用于风险管理的方法、管理要素、资源的方案。管理要素一般包括程序、惯例、职责分配、活动顺序和时间安排。风险管理计划可应用于特定的产品、过程和项目、组织的部分或整体。

2.4.2 风险管理过程(risk management process)

风险管理过程包括管理方针、程序和惯例对沟通、协商、确定状况、以及识别、分析、评价、处理、监测和评审风险活动的系统应用。

(1)沟通和协商(communication and consultation)

沟通和协商是组织针对风险管理,提供、共享或获取信息,与利益相关方进行对话的持续和反复的过程。信息涉及风险管理的存在、性质、形式、可能性、严重程度、评定、可接受性、处理。协商是组织与它的利益相关方,在做出决策或确定某一问题的方向前,针对问题双向有事实依据的沟通的过程。协商是通过影响力而非权力对决策施加影响;作为决策的输入,而非加入决策。

沟通和协商涉及利益相关方(stakeholder),即可以影响、被影响,或者觉得自己会被决策或活动影响的个人或组织。决策者可以是利益相关者。

(2)风险评价

风险评价(估)包括风险识别、风险分析和风险评定。

① 风险识别(risk identification)

风险识别是发现、认识、描述风险的过程。风险识别包括风险源、事件、它们的起因及潜在后果的确定。风险源(risk source)是单独地或以结合的形式具有产生风险的内在可能性的因素。一个风险源可以是有形的或者无形的。

风险识别会涉及历史数据、技术分析、有事实依据的和专家的观点,以及利益相关方的需求。

本书第3章讨论的就是风险识别问题。

② 风险分析(risk analysis)

风险分析是理解风险的性质和确定风险程度的过程。风险分析为风险评定和风险处理决策提供了基础。风险分析包括风险估测。

为了阐述风险分析的内涵,我们先定义风险系统:描述未来可能出现灾害状态的系统称为风险系统,描述风险系统的相关变量就是所谓的风险指标。

由于风险是与某种不利事件有关的一种未来情景,决定了风险分析就是要认识未来的情景。风险分析属于预测学研究范畴,即如何利用科学的方法对事物的未来发展进行推测,并计算未来情景的相关参数。自然灾害风险分析就是如何利用科学的方法计算未来状态的相关参数,通过对参数的预测来对事件的未来发展状态进行预测。

风险分析的方法五花八门,有预测模型、拟合模型等。在风险分析领域,人们更多的是进行不确定意义下的定性、半定量、定量分析。如何判断风险分析结果的可靠性?似乎人人都懂风险,都会进行风险评估,但是只要谈及风险分析结果的可靠性,许多人就知难而退了。一些学者虽然采用了层次分析法、模糊数学、灰色系统等多种方法,但是不研究产生风险的真正原因;一些研究人员靠“专家打分”进行风险评估,在风险评估中专家的知识是十分有限的,即使个别专家具有丰富的经验，又如何验证专家经验的可靠性呢？有的人先验地构建风险评估模型，然后仅用 1～2 个例子来证明结果是否正确，人们便有理由怀疑风险分析结果的可靠性。

③ 风险评定(risk evaluation)

将风险分析的结果与风险准则进行比较，以确定风险和(或)其量是否可接受或可容许。风险评定有助于有关风险处理的决策。

本书第 4 章和第 5 章讨论的就是风险分析和风险评定问题。

如何评价自然灾害风险分析结果的可靠性？有两个途径。

第一，理论途径：从理论上证明相关假设和模型的合理性，从而认为风险分析结果是可靠的。第 3 章我们要讨论如何确定致灾临界条件，它是产生自然灾害的充分必要条件。如果我们能找到致灾临界条件，就从理论上证明了自然灾害风险的存在，在此基础上建立的风险评估模型便是科学合理的。

第二，实验途径：用实验或数值模拟的方法仿真相关的风险问题，然后从统计意义上考查计算结果和仿真结果是否相符。本质上，这种方法还是验证有关模型是否可靠，从而推论相关的风险分析结果是否可靠。既不能通过理论的途径又不能通过实验的途径证明其科学性的风险评估和区划的模型或方法，只能是先验的人为的方法，是不可取的。

④ 风险处理(risk treatment)

风险处理是修正风险的过程。风险处理可包括：

(a)通过决定不启动或停止产生风险的活动而避免风险；

(b)为了追求机会采取或增加风险；

(c)消除风险源；

(d)改变可能性；

(e)改变后果；

(f)与其他方面共同分担风险(包括合同、风险融资)；

(g)通过有事实依据的决策保留风险。

对消极后果的风险处理有时可以称为“风险减缓(risk mitigation)”“风险消除(risk eliminate)”“风险预防(risk prevention)”和“风险减小(risk reduction)”。

风险处理可以产生新的风险或修正已存在的风险。

⑤ 控制措施(control)

修正风险的措施。控制措施包括任何过程、方针、手段、惯例或其他修正风险的措施。控制措施可能不总是产生预期或设想的修正效果。

⑥ 监测(monitoring)

不断检查、监督、严格观察或确定状态，以识别所要求或期待的绩效水平的变化。监测可应用于风险管理框架、风险管理过程、风险或控制措施。

⑦ 评审(review)

为达到所建立的目标，确定有关事务的适宜性、充分性和有效性所采取的活动。评审可应用于风险管理框架、风险管理过程、风险或控制措施。

第3章　致灾临界条件

致灾危险性描述风险源变异强度和灾变可能性，前者的核心是确定致灾临界条件。

3.1　致灾临界条件和确定方法

3.1.1　致灾临界条件

所谓致灾临界条件，就是出现什么条件会产生自然灾害？例如，下多大雨会出现城市内涝？下多大雨会出现山洪？下多大雪对交通会有影响？电线覆冰多厚电线有断线的危险？我们将可能产生自然灾害的物理、化学或生物条件称之为临界条件，它可以是一个指标，也可以是一些物理指标的组合，例如1.2.2节提到的冬小麦干热风指标（表1.1）；也可以是一个数学模型。总之，致灾临界条件对于自然灾害的出现既是必要条件又是充分条件。如果我们能找到致灾临界条件，便从理论上证明了自然灾害风险的相关假设和模型的合理性，同时也找到了引起风险的原因；如果我们又能够提前预报致灾临界条件，便可以建立自然灾害早期预警系统，并根据致灾临界条件的强度和承灾体的易损性，进行自然灾害风险评估了。

在2.3节中，我们已经提到：由于自然灾害不仅与致灾因子有关，而且与孕灾环境以及防灾基础设施的能力有关。因此，在研究致灾临界条件时，必须考虑两种情况，第一是孕灾环境的变化，例如2008年汶川地震极大地改变了当地的地质地理条件，乱砍烂伐、过度放牧会明显改变生态环境，当自然地质地理生态条件（孕灾环境）发生明显变化时，必须重新研究致灾临界条件；第二是兴建防灾工程后，防灾能力提高了，致灾临界条件也相应提高了，因此必须重新研究致灾临界条件。

由于各地的孕灾环境和防灾工程不同，因此，对于同一种自然灾害，各地的致灾临界条件不同。有的人把一个省分成几个区，研究每个区域的致灾临界条件，这是不可取的，因为同一个区内不同地方的孕灾环境和防灾工程不同，致灾临界条件便不同。

在这里还要特别指出：对于绝大多数自然灾害，不能用气象站和/或水文站的观测资料分析得到致灾临界条件。这是因为绝大多数自然灾害不是发生在气象站和/或水文站，气象站和/或水文站的观测资料对于自然灾害而言代表性不够，特别是突发自然灾害出现的区域可能很小。由于自然灾害的发生与孕灾环境密切相关，不同孕灾环境致灾临界条件不同，因而应用GIS（地理信息系统）软件将气象站和/或水文站的资料内插到研究的地点上，同样是不可取的，因为任何纯数学内插软件都不可能真实地反映物理或化学要素的空间分布特征。研究致灾临界条件没有捷径可走，只有按照科学的方法去做。

3.1.2　确定致灾临界条件的方法

如何确定致灾临界条件？不同的自然灾害必须用不同的方法。概括起来，大致有如下几种方法：统计分析法、物理/生物模型法、实验模拟法、人工智能方法等。

(1)统计分析法

如果有足够多的灾损资料和致灾因子样本的资料，那么就可以应用统计分析法确定致灾临界条件。统计分析法可以采用回归模型、聚类模型、神经网络模型等。统计模型的应用面很大，对于多种物理或化学要素引发的自然灾害，常常使用统计的方法对致灾因子进行识别，然后用统计方法建模。

个例分析法属于统计分析法的特例。例如山洪灾害，我们可以通过调查获取山洪的历史个例资料，分析产生山洪的小流域的面雨量，这个面雨量便是产生本个例山洪情景下的临界面雨量。在下垫面特征不发生变化的情况下，由个例分析得到的临界面雨量便可以用来做产生本个例情景山洪的预报和风险评估了。个例统计分析法的局限性是不可能得到不同等级山洪的临界面雨量，如果要得到不同等级山洪的临界面雨量，一种办法是获取能反映不同等级山洪的多个样本，这实际上是困难的。3.3.1 节我们将给出一个例子说明如何应用统计分析法得到不同等级山洪的临界雨量。更一般的方法是用率定好的水文模型模拟得到不同等级山洪的临界面雨量，3.3.2 节我们将详细讨论这个问题。

(2)物理/生物模型法

物理/生物模型是在研究致灾机理的基础上建立的模型，它有比较复杂的数学表达式。物理/生物模型法是基于对自然灾害事件的灾害动力/生物过程的认识，以物理/生物模型来模拟灾害发生环境及过程，如果能找到合适的物理/生物模型，则可以用物理/生物模型来做灾害事件预测、风险评估和风险区划。例如，水文动力模型便是研究洪涝灾害常用的模型，可以用水文动力模型来确定临界面雨量，只要水文动力模型能够真实模拟出洪水过程，特别是准确模拟出洪峰的高低和出现时间，则用水文动力模型模拟得到的临界面雨量可以有很高的精度。

(3)实验模拟法

一些自然灾害可以在实验室中模拟，例如在云室中模拟电线覆冰，找出电线覆冰的临界气象条件。又如在人工气候箱中模拟农业气象灾害，在风洞中模拟风灾，用实验法模拟冰雹对农作物的损害，从而找出致灾的临界气象条件等。常常用实验模拟法验证物理/生物模型法的正确性。

(4)人工智能方法

人工智能(Artificial Intelligence)，英文缩写为 AI。它是研究、开发用于模拟、延伸和扩展人的智能的理论、方法、技术及应用系统的一门新的技术科学。人工智能是计算机科学的一个分支，它企图了解智能的实质，并生产出一种新的能以人类智能相似的方式做出反应的智能机器。人工智能在自然灾害研究方面的内容主要包括：知识表示、自动推理和搜索方法、机器学习和知识获取、知识处理系统、自动程序设计等方面。

(5)风险区划法

对于人工工程，可以根据工程的设计标准研究致灾临界物理条件。这些人工工程的设计标准往往采用防 T 年一遇的灾害。只要人工工程符合工程质量要求(非“豆腐渣”工程)，达到并超过人工工程的防灾标准才会发生灾害。因此，我们要研究的是 T 年一遇的临界物理条件，达到并超过临界物理条件便会产生灾害。

例如，城市根据其社会经济地位的重要性或非农业人口的数量，国家标准《防洪标准》(GB 50201—2014)分为四个等级。各等级的防洪标准按表 3.1 的规定确定。

表 3.1 城市的等级和防洪标准

等级	重要性	非农业人口/万人	防洪标准(重现期/a)
Ⅰ	特别重要的城市	≥150	≥200
Ⅱ	重要的城市	50～150	100～200
Ⅲ	中等城市	20～50	50～100
Ⅳ	一般城市	<20	20～50

我们要研究的是 20 a、50 a、100 a、200 a 一遇的流域水位和面雨量。

又如 330～550 kV、550～750 kV、≥750 kV 架空输电线新的设计标准是抗 30 a、50 a、100 a 一遇的电线覆冰(标准厚度),我们的任务就是通过覆冰历史资料的分析,研究出 30 a、50 a、100 a 一遇的电线覆冰厚度是多少。

这实际上是自然灾害风险区划所要研究的内容。我们将在第 6 章中详细讨论这个问题。

3.2 致灾临界条件的等级划分

为了防御自然灾害的需要,一些部门对致灾临界条件——自然灾害强度划分了一些等级,制定了相应的标准,例如洪水等级标准、地震等级标准等。

3.2.1 地震等级划分

地震强度有地震震级和烈度两种划分标准。地震部门在报道某地区发生的地震时,往往要冠以发生了 XX 级的地震,烈度达到 X 度等。地震的震级和烈度并不是一回事。

震级是以地震仪测定的每次地震活动释放的能量多少来确定的。我国目前使用的震级标准,是国际上通用的里氏分级表,共分 9 个等级,在实际测量中,震级则是根据地震仪对地震波所作的记录计算出来的。地震越大,震级的数字也越大。震级是表征地震强弱的量度,通常用字母 M 表示。一个 6 级地震释放的能量相当于美国投掷在日本广岛的原子弹所具有的能量。震级每相差 1.0 级,能量相差大约 30 倍;每相差 2.0 级,能量相差约 900 倍。也就是说,一个 6 级地震相当于 30 个 5 级地震,而 1 个 7 级地震则相当于 900 个 5 级地震。强震的震级等于或大于 6 级,其中震级大于等于 8 级的又称为巨大地震。一次地震只有一个震级,但它所造成的破坏,在不同的地区是不同的。也就是说,一次地震,可以划分出好几个烈度不同的地区。为了衡量地震的破坏程度,科学家又“制作”了另一把“尺子”——地震烈度。地震烈度与震级、震源深度、震中距,以及震区的土质条件等有关。一般来讲,一次地震发生后,震中区的破坏最重,烈度最高;这个烈度称为震中烈度。从震中向四周扩展,地震烈度逐渐减小。烈度是根据人们的感觉和地震时地表产生的变动,还有对建筑物的影响来确定的。

地震烈度是按照影响和破坏程度来划分等级的,我国把烈度划分为 12 度,不同烈度的地震,其影响和破坏如表 3.2。

例如,1976 年唐山地震,震级为 7.8 级,震中烈度为 11 度;受唐山地震的影响,天津市地震烈度为 8 度,北京市烈度为 6 度,再远到石家庄、太原等就只有 4～5 度了。

表 3.2　地震烈度划分标准及影响

地震烈度	影响
<3 度	人无感觉，只有仪器才能记录到
3 度	在夜深人静时人有感觉
4～5 度	睡觉的人会惊醒，吊灯摇晃
6 度	器皿倾倒，房屋轻微损坏
7～8 度	房屋受到破坏，地面出现裂缝
9～10 度	房屋倒塌，地面破坏严重
11～12 度	毁灭性的破坏

3.2.2　洪涝等级标准

(1)江河洪水等级标准

按照水利部门的规定，江河洪水有警戒水位、保证水位之分，警戒水位是指在江、河、湖泊水位上涨到普遍漫滩或重要堤段水浸堤脚的水位。保证水位是防洪工程所能保证安全运行的水位，当洪水位低于或到达这一水位时，防汛部门要保证堤防的安全，使工程在度汛方案及防洪调度上完全处于安全防御地位。除了警戒水位和保证水位之外，实际上还有一个洪水漫坝/漫堤水位。对于每条河流、同一条河流的不同区段，这三种洪水的水位都是不同的。为了风险评估的需要，我们应当将江河洪水划分为三个等级，见表 3.3。

表 3.3　江河洪水等级划分

江河洪水等级	水位/m
三级	警戒水位
二级	保证水位
一级	漫坝/漫堤水位

(2)水库洪水等级标准

为了保证汛期水库能够起到防洪作用，水利部门将水库的水位划分为三级：汛限水位、设计洪水位、校核洪水位。

汛限水位为汛期洪水未到前允许蓄水的上限水位；设计洪水位即防洪规划和防洪工程预计设防的最大洪水，当发生大坝设计标准洪水时，从防洪限制水位经水库调节后所达到的坝前最高水位；校核洪水位就是水库防御非常洪水的能力。当发生大坝校核标准设计洪水时，水库坝前所达到的最高水位。除此而外，还应当有一个漫坝水位。因此，水库洪水等级标准见表 3.4。

表 3.4　水库洪水等级标准

水库洪水等级	水位/m
四级	汛限水位
三级	设计洪水位
二级	校核洪水位
一级	漫坝水位

(3)山洪等级划分

根据 2010 年以来气象部门开展风险普查和评估的实践经验，山洪按预警点(隐患点)的积水深度划分等级,见表3.5。

表3.5 山洪等级划分

山洪等级	预警点水深/m	影响和防御措施
四级	进水	预警点(隐患点)进水,做好人员撤离的准备
三级	0.6	老人和小孩转移至二楼和高处;粮库采取挡水措施
二级	1.2	所有人员转移至二楼和高处
一级	1.8	所有人员转移至高处

(4)城市内涝等级划分

城市内涝等级划分主要考虑对交通安全的影响。考察各种汽车排气管的高度,小客车排气管最低高度只有27 cm(丰田旅行车27 cm,桑塔纳汽车28 cm),考虑到汽车行驶时的卷水效应,四级内涝的积水深度定为25 cm为宜,因此,我们得到城市内涝标准(表3.6)。

表3.6 城市积涝等级标准

承灾体	项目	城市内涝等级			
		四级	三级	二级	一级
交通要道	积水深度	5～25 cm	26～60 cm	60～120 cm	>120 cm
	影响	机动车尚可行使,但行车缓慢,影响道路交通畅通	水浸超过小车排气管高度,小车禁止通行	水浸高度超过客货车排气管高度,禁止车辆通行	交通完全阻断
商业居民社区	积水深度	5～25 cm	26～60 cm	60～120 cm	>120 cm
	影响	影响居民生活,可能造成财产损失	影响居民生活,造成部分财产损失	严重影响居民生活,造成较严重财产损失	危及居民生命安全,一楼财产损失严重
地上地下车库	积水深度	5～25 cm	26～60 cm	60～120 cm	>120 cm
	影响	对地上地下车库有影响	地下车库可能进水	地下车库有可能被淹	地下车库被淹

3.2.3 能见度等级划分

气象上能见度的划分标准是为了观测和天气预报的需要设定的,与对承灾体的影响无关。根据致灾原则,能见度等级应当根据内河航运和高速公路管理的需要来确定其等级。大雾对于现代交通安全和通行的影响是一种极具风险的天气条件,根据气象行业标准《公路交通气象条件等级》(QX/T 111—2010)和《道路交通安全法实施条例》第八十一条,把因大雾影响高速公路的能见度划分为四个等级(表3.7a)。

表3.7a 高速公路能见度等级划分标准

影响程度	稍有影响	有一定影响	有较大影响	有严重影响
能见度	200～500 m	100～200 m	50～100 m	<50 m
防御措施	开启防眩目近光灯、示廓灯和尾灯;时速不得超过80 km;保持150 m以上的行车间距	开启雾灯、近光灯、示廓灯和前后位灯,车速不得超过每小时60 km,与同车道前车保持100 m以上的距离	开启雾灯、近光灯、示廓灯、前后位灯和危险报警闪光灯,车速不得超过每小时40 km,与同车道前车保持50 m以上的距离	开启雾灯、近光灯、示廓灯、前后位灯和危险报警闪光灯,车速不得超过每小时20 km,并从最近的出口尽快驶离高速公路

表 3.7b　内河航运能见度等级标准

能见度等级	警示	限速	封航
能见度/m	1200～1500	500～1000	≤500

根据高速公路和内河航运安全运行的要求(表 3.7a、3.7b)，我们可以将能见度划分为 5 个等级，得到表 3.7c。

表 3.7c　能见度分等级划分标准

能见度等级	1	2	3	4	5
能见度/m	＜50	50～100	100～200	200～500	1000～500
影响和措施	高速公路一级管制	高速公路二级管制	高速公路三级管制	内河封航	内河航运限速

3.2.4　防风标准

为了风险评估的方便，根据山东省人民政府 1990 年发布的《山东省海洋渔业安全生产管理规定》和中华人民共和国江苏海事局 2002 年发布的《水上防风管理规定(试行)》，给出船舶风灾等级和防御措施，见表 3.8。

表 3.8　船舶风灾等级和防御措施

风力	5 级以上大风	6 级以上大风	7 级以上大风	8 级以上大风
影响和防御措施	挂机渔船和木帆渔船不得出海	60 马力①以下渔业船舶不得出海；内河：抗风能力小于 6 级的船舶(队)应及早选择安全地段避风	400 马力以下渔业船舶不得出海；内河：小型船舶(队)停止航行，进入夹江、河口、港池避风；禁止小型船舶(队)出闸入江	所有渔业船舶均不得出海；内河：除担任巡逻、抢险或经主管机关特许的船舶可以航行外，其他船舶一律停航

风力 6 级以上，当高速路上有很强的横风时，会影响车子的行驶稳定性，汽车应当减速行驶。

3.2.5　路面打滑等级指标

谢静芳等(2006)分析了气象条件对高速公路路面抗滑性能的影响，在各种路面状况中，干燥路面的抗滑性能及其稳定性最好。结冰路面的抗滑性能最差，稳定性也差；同时干燥路面与潮湿和积水路面、干燥低温路面与结冰路面之间抗滑性能差异较大。根据谢静芳等(2006)的研究，给出路面打滑等级(表 3.9)。

表 3.9　路面打滑等级

路面打滑等级	Ⅴ级	Ⅳ级	Ⅲ级	Ⅱ级	Ⅰ级
摩擦系数	0.80～0.96	0.50～0.79	0.36～0.49	0.2～50.35	0.18～0.40
气象条件	0 ℃以上干燥路面	0 ℃以上潮湿路面或积水，0 ℃以下干燥路面	浮雪或雪水混合	积雪	结冰
防御措施	车辆畅通行驶	车辆小心行驶	车辆降低车速	车速 20 km 以下	指导下缓行

① 1 马力=735.5 W，下同。

3.2.6 一些农业气象灾害指标

农业气象工作者研究得到了很多农业气象灾害指标和模型,包括高温、低温、干旱、病虫害等。这些指标和模型,一些是通过历史资料统计分析得到的,一些是通过实验研究得到的,近些年生物模型在研究农业气象灾害中发挥了越来越大的作用。为了方便读者阅读,将《气象灾害风险评估与区划方法》(章国材,2010)中介绍的农业气象灾害的一些指标转录如下(表3.10、表3.11)。

(1)早稻、玉米高温危害指标

表3.10 早稻高温危害指标

生育期	气象指标	影响
薄膜育秧期	$T_{max}\geqslant 26$ ℃时	膜内幼苗受害
抽穗开花期	连续3 d $T_{max}\geqslant 35$ ℃或$T\geqslant 30$ ℃	花粉发育受影响和开花授粉受精不良
灌浆结实期	$T_{max}\geqslant 35$ ℃或$T\geqslant 30$ ℃	灌浆结实期缩短,成熟期提前,影响产量和品质

表3.11 玉米高温危害指标

生育期	气象指标	影响
地膜玉米芽期	$T_{max}\geqslant 30$ ℃	膜内种芽受害
薄膜育苗期	$T_{max}\geqslant 26$ ℃	膜内幼苗受害
灌浆结实期	$T_{max}\geqslant 30$ ℃,RH$\leqslant$60%	开花较少
	$T_{max}\geqslant 35$ ℃	花粉粒丧失活力,不利于开花
	$T\geqslant 25$ ℃	灌浆结实期缩短,成熟期提前,影响产量和品质

以上用到的符号意义如下:T_{max}为日最高气温;T为日平均气温,RH为空气相对湿度。

(2)冻害指标

① 油菜冻害:油菜在苗期(或越冬期)遭遇极端最低气温在0 ℃以下,出现叶片冻伤、植株死亡或不能正常开花授粉的一种低温灾害(表3.12)。

表3.12 油菜苗期冻害等级指标

冻害等级	气象指标
轻微冻害	T_{min}:$-5\sim-3$ ℃
中度冻害	T_{min}:$-7\sim-5.1$ ℃
重度冻害	$T_{min}<-7.1$ ℃

② 柑橘冻害:柑橘在越冬期间遭遇极端最低气温在-7 ℃以下,出现枝条因冻干枯或植株死亡的一种农业气象灾害(表3.13)。

表3.13 温州蜜柑冻害等级指标

冻害等级	轻度	中度	重度
日最低气温/℃	$-9<T_{min}\leqslant-7$	$-11<T_{min}\leqslant-9$	$T_{min}\leqslant-11$
影响	枝条因冻干枯	枝条因冻严重干枯	植株因冻死亡

注:以上表中的T_{min}为日最低气温。

(3)玉米干旱等级指标(表 3.14)

以土壤湿度占田间持水的百分率表示。

表 3.14 玉米干旱等级指标

生育期	极旱	重旱	轻旱	适宜
玉米拔节—成熟阶段	≤40%	40%～50%	50%～60%	70%～85%
抽雄开花期	≤40%,造成花粉死亡,花丝干枯,不能授粉		≤60%	
玉米籽粒成熟期			≤60%,造成籽粒不饱满,千粒重下降	此阶段需水量减少

(4)病虫害气象指标

① 小麦条锈病发生发展的关键气象因子指标

张弘等(2007)统计 1996—2005 年小麦条锈病发病等级资料和同期的气象资料,给出了小麦条锈病发生发展的关键气象因子指标,见表 3.15。

表 3.15 小麦条锈病发生发展的关键气象因子指标

关键因子	日平均气温	降水量	日照时数	相对湿度
取值范围	9～16 ℃	≥1 mm	≤5 h	≥70%

② 苹果、梨病虫害指标(表 3.16)

表 3.16 苹果、梨病虫害指标

病虫害名称	适宜发生气象条件	发病状况
梨黑星病	在 3 月中旬梨花芽膨大后,在日均温达 10 ℃以上,只要出现大于 5 mm 的降雨,并有 2 d 阴天	即可发生初侵染
苹果和梨轮纹病萌发	5—6 月最低气温达到 12 ℃以上,在日平均气温达 15 ℃,首次降雨达到 6～10 h 以上,降雨量达到 13 mm	病菌就出现散发孢子高峰
梨锈病萌发	在 5 km 内有桧柏、刺柏或龙柏的情况下,从 3 月下旬始,当有大于 15 mm 的降雨,且其后 2 d 相对湿度大于 90%	梨锈病大量萌发

3.3 山洪临界面雨量

山洪沟位于河流的最上端,定义为≤200 km^2 的小流域。由于山洪沟很短,山洪常常是短历时强降雨大大超过山洪沟出水量而产生的地表径流,具有突发性、暴涨暴落的特性,强降雨汇集成洪流汹涌而下。山丘区小流域因流域面积和河道的调蓄能力小,坡降较陡,洪水持续时间短(历时几小时),涨幅大,洪峰高,洪水过程线多呈峰尖瘦峰型。山洪由于其突发性、水量集中、破坏力大等特点,其诱发的泥石流、滑坡,常毁坏房屋、田地、道路和桥梁等,甚至可能导致水坝、山塘溃决、人员伤亡,造成巨大经济损失。

表 3.5 只是从淹没水深的角度划分了山洪等级,实时山洪预报和风险评估,必须确定产生不同山洪等级的临界面雨量。

确定山洪临界面雨量有统计分析、水文模型等方法。

3.3.1 统计分析法

统计分析法有两种模型:临界水位模型和临界雨量模型。

(1)临界水位模型

在山洪沟中上游集水区内建立自动水位站,分析自动水位站水位上涨对下游预警点(隐患点)影响的历史数据,可以建立临界水位模型。贵州省气象局开展了这方面的试验,取得了较好的效果。例如,根据调查,他们将贵州省望谟河山洪划分为三个等级(表3.17)。

表3.17 望谟河山洪等级划分

山洪等级	打易站水位上涨	影响
三级	1~2 m	影响较小
二级	2~4 m	将对居民生活和学生过河有严重影响
一级	≥4 m	望谟县城街道将被水淹

注:因为贵州省气象局开展这项工作较早,当时对望谟河山洪等级划分没有淹没水深的内容。

在实际业务中,贵州省气象台根据上游自建的自动水位站(打易站)观测到的水位上涨发布暴发性洪水预报。由于自动水位站离县城有一段距离,自动水位站观测到的洪水到达县城需要一些时间,因此临界水位模型可以用于山洪的临近预报。

由于水位是洪水的直接测量的量,对于山洪预警具有重要作用,因此有必要在山洪沟内建设自动雨量水位两要素站。一般一条主山洪沟是由几支小山洪沟汇合而成的,自动雨量水位站应当建在大支山洪沟的汇合处,且汇流后的洪水到达被淹没的村镇的时间应当在30 min以上,如果洪水到达村镇的时间不到15 min,则应选择在上游的大支山洪沟内建自动雨量水位站。因为山洪的冲击力很大,自动雨量水位站应当建在山洪沟底的岩石上。

(2)临界面雨量模型

为了进一步提高山洪的预警时效,应当研究致洪的临界面雨量。不同等级的山洪发生的临界面雨量,是指山洪沟中可能导致某等级山洪发生的一定时段的最小雨量。不同地域、不同地形地貌、不同植被环境,临界面雨量是不同的,需要根据实测和调查资料及对比分析,深入研究降雨量、降雨历时、降雨强度与山洪之间的成因关系,综合分析才能确定临界面雨量。当山洪沟有批量的水位和对应的雨量观测资料时,可以用统计方法求致洪的面雨量。

① 望谟河上中游山洪临界雨量

贵州省气象局2009年研究了望谟河致洪的面雨量(章国材,2014)。望谟河位于贵州南缘的望谟县境内,地处贵州高原向广西丘陵过渡的斜坡地带,地势北高南低,最高点在北部打易镇跑马坪,海拔高度1718 m,最低点在南部昂武乡桑郎河出县境处,海拔高度275 m。望谟河属珠江流域北盘江水系,全长73.6 km,流域面积557 km^2,河流落差1211 m。望谟县城区位于河流的中段,河流发源于打易镇的山区,河流由北向南流经打易镇,在上游接纳支流纳坝河,流经新屯镇,在甘河桥上游接纳支流纳过河,继续向南流经复兴镇(城区),再折向西南,接纳支流纳朝河和松林河后回转向南,在县界汇入北盘江。望谟河河流落差大,支流纳坝河落差810 m,纳过河落差674 m,纳朝河落差842 m,松林河落差更达994 m,因此短历时强降水极易汇聚并形成洪水,具有山洪的特征。流域内建有5个区域气象站、1个七要素站、1个自动水位站。

2009 年 10 月，贵州省气象局在望谟河上游打易站建立了自动雨量水位站，因自动雨量水位站资料有部分缺失，只选取望谟河自动雨量水位站 2010 年 4 月 1—27 日，5 月 5—31 日，6 月 1—26 日，7 月 23—31 日，8 月 1 日—9 月 11 日，10 月 1—31 日逐小时最大水位及其上游乡镇雨量站（包括打易、纳包、新屯和自动水位雨量站 4 个站）小时雨量（其间有部分时次水位或雨量数据丢失）。计算 1 h、2 h 水位上涨与这 4 个乡镇雨量站 1 h、2 h、3 h 雨量和面雨量的相关系数（面雨量计算采用简单的相关自动气象站平均雨量）。选取相关系数最高者建立回归方程，得到：

打易站 1 h 水位上涨 x_1 与前 3 h 面雨量 R_3（R9801、R9817、R9803 三站平均）的相关系数 $r=0.619069$，回归方程为：

$$R_3 = 63.085x_1 + 12.212 \tag{3.1}$$

打易站 2 h 水位上涨 x_2 与 R9801 站前 1 h 雨量 R_1 的相关系数 $r=0.506593$，回归方程为：

$$R_1 = 25.527x_2 + 4.0413 \tag{3.2}$$

根据式(3.1)、式(3.2)和表 3.17，得到望谟河上中游山洪预警指标表 3.18 和表 3.19。

表 3.18 贵州省望谟河 1 h 山洪预警指标

山洪等级	前 3 h 面雨量/mm（面雨量为 R9801、R9817、R9803 的平均）
三级山洪/打易站 1 h 水位上涨 1～2 m	70～140
二级山洪/打易站 1 h 水位上涨 2～4 m	140～260
一级山洪/打易站 1 h 水位上涨 4 m 以上	≥260

表 3.19 贵州省望谟河 2 h 山洪预警指标

R9801 站（打易站）前 1 h 雨量/mm	29.6	42.3	55.1	80.6	106.1
打易站 2 h 水位上涨/m	1	1.5	2	3	4

② 利用天气雷达定量估测降水确定临界雨量

由于 2005 年以前绝大多数山洪沟都没有雨量观测，因此利用天气雷达估测降水技术分析引发山洪的临界雨量是十分必要和可行的。Robert 2005 年 8 月在中国气象局做学术报告时介绍了美国用雷达定量估测降水的方法监测和预报暴发性洪水的进展。对于某一条山洪沟，收集历史上发生山洪的个例，并将山洪分为四级，然后用 WSR-88D 估测山洪发生前的降雨量，计算该山洪沟不同等级山洪小流域的临界面雨量，得到结果如表 3.20。

表 3.20 某山洪沟山洪级别对应的面雨量

山洪级别	4	3	2	1
山洪沟流域临界面雨量/mm	R_0+25.4	R_0+59.3	R_0+93.2	R_0+127.0

注：R_0 为洪水刚好漫山洪沟的面雨量，每条山洪沟都不同。

3.3.2 水文模型

导致山洪的临界面雨量可以用水文动力模型（例如 TOPMODEL、HEC-HMS 模型、淹没模型等）模拟得到。因为山洪沟水文和雨量资料的欠缺及水文动力模型功能的不同，在不同种情况下应当采取不同的模拟方案。

(1)有水位和流量等水文观测资料的流域

首先利用历史灾情资料确定山洪等级(临界水位),然后由水位和流量观测资料,确定水位与流量的关系,得到不同等级山洪的临界流量,再应用逐时面雨量和蒸发资料,采用水文动力模型进行径流模拟,模式输出不同等级山洪临界流量时对应输入的面雨量即为临界面雨量。确定山洪临界降水量的流程见图 3.1。

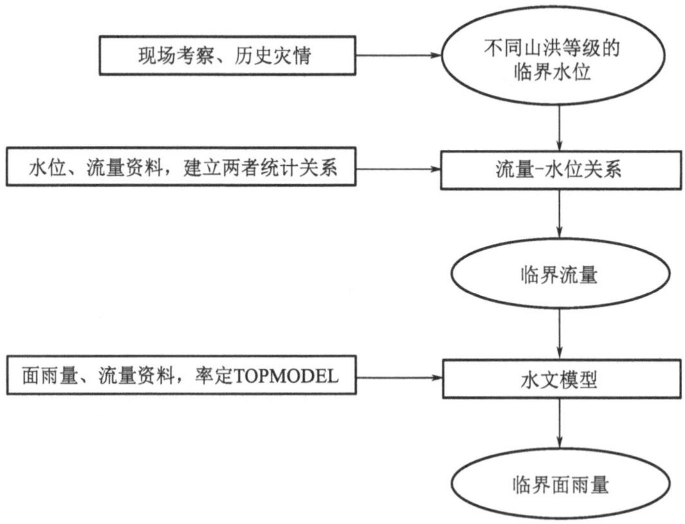

图 3.1 确定山洪临界面雨量的流程

① TOPMODEL 的应用

(a)TOPMODEL 简介

TOPMODEL(降水-径流模型)是由英国里兹大学于 20 世纪 70 年代开发,并不断得到发展和完善的半分布式流域水文模型。变动产流面积概念是 TOPMODEL 的理论基础,即饱和地表面积上形成的径流有两种方式:饱和坡面流和壤中流。饱和坡面流是在土壤水力传导性差、坡面平缓、坡形辐合的饱和坡面上形成的。饱和坡面流包括饱和地表面上的直接径流与回归流。近表层土壤水力传导度大以及坡面重力梯度大时则形成壤中流。

TOPMODEL 通过土壤含水量来确定源面积的大小和位置。定义缺水量 D 为饱和含水量与土壤含水量之间的差值。$D \leqslant 0$ 的面积即为饱和源面积。含水量计算应用了连续方程和达西定律,根据一个变宽度的水流带的连续方程,推导出水流带通用连续性方程式:

$$a \frac{\partial j}{\partial x} - \frac{\partial D}{\partial t} = i - j \tag{3.3}$$

式中,i 为降水强度,j 为产流率,x 为沿最陡坡向的曲线水流路径,a 为系数。

为了求解式(3.3),首先假定:饱和面积上的水力梯度近似于表面地形坡度 $\tan\beta$。一般情况下,潜水面不是水平的,而是向排泄区倾斜的曲面,起伏大致与地形一致而较缓和。所以这个假定比较符合饱和地下水的实际情况,但饱和表面上的地表径流情况却不一样,因此,模型中将地表、地下径流分开进行计算。

假定土壤的传导度是缺水量的指数衰减函数。在绝大多数情况下,地下水的运动都符合达西线性渗透定律。因此,对地下径流可写成:

$$q = \tan\beta f(D) = \tan\beta T_0 e^{-D/m} \tag{3.4}$$

式中：T_0 为土壤刚饱和时的传导度，单位为 m^2/h；m 为模型参数。

根据式(3.4)，得到流域内每一点缺水量与流量的关系为

$$D_i = m\ln\left(\frac{aj}{T_0\tan\beta}\right) \tag{3.5}$$

在整个对地下水位有贡献的流域面积 A 上，对式(3.5)积分可得：

$$\overline{D} = \frac{1}{A}\sum_i A_i\left[-m\ln\left(\frac{aj}{T_0\tan\beta}\right)\right] \tag{3.6}$$

第三个假设也是最关键的假设，即产流(也即单位面积上的流量)在空间上均等。为了得到方程的一致解，还必须假定降雨补给 i 和 $\frac{\partial D}{\partial t}$ 项在空间上不变。如此，联立式(3.5)和式(3.6)，便可得出模型的基本方程：

$$\frac{\overline{D} - D_i}{m} = \left(\ln\frac{a}{\tan\beta} - \lambda\right) - (\ln T_0 - \ln T_e) \tag{3.7}$$

式中：$\lambda = \frac{1}{A}\sum_i A_i\ln\frac{a}{\tan\beta}$；$\ln T_e = \frac{1}{A}\sum_i A_i\ln T_0$，为单位面积导水率的平均值；$\ln\frac{a}{\tan\beta}$ 被称为地形指数。如果 T_0 假定在空间上均等，则式(3.7)中最后一项为零，只需地形指数就可直接计算缺水量的大小。

TOPMODEL 模型把全流域按数字高程模型(DEM)网格分块，每一个网格称为一个水文单元，大的流域又可被分成若干个子流域(或单元流域)。对每一个单元流域进行产汇流计算。产流计算包括不饱和层水分运动、饱和层水分运动及地表径流，地表径流和地下径流均视为在空间上相等，可通过等流时线方法进行汇流演算，求出单元流域出口处的流量过程。单元流域的计算流程图(图 3.2)。通过河道汇流得出流域总出口断面流量过程。河道演算多采用近似运动波的常波速洪水演算方法。

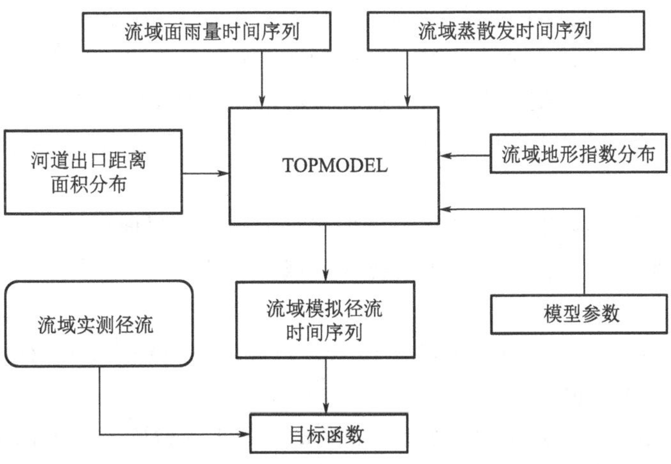

图 3.2 TOPMODEL 径流模拟流程

在对单元流域进行产流计算时，并不是每个水文单元都计算，TOPMODEL 中假定地形指数相同的网格具有相同的水文响应，用“地形指数-面积分布函数”来描述水文特性的空间不

均匀性。因此只需计算那些水文响应不相同的网格。“地形指数-面积分布函数”表示具有相同地形指数值的流域的空间部分,模型用统计方法计算地形指数的分布函数。

模拟之前首先划分流域边界,计算流域面积,提取流域地形特征,包括地形指数分布和河道出口距离面积分布。地形指数越大的地方,越容易产流,地形指数分布可看成是流域河道的另一种表现形式;河道出口距离面积分布决定流域的汇流过程,TOPMODEL 假定流域表面流的汇流速度为常数,距离流域出口相同的格点上的产流同时到达流域出口,距离相同格点具有的面积大小控制流域出口的流量。对于确定的流域,其地形指数分布和河道出口距离面积分布是固定不变的。流域划分可以基于数字高程数据,采用数字高程流域水系模型 DEDNM (Digital Elevation Drainage Network Model),又称 TOPAZ(Topographic PArameteriZation)作为数字地形分析工具进行流域河网水系识别和流域边界划分,并根据 TOPAZ 的输出结果计算河道出口距离面积分布。地形指数计算可以采用多流向法。

在模拟径流时,把流域面雨量和蒸散发时间序列输入 TOPMODEL 模型,可以得到流域出口的流量序列。为了评价模拟结果的优劣,可以将实测流量过程和模拟的流量过程比较,计算目标函数,利用目标函数优化模型参数。

与传统集总式流域水文模型特征相比,TOPMODEL 有三方面的特点:①对实际水文过程的模拟更贴切,尤其是对包气带(不饱和带)水分的运动及浅层地下水动态的模拟;②考虑了下垫面地形的空间变异性对水文响应的影响,并实现了产流面积的空间可视化;③与地理信息系统相结合,易于实现数据的更新,能够实时反映现实下垫面的变化。

与分布式水文模型相比,TOPMODEL 一个突出的特点就是模型结构简单,优选参数少,结构化的程序语言使其很容易根据实际情况调整结构,甚至能作为水文-地形生态模型的子模块。另外,TOPMODEL 在应用时仅需 DEM 图和基本的水文资料(降水、蒸发、流量),甚至可用于无资料地区。但分布式水文模型结构非常复杂,参数众多,对资料的要求也较高,许多模型在具体引用时还存在很多问题。

正因其简单,TOPMODEL 对水文要素的空间变异性及水文单元的相互联系有些考虑不足,模型仅仅考虑了下垫面地形的空间变异性,其他水文要素,如降水、蒸发及产流等,都被假定为空间上均等而且除了计算地形指数,网格并没有实际的意义,所以 TOPMODEL 只适用于小流域。而分布式水文模型最突出的特点就是考虑水文要素的空间分布及相互间的联系,从这个意义上来讲,TOPMODEL 并不能算作分布式水文模型,所以称其为半分布式水文模型。

(b)TOPMODEL 的应用:江西省宜黄县曹水流域山洪临界面雨量

章毅之等利用收集到的江西省宜黄县曹水流域水文资料,建立了曹水流域水位和流量之间的关系式为(章国材,2014):

$$y=-3.318\times10^{-8}x^4+9.607\times10^{-6}x^3-0.00102x^2+0.06326x+97.46 \tag{3.8}$$

式中,y 为水位,x 为流量值。

水位和流量的相关系数为 0.98,通过了信度 $\alpha=0.01$ 的检验。根据以上关系式可以分别求出不同风险等级山洪灾害对应的临界流量:低风险临界流量为 55 m^3/s、中风险临界流量为 87.5 m^3/s、高风险临界流量为 122 m^3/s。

用 TOPMODEL 模拟出以上不同风险等级流量的输入面雨量即为对应风险等级的临界面雨量(见表 3.21)。

表 3.21　不同山洪风险等级的不同降雨时长的临界面雨量

降水时长/h	低风险临界面雨量/mm	中风险临界面雨量/mm	高风险临界面雨量/mm
1	86.4	102.8	115.4
3	95.3	111.7	124.6
6	101.2	118.7	132.6
12	107.4	126.6	142.5
24	117.4	141.5	163.2

② HEC-HMS 模型

(a)HEC-HMS 模型简介

HEC-HMS 水文模型是美国陆军工程兵团水资源研究中心研发的降雨径流关系模型。该模型全面考虑流域内气候环境、降雨空间分布和下垫面条件的不均匀性，而且充分描述了孕灾环境变化对流域水文过程的影响，将流域降雨径流过程概化为降雨损失、坡面汇流、河道演算、基流 4 个部分，每个部分都包含多种计算方法，通过不同方法的组合运用，实现多种产汇流模型的耦合计算，可提高场次洪水的模拟精度。HEC-HMS 模型结构完整、计算参数简单、考虑因素全面和融合了纯粹的超渗产流或蓄满产流机制且能够较为客观地模拟小尺度的小流域径流过程，在我国暴雨洪水计算中已有广泛应用。

(b)应用案例：河南省信阳市新县裴河小流域的山洪临界雨量

原文林等(2018a)基于 HEC-HMS 模型研究了河南省信阳市新县裴河小流域的山洪。裴河小流域位于新县南部，流域面积为 274 km^2，流域内最长汇流路径为 39.37 km，河道平均比降为 0.03%，气候较为湿润，最大土壤含水量(W_m)为 50 mm。地处多山地带，主脉横贯东西，坡陡谷深，植被覆盖率较高。流域内降雨较为丰富，尤以短历时强降雨为主，造成极端降水事件频繁发生，山洪灾害严重。研究区内布设了新县水文站及泗店、田铺、塘畈、裴河 4 个雨量站。

原文林等(2018b)收集整理了各雨量站及新县水文站 1982—2013 年降雨资料作为基础数据。为提升山洪灾害预警精度，将 GIS 技术与水文模型紧密结合，构建流域数字水系及 HEC-HMS 模型，选取 1982—2013 年七场典型降雨、洪水资料进行模拟，率定参数，结果表明，七场洪水模拟洪峰流量误差分布在 0.1%～4.8%，模拟洪水流量误差分布在 3.2%～16.0%之间，模拟精度等级均在乙级以上。说明 HEC-HMS 模型参数率定结果合理性较好，模拟精度较高，可用来模拟裴河小流域洪水降雨径流过程，用于山洪临界雨量确定，并与采用实测资料所率定的裴河小流域瞬时单位线模型 IUH(原文林 等，2018b)比较，结果见表 3.22。

由表 3.22 可知，在不同前期影响雨量及不同预警时段条件下，由 HEC-HMS 模型所确定的临界雨量均比 IUH 模型的计算结果偏小。

原文林等(2018b)在确定临界雨量的基础上，选取塘畈雨量站 2002 年 7 月 23 日、2016 年 7 月 1 日两场成灾暴雨资料，采用时段特征雨量检验法(原文林 等，2018b)对夏湾组临界雨量进行验证及合理性分析。根据各场次成灾暴雨的前期降雨判断，2002 年 7 月 23 日、2016 年 7 月 1 日两场降雨前期影响雨量分别为 0.2W_m(干旱状态)、0.8W_m(湿润状态)。在此基础上，滑动统计预警时段内的时段特征雨量，将其与相同前提条件下的临界雨量进行对比分析，夏湾组时段特征雨量与临界雨量对比见表 3.23、表 3.24。

表 3.22　临界雨量结果对比(原文林 等,2018b)

Ia	预警时段/h	HEC-HMS 模型临界雨量/mm	TUH 模型临界雨量/mm
$0.2W_m$	1	79	82
	3	82	98
	6	88	111
$0.5W_m$	1	63	69
	3	66	89
	6	71	103
$0.8W_m$	1	48	63
	3	51	82
	6	63	95

表 3.23　夏湾组 2002 年 7 月 23 日降雨检验结果(原文林 等,2018b)

预警时段/h	时段特征雨量法		HEC-HMS 模型			IUH 模型		
	临界雨量/mm	频率区间	临界雨量/mm	频率区间	偏离度/%	临界雨量/mm	频率区间	偏离度/%
1	60	Ⅱ	79	Ⅱ	0	82	Ⅲ	36.7
3	70	Ⅰ	82	Ⅰ	0	98	Ⅱ	40
6	90	Ⅰ	88	Ⅰ	0	111	Ⅰ	0

表 3.24　夏湾组 2016 年 7 月 1 日降雨检验结果(原文林 等,2018b)

预警时段/h	时段特征雨量法		HEC-HMS 模型			IUH 模型		
	临界雨量/mm	频率区间	临界雨量/mm	频率区间	偏离度/%	临界雨量/mm	频率区间	偏离度/%
1	49	Ⅰ	48	Ⅰ	0	63	Ⅱ	28.6
3	63	Ⅰ	51	Ⅰ	0	82	Ⅰ	0
6	100	Ⅰ	63	Ⅰ	0	95	Ⅰ	0

由表 3.23、表 3.24 可知:2002 年 7 月 23 日降雨检验结果中,HEC-HMS 模型结果与时段特征雨量均在同一频率区间,满足合理性要求;在 IUH 模型结果中,1 h、3 h 临界雨量与特征雨量不在同一频率区间,且偏离度大于 10%,不满足合理性要求;6 h 临界雨量与特征雨量在同一频率区间,满足合理性要求。2016 年 7 月 1 日降雨检验结果中,HEC-HMS 模型结果与时段特征雨量均在同一频率区间,满足合理性要求;在 IUH 模型结果中,1 h 临界雨量与特征雨量不在同一频率区间,且偏离度大于 10%,不满足合理性要求;3 h、6 h 临界雨量与特征雨量在同一频率区间,满足合理性要求。

原文林等(2018b)认为从整体上分析,HEC-HMS 模型短历时预警精度比 IUH 模型的高,长历时预警更加偏向于安全,模拟结果整体合理性较好,符合山丘区易发生短历时强降雨的成洪特性,能有效提高山洪预警预报精度。

(2)无水文观测资料但有典型山洪个例淹没水位记录的流域

大多数山洪沟没有水文站,因此没有山洪的水位和流量历史资料,此时,应当对近几年发生的山洪个例进行详细的调查，特别要详细调查洪水发生的时间和水位，然后利用淹没模型(FD)进行山洪淹没再现模拟。根据调查的洪水发生时间和水位资料对模拟结果进行调整，提取最佳模拟结果中逐时的淹没深度，对逐时淹没深度及对应降水量进行分析，最终得出不同山洪等级的临界面雨量。

① 淹没模型(FD)简介

FloodArea(FD)模型是二维非恒定流水动力学模型，由德国 Gcomcr 公司开发，模块形式与 ArcGIS 无缝集成，考虑了地形坡度和不同地表覆盖形态下地面糙度对洪水演进形态的影响。

FD 基于水动力学原理和改进的 D8 算法，计算时基于 GIS 栅格数据，考虑一个栅格周围的八个相邻单元，相邻单元的水流宽度被认为是相等的，位于对角线的单元，以不同长度算法来计算，FloodArea 计算原理见图 3.3。

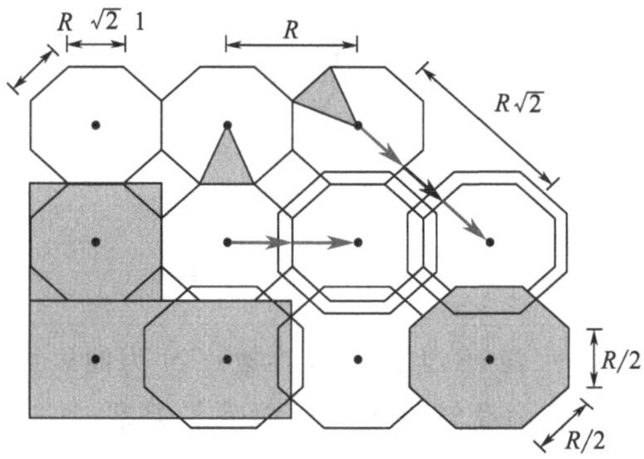

图 3.3　FloodArea 计算原理示意图

对邻近单元的泄入量由 Manning-Stricker 公式计算：

$$V = K_{St} \times r_{hy}^{2/3} \times I^{1/2} \tag{3.9}$$

式中，V 为下泄流量，K_{St} 是粗糙度，r_{hy} 是水力学半径，I 是洪水水面比降。

每一个时间间隔的流入的水流的淹没深度由初始栅格的水位和栅格之间的地形高程之差给出：

$$f = W_A - \max(e_A, e_B) \tag{3.10}$$

式中，f 为入流深度(A 内的水位高程与最大地形高程之差)，W_A 为栅格 A 内的水位高程，e_A 为栅格 A 的高程，e_B 为栅格 B 的高程，求 e_A 和 e_B 的最大值。

水流的倾角和方向由栅格间的坡向和坡度决定。在每一次迭代步骤中，重新计算水流的倾角和方向。最陡坡度指定为 Manning-Stricker 公式中的水流倾角：

$$s = \sqrt{\left(\frac{\partial z}{\partial x}\right)^2 + \left(\frac{\partial z}{\partial y}\right)^2} \tag{3.11}$$

$$a = 270 - \frac{360}{2\pi} \times \alpha \tan2\left(\frac{\partial z}{\partial y}, \frac{\partial z}{\partial x}\right) \tag{3.12}$$

式(3.11)、式(3.12)中，s 为梯度，a 为坡向，α 为坡度，$\frac{\partial z}{\partial y}$是南北方向的高程变率，$\frac{\partial z}{\partial x}$为东西方向的高程变率。

FloodArea(FD)输入数据为DEM、水位面,设置参数包括模拟时长和间隔、地面粗糙度、阻水物和水流最大交换率等。

淹没模型有漫坝模型、溃坝模型和强降雨模型三个模块,分别以给定水位、给定流量和给定面雨量三种方式进入模型,并可根据水文过程线进行实时调整,可视化表达流向、流速和淹没水深等水文要素的时空物理场,为洪水淹没风险动态制图提供了有效工具。

模式中的地表水力糙度指的是流体力学上的粗糙度,是衡量河道或冲沟边壁形状不规则性和粗糙程度影响的一个综合性系数,目前关于水力糙率的研究,已有大量的研究工作和较为成熟的结论。分析遥感资料获知流域境内地表覆盖类型。根据研究结论,对流域地表水力糙度取值介于1～10之间。为提高模拟准确度,根据实际暴雨淹没和模拟结果的差异对水力糙度进行精细率定。

在进行暴雨洪涝淹没的动态模拟前,首先需求算研究区域的径流系数,径流系数采用SCS模型曲线数值法进行计算,计算公式如下:

$$S=\frac{25400}{\mathrm{CN}}-254 \tag{3.13}$$

$$Q=\frac{(P-0.2S)^2}{P+0.8S} \tag{3.14}$$

$$\alpha=\frac{Q}{P} \tag{3.15}$$

式中,Q为径流量;P为过程降水量;S为潜在入渗量;CN为曲线数值,由地表覆盖类型决定,可由遥感资料得到。利用遥感资料获知流域内地面覆盖类型,根据式(3.13)—式(3.15)计算得出研究流域的径流系数。

② 应用案例:福建省莆田市下磨溪山洪的临界面雨量

福建省气候中心研究了莆田市下磨溪山洪的临界面雨量(章国材,2014)。他们首先收集了2011年9月1日南玛都台风降雨受淹的莆田市总工会、书画院、烧烤吧的淹没时间和水深,用以率定淹没模型中的参数(地面水力糙度、地表径流系数)。

以土地利用类型数据为基础,按居民地、水体、旱地、水浇地、林地5种类型确定地表水力糙度初始值,采用SCS模型,充分考虑流域前期土壤湿润程度、坡度、土壤类型和土地利用现状的综合特性,求算研究区域的产流系数初值。

然后利用流域范围内福州、福清、永泰三个自动气象站山洪过程1 h雨量资料,比较了反距离权重插值法(IDW)、泰森多边形法、(协)克里金法计算面雨量的结果,以(协)克里金法误差最小,所以采用(协)克里金法计算流域面雨量。在1∶1万的GIS数据的支持下,用淹没模型FD中的降雨模式模拟山洪过程,调整模型中的两个参数,使得模拟的隐患点淹没时间和淹没深度尽可能与实况一致。模拟洪水演进过程见图3.4。

最后计算1 h、2 h、3 h、4 h、5 h、6 h面雨量与淹没深度的相关系数,发现2 h面雨量与淹没深度的相关系数最高,见图3.5。因此,得到在南玛都台风情景下,下磨溪2 h不同山洪等级的致洪面雨量,见表3.25。

(3)无任何水文观测资料,又无典型山洪案例淹没水位记录的流域

一些山洪沟既无水文观测资料,又无典型山洪案例淹没水位记录,或虽有山洪案例但淹没水位和洪水进程已不可考,此时可以采用邻域类比法,即采用地形地貌相似的山洪沟已率定好

的淹没模型进行山洪淹没情景模拟。在这种情况下，应当根据GIS（地理信息系统）数据和实地考察获得河道基本参数、流域地面水力糙度、地表径流系数、村庄和道路的地理信息（经纬度、海拔高度），应用本节中(1)、(2)已调试过参数的淹没模型模拟洪水过程，输入逐时面雨量资料，当洪水淹没预警点（隐患点）的深度达到不同等级山洪的淹没深度对应的面雨量即为该等级山洪的临界面雨量。

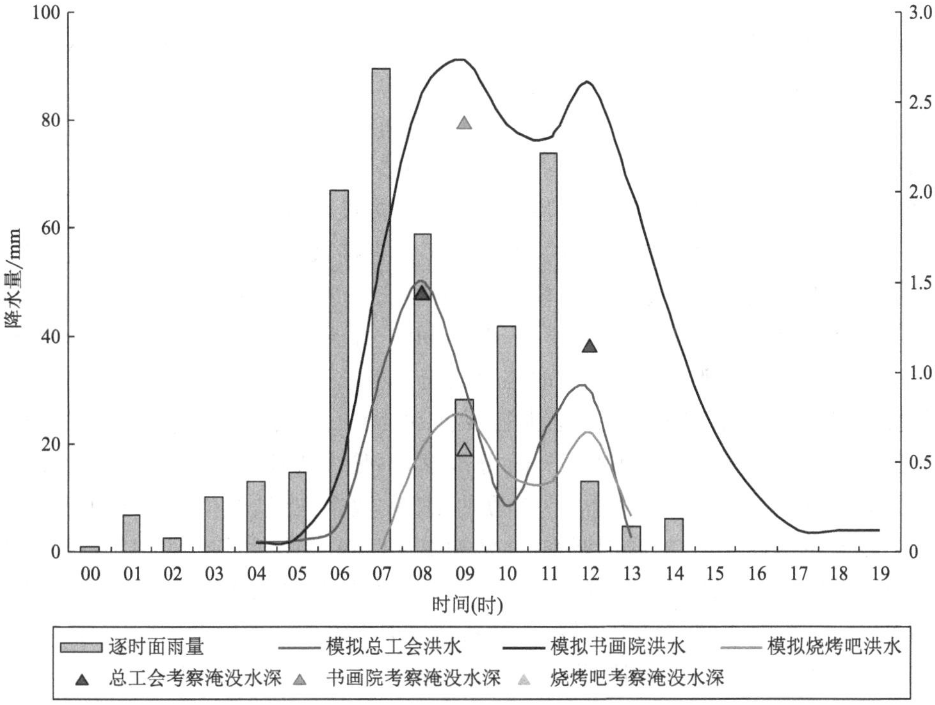

图3.4 FD模拟洪水演进过程

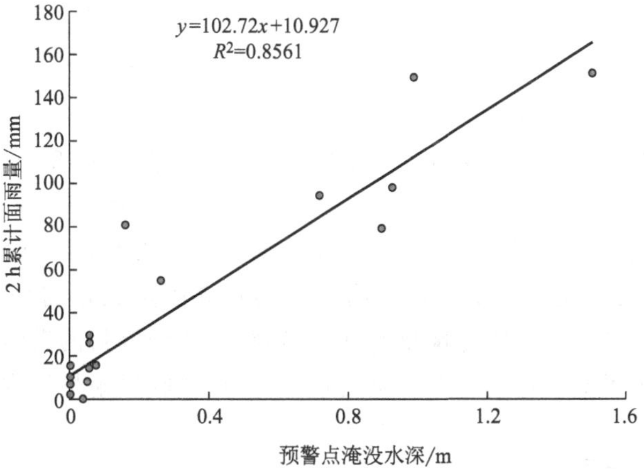

图3.5 莆田市总工会淹没水深与2 h累计面雨量的关系

表 3.25 下磨溪不同山洪等级的 2 h 致洪面雨量

预警点名称	预警等级	淹没预警点深度/m	临界雨量/mm
莆田市总工会	Ⅳ级	0.3	41.736
	Ⅲ级	0.6	72.552
	Ⅱ级	1.2	134.184
	Ⅰ级	1.8	195.816

这里所说的邻域类比法实际上已经假定我们使用的淹没模型参数(流域地面水力糙度、地表径流系数),对于欲研究的山洪沟与本节(1)或(2)中的山洪沟是相同的,因为气候区相同,地形地貌相似,流域地面水力糙度、地表径流系数应当相同,因此这个假定是合理的,在没有任何水文资料的情况下,也不失为一种可用的办法,待该山洪沟建立自动水位雨量站之后,再使用实际观测到的山洪水位和面雨量资料,应用统计方法或淹没模型调整致灾临界面雨量。

应当注意的是邻域类比是淹没模型的类比,而不是直接采用相似邻域的临界面雨量,这是因为,可以认为相似邻域的流域地面水力糙度、地表径流系数是基本相同的,所以可以采用相似邻域率定后的淹没模型进行洪水过程模拟,但是,由于每条山洪沟的长度、流域面积、河道基本参数等是不同的,因此每条山洪沟致洪的临界面雨量各异。

为了提高淹没模型模拟的准确率,至少需要使用 1∶1 万的 DEM(数字高程模型)数据(4.5 m 分辨率),1∶5 万的 DEM 数据(25 m 分辨率)不足以描述山洪沟的河道参数(河道宽度、深度、比降等)特征。如果不能获得 1∶1 万的 DEM 数据,必须对山洪沟的河道参数进行分段(河道参数发生明显变化)的详细调查,并将调查的河道参数据添加到 GIS 的图层数据中去(即进行所谓的“挖沟”处理)。而且应当注意,在用淹没模型进行模拟时,一定要模拟出退水过程,否则可能出现没有水流出模拟区域,而导致临界面雨量偏大的问题。

目前输入淹没模型的是 1 h 降雨量,自动气象站(雨量站)雨量测量的最高分辨率是 1 min,将输入淹没模型的降雨量从 1 h 提高到 10 min 是有必要的,它将更好地反映强降雨的情景,得到精度更高的模拟精度,从而更准确地预报山洪。

与此同时,对淹没模型本身还需要进行改造和优化完善,包括对曼宁糙率系数进行概化,河道和其他淹没区域选择不同的曼宁糙率系数;对于山洪沟,针对坡面和河道选取不同的水文动力模型和解算方法;针对中小河流域,需要进行分类,解决分布式水文模型与淹没模型的叠加运用,这样才有可能得到精度高的模拟精度。

值得注意的是,上面所举例子得到的下磨溪的致洪面雨量是在 2011 年 9 月 1 日南玛都台风降雨情景下得到的,致洪还有其他情景:1 h、3 h、6 h…降雨量,有了率定好的淹没模型就好办了,用它做 1 h、2 h、3 h…的降雨模拟,就可以得到不同时效下的致洪面雨量了。

赵龙等(2022)利用水文水力学法计算沿河村落临界雨量数据与相应的临界雨量影响参数,采用随机森林回归算法构建临界雨量预估模型,将无实测资料的沿河村落临界雨量影响参数输入到模型中,实现了对各村落临界雨量的预估,为预估临界雨量提供一种有用的方法。

3.4 河流雨-洪关系

流域面积 200～2000 km^2 的河流定义为中小河流。一些中小河流河流上建有水文站(没有水文站的中小河流，致洪面雨量的确定方法与山洪沟相同），有长序列的水文观测资料，且水文和气象部门布设的雨量站密度对于研究河流雨-洪关系基本够用。但是，中国绝大多数河流上都建了水利设施，人为的调控使得河流的水位不能反映降雨的效应。研究河流雨洪关系最好用水利设施建设之前的降雨、流量和水位的资料。

研究中小河流雨-洪关系有统计分析法、人工智能和水文模型三种方法。

3.4.1　统计分析法

统计分析法就是利用批量洪水个例资料，分析水位或水位上涨与水位站以上流域的水位、面雨量及其他有关变量的关系，建立它们的统计关系，根据洪水水位或洪水水位上涨量和这个统计关系，便可以得到不同洪水等级（水位上涨量）的临界水位和临界面雨量。

（1）相关水位法

水位预报主要是对某站（点）水位及其出现时间的预报。河道水位预报，常用相应水位关系法进行，即在一定河段上，河道与断面对洪水波变形的影响可视为定值，当下断面水位只受上断面来水影响时，可建立上断面水位与下断面水位的经验关系。实际应用中，有下列几种方法。

① 单一相应水位关系法。最简单的是上、下断面水位特征点（洪峰、起涨）之间的单一关系（图 3.6）。图 3.6a 称洪峰水位关系，反映洪水波的变形规律；图 3.6b 称传播时间关系曲线，表示洪水波的传播规律。在单一河段中，洪水波变形受附加比降影响较显著，此时宜在上、下断面相应水位关系中增加有关参数。有时受区间径流、较大支流汇入和变动回水顶托等因素的影响，可针对不同影响因素增加有关参数。

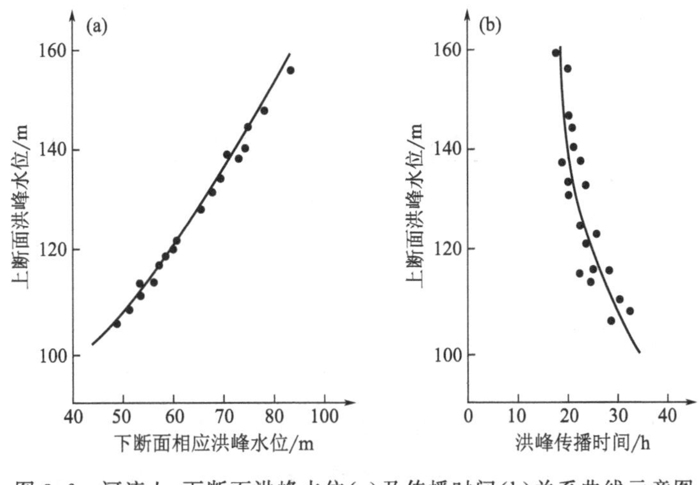

图 3.6　河流上、下断面洪峰水位(a)及传播时间(b)关系曲线示意图

② 在多支流汇入的河段，假定不考虑干支流洪水的互相干扰，可用下断面水位与干支流各上断面相应流量之和的关系，来预报下断面水位，称合成流量法。

以上水位预报都是直接推算出来的。在有些复杂的河段，可先用相应流量关系法或洪水演进推算出下断面流量，再由水位流量关系曲线转化为水位。

在分洪溃口河段，因突然改变了原来水流涨落和传播的规律，此时宜采用现时水位关系，或在原有的相关关系上增加一组分洪溃口影响的因素（如分洪流量）作参数。预报时要注意分洪位置和分洪情况的变化。

影响水位预报的因素很多,也很复杂,相应水位关系所考虑的因素不易全面,同时很难正确估计预见期内影响因素的变化,因此宜及时补充信息,修正预报成果。

③ 案例:相应水位变化相关法预报长江干流感潮河段潮位

傅太生等(2007)用相应水位变化相关法探讨了长江干流感潮河段潮位预报问题。长江下游大通至江阴鹅鼻嘴为感潮河段,长 444 km。长江干流径流量巨大,是影响感潮河段潮位的主要因素;下游潮汐直接影响感潮河段潮位的周期变化;大通以下区间除淮河和青弋江、来阳江来水较多外,其他支流来水较少且分散,目前对来水缺乏定量的估计;风向和风速对潮位的影响难以定量估算,暂不考虑。如此,感潮河段的潮位可以表示成大通、吴淞站潮位变化和区间来水流量变化的函数:$Z_{感潮}=f(Z_{大通},Z_{吴淞},Q_{区间})$,式中,$Z_{感潮}$ 为感潮河段预报潮位变化,$Z_{大通}$ 为大通站潮位变化,$Z_{吴淞}$ 为吴淞站潮位变化,$Q_{区间}$ 为区间来水流量变化。

以镇江北固站(以下简称镇江站)潮位 $Z_{镇江}$ 预报为例,相关分析表明,镇江站的潮位与其前一天的潮位 $Z_{镇江,前一日}$,大通站前一日和前两日的 08 时水位 $Z_{大,前一日}$、$Z_{大,前两日}$,及与镇江预报潮位相应的吴淞站潮位和前一日的 08 时水位 $Z_{吴}$、$Z_{吴,前一日}$ 相关。

设镇江站高潮位预报方案如下:

$$Z_{镇江}=C_1Z_{大,前一日}+C_2Z_{大,前两日}+C_3Z_{镇江,前一日}+C_4Z_{吴}+C_5Z_{吴,前一日}+B \quad (3.16)$$

率定期选择 1954 年、1983 年、1991 年、1995 年、1996 年、1998 年、1999 年 5—9 月共 1029 组观测数据,方案参数率定见表 3.26。

表 3.26　镇江站高潮位预报方案参数率定表(傅太生 等,2007)

C_1	C_2	C_3	C_4	C_5	B	相关系数
0.3173	−0.2810	0.9020	0.4179	−0.3524	−0.0613	0.9910

镇江站高潮位预报方案精度评定结果见表 3.27。

表 3.27　镇江站高潮位预报方案评定结果(傅太生 等,2007)

平均误差/m	±0.065
平均相对误差/%	1.05
合格率/%	98.88
确定性系数	0.9900
精度等级	甲

利用 2001—2004 年 5—9 月共 548 组观测数据进行精度检验,结果见表 3.28。

表 3.28　镇江站高潮位预报方案精度检验结果(傅太生 等,2007)

平均误差/m	±0.061
平均相对误差/%	1.05
合格率/%	99.82
确定性系数	0.9868
精度等级	甲

同样,可以建立镇江站低潮位的预报方案(略)。

(2)统计相关法确定中小河流致洪临界雨量

刘元锋等(2023)应用统计相关法确定辽宁省中小河流致洪暴雨临界雨量。考虑到水利部水文局《水情预警信息发布管理办法(试行)》推荐采用洪水要素重现期接近 5 a 为蓝色预警指标,达到或超过 5 a 为黄色预警指标。中小河流洪水预警采用重现期 5 a 作为计算标准。综合考虑辽宁省不同区域的防洪特征,洪峰和 3 d 洪量均进行频率分析,超过 5 a 一遇标准对场次洪水的洪峰进行选取,5 a 一遇对应的 3 d 洪量作为其洪量的选取。按照上述原则共对 22 个代表站选取 398 场超过 5 a 一遇标准的洪水,将 1964 年以前降水观测数据系列质量较低的数据进行剔除,共选取 340 场洪水进行分析,作为雨量预警指标阈值分析的数据系列。统计分析各防汛分区站点不同时段最大降雨量与洪峰流量相关关系,分别计算各水文站 3 h、6 h、12 h、24 h 预警指标,如表 3.29 所示。

表 3.29 各水文站不同时段雨量预警阈值(刘元锋 等,2023)

分区	站名	不同时段雨量预警阈值/mm			
		3 h	6 h	12 h	24 h
Ⅰ	八棵树	32.05	37.41	48.64	66.04
Ⅰ	耿王庄	30.47	37.59	37.63	42.01
Ⅰ	小荒地	16.17	21.56	30.59	34.59
Ⅰ	东洲	19.15	19.95	32.59	39.61
Ⅰ	裕国	29.91	53.40	62.24	79.73
Ⅰ	占贝	24.84	44.30	49.13	61.38
Ⅱ	业主沟	35.90	59.28	93.58	109.44
Ⅱ	太平哨	40.55	67.61	114.13	134.68
Ⅱ	砬子沟	44.93	83.59	108.16	134.21
Ⅱ	南甸	31.66	45.24	53.91	103.19
Ⅱ	梨庇峪	31.70	50.76	59.97	65.80
Ⅱ	二道河子	27.73	40.34	68.06	69.56
Ⅱ	岫岩	24.35	36.20	61.65	89.57
Ⅲ	海城	21.18	38.67	52.50	65.69
Ⅳ	茧场	19.56	39.12	52.99	59.56
Ⅳ	登沙河	40.05	72.81	93.83	98.35
Ⅴ	韩家杖子	15.60	31.20	62.40	93.32
Ⅴ	阎家窑	13.39	25.62	26.11	26.11
Ⅵ	团山子	26.48	26.77	26.77	26.77
Ⅵ	边沿子	28.11	50.72	62.68	63.05
Ⅵ	兴城	40.40	72.71	102.13	103.33
Ⅵ	司屯	13.58	22.32	36.73	40.37

3.4.2 人工智能

人工智能算法属于机器学习算法,机器学习是通过对历史数据的训练,找出蕴含于内部的规律从而对未来的水文情况进行预报。对于长系列水文资料充足,且人类活动影响变化不明显的地区,人工智能算法基于其强大的学习能力,通常可以进行远高于常规水文预报精度的洪水模拟。

案例:选择淮河流域重要控制站王家坝所在的阜南县为试点研究地区,重点研究以王家坝为出口断面的流域洪水临界(面)雨量阈值(章国材,2014)。

王家坝以上淮河长约 360 km,地面落差 178 m,位于阜南境内的王家坝闸是淮河上重要的水利枢纽工程。阜南县位于安徽省西北部,地处淮河上、中游结合部。全县地势由西北向东南逐渐缓倾,地面高程在 20～34.5 m,平均坡降八千分之一。北部为河间平原,中部为沿河坡地,南部为蒙洪洼地。

王家坝历经 14 次开闸泄洪,蒙洼蓄洪区饱受洪灾危害。对于王家坝而言,暴雨致灾主要是由于流域内降水致洪,使河道水位上涨,超过一定水位时需要分洪,导致蓄洪区被淹、人民生命财产受损等。因此,临界面雨量可通过河流控制断面的防洪标准等级来进行判别,当王家坝以上流域内降水致使该站河流水位上涨至警戒、保证或者漫过堤坝时的水位,这时的流域面雨量就分别对应三级、二级或一级洪水临界(面)雨量。

根据水系、DEM 和断面位置等信息,采用 GIS 和水文分析技术确定和提取了王家坝以上流域的范围。在该区域内雨量站分布相对较为密集和均匀,因此,直接采用地面雨量站的降水和泰森多边形方法来进行面雨量的计算,形成了王家坝以上流域面雨量的逐日序列。

针对研究区域收集的资料类别(特别是降雨和水位、流量资料)相对较为完整,能够满足水文模型的研究需求,并且根据前人研究成果淮河上游降水汇流到王家坝出口断面一般在 3 d 以内,汇流和峰现时间相对较长,具有用人工神经网络技术来构建模型的条件。

在建模前,需要首先考虑到水文系统自身的特征和所需参数的物理意义。采用的 ANN 模型是基于河流水文系统的自相关性特征来建立的,即河流水文特征和前期(尤其是前一个时刻)水文特征有一定关系,这种特性要求在建立模型时必须考虑 t 时刻水文特征量和 t 时刻前水文特征量之间的关系,t 时刻前多长时间一般与流域的汇流时间密切相关,对于王家坝以上流域 3 d 就可以了。

采用逐日面雨量和王家坝断面水位作为建模数据,其中以 2000—2004 年数据作为训练样本建立 ANN 模型,以 2005—2009 年资料进行模型检验。由图 3.7 可知,ANN 模型能够很准确地预报出王家坝站逐日水位;图 3.8 表明模拟的确定系数达到 0.98 以上,模拟的水文过程线与实测基本一致,能够较为完美地预报降水径流过程,从而为分析致洪临界面雨量提供可靠工具。

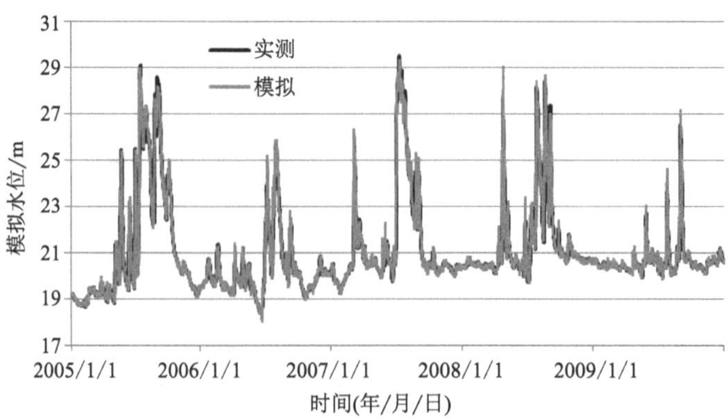

图 3.7　ANN 模型对王家坝站 2005—2009 年逐日水位的模拟结果(横坐标为日期,纵坐标为水位(m))

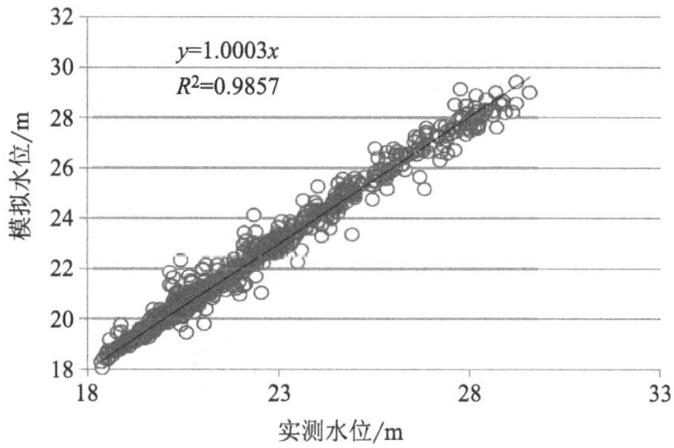

图 3.8　ANN 模型模拟王家坝站水位与实测水位的关系

3.4.3　水文模型

目前水文模型有 200 多个，模型结构各异，按模型建构的基础可分为数学物理模型、概念性模型和黑箱模型。数学物理模型依据物理学的质量、动量和能量守恒定律以及流域产汇流特性构造水动力学方程组，来模拟降水径流在时空上的变化、能够考虑水文循环的动力学机制和相邻单元间的空间关系，模拟参数可以直接测量或推算。其中有代表性的模型包括 SHE 模型、SWAT 模型和 DBSIM 模型。概念模型是以水文现象的物理概念和一些经验公式为基础构造的，它把流域的物理基础（如下垫面）进行概化（线性水库、土层划分、蓄水容量曲线等），再结合水文经验公式（下渗曲线、汇流单位线、蒸散公式等）来近似地模拟流域水文过程，如 Stanford 模型、TanK 模型、新安江模型、Sacramento 模型等都属于这一类模型。黑箱模型依据系统的输入输出资料，用某种方法推求系统的响应函数。这种模型的内部运行机制不是直接描述流域水文物理过程，而是通过经验分析对于一定的输入数据产生相应的输出结果。代表性模型有：总径流线性响应模型（TLR）、线性扰动模型（LPM）以及神经网络（ANN）模型等。

从反映水流运动空间变化的能力而言，水文模型又可分为集总式水文模型和分布式水文模型。集总式水文模型采用的数学方程通常不考虑流域下垫面特性、水文过程、模型的输入变量等要素的空间差异性，模型中的一些水文过程通常由一些简化的水力学公式或经验公式描述，因此集总式流域水文模型属于概念性模型的范畴。分布式水文模型使用的数学方程充分考虑了水文过程、输入变量、边界条件和流域几何特征的空间差异性，因此通常属于数学物理模型的范畴。

选用合适的水文模型，以河流警戒水位、保证水位和漫坝水位，水库汛限水位、防洪高水位、设计洪水位、校核洪水位、漫坝洪水位为洪水标准，选择不同的基准水位，将单位时间内流域面雨量输入水文模型，进行汇流模拟，计算试验流域的水位（水库还包括库容）变化，从而确定不同洪水位所需的面雨量，即流域不同等级洪涝的临界（面）雨量。基于水文模型模拟临界面雨量的流程见图 3.9。

（1）HBV 模型

① HBV 模型简介

HBV 模型是由瑞典水利气象研究中心于 20 世纪 70 年代开发的水文模型，是一种模拟积

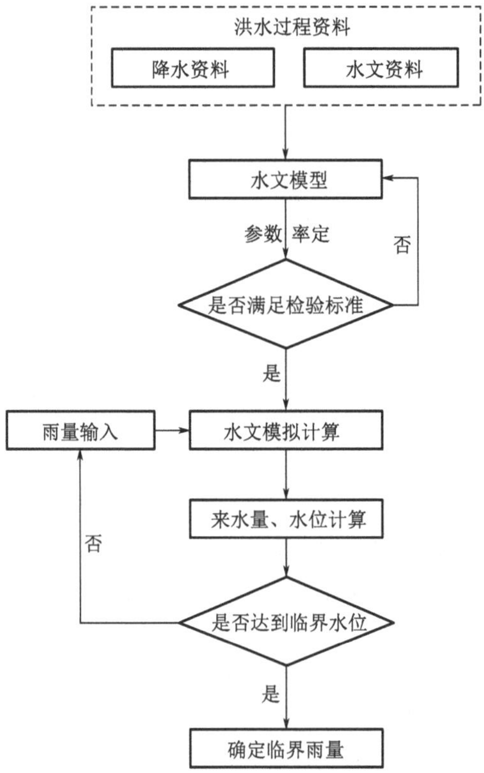

图 3.9　基于水文模型模拟临界面雨量的流程

雪、融雪、实际蒸散量、土壤水分储存、地下水埋深和径流等机制的半分布式的降雨径流模型。输入数据为日降雨量、气温和月潜在蒸发量，输出为日径流深。模型包括降水模块(由日温度方法来划分降水、积雪和融雪)，土壤模块(其中地下水补给和实际蒸发用实际土壤蓄水量的函数来计算)，产汇流模块(用三个线性水库方程描述)和一个河道模块，模型参数包括了积雪和融雪参数、温度阈值参数、田间持水量、退水系数、河道参数等。

② 应用案例:淮河上游洪水 HBV 模拟(章国材,2014)

王家坝以上淮河流域资料较为完整，能够满足水文模型的研究需求。安徽省气候中心采用 HBV light 分析了王家坝以上淮河流域面积达 3 万 km^2 的降水径流关系。

采用王家坝以上流域 2003—2007 年逐日气象、水文数据对 HBV 模型参数进行了率定。模型参数的率定采用模型自带的 GAP 优化方法来获得，通过自适应算法可得到一组适用于研究区的最优化参数，率定后的 HBV 模型对王家坝站日径流深模拟的确定性系数达 0.9 以上，模型模拟的结果与实况较一致，能够很好地模拟出王家坝以上流域的日径流过程(图 3.10)。

为进一步检验 HBV 模型效果，使用 2007—2009 年逐日资料对 HBV 在王家坝以上流域的预报效果进行了检验。经过率定后的 HBV 模型在王家坝以上流域具很强的适用性，对王家坝站逐日径流深模拟的确定性系数超过了 0.94，模拟出的水文过程线与实际基本吻合，很好地预报出了洪水对降水的响应过程，从而能够推算出河水达到警戒水位、保证水位的流域临界面雨量(图 3.11)。

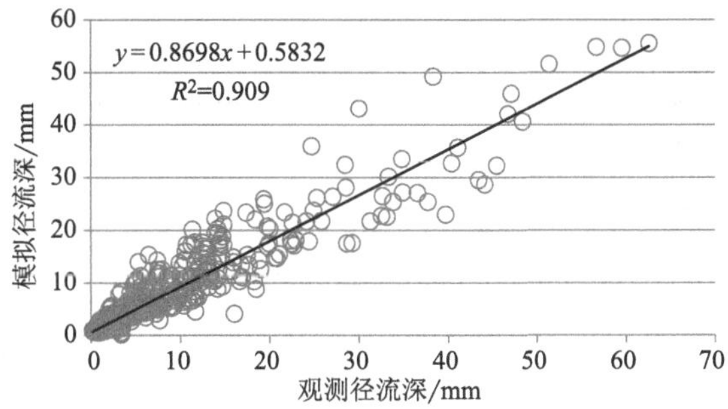

图 3.10　HBV 模型在王家坝站的率定效果

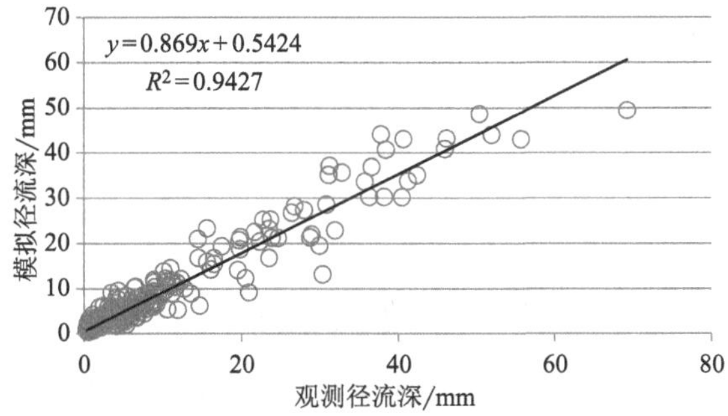

图 3.11　HBV 模型在王家坝站的验证结果

③ 淮河上游不同等级洪水的临界(面)雨量

利用 3.4.2 节建立的 ANN 模型和 3.4.3 节(1)率定好的 HBV 模型分别确定淮河上游的降雨量-水位定量关系。当计算的河流洪水达到警戒、保证或漫过堤坝水位时，即认定此时的面雨量为所对应洪水等级的临界(面)雨量。由于王家坝历次洪水过程的起涨水位一般都在 22 m 以上，因此以 22 m 作为起始水位，将不同前期水位与雨量代入到模型中，再以王家坝站警戒水位 27.5 m、保证水位 29.3 m、堤防高程 30.4 m 为临界判别条件，可以分别得出不同前期水位下对应的各级临界(面)雨量值(图 3.12)。由于河流漫坝时，HBV 模型原有的流量-水位关系不再适用，所以未给出漫坝水位时 HBV 推算的临界雨量值。这里只给出时效为 24 h 降雨量的阈值分析结果(表 3.30)，其中取两种方法推算结果较小的值作为临界阈值，需要注意的是这里的雨量值指的是王家坝以上流域的面雨量。

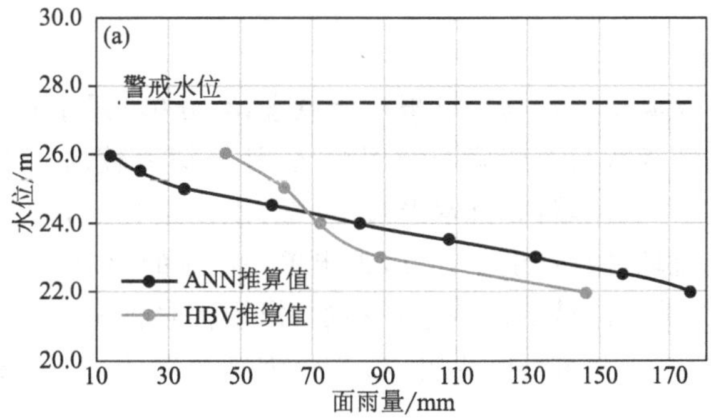

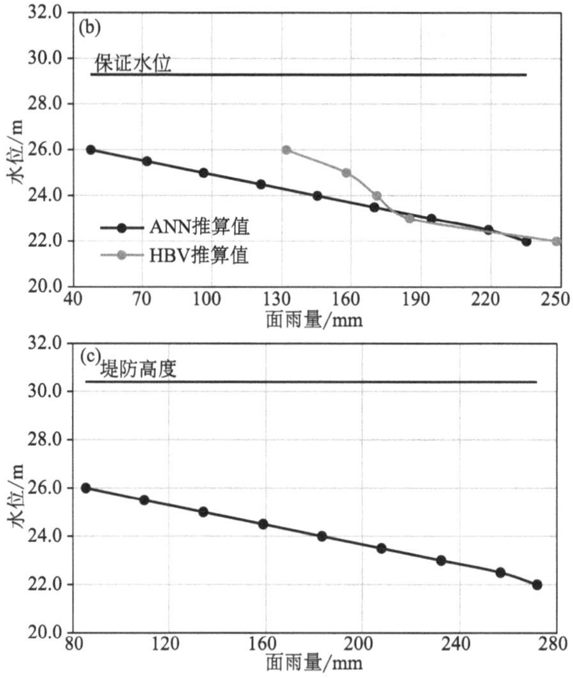

图 3.12　王家坝以上流域不同洪水水位雨量统计关系曲线

(a)警戒;(b)保证;(c)堤防

表 3.30　淮河上游洪水临界(面)雨量表

前期水位值/m	24 h 临界(面)雨量值/mm		
前 1 d	三级(警戒水位)	二级(保证水位)	一级(漫坝水位)
22	146	235	271
23	89	185	232
24	72	145	183
25	35	96	134
26	15	47	85

以上两种降雨量-水位关系在王家坝站均有较好的适用性,均可作为确定洪水临界面雨量的方法。与此同时,两种方法也各有优缺点,可根据实际情况应用。

(2)新安江模型

① 新安江模型简介

新安江模型使用了蓄满产流与马斯京根汇流概念,有分单元、分水源、分汇流阶段的特点,其结构简单、参数较少,各参数具有明确的物理意义,计算精度较高。模型通过将全流域分成多个单元流域,在每一个单元流域内,降水经过蒸(散)发的消耗后,以蓄满产流的方式经产流量水源划分后对各单元流域进行产汇流计算,得出单元流域的出口流量过程;再进行出口以下的河道洪水演算,将各个单元流域的出流过程相加,求得流域的总出流过程(赵人俊,1984;赵人俊 等,1988)。新安江模型由四个模块组成,分别为蒸散发计算、产流量计算、分水源计算、汇流计算。

新安江模型将流域汇流划分为两个阶段进行：坡地汇流阶段、河网汇流阶段。坡地汇流采用线性水库方法。地面径流的坡地汇流时间不计，直接进入河网；壤中流汇流的线性水库的消退系数为 CI；地下径流汇流的线性水库的消退系数为 CG，河网汇流采用滞后演算法。

若河网汇流采用滞后演算法，单元的新安江模型有 15 个参数。当河道汇流用马斯京根法时，总共有 17 个参数。参数需要经过优选率定和检验后才可用于模型计算。

② 新安江模型在确定洪水临界面雨量中的应用

彭涛等(2014)用新安江模型推算漳河水库致洪临界面雨量。

(a)漳河水库流域概况

漳河发源于湖北省南漳县境荆山南麓之三景庄，全长 202 km，流域面积 2980 km^2，海拔高度 42～1400 m。漳河水库位于湖北荆门市，其控制流域面积 2212 km^2，总库容 20.35×10^8 m^3。流域内雨量站点分布均匀，多年平均降水量 989 mm(1963—2009 年)，暴雨次数多、据有关统计资料，漳河下游堤防在 1897—1958 年期间，有 40 a 出现堤坝决口，平均 1.5 a 一次，给人民生命财产造成极大损失。

根据《漳河水库调度运用手册》可知，水库设计的汛限水位为 122 m，设计洪水位为 125 m，校核洪水位为 127.5 m。调查水库周边高程可知，122 m 为水库周边平均海拔高度，超过该水位，需人工调蓄，所以本文以汛限水位(122 m)作为漳河流域致洪临界水位。

(b)流域致洪临界雨量的统计计算

彭涛等(2014)根据试验流域(漳河水库)水位库容关系，结合漳河流域气候特征，统计流域多年平均降水以及径流量，计算分析流域多年平均径流系数，结合水库水位-库容关系，按式(3.17) 推算相应的临界面雨量，具体见表 3.31，并由此绘制漳河水库不同水位到达汛限水位所需的临界面雨量关系曲线(图 3.13)。

表 3.31　漳河水库水位库容及临界面雨量统计计算表(彭涛 等,2014)

统计计算量	水位/m									
	122	121	120	119	118	117	116	115	114	113
库容/$10^8 m^3$	16.31	15.30	14.34	13.40	12.50	11.63	10.80	10.02	9.30	8.62
库容差/$10^8 m^3$	0.00	1.01	1.97	2.91	3.81	4.68	5.51	6.29	7.01	7.69
临界面雨量/mm	0	57	111	164	215	264	311	355	396	434

注：表中临界面雨量计算所采用的径流系数为 0.8，库容等数据引自《漳河水库调度运用手册》。

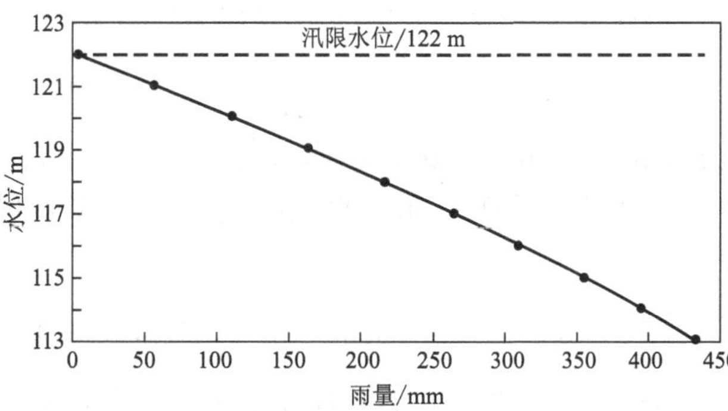

图 3.13　漳河水库不同水位到达汛限水位的水位-雨量变化曲线(彭涛 等,2014)

$$P = 10W/aF \tag{3.17}$$

式中,P 为临界降雨量(单位:mm),W 为某一水位到达临界水位(汛限、设计等水位)尚可蓄水量(单位:$10^4\,m^3$),F 为水库集雨面积(单位:km^2),a 为径流系数。

由表 3.31、图 3.13 可知,不同水位到达汛限水位(122 m)所需的面雨量是不同的。因此,在不同水位下,流域致洪临界面雨量(到达汛限水位所需的面雨量)不同。如果面雨量大于当前水位达到汛限水位所需的面雨量,流域就可能发生暴雨洪涝灾害。

(c)用水文模型推算临界面雨量

采用式(3.17)计算的临界面雨量的方法简单实用,其计算主要基于水均衡原理依靠径流系数、库容等信息来推算临界面雨量,未考虑降水时空分布、初始条件等因素对临界面雨量计算的影响。因此,需要采用水文模型推算临界面雨量。根据试验流域湿润的气候特点,本文选择在国内外水文预报工作中应用较好的新安江模型作为该流域水文预报模型,运用该水文模型模拟降水和流量关系,计算不同基础水位达到致洪标准所需要的雨量,通过假定不同的降水分布形态、设置不同的初始条件用水文模型推算临界面雨量。

彭涛等(2014)结合所收集到漳河水库坝前水文站资料,选取漳河流域 1956—2012 年 36 场洪水过程进行水文模型参数率定试验,其中 30 场洪水用作模拟计算流域水文模型参数,6 场洪水用作参数验证。根据《水文情报预报规范》(SL 25—2000),对洪水试验预报结果,采用洪峰相对误差、峰现时差及模型有效性(即确定性系数)等指标来评定。模拟试验结果表明:漳河水库洪水模拟合格率达 90%,效率系数为 87.75;其洪水过程验证模拟合格率达 83.33%,效率系数为 90.33%。由此可知,通过水文模型模拟试验所率定的参数可用于水文预报和水文模拟试验(崔春光 等,2010;彭涛 等,2010;彭涛,2011;殷志远 等,2012;Peng et al.,2011)。

彭涛等(2014)根据试验流域(漳河水库)水位库容关系表(表 3.31)以及流域降水径流过程规律(即最大降水发生至洪水过程结束持续时间约为 24～48 h),为此,以汛限水位 122 m 为临界水位,选择 120 m、118 m、116 m 和 114 m 为基准水位,以 24 h 为时限,将 24 h 流域面雨量输入水文模型,结合流域降水径流过程规律,取最大降水发生至洪水过程结束最大持续时间 48 h,进行 60 h 汇流模拟,计算试验流域的水位库容变化,从而确定基准水位在 120 m、118 m、116 m 和 114 m 条件下的临界面雨量。

水文模拟实践表明:雨量时空分布不同,其模拟计算结果也不同。在试验流域临界面雨量模拟计算过程中,首先给出 24 h 流域的总面雨量(R_{24}),基于数理统计理论分别假定 24 h 雨量呈平均、随机、正态三种分布。

ⓐ 平均分布。根据流域 24 h 总面雨量(R_{24}),假定雨量在 24 h 内平均分布,则流域逐小时雨量(R_{hi})为:

$$R_{hi} = R_{24}/24 (i = 1,2,3,\cdots,24) \tag{3.18}$$

ⓑ 随机分布。假定雨量在 24 h 内呈随机分布,首先利用 C++语言随机函数产生 24 个随机数,再结合流域 24 h 总面雨量处理后,通过程序自动生成流域逐小时雨量 R_{hi},使其满足如下关系:

$$\sum_{i=1}^{24} R_{hi} = R_{24} \text{ 且 } R_{hi} \neq R_{h(i-1)} (i = 1,2,3,\cdots,24) \tag{3.19}$$

ⓒ 正态分布。假定雨量在 24 h 内呈正态分布,根据正态分布密度函数,设计程序自动生成流域逐小时雨量 R_{hi},使其满足式(3.19)及正态分布。

彭涛等(2014)根据三种假定的雨量分布形态求取流域 24 h 雨量分布，首先将 24 h 流域总面雨量 R_{24} 分别转化平均分布、随机分布、正态分布三种形态，然后输入水文模型，进行 60 h 汇流模拟计算，得到 60 h 入库流量变化曲线，在不考虑水库排水情况下按式(3.20)，根据 60 h 流量过程曲线计算水库的洪水来水量(即水库库容增量)，从而得到水库库容变化，再根据漳河水库水位-库容变化表计算得到漳河水库的水位变化。

$$V_{库容增量}=V_{来水量}=\int_{t_1}^{t_2}Q_{ti}\,\mathrm{d}t \tag{3.20}$$

式中，$V_{库容增量}$ 为水库不排水条件下 t_1 至 t_2 时刻库容增量，$V_{来水量}$ 为 t_1 至 t_2 时刻水库来水量，Q_{ti} 为 t_i 时刻的流量，t_1 为初始时刻，t_2 为截止时刻，书中 t_1-t_2 限定为 60 h。

根据上述模拟计算可知，漳河水库流域在降水平均分布、随机分布、正态分布情况下从 114 m、116 m、118 m、120 m 四个基准水位到达汛限水位 122 mm 所需的临界面雨量分别为 472 mm、401 mm、304 mm、170 mm，379 mm、312 mm、231 mm、137 mm，372 mm、303 mm、221 mm、130 mm。雨量呈平均分布条件下到达汛限水位 122 m 所需的临界面雨量最大，随机分布次之，正态分布最小，雨量在正态分布与随机分布条件下两者临界面雨量相差不大，总体上正态分布略接近统计值。通过计算不同雨量分布形态下的临界面雨量与统计临界雨量的相对误差发现，雨量平均分布条件下所模拟计算的临界面雨量与统计临界雨量差别较大，约 19.19%～53.15%，雨量正态分布更接近降水的实际情况(即随降水发生，降水量逐步增大；随降水过程结束，降水量逐步减小)，所模拟计算的临界面雨量与统计临界雨量差别约 2.57%～17.12%。

彭涛等(2014)模拟研究发现，中小河流及流域临界面雨量不仅与基础水位有关，而且，雨量时空分布不同，其模拟计算结果也不同；模拟计算的时效不同，其模拟计算结果也不同。针对试验流域，在考虑其历史真实的降水时空分布特点的状态下，按照其分布型计算不同雨型分布的临界雨量，会使结果更实用。

(3)SWAT 模型

SWAT(Soil and Water Assessment Tool)是由美国农业部(USDA)1993 年开发的水文模型。SWAT 模型采用日为时间连续计算，是一种基于 GIS 基础之上的分布式流域水文模型，近年来得到了快速的发展和应用，主要是利用遥感和地理信息系统提供的空间信息模拟多种不同的水文物理化学过程，如水量、水质和化学物质的输移与转化过程，已被国内外的学者用于研究各种大型、复杂流域的径流、泥沙和农业化学物质运移的长、短期模拟和预测，是应用最为广泛的水文模型之一。

车骞(2006)应用 SWAT 模型构建了黄河源区分布式水文模拟模型，对 1998—2003 年黄河源区日径流过程进行模拟，结果表明，模拟值与实测值的相关系数分别为 0.96、0.88、0.80、0.76、0.94、0.94，模型效率系数分别为 0.87、0.76、0.53、0.50、0.90、0.84。SWAT 模型具有较好的模拟效果。

李云嫚(2018)引入降水集合预报技术，利用降水集合预报数据驱动 SWAT 模型对西江流域展开洪水预报研究，取得如下成果。

① 基于西江流域历史降雨资料搭建 SWAT 模型进行预报效果的分析。模型搭建时采用局部敏感性分析法和基于 LH-OAT 算法的全局敏感性分析方法判断模型敏感参数，并使用 SUFI-2 算法对模型进行率定和验证。模拟结果表明，场次洪水的平均合格率为 75%，模拟结

果精度等级为乙级。

② 以 ECMWF、NCEP 以及 CMA 三个集合预报系统的降雨产品作为降水集合预报的基础数据来源,并对基础数据作为 SWAT 模型的输入数据进行了可靠性检验。使用离散度数值大小分析集合系统中概率预报和控制预报的预报效果,结果表明概率预报结果更具有优势;采用 ROC 曲线、TS 评分、BS 评分以及 Talagrand 分布图四种检验法对预报降雨数据的可靠性进行检验,结果表明,三个集合系统所有集合成员的预报降雨数据和集合平均预报降雨数据均具有一定的预报技巧,都能够较好地反映实际降雨过程,均能够作为 SWAT 模型的输入展开洪水预报的研究。此外,集合平均的检验结果优于单个集合成员的检验结果。

③ 选用降水集合预报数据作为 SWAT 模型的输入数据进行预报效果的分析。采用集合平均法、多模式集合平均法以及多模式因子分析法对基础数据进行修正,将修正后的降水数据驱动 SWAT 模型开展洪水预报研究。模拟结果表明,三种修正方法的模拟结果均优于基于历史降雨资料的模拟结果,此外,利用多模式因子分析修正法得到的平均合格率为 91.7%,精度等级为甲级;利用多模式集合平均法得到的平均合格率为 87.5%,精度等级为甲级;ECMWF、NCEP 以及 CMA 使用集合平均法得到的平均合格率分别为 83.2%、79.2%、79.2%,精度等级均为乙级。

3.4.4 无资料中小河流水文模型参数区域化方法

水文模型参数率定需要长系列的水文和气象资料,没有长系列水位和气象资料的中小河流怎么办?MERZ 等(2004b)提出 3 种典型的参数区域化方法,即空间邻近法、回归分析法以及物理相似法,在模型参数推求过程中被广泛使用。而自 2003 年国际水文科学协会(IAHS)提出无资料流域水文预报(PUB)计划以来,模型参数推求方面的研究取得了一定的进展。

模型参数通常具有一定物理意义,能够反映流域的自然地理综合特征。如果中小河流域自然地理和气候特征与水文模型参数已率定的流域自然地理和气候特征具有相似性,那么水文模型参数也应当具有相似性,这是空间邻近法能用于推求模型参数的前提条件。

回归分析法作为参数区域化最常用的方法之一,其参数推求结果的好坏主要取决于模型参数与流域属性因子间是否存在较好的关联性,所选取的流域属性因子也需要能够反映出流域的自然地理特征。

姚成等(2019)将 API 模型和新安江模型应用于安徽省大别山区及皖南山区的 29 个中小流域,在参数区域化方法上做出了新的尝试,采用空间邻近与逐步回归分析相结合的方法对研究区的模型参数开展区域化。在参数区域化成果验证过程中,采用中小河流新建水文测站。研究结果表明:①API 模型和新安江模型均能较好地用于研究区中小流域的洪水模拟;②逐步回归分析法能有效地推求模型敏感参数 K、C_s、L;③基于空间邻近与逐步回归分析相结合的参数区域化方法,API 模型和新安江模型在新建水文测站次洪模拟中的平均确定性系数分别达到 0.92 和 0.86,该方法能有效地推求研究区无资料流域 API 模型和新安江模型的参数。作者也指出:尽管研究得出了上述有用的结论,但仍需更多的新建水文测站及其实测资料来验证以便得到可靠性更高的结论,这都有待于在今后的研究中进行。

包红军等(2020)采用的物理相似法的思路,选取影响中小河流致洪的四个流域特征信息:面积、河道坡度、土地利用类型和土壤类型,建立基于流域土壤饱和度的致洪动态临界面雨量阈值与四个流域特征数据之间的指数模型;将指数模型移植至无资料或缺资料中小流域,根据待求的四个流域特征确定致洪动态临界面雨量阈值。选取我国东部亚热带季风气候区的淮河潢川流域、钱塘江屯溪与渔梁流域、太湖西苕溪与南苕溪流域五个中小流域为试验流域,以警戒洪水为例,结合流域长序列水文气象资料,基于GMKHM分布式水文模型分别推求出潢川、渔梁、西苕溪与南苕溪流域致洪动态临界面雨量阈值;依据建立的指数模型,推求确定屯溪流域致洪动态临界面雨量阈值,并与基于长序列水文气象资料反演出的动态临界面雨量阈值在屯溪流域35场典型洪水预警中的效果对比验证。结果表明,本研究构建的中小河流洪水致洪动态临界面雨量阈值模型与基于长序列水文气象资料的动态临界面雨量阈值反演模型在屯溪流域洪水预警效果相近,命中率为91.4%,对无资料中小河流洪水预报预警与山洪灾害预警均有一定的借鉴意义。

3.5 城市内涝临界雨量

改革开放以来,由于城市化的快速发展,强降雨常造成城市内涝,致使交通堵塞,甚至造成人员伤亡,城市内涝已成为城市特有的气象灾害,迫切要求开展城市内涝预报和分析评估业务,将降雨预报转化为城市内涝预报的关键是确定城市内涝临界面雨量,确定城市内涝临界面雨量的方法同样有统计分析法和物理模型两种方法。

统计分析法是建立降雨历时和雨量与易涝点淹没水深的统计关系;城市内涝模型有地面产流、地面汇流、管网汇流三大部分。

3.5.1 统计分析法

由于城市每个社区甚至每个桥洞的集水面积和排水条件都不同,因此,造成城市每个社区/每一个桥洞内涝的临界面雨量都是不同的,应当根据城市每一个社区/每一个桥洞内涝的历史资料,选择具有代表性的社区雨量站的雨量资料或雷达定量估测降水的方法,分析计算其临界面雨量。当城市排水条件发生变化时,应当根据新的内涝资料重新反演临界面雨量。下面举两个例子予以说明(章国材,2014)。

(1)深圳市气象局从2010年开始应用社区雨量站的雨量资料研制了每个社区水浸的临界雨量。例如星海名城社区的二级水浸临界雨量是:24 h降雨量110 mm以上或1 h雨量50 mm以上。

(2)广州市内涝临界雨量

广东省气候中心通过对近年来广州市城市内涝灾害个例的调查,研究确定城市内涝临界降水条件,结合广州市强降水的特点,采用1 h、2 h和3 h的面雨量来表征城市内涝临界降水条件。

根据城市内涝历史灾情记录中的内涝发生时段、内涝地点、积水深度、积水面积和积水时长等信息,查找相应地点附近的区域气象自动站在对应时段内的降雨量记录和雷达定量估测降水资料,建立面雨量与内涝严重程度之间的对应关系,从而确定该地点的内涝临界降水指标。

以广州市城市内涝多发地岗顶为例,对该点近年出现的5次内涝过程进行调查,统计内涝发生时的降水量(表3.32),对照内涝程度,确定岗顶的各级内涝的临界雨量指标(表3.33)。

表 3.32 广州市岗顶桥底内涝过程及降水实况

内涝发生时间(年-月-日)	2009-03-08	2009-06-03	2009-08-06	2010-09-03	2011-05-22
易涝点	岗顶桥底	岗顶桥底	岗顶桥底	岗顶桥底	岗顶桥底
1 h 降雨量/mm	52.5	68.6	33.6	40.7	37.8
2 h 降雨量/mm	72.9	72.4	49.4	66.8	56.4
3 h 降雨量/mm	78.3	73.3	62.5	84.4	57.9
内涝程度	水浸塞车	水浸	有积水	最深超过 50 cm	积水深度 50 cm,水面积 5 m×0.3 m

表 3.33 广州市岗顶桥底内涝临界降水指标

内涝等级	内涝临界降水量指标(R)		
	1 h 降雨量 R_1/mm	2 h 降雨量 R_2/mm	3 h 降雨量 R_3/mm
严重	$R_1 \geqslant 65$	$R_2 \geqslant 80$	$R_3 \geqslant 100$
中等	$35 \leqslant R_1 < 65$	$50 \leqslant R_2 < 80$	$70 \leqslant R_3 < 100$
较轻	$10 \leqslant R_1 < 35$	$20 \leqslant R_2 < 50$	$40 \leqslant R_3 < 70$
无	$R_1 < 10$	$R_2 < 20$	$R_3 < 40$

3.5.2 城市内涝地表径流汇聚模型

城市内涝地表径流汇聚模型有地面产流、地面汇流的计算,没有管网汇流的计算,但需要有每个片区设计最大排水能力的资料。地面产流是指降雨扣除经植物截留、下渗、填洼的损失后形成的净雨量部分。城市地面产流计算常有的方法有蓄满产流法、下渗曲线扣除法、径流系数等多种方法。地面汇流是指净雨量经地面汇入河道与排水管网的过程,计算方法有水文学与水动力学两种方法,水文学方法主要有等流时线法、线性水库汇流模型、非线性水库演算法等方法;水动力学方法是通过对连续方程和动量方程进行数值求解,模拟出坡面的地面汇流过程。

李春梅等(章国材,2014)根据广州市地质条件、地形地貌及地表构成,对广州市地表进行概化,并分析地表径流产生原因,建立广州市地表径流汇聚模型;将广州市按照道路进行片区化,根据每个片区设计最大排水能力并结合实际调查数据估算实际最大排水能力,进而计算每个片区实际地表径流汇聚量;按道路对广州市排水管网排水效率进行分析,建立排水管网排水能力估算模型;最后按照道路管网分布、城市道路标高及片区化,计算广州市内涝淹没情况。

基于城市内涝地表径流汇聚模型,模拟不同降雨条件下城市易涝点的内涝积水深度和淹没面积,根据模拟结果建立积水深度与降雨条件之间的相关关系,进一步确定各易涝点的内涝临界降水指标。再通过对易涝点的实地调查,细化和完善内涝临界降水条件,确定城市内涝易涝点的致灾临界降水指标。

以广州市另一个易涝点科韵路为例,通过城市内涝地表径流汇聚模型,模拟出科韵路在 1 h 雨量 30 mm 时,积水深度达到 50 cm,属于中等风险等级,与通过内涝灾情调查资料得到的临界降水条件一致。

2011 年 7 月 16 日 19 时科韵路附近出现 1 h 20.6 mm 的强降水,致使科韵路出现 20 cm

的积水，与根据统计分析法得到的内涝面雨量指标等级判定一致(表 3.34)。

表 3.34　广州市科韵路内涝临界降水指标(章国材,2014)

内涝等级	内涝临界降水指标		
	1 h 雨量 R_1/mm	2 h 雨量 R_2/mm	3 h 雨量 R_3/mm
严重	$R_1 \geqslant 45$	$R_2 \geqslant 70$	$R_3 \geqslant 100$
中等	$30 \leqslant R_1 < 45$	$50 \leqslant R_2 < 70$	$60 \leqslant R_3 < 100$
较轻	$10 \leqslant R_1 < 30$	$20 \leqslant R_2 < 50$	$40 \leqslant R_3 < 60$
无	$R_1 < 10$	$R_2 < 20$	$R_3 < 40$

3.5.3　水文动力模型

城市暴雨内涝可以用水文动力学模型进行模拟，这是需要大力发展的业务。国外建立了用于内涝模拟的数学模型，从较简单的概念性和经验性模型到非常复杂的水动力学物理模型，主要包括水量水质耦合模型、SWMM 模型、MIKE-SWMM 模型等，解以扬等(2005)与天津大学合作开发了城市暴雨内涝模型。

(1)天津市城市暴雨内涝模型及应用

① 模型简介

以城市地表与明渠河道水流运动为主要模拟对象，建立的城市暴雨内涝模型的基本控制方程如下。

(a)二维非恒定流基本方程

连续方程：

$$\frac{\partial H}{\partial t}+\frac{\partial M}{\partial x}+\frac{\partial N}{\partial y}=q \tag{3.21}$$

动量方程：

$$\frac{\partial M}{\partial t}+\frac{\partial (uM)}{\partial x}+\frac{\partial (vM)}{\partial y}+gH\frac{\partial Z}{\partial x}+g\frac{n^2 u\sqrt{u^2+v^2}}{H^{1/3}}=0 \tag{3.22}$$

$$\frac{\partial N}{\partial t}+\frac{\partial (uN)}{\partial x}+\frac{\partial (vN)}{\partial y}+gH\frac{\partial Z}{\partial y}+g\frac{n^2 v\sqrt{u^2+v^2}}{H^{1/3}}=0 \tag{3.23}$$

式(3.21)—式(3.23)中：H 为水深；Z 为水位，$Z=Z_0+H$，Z_0 为底高程；q 为源汇项，包括有效降雨量和排水强度两项；M，N 分别为 x，y 方向上的单宽流量，且 $M=Hu$，$N=Hv$；u，v 分别为流速在 x，y 方向上的分量；n 为糙率；g 为重力加速度。

(b)一维非恒定流基本控制方程：

$$\frac{\partial Q}{\partial t}+\frac{\partial}{\partial l}\left(\frac{Q^2}{A}\right)+gA\frac{\partial H}{\partial l}=-gAS_f \tag{3.24}$$

式中，Q 为截面流量，A 为计算断面的过水面积，S_f 为摩阻坡降，t 为时间，l 为水流方向，由曼宁公式可得：

$$S_f=\frac{U^2 n^2}{R^{4/3}}=\frac{n^2 Q|Q|}{A^2 R^{4/3}} \tag{3.25}$$

式中，R 为水力半径，U 为 l 方向上的流速。

宽顶堰溢流公式：

$$Q = m\sigma_s \sqrt{2g} H^{3/2} \tag{3.26}$$

式中，Q 为堰顶单宽流量，m 为宽顶堰溢流系数，σ_s 为淹没系数，H 为堰顶上游水位。

(c)产汇流计算基本公式：

$$\mathrm{CIM} = 0.4 + 0.4 \times \mathrm{AXY} \tag{3.27}$$

式中，CIM 为产汇流系数，AXY 为不透水面积百分比。

数值模式计算通常采用规则矩形网格或拟一致的三角形网格对计算区域进行剖分。但是城市局部地区地形复杂，街道、河流分布各异，各种建筑物，特别是防洪排涝工程措施在不同城市差异很大。为了更好地反映城市暴雨径流的特点，模型应用有限体积法的思想，采用无结构不规则网格。根据城市不同的地形地貌特征将计算网格设计成多边形，网格各边定义成通道。取网格单元为控制体，在网格中心处计算水位 H，在网格周边通道的中点处计算流量 Q。水位具有网格平均值的含义，流量具有通道平均值的含义。另外，水位和流量在时间上采取时间交错计算方式。

② 城市排水系统的模拟

城市排水系统由排水管道、水井、明沟、泵站、闸门等组成。不同城市的排水设施的布设及控制运作差异很大，往往是因地制宜。城市排水管道纵横交错，通过雨水井承接地面来水。管道水的排出由泵、闸或淹没出流管道来实现，城市的一级、二级河道、明沟和坑塘、湖泊接纳泵站、闸门或淹没出流管道的来水。

地下排水管网内的水流，采用一维非恒定流方程计算，自成体系。地下排水管网与含管网的单元的水量交换，可以通过连续方程的源汇项控制，即将源汇项分解成为有效降雨强度(径流量)和单元排水强度两部分。单元排水量根据降雨强度、单元积水深度，以及单元最大排水能力来确定：当降雨强度小于单元最大排水能力且单元积水较浅时，降雨量全部转化为排水量进入地下管网，单元的排水强度为降雨强度；反之，即降雨强度大于单元最大排水能力，或单元积水较深时，单元的排水强度达到最大排水强度，降雨强度与单元最大排水强度之差转化为地表径流量。

一些城市(天津、上海、柳州)的排水系统采用泵站或闸门将地下管网的水体排入临近河道，更多的城市采用淹没出流管道以自流方式进行排水。

模型将排水泵站、闸门或淹没出流管道概化在临河或临湖的通道上。在降雨过程中，地面积水向管道内汇集，沿管网系统汇合至出口处，出口处由闸门或泵站向河道泻水，形成“雨水—地面积水—管道汇水—泵、闸门、淹没出流管道排水—河道汇水”的模拟过程(图 3.14)，采用不同的控制条件计算排水量。

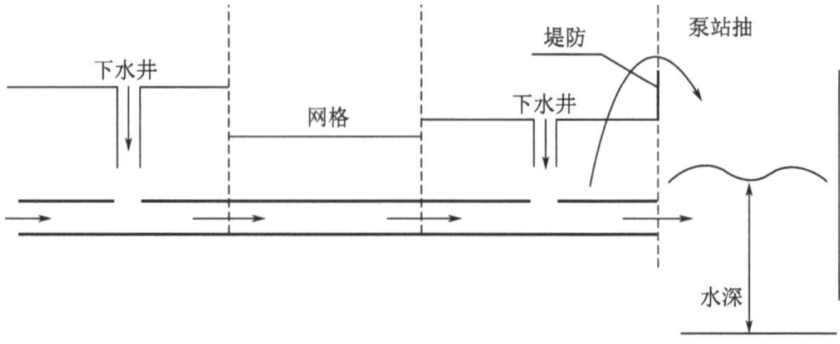

图 3.14　排水管道系统中泵站、闸门和堰的示意图(解以扬 等，2005)

泵站的排水量以水泵单位时间抽排水量和管道内的水量为控制条件，当泵站抽排能力大于应抽取的网格所包含的管道内的水量时，通过独立管网之间的拓扑关系和水动力输送方程抽取下一级管道的部分水量。一些泵站并不设置在临近河湖处，它们的作用是加快地下管道之间的定向排水能力，此时在模式设计上仍以水泵单位时间抽排水量和被抽排管道内的水量为控制条件，排水方向是固定的，不能自动调节。另外，在一些容易积水的特殊地点，如立交桥下，往往设置临时泵站，作用是将地面积水排入特定管网，其排水量以水泵单位时间抽排水量和管道内的水量为控制条件。

闸门的排水量同样按闸孔自由出流计算自流口门的设计流量，闸门处是控制、调节管网间、管网与河道间、河道间流量的衔接部位，可根据要求的条件开启、关闭或模拟开度过程。

管网出流管口为淹没和自由出流相互转化型，当出流管口被淹没或处于河道水位以下时，淹没出流管道的排水量根据管道水位与河道水位自行调节，当管道水位高于河道水位时，管道的水流向河道，反之则出现倒流即河水向管道里流。当出流管口高程高于河道水位时按管道孔口自由出流计算流量。

对淹没出流管道而言，当河道水位低时能使水体顺利排出，但河道水位高时也会出现倒流，因此，控制河道水位显得非常重要。为了调节河道水位，泵站和闸门设在河道中，它们接纳的不是河岸网格单元和排水管道的来水而是接纳上游河道的来水。在这种情况下，泵站和闸门的开启以及排水量的大小是根据控制水位来调节的，当河道水位超过控制水位时泵站和闸门开启，排水量小于或等于泵站和闸门的排水能力。随着城市的发展，河道不仅具有排沥功能，还兼备景观功能。因此控制水位有两个标准，低控制水位用于维持景观水位，高控制水位用于控制河道的排沥。当河道水位低于低控制水位时，泵站、闸门关闭起蓄水作用，即完全不排水；当河道水位高于高控制水位时，泵站和闸门完全开启。

城市暴雨内涝仿真系统利用地理信息系统为支撑平台，依托基本气象业务，应用自动气象站网监测的雨量信息、多普勒雷达系统的雨量估算信息、多种预报方法提供的降水预报产品，利用暴雨内涝数学模型模拟暴雨内涝灾害，实现内涝灾害的预警。系统组成见图 3.15。

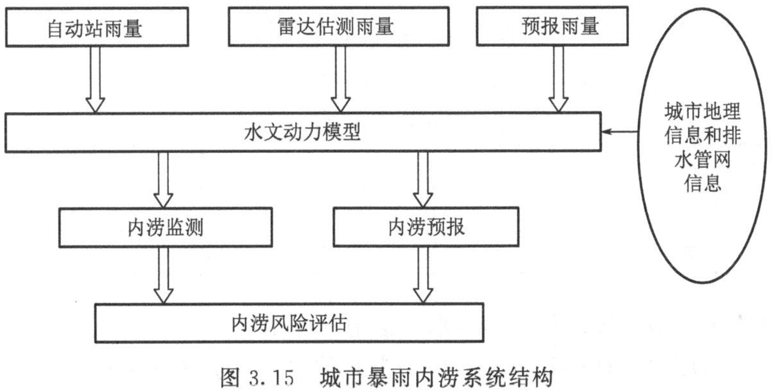

图 3.15 城市暴雨内涝系统结构

③ 应用

王建鹏等(2008)利用该模型对西安市的积涝进行了模拟，他们采用了 3 个方案，下面介绍 2 个方案。

(a)不同量级降水的致涝结果分析

由于内涝主要和降水相关,不同的降水强度引起的内涝范围和强度不同,同一降水强度下,不同地区由于下垫面特征及排水设施差异,内涝发生的程度也不相同。对降水强度由小到大进行内涝模拟试验(表 3.35),以揭示各级降水强度下城区不同地点对降水的敏感程度。对雨强的划分采取以下标准(3 h 降水量):5.0~9.9 mm 为中雨,10.0~19.9 mm 为大雨,15.0~24.9 mm 为大到暴雨,20.0~37.9 mm 为暴雨,25.0~49.9 mm 为暴雨到大暴雨,大于等于38.0 mm 为大暴雨。平均 1 h 雨量的对应等级分别为 3 mm、5 mm、6.67 mm、8.33 mm、12.67 mm、16.67 mm。

表 3.35 西安市不同降水强度下的内涝模拟结果(王建鹏 等,2008)

灾害等级	发生内涝的网格数/个					
	中雨	大雨	大到暴雨	暴雨	暴雨到大暴雨	大暴雨
2 级	10	18	19	18	136	173
3 级	0	2	6	13	19	37
4 级	0	0	0	0	20	26

从表 3.35 可以看出,平均 1 h 雨量仅为 3 mm 时就有 10 处出现 2 级积涝,说明西安发生内涝灾害风险的气象条件阈值偏低。平均小时雨强达到 12.67 mm/h 时,2 级内涝灾害发生区域数由 8 处增至 136 处,发生跃变,并开始出现严重的 4 级内涝灾害,可知 13 mm/h 小时雨强是发生重内涝的临界值。

(b)降水区域分布不均的致涝结果分析

夏季西安城区往往出现局地强降水,根据多年主观经验及调查,西安在有利降水的天气形势下,多吹西北风或东南风,降水的局地性差异主要表现在西北与东南区域,所以考虑 2 种情况进行模拟:第 1 种,东南部出现大暴雨,西北部不出现降水或小量降水;第 2 种,降水分布情况相反。表 3.36 是模拟的结果,由表 3.36 可知,当强降水发生在西安市西北方向时,导致的内涝灾害重于强降水发生在城区东南部,4 级内涝灾害发生区域数是东南的近 4 倍。这是由于一方面西安城区地势总体为东南高西北低,西北区域多低洼地;另一方面城市建设西北区相对落后于东南,多棚户区,排水设施条件也相对不如东南区。所以在防御局地强降水引发的内涝灾害时,天气预报、雨情监测重点及市政防御关键部位是西北区。

表 3.36 西安市内涝模拟结果(王建鹏 等,2008) 单位:个

内涝等级	2 级	3 级	4 级
东南区出现大暴雨	30	8	4
西北区出现大暴雨	46	18	15

(2)HEC-HMS 模型在城市化流域洪水模拟中的应用

司巧灵等(2018)采取 HEC-HMS 水文模型,选取秦淮河流域城市化前 1980—1988 年共 8 场降雨-径流过程、城市化后 2007—2013 年共 7 场降雨-径流过程开展洪水模拟研究。

司巧灵等(2018)使用 SRTM3 数据,水平分辨率 3″,约 90 m,显然分辨率太低,不能识别河网。根据实际河网数字化流域内水系(水利部,2013)秦淮河流域水系图,扫描后数字化得到,采用 agree 算法修复原始 DEM,修复后的 DEM 能提取较准确的河网水系。经校后的 DEM 作为 HEC-GeoHMS 的输入条件,提取河网水系,计算包括流域面积、坡度、流域内河网、

河道长度、河道坡度、最长汇流路径等数据，生成 HMS 输入数据。

根据 Landsat 遥感影像反演得到的秦淮河流域 1983 年和 2013 年土地利用分类图，1983 年流域城市化面积比较小，约为 4.8%，2013 年城市化占比明显增加，约为 23%。利用 ArcGIS 将历年土地利用类型数据和土壤数据按子流域划分，联合生成子流域土地利用类型数据和土壤分类属性表，根据属性表查找 CN 曲线表，进而计算每个子流域的合成 CN 值。

司巧灵等(2018)将秦淮河流域划分成 63 个子流域，选择秦淮河流前捍村句容站对模型进行率定，模型选择 1 h 步长，选取 1980—1984 年 5 场洪水过程用于率定模型，1986—1988 年 3 场洪水过程用于验证模型；2007—2009 年 4 场洪水过程用于率定模型，2012—2013 共 3 场洪水过程用于验证模型，率定城市化前后不同土地利用情景下产汇流参数，对比分析城市化影响下的流域水文响应。结果表明：城市化前 1980—1988 年率定期和验证期洪水预报径流深合格率分别为 80%和 100%，峰值流量合格率分别为 100%和 100%，峰值时间合格率分别为 80%和 67%；确定性系数在 0.7 以上，只有 1982 年为 0.61，原因是 HEC-HMS 水文模型对于双峰型洪水预报能力较差。城市化后 2007—2013 年率定期和验证期洪水预报径流深合格率分别为 100%和 67%，峰值流量合格率分别为 100%和 100%，峰值时间合格率分别为 75%和 100%，确定性系数在 0.7 以上。HEC-HMS 水文模型在城市化前后均具有很好的适应性，且单峰洪水过程模拟精度高。城市化后流域内其他用地向城市建设用地转移，流域内不透水面积增加明显，使产流量增加，洪峰流量增大，峰现时间提前 2 h。

3.6 地质灾害发生的临界条件

我国是世界上的人口大国和地质灾害多发国之一。根据 2009—2016 年《全国地质灾害通报》统计，我国平均每年发生地质灾害 14000 余起，其中 93.4%由自然因素(降雨、地震和冰雪冻融等)诱发，平均年直接经济损失 48.4 亿元。例如：2008 年汶川地震引发的大量崩塌、滑坡等次生突发性地质灾害和 2010 年舟曲特大山洪泥石流灾害都造成了人员生命和财产的重大损失。所以，地质灾害的监测预报对于人民生命和财产的安全十分重要。

3.6.1 降雨型地质灾害发生条件概述

地质灾害一般分为突发性地质灾害和渐变性地质灾害，最为常见、危害较大的主要类型有崩塌、滑坡和泥石流等。崩塌和泥石流的发生均为突发性的，而滑坡的发育有些是缓慢蠕动，有些则是突然发生，部分蠕动性滑坡往往在后期达到临界条件也会转变为突然滑动。

突发性地质灾害包括多种类型，不同类型的突发性地质灾害的形成原因不同，同一类型的突发性地质灾害的成因也有差异，这是因为突发性地质灾害的产生受诸多因素的影响。地质环境条件一般是突发性地质灾害发生的基本因素(内因)，降雨、地震和人类工程活动为主要诱导因素(外因)。

持续性强降雨使得土体含水量增加、容重增加、抗剪强度和抗滑性减小，易于产生突发性地质灾害。降雨主要是通过水分渗入降低岩土体抗滑稳定性；温度变化时，冻融作用促使崩塌发生，降雨和冻融作用均通过大面积、区域性和周期性作用于山体边坡，从而触发突发性地质灾害。

不当的人类活动，如人工削坡和过量的地下水开采也会加剧突发性地质灾害的发生，且所占比例越来越大。不当的人类活动主要是开挖坡脚,致使坡脚支撑点破坏,临空面增大,稳定性降低,再加之其他因素的影响易于产生突发性滑坡灾害。尾矿库垮塌已经成为另一种人为地质灾害,2008 年山西省临汾市尾矿库垮塌造成了几百人死亡。

地震作为触发因素与降雨和人类活动有所不同,地震引发崩滑灾害,具有群发型特征。地震作为触发因素之一,发生概率较小,但是其危害巨大。地震主要是通过破坏岩体内部结构,并且往往在余震不断的反复冲击下造成坡体严重失稳,发生崩滑灾害。但是地震本身的预测预报作为世界性的难题,尚未能解决,所以对于地震引起的突发性次生地质灾害预测预报还要进行艰难的探索。

总之,在一定区域,突发性地质灾害的发生主要受控于诱发因素(强降水和融水、不当的人类活动和地震等),其中强降水和地震是直接的诱发因素,不当的人类活动对于突发性地质灾害起着直接或间接的重要诱发作用,对诱发因素的预测预报是突发性地质灾害预测预报的基本前提。不同类型的突发性地质灾害的成因有别,崩塌滑坡可由降雨、不当的人类活动和地震直接触发,而泥石流主要是由降雨(或其他水源)触发。由降雨引起的滑坡被称为降雨型滑坡。本书重点关注降雨型地质灾害预测预报和风险评估。不同的突发性地质灾害发生的限界值差异较大,通过研究确定限界值,可提高突发性地质灾害预测预报水平。

(1)临界雨量

1980 年,Nel Caine 发表了一篇题为"浅层滑坡和泥石流的降雨强度-持续时间控制"的文章。在这篇文章里,Caine 列出了世界范围内 73 个已经诱发了浅层滑坡和泥石流的降雨事件的持续时间和强度。根据这些数据,首次提出了浅层滑坡和泥石流发生的全球降雨强度-持续时间(ID)阈值。

国内外的研究表明,浅层滑坡和泥石流的发生往往存在一个最低的临界雨量值,因此,基于临界雨量阈值的预测预报方法已成为滑坡和泥石流研究的重要课题。根据对发生的地质灾害历史事件进行统计分析,确定临界降水量,并以此作为地质灾害预报的依据,是目前研究和应用最多的一种预报方法。统计预报基于以下假设:具有与曾经发生地质灾害地区相似的地形、地质及地貌因素的地区未来也有可能发生相同的地质灾害。在实际应用过程中,这种假设一般是合理的。我们可以将已经研究出的发生过地质灾害的地区的致灾临界条件应用于相似的地形、地质及地貌因素的地区,这是一种典型的邻域类比法的思想。

据现有文献资料,滑坡和泥石流预测预报中所采用的临界雨量指标不尽相同。其主要包括临界日雨量、临界小时雨量、临界 10 min 雨量等;同时众多研究表明,前期降雨对滑坡和泥石流发生的贡献也很大(崔鹏 等,2003;韦方强 等,2005)。因此,越来越多的滑坡和泥石流预测预报模型反映出前期降雨和临界降雨的共同作用,称为多因子临界雨量组合判别模型。

由此引入有效雨量的概念。滑坡和泥石流形成的降雨预报指标多选用发生雨量 P_{h}、激发雨强 P_{e} 和前期有效雨量 P_{a}。

前期有效雨量常用下式表示:

$$P_{\mathrm{a}}=\sum_{i=1}^{n}(k)^{i}R_{i} \tag{3.28}$$

式中,R_i 为滑坡和泥石流发生前 i 天降雨量,k 为递减系数,n 为前期降雨的日数。

由于滑坡和泥石流发生的山区,以前在研究时往往难以获取滚动 1 h 或更短时段的历史降水量资料,因而常用日雨量 P_{d} 取代发生雨量 P_{h}。但实际的滑坡和泥石流发生雨量并非以日计算的，这是研究临界雨量中需要解决的第一个问题。近几年来多部门建设的自动雨量站网和气象部门天气雷达定量估测降水已经比较好地解决了降水资料问题，我们应当通过具体分析降水过程与滑坡和泥石流过程的相互作用，精确确定发生雨量 P_h 和历时。

临界雨量中需要解决的第二个问题是如何确定激发雨量。国内外很多学者将 10 min 降雨量作为激发雨量，这是没有根据的。不同的滑坡和泥石流过程不仅激发雨量不同，而且降雨时效也不同，需要逐个过程进行认真研究。例如，Cannons 等(2008)在对美国西部泥石流考察基础上，认为激发科罗拉多州泥石流的临界雨量强度在 1～32 mm/h，降雨历时可短至 6～10 min，而加利福尼亚州泥石流发生的临界雨量强度仅仅约 2～10 mm/h，降雨历时则较长，为 2～16 h，并建立了不同地区泥石流发生的降雨强度-历时关系式。还有一些过程，发生雨量与激发雨量难以区分甚至就是同一个东西，没有必要硬性区分。

前期降雨对滑坡和泥石流的贡献需要具体情况具体分析。一般认为，降雨型滑坡和泥石流是前期降雨和短历时降雨共同作用的结果。目前对前期有效雨量的认识仍然存在以下几个问题。

① 前期有效降雨天数的确定问题。目前研究呈现出 3～30 d 不等的现象。例如，陈景武等(1990)在对云南东川蒋家沟长期观测基础上，提出了基于当日雨量、前 20 d 内有效雨量的泥石流临界判别模式；苏鹏程等(2006)在对四川省 2003 年发生的 8 场泥石流进行研究后认为，泥石流的发生与当日雨量以及前 3 d、前 5 d、前 10 d、前 15 d 和前 30 d 累计雨量有关，不同的过程有效雨量的日数不同。在采用降雨天数的时候，缺乏相关降雨过程的分析，对于连续型降雨，有效降雨天数的确定相对比较容易，而对于间断性降雨，有效降雨天数的确定存在一定的难度。如何准确界定泥石流发生前期的有效降雨天数需要进一步研究和考证。

② 前期降雨对滑坡和泥石流影响的衰减问题。并非所有前期降雨均对滑坡和泥石流发生产生影响，即使是同一场降雨也并非全部转化为泥石流流体。一般认为，由于受到地表径流转化、土壤入渗、水分蒸发、植物吸收等诸多因素的影响，前期降雨对泥石流发生影响存在一个衰减问题。与滑坡和泥石流发生时间越是久远的降雨，随着时间的推移，对滑坡和泥石流的影响越小。目前，广泛采用衰减系数来计算前期降雨对泥石流影响的衰减，所采用的衰减系数在 0.80 左右。应当注意到，不同地区之间的降雨衰减系数差异较大。与此同时，降雨衰减系数并非是固定不变的，滑坡和泥石流前每天降雨对总有效雨量的贡献也不是独立的，前 i 天降雨的衰减过程与前 i-1 天的降雨相关联，前期累积降雨对滑坡和泥石流的影响是一个复杂的非线性衰减过程(李长江 等，2011)。

③ 前期有效雨量与激发雨量的关系。前期有效雨量与激发雨量两者是构成滑坡和泥石流预测预报模式必不可少的因素。以往相关研究多用线性关系建立预测预报模型，而近年来的研究表明，在诸多地区两者之间呈现出幂函数或对数函数关系，预测预报模式也是幂函数或对数函数模式。有的学者用前期有效雨量和激发雨量做点聚图，在点聚图中用一条曲线将滑坡和泥石流发生与不发生区域分割开来，这种方法简单直观。应当特别注意的是，由于不同地区前期有效雨量和激发雨量(强)关系差异较大，预测预报模式也难以用一种模式予以表达。这是因为不同地质地理条件，有效雨量和激发雨量(强)不同。在这种情况下，必须对不同的地质地理条件建立预报模型。

以上这些问题都应当通过对长序列的降水-滑坡和泥石过程历史资料的仔细分析才能确定。当然，基于雨量条件的滑坡和泥石流预测预报应当同机理研究密切结合，这样才能实现滑坡和泥石流发生雨量条件和预测预报的突破,但是,这是一项长期的任务。

在研究降雨型突发性地质灾害的预测预报方法时还要特别注意地质地理资料与降水资料的时空匹配问题。

第一是针对不同的地质地理条件分别分析研究引发地质灾害的临界降水量,这是因为不同地质地理条件,引发地质灾害的临界降水量是不同的。一些人按照行政区来研究引发地质灾害的临界降水量,这显然是不恰当的。

第二是研究用到的降水量应当是地质灾害发生地的降水量。由于地质灾害发生地面积很小,对流性降雨分布又极端不均匀,"十里不同天""下雨隔牛背",县气象站和水文站观测到的降水量往往代表不了地质灾害发生地的降雨量。研究中用到的降雨量资料的观测站与地质灾害发生地的距离最好不超过 3~5 km,这是因为对流单体的直径一般为 3~5 km。天气雷达定量估测降水可以提供滚动 1 h 和 1 km 分辨率的降水量,可以为没有适宜降水量观测的地方提供研究地质灾害临界降水量之用。

(2)降雨与地质条件的配置问题

很显然,不能只局限于单因素(例如降雨)分析,还必须综合考虑两种甚至多种因素的共同作用。例如,滑坡是指山体边坡上的部分岩体、土体或二者的混合体在内外动力作用下沿着某一滑动面向下滑动,是一种严重的岩土体失稳现象。影响边坡稳定性的因素总体上可以分为两类:地质条件和外部触发因素。地质条件主要包括边坡的岩土体结构、岩性、地形地貌、地质构造、水文地质条件和地应力等,是滑坡发生的基本物质条件和内因;降雨型滑坡外部触发因素主要是降雨,所以,降雨型滑坡的临界雨量应当针对不同的地质条件进行研究。

处理好降雨与地质条件关系的最好办法是发展地质灾害动力模型。地质灾害动力模型是以地质灾害形成机理为基础,根据地质力学特征变化过程预报地质灾害发生与否。地质灾害是在许多内外动力因素相互作用、相互耦合下产生的,形成机制极其复杂。泥石流的本构模型有黏塑模型、惯性粒子流模型、固-流混合模型等,但泥石流动力学的复杂环境(例如复杂地形、降雨等)效应是迄今尚未解决的难题,数值模拟也有同样的问题,目前都难以用于泥石流预报。对滑坡稳定性评价,从二维到三维,从静力到动力学,非饱和土力学和数值模拟在边坡稳定性分析的应用,都有了长足的进步,有利于提高滑坡的预测预报水平。

3.6.2 滑坡的临界条件

确定降雨型滑坡的临界条件有三种方法:统计分析方法、人工智能和动力模型。

(1)统计分析方法

① 降雨强度、降雨历时、有效雨量与滑坡的关系

周剑等(2022)以重庆地区 148 个降雨型滑坡为研究对象,统计分析降雨特征,建立 I-P、I-D 以及 I-E(注:I 为降雨强度,P 为前期有效降雨量,D 为降雨历时,E 为累计降雨量)三种降雨阈值模型,采用普通最小二乘回归法划分临界阈值曲线,对比分析选择最优降雨阈值模型作为重庆市滑坡预警判据。结果表明:重庆市滑坡主要发生在汛期 5—9 月,超过 88.52% 滑坡发生当日均存在降雨;滑坡事件发生前 1 d 降雨对滑坡的诱发作用最为明显,且距离滑坡发生时间越久,滑坡事件与降雨量的相关系数明显下降。滑坡发生当日及前 3 d 相关系数都为正值,滑坡发生前 4 d 相关系数为负数,这表明前 3 d 之前的降雨对滑坡几乎没有影响。对三个降雨阈值模型进行了精度比较后,发现了降雨强度-降雨历时(I-D)阈值模型更适用用于重

庆市降雨型滑坡监测预警。

综合参考气象行业标准《暴雨诱发的地质灾害气象风险预警等级》(QX/T 487—2019)，求取 15%、50%、70%和 90%概率下诱发滑坡的 I-D 阈值曲线。得到降雨强度-降雨历时 I-D 阈值模型各级别的临界阈值方程分别为：$I_{15\%}=4.68D^{-0.64}$，$I_{50\%}=14.45D^{-0.64}$，$I_{70\%}=25.96D^{-0.64}$，$I_{90\%}=50.42D^{-0.64}$。

黄发明等(2021)基于有效降雨量的概念提出有效降雨强度-历时(EI-D)模型，计算滑坡临界降雨阈值并将其与传统的降雨强度-历时(I-D)阈值做对比，结果发现 EI-D 阈值的预测效果优于 I-D 模型，且基于滑坡易发性和 EI-D 阈值的模型能有效实现降雨型滑坡的实时预报。

邓夕胜等(2021)将蒙特卡罗方法引入降雨型滑坡的预报，首先基于正态分布的岩土体物理力学参数，建立了边坡的有限元数值计算模型，并分析了 9 种不同型式降雨下边坡稳定性系数的变化情况。结果显示，递增型降雨对边坡的稳定性尤为不利，均匀型降雨次之，递减型降雨影响最小。其次，将降雨过程划分为前期降雨＋当期降雨，并确定了前期降雨对于当期降雨的有效时间为 6 d。最后，论文结合可靠度理论，选取失效概率 $P_f=10\%$作为预警指标，通过把前期降雨引入降雨强度-降雨历时关系曲线并作为第三坐标轴，最终将该曲线扩展成为前期降雨(A)-当期降雨(I)-降雨历时(D)曲面(A-I-D 阈值曲面)，研究结果对于降雨型边坡的预警预报具有一定的指导意义。

② 深圳市滑坡密度临界雨量

高华喜等(2007)详细研究了深圳市降雨与滑坡的历史资料，对区域性滑坡与降雨量进行偏相关分析，与降雨强度进行相关分析以及与降雨时间进行了系统统计分析，研究结果表明：①滑坡的活动 1～4 d 的降雨量及一次降雨过程的降雨量偏相关系数较大，表明一次性降雨量达到或超过某一数值时区域性滑坡就可以出现；②暴雨尤其是大暴雨及特大暴雨与滑坡的关系非常密切，相关系数达 0.8 以上，大暴雨或特大暴雨具有直接触发滑坡的作用；③滑坡活动时间与暴雨大暴雨相吻合或略滞后，滞后时间一般不超过 4 d，暴雨的当天及次日发生滑坡的可能性最大。在此基础上探讨了区域性滑坡发生的临界降雨量和降雨强度阈值。

高华喜等(2007)根据深圳市全市滑坡灾害分布情况，综合考虑人类经济活动、自然环境、地质环境、灾害体结构条件等，以滑坡灾害综合危险性指数将深圳市滑坡灾害划分为高易发区、中等易发区、低易发区和不易发区 4 个等级，然后将高易发区和中等易发区滑坡点密度与其对应的有效降雨量与降雨强度进行统计(图 3.16 和图 3.17)，对于低易发区和不易发区，其地质环境一般较好及人类活动强度有限故没有进行统计。

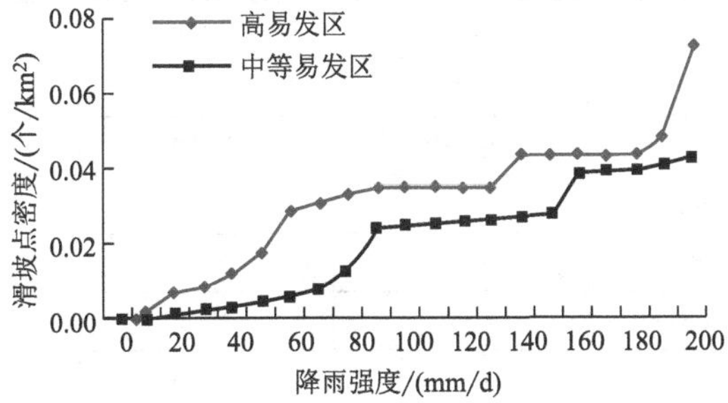

图 3.16　降雨强度与滑坡点密度关系曲线图(高华喜 等,2007)

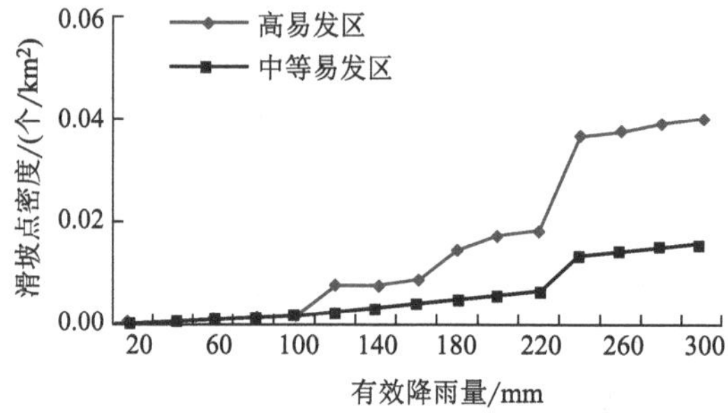

图 3.17　有效降雨量与滑坡点密度关系曲线图(高华喜 等,2007)

他们使用的有效雨量的算公式如下：

$$R_c = R_0 + \sum_{i=1}^{n} k^i R_i \tag{3.29}$$

式中：R_c 为有效降雨量；R_0 为当天降雨量；R_i 为第 i 日降雨量；n 为降雨日数，$i=1,\cdots,n$；k 为降雨系数，k 通过对计算降雨量与滑坡发生的次数间的相关性进行确定，$k=0.8$。

从图 3.17 可知，随着降雨强度的增加，高中等易发区滑坡点密度不断增大，滑坡数量相应增加。降雨量较小时滑坡数量增加缓慢，当日降雨量达 60 mm 和 140 mm 时高易发区曲线明显变陡，斜率增加，滑坡点密度出现跳跃现象，而日降雨量在 60～140 mm 之间时滑坡增加数量又趋于缓慢。如 2005 年 8 月 19 日降雨强度为 59.4 mm/d ，发出 3 级预报，高易发区已有零星滑坡出现。而在 8 月 20 日降雨强度为 208.4 mm/d，仅龙岗区就有 20 余处滑坡出现。从中等易发区曲线斜率变化分析可知其跳跃时间明显晚于高易发区，这主要是由于其地质环境较后者优越所致，需要更大的降雨才可能导致其滑动。鉴于滑坡灾害的安全防范，将高易发区的这些特征降雨强度作为适时降雨强度阈值见表 3.37。

图 3.17 表明，随着有效雨量的增加滑坡数量逐渐增加，有效降雨量为 120 mm 和 220 mm 时，高易发区滑坡点密度明显的增加，曲线变陡斜率增加，当有效降雨量小于 120 mm 时和处于 120～220 mm 之间时曲线斜率变化平缓，滑坡数量增加缓慢。对于中等易发区曲线斜率变化与之类似，如 2004 年 8 月 31 日深圳二线关插花地长排村发生挡土墙倒塌事故，根据洪湖雨量站的降雨数据，当日降雨量仅为 10.8 mm，但 8 月 29—31 日 3 d 的累积降雨量为 136.5 mm。

根据图 3.16 和图 3.17，高华喜等(2007)得到深圳市滑坡密度临界雨量如表 3.37。

表 3.37　深圳市滑坡密度临界雨量(高华喜 等,2007)

高易发区	降雨强度/(mm/d)	≥60	≥140	≥190	—
	滑坡点密度/(个/km²)	0.03	0.04	0.07	—
	有效雨量/mm	<120	≥120	≥180	≥220
	滑坡点密度/(个/km²)	～0	0.007	0.018	0.04
中易发区	降雨强度/(mm/d)	<40	≥100	≥160	—
	滑坡点密度/(个/km²)	～0	0.25	0.04	—
	有效雨量/mm	<140	≥160	≥230	—
	滑坡点密度/(个/km²)	～0	0.0005	0.016	—

③ 基于“双因素”分级叠合的降雨型滑坡预报方法

丁继新等(2006)以重庆地区的滑坡为研究对象，提出了一种基于“双因素”分级叠合的降雨型滑坡预报方法。由于该方法不仅考虑了滑坡发生的内因—地质条件，而且考虑了重庆地区滑坡的一个最主要的外在诱发因素——降雨，研究了该地区的山体边坡(尤其是危险边坡)在某种特定地质条件和降雨因素共同作用下的易滑程度。

(a)滑坡诱发因素分析

ⓐ 地质条件

丁继新等(2006)通过对重庆地区所属的重庆市区、涪陵、万县、云阳和奉节 5 个地区 129 个滑坡灾害进行统计分析，表明滑坡的形成明显与地形地貌条件、岩性、断层和节理、新构造运动、岩层产状、河流侵蚀、地下水的作用以及它们之间的相互作用和相互耦合有密切的关系。采用 Hudson 创立的岩石工程系统(RES)方法的核心——多因素相互作用关系矩阵，选择这 6 种影响因子组成相互作用关系矩阵。为了定量地描述不同滑坡影响因子及其相互作用与地质条件之间的关系，先对这 6 个影响因子对地质条件的影响程度，将其划分为 4 级(表略)，并分别用 0～3 来进行定量的表示：0 表示没有影响或基本上没有影响；1 表示有一定的影响，但影响程度不大；2 表示有强烈的影响；3 表示有极其强烈的影响，关系矩阵对角线元素的值表示该影响因素本身对地质条件的影响(表略)。

丁继新等(2006)采用式(3.30)—式(3.32)来确定某个地区或者边坡所在位置的地质条件：

$$S = \sum_{i=1,j=1}^{n} V_{i,j} \tag{3.30}$$

$$F = S_{\max} \tag{3.31}$$

$$\mathrm{FEG} = \sum_{t=1}^{n} S/(2F) \times 100\% \tag{3.32}$$

式中：n 表示影响因子的个数(这里为 6)；t 表示一个地区内边坡点的个数，其取值范围为 1～n；S 是整个相互作用关系矩阵中所有元素之和，表征了多种因素及其之间相互作用对地质条件影响的强烈程度；F 表示当相互作用关系矩阵中所有的 $V_{i,j}=3$(即影响因子之间的相互作用对某个地区或某个位置处的地质条件有极其强烈的影响)时，整个矩阵中所有元素之和。FEG 表征了某个地区地质条件的好坏程度，称为“地质条件评价因子”。

某个地区或者边坡所在位置的“地质条件评价因子”FEG 越大，表明构成该处地质条件的各种影响因子及其之间的相互作用对地质条件的影响越强烈，因此，该处的地质条件就越差。

ⓑ 降雨条件

降雨对滑坡的触发作用主要体现在：在降雨过程中，地表水进入坡体，增加了坡体的自重；降雨由地表进入地下，转变成为地下水，浸泡软化滑动面，降低了坡体的抗剪强度；边坡岩土体的干湿交替变化导致岩土体开裂，产生大量的节理裂隙：增大了孔隙水压力，使处于极限平衡状态的坡体发生滑动。对于边坡来说，边坡岩土体的含水量必须达到某一界限值，才可能在某一次降雨过程中发生滑坡。因此，在一定的地质条件下，降雨型滑坡的发生时间实际上是由某次降雨的降雨强度和降雨过程的总降雨量共同决定的。

丁继新等(2006)对涪陵地区的 25 个滑坡、重庆城区的 27 个滑坡和万县城区的 36 个滑坡的详细分析表明，在这些滑坡中，由暴雨诱发的滑坡分别占滑坡总量的 84%，78%和 83%。在这些降雨型滑坡中,大多数滑坡都发生在降雨过程的中后期或滞后几天,其中95%的滑坡发生在暴雨开始10 h后,86%的滑坡发生在暴雨开始24 h后,81%的滑坡发生在24~72 h之间,即暴雨开始后的第二、第三天中。滑坡滞后的时间还与滑坡体所处的地质条件、滑坡体本身的性质以及降雨的强度等多种因素有关,但滞后时间一般不会超过10 d。需要注意的是,在地质条件很差的地方,如果降雨量在短时间或者24 h内达到150 mm甚至200 mm以上,则很容易在暴雨开始的当天就会发生滑坡。

由此可见,降雨尤其是暴雨是重庆地区滑坡发生的一个重要诱发因素,而对滑坡的发生影响最大的是最大日降雨量和整个降雨过程的总降雨量。

(b)"双因素"分级叠合与降雨型滑坡时空预报

丁继新等(2006)通过"双因素"(即地质条件和降雨)分级叠合方法来研究地质条件和降雨与滑坡之间的关系。这种方法避开了直接分析每一种因素对滑坡的具体影响程度,而是综合考虑二者的共同影响。可以通过式(3.33)来研究"双因素"——地质条件和降雨与滑坡之间的关系:

$$F_{LHP}=F_G \cdot F_R \tag{3.33}$$

式中:F_G 是地质条件对滑坡影响程度的量化表示,称为"地质条件影响因子";F_R 是降雨对滑坡影响程度的量化表示,称为"降雨影响因子";F_R 和 F_G 统称为"滑坡触发因子";F_{LHP} 表示两种滑坡触发因子对滑坡总的影响程度,由于它表征了滑坡的易滑(或稳定)程度,因此将其称为"滑坡易滑程度判别因子"。

丁继新等(2006)为了定量地描述各滑坡触发因子与滑坡之间的关系,将地质条件按照其好坏程度、降雨按照其严重程度进行了分级,并分别对与之相应的两种滑坡触发因子进行了赋值。通过对重庆地区影响滑坡灾害的主要地质条件进行统计分析,采用多因素相互作用关系矩阵方法对地质条件进行分级。通过对重庆市区、涪陵和万县的降雨资料以及88个滑坡历史资料进行统计分析,采用概率方法对降雨进行分级。按照地质条件的好坏程度将其分为:极好、好、中等、差、极差5级,与之相应,"地质条件影响因子"F_G 的取值也分别从1~5。由于日最大降雨量和降雨过程的总降雨量是影响滑坡的两种最主要降雨指标,因此使用日最大降雨量和暴雨过程的总降雨量来表征降雨的严重程度,在此基础上,将降雨分为:极轻微、轻微、中等、严重和极严重5级,与之相应,"降雨影响因子"F_R 的取值也从1~5。F_G 和 F_R 的值由1~5分别表示这两种滑坡触发因子对滑坡的影响程度由极弱到极强。各滑坡触发因子的分级和赋值如表3.38所示。

表3.38 "滑坡触发因子"分级和赋值表(丁继新 等,2006)

地质条件	地质条件评价因子 F_{LHP}/%	地质条件影响因子 F_G 值	降雨	日最大降雨量/mm	降雨过程总降雨量/mm	降雨影响因子 F_R 值
极好	0~20	1	极轻微	0~20	小于50	1
好	20~40	2	轻微	20~50	50~100	2
中等	40~60	3	中等	50~100	100~150	3
差	60~80	4	严重	100~150	150~250	4
极差	80~100	5	极严重	150以上	250以上	5

他们通过将这2种滑坡触发因子——"地质条件影响因子"和"降雨影响因子"进行分级叠

合，详细地分析了这 2 种影响因子共同作用下滑坡的易发性，即根据“滑坡易滑程度判别因子”F_{LHP} 的值，确定某个地区或某个滑坡的易滑程度，从而对滑坡发生的可能性进行预测预报。根据滑坡的易滑程度将其分为 4 级：滑坡极易发生(Ⅳ)、滑坡易发生(Ⅲ)、滑坡难于发生(Ⅱ)和滑坡几乎不发生(Ⅰ)。

丁继新等(2006)详细地研究了重庆地区的 24 个有降雨因素参与的滑坡，并对每个滑坡建立了多因素相互作用关系矩阵。通过研究“地质条件影响因子”F_G 与滑坡发生概率之间的关系，发现当 $F_G<3$ 时，也就是在好和极好的地质条件下，只有 1 个滑坡发生，滑坡发生概率为 4.2%；当 $F_G \geqslant 3$ 时，滑坡发生概率为 95.8%。这说明，绝大部分滑坡是在地质条件极差、差和中等条件下发生的，在地质条件好和极好的情况下，很少会发生滑坡。通过研究“降雨影响因子”F_R 与滑坡发生次数之间的关系，发现其中也只有 1 个滑坡发生在极轻微和轻微降雨条件下(即 F_R 等于 1 和 2 的情况下)，而有 23 个滑坡发生在降雨极严重、严重和中等情况(即 $F_R \geqslant 3$ 的情况下)。因此，在计算“滑坡易滑程度判别因子”时，只考虑 $F_G \geqslant 3$ 和 $F_R \geqslant 3$ 的情况，而将 $F_{LHP}<9$ 的情况(即 $F_G<3$ 和 $F_R<3$ 的情况)，作为滑坡基本不发生(Ⅰ)的情况。此时，按照式(3.33)，F_{LHP} 的取值只有 9、12、15、16、20 和 25 六种情况。通过研究满足 $F_G \geqslant 3$ 和 $F_R \geqslant 3$ 情况的 23 个滑坡，发现 F_{LHP} 与滑坡发生次数及发生概率之间存在着如表 3.39 所示的关系。

表 3.39 “滑坡易滑程度判别因子”F_{LHP} 与滑坡易滑程度之间的关系(丁继新 等，2006)

滑坡	F_{LHP} 取值					
	$F_{LHP}=9$	$F_{LHP}=12$	$F_{LHP}=15$	$F_{LHP}=16$	$F_{LHP}=20$	$F_{LHP}=25$
滑坡发生次数	2	6	3	10	1	1
滑坡发生频率	8.33%	25.00%		62.50%		
滑坡易滑程度	滑坡不易发生(Ⅱ)	滑坡易发生(Ⅲ)		滑坡极易发生(Ⅳ)		

由表 3.39 可以看出，在满足 $F_{LHP} \geqslant 12$ 的条件下，滑坡发生的概率达到了 87.5%。其中，当 $12 \leqslant F_{LHP} \leqslant 15$ 时，滑坡发生的频率为 25.00%；当 $16 \leqslant F_{LHP} \leqslant 25$ 时，滑坡发生的频率为 62.50%。这说明某个地区的地质条件越差、降雨越严重，则该地区发生滑坡的可能性越大。$F_G=5$ 或者 $F_R=5$ 属于一种非常极端的情况，针对这种情况，丁继新等(2006)专门在重庆地区挑选了符合条件的 8 个古滑坡对其进行研究。研究发现，在地质条件为中等、差和极差的情况下 $F_R=5$ 时，或者在降雨为中等、严重和极严重的情况下 $F_G=5$ 时，全部发生了滑坡。因此，在表 3.39 中，将 $F_G=5$ 或者 $F_R=5$(即 F_{LHP} 为 5 的整数倍)的情况均归为滑坡极易发生一类。

目前的天气预报可以比较准确地预报某个地区几天的降雨情况，这样，根据前述方法就可以获得准确的 F_R 值。为了进行减灾防灾，应当对地质灾害易发区的危险边坡尤其是古滑坡进行重点研究。通过地质勘测，对这些危险边坡建立多因素相互作用关系矩阵，以得到其“地质条件评价因子”FEG 的值，并最终得到“地质影响因子”F_G 的值。根据式(3.33)，可以计算得到这些危险边坡的“滑坡易滑程度判别因子”F_{LHP} 的值。按照上述方法，根据 F_{LHP} 的值可以判断这些危险边坡的易滑程度，也就是说对这些危险边坡发生滑坡的可能性进行预报。由于这些危险边坡本身就决定了滑坡发生的空间范围，而降雨预报则决定了滑坡发生的时间，因此，这种降雨型滑坡的“双因素”分级叠合方法可以实现滑坡的时空预报。

(2)人工智能

人工智能需要长时间系列的滑坡数据来训练模型,因此大概只有长江三峡库区的滑坡等少数几个地区的滑坡具备这个条件。

陈伟(2022)从国家冰川冻土沙漠科学数据中心(http://www.ncdc.ac.cn)下载得到三峡库区中的秭归县白水河滑坡2003年10月—2014年12月和八字门滑坡2003年9月—2012年12月的滑坡累计位移、库水位和降雨量。对累计位移用二次指数平滑法分解出趋势项,累计位移与趋势项相减得到周期项。基于门控循环单元神经网络构建预测模型(Stacked GRU)预测趋势项位移;用决策树的CART算法计算周期项各个影响因子的重要性,发现当前月降雨、双月降雨、当月库水位变化、双月库水位变化四个影响因子都和周期项有明显关联(表3.40)。

表3.40 周期项影响因子和周期项的相关程度(陈伟,2022)

影响因子	当月降雨量	双月降雨量	当月库水位改变量	双月库水位该变量
关联度	0.786	0.792	0.843	0.827

因此,选取这四个优势影响因子作为输入值,使用基于改进的长短期记忆网络的预测模型预测周期项数据。然后将预测的周期项和预测的趋势项相加得到预测的累计位移。

陈伟(2022)使用白水河滑坡2003年10月—2014年2月的趋势项位移、周期项位移、总位移作为训练集,用2014年3月—2014年12月的趋势项位移、周期项位移、总位移作为测试集检验所提出的GRU搭建的预测模型的预测效果,用均方根误差和平均绝对误差作为检验标准,并且和基于长短期记忆递归神经网络(LSTM)、支持向量机(SVM)的方法进行对比,该方法三种位移的均方根误差和平均绝对误差都是最小的。八字门滑坡亦然。

(3)动力模型

可用于滑坡预报的动力模型有机理模型和数值模拟两种。它们都能够正确描述边坡上的岩土体在降雨影响下失去稳定,沿贯通的破坏面(或带)整体下滑的过程。降雨强度越大,土中孔隙水压力变化越快,土体位移变化越大,边坡稳定性降低得越快。确定雨水入渗-重分布多采用以下两种方法:一是传统的数值分析方法,即采用Richards方程求解入渗控制方程;二是采用一维入渗-重分布物理入渗模型。土壤水分入渗模型可以分为三大类,分别为:物理意义明确的土壤水分入渗模型,如Green-Ampt模型、Philip模型等;半经验入渗模型,如Horton模型等;经验入渗模型,如Kostiakov模型等。相较而言,物理入渗模型具有物理概念明确、简便易用的特点,因此被广泛应用于降雨入渗或农田灌溉的分析。

① Green-Ampt入渗模型

Green等(1911)研究土体在薄层积水时提出一种入渗模型即Green-Ampt入渗模型(简称GA模型)。该模型假定:第一,土体沿深度方向上的体积含水率始终不变;第二,雨水入渗过程中湿润锋面始终为1个干湿截然分开的界面,即湿润锋内体积含水率为饱和含水率θ_s,湿润锋下方土体的体积含水率为初始含水率θ_i。基于上述假设和达西定律,土体的入渗速率为:

$$i_w = K_s \frac{Z_w + \Psi_w}{Z_w} \tag{3.34}$$

式中:i_w为土壤入渗速率,单位:cm(m)/min(d);K_s为饱和导水率,单位:cm(m)/min(d);Ψ_w为湿润锋面吸力水头,单位:cm(m);Z_w为湿润锋深度,单位:cm(m)。

把边坡降雨入渗过程分为湿润锋形成前、后两部分。随着降雨的持续进行,会出现湿润锋

形成的临界时刻 t_p；降雨强度为 q，边坡入渗速率 i 为 $q\cos\alpha$，t_p 时刻的浸润锋深度为 Z_p，将 $i=q\cos\alpha$ 和 $Z_f=Z_p$ 代入式(3.34)，可得

$$Z_p=\frac{\Psi_w}{\left(\frac{q}{K_s}-1\right)\cos\alpha} \tag{3.35}$$

Green-Ampt 模型假设湿润锋至入渗初始表面之间的土体达到完全饱和，故累计入渗量 I 为

$$I=(\theta_s-\theta_i)Z_w \tag{3.36}$$

式中：θ_s 为边坡饱和状态的体积含水率；θ_i 为边坡天然状态的体积含水率。

则临界时刻的累计入渗量 I_p 和临界时刻 t_p 为

$$I_p=(\theta_s-\theta_i)Z_p=\frac{(\theta_s-\theta_i)\Psi_w}{\left(\frac{q}{K_s}-1\right)\cos\alpha} \tag{3.37}$$

$$t_p=\frac{I_p}{q\cos\alpha}=\frac{(\theta_s-\theta_i)\Psi_w}{q\left(\frac{q}{K_s}-1\right)(\cos\alpha)^2} \tag{3.38}$$

蒋天娇等(2020)采用考虑排水的改进 Green-Ampt 降雨入渗模型，研究持续降雨对赣南安远至定南新建高速公路定南段花岗岩风化带路堑边坡稳定性的影响。

为了考虑降雨与排水的共同作用，蒋天娇等(2020)结合达西定律对 GA 模型进行改进。边坡湿润锋的下降速率等于降雨入渗率减去饱和带平行于坡表的水分排出率，即：

$$\begin{aligned}\frac{\mathrm{d}Z_w}{\mathrm{d}t}&=K_s\frac{Z_w\cos\alpha+\Psi_w}{(\theta_s-\theta_i)Z_w}-K_s\frac{Z_w\sin\alpha}{(\theta_s-\theta_i)L}\\&=\frac{-Z_w^2\sin\alpha+Z_wL\cos\alpha+L\Psi_w}{Z_w}\end{aligned} \tag{3.39}$$

式中，L 为斜坡沿坡表方向的长度。

初始条件为 $t=t_p$，$Z_w=Z_p$，湿润锋平均基质吸力水头为 Ψ_w，则花岗岩全风化带湿润锋基质吸力水头为 8.17 cm(黄冠 等，2019)。

蒋天娇等(2020)认为影响赣南花岗岩风化带岩土体边坡稳定性的主要因素是该地区的持续强降雨天气，根据中国气象数据网、定南县人民政府网数据，定南县月平均降雨量最大值发生在 2007 年 6 月，其值为 617.4 mm，单日最大降雨量发生在 2010 年 5 月 7 日，其值为 335 mm。通过对定南县降雨资料进行分析，设置了如下两种强降雨工况。

工况一：选取月平均降雨量为 617.4 mm/月，为 2002 年 6 月整月降雨工况；

工况二：选取单日最大降雨量为 335 mm/d，为 2010 年 5 月 7 日整日降雨工况。

根据式(3.35)和式(3.38)，分别计算出两种工况下赣南地区花岗岩风化带岩土体边坡湿润锋形成的临界深度和临界时刻如下。

工况一：$Z_p=0.43$ m，$t_p=7.56\times10^4$ s；

工况二：$Z_p=0.006$ m，$t_p=24.5$ s。

② 理论计算与数值模拟

理论计算应用最广泛的是极限平衡法，数值模拟应用最广泛的是 FLAC 数值分析法。

(a)极限平衡法和 FLAC 简介

ⓐ 极限平衡法

极限平衡法则是边坡稳定分析方法中应用最早、最广泛的方法。该法以 Mohr-Columb 强度理论为基础，通过分析土体在破坏那一刻的静力平衡来求得问题的解。它引入了一些简化假定，从而使问题变得静定可解。这种处理，使方法的严密性受到了损害，但对稳定性计算结果的精度影响并不大，由此带来的好处是使分析计算工作大为简化，这也是迄今国内外对边坡稳定问题的分析仍广泛采用极限平衡法的原因所在。瑞典条分法和简化毕肖普法是在岩土工程领域计算边坡稳定系数应用最为广泛的两种方法，都属于极限平衡法的一种。其中毕肖普法是在边坡土体中取一圆弧滑动体，当土体内部所受剪应力大于其最大抗剪应力时，土体就会沿着此圆弧滑动面发生破坏。在此圆弧滑动体内沿竖向切分为 n 个土块，并将土块所受重力分解为与圆弧滑动面垂直和相切的两个分量，再对圆弧滑动体圆心处取力矩，建立力矩平衡方程，边坡稳定系数即为方程的解。经典极限平衡法对边坡进行稳定性分析计算的基本计算公式见《滑坡防治工程勘查规范》(GB/T 32864—2016)中公式 (A.1)—(A.8)。

李云波等(2023)基于 slide 软件，采用极限平衡法计算我国西南某水电站高边坡在正常运行及降雨工况下的稳定性，并提出了边坡支护方案。

我国西南某水电站为一等大(1)型工程，该水电站泄洪排沙洞出口泄槽段右侧开挖边坡实际揭露的地质条件，较地质专业提供的地质剖面发生较大变化，该段开挖无基岩出露，实际全部揭露均为土质边坡。施工过程中，为保障底部泄槽段结构尺寸满足设计要求，对该部位揭露的土质边坡采用陡于 1∶1.5 的坡比进行开挖，边坡整体坡比近 1∶1.2，局部较陡部位接近 1∶0.5(位于边坡底部)。

李云波等(2023)基于 slide 有限元软件，采用毕肖普法对正常运行工况及降雨工况下的泄洪排沙洞出口段边坡稳定性进行分析。正常运行工况下，边坡安全系数为 1.245，小于规范要求的安全系数下限值 1.25。降雨工况下，边坡安全系数为 1.132，小于规范要求的安全系数下限值 1.20。因此，该边坡在正常运行工况及降雨工况下的安全系数均不满足规范要求。为了安全考虑，应采取支护措施对该边坡进行支护。考虑从高程 1113 m 马道进行回填石渣，回填石渣坡脚延伸至泄槽挡墙墙背高程 1105 m，整体填土坡度近 1∶3。石渣回填后正常运用及降雨工况边坡稳定计算的安全系数分别为 1.398 和 1.279，均大于规范要求的安全系数上限值，说明采取回填石渣支护措施能够有效提高边坡的稳定性。

ⓑ FLAC 数值分析方法

由美国明尼苏达 ITASCA 软件公司开发发展的快速拉格朗日分析(Fast Lagrangian Analysis of Continua，简称 FLAC)是一种基于显式有限差分分析方法的新型数值分析方法，它可以模拟岩土或其他材料的力学行为。这种算法可以准确地模拟材料的屈服、塑性流动等，尤其在材料的弹塑性、大变形分析等领域有独特的优点。FLAC 程序基本原理类同于离散单元法，但它能像有限元那样适用于多种材料模式与边界条件的非规则区域的连续问题求解，在求解过程中，FLAC 又采用了离散元的动态松弛法，不需求解大型联立方程，计算量小多了。

(b)极限平衡法和 $FLAC^{3d}$ 的应用

蒋天娇等(2020)在同一篇文章中还用极限平衡法和 $FLAC^{3d}$ 数值模拟的方法研究了赣南花岗岩风化带岩土体边坡的稳定性。

通过室内基本土工试验、三轴剪切试验、岩体压缩试验等方法，结合线路工程勘察报告，获取了所选取的花岗岩残积土风化带边坡不同风化带岩土体的物理力学参数，见表 3.41 和表 3.42。

表 3.41 赣南地区花岗岩全风化带岩土体的水力特性参数(蒋天娇 等,2020)

饱和导水率 K_s/(m/s)	饱和体积含水率 θ_s	天然体积含水率 θ_i	湿润锋面吸力水头 Ψ_w/cm
2.13×10^{-6}	0.43	0.30	8.17

表 3.42 赣南地区花岗岩残积土风化带岩土体的强度参数(蒋天娇 等,2020)

岩土体名称	重度 γ/(kN/m^3)	黏聚力/kPa	内摩擦角 ϕ/°	弹性模量 E/Pa	泊松比 μ
全风化花岗岩	18	65	29.7	2.4×10^{-2}	0.4
强风化花岗岩	23	100	40	1	0.3
中风化花岗岩	26	600	50	3.5	0.26

蒋天娇等(2020)采用 FLAC^{3d} 软件自带的强度折减模块进行该花岗岩风化带岩土体边坡的稳定性计算,计算模型选取摩尔库仑模型。在不同时间节点下,边坡湿润锋以上选取饱和状态下边坡岩土体的重度和抗剪强度参数,边坡湿润锋以下选取天然状态下边坡岩土体的重度和抗剪强度参数进行数值模拟计算,得到在不同降雨条件下赣南地区花岗岩风化带岩土体边坡的折减系数、破坏方式和潜在滑动面,以强度折减系数作为该边坡的稳定性系数。

蒋天娇等(2020)建立的 FLAC^{3d} 边坡模型包括 11670 个单元和 13970 个节点,左右边界采取水平方向 0 位移边界,底部边界采取水平与垂直方向均为 0 位移边界,拉伸方向即 Y 轴方向也采取 0 位移边界。为了更好地展示边坡的破坏模式,本文所有剪应变增量云图均在水平方向即 X 轴方向旋转 20°进行展示,这样可以方便观察到边坡坡脚以及台阶处的变形破坏情况。

ⓐ 工况一

蒋天娇等(2020)根据赣南地区花岗岩全风化带岩土体的水力特性参数(表 3.41)和式(3.39),得到工况一条件下该赣南地区花岗岩风化带岩土体边坡湿润锋深度随降雨时间的变化曲线(图 3.18)。

根据赣南地区花岗岩风化带岩土体的强度参数(表 3.42)和工况一条件下,得到该边坡稳定性系数随降雨时间的变化曲线(图 3.19)。

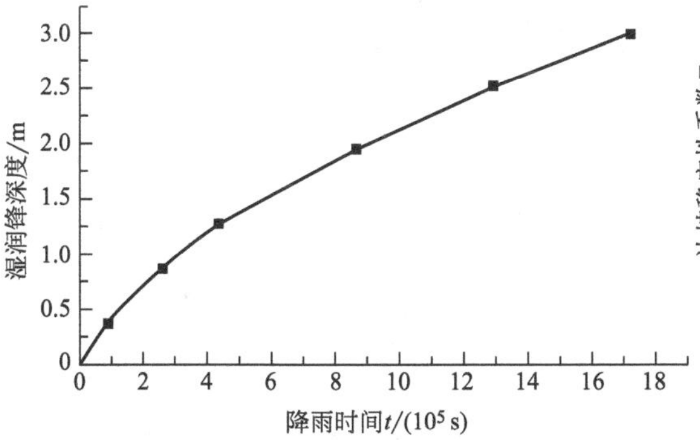

图 3.18 工况一条件下赣南地区花岗岩风化带岩土体边坡湿润锋深度随降雨时间的变化曲线(蒋天娇 等,2020)

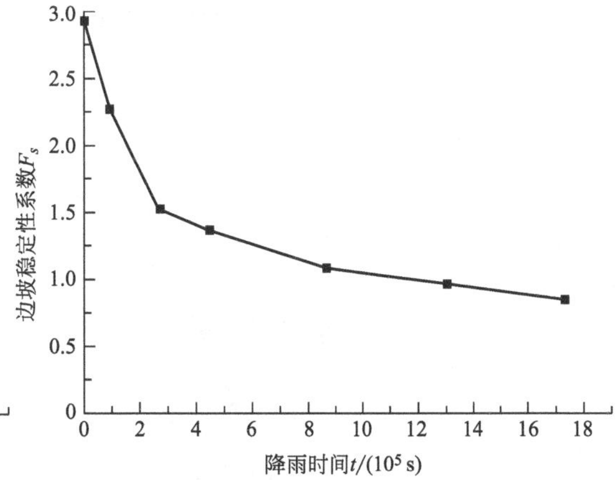

图 3.19 工况一条件下极限平衡法计算该边坡稳定性系数随降雨时间的变化曲线(蒋天娇 等,2020)

蒋天娇等(2020)选取降雨时间分别为 1 d、3 d、5 d、10 d、15 d 和 20 d 时的边坡湿润锋深度,将湿润锋处作为潜在的滑动面,滑动面以上边坡岩土体的重度和强度参数选取饱和状态参数,利用刚体极限平衡法计算工况一条件下该边坡的稳定性系数,并绘制边坡稳定性系数随降雨时间的变化曲线,可见降雨第 10 d 时该边坡的稳定性系数为 1.08,而降雨第 15 d 时边坡的稳定性系数为 0.97,以边坡稳定性系数小于 1 作为边坡失稳的评判标准,该赣南花岗岩风化带岩土体边坡在此时工况下会发生失稳破坏。

选取降雨时间分别为 0 d、1 d、3 d、5 d、10 d、15 d 和 20 d 时的边坡湿润锋深度,湿润锋以上分别选取饱和状态下边坡岩土体的重度和抗剪强度参数,湿润锋以下分别选取天然状态下边坡岩土体的重度和抗剪强度参数,利用 $FLAC^{3d}$ 软件采用强度折减法进行数值模拟计算,得到工况一条件下不同降雨时长时该边坡的剪应变增量云图和边坡稳定性系数随降雨时间的变化曲线。

蒋天娇等(2020)通过分析变化曲线得知,赣南地区花岗岩风化带岩土体边坡在工况一的强降雨入渗作用下,在降雨 20 d 时边坡的稳定性系数小于 1,会发生失稳破坏;极限平衡法与强度折减法计算得到的该边坡稳定性系数基本一致,但在降雨初期,由于极限平衡法选取湿润锋处为边坡的潜在滑动面会导致边坡稳定性系数偏高,使其与强度折减法计算所得的边坡稳定性系数有一定的差异,体现为极限平衡法在初期的计算结果相对偏高。

未降雨时,该花岗岩风化带岩土体边坡的初始稳定性系数为 2.72,该边坡应变增量主要在坡脚出现集中;随着降雨的持续进行,该边坡的潜在滑动面在坡体表面逐渐贯通,并在降雨 3 d 左右时完全贯通,边坡的稳定性系数明显下降;降雨期间该边坡的剪应变增量最大处始终出现在坡脚位置,破坏区域呈现逐步向上的发展趋势;在降雨 5 d 后该边坡台阶处开始呈现高剪应变增量区,边坡各台阶处很可能会出现剪切破坏;在降雨 20 d 时,该边坡的强度折减系数低于 1,认定为该边坡出现破坏,破坏面在浅层坡表贯通,此时很可能发生坡面冲刷破坏,而高剪应变增量出现在边坡浅层台阶和坡脚处。可认为边坡台阶处、坡脚处以及整个坡表都是容易发生滑移破坏的地方。

ⓑ 工况二

蒋天娇等(2020)根据赣南地区花岗岩全风化带岩土体的水力特性参数(表 3.41)和公式(3.39),可得到工况二条件下赣南地区花岗岩风化带岩土体边坡湿润锋深度随降雨时间的变化曲线(图 3.20)。

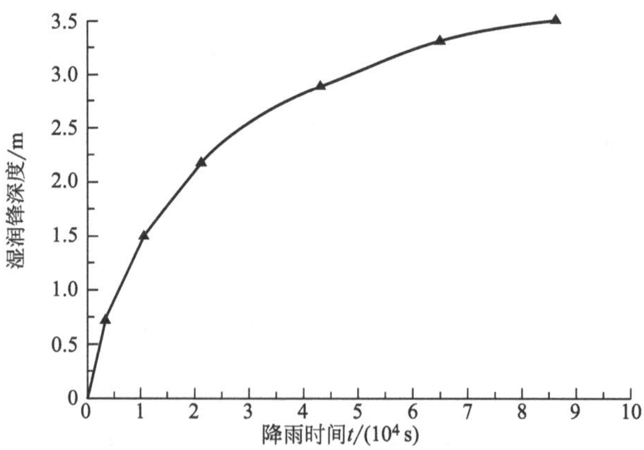

图 3.20 工况二条件下赣南地区花岗岩风化带岩土体边坡湿润锋深度随降雨时间的变化曲线(蒋天娇 等,2020)

根据赣南地区花岗岩风化带岩土体的强度参数(表 3.42)和工况二条件下该边坡稳定性系数随降雨时间的变化曲线(图 3.21)。

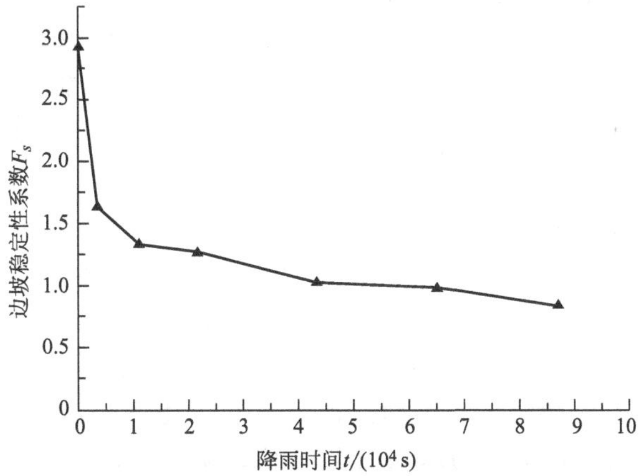

图 3.21　工况二条件下极限平衡法计算该边坡稳定性系数随降雨时间的变化曲线(蒋天娇 等,2020)

利用极限平衡法计算工况二条件下该边坡的稳定性系数,在降雨 12 h 时该边坡的稳定性系数达到 1.03,在降雨 18 h 时该边坡的稳定性系数为 0.98,即小于 1,说明赣南地区花岗岩风化带岩土体边坡在此工况下会发生失稳破坏。

利用 FLAC^{3d} 采用强度折减法进行数值模拟计算,赣南地区花岗岩风化带岩土体边坡在工况二的强降雨入渗作用下,边坡坡脚处剪应变增大较快,边坡的稳定性系数逐渐降低并在降雨 18 h 之后边坡稳定性系数小于 1,可认为边坡即将发生失稳破坏。

未降雨时,该边坡的初始强度折减系数也为 2.72,随着降雨的进行,该边坡的潜在滑动面从坡脚应变集中逐渐由坡脚向上扩展;在降雨达到 3 h 左右时边坡的潜在滑动面完全贯通,边坡强度折减系数也快速下降,且边坡剪应变增量最大处出现在坡脚位置,破坏区域也随着降雨时长的增加而增大,边坡各台阶处也均出现了潜在的剪切破坏区;在降雨达到 24 h 时,边坡的稳定性系数仅为 0.92,可认为此时边坡已发生失稳破坏。

相对于工况一,工况二的降雨速率更大,因此该边坡的湿润锋下移速率加快,边坡相应的浅层破坏区域快速成型贯通,且剪应变增量较大,边坡有很大的整体失稳风险。整体而言,在工况二条件下,赣南地区花岗岩风化带岩土体边坡的破坏模式为从坡脚往上延伸的浅层剪切滑移破坏以及各个台阶处的局部剪切破坏,各破坏区逐渐贯通后,最终引起该边坡的整体失稳破坏。

基于上述研究结果,蒋天娇等(2020)建议雨季在该区域进行花岗岩风化带岩土体边坡开挖施工时,须考虑极端降雨条件的影响,并做好坡面冲刷和坡体滑移的防护工作。

3.6.3　降雨型泥石流临界条件

泥石流暴发取决于短历时雨强和前期土体含水状况等因素,而泥石流暴发所需要的短历时雨强的大小,与泥石流暴发前补给物质的前期含水状况有关。前期降雨越大,补给物质就越接近饱和,泥石流暴发所要求的短历时雨强就越小;反之,亦然。

从泥石流启动过程看,一场降雨开始后,由于土体吸水率很大,降雨全部渗入土壤。随着降雨的继续,表层土体达到饱和,地表产生积水,导致排水不畅,土体内孔隙水无法自由排泄,孔隙水压力剧增,土体的抗剪强度削减。在后续高强度降雨作用下,土体受到短历时雨强激发而形成泥石流。如果没有相当强度的降雨条件,则降雨在土体中持续下渗,使土体整体含水量达到某一水平,为下一次降雨激发泥石流做准备。一般来说,前期降雨对泥石流形成的贡献比较大,短历时雨强主要起到激发作用。但是,当降雨强度很大时,前期即便没有降水,也可能引发泥石流。

从成因机理来讲,单沟泥石流可分为土力类泥石流和水力类泥石流。不同类型泥石流前期降雨影响方式和途径具有明显差异。对土力类泥石流,前期降雨主要通过改变土壤含水量影响其形成,研究过程可概括为:降雨—雨水的渗流过程—土体含水量的变化—土体强度变化—土体稳定性变化—泥石流触发等一系列环节。云南省蒋家沟泥石流属于这一类。对水力类泥石流模型流,前期降雨主要通过改变其径流量影响泥石流的形成,研究过程可概括为:降雨—坡面和沟谷汇流—沟床质启动—泥石流形成等环节。这类泥石流触发降雨量起到关键的作用,例如2010年8月7日半夜发生的甘肃省舟曲县城特大泥石流灾害属于水力类泥石流。

总之,需要针对每一条对人类生命财产构成威胁的泥石流沟,通过仔细分析降雨和泥石流过程的相互作用,确定引发泥石流的触发雨量和有效雨量以及二者的关系,建立泥石流预报模式模型。

(1)统计分析法(临界雨量法)

泥石流暴发取决于短历时雨强和前期土体含水状况等因素,而泥石流暴发所需要的短历时雨强的大小,与泥石流暴发前补给物质的前期含水状况有关。前期降雨越大,补给物质就越接近饱和,泥石流暴发所要求的短历时雨强就越小;反之,亦然。

为了提高单沟泥石流预警的质量,单沟泥石流临界雨量条件和预测预报应同泥石流类型密切结合。不同类型泥石流,前期降雨过程和雨量对启动过程具有明显差异。通过泥石流类型划分,进而研究不同类型泥石流临界雨量条件和预测预报模型。

① 2008年8月7日甘肃省舟曲特大泥石流灾害分析

2010年8月7日23时(北京时)左右,甘肃省舟曲县城北面三眼峪和罗家峪受强暴雨影响,暴发了特大泥石流灾害。泥石流出山口后,沿沟床冲进月圆村、北关村、北街村、东街村、南门村、椿场村、罗家村、瓦厂村,所到之处淤埋耕地、摧毁房屋与建筑,三眼峪口被夷为平地。三眼峪泥石流出山口后,形成长约2 km,宽170～270 m(最宽350 m,城区80 m)、平均200/12左右的堆积区,淤积厚度2～7 m,平均约4 m;罗家峪泥石流出山后,形成长约2.5 km,平均宽度约70 m的堆积区,平均堆积厚度2 m。泥石流冲进白龙江,形成堰塞湖,水位上升10 m左右,淹没大半个县城,造成重大财产损失和人员伤亡。据统计,泥石流灾害共造成4496户、20227人受灾,水毁农田约95 hm^2,水毁房屋307户、5508间,其中农村民房235户,城镇职工及居民住房72户;进水房屋4189户、20945间,其中农村民房1503户,城镇民房2686户;机关单位办公楼水毁21栋,损坏车辆18辆。共有1248人遇难,496人失踪,是新中国成立以来我国最严重的泥石流灾害事件。

根据余斌等(2010)的调查,大约在11时23分舟曲县城供电中断,城区一片漆黑。大约在11时40分,后山响声如雷,地面颤动,三眼峪沟和罗家峪沟的特大泥石流接踵而至,携带着巨石的泥石流沿途冲毁和掩埋村庄及房屋，一阵又一阵的泥石流不仅毁灭了沿途的建筑物，还冲入白龙江并阻断白龙江形成堰塞湖，部分泥石流还冲上对岸街道。三眼峪沟泥石流堆积扇上最大巨石长、宽、高分别为 6 m、5.8 m 和 4.9 m，其他重量超过 30 t 的巨石在堆积扇上从上游到下游分布有 40 余个；罗家峪沟泥石流堆积扇上最大巨石长、宽、高分别为 5.2 m、3.5 m 和 2.4 m，泥石流中的巨石是造成建筑物被毁的主要原因。三眼峪沟和罗家峪沟泥石流过程持续约 40 min。根据泥石流在堆积扇上的淤积面积和厚度（泥石流淤积的边缘较薄，主流线淤积较厚，平均约 1 m），在白龙江中的堰塞坝面积和厚度以及少量被白龙江水冲走的泥石流，可以计算出“8・7”特大泥石流的总量和泥沙（固体物质）总量分别为 $136.6\times10^4 m^3$ 和 $92.9\times10^4 m^3$，属特大泥石流（表 3.43）。

表 3.43 8.7 特大泥石流总量计算（余斌 等，2010）

	堆积面积 /m^2	堆积厚度 /m	堆积量 /10^4m^3	河水冲走量 /10^4m^3	泥石流冲出量 /10^4m^3	泥沙总量 /10^4m^3
三眼峪沟	737400	1	73.7	—	103.9	70.7
罗家峪沟	175700	1	17.6	—	32.7	22.2
堰塞坝	38500	10	38.5	—	—	—
总量	—	—	129.8	6.8	136.6	92.9

(a)产生泥石流的地形条件

舟曲县特大泥石流灾害由三眼峪沟及罗家峪沟两条沟的泥石流组成（图 3.22）。三眼峪沟流域面积为 25.75 km^2，沟谷总体上呈南北向展布，地势北高南低，呈“瓢”状，主沟长 9.7 km，流域最高点海拔 3828 m，流域最低点海拔 1340 m，流域相对高差 2488 m，主沟平均比降为 241‰；罗家峪沟流域面积 16.60 km^2，呈“葫芦”状，流域最高点海拔 3794 m，最低点入河口处仅 1330 m，相对高差 2464 m，主沟长 8.5 km，主沟平均比降 239‰；两沟流域内支沟发育，水系平面上均呈“树枝”状；三眼峪沟沟内有常流水，而罗家峪沟沟内无常流水。由于沟谷强烈侵蚀下切，横断面呈“V”字型或窄深的“U”字型（余斌 等，2010）。沟内山体基岩裸露，造成流域内地表径流极易汇流，为泥石流提供了有利的动力条件。

(b)物源条件

舟曲县城后山两条泥石流流域分布有中泥盆纪古道岭组上段炭质板岩、千枚岩夹薄层灰岩和砂岩、下二叠统上段中厚层灰岩、上二叠统中厚层含硅质条带灰岩。受印支、燕山和喜马拉雅山等多期造山运动的影响，区内构造十分复杂，断裂发育，褶曲强烈，岩体极为松动破碎。“5・12”汶川地震时舟曲县城处于 6 度烈度地区，汶川地震对三眼峪沟和罗家峪沟流域内的山体的稳定性有一定的影响，不仅为泥石流提供了更多的固体物源，还产生了新的堆石坝（余斌 等，2010）。

三眼峪沟原是一条稀性泥石流沟，在 1992 年发生泥石流灾害后，1997 年开始在沟道内修建了 5 道拦挡坝来稳定沟道内物源。“5・12”汶川地震后又在沟内修（在）建了 3 道拦挡坝。三眼峪沟内还有多处由于崩塌体堵塞沟道形成的天然堆石坝，最高的 4 座巨型堆石坝坝高 80～283 m，这些堆石坝拦蓄了沟内大部分泥沙。罗家峪沟沟道狭窄，最窄处仅 7～10 m，沟内也有多处堆石坝，拦蓄了沟内大量的泥沙。两沟沟内的堆石坝坝后拦蓄了很多的固体物质，这样的堆石坝在强大的洪水冲蚀下垮塌时很容易形成更强大的泥石流。三眼峪沟的两条支沟大

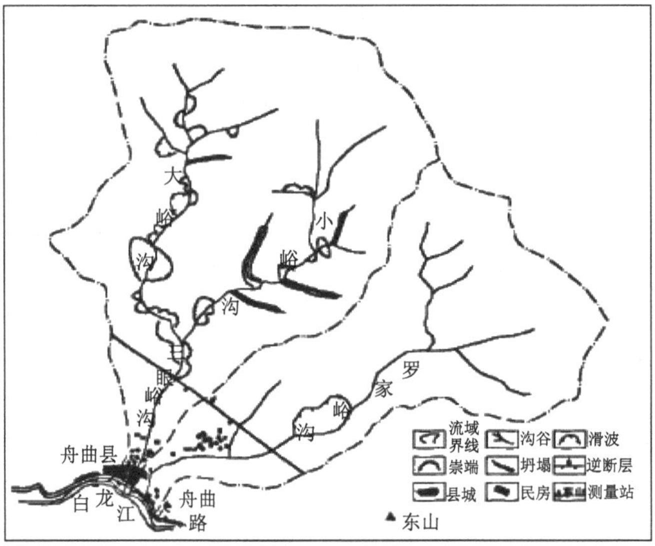

图 3.22　舟曲县城泥石流流域图(余斌 等,2010)

峪沟和小峪沟沟道内可直接补给泥石流的固体物质约 $2000\times10^4\,m^3$,天然堆石坝和大峪沟内 1997 年后修建的多道拦挡坝为泥石流的形成提供了多个集中固体物源。罗家峪沟内也有许多可直接补给泥石流的固体物质(余斌 等,2010)。

(c)引发舟曲县“8・7”特大泥石流的临界降水量

很多学者对 2008 年 8 月 7 日甘肃省舟曲重大泥石流灾害进行过诸多研究,发表了不少文章,虽然也有的文章引用了东山站的降雨量,但都没有认真研究引发这次特大泥石流的临界降雨量。

图 3.23 为舟曲县的 3 个区域自动气象站和舟曲县自动气象站的降水量实况图。从图中可以看出此次降水过程分布极不均匀,空间分布差别巨大。舟曲县气象站降雨量不大,武坪站 23—24 时的降雨量甚至为 0,但是东山站 23—24 时 1 h 降雨量却高达 77.3 mm,8 月 7 日 20 时—8 日 02 时 6 h 降雨量高达 91.6 mm。

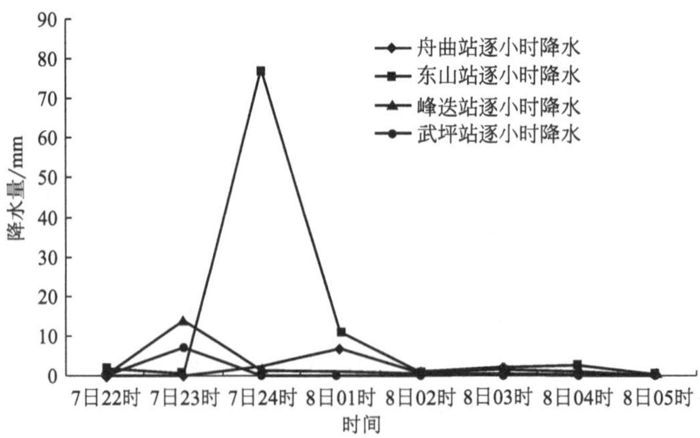

图 3.23　2008 年 8 月 7—8 日舟曲县自动气象站降雨量的时序图

东山站位于白龙江左岸,虽然距罗家峪沟仅有 1.5 km,但是由于降雨空间分布的巨大差距，东山站的降雨量能够代表三眼峪沟和罗家峪沟的降雨量吗？

从甘肃天水雷达回波组合反射率图上看，强降水回波从西北方向移入舟曲，向东偏南方向移动，强回波在舟曲境内停留约 1.5 h（图 3.24）。2010 年 8 月 7 日 20—21 时，雷达观测到舟曲北面有降水回波，舟曲无降水；21—22 时，降水回波开始进入舟曲境内并增强，22 时后达到 45 dBZ；23 时后，强降水回波面积增大，强度超过 50 dBZ；8 日 00 时 30 分后，降水回波明显减弱。从雷达回波来看，大于 30 dBZ 的对流云团大约 40 km×20 km，属于中 γ 尺度。对照 23 时 29 分的回波强度图和图 3.25 可以很清楚地看出，强回波区正好位于舟曲县泥石流流域，而且强回波的南北走向与大峪沟、小峪沟和三眼峪沟的走向完全重合，东山（弓子石）位于舟曲县东南方约 13 km，位于强回波区内，因此东山站的降雨量可以很好代表舟曲泥石流流域的降雨量。而峰迭站位于县城以西约 20 km、武坪位于县城以南约 30 km，都在雷达回波范围之外，所以观测到的降雨量都很小。

泥石流冲入县城是 8 月 7 日 11 时 40 分，因此，11 时 40 分之前的降雨量才是引发泥石流的降雨量。从图 3.24（彩）可以看出，雷达回波 22 时 20 分明显增强，23 时 29 分达到最强，强

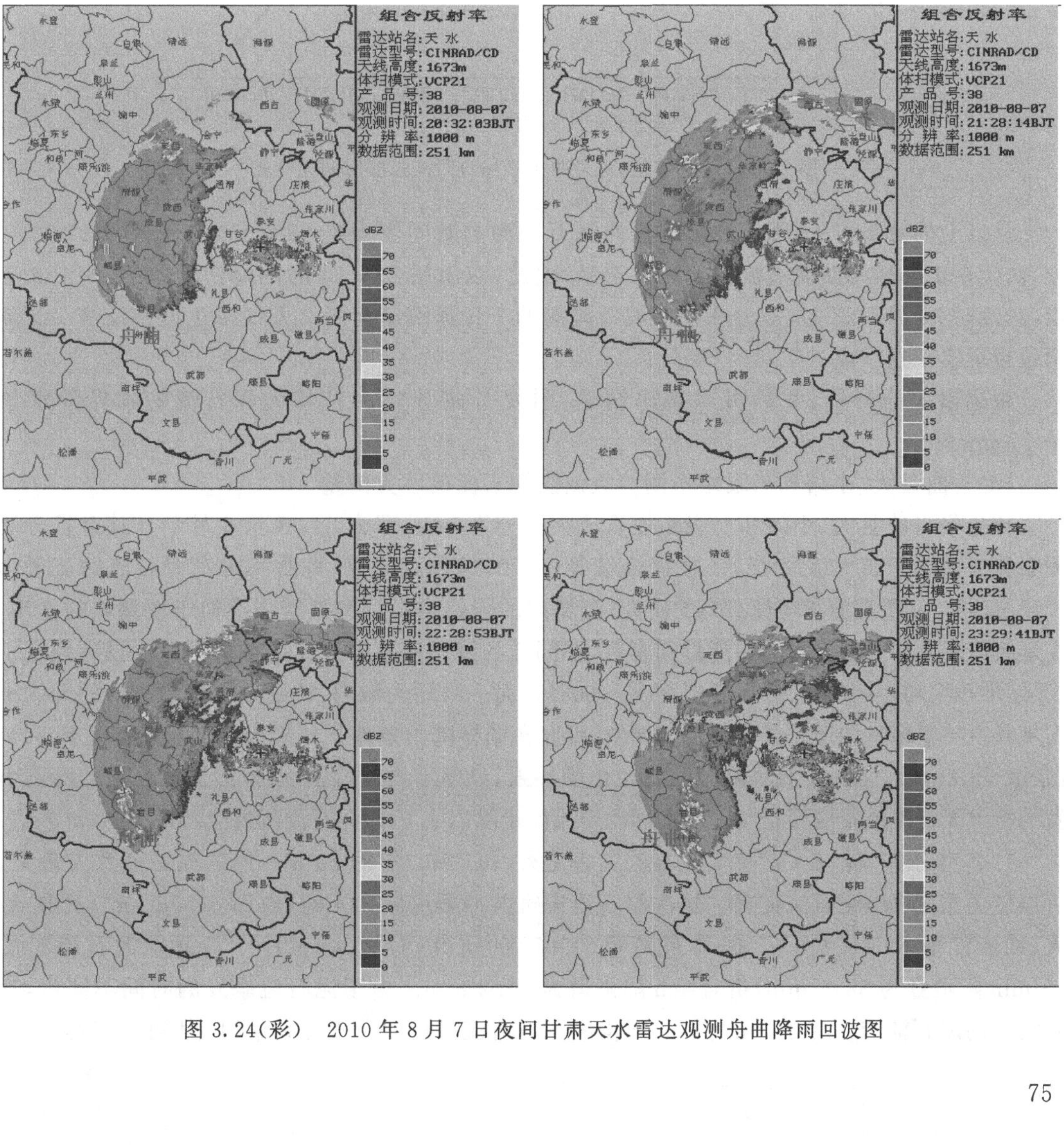

图 3.24（彩）　2010 年 8 月 7 日夜间甘肃天水雷达观测舟曲降雨回波图

度超过 50 dBZ。1.5°和 4.3°仰角回波强度都表现出在 23 时达到最强,其中 1.5°仰角反射率因子最强出达到 50 dBZ,顶高达 14～15 km,液态含水量 3～5 kg/m^2,位于舟曲上空,到 24 时,回波有所减弱,回波最强处 40 dBZ,位于舟曲东南方向,移动较慢,也很好地对应了地面降水实况。23 时 01 分,在 1.5°仰角径向速度图上,速度切变线旋转速度最大处达到 22 m/s,增大明显;23 时 57 分,2.4°仰角径向速度图上速度切变线减弱,负速度明显大于正速度且范围也较大,对应降水实况,23—24 时舟曲东山区域站出现强降雨。

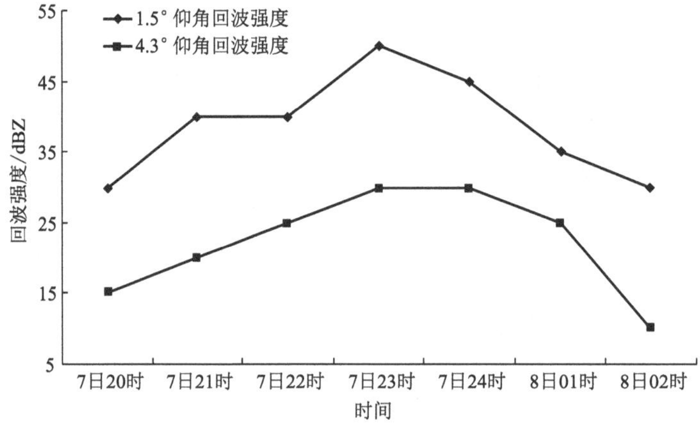

图 3.25 天水雷达(距舟曲 150 km)回波强度时间演变图

从以上的分析可见,强回波影响舟曲泥石流沟的时间应当是 22 时 30 分—次日 11 时 40 分,由于东山站较舟曲泥石流沟偏东几千米,因此,东山站 23—24 时的降雨量的 77.3 mm 应当与 22 时 30 分—23 时 30 分在舟曲泥石流沟的 1 h 降雨量相同。天气雷达定量反演 1 h 降雨量也证实了这一点。

根据以上的分析,我们可以得出结论:引发舟曲县“8·7”特大泥石流的临界降水量是 77 mm/h。

(d)舟曲县大、小峪和三眼峪不同等级山洪泥石流的临界雨量

如果将舟曲县大、小峪和三眼峪泥石流灾害分为 4 级,那么,2008 年 8 月 7 日甘肃省舟曲泥石流灾害属于特大级(1 级)。根据余斌等(2010)的调查研究,舟曲“8·7”泥石流的流量为 1712 m^3/s。又根据游勇等(2010)的研究,流域内的天然堆石坝和拦挡坝类似于堰塞坝的作用,在逐级溃决时加大了泥石流的流量和容重,在同样的降雨条件下规模增加量可以比没有堰塞坝(天然堆石坝和拦挡坝)的泥石流多 20%～60%。而三眼峪沟沟内,特别是大峪沟沟内的天然堆石坝和拦挡坝堵塞沟道是最为严重的堵塞,因此在同样降雨条件下其规模增加量可以达到 60%(余斌 等,2010)。8 月 7 日强降雨已将拦挡坝冲毁,只要不再修拦挡坝,以后同样强度的降雨引发的特大泥石流流量应当是“8·7”实际泥石流流量除以 1.6,即泥石流流量应当是 1070 m^3/s。

1949 年以来,除“8·7”特大泥石流灾害之外,以 1992 年的 50 a 一遇的泥石流致灾最大,可以定为重(2 级)泥石流灾害。这次泥石流灾害共冲毁房屋 344 间,农田 87.73 hm^2,死伤 87 人,冲走牲畜 396 头(只)。据马东涛等(1997)的研究,1992 年 6 月 4 日暴发泥石流时的 45 min 降雨量为 38.4 mm,折合 1 h 降雨量为 51.2 mm。由于泥石流暴发的时间不同步,三眼浴沟的泥石流流量为 197 m^3/s,小峪沟的泥石流流量反而大于三眼峪沟,为 314 m^3/s。

三眼峪历史上就是一条高发性山洪泥石流沟谷。据统计(余斌 等,2010;刘传正 等,2011),自道光三年(1823年)以来至2009年的186 a间,三眼峪沟泥石流沟曾11次给舟曲县城造成危害。罗家峪沟为一条低频率泥石流沟,近几十年来没有暴发过泥石流,只有山洪暴发,其中以1946年山洪灾情最严重,冲毁房屋8间,包括街上的2家餐馆,但无人员伤亡。据1978年以来的统计,三眼峪沟暴发山洪泥石流的激发雨量为37~63 mm(刘传正 等,2011)。

对于白龙江流域的泥石流灾害,前人已做过一些研究。根据白龙江流域武都火烧沟、马槽沟的研究数据,雨强大于5~8 mm/(10 min)和10 mm/(30 min)时可以激发泥石流。据魏新功等(2008)的研究,沟谷型的泥石流1 h临界雨量仅为12 mm。

根据以上前人的研究成果,可以得到对舟曲县大、小峪和三眼峪的5个等级泥石流的临界雨量如表3.44。

表3.44 舟曲县大、小峪和三眼峪不同等级泥石流的临界降雨量

泥石流等级	泥石流流量/(m^3/s)	灾情	临界降雨量雨强
特大	1070(1712)	1248人遇难,496人失踪; 水毁房屋5508间、农田95 hm^2	77 mm/h
1级	197(三眼峪沟) 314(小峪沟)	死伤87人;冲毁房屋344间、 农田87.73 hm^2	51 mm/h
2级			38 mm/h
3级			25 mm/h
4级			12 mm/h

目前三眼峪还保有数千万立方米的固体松散物质,因此,三眼峪在今后5~10 a,都有可能发生泥石流,尽管其规模比2010年8月7日特大泥石流要小得多。

应当注意的是,由于引发泥石流的临界降雨量与泥石流沟的地形、物源条件紧密相关,因此,表3.44只适用用舟曲县三眼峪和与其地形和物源条件相同的泥石流沟。

② 泥石流降雨 *I-D* 预报模型

范江琳等(2020)通过野外考察和文献调研,收集了汶川地震灾区典型区域(都(江堰)汶(川)公路沿线)地震后34次泥石流事件和降雨过程,通过统计诱发泥石流的降雨历时和平均降雨强度,建立了该地区的 *I-D*(雨强-历时)关系,结合气象部门的雨量划分标准,将降雨划分为小量级降雨、中量级降雨、大量级降雨,得到复合型降雨 *I-D* 关系。研究结果表明:①都汶区域诱发泥石流的降雨历时为2~53 h,平均降雨强度为0.11~3.8 mm/h,*I-D* 关系可表示为 $I=5.94D^{-0.70}$;②复合型降雨 *I-D* 关系可以分级预警,其中约80%的泥石流事件超过了橙色等级预警线,*I-D* 关系为 $I=10.04D^{-0.56}$($1\ \text{h}\leqslant D<12\ \text{h}$),$I=4.8D^{-0.26}$($D\geqslant 12\ \text{h}$);③改进后的复合型降雨 *I-D* 关系斜率更小,预报精度更高,且在2014—2016年都(江堰)汶(川)公路泥石流预报检验中取得了较好的效果。

③ 沟床起动型泥石流预报

I-D 关系是基于当次诱发降雨的历时和平均雨强之间的关系,忽略了激发雨量和前期雨量的影响,更没有考虑地形条件和地质条件,余斌等(2014)综合考虑这些因素,建立了一个沟床起动型泥石流预报模型。

沟床起动类型的泥石流形成机理是在强降雨作用下,大量降水形成地表径流,汇集在流域的主沟道中并形成强大的山洪,强烈冲刷沟道内的松散固体物质,继而掀动揭底与水流搅拌混合形成泥石流。松散固体物源往往是堆积在主沟道中的前期滑坡和崩塌堆积体。

沟谷泥石流形成有三个条件:地形条件、地质条件和降水条件。余斌等(2014)给出的 3 个条件表达式如下。

(a)地形条件

无量纲的地形条件:

$$T = FJ\left(\frac{A}{A_0}\right)^{0.2} = J(A/L^2)\left(\frac{A}{A_0}\right)^{0.2} \tag{3.40}$$

式中,T 为泥石流形成区地形因子,J 为泥石流形成区沟床纵比降,F 为形状系数,A 为泥石流形成区面积(km^2),L 为泥石流形成区沟道长(km),A_0 为单位面积($=1\ km^2$)。

(b)地质条件

通过泥石流流域形成区岩性的坚固系数(F_0),可以将泥石流形成的地质条件表示为物理风化、断裂带(构造)和地震烈度等修正因子以及一个无量纲的因子 G。最新的对地质条件的修正将地质因素中的坚固系数扩展到软弱岩石(坚固系数 $2 \geqslant F_0 \geqslant 1.5$)以及松散堆积体(坚固系数 $F_0 < 1$)。化学风化也被引入对地质因素的修正中:

$$G = F_0 C_1 C_2 C_3 C_4 \tag{3.41}$$

式中,G 为地质因子;F_0 为泥石流形成区平均坚固系数;C_1、C_2、C_3 和 C_4 分别为构造(断裂带)、地震烈度、物理风化和化学风化修正因子。

(c)降水条件

短历时强降雨是诱发沟床起动类型的沟谷泥石流的主要原因。这类泥石流的标准化无量纲临界降雨量可以表示为:

$$R = \frac{B + 12.5I}{R_0} \tag{3.42}$$

式中,R 为降水因子,B 为泥石流暴发前前期累积降雨量(mm),I 为泥石流激发 1 h 降雨量(mm),R_0 为当地年平均降雨量(mm)。

但是,沟床起动类型泥石流与 10 min 降水强度相关性更好。因此引入 10 min 降水的变差系数 C_v,由此获得修正后的降水因子:

$$R = \frac{B + 12.5I}{R_0 C_v} \tag{3.43}$$

(d)泥石流预报模型

台湾省陈有兰溪在 2001 年桃枝台风作用下的沟床起动类型泥石流预报模型(Yu et al.,2013)由地形因子、地质因子和降水因子组成,其表达式如下:

$$P = RT^{0.2}/G^{0.5} \geqslant C_r \tag{3.44}$$

式中,P 为预警值,C_r 为判据临界值。

(e)打易镇泥石流预报模型

余斌等(2014)研究了贵州省望谟县打易镇 2011 年 6 月 5—6 日的泥石流预报模型。望谟县 6 月 5—6 日普降大雨,其中暴雨中心所在的打易镇多处暴发沟谷泥石流。根据现场详细调查研究,打易镇附近有群发泥石流支沟共 66 条。

由于贵州省仅有 24 h 降水变差系数($C_{v24}=0.45$)和 1 h 降水变差系数($C_{v1}=0.4$),因此只有用 1 h 降水变差系数代替 10 min 降水变差系数，得：$C_v=0.4$。

打易泥石流流域的地质条件非常单一，最终取值为：$F_0=7.11$，$C_1=C_2=C_3=C_4=1$，因此 66 条沟的地质条件为：$G=7.11$。

引入地质因子和降水因子修正后，从式(3.44)得到在贵州省望谟县打易镇的 66 条泥石流沟的判断模式(图 3.26)。

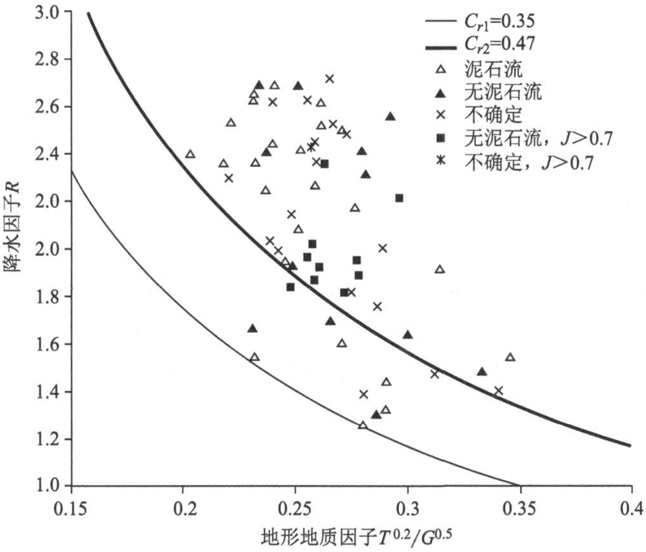

图 3.26　打易镇沟床起动类型泥石流预报模型临界线(余斌 等，2014)

余斌等(2014)选取了 2 个临界值 C_r：$C_{r1}=0.35$，$C_{r2}=0.47$(分别对应的是警报线和避难线)，所有暴发的泥石流都在 $C_{r1}=0.35$ 以上，其中 80％的泥石流在 $C_{r1}=0.47$ 以上。这两个值对应有 2 条线，将图划分为 3 个区域：当 $P<0.35$ 时，泥石流的发生可能性很低；当 $0.35\leqslant P<0.47$ 时，泥石流发生的可能性中等；当 $P\geqslant 0.47$ 时，泥石流发生的可能性很高。

图 3.26 中有些形成区沟道的坡度非常大：$J>0.7$(35°)。由于一般碎石的休止角为 35°，在如此陡峭的沟道中很难有固体物质留下来，因此也很难有泥石流发生。因此式(3.40)的地形因子只适合于 $J\leqslant 0.7$。对于 $J>0.7$ 的流域，都可以定义为泥石流不可能发生流域。

(f)预报模型在西南地区的验证

余斌等(2014)为了验证该预报模型在西南地区的适用性，采集了西南地区 2004—2010 年 60 次较大(当地)降雨过程或泥石流事件(包括 2010 年 8 月 7 日舟曲特大泥石流事件)数据。采用上述地区的泥石流调查和收集的资料，根据 0.35 和 0.47 这两个临界值以及本研究公式的计算，验证本研究成果，取得了很好的一致：所有暴发泥石流的点，基本都在 $P\geqslant 0.35$ 区域内，其中过半数在 $P\geqslant 0.47$ 内；所有没有暴发泥石流的点，都在 $P<0.47$ 内。

④ 浙东南山丘区泥石流爆发的临界雨量分析

浙东南山区具备泥石流的物源条件，主要为启动物源(包括崩塌、滑坡和坡面泥石流等)和沿沟的松散物质作为补充物源；地形条件，沟谷泥石流一般分布于小流域主沟两侧的大比降支沟，坡面泥石流一般分布于陡斜坡的负地形上；降水条件，强降雨对泥石流的时空分布有一定控制作用。

浙东南山区泥石流的形成方式主要以(谷坡或沟源地带的)土动力启动方式为主；侵蚀方

式主要有面蚀和沟谷侵蚀;堆积特征方面,在宏观上规模较大时可形成堆积扇,规模较小时往往停积于中下游沟道为主,微观上,堆积物质结构较为杂乱,个别具有期次性。

王一鸣等(2011)收集了浙东南山区四次爆发群发性泥石流时的降雨资料,分别为1990年9月4日17号台风、1999年9月4日暴雨,2004年8月14日“云娜”台风暴雨和2005年9月1日“泰利”台风暴雨,这4 d总共发生泥石流99处,占本区已发生泥石流总数的76.7%。选取这四次强降雨时段有代表性的雨量站进行统计分析。选取的代表雨量站分为两类:一类雨量站周边在强降雨期发生了泥石流,这说明其周边山区存在易发生泥石流的沟谷,而且其降雨量组合已超过了泥石流基准雨量组合值;另一类雨量站周边在强降雨期无泥石流发生,可能有两种情况,一是降雨组合未超过泥石流基准雨量值,二是降雨组合已超过基准雨量值,但周边不存在易发生泥石流的沟谷。

王一鸣等(2011)分别将这两类代表雨量站的1 h雨量雨强(H_1)作为纵坐标、24 h雨量(H_{24})作为横坐标,制作泥石流预报点聚图。由图3.27可以定出激发泥石流和不激发泥石流的降雨分界线(临界雨量基准线),此线为一折线,当$H<375$ mm时,该线的表达式为$H=-0.28H_{24}+155$;当$H_{24}\geqslant 375$ mm时,该线的表达式为$H_1=60$ mm。该线即为泥石流发生的危险基准线,分界线右上侧为发生泥石流的危险区域,左下侧为安全区。

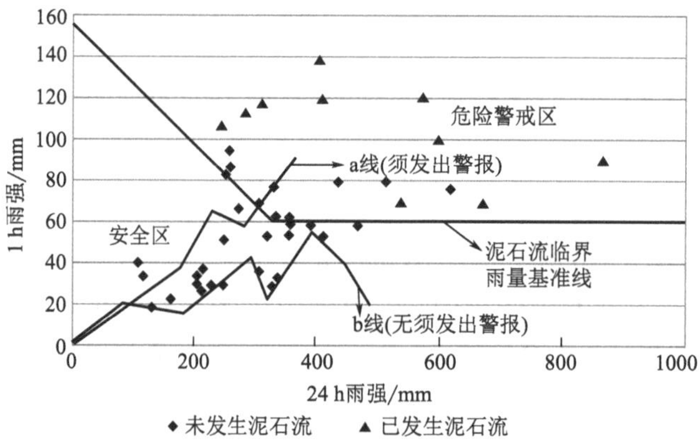

图3.27　浙东南泥石流预报图(王一鸣 等,2011)

(2)人工智能

李丽敏等(2017)为提高泥石流地质灾害预报准确率,改善传统泥石流监测和预报中存在的监测方法单一而导致的误报和漏报的问题,采用多参数融合和RBF神经网络相结合实现对多个参数的综合分析,得到比较准确的泥石流灾害发生概率,RBF神经网络的输入为多传感器采集到的多参数,隐含层采用高斯核函数,输出层为泥石流发生概率。通过训练RBF神经网络,获得泥石流预报模型,实时采集的多参数输入到训练好的模型,可以计算出泥石流发生概率。仿真和实验验证表明,该方法能够有效提高泥石流灾害预报准确率。

葛涛涛(2019)选择泥石流频发的西藏日喀则地区作为研究区域,利用卫星遥感数据和泥石流事件历史资料,结合地理信息系统(GIS),得出影响泥石流发生的16种环境因子:地形因子(高程、坡度、坡向、剖面曲率以及平面曲率),土壤因子(土壤类型、土壤质地、土壤侵蚀),人类活动(土地覆盖、道路建设工程),植被覆盖(NDVI、NDLI),年平均降水量等。其中,归一化潜热指数(Normalized Difference Laten Heat Index,NDLI)首次被应用于泥石流易发性分析。

葛涛涛(2019)根据频率比法分析环境因子与泥石流分布之间的关系,并将结果作为自组织映射(Self Organizing Maps,SOM)神经网络的输入,进行泥石流易发性分析,同时生成"非泥石流"单元。验证结果表明,聚类方法对泥石流易发性分析具有可行性和合理性。然后,从基于 SOM 的泥石流易发性图中选取"非泥石流"单元,并与泥石流单元一起作为五种机器学习方法的输入(后向传播神经网络(BPNN),一维卷积神经网络(1D-CNN),决策树(DT),随机森林(RF)以及极限梯度提升树(Extreme Gradient Boosting,XGBoost)。

葛涛涛(2019)使用五种模型评估方法(Precision,Accuracy,Recall,F1 score 以及 AUC)的结果表明,SOM-XGBoost 模型的测试准确率最优:XGBoost(0.953)>RF(0.943)>1D-CNN(0.939)>BPNN(0.932)>DT(0.898)。

基于树的特征因子重要性对 16 种环境因子进行排序。实验结果表明,NDLI 对泥石流的发生具有最为显著的影响,另外三个主要因子分别为年平均降雨量、剖面曲率以及平面曲率。

(3)动力模型

泥石流是介于崩塌、滑坡等块体运动和山洪水流之间的一种物理过程,既具有土体的结构性,又具有水体的流动性。从物质组成上看,泥石流是一种由水、岩土体和气体组成的多相介质,具有多种内部结构。其中的固相组分颗粒形状极其不规则,尺度跨越范围较大;浆体与固相颗粒以及颗粒间的相互作用非常复杂。因此,完全考虑各种因素建立全描述的泥石流动力学模型比较困难,泥石流的动力预报还有很长的路要走。

刘敦龙等(2014)利用分布式水文模型 GBHM 和非饱和土极限平衡分析法判断在降水作用下流域内坡面土体的稳定性,获得失稳土体的总量;然后,根据流域泥石流作为一种水土混合物之一特点,利用流域内降雨造成的失稳土体与径流充分耦合后的水土混合物容重 ρ 来判定流域内发生泥石流的概率大小。

① 在降水作用下非饱和土极限平衡分析的基本方法

刘敦龙等(2014)基于无限边坡模型,利用安全系数(F_s)评价坡面土体在降雨入渗作用下的稳定性,浅层失稳面由摩尔-库伦破坏准则控制,且平行于坡面。若 $F_s<1$,表明土体失稳。

$$F_s=\frac{\tan\phi}{\tan\beta}+\frac{C+\psi\tan(\eta\phi)}{\gamma_t H_s\cos\beta\sin\beta} \tag{3.45}$$

式中,C 为土壤的黏结力;ϕ 为土壤的内摩擦角;β 为坡度;γ_t 为 t 时刻土体的容重,本书取 $\eta=1$;H_s 为土层厚度;ψ 为基质吸力,是土壤含水量的函数。

② 在降水作用下流域水土混合物容重计算方法

刘敦龙等(2014)根据计算出的流域内每个网格单元内的土体失稳深度 D_{ins},结合土体失稳量累加方程(3.46)计算出流域在 t_0 时刻的土体失稳总量 V_s;运用分布式水文模型 GBHM 实时计算每个网格单元内产生的径流深度 D_r,结合径流量累加方程(3.47)计算出流域在 t_0 时刻的径流总量 V_w;根据流域内的土体失稳总量 V_s 和径流总量 V_w,利用水土耦合方程(3.48)计算出流域在 t_0 时刻水土耦合后的混合物容重值 ρ。

$$V_s=\sum_{i=1}^{t_0}\sum_{i=1}^{N_{\text{ins}}}S_i\times D_{\text{ins}} \tag{3.46}$$

式中,V_s 为 t_0 时刻的土体失稳总量,D_{ins} 为网格的失稳深度,S_i 为网格的面积,N_{ins} 为 t_0 时刻的失稳单元格总数。

$$V_w = \sum_{t=1}^{t_0} \sum_{i=1}^{N} S_i \times D_i \tag{3.47}$$

式中,V_w 为 t_0 时刻的径流总量,D_i 为网格的径流深度,S_i 为网格的面积,N 为 t_0 时刻的失稳单元格总数。

$$\rho = \frac{\rho_w V_w + \rho_s V_s}{V_w + V_s} \tag{3.48}$$

式中,ρ、ρ_w 和 ρ_s 为水土混合物、水体($\rho_w = 1.0\ g/cm^3$)和土体颗粒密度(经验值 $\rho_s = 2.7\ g/cm^3$)。

③ 根据水土混合物容重大小判断泥石流发生概率等级的标准

刘敦龙等(2014)将计算出的水土混合物容重值与表 3.45 进行对照,确定泥石流的发生概率,从而发布相应的泥石流预警等级信息。

表 3.45 泥石流概率等级与其对应的混合物容重(刘敦龙 等,2014)

标准泥石流容重/(g/cm^3)	$\rho<1.2$	$1.2\leqslant\rho<1.5$	$1.6\leqslant\rho<1.8$	$1.8\leqslant\rho<2.0$	$\rho\geqslant2.0$
泥石流发生概率/%	0~20	20~40	40~60	60~80	80~100
泥石流预警等级	1	2	3	4	5
泥石流预警颜色	绿色	蓝色	黄色	橙色	红色

④ 数据计算

数据计算部分主要包括基于水文过程计算、力学计算及水土耦合方程的计算。计算器是系统的核心部分,主要是运用分布式水文模型 GBHM 和极限平衡分析法评估流域内每个网格单元的坡面土体失稳情况,并计算每个网格单元的土体失稳量和径流量;用式(3.46)和式(3.47)分别计算流域内的土体失稳总量和径流总量;式(3.48)和表 3.45 计算流域内水土耦合后的混合物的容重值判断泥石流发生概率等级。

据刘敦龙等(2014)调查统计,2013 年 7 月 9 日四川省共有 252 个泥石流沟发生泥石流灾害。将该数据与系统预报结果进行对比分析,可知系统发布的泥石流预警范围几乎全部覆盖了本次泥石流灾害的区域。根据已有数据进行分析,得知有 16 条未被划入潜势泥石流流域和雷达降雨降水累计几乎为 0 的流域未发出预警信息;系统漏报的仅有 8 处,但它们均位于预警范围的边缘上。系统发出的各泥石流流域预警信息与实际发生的泥石流事件信息基本吻合。

3.7 风暴潮发生的临界条件

风暴潮对海岸带直接影响的表征物理量是潮位,实际测量的潮位是天文潮位和风力推动的附加潮位(增水)的叠加,每天每时的天文潮位有表可以查算,后者则需要用统计分析法和风暴潮模型研究确定。风暴潮致灾临界条件实际上是求致灾风暴潮的海平面风力和气压,当风暴潮潮位的高度超过防浪堤时,便会产生灾害,这时的海平面风力和气压便是致灾风暴潮的临界条件。当然,这首先需要建立海平面风场和气压场与风暴潮潮位的关系。

确定风暴潮发生的临界条件同样有统计分析法、人工智能和风暴潮动力模式三种。

3.7.1 统计分析法

经验统计法就是依据历史资料建立气象扰动(如风、气压)和特定地点风暴潮位之间的经验关系,其主要手段是统计相关和回归分析。

(1)渤海西岸产生风暴潮的风力

王月宾(2007)依据黄骅港潮汐资料,对发生在渤海西岸的风暴潮进行统计分析。结果表明,台风和强冷空气配合气旋是造成渤海西岸风暴潮的主要天气系统,偏东大风增水和天文潮叠加是造成风暴潮的直接因素。其中研究得到的渤海西岸强冷空气风暴潮天气模型如下。

在平均东向风速大于 10 m/s 且小于 18 m/s 时,采用下面经验公式计算增水极值:

$$\Delta H = 3.4V_e + 6.2 \tag{3.49}$$

当平均东向风速大于 18 m/s 时,采用下面经验关系式计算增水极值:

$$\Delta H = 5.3V_e + 6.2 \tag{3.50}$$

式中,ΔH 为增水值(cm),V_e 为东向风速(m/s)。

最后计算的风暴潮最高预报潮位(H_g)为:

$$H_g = H + \Delta H \tag{3.51}$$

式中,H 为历年(农历)平均潮位。

根据对预警点影响程度将风暴潮潮位分级,由式(3.49)、式(3.50)、式(3.51)可以得到引发不同风暴潮潮位的东风风速——临界东风风速。临界东风风速与历年平均潮位有关,平均潮位越高,例如当天文潮高潮位时,引发风暴潮所需要的东风风速较小。

(2)风暴潮单站统计预报方法

亢兴等(2015)基于舟山市代表验潮站定海、岱山、嵊山 3 站逐时潮位资料和 1982—2011 年 CMA-STI 西北太平洋热带气旋最佳路径数据集,发现引起舟山台风风暴增水较为严重且频次最高的为浙南登陆型和近海北上或转出型两类台风路径。单站风暴增水常与台风强度、移动路径、相对距离、移动速度及天文潮等要素相关,通过台风风暴增水与上述要素(单要素或多要素非线性组合)之间的相关性分析,发现浙南登陆型台风强度与增水相关性最高,台风移速次之,强度与移速的组合与增水的相关系数最高,通过了 99%的信度检验,加入其他要素建立的组合在相关性上没有显著的提高;近海北上及转向型台风强度与增水的相关性最高,其次是移动速度和相对距离,但强度及距离的组合与增水相关系数最高,通过了 99%的信度检验,加入其他要素后相关性未有显著提高。因此,针对不同的台风路径类型以及其最主要相关因子组合,建立海岛地形下风暴增水统计预报模型。

浙南登陆台风风暴增水预报模型:

$$S_1 = 2.54V_S - 1.08V_m + 19.5 \tag{3.52}$$

式中,V_S 为引起台风最大增水时前 6 h 台风最大强度,用最大风速表示;V_m 为 6 h 内台风移动速度。

近海北上或转向型台风增水预报模型:

$$S_2 = 4.1V_S - 0.14R - 83.88 \tag{3.53}$$

式中,V_S 的意义同式(3.52),R 为台风中心距离预报目标站的相对距离,单位(km)。

根据台风预测特征信息可以预报出舟山的风暴增水幅度,经 0509 号台风"麦莎"、1109 号台风"梅花"、1214 号台风"天秤"的实际预报检验,在台风路径预报较为准确的情况下能够准确预报风暴增水,实测增水值在 12～24 h 增水预测范围内,效果良好。

3.7.2　风暴潮动力模型

风暴潮数值模式起于 20 世纪 50 年代,美国的 Jelesnianski 等(1972)建立了有名的 SPLASH(Special Program to List Amplitudes of Surges from Hurricanes)模式,该模式曾在

美国的实时风暴潮预报中发挥过重要作用,其诺模图至今仍在东南亚一些国家的风暴潮预报中广泛应用。1992 年在 SPLASH 模式基础上进一步发展出能够精确模拟风暴潮漫滩效应的二维 SLOSH(Sea,Lake and Overland Surges from Hurricanes)模式,广泛应用于美国台风风暴潮预报,该模式通过中美合作很快就引进到了中国。同年,美国北卡罗来纳州大学研制出可应用于海洋、海岸、河口跨尺度区域的 ADCIRC(An Advanced Circulation Model For Oceanic,Coastal and Estuarine Waters)有限元海洋模式。该模式可以选择笛卡尔坐标或球坐标,能以二维或三维模式运行,通过波动连续性方程(GWCE)来代替原有的连续性方程,提高计算效率和稳定性,能够考虑气压、风应力、波浪辐射应力和底摩阻等动力因素和边界条件计算水位和流速。Johns(1978)采用坐标变化和封闭湍流能量的方法设计了一种铅垂二维水动力模型,为之后三维水动力模型提供了研究基础。FVCOM 由于其非结构网格设计和有限体积方法,使其在近岸高分辨率以及小尺度计算问题上优势明显;HAMSOM 所采样的专门针对陆架浅海进行的物理简化,使其常使用于边缘海以及陆架海域的数值模拟;HYCOM 灵活的垂直分层结构,使其更加适用于层化效应显著的开阔大洋。

风暴潮数值预报是数值天气预报与风暴潮计算的结合,数值天气预报给出预报的风场和气压场,风暴潮计算根据预报的风场和气压场及边界条件,求解风暴潮方程组。

为了与第 6 章中的风暴潮风险区划相呼应,采用吴少华等(2002a)研究的温带风暴潮时的平均流方程。在球坐标下,控制风暴潮运动的深度平均流方程可以写成如下形式:

$$\frac{\partial \zeta}{\partial t}+\frac{1}{R\cos\varphi}\left[\frac{\partial(Du)}{\partial\theta}+\frac{\partial(Dv\cos\varphi)}{\partial\varphi}\right]=0$$

$$\frac{\partial u}{\partial t}+\frac{u}{R\cos\varphi}\frac{\partial u}{\partial\theta}+\frac{v}{R}\frac{\partial u}{\partial\varphi}-\frac{uv\cos\varphi}{R}-fv=-\frac{g}{R\cos\varphi}\frac{\partial\zeta}{\partial\theta}-\frac{1}{\rho R\cos\varphi}\frac{\partial p_a}{\partial\theta}+\frac{1}{\rho D}(F_s-F_b)$$

$$\frac{\partial v}{\partial t}+\frac{u}{R\cos\varphi}\frac{\partial v}{\partial\theta}+\frac{v}{R}\frac{\partial v}{\partial\varphi}+\frac{u^2\tan\varphi}{R}+fu=-\frac{g}{R}\frac{\partial\zeta}{\partial\varphi}-\frac{1}{\rho R}\frac{\partial p_a}{\partial\varphi}+\frac{1}{\rho D}(G_s-G_b) \quad (3.54)$$

式中:t 代表时间;θ 和 φ 分别代表经度和纬度;ζ 代表从平均海平面起算的水位高;u 和 v 代表深度平均流的经向和纬向分量;F_s 和 G_s 代表海表面风应力 τ_s 的经向和纬向分量;F_b 和 G_b 代表海底摩擦力 τ_b 的经向和纬向分量;p_a 代表海表面的大气压力;D 代表总水深;ρ 代表海水密度,假定为均匀的;R 代表地球半径;g 代表重力加速度,f 代表 Coriolis 参数($f=2\Omega\sin\varphi$)。

海底摩擦力 τ_b 与深度平均流 $\mathbf{V}$ 的关系采用二次平方律,海面风应力 τ_s 与海平面风 $\mathbf{W}$ 的关系也采用二次平方律。

采用有限差分方法求解风暴潮方程组,网格为 Arakawa C 型网格,网格的分辨率为 $(1/30)^0$。采用前差-后差(一种半稳式差分格式)差分格式求解式(3.54),为了使模式的稳定性增强,摩擦项采用隐式格式。

吴少华等(2002a)采用建立的数学模型,对连云港 5 次显著温带风暴增减水过程进行模拟,计算资料统计分析表明:引起连云港显著减水的均是西高东低天气型,而引起连云港显著增水的天气型是北高南低型,尽管孤立气旋、横向高压也是引起连云港增水的天气类型,但其增水值远较北高南低型小。模拟的 5 次过程中有 3 次是由西高东低天气型引起连云港显著的减水,1 次是北高南低型引起连云港显著增水的过程,还有 1 次是由孤立气旋引起的连云港增水的过程。现将模拟计算结果分述如下。

1968 年 1 月 13—15 日,渤海、黄海发生了一次严重的温带风暴减水过程,塘沽港出现了

1949 年以来的最大减水(284 cm),发生在 1 月 14 日 03:00—1 月 15 日 14:00,连云港最大减水 151 cm(在 1951—1996 年的年极值减水序列中居第四位)。从 1968 年 1 月 14 日 20:00 地面气压场(图略)中容易看出,此时大陆冷高压(靴型高压)已南压到长江流域,1030 hPa 的高压脊线最东已达到长江口和杭州湾一带,日本海及其以东洋面为强气旋所控制。在这样的西高东低型气压场的控制下,渤海、黄海吹刮西北大风。此次严重的风暴减水过程,就是在这样的气压场和风场作用下产生的。采用已建立的“风暴潮模式”,对这次过程进行了模拟,过程的模拟是相当成功的。

对另外两次温带风暴潮减水过程进行了模拟:一次为 1977 年 4 月 18—19 日的温带风暴减水过程,4 月 19 日 05:00,连云港最大减水 131 cm,在 46 a(1951—1996 年)年极值减水序列中居第九位;另一次为 1981 年 10 月 22—24 日的温带风暴减水过程,10 月 24 日 02:00,连云港最大减水 158 cm,在 46 a(1951—1996 年)年极值减水序列中居第二位,模拟结果见表 3.46。

1988 年 5 月 6—7 日,连云港发生了一次严重的温带风暴增水过程。5 月 7 日 06:00 连云港(34°45′N,119°25′E)最大增水 146 cm,在 46 a(1951—1996 年)年极值增水序列中居第三位。在此次过程中,燕尾站(34°29′N,119°47′E),5 月 7 日 07:00 最大增水 199 cm;石臼所站(35°22′7N,119°33′E),5 月 7 日 05:00 最大增水 84 cm,3 个站最大增水发生时间依次由北向南滞后。其最大增水值由北向南依次增大。从 1988 年 5 月 7 日 02:00 地面天气图和同一时刻以矢量表示的风场分布(图略)可以看出,这是一次典型的北高南低天气过程。其北方高压中心位于内蒙古境内,其前沿(1014 hPa 等压线)位于渤海西岸,南方低压中心位于 33.7°N,122°E 附近,其中心气压低于 992 hPa,在这样气压场、风场(向岸风)作用下,驱使大量海水涌人海州湾沿岸及其以南沿海。数值模拟成功地再现了这次过程。

1989 年 5 月 10—11 日,连云港发生了一次显著的孤立温带气旋引起的增水过程。所谓孤立温带气旋,是指与外围天气系统配合不紧密的那类气旋,其增水值取决于气旋的强度、路径(含移速)。孤立气旋引起的连云港增水远较北高南低型引起的增水低。此例 5 月 11 日 02:00 连云港最大增水 97 cm,模拟结果见表 3.46。

表 3.46 显著温带风暴过程计算值与实测值的比较(吴少华 等,2002a)

年份	站名	实际最大增水(减水)		计算最大增水(减水)		绝对误差
		值/cm	时间	值/cm	时间	/cm
1977	连云港	−131	4 月 19 日 05:00	−132	4 月 19 日 07:00	1
	石臼所	−102	4 月 19 日 06:00	−101	4 月 19 日 06:00	1
1968	连云港	−151	1 月 15 日 04:00	−150	1 月 15 日 05:00	1
	石臼所	−107	1 月 15 日 03:00	−106	1 月 15 日 04:00	1
1981	连云港	−158	10 月 24 日 02:00	−155	10 月 24 日 00:00	3
	石臼所	−113	10 月 23 日 01:00	−112	10 月 23 日 04:00	1
1988	连云港	146	5 月 7 日 06:00	145	5 月 7 日 06:00	1
	石臼所	84	5 月 7 日 05:00	84	5 月 7 日 05:00	0
	燕尾	199	5 月 7 日 07:00	199	5 月 7 日 07:00	0
1989	连云港	97	5 月 11 日 02:00	97	5 月 11 日 03:00	0

表 3.46 给出了以上 5 次显著的温带风暴增、减水过程计算值与实测值的比较结果,可以看出尽管模拟的全过程与实况比较不尽如人意,但就过程最大增减水值而言,不论从两者位相差还是量值差来考察,都表明所建立的风暴潮模式,以及计算气压场的客观分析方法、计算风

场的“海上风的边界层数值模式”及首次采用的傅里叶(FFT)变换在时间方向上对风场进行插值的方法，均满足计算连云港可能最大温带风暴增、减水的要求。

3.7.3 人工智能

谢文鸿等(2022)选取广东省珠江口为研究区域，基于卷积长短时记忆网络(Convolutional LSTM network，ConvLSTM)机器学习算法展开风暴潮漫滩预报研究，利用由包括美国国家环境预测中心(NCEP)气候预报系统再分析(CFSR)资料和欧洲中期天气预报中心(ECMWF)提供的 ERA-40 再分析资料(时间分辨率分别为 1 h 和 6 h)驱动的数值模式产品构建了历史台风漫滩数据集，用于机器学习模型训练、验证和测试。研究了两种预报方式，一种是基于海表面高度场的自回归预报，另一种是依赖预报风场和初始海表面高度场进行的预报；它们可以实现基于数据驱动的风暴潮漫滩预报，其中自回归预报模型表现更优。相较于传统动力学数值预报，基于数据驱动的 ConvLSTM 预报模型，在缺少边界条件、地形、径流等信号时，在短临预报中仍能基本复现数值模式模拟的结果。

3.8 冰雹致灾临界气象条件

冰雹致灾临界条件的确定方法有统计分析法、物理模型和实验模拟法三种。由于实验模拟法与承灾体的脆弱性直接相连，故放到第 4 章讨论，本节只讨论统计分析法和物理模型。

3.8.1 统计分析法

(1)冰雹致灾因子识别

安徽省全省所有台站建站至 2009 年共 794 个雹日，其中 552 个雹日在月报表的纪要栏较为详细的描述。台站及其周边的冰雹观测记录，一般情况下均会记录冰雹发生的起止时间、冰雹的最大直径、平均重量、伴随灾害基本情况以及造成的损失等数据。

温华洋等(2013)通过冰雹灾情分析发现，冰雹发生时的风速、直径大小及持续时间与其致灾有一定关系，因而对上述三个要素与灾情数据采用相关分析来识别关键致灾因子。

为了消除物价、经济增长率等诸多因素对灾损数据的影响，采用灾损系数(I)，以消除上述因素的影响，具体采用下式来计算：

$$I = E/\mathrm{GDP} \tag{3.55}$$

式中，E 表示某一次过程的直接经济损失，GDP 表示该次过程发生地(县/市)当年的 GDP。

采用相关分析得到的冰雹灾害关键致灾因子见表 3.47。

表 3.47 灾损与各要素相关分析表(温华洋 等，2013)

要素	降雹时阵风风速	冰雹持续时间	冰雹最大直径
样本数	29	31	31
相关系数	0.246	0.524**	0.577**

注：**表示相关程度通过 $\alpha=0.01$ 显著性检验。

结果表明：冰雹最大直径、冰雹持续时间、降雹时阵风风速与冰雹灾损均呈正相关，说明降雹时风速越强，时间越长，冰雹直径越大，灾损越严重。其中降雹持续时间及冰雹最大直径与

灾损相关程度通过 $\alpha=0.01$ 显著水平检验，达极显著相关，而冰雹最大直径与灾损相关程度最高，相关系数达 0.577。因此，选取降雹直径、降雹持续时间作为关键致灾因子。

(2)灾损模型的构建

为了构建灾损与上述三要素的灾损定量估算模型，必须去除量纲的影响，对各要素采用归一化处理，具体公式如下：

$$X=\frac{x-x_{\min}}{x_{\max}-x_{\min}} \tag{3.56}$$

式中，X 为要素归一化值，x 为其原始值，$x_{\min}$ 为 x 最小值，$x_{\max}$ 为 x 最大值。

温华洋等(2013)构建的灾损模型如下：

模型一(逐步回归)：

$$I=15.788t+6.578d-0.418a \quad (n=599) \tag{3.57}$$

模型二(引入回归)：

$$I=15.688t+6.234d+0.798w-0.418 \quad (n=477) \tag{3.58}$$

式中，I 为灾损系数，t 为降雹持续时间，d 为冰雹最大直径，w 为降雹时阵风风速，n 为样本量。模型一和模型二的 F 值分别为 15.515 和 10.262，均通过了 $\alpha=0.01$ 的显著性水平检验，由此可见，决定冰雹灾损的关键因子是降雹持续时间和冰雹最大直径，增加降雹时阵风 F 值反而减小了，因此，选取式(3.57)作为灾损定量估算模型。

3.8.2 基于物理模型的冰雹致灾临界条件

周超(2011)首先研究了冰雹灾害经济损失风险分析方法，然后利用非线性有限元分析软件 ANSYS 进行冰雹撞击的数值模拟，得到冰雹对运动中的汽车外壳和挡风玻璃、建筑物等的致灾临界条件。

(1)冰雹灾害经济损失风险分析方法(周超，2011)

① 冰雹灾害损失风险计算方法

对于发生一次冰雹灾害，建立如下冰雹风险评估的数学模型：

$$R_1=A\times f(E)\times \sum_{i=1}^{n}(D_i\times C_i) \tag{3.59}$$

式中，A 是冰雹的覆盖面积，D_i 是第 i 种承载体的密度，C_i 是第 i 种承灾体的单位价值，$f(E)$ 是依赖于冰雹降落动能的承灾体损失系数。

在某些地区，尤其是冰雹灾害易发区，一年中可能会发生多起冰雹灾害，但是冰雹灾害的发生次数一般来说都是一个随机的结果，无法进行事先预测。因此，一年内冰雹灾害造成的损失风险可以用下式估算：

$$R_{\mathrm{d}}=N_{\max}\times p(N<n)\times R_1 \tag{3.60}$$

式中，R_{d} 是地区年均冰雹损失，$N_{\max}$ 是某一地区的最大降雹日数，$P(N<n)$ 是小于 n 天的降雹累积概率，R_1 是单次冰雹过程的总损失，可以利用公式(3.59)计算。式中 $N_{\max}$ 和 $P(N<n)$ 相乘的结果表示了统计意义上的小于 n 天的降雹日数的平均值。

② 冰雹灾害承灾体因子的量化方案

(a)冰雹灾害发生日数的计算

一般情况下，人为或自然现象产生的灾害事件的发生次数被认为服从泊松概率。因此，冰雹日数的出现概率可以利用泊松(Poisson)分布模型来模拟。在任意给定时间间隔 t 发生的

事件数 $N(u)$ 的泊松分布为：

$$P[N(u)=n\mid\lambda(u),t]\frac{1}{n!}[\lambda(u),t]^{n}\mathrm{e}^{-\lambda(u)t} \tag{3.61}$$

式中，事件发生次数为 n，$\lambda(u)$ 是指阈值超过 u 的泊松参数。对于单位时间(如一年)中的泊松分布可以简化为下式：

$$P[N(u)=n|\lambda(u)]\frac{\lambda(u)^{n}}{n!}\mathrm{e}^{-\lambda(u)} \tag{3.62}$$

在一定周期中，多次发生的冰雹灾害事件可以使用累积分布进行估算。一年中，发生次数小于 n 次的冰雹发生概率总和可以使用下面的累积分布计算：

$$P[N(u)<n]=\sum_{i=1}^{n}\frac{\lambda(u)^{i}}{i!}e^{-\lambda(u)} \tag{3.63}$$

(b)冰雹灾害承灾体易损价值估算函数

对于某一个给定区域，承载体的易损价值主要取决于承灾体的数量和承灾体价值的密度。如果某一受灾地区内承灾体的价值分布符合正态分布规律，则这个区域的承灾体暴露的易损价值就可以表示为：

$$\mathrm{C}=\int_{x_0}^{x}\frac{Mx}{\sigma\sqrt{2\pi}}\mathrm{e}^{-\frac{1}{2}\left(\frac{x-\mu}{\sigma}\right)^{2}}\mathrm{d}x \tag{3.64}$$

式中，x 是承担风险的承灾体的数量变量，估算方法为 $x=A\cdot D_i$，A 是冰雹致灾因子的覆盖面积，D_i 是某区域中第 i 种承载体的数量密度。σ 是承灾体数量的方差，μ 是承灾体的数量均值，M 是单个承载体的价值均值。利用这种方法，可以将有限的承灾体易损值信息扩展为较详细的承灾体易损值信息。

(c)冰雹造成的经济损失率的计算函数

我们可以利用冰雹降落动能的特性，在冰雹灾害承灾体的经济损失率和冰雹动能之间建立一种函数关系。根据冰雹灾害的破坏特点，承灾体的经济损失率可以采用 S 型函数表示：

$$f(E)=\begin{cases}0 & E\leqslant a\\ \dfrac{1-\mathrm{e}^{-b(E-a)}}{1+\mathrm{e}^{-b(E-a)}} & E>a\end{cases} \tag{3.65}$$

式中，E 是冰雹的降落动能；a、b 是 S 型的调节参数，a 代表了冰雹对承灾体损害的最小动能，b 是与降雹直径相关的调节参数，它可以根据实际的统计资料将损失率函数调节到符合地区的冰雹灾害的损失率。

单个冰雹的降落动能可以用动能公式 $E=\frac{1}{2}mv^2$ 计算。

在冰雹的动能计算公式中，一般情况将冰雹颗粒假设为球形。这样，冰雹颗粒的质量为：

$$m=\frac{\rho_i\pi}{12}D^3 \tag{3.66}$$

式中，D 是冰雹的直径，ρ_i 是冰雹的密度(取 846 $\mathrm{kg/m^3}$)。

在冰雹动能计算中的另一个变量是冰雹的速度。由于受到空气阻力的影响，在即将降落到地面的一段高度内，冰雹颗粒的状态一般会处于近似匀速运动，这时冰雹颗粒的运动速度就可以看作冰雹的降落末速度。冰雹降落末速度公式如下：

$$V=\left(\frac{4\rho_i gD}{3\rho_a C_D}\right)^{\frac{1}{2}} \tag{3.67}$$

式中，ρ_a 是空气密度(取 0.9 kg/m^3)，C_D 是阻力系数(取 0.5)。

综合考虑冰雹颗粒的质量公式和降落末速度公式，单个冰雹的降落动能可以改写为以下形式：

$$E=\frac{\rho_i^2 g\pi}{9\rho_a C_D} \tag{3.68}$$

但是，在一次冰雹过程中，降落的冰雹颗粒数量很大，而且其直径大小也是不相等的。因此，在冰雹灾害的损失评估中，可以利用平均动能来计算损失率。假设冰雹的直径服从正态分布，则冰雹的平均动能为：

$$\overline{E}=\int_{D_1}^{D_2}\frac{\rho_i^2 g\pi D^4}{9\rho_a C_D\sigma\sqrt{2\pi}}e^{-\frac{1}{2}\left(\frac{x-\mu}{\sigma}\right)^2}\mathrm{d}D \tag{3.69}$$

式中，D_1 和 D_2 是某次冰雹天气过程中，可以成灾的冰雹颗粒的最小直径和最大直径。

(2)冰雹撞击的数值模拟方法(周超，2011)

① 非线性有限元分析软件 ANSYS 简介

ANSYS 软件是集结构、流体、电场、磁场、声场分析于一体的大型通用有限元分析软件，由世界上最大的有限元分析软件公司之一的美国 ANSYS 开发。它具有多数 CAD 软件的接口，可以实现数据的共享和交流，如 Pro/Engineer、NASTRAN、Alogor、I-DEAS、AutoCAD 等，是现代产品设计中的高级 CAE 工具之一。

ANSYS 协同仿真环境技术以优化设计流程为目标，以客户化应用为手段，通过捕捉专家经验、规范设计流程、高可靠性的 CAD(计算机辅助设计)/CAE 互操作技术、高效率的优化技术、web 技术等大幅度缩短研发过程。构成协同仿真环境的 CAE 产品包括：结构分析体系、电磁场分析体系、流体动力学分析体系、行业化定制模块、仿真模型建造系统、设计人员快捷分析工具箱、多目标快速优化工具、客户化开发平台。

② 显式非线性动力分析程序 LS. DYNA

LS. DYNA 作为世界上最著名的以显式为主、隐式为辅的通用非线性动力分析有限元程序，能够模拟真实世界的各种复杂问题，特别适合求解各种二维、三维非线性结构的高速碰撞、爆炸和金属成形等非线性动力冲击问题，同时可以求解传热、流体及流固耦合问题，是显式有限元理论和程序的鼻祖，在工程应用中如汽车安全性设计、武器系统设计、金属成形、跌落仿真等领域被广泛认可为最佳的分析软件包。

③ ANSYS 10.0/LS. DYNA 计算流程

ANSYS 10.0/LS. DYNA 计算流程可以归结为：

第一步：前处理

(a)定义单元类型；

(b)定义材料属性；

(c)建立实体模型(或者读入 CAD 模型)；

(d)进行有限元网格划分；

(e)生成 PART；

(f)接触设定；

(g)约束、加载和初始速度定义;

(h)边界条件设定;

(i)设置求解相关控制参数;

(j)输出控制设定;

(k)生成和修改完善 LS. DYNA 输入数据文件(关键字文件)。

第二步:求解

通过 GUI 或者 DOS 方式,将数据输入文件递交给 LS. DYNA970 求解器进行计算。

第三步:后处理

(a)使用 ANSYSl0. 0 通用后处理器 POSTl 观察变形和应力应变状态,时间历程后处理器 POST26 绘制时间历程曲线;

(b)使用 LS. PREPOST 进行应力、应变、压力、温度、速度、加速度、能量和动量等各种输出与曲线显示。

(3)冰雹灾害的承灾体的损失函数的参数确定

周超(2011)利用 ANSYS 软件及其显式非线性动力分析程序 LS. DYNA 模拟各种粒径的冰雹以不同的末速度撞击以正常速度行驶车辆的外壳钢板和挡风玻璃以及建筑外立面玻璃部分,通过模拟得到钢板和玻璃的应力场分布、塑性应变场分布以及变形等多种结果,从而确定冰雹对钢板和玻璃的损伤。通过数值模拟不同条件下冰雹对承灾体的损伤程度,可以进一步确定冰雹灾害对承灾体造成的经济损失率函数中的 a 和 b 参数。在农业生产地区,冰雹灾害造成破坏主要对象是农作物,以及生产农作物的农业设施。

冰雹对承灾体的损害程度不仅取决于冰雹的降落动能,而且与承灾体自身的材质属性有着十分密切的关系。一般情况下,在某个地区内冰雹灾害承灾体主要包括农作物、建筑、车辆以及景观灯,因此,承灾体的材质可以基本确定为钢材、玻璃、大棚以及农作物等。例如,冰雹灾害对汽车的直接破坏主要是车身钢板壳的凹陷或者挡风玻璃的破碎;对建筑物造成的损失就是门窗玻璃的破碎;而对于农作物来说,冰雹灾害的破坏性主要体现在已成熟或尚未成熟的果实在冰雹的撞击下造成的损失。

① 冰雹对挡风玻璃造成破裂的临界气象条件

冰雹对挡风玻璃撞击所造成的损害主要取决于撞击的冲量。这个冲量一般包括两部分:冰雹降落产生的竖直冲量和行驶的汽车与冰雹相对水平速度产生的水平冲量。冰雹降落到地面时的末速度计算公式为:

$$V_{\perp}=\left(\frac{4\rho_i gD}{3\rho_a C_D}\right)^{\frac{1}{2}} \tag{3.70}$$

式中:$V_{\perp}$ 上是冰雹末速度(m/s);D 是冰雹的直径(m),而冰雹的质量(kg)为 $m=\frac{\rho_i \pi}{12}D^3 \approx 221.5\,D^3$。

因此冰雹降落产生的竖直冲量为:

$$I_{\perp}=mV_{\perp}=34714D^{\frac{7}{2}} \tag{3.71}$$

周超(2011)根据防雹试验的结果,水平风速对直径小的冰雹影响较大,对直径大于 3 cm 冰雹的影响可以忽略。而在考虑小于 3 cm 的冰雹的实际降落末速度(竖直冲量)时,可以使用静止大气中冰雹下落的末速度（竖直冲量）乘以修订系数 1.22。

对于冰雹的水平冲量，可以先将行驶的汽车看作水平静止状态，那么就可以把汽车的速度近似看作冰雹的水平速度 V_H，则冰雹的水平冲量：

$$I_H = mV_H = \frac{\rho_i \pi}{12} D^3 V_H \approx 221.5 D^3 V_H$$

假设汽车挡风玻璃的倾角为 α，在汽车车身设计中挡风玻璃倾角一般为 30°～45°，而当今轿车挡风玻璃倾角设计得越来越小，有些已经达到 20°。因此，周超(2011)计算中倾角取 30°，则冰雹撞击汽车挡风玻璃的合冲量：

$$I = I_{\perp} \cos\alpha + I_H \sin\alpha = 0.866 I_{\perp} + 0.5 I_H$$

集中载荷 F 可以近似通过冲量与冲力的关系得到，可以表示为：

$$F = I/\Delta t \tag{3.72}$$

根据以往的试验结果，Δt 一般取 0.001 s。

周超(2011)利用非线性有限元分析软件 ANSYSl0.0 模拟不同粒径冰雹撞击不同车速车辆的挡风玻璃造成的损害，模拟结果用来对挡风玻璃的破裂程度进行评估。汽车玻璃通常是夹层玻璃，即由上下两层钢化玻璃和树脂材料(Polyvinylbutyral，PVB)压制而成，总厚度一般为 4.76 mm(钢化玻璃参数略)。根据以上公式，可以计算得到不同粒径冰雹颗粒撞击不同车速车辆挡风玻璃产生的集中载荷 F、形变量、最大应力，具体结果见表 3.48—表 3.50。

表 3.48 不同粒径冰雹撞击不同速度车辆挡风玻璃的集中载荷 F(周超，2011)

单位：N

冰雹粒径/cm 车速/(km/h)	0.5	1.0	2.0	3.0	4.0	6.0	10.0
60	1.1548	10.313	94.654	320	810.08	3025.9	16152
70	1.2932	11,420	103.51	349.91	880.96	3265.1	17259
80	1.4317	12.528	112.37	379.81	951.84	3504,3	18637
90	1.5701	13.635	121.23	409.71	1022.7	3743.5	19474
100	1.7085	14.743	130.09	439.61	1093.6	3982.8	20582
110	1.847	15.850	138.95	469.52	1164.5	4222	21689
120	1.9854	16.958	147.81	499.42	1235.4	4461.2	22797

表 3.49 不同粒径冰雹撞击不同速度车辆造成挡风玻璃的形变量(周超，2011)

单位：mm

冰雹粒径/cm 车速/(km/h)	0.5	1.0	2.0	3.0	4.0	6.0	10.0
60	0.0021	0.021	0.195	0.657	1.684	8.372	27.483
70	0.0026	0.023	0.213	0.718	1.848	8.994	28.533
80	0.0029	0.026	0.231	0.778	2.022	9.592	29.546
90	0.0032	0.028	0.250	0.839	2.201	10.168	30.582
100	0.0035	0.030	0.268	0.900	2.391	10.727	31.490
110	0.0038	0.033	0.286	0.961	2.596	11.277	32.417
120	0.004	0.035	0.304	1.021	2.817	11.805	33.329

表 3.50 不同粒径冰雹撞击不同速度车辆的最大应力(周超,2011)

单位:MPa

冰雹粒径/cm 车速/(km/h)	0.5	1.0	2.0	3.0	4.0	6.0	10.0
60	0.247	2.207	20.291	68.727	110.887	310.5	799.136
70	0.276	2.444	22.193	75.148	115.289	326.401	829.22
80	0.306	2.681	24.096	80.083	120.768	341.208	858.282
90	0.336	2.918	26.000	79.477	126.781	355.164	886.600
100	0.365	3.155	27.903	85.177	133.137	368.511	914.494
110	0.395	3.392	29.807	90.896	139.885	381.606	941.433
120	0.425	3.630	37.711	96.600	147.032	393.935	968.142

根据钢化玻璃的材料属性,其抗压强度为 135 MPa。

从模拟结果可以看出,当冰雹粒径小于 3 cm 时,对挡风玻璃造成的最大应力小于 135 MPa,仍处于钢化玻璃的强度阈值之内,此时冰雹的撞击尚未导致挡风玻璃的破裂,车辆和驾驶者处于安全范围之内。

当冰雹粒径达到 4 cm 时,行驶速度在 100 km/h 以上车辆被冰雹撞击后造成的最大应力已经大于 135 MPa,此时我们可以认为挡风玻璃已经开始发生破裂现象。同时,考虑到降雹密度和多次撞击造成的机械疲劳等因素,实际的破坏程度要比模拟结果更加严重,行驶车速在 60～100 km/h 的车辆的挡风玻璃也可能会产生破裂。因此,为了使交通安全风险降到最低,这时候便应采取减速、停车等安全措施,防止事故的发生。

当冰雹粒径大于 4 cm 时,无论车速多少,高速公路行驶的车辆被冰雹撞击后造成的最大应力必定大于 135 MPa,挡风玻璃可能会发生更大的裂纹甚至完全被打穿,此时的交通安全风险非常高,必须马上找到安全的停车位置,并尽量使车辆进入有遮挡的地方,防止其遭受进一步的损坏。

所以,冰雹损坏挡风玻璃的临界条件是粒径大于 4 cm。

② 冰雹对车辆外壳钢板造成破坏的最小粒径

根据国内常见汽车外壳钢板的厚度统计,周超(2011)将钢板厚度定位 0.8 mm,钢板定义为弹塑性材料模型并采用 Mat Johnson Cook 参数(略)。冰雹颗粒的和钢板的单元类型都为 3D Solidl64。

周超(2011)利用非线性有限元软件 ANASYS10.0/LS-DYNA,模拟出所选粒径冰雹撞击在城市里正常行驶(车速为 40 km/h)车辆外壳钢板产生的形变量。由模拟结果(表 3.51)可以看出,当冰雹颗粒直径为 3.0 cm 时,钢板形变为 3 mm,一般来说,这种情况下钢板从外观和功能上来说达到了需要进行修复的程度,也就是出现了经济损失。因此,周超(2011)认为冰雹灾害对车辆外壳钢板造成破坏的最小粒径为 3.0 cm,其动能即为最小破坏动能,于是,对于车辆外壳钢板来说,式(3.65)中的参数 a 就是粒径为 3.0 cm 冰雹所具有的动能。

表 3.51 不同粒径冰雹撞击车辆造成车身钢板的形变量(周超,2011)

冰雹粒径/cm	0.5	1.0	2.0	3.0	4.0	6.0	10.0
钢板型变量/cm	0	0.036	0.13	0.30	0.51	1.05	28

③ 冰雹损坏挡风玻璃和建筑外立面玻璃的临界粒径

根据建筑物设计规范，建筑外立面玻璃厚度应为 5 mm。同时，材料选择普通玻璃，其材料性能参数与钢化玻璃相比差别不大，而其他约束条件与钢化玻璃相同。

周超(2011)根据式(3.68)—式(3.70)，计算得到不同粒径冰雹颗粒撞击以 40 km/h 车速正常行驶车辆挡风玻璃以及建筑外立面玻璃部分产生的集中载荷 F、最大形变、最大应力，具体结果见表 3.52—表 3.54。

表 3.52　冰雹撞击的集中载荷 F(周超,2011)

冰雹粒径/cm	0.5	1.0	2.0	3.0	4.0	6.0	10.0
$F_{挡}$/N	0.42567	4.3062	44.642	208.7	559.05	2251.1	13096
$F_{建}$/N	0.30683	3.4714	39.274	198.06	542.09	2240.8	13393

表 3.53　冰雹撞击的最大形变 D_{max}(周超,2011)

冰雹粒径/cm	0.5	1.0	2.0	3.0	4.0	6.0	10.0
$D_{max挡}$/mm	0.001	0.008	0.092	0.429	1.142	6.202	24.387
$D_{max建}$/mm	0.00006	0.008	0.089	0.451	1.401	6.533	18.152

表 3.54　冰雹撞击的最大应力 S_{max}(周超,2011)

冰雹粒径/cm	0.5	1.0	2.0	3.0	4.0	6.0	10.0
$S_{max挡}$/MPa	0.091	0.921	9.561	44.803	109.004	249.741	712.082
$S_{max建}$/MPa	0.063	0.714	8.08	34.028	74.928	304.082	928.191

挡风(钢化)玻璃和普通玻璃的抗压强度分别为 135 MPa 和 15 MPa。根据表 3.54 的模拟结果所示，当冰雹粒径达到 4.0 mm 时，撞击挡风玻璃所产生的最大应力为 109.004 MPa，已经接近 135 MPa 的抗压强度阈值。考虑到多次撞击造成的机械疲劳等因素，周超(2011)认为，冰雹灾害对车辆挡风玻璃造成破坏的最小粒径为 4.0 cm，其动能即为最小破坏动能，因此，对于车辆挡风玻璃来说，式(3.65)中的参数 a 就是粒径为 4.0 cm 冰雹所具有的动能。

而对于建筑外立面普通玻璃来说，当冰雹粒径达到 2.0 cm 时，撞击所产生的最大应力为 8.08 MPa，已经接近 15 MPa 的抗压强度阈值。考虑到多次撞击造成的机械疲劳等因素，本文认为冰雹灾害对普通玻璃，即建筑外立面玻璃部分(窗户)造成破坏的最小粒径为 2.0 cm，其动能即为最小破坏动能，因此，对于建筑外立面玻璃部分来说，式(3.65)中的参数 a 就是粒径为 2.0 cm 冰雹所具有的动能。

周超(2011)还应用前述的冰雹灾害经济损失风险分析方法，计算了冰雹对天津市汽车、建筑物和农业的一年灾损，发现农业的灾损占天津市总灾损的 90%，究其原因是因为农作物的暴露数量巨大的缘故。

3.9　冰雪致灾临界气象条件

冰雪灾害对畜牧业、交通运输和架空输电线的影响最为严重。因此，这一节研究畜牧业雪灾临界气象条件、交通运输冰雪临界气象条件和架空输电线覆冰气象条件。

3.9.1 畜牧业雪灾临界气象条件

(1)静态指标——以青海省畜牧业雪灾临界气象条件为例

青海省气候中心研究了青海省畜牧业雪灾临界气象条件(章国材,2014)。

① 资料

青海省气候中心收集整理了青海省统计年鉴和雪灾实况调查资料,建立1961年以来青海省有效积雪量和雪灾牲畜死亡率的灾情数据库。从青海省统计年鉴和雪灾实况调查资料中,收集整理1951—2008年实际雪灾灾情资料,建立时间序列灾情档案,从建立的雪灾灾情档案中筛选出资料详细齐全、代表性好或者影响比较大的共71次雪灾灾害过程(表略)。

② 划分不同雪灾等级

筛选以有牲畜死亡率为原则,有公布牲畜死亡率的,直接选取。若没有,则通过该地区年初牲畜存栏数和雪灾造成牲畜死亡数数据来计算出死亡率,即:牲畜死亡率 $S(\%)=100\times$ 雪灾牲畜死亡数/年初牲畜存栏数。按照牲畜死亡率划分雪灾等级,得到表3.55。

表3.55 青海省雪灾等级指标

雪灾等级	灾害程度	死亡率 $S/\%$
4	轻灾	$S<5$
3	中灾	$5\leqslant S<20$
2	重灾	$20\leqslant S<30$
1	特重灾	$S\geqslant 30$

③ 确定致灾危险性因子及与牲畜死亡率的关系

根据青海省地方灾害标准(DB63/T 372—2001),将积雪深度≥2 cm和持续时间作为划分灾害大小的标准,因此选择≥2 cm的积雪深度(h/cm)和持续时间(d)的乘积(称为积雪指标)来表示致灾危险性因子(SI),即:

$$\mathrm{SI}=h\times d \tag{3.73}$$

为了能更好地显示牲畜死亡率和积雪指数之间的函数关系,首先将积雪指数取对数,然后和牲畜死亡率进行拟合(图3.28),图中 X 轴为取对数后的有效积雪量,Y 轴为牲畜死亡率,求牲畜死亡率与积雪指标的拟合曲线,发现指数关系最好(图3.28),得到的拟合曲线方程如下:

$$Y=0.063\,x^{0.8196} \tag{3.74}$$

式中,$x=\ln\mathrm{SI}$,$R^2=0.489$。

根据式(3.74),由积雪指标的大小就可以判定牲畜死亡率的大小,进行风险评估了。

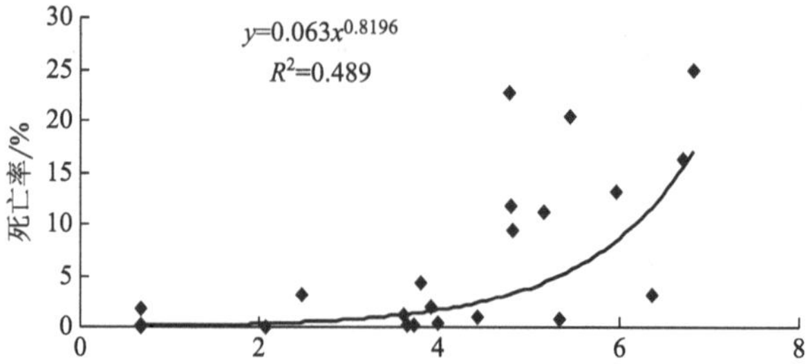

图3.28 牲畜死亡率与积雪指标的拟合曲线
(X 轴为积雪指标的对数,Y 轴为牲畜死亡率)

④ 确定不同等级雪灾的临界积雪指标

根据表 3.55 和式(3.74),得到不同等级雪灾的临界积雪指标表 3.56。

表 3.56　青海省临界积雪指标

雪灾等级	灾害程度	牲畜死亡率 S/%	临界积雪指标 SI
4	轻灾	$S<5$	SI<200
3	中灾	$5\leqslant S<20$	200⩽SI<1075
2	重灾	$20\leqslant S<30$	1075⩽SI<1758
1	特重灾	$S\geqslant30$	SI⩾1758

由此可以得到青海省致灾危险性因子——积雪指标分布图(图 3.29(彩))。

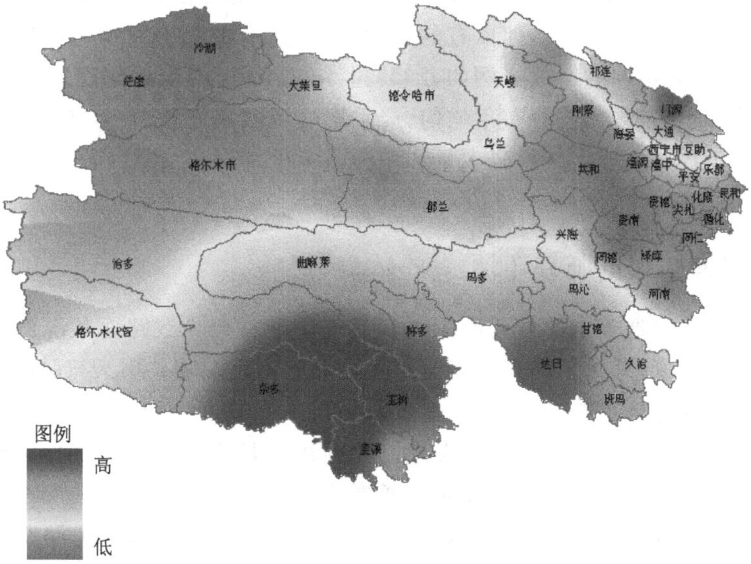

图 3.29(彩)　青海省致灾危险性因子——积雪指标分布图

由图 3.29 可见,青海三江源地区和祁连山区的部分地区雪灾致灾危险性最高,柴达木盆地的西部和东部农业区以及环湖的部分地区雪灾致灾危险性较低。

(2)动态指标——以新疆北部牧区雪灾评估指标为例

① 动态雪灾指标的建立

庄晓翠等(2015)把雪灾的致灾力(F)定义为:

$$F=\frac{H-15}{k\rho q} \tag{3.75}$$

式中,H 为积雪深度(cm),k 是入冬后牲畜膘情随时间的变化系数,ρ 是牧草的相对高度系数,q 是牧场的单位面积的产草量(kg/hm^2)。分子中“−15”是因为积雪深度⩽15 cm 时不会产生雪灾。

调查表明,当 $F\geqslant0.2$ 时,便会出现雪灾的“雪险”;$F\geqslant0.5$ 出现中险;$F\geqslant0.8$ 时,出现重灾;$F\geqslant1.6$ 时出现特灾。

设入冬时牲畜膘情为 1,冬末的剩余率为 60%,则膘情的变化系数为:

$$K=[1+0.6+(1-0.6)\cos\beta]\tag{3.76}$$

式中,β为评价时的时角,11月1日为0°,4月30日为180°。

将水热等气象条件与牧草产量建立回归方程:

$$q=a_0+a_1R+a_2T\tag{3.77}$$

式中:a_0、a_1、a_2 为回归系数;R 为当年4—9月降水量;T 为≥0 ℃的积温。

利用近6 a阿尔泰地区牧草实际产量和同期的降水量和积温,对式(3.77)进行计算,得复相关系数0.907,通过 $\alpha=0.056$ 的方差检验,表明回归系数有显著统计学意义。

② 效果检验

庄晓翠等(2015)将近52 a阿尔泰地区的积雪深度、致灾力和灾情数据标准化后,求致灾力与积雪深度、灾情的相关系数,分别达到0.93和0.80,都通过了 $\alpha=0.0001$ 的显著性检验,说明致灾力能够较好地反映阿尔泰地区的雪灾情况,与灾情有较好的对应关系,而且致灾力能够解析在积雪深度相同的情况下,何以有的年份灾情重,有的年份灾情轻的原因,那是因为草情的差别,或显灾时间不同的缘故。例如,2005年和2010年的积雪深度相同,2005年牧草主要生长季降水量和积温偏多,但分布不均匀,严重影响了牧草产量,使致灾力达到1.6,为特大雪灾年;而2010年牧草主要生长季降水量和积温略偏少,但分布较好,牧草产量好于2005年,所以灾情比2005年轻。

3.9.2 不同路面状况的临界车速

路面状况是道路交通安全的重要影响因素。气象条件会导致路面状况的变化,致使路面抗滑性能发生显著改变,并对公路交通安全产生显著的不利影响。雨天行驶时,低能见度和路面附着系数的减小会降低道路的安全性,造成较大的人员伤亡及财产损失。冰雪路面道路附着条件更差,路面附着系数非常低,容易发生制动距离不足而追尾,制动时车辆跑偏、甩尾、侧滑、侧翻等现象,引起交通安全隐患或发生交通事故。

冯涛等(2012)从气象条件出发,分析干、湿、积雪、积冰路面条件对道路交通安全的影响,采用数学方法,得出了不同天气条件下对应不同能见距离、附着系数的安全车速,为高影响天气条件下交通管理部门管理公路提供了科学依据。

(1)不同道面状况下安全限速值的计算方法

由于高速公路路段车流呈车队形式,因此从跟车状态来计算车辆行驶所需的安全停车距离,获得相应的控制车速。停车视距是在公路上行驶的汽车司机发现前方障碍物,紧急刹车制动至障碍物前完全停车的最短距离。冯涛等(2012)依据对汽车行驶规律的研究,停车视距由反应距离、制动距离及安全距离3部分组成,根据停车视距可以准确地计算高速公路上安全驾驶车速。驾驶员通过对本车和前车速度差及加速度差的判断来决定制动的必要性。一般情况下,驾驶员发现前面车辆时,前车速度小于本车,此时后车停车所需的安全距离满足下式:

$$L_1+L_2+L_{安}\leqslant L_v+L_3\tag{3.78}$$

式中,L_1 为车辆识别时间 t_1 内的行驶距离,t_1 为车辆识别时间,即驾驶员见到前方车辆或障碍物后,在意识到应进行紧急制动的感觉反应时间和右脚从加速踏板移开到踩制动踏板的行动反应时间。t_1 因人而异,并受到环境、道路条件等一系列因索的影响,对95%的驾驶员来说。t_1 取2.5 s已足够;L_2 为车辆制动时间 t_2 内的行驶距离;t_2 为车辆制动时间,即制动器起作用到车完全停止所需要的时间；L_v 为路段的可视距离；$L_安$为安全距离，一般为 5～10 m。L_3 为前车在 (t_1+t_2) 时间内行驶的距离。

由于车辆故障、轮胎损坏、抛锚及事故等原因，前方物体的速度降为零，车流中出现严重的速度差，后车必须进行紧急制动，此时后车停车所需的安全距离满足下式：

$$L_1 + L_2 + L_{安} \leqslant L_v \tag{3.79}$$

偏保守地考虑前车静止情况，计算安全行车的安全距离为：

$$L_1 + L_2 + L_{安} + L_{前车} \leqslant L_v \tag{3.80}$$

根据 AASHTO 停车视距模型(80 th)，式(3.80)变为：

$$0.694v + v\frac{v^2}{254(f-i)} + 5 + 5 \leqslant L_v \tag{3.81}$$

式中：v 为初速度；i 为坡度，这里 i 取为 0；f 为道面附着系数；$L_安$和 $L_{前车}$都取为 5 m。附着系数由基于双指数模型的纵向附着系数计算模型(边明远 等，2005)得到。这样就可以根据式(3.81)计算出不同天气条件不同道面状况下的高速路安全车速。

(2)不同道面状况下附着系数的计算方法

道面状况是影响道路附着系数的一个主要因素，不同道面状况的差异都会导致纵向附着特征的不同，从而影响道路的峰值附着系数以及相对应的车轮滑移率。冯涛等(2012)研究了 Pacejka(1991)魔术公式和 Burckhardt(1993)模型(带有指数函数的多项式路面附着系数计算模型)，最后确定采用双指数附着系数计算模型，它是在指数模型的基础上进行修正，用非线性的指数函数来取代线性的一次函数，构成含有两个指数项的附着系数计算模型。双指数模型将路面附着系数表达为路况、车速与载荷 3 种参数的非线性函数，能够较好地满足路面附着系数的变化特征。在各种道路状况及行驶条件下双指数模型纵向附着系数计算模型(边明远 等，2005)道面附着特征参数的公式为：

$$\begin{aligned}
\mu_{xp} &= 0.92\times 0.1304^{\sigma} + 0.002e^{\sigma}(64-v) - 0.0426\sqrt{u} \\
\mu_{xs} &= 0.677\times 0.1553^{\sigma} + 0.002e^{\sigma}(64-v) - 0.0426\sqrt{u} \\
\mu_{xm} &= 0.1532\sigma^3 - 0.47801\sigma^2 + 0.256\sigma + 0.1693 + 0.105\lg(64/v)
\end{aligned} \tag{3.82}$$

式中，μ_{xp}、μ_{xm} 为峰值附着系数及其对应的车轮滑移率，μ_{xs} 为车轮发生完全滑移时道面附着系数，v 为车速，u 为车轮载荷系数，σ 为表征道面状况的附着特征影响因子，这里干沥青道面为 0，湿沥青道面为 0.134，积雪道面为 0.60，结冰道面取为 1.0(边明远 等，2005)。

冯涛等(2012)利用指数多项式模型进行修正，用非线性的指数函数来取代线性的一次函数，构成含有两个指数项的地面—轮胎力学模型，即

$$\mu = A[\exp(-\mathrm{b}\,S_{xm}) - \exp(-a\,S_{xm})] \tag{3.83}$$

$$a_{k+1} = \frac{1}{S_{xm}}\ln\frac{\left(\dfrac{\mu_{xp}}{\mu_{xs}} - S_{xm}\right)a_k - 1}{\dfrac{\mu_{xp}}{\mu_{xs}} - 1} \tag{3.84}$$

$$A = \frac{\mu_{xs}}{1 - a\exp(-aS_{xm})} \tag{3.85}$$

$$b = -\ln[1 - a\exp(-a\,S_{xm})] \tag{3.86}$$

式(3.83)是计算道面附着系数的主要计算公式,其中的主要变量由上面式(3.82)来计算。首先由式(3.84)对 a 进行迭代求解,初值选为0.5,当 $\left|\frac{a_{k+1}-a_k}{a_k}\right| \leqslant \varepsilon = 10^{-3}$ 时停止迭代,令 $a = a_{k+1}$。最后将 A、b、S_{xm} 及 a 代入式(3.83)计算附着系数。根据双指数附着系数模型计算的高速路不同道面状况下附着系数见表3.57。

表3.57 高速公路不同道面状况的道面附着系数(冯涛 等,2012)

道面状况	车轮载荷系数				
	0.10	0.30	0.50	0.70	0.90
干沥青	0.89	0.88	0.88	0.87	0.87
湿沥青	0.68	0.67	0.66	0.66	0.65
积雪	0.26	0.25	0.24	0.23	0.23
积冰	0.10	0.09	0.09	0.08	0.08

从表3.57可以看出,干沥青道面附着系数最大,而积冰道面附着系数最小;干、湿沥青道面附着系数远大于积雪、积冰道面。

(3)不同道面状况下安全限速的计算结果

冯涛等(2012)利用上面得到的附着系数值并根据式(3.83)计算出不同道面状况下的高速路安全车速,给出高速公路上不同天气条件不同道面状况下的安全车速。晴好天气时,道面状况良好,附着系数较大,根据式(3.83)计算得到晴好天气对应不同能见距离及附着系数的安全车速如表3.58所示。雨天天气时,路面潮湿,附着系数降低,根据式(3.83)计算得到雨天对应不同能见距离及附着系数的最大安全车速如表3.59所示。下雪天气时,路面附着系数会更低,根据上面建立的不良天气条件下的安全车速限制值计算公式,对能见距离、附着系数及道路纵坡取不同数值,得到高速公路雪天最大安全车速如表3.60所示。

表3.58 干沥青道面高速公路安全车速(冯涛 等,2012)

单位:km/h

能见距离/m	道面附着系数				
	0.76	0.70	0.81	0.84	0.86
25	18.93	19.02	19.07	19.14	19.19
50	43.50	43.87	44.04	44.33	44.56
75	63.51	64.19	64.49	65.03	65.44
100	80.84	81.81	82.25	83.02	83.62
125	96.34	97.58	98.15	99.15	99.92
150	110.49	112.00	112.69	113.90	114.84
175	123.59	125.35	126.15	127.57	128.67
200	135.85	137.85	138.76	140.38	141.62

表 3.59　湿沥青道面高速公路安全车速(冯涛 等,2012)

单位:km/h

能见距离/m	道面附着系数				
	0.51	0.55	0.57	0.61	0.63
25	18.03	18.21	18.29	18.43	18.54
50	39.99	40.67	40.96	41.51	41.93
75	57.35	58.52	59.03	59.98	60.72
100	72.18	73.80	74.52	75.84	76.88
125	85.34	87.38	88.28	89.96	91.28
150	97.28	99.72	100.79	102.80	104.39
175	108.30	111.11	112.35	114.67	116.50
200	118.58	121.74	123.14	125.75	127.82

表 3.60　积雪道面高速公路安全车速(冯涛 等,2012)

单位:km/h

能见距离/m	道面附着系数				
	0.11	0.14	0.18	0.22	0.25
25	12.96	13.85	14.74	15.45	15.89
50	25.11	27.34	29.75	31.71	32.97
75	34.01	37.30	40.91	43.92	45.88
100	41.38	45.56	50.21	54.13	56.71
125	47.81	52.79	58.36	63.09	66.22
150	53.59	59.29	65.07	71.16	74.79
175	58.89	65.25	72.43	78.57	82.67
200	63.81	70.78	78.68	85.46	89.99

在有积冰的天气条件下,道面附着系数达到最低。根据上面建立的不良天气条件下的最高车速限制值计算公式,对能见距离、附着系数取不同数值,得到高速公路积冰状况安全车速如表 3.61 所示。

表 3.61　积冰道面高速公路安全车速(冯涛 等,2012)

单位:km/h

能见距离/m	道面附着系数				
	0.02	0.04	0.06	0.08	0.10
25	7.14	9.31	10.73	11.78	12.60
50	12.60	16.94	19.96	22.32	24.26
75	16.49	22.41	26.63	29.97	32.76
100	19.69	26.92	32.12	36.29	39.80
125	22.47	30.84	36.91	41.80	45.95
150	24.96	34.35	41.20	46.75	51.47
175	27.24	37.57	45.14	51.28	56.52
200	29.35	40.55	48.78	55.48	61.21

从表3.58—表3.61可以看出,高速公路安全车速随天气状况的不同而有明显不同,它与能见距离和附着系数关系密切。干、湿沥青路面的安全车速相差不多,而干、湿沥青路面与积雪、积冰路面安全车速相差较大,干、湿沥青路面的安全车速远高于积雪、积冰路面。当能见距离不同时,安全车速的要求也会明显不同。当能见距离为200 m时,湿沥青路面安全车速为120 km/h左右,积雪沥青路面则下降到90 km/h左右;积冰路面会降为60 km/h;当能见距离为100 m时,干沥青路面为80 km/h左右,而湿沥青路面为75 km/h左右,积雪沥青路面则下降到50 km/h左右,而积冰沥青路面仅为30 km/h;当能见距离为50 m时,安全车速降低更迅速,在干沥青道面安全车速最高为50 km/h左右,而积冰道面降为20 km/h。综上所述,在能见度低时,车速的高低对道路安全的影响较大,进行车速限制对提高行车安全具有重要的作用。

3.9.3 电线覆冰气象条件

电线覆冰气象条件分析有统计分析法和实验模拟两种方法。

(1)统计分析法

廖玉芳等(2010)用统计的方法研究了湖南电线覆冰厚度估算模型。

① 资料收集和预处理

廖玉芳等(2010)选取湖南省97个地面气象观测站自建站至2008年、雪峰山高山站1971—1989年,历年冬季(12月—次年2月)逐日平均气温(T)、最高气温(T_m)、最低气温(T_n)、降水量(R)、平均相对湿度(RH)、平均风速(y)、天气现象及其中28个站和雪峰山、东山峰站的电线积冰观测资料;97个地面气象观测站经度、纬度、海拔高度;NCEP/NCAR再分析格点资料;湖南省高程1∶5万GIS数据。

(a)标准冰厚换算

电线覆冰按冻结成因分为雨凇、雾凇、湿雪与混合凝结4类,在电线覆冰厚度研究过程中,为了使得观测资料具有可比性,需要将观冰站资料转换成密度为0.9 g/cm^{3}的标准冰厚。

廖玉芳等(2010)选择适用于气象部门电线积冰观测的2个标准冰厚换算公式,即根据实测冰重计算标准冰厚和根据实测覆冰长短径计算标准冰厚。

根据实测冰重计算标准冰厚。

$$B_{0.9}=\sqrt{\frac{w\times 10^3}{0.9\pi}+\frac{d^2}{4}}-\frac{d}{2} \tag{3.87}$$

式中,w表示每米电线上的覆冰质量(kg/m),d表示电线直径(4 mm),$B_{0.9}$表示密度为0.9 g/cm^{3}时的标准冰厚(mm)。

根据实测覆冰长短径计算标准冰厚。

$$B_{0.9}=\frac{0.96}{4}(b+a)-\frac{d}{2} \tag{3.88}$$

式中:a、b分别为南北(东西)方向直径、厚度;d表示电线直径(4 mm)。

廖玉芳等(2010)分别采用式(3.87)、式(3.88)对湖南省30个电线积冰观测站的电线积冰观测资料进行标准冰厚换算,计算样本数为1458,从表3.62可以看出,式(3.88)的计算结果有87.1%的样本大于式(3.87),平均偏大7.9 mm。分析其原因,由于式(3.88)计算只含直径、厚度因子,当覆冰成分是混合凇(由湿雪、雾凇、雨凇混合构成)时,其密度较纯雨凇小,因而换算成标准冰厚时计算结果会偏大。考虑到换算结果的合理性，文中选用式(3.87)进行标准冰厚换算。

表 3.62 两种标准冰厚换算公式计算结果比较(廖玉芳 等,2010)

样本数	式(3.87)计算的平均冰厚/mm	式(3.88)计算的平均冰厚/mm	式(3.87)标准冰厚小于式(3.88)标准冰厚的样本数
1458	12.4	20.3	1270

(b)地面气象观测站高空温度分析资料

廖玉芳等(2010)获取 NCEP/NCAR 925 hPa、850 hPa、700 hPa 温度再分析资料，分辨率为 1°×1°，为与地面气象观测站站点相对应，采用五点反距离权重方法进行插值，见式(3.89)。

$$T_{i,j}=\sum_{k=1}^{n}T_k d_k^{-2}/\sum_{k=1}^{n}d_k^{-2} \tag{3.89}$$

式中：$T_{i,j}$ 为待插值站点气温值，有 n 个格点被引用到插值点；k 为第 k 个被引用到的插值点；T_k 为第 k 个点的温度；d_k^2 为第 k 个点到待插值点的距离的平方的倒数。

(c)台站坡度、坡向计算方法

廖玉芳等(2010)基于湖南省高程 1∶5 万 GIS 数据，以地面气象观测站站点为中心，取 3×3 行列的高程数据计算获取。具体计算方法略。

② 电线覆冰厚度影响因子分析

廖玉芳等(2010)参考已有研究成果，选择气象因子和地理因子作为电线覆冰厚度影响因子展开分析。其中气象因子有：T、T_m、T_n、R、RH、V、925 hPa 温度(T_9)、850 hPa 温度(T_8)、850 hPa 与 925 hPa 温度差(T_8-T_9)、700 hPa 与 925 hPa 温度差(T_7-T_9)、700 hPa 与 850 hPa 温度差(T_7-T_8)、冰冻持续日数、冰冻持续期间日降水量分别大于等于不同量级(0.0 mm、0.1 mm、1.0 mm、5.0 mm、10.0 mm)的降水日数、冰冻持续期间日平均相对湿度分别大于等于不同量级(70%、80%、90%)的高湿日数及日平均气温小于等于 0 ℃的日数。地理因子有：纬度、经度、海拔高度、坡度、坡向。

廖玉芳等(2010)基于日电线积冰观测标准冰厚资料(不含雪峰山、东山峰样本)，分别计算各因子(当日资料缺测时则去掉该样本)与电线覆冰厚度的相关系数。

海拔高度小于等于 1000 m 的样本数为 269，若给定 $\alpha=0.05$，$t_{0.05}=1.906$，相关系数绝对值大于等于 0.1159 时，可通过信度 0.05 的显著性检验。气象要素因子(T、T_m、T_n、T_9、T_8、R、RH、V)均未通过显著性检验，说明气象要素值的变化对电线覆冰厚度无明显影响。温度垂直结构因子除(T_8-T_9)外，(T_7-T_9)、(T_7-T_8)均通过 $\alpha=0.05$ 显著性检验，以(T_7-T_9)相关性最好，说明浅层逆温对电线覆冰厚度影响小，逆温层厚度越厚对电线覆冰厚度影响越大。地理因子中只有经度和坡向通过信度 0.05 的显著性检验，说明电线覆冰厚度与坡向相关较坡度更密切，与经度相关密切反映出了湖南特殊的地形特点。电线覆冰厚度与高相对湿度日数、降水日数、冰冻持续日数及日平均气温低于 0 ℃日数均通过了信度 0.05 的显著性检验，且远高于前面所提及的因子，说明高湿、低温、降水、积冰的持续时间对电线覆冰厚度影响最大；不同等级高湿日数中以与日平均相对湿度大于等于 80%的持续日数相关性最好，不同等级降水日数中以与日降水量大于等于 0.1 mm 的日数相关最密切，说明适度的湿度和降水量是电线覆冰厚度的关键影响因子。值得一提的是为了分析冰冻持续时间与坡向对电线覆冰厚度的综合作用,将2个因子进行了组合(d^x,x为冰冻持续日数,d为坡向,当坡向在80°~315°时取值1,否则取值2),组合因子与电线覆冰厚度的相关系数可高达0.65。

海拔高度大于1000 m(1个站,因而地理因子被滤掉)的样本数为749,给定$a=0.05$,$t_{0.05}=1.906$,则相关系数绝对值大于0.0696时通过显著性检验。高海拔影响因子与低海拔影响因子有较大差异。海拔高度大于1000 m时,与温度垂直结构相关最密切,其次是温度因子,与冰冻持续时间、降水日数、高相对湿度日数相关并不密切。

③ 电线覆冰厚度估算模型

廖玉芳等(2010)分析得出,对电线覆冰厚度影响显著的因子有很大差别。因此,基于前面分析的26个因子及1个组合因子采用逐步回归方法分别建立海拔1000 m以上和其以下的电线覆冰厚度模型。

(a)海拔高度小于1000 m电线覆冰厚度模型

$$Y=0.494898+0.114808x_1+0.492867x_2 \tag{3.90}$$

式中,x_1为组合因子,x_2为冰冻期间日平均相对湿度≥90%的天数。总样本数269,平均绝对误差1.79 mm,复相关系数0.6757,$F=111.7$,均通过0.01信度的显著性检验。模拟值与实际观测值的绝对误差≤1 mm的个数为141,占总样本数的52.4%;≤5 mm的个数为253,占总样本数的94.1%;>10 mm的个数为7,占总样本数的2.6%。

(b)海拔高度大于1000 m电线覆冰厚度模型

$$Y=16.385851+1.082174x_1+0.238100x_2 \tag{3.91}$$

式中,x_1为700 hPa温度与925 hPa温度的差,x_2为日降水量。总样本数749,平均绝对误差9.63 mm,复相关系数0.2541,$F=25.7$,均通过0.01信度的显著性检验。模拟值与实际观测值的绝对误差≤1 mm的个数为44,占总样本数的5.9%;≤5 mm的个数为238,占总样本数的31.8%;≤10 mm的个数为510,占总样本数的68.1%;>20 mm的个数为56,占总样本数的7.5%。

(2)环境参数对导线覆冰厚度影响的试验分析

蒋兴良等(2010)在重庆大学人工气候室(低温低气压试验室)内完成环境参数对导线覆冰厚度影响的试验。人工气候室直径2.0 m、长3.8 m,最低温度可达−36 ℃,风速在1~5 m/s可调,可形成10~500 μm的降水颗粒。对3种不同直径的导线进行试验,导线参数如表3.63所示。表中L为试验导线长;D为外径,由于截取时铝线股有所松动,因此外径比标准参数稍大。

表3.63 3种试验导线参数

编号	型号	L/mm	D/mm
1	LGJ-185/25	1653.2	18.95
2	LGJ-240/40	1509.6	21.70
3	LGJ-400/35	1726.5	27.00

蒋兴良等(2010)为了得到风速、温度、水滴中值体积直径(MVD,用a表示)和空气中液态水含量(LWC,用ρ_w表示)对3种导线覆冰的影响,试验前将环境参数调整好后将3种导线放入气候室内覆冰,近似认为试验过程中试验环境不发生改变。采用手持式风速仪对风速进行

测量，精度为 0.1 m/s；PTU 温湿度传感器测量环境温度（试验中喷水直接采用自来水，因此水温一般稍高于环境温度），精度为 0.1 ℃，其中 MVD 和 LWC 采用激光粒度仪在试验前采样 30 次后取平均值测得。

蒋兴良等(2010)在试验过程中，间隔一定时间采用游标卡尺测量不同部位迎风侧 3 个点的覆冰厚度 d，并取其平均值，试验得到如下结果。

① 覆冰厚度随时间的增长关系

图 3.30 为一定覆冰条件下导线覆冰厚度 d 随时间 t 的增长关系。试验条件：$a=94.46\ \mu m$；$\rho_w=18.26\ g/m^3$，$\theta_a=-5$ ℃，$v=2.0$ m/s。

从图 3.30 可以知，导线的覆冰厚度随时间的增加而增加。随着覆冰厚度的增加，导线的迎风面截面积增大，从流体力学角度出发，气流的黏滞力使小水滴偏离导线的加速度垂直来流方向的分量增大，偏离运动距离增大，因此小水滴对导线的碰撞率减小，造成了随着时间的增长覆冰厚度增长变得越来越缓慢，并且导线直径越小覆冰越厚，如图 3.30 所示的非线性增长关系。因此可以推测，随着时间的增长覆冰后的 3 种导线直径差值越来越小。

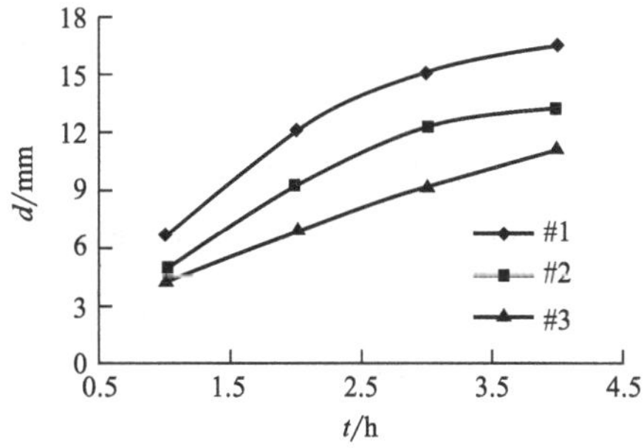

图 3.30 导线覆冰厚度随时间的增长关系（蒋兴良 等，2010）

② 风速对导线覆冰厚度的影响

风速是覆冰的重要条件，同时风速对覆冰的增长速度，覆冰的密度和覆冰的类型有很大关系。风带动小水滴向着导线运动，在离导线无限远处，一般认为小水滴的运动速度与风速相等。风速越大，小水滴的惯性越大，当水滴运动到导线附近时，气流黏滞力在垂直来流速度方向上的分量相对于惯性产生的作用越小，因此水滴的碰撞率越大。另一方面，风速的增大，使得碰撞水滴的对流散热和热交换加强，从热力学分析，有利于碰撞水滴发生相变，冻结成冰。因此随着风速的增加，3 种导线的覆冰厚度不断增加，并且直径越小增加得越快，如图 3.31 所示，当风速在 0～4 m/s 时，覆冰厚度与风速成近似线性增长关系。试验条件：$a=146.6\ \mu m$，$\rho_w=36.33\ g/m^3$，$\theta_a=-5$ ℃，$t=3$ h。

现有的气象资料表明，毛毛雨天气风速一般不大，而温度在≤0 ℃时毛毛雨天气最有利于覆冰，这种覆冰类型通常是雨凇，雨凇黏附力强，对电力系统危害最大。另一方面，关于覆冰的科学研究通常是在人工气候室内完成，为了在较短时间内得到更多的试验数据，人工气候室内覆冰条件通常是大 MVD、大 LWC 和小风速，因此试验是在 a 为 $146.6\ \mu m$ 和 ρ_w 为 $36.33\ g/m^3$ 的条件下模拟<5 m/s 风速下的覆冰情况。其中<1 m/s 的 0.46 m/s 风速是根据水滴的沉降速度计算出的结果，其他的风速都是气流速度和沉降速度的合成值。由图 3.31 可知，为了在人工气候室内尽量短的时间内得到比较厚的覆冰量可以提高风速，这种措施是非常有效的。因此图 3.31 所示的试验结果可为人工气候室覆冰条件的选择提供参考。

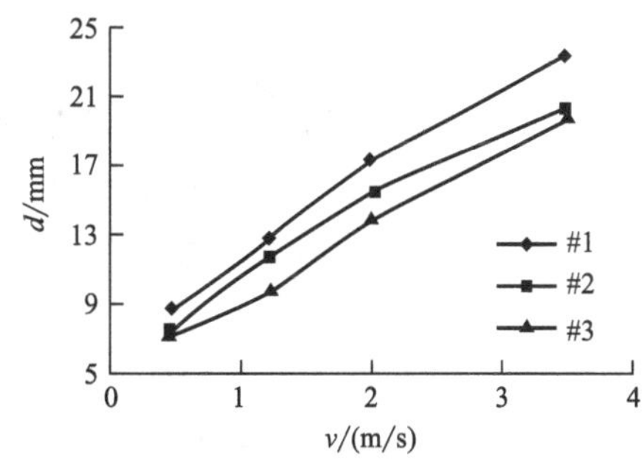

图 3.31 导线覆冰厚度与风速的关系（蒋兴良 等，2010）

③ 环境温度对导线覆冰厚度的影响

≤0 ℃的环境温度是覆冰的必要条件，即要有低于冰点的过冷却水存在。通过对云雾中的温度研究，当温度 $\theta_a = -10$ ℃时，云雾中只有 50%是过冷水，另外 50%是冰晶，当温度 $\theta_a = -20$ ℃ 时，过冷水则只有 10%。由于冰晶碰撞导线黏附力不强，碰撞后容易反弹掉落，不容易凝固在导线上发生覆冰，因此温度很低的环境下反而不容易发生覆冰。另一方面，若 LWC 不是特别大，当温度降低到干湿增长临界点温度以下时，碰撞到导线的水滴全部冻结，导线上将无冰凌出现，此时再降低温度，覆冰质量不再变化，但由于覆冰密度的下降，覆冰厚度仍将有所增加。图 3.32 显示了在不同温度下导线覆冰的效果图。

从图 3.32a、b 可知，在温度为－2 ℃和－5 ℃时，覆冰增长过程为湿增长，覆冰为无色透明的雨凇冰。其中图 3.32b 覆冰条件的 LWC 和温度均小于图 3.32a，因此，图 3.32b 覆冰更容易由干增长转向湿增长，从图中也可以观察到图 3.32b 流失的水量没有图 3.32a 多，冰凌数量比图 3.32a 少很多。可以推测在图 3.32b 的试验环境下若是再降低温度或是减少 LWC，则将变为干增长过程，不会再有新的冰凌出现。

图 3.32c 为－7.5 ℃时的覆冰情况。由图可知，导线表面有许多凸凹冰粒出现。主要原因如前分析，温度降低，空气中的水滴冻结成冰晶的比例越来越大，当 LWC 比较大时，呈液态

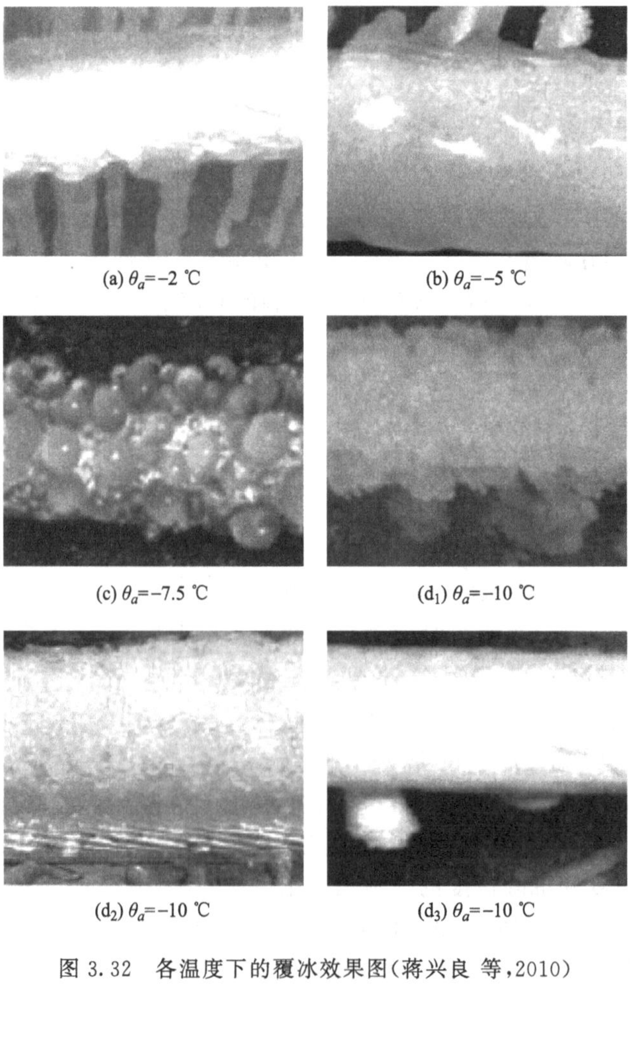

(a) θ_a=-2 ℃　(b) θ_a=-5 ℃

(c) θ_a=-7.5 ℃　(d_1) θ_a=-10 ℃

(d_2) θ_a=-10 ℃　(d_3) θ_a=-10 ℃

图 3.32　各温度下的覆冰效果图(蒋兴良 等，2010)

并碰撞到导线上的水滴数量仍然足够多，并在导线表面形成一层水膜，当冰晶掉落到水膜上时，容易留在导线上，因此导线上有许多凸凹的冰粒出现。当温度继续降低时，冰晶的比例越来越大，冰晶掉落到导线上一部分反弹掉落，一部分堆积留在导线上，如图 3.32d_1、d_2 所示，其中图 3.32d_1、d_2 为俯视图。此时当加比较小的喷水不足以在导线上形成水膜时，大部分的冰晶反弹掉落，只有液态的水滴和很少的冰晶留在导线上。因此覆冰为白色的霜，如图 3.32d_3 所示。从微观流体力学和覆冰过程分析可知，当空气中有过冷却水滴存在时，水滴随着风速向着导线运动并发生碰撞后，释放潜热，温度升高到 0 ℃，再发生相变变成固体冰。在湿增长过程中，由于表面始终有一层水膜，因此导线表面的温度始终为 0 ℃；当覆冰为干增长过程时，发生相变后温度还将继续降低，但一般高于环境温度。温度的变化主要影响碰撞水滴的冻结。温度越低，水滴冻结速度越快，因此覆冰越厚，如图 3.33 所示。试验条件：$a=146.6\ \mu m$，$\rho_w=47.07\ g/m^3$，$t=2\ h$，$v=2.0\ m/s$。图 3.33 中显示温度为 −10 ℃时，3 种导线覆冰厚度异常增大。由前述分析的冰晶比例变大而出现的覆冰异常，这对覆冰厚度的准确测量造成很大困难。

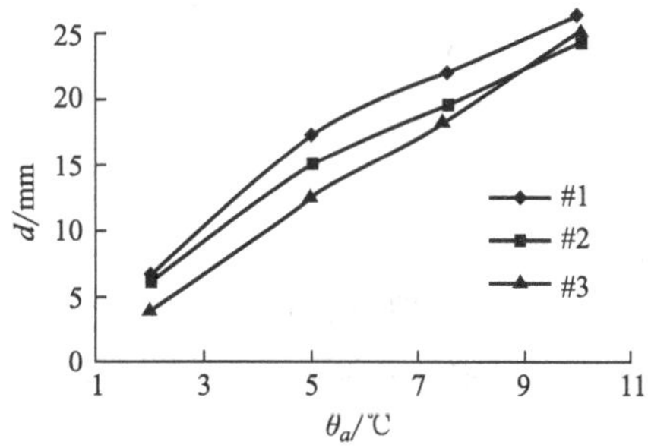

图 3.33　导线覆冰厚度与环境温度的关系(蒋兴良 等,2010)

④ MVD 对导线覆冰厚度的影响

水滴大小对导线覆冰过程的影响主要是基于流体力学的碰撞过程，对于碰撞后的水滴冻结过程基本没影响。风速一定时，水滴越大，水滴的惯性越大，运动到导线附近受到黏滞力而改变运动方向的作用效果降低，因此水滴越大，碰撞率越大，其作用效果与风速相似，但比风速大。从覆冰的类型来看，当 LWC 和其他覆冰条件一定的情况下，水滴的大小影响覆冰的类型，水滴较小时，覆冰为干增长过程，覆冰类型为雾凇覆冰，但随着水滴的增大，逐渐向混合凇转换，覆冰密度不断增加，当水滴大到一定程度时，覆冰过程转换为湿增长，这时的覆冰为雨凇覆冰，覆冰密度接近纯冰的理论密度，为 917 kg/m^3。在通常的覆冰环境下，水滴的大小都不是一样大，而是由不同大小的水滴构成一定的粒谱，在计算分析中，一般用中值体积直径(MVD)来代表具有等效覆冰量的液滴粒谱，研究表明，这种表示方法是合理的。通过激光粒度仪对自然环境中浓雾的 MVD 进行测量，其值一般约在 28 μm。而对云雾覆冰的研究主要是集中在航空器的覆冰研究中采用，而电力系统中的导线与航空器覆冰有所不同。首先，航空器覆冰主要发生在空气稀薄的高空层和小水滴 MVD 的条件下，而导线覆冰的发生是在相对较低的高度和水滴大小通常不同的条件下，并且导线发生覆冰严重时的水滴通常比云雾中的大，通常伴随着毛毛雨天气。另一方面，在试验研究中，为了在短时间内得到比较大的覆冰量，通常所采用的 MVD 比较大，因此蒋兴良等(2010)试验所采用的水滴 MVD 都比浓雾中的雾粒直径大，如图 3.34 所示。试验条件：$\rho_w=$

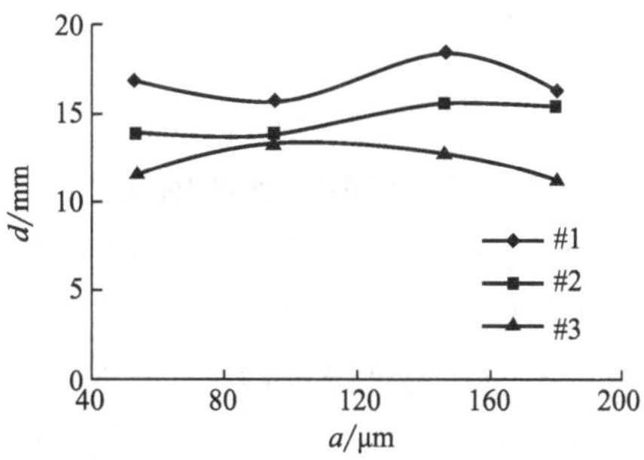

图 3.34　导线覆冰厚度与 a 的关系(蒋兴良 等,2010)

47.07 g/m^3，θ_a =－5 ℃，t=2 h，v=2.0 m/s。蒋兴良等(2010)的试验是在大 LWC 环境下完成试验，因此在试验值的 MVD 最小为 52.96 μm 时覆冰也为湿增长。从图 3.34 中可知，#1 号导线的覆冰厚度均在 17 mm 附近波动，#2 号导线的覆冰厚度表现为微增大，而#3 号导线随着 MVD 的增大反而有所减小，但是 3 种导线的覆冰厚度变化都比较小，因此可以近似认为，在湿增长覆冰过程中，水滴 MVD 在一定范围内的变化几乎不对覆冰厚度产生影响。

⑤ LWC 对导线覆冰厚度的影响

MVD 和 LWC 为表示覆冰环境中液态水的两个参数，LWC 表示单位体积内水滴总质量的多少，而 MVD 表示水滴的大小。当 LWC 一定时，MVD 越大，水滴的数量越小。当 MVD 和其他覆冰环境参数一定时，LWC 越大，表示水滴越多，单位时间内碰撞导线的水滴越多。当一个小水滴碰撞到导线上并发生冻结时，若下一个碰撞水滴还没来，那么覆冰为干增长过程，覆冰类型为雾凇或混合凇，若还没开始冻结或是还没完全冻结时在同一点，下一个水滴发生碰撞，则为湿增长覆冰，覆冰类型为雨凇。当 LWC 从很小逐渐增大时，覆冰从干增长的雾凇覆冰到混合凇覆冰再到雨凇覆冰的变化过程中，覆冰密度逐渐增大到雨凇时的接近理论冰密度。LWC 继续增大时，导线上将有冰凌出现，并且小水滴在冰凌端部汇集成大水滴，大液态水滴汇集到一定程度时掉落，LWC 越大，掉落的水滴越多。由于空气的导热系数为 0.0241 W/(K·m)，0 ℃水的导热系数为 0.58 W/(K·m)，因此 LWC 越大，冻结越快，覆冰越厚。正如图 3.35 所示，随着 ρ_w 从 8.54 g/m^3 增大到 47.07 g/m^3，3 种导线覆冰厚度都增大，其中#1 导线从 10.71 mm 增大到 18.97 mm。试验条件：a = 94.46 μm，t=3 h，以≤－5 ℃，v=2.0 m/s。由于覆冰厚度随着 LWC 的增大和温度的降低而增加，但从能量守恒的原理可知，在人工气候室覆冰根据制冷机组的性能来选择适当的温度和 LWC。当制冷机组在覆冰为干增长环境下不能将环境温度制冷到＜－5 ℃时，刚能达到干湿增长临界点的 LWC 值下，覆冰最快；当制冷机组能将环境温度降至＜－5 ℃时，能将温度维持到约－5 ℃的最大 LWC 取值时，覆冰最快。

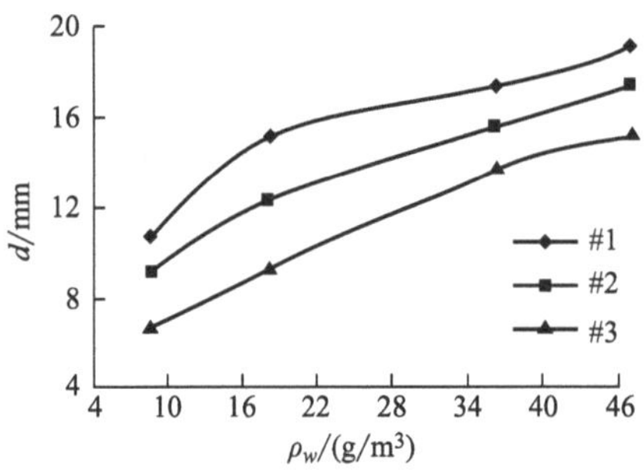

图 3.35 导线覆冰厚度与 ρ_w 的关系(蒋兴良 等，2010)

⑥ 结论

蒋兴良等(2010)通过人工气候箱电线覆冰实验得到如下结论。

(a)随着时间的增长，覆冰厚度为非线性增长，不同初始直径导线覆冰后的直径差值越来越小。

(b)风速的改变对覆冰厚度的影响特别明显，因此输电线路架设尽量避开大风速地区。

(c)湿增长过程中，覆冰厚度几乎不随 MVD 变化。

(d)温度和 LWC 是影响覆冰强度的重要参数。

根据能量守候原理，建议人工气候室覆冰按照制冷机组性能选择最佳的 LWC 值，即若制冷机组不能将温度降至约－5 ℃时，选择干湿增长临界点的 LWC 值覆冰最快，若制冷机组能将温度降至＜－5 ℃时，选择能将温度维持在－5 ℃时的最大 LWC 值，覆冰最快。

3.9.4 冬季大棚蔬菜低温冰雪灾害评估指标

刘可群等(2011)分别建立了武汉市竹棚和水泥钢筋大棚风灾、雪灾灾损模型及冻害灾损模型。

(1)材料与方法

① 小气候观测与资料来源

刘可群等(2011)进行大棚小气候观测时间为2005年12月—2009年3月,地点位于武汉市东西湖区慈惠农场。大棚为一拱圆形钢架塑料大棚,棚长30.0 m,宽6.0 m,顶高2.5 m;棚膜(PVC无滴膜)厚0.08 cm。观测仪器为江苏省无线电科学研究所有限公司生产的ZQZ-Ⅱ型自动温度观测仪,2009年1月8日—3月22日在棚内4个点观测点的温度进行了测定,同时按地面气象规范要求在大棚外距地表高1.5 m处进行了气温的同步观测,观测时间为北京时间正点时刻,有关气象资料由湖北省气象资料档案室提供。

刘可群等(2011)收集的冻害灾损数据分为实地监测与统计调查数据两类。实地监测在东西湖区慈惠农场,对象是大棚内无其他保护措施(如加盖草垫等保温措施)的成株莴苣(即进入茎肥大期后生长的莴苣),时间为2005年12月—2009年3月,统计调查数据来自于武汉市东西湖区农业局及孝感市孝南区农业局在2008年初低温雨雪的灾害统计,风灾灾损资料来自黄冈市团风县农业局,资料年代为1998—2009年。2008年初雪灾损失灾情统计资料分别来自于武汉市东西湖区农业局以及鄂州、黄石、黄冈、咸宁、孝感、天门、潜江、仙桃等市农业局。

② 资料处理

根据国家农业部大棚蔬菜低温冻害调查分级标准(试用),1级冻害可能减产10%以下,2级冻害可能减产10%～30%,3级冻害可能减产30%～80%,4级冻害可能减产80%以上。试验将大棚冻害划分为以上4个等级,大棚风灾与雪灾灾损分级标准分别为1级损害为因灾害损坏的大棚占总大棚数的10%以下,2级损害为10%～30%,3级损害为30%～80%,4级损害为80%以上。

(2)灾损模型的构建

刘可群等(2011)构建了如下灾损模型。

① 风压灾损模型

风灾对大棚的破坏主要取决于风压大小及大棚的抗压能力,以大棚灾损百分率作为风灾风险系数,则风压灾损模型如下:

$$R_w = f(w_p, P) \tag{3.92}$$

式中,R_w 为风压,单位为 kN/m^2,P 为抗压能力。

风压就是垂直于气流方向的平面所受到的风的压力。根据伯努利方程得出的风-压关系,风的动压为:

$$w_p = 0.5 \cdot r_0 \cdot v^2 \tag{3.93}$$

式中:r_0 为空气密度,单位为 kg/m^3;v 为风速,单位为 m/s。由于空气密度 r_0 和重度 r 的关系为 $r_0 = r/g$,g 为重力加速度,因此可得到:

$$w_p = 0.5 \cdot r \cdot v^2 / g \tag{3.94}$$

此公式为标准风压公式。在标准状态下(气压为1013 kPa,温度为15 ℃,空气重度 $r = 0.01225\ kN/m^2$),重力加速度 $g = 9.8\ m/s^2$,由此得到:

$$w_p = v^2/1600 \tag{3.95}$$

式(3.95)为用风速估计风压的通用公式。

刘可群等(2011)分析发现,大风对大棚造成的破损百分率与瞬间极大风速形成的风压关系最密切,而与其他风压如 10 min 最大风速、风压、或风压累计值等的相关性较差。黄冈市团风县农业局对 1998—2009 年几次风灾损失与瞬间极大风速形成的风压之间的关系,利用最小二乘法分别建立了竹棚、水泥钢筋大棚的风压灾损模型。竹棚风压灾损模型为:

$$R_w = \begin{cases} 2.2987w_p - 11.1500 & w_p \geqslant 4.85 \\ 0 & w_p < 4.85 \end{cases} \tag{3.96}$$

水泥钢筋大棚的风压灾损模型:

$$R_w = \begin{cases} 1.2299w_p - 6.0296 & w_p \geqslant 4.90 \\ 0 & w_p < 4.90 \end{cases} \tag{3.97}$$

将式(3.95)代入式(3.96)和式(3.97)则可得到关于瞬间极大风速的大棚风灾灾损模型。竹棚瞬间极大风速的风压灾损模型为:

$$R_w = \begin{cases} 229.87v^2/1600 - 11.1500 & v \geqslant 8.8 \\ 0 & v < 8.8 \end{cases} \tag{3.98}$$

水泥钢筋大棚瞬间极大风速的风压灾损模型:

$$R_w = \begin{cases} 122.99v^2/1600 - 6.0296 & v \geqslant 8.9 \\ 0 & v < 8.9 \end{cases} \tag{3.99}$$

式(3.98)和式(3.99)中 v 是瞬间极大风速,单位为 m/s。竹棚、水泥钢筋大棚的灾损模型相关系数分别为 0.9722、0.9838,样本数为 8,其相关性均达到了极显著差异水平($\alpha=0.001$)。

② 雪压灾损模型

刘可群等(2011)根据大棚拱架受力分析,雪压的大小表达式为:

$$s_p = 0.01 \cdot \mu \cdot \rho \cdot h \tag{3.100}$$

式中,s_p 为雪压;h 为积雪深,单位:cm;ρ 为积雪比重,单位:kg/m³。据研究,武汉市及其周边地区参照西南地区积雪密度,取值为 300 kg/m³。大棚顶部积雪分布系数(μ)与大棚的形状有关,对拱形屋面分布状态一般取值 0.4~0.8。武汉市及周边地区一般大棚宽度是高度的 3 倍左右,通过对几次积雪实际观测发现,取 $\mu=0.6$ 比较合理。为了客观地描述雪灾的风险系数,假定在雪压与风压相同的条件下,雪压造成的损失与风压是相同的,并将公式(3.100)取代式(3.96)、式(3.97)中的风压,则可得到基于积雪深度的雪压灾损模型。竹棚雪压灾损模型为:

$$R_w = \begin{cases} 4.1377h - 11.1500 & h \geqslant 2.5 \\ 0 & h < 2.5 \end{cases} \tag{3.101}$$

水泥钢筋大棚雪压灾损模型为:

$$R_w = \begin{cases} 2.2138h - 6.0296 & h > 3.0 \\ 0 & h \leqslant 3.0 \end{cases} \tag{3.102}$$

式(3.101)、式(3.102)中,h 为积雪深度,单位:cm;R_w 为大棚积雪灾损百分率。

③ 冻害灾损模型

刘可群等(2011)引入有害积温这一物理量:

$$P_0 = \sum T_0 \tag{3.103}$$

式中，T_0 为大棚内(外)低于 0 ℃的逐时气温，P_0 为大棚内(外)的小时负积温。

刘可群等(2011)利用武汉市东西湖区慈惠农场 2005 年 12 月—2009 年 12 月期间几次低温过程发生时有害低温累计量与莴苣冻害实际的监测数据，建立莴苣冻害受灾率与棚内、棚外小时负积温相关关系，并由此得到冻害灾损模型如下：

$$R_i = -0.1556 \sum T_h - 1.8453 \tag{3.104}$$

$$或\ R_i = -0.1105 \sum T_{0h} + 0.0146 \tag{3.105}$$

式(3.104)、式(3.105)中：T_h、T_{0h} 分别为大棚内、外小于 0 ℃的小时气温；R_i 为冻害损失百分率。样本数分别为 5、6，莴苣实际监测的灾损率与棚内、外小时负积温的相关系数分别为 0.9766、0.9988，其相关性均达到了极显著差异水平($\alpha=0.001$)，其中与棚外的小时负积温的相关性更显著，与过程的极端最低气温的高低相关不明显。样本数虽然不多，但对 2020 年 1 月 10—14 日、2 月 11—19 日两次明显低温过程的负积温进行计算，结果大棚外负积温分别为 40.0 ℃/h、93.6 ℃/h，计算灾损率分别为 4%、10%，而实际调查结果显示，两次明显低温过程的大棚中受冻害的莴苣分别为 5%、10%，显示出模型是基本可信的。

(3)气象预警指标的确定

表 3.64 是根据国家农业部大棚蔬菜灾害损失标准，结合风压、雪压损失模型计算得到的武汉城市圈蔬菜大棚大风、雪灾及冻害气象灾害指标，表 3.64 中风灾、雪灾 1 级、2 级、3 级指标与武汉市东西湖区农业局蔬菜大棚风灾与雪灾轻、中、重灾害指标相接近，说明基于风压建立的雪灾灾损模型及其指标是可信的。

表 3.64 不同类型大棚风灾、雪灾及冻害指标(刘可群 等,2011)

项目	大棚类型	1 级	2 级	3 级	4 级
风灾(风速等级(级))	竹棚	5	6～7	7～8	9 以上
	水泥钢筋大棚	5～6	7～8	9～11	11 以上
雪灾(积雪深度/cm)	竹棚	2.5～5.2	5.3～10.2	10.3～22.8	≥22.9
	水泥钢筋大棚	3.0～7.5	7.6～16.5	16.6～39.0	≥39.1
冻害(小时积温 1/(℃/h))	棚外	−90～−40	−270～−90	−720～−270	<−720

2008 年 1 月 12 日—2 月 3 日低温冰冻雨雪天气期间，刘可群等(2011)利用最大积雪深度计算模型的雪压竹棚理论灾损率，与实际灾损统计数据进行比较，实际损失率均低于理论损失率。根据各地农业部门灾后的调查总结，发现一些地区实际灾害损失过大与防灾减灾意识不强有很大的关系。可见，人为干预越少，即救灾不力，则雪灾灾损越接近理论值，说明雪灾灾损模型可用于气象灾害的预警服务。

3.10 低温冷害指标

低温冷害主要对农作物造成损害，它有两种形式，一种是长期低温、积温不满足农作物需求的低温冷害，研究方法有统计分析法和作物模型法；另一种是短期低温冷害，障碍型低温、寒露风都属于短期低温冷害，研究方法有统计分析法、作物模型法和实验模拟法，由于实验模拟法可以用于致灾机理研究,因而获得广泛的应用。

3.10.1 玉米延迟性低温冷害指标

黑龙江省气象科学研究所研究了黑龙江省玉米延迟性低温冷害指标(章国材,2014)。

(1)资料的收集和整理

他们收集和整理的资料包括全省80个气象台站1961—2010年逐日日平均气温、逐月月平均气温和逐日日最低气温、地理信息数据、作物发育期资料、产量资料、低温冷害相关的灾情资料以及国内外低温冷害相关研究文献(表3.65)。数据资料来自于黑龙江省气象整编资料、黑龙江省统计局。

表3.65 收集和整理的资料种类

资料类型	资料介绍
气温资料	黑龙江省80个站1961—2010年的逐日日平均气温、逐月月平均气温和逐日日最低气温
地理信息数据	1∶5万的黑龙江省地理信息数据
发育期资料	全省23个农业气象站有观测记录以来—2010年玉米、水稻发育期资料
产量资料	1961—2010年分县的玉米、水稻的单产、面积资料
灾情资料	玉米、水稻因低温冷害造成的受灾及绝收的面积资料
文献资料	国内外低温冷害相关研究文献

(2)基于减产率的低温冷害气象指标的确定

利用各气象站点所在县(市)产量资料、灾情资料,采用五日滑动平均方法,计算各站各年的玉米减产率,根据相关行业标准和参考文献,将冷害年按作物减产率分为一般冷害年(5%~15%)和严重冷害年(≥15%),并结合历史资料,剔除因干旱、霜冻等灾害造成减产的年份,进而确定各站因低温冷害造成减产的年份及其减产率。

选择各农试站的无霜期、初霜日、活动积温、5月平均气温(T_5)、6月平均气温(T_6)、7月平均气温(T_7)、8月平均气温(T_8)、9月平均气温(T_9)、6—7月平均气温和(T_{6-7})、6—8月平均气温和(T_{6-8})、7—8月平均气温和(T_{7-8})以及5—9月平均气温和(T_{5-9})等可能造成低温冷害的因子,利用统计方法,分析上述因子与气象产量之间的相关关系,发现T_{5-9}与气象产量之间的相关性最好(表3.66),从而确定以5—9月平均气温和来描述玉米生育期的温度条件并确定以T_{5-9}距平值(ΔT_{5-9})来反映某一年是否为冷害年及冷害程度,并分别确定各站点的低温冷害临界指标。

表3.66 各气象因子与气象产量之间的相关系数

气象因子	无霜期	初霜日	活动积温	T_5	T_6	T_7	T_8	T_9	T_{6-7}	T_{6-8}	T_{7-8}	T_{5-9}
平均相关系数	34.7%	19.5%	50.4%*	40.2%*	36.6%*	19.5%*	31.1%*	25.8%*	32.4%*	35.8%*	29.0%*	62.3%**

注:*表示通过$\alpha=0.05$的信度检验;**表示通过$\alpha=0.01$的信度检验。

黑龙江省的玉米品种按照对温度条件和生育天数的需求可划分为早熟品种、中熟品种和晚熟品种,其中全生育期所需≥10 ℃积温低于2500 ℃·d为早熟品种,2500~2700 ℃·d为中熟品种，高于 2700 ℃·d 为晚熟品种。熟性相同的玉米品种对温度的要求以及生育期的长短相同或接近，因此可认为其冷害指标也相同。最后分别得到三个品种玉米的冷害指标和平均减产率（表 3.67）。

表 3.67　黑龙江省玉米延迟型低温冷害指标

品种（熟性）	早熟品种	中熟品种	晚熟品种
一般冷害指标/℃	−1	−1.5	−1.9
严重冷害指标/℃	−1.8	−2.7	−3.5
一般冷害的平均减产率/%	8.3	10.1	9.5
严重冷害的平均减产率/%	46.3	23.6	16.3

当某地区某年的 T_{5-9} 的负距平小于表中其所对应的一般冷害指标而大于严重冷害指标时，则可认为发生一般等级的玉米延迟型低温冷害；当 T_{5-9} 的负距平小于表中其所对应的严重冷害指标时，则可认为发生严重等级的玉米延迟型低温冷害。

3.10.2　棉花障碍型低温人工气候箱模拟

对新疆棉花品质和产量影响最大的农业气象灾害，不是风沙、大风、冰雹、霜冻等灾害，而是生长期内低温引起的低温冷害（郑维 等，1992）。2001 年 7 月底—8 月初，北疆出现异常低温，大部分棉区棉花单产的减产幅度达到 10%（李国英 等，2002）。在棉花障碍型冷害研究方面，李铁山等（2003）根据冷害大田调查指出，棉花在花铃期遇到低于 15 ℃的温度，十分不利于棉花的生长发育和产量的形成；异常低温会导致棉花植株内有机物质运输受阻，干物质积累减少。张永红（2004）通过对陕西地区棉花产量和气象因子的相关分析，得出低于 18 ℃的温度对棉花生育有直接影响，当日极端最低气温≤18 ℃的天数越多，蕾铃脱落增加。

邹陈等（2012）利用人工气候箱控制温度和低温持续时间，研究北疆石河子棉区花铃期棉花在经受不同范围和时长的异常低温后，其植株的受害程度，为进一步研究棉花低温冷害的温度指标提供科学依据。

（1）材料与方法

① 试验设计

2003 年，邹陈等（2012）试验材料棉花选用当地主栽品种（Gossypium hirsutum CV. Zhong mian No. 35 和 No. 36），试验定在早熟棉区具有代表性的乌兰乌苏农业气象试验站内。该站位于准噶尔盆地南缘，石河子市以西 16 km 处，东经 85°49′，北纬 44°17′，海拔高度 468.2 m。试验所用盆钵高 27 cm，上、下口内径分别为 28 cm 和 24 cm。试验土为黏土，盆栽样品置于气候观测场北侧 30 m 处，整盆埋于地下，上沿与地齐，分 6 播期进行分期盆栽播种试验，其环境气象要素可用同时刻该站所测的气象要素值替代。供试样品不使用任何化学调控剂，按高产棉田要求进行栽培管理。将处于花铃期阶段的棉花供试样品分次放入智能人工气候箱中，进行日最低温度 11.5 ℃（下同）至日最高温度 18.5 ℃（下同）和 11.5～22.5 ℃处理，处理天数 2～4 d 不等，每个处理留 2～3 个对照。通过人为设定，把 2 个范围温度分为 24 个时段，把北京时间 08:00 的温度设置为一天当中的最低值，把北京时间 15:00 的温度设置为一天当中的最高值，用以模拟温度的日变化；同时，把光照强度分为 4 个等级：0 级为夜间（22:00—次日 05:00）光照强度为 0 lx；1 级为凌晨（06:00—07:00）、傍晚（19:00—21:00）光照强度为 900 lx；

2 级为 08:00—10:00、16:00—18:00 光照强度为 1800 lx;3 级为 11:00—15:00 光照强度为 2800 lx;气候箱内的相对湿度控制在 85%左右。

2004—2005 年,为了排除品种间的差异,邹陈等(2012)只选“中棉所 36”进行盆栽分期播种试验,供试棉花样品共 360 盆,其他不变。

② 观测项目

邹陈等(2012)选同播期供试样品 6 株(2~4 个大铃),放入智能人工气候箱中,放入前对供试盆栽棉花样品的蕾数、幼龄数、大铃数、总蕾铃数、红花、黄花和叶片数进行挂牌测定,取出后进行再次测定,以后每隔 2~5 d 测定一次,直到第 23 d 以后停止测定。

邹陈等(2012)为精确地对比处理过和未处理过的棉花样品间的差别,消除基数的偏差,采用式(3.106)。

$$Y_i=(a-b_i)/a\times 100\% \tag{3.106}$$

式中,Y_i 为第 i 次观测后计算所得的观测项目减少率,a 为供试棉花样品放入智能人工气候箱前所测观测项目的数值,b_i 为供试棉花样品搬出智能人工气候箱后第 i 次所测观测项目的数值。

数据资料处理和作图运用 Excel2003 软件。

③ 结果与分析

(a)低温冷害与叶片

棉花喜温、需水、好光,花铃期是其对热量需求最为敏感的时段,同时也是其品质与产量形成的关键时期。经过 11.5~18.5 ℃和 11.5~22.5 ℃处理 2~4 d 后,挂牌定点观测其叶片数的变化。

从图 3.36 可以看出,经过不同低温强度和天数处理之后,供试棉花样品的叶片数并不是在经历低温时就出现异常脱落现象,而是在处理之后的第 6~8 d 叶片数开始异常脱落;经过相同天数,不同范围低温处理的供试样品,其叶片减少率变化趋势不同。从图 3.37 中可以发现:经范围低温 11.5~18.5 ℃处理 2 d、3 d、4 d 的植株,其叶片在处理后的第 8 d 才开始减少,而且呈持续减少的趋势;而 11.5~22.5 ℃范围温度处理 2 d、3 d、4 d 的植株,叶片在处理后的第 6 d 就开始快速减少(相对于对照及 11.5~18.5 ℃处理)直至第 18 d,18 d 之后其叶片数基本保持不变,这表明棉花在该发育期所能承受的低温是有限度的,在遭受低于这一限度的温度值之后,棉花的叶片会出现异常脱落等受害症状,并且上限温度降低叶片脱落率随之增加,最终造成棉花减产,这种现象与其自身的耐冷性有关,在其可承受的范围内,植株有一定的自我恢复能力。

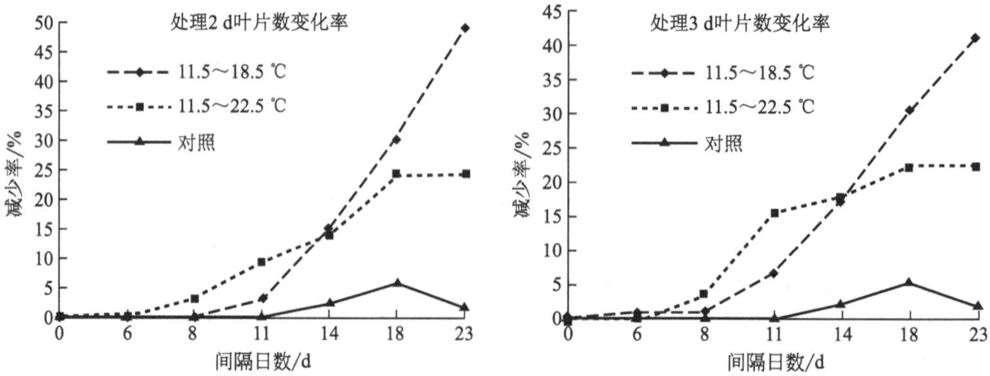

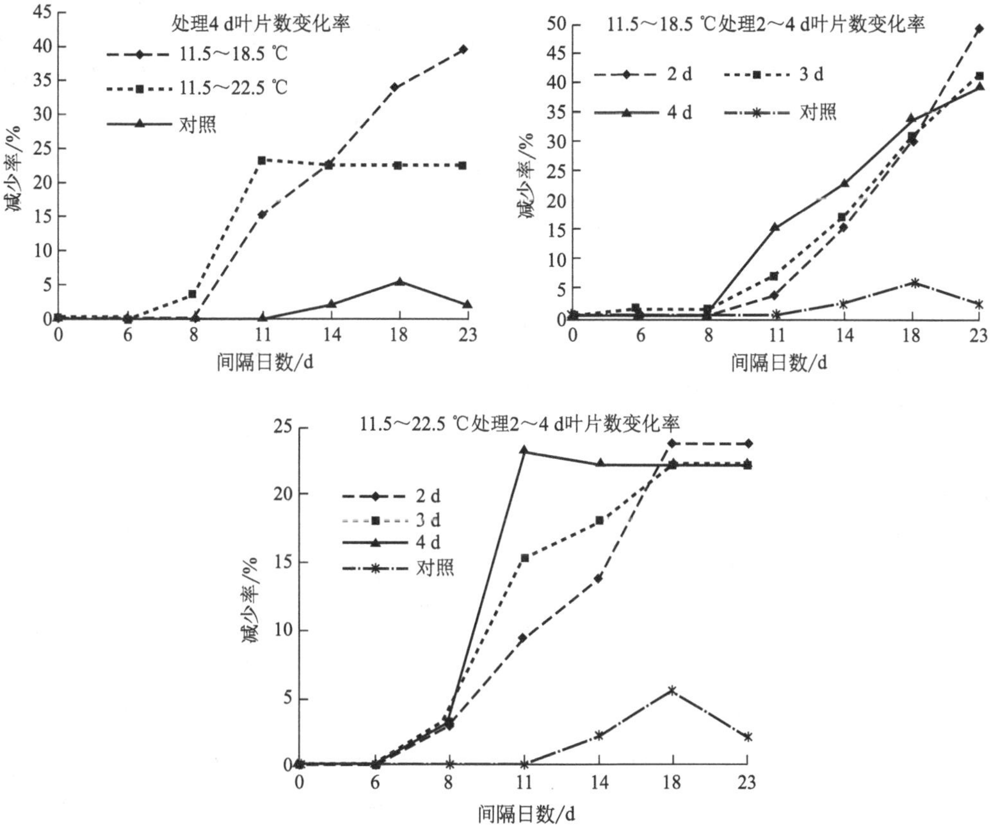

图 3.36　不同范围低温叶片数的变化(邹陈 等,2012)

在经受异常低温之后,最低温度相同,最高温度不同时,其叶片减少的程度不同,从图 3.36 中可以发现:上限温度低的(18.5 ℃),叶片最后持续脱落(超过 50%),导致其严重减产;上限温度高的(22.5 ℃),叶片仍保持一定数量不变(25%),叶片脱落程度小于 11.5～18.5 ℃处理。相同范围低温处理天数的长短对棉花叶片的影响不同(图 3.36)。经过相同低温范围、不同天数的处理,植株对低温响应速率依次为:处理 4 d>处理 3 d>处理 2 d,这说明植株遭受低温冷害后,其灾损的程度在范围低温相同时,与冷害持续的时间有关,持续时间越长,植株受害越严重。

(b)低温冷害与蕾铃

由图 3.37 可知,经过不同低温强度和天数处理之后,供试棉花样品的总蕾铃数立刻就有异常的减少。经过相同天数,不同范围低温(11.5～18.5 ℃、11.5～22.5 ℃)处理之后的供试样品,其蕾铃脱落的变化趋势相同。从图 3.37 中可以发现:经过 2 d、3 d、4 d 的处理之后,其蕾铃在 1～11 d 快速减少,11～23 d 其蕾铃数基本保持不变,这表明棉花在花铃期遇低温冷害后,耐冷性较弱的蕾铃会快速、大量脱落(比对照大 25%),耐冷性较强的蕾铃在可抵御的低温下仍能继续生长,抵抗低温对植株的伤害,最后减产的程度由冷害强度和植株本身的耐冷性决定。

相同范围低温下,处理天数长短对棉花蕾铃生长影响不同,低温持续时间对植株造成的伤害程度,其在蕾铃减少率上的反映依次为:处理 4 d>处理 3 d>处理 2 d,表明植株在遭受相同范围温度的低温冷害时，其受害程度与受害时间有密切关系，所受低温持续时间越长，植株蕾铃脱落越多；从受害后蕾铃脱落的速率看，植株在遭受相同范围温度的低温冷害时，蕾铃对低温冷害持续时间的响应速率依次是：处理 2 d>处理 3 d>处理 4 d，表明棉花在该发育阶段，处在低于受害温度下的日数越少，即温度恢复至受害临界温度以上所经历的时间越短，棉花蕾铃脱落响应的速度越快。说明棉花受相同范围温度的低温冷害之后，它的蕾铃脱落速率与温度上升至受害临界温度以上的时间长短有密切关系，但最终决定其减产多少的因子是低温持续时间。

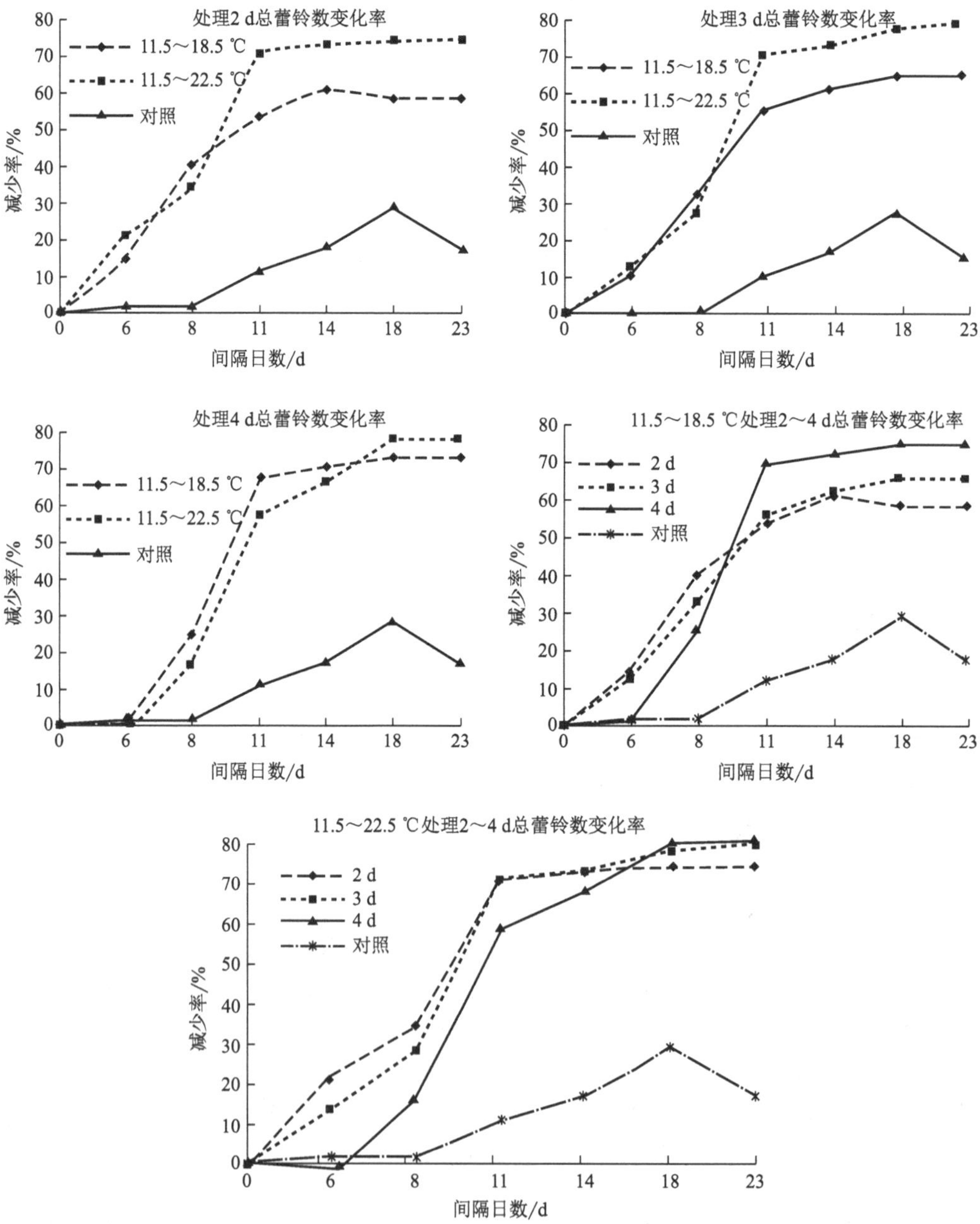

图 3.37 不同范围低温总蕾铃数的变化(邹陈 等，2012)

(c)低温冷害的综合影响比较

邹陈等(2012)综合分析图3.36和图3.37得出,经过不同低温强度和天数的低温冷害处理之后,供试棉花样品的蕾铃先于叶片出现异常脱落现象。供试棉花样品的总蕾铃数在搬出气候箱的1~6 d就出现明显地异常脱落现象,而同一植株的叶片数是在搬出气候箱的第6 d后才出现异常脱落现象。在经过不同低温强度和天数处理之后,供试棉花样品的蕾铃受低温冷害的影响程度远大于叶片,经低温处理后的棉花样品其总蕾铃数减少率达80%左右,而叶片数减少率只在50%以下。

简言之,经低温处理的棉花叶片、蕾和幼铃都出现异常脱落,经过11.5~18.5 ℃处理2~4 d的,其叶片在第8 d后才开始异常脱落,其减少率≥35%,并呈持续减少的趋势,而其蕾、幼铃在第1~6 d就有异常脱落现象,其减少率≥55%;而经过11.5~22.5 ℃处理2~4 d,其叶片减少率≤25%,并在处理后的第18~23 d基本保持稳定,其蕾、幼铃减少率都≥70%。说明花铃期棉花在受冷害之后,其蕾、幼铃先于叶片出现异常脱落,其减少率大于叶片;经过相同的最低温度不同最高温度处理,温度日较差越小其叶片减少率越高。

3.11 高温中暑气象等级指标

陈辉等(2009)统计分析了武汉市1994年和1995年7—8月高温过程持续期间累积平均中暑人数与气象因子的关系,认为极端高温是引起群发和严重中暑的主要气象因子;在高温天气条件下,空气湿度高会加剧人们的不舒服感,此时不是极端高温而是由于高湿引起中暑事件发生。另外,高温天气的持续时间也是中暑发生的主要气象条件之一。选择指标判别法,确定引发人体中暑的主要气象指标,对该指标进行分级处理,以提示气象条件对人体中暑的潜在影响,根据指标的不同级别及其持续时间,判定不同的高温中暑气象等级。

(1)高温中暑判别指标的选取

陈辉等(2009)通过对气象因素与中暑人数的相关分析得到,温度和相对湿度是引发人体中暑的两个重要因素,为表征高温高湿共同对人体的影响,引入炎热指数作为衡量气象条件对人体影响的判别指标。炎热指数是热应力的舒适指标,是温湿指数的一种表示方法,能反映出人体在相对湿度与气温共同作用下的实际感受。炎热指数的计算公式为:

$$I_T = 1.8 \times T_{\max} - 0.55 \times (1.8 \times T_{\max} - 26) \times (1 - R_H) + 32 \tag{3.107}$$

式中:$T_{\max}$为日极端最高气温,单位为℃;R_H为日平均相对湿度,单位为%。

(2)炎热指数等级的划分

由于中暑与高温及高温的持续时间均有较好的相关性,因此将炎热指数及其持续时间作为高温中暑气象等级划分的两个指标。

陈辉等(2009)首先对炎热指数进行等级的划分,用来表征高温天气的炎热程度。考虑到我国各地气候背景的差异,各地区人们对高温的耐受力存在较大的不同,如,对于经常处于空调环境中的人,热的耐受能力就会降低。同样,南、北方的人们由于长期的居住环境和气候背景不同,对热的耐受力也不同。因此,在对炎热指数进行等级划分时,应结合当地的气候特点,确定与之相应的分级标准。具体做法是,利用1996—2005年6—8月的日极端最高气温和日平均相对湿度资料计算逐日炎热指数,并对此样本序列进行升序排列,分别取第96、92、87和75分位数作为当地炎热指数的分级阈值。分位数计算采用下面的经验公式:

$$Q_i(p)=(1-\gamma)X_{(j)}+\gamma X_{(j+1)} \tag{3.108}$$

式中：$j=\text{int}(p\times n+(1+p)/3)$，$\gamma=p\times n+(1+p)/3-j$，$Q_i(p)$为第 i 分位值，X 为升序排列后的炎热指数样本序列，p 为分位数(这里分别取 0.96、0.92、0.87 和 0.75)，n 为序列总数，j 为第 j 个序列数。

由前述炎热指数 I_T 的计算公式可知，它可被视为以华氏温标表示的日最高气温经相对湿度修正后的数值。考虑到我国采用摄氏温标及实际业务工作需要，于是进行等级划分时对 I_T 指数为不同百分位值时确定不同的日极端温度标准，以反映高温天气对于不同气候背景地区人们影响的程度，从而将炎热指数分为 4 级，分别为热、很热、炎热和酷热(表 3.68)。

表 3.68　炎热等级划分表(陈辉 等，2009)

级别	分级标准
热	$I_T<I_T$ 92 百分位且 34 ℃$<T_{max}\leqslant$ 35 ℃或 $I_T\geqslant I_T$ 92 百分位且 33 ℃$<T_{max}\leqslant$ 34 ℃
很热	$I_T<I_T$ 87 百分位且 35 ℃$<T_{max}\leqslant$ 37 ℃或 I_T 87 百分位 $\leqslant I_T<I_T$92 百分位且 35 ℃$<T_{max}\leqslant$ 36 ℃或 I_T 92 百分位 $\leqslant I_T<I_T$ 96 百分位且 34 ℃$<T_{max}\leqslant$ 36 ℃或 $I_T\geqslant I_T$ 96 百分位且 34 ℃$<T_{max}\leqslant$ 35 ℃
炎热	$I_T<I_T$ 87 百分位且 37 ℃$<T_{max}\leqslant$ 39 ℃或 I_T 87 百分位 $\leqslant I_T<I_T$ 96 百分位且 36 ℃$<T_{max}\leqslant$ 39 ℃或 $I_T\geqslant I_T$ 96 百分位且 35 ℃$<T_{max}\leqslant$ 38 ℃
酷热	$I_T<I_T$ 96 百分位且 $T_{max}>$ 39 ℃或 $I_T\geqslant I_T$ 96 百分位且 $T_{max}>$ 38 ℃

(3)高温中暑气象等级的确定

陈辉等(2009)基于当日高温天气的炎热程度，考虑到高温天气持续时间对中暑发生的影响，以炎热指数等级持续时间为依据，划分高温中暑气象等级。在进行高温中暑气象等级划分时，不同程度高温天气的持续对人体影响不同，即炎热指数等级不高的高温天气持续过程与炎热指数等级很高的高温天气持续过程划分的高温中暑气象等级不同。例如，炎热指数等级为很热的高温天气持续 4 d 和炎热指数等级为炎热的高温天气持续 3 d 认为具有相同的高温中暑气象等级。将高温中暑气象等级划分为 4 级，分别为可能发生中暑、较易发生中暑、易发生中暑和极易发生中暑。高温中暑气象等级的划分标准如表 3.69 所示。

表 3.69　高温中暑气象等级划分表(陈辉 等，2009)

炎热指数等级	持续时间			
	1 d	2 d	3 d	4 d
热		可能发生中暑	可能发生中暑	较易发生中暑
很热	可能发生中暑	可能发生中暑	较易发生中暑	较易发生中暑
炎热	较易发生中暑	较易发生中暑	易发生中暑	极易发生中暑
酷热	易发生中暑	易发生中暑	极易发生中暑	极易发生中暑

3.12　干旱指标

第 1 章已经指出，干旱可划分为气象干旱、农业干旱、水文干旱和社会经济干旱。气象干旱和水文干旱仅是干旱的物理背景，与风险并不发生直接联系，所以，这一节主要讨论农业干旱，顺便介绍 ·下水文干旱指标。

3.12.1　农业干旱指标的确定方法

(1)农业干旱监测指标的分类

农业干旱指标可分为两类，一类是传统农业干旱监测指标，另一类是遥感农业干旱监测指标。传统农业干旱监测指标依然是最简单实用的方法，遥感方法在动态监测区域干旱方面很适用，越来越得到广泛的应用。

① 传统农业干旱监测指标

传统农业干旱监测指标又分为基于降水量的监测指标、基于土壤水分的监测指标和基于作物需水量的监测指标。

基于降水量的监测指标常用的有正负距平法、标准差法，百分比法等，这类指标都是以全年或某个季节的降雨量观测值与该地区的全年或某个季节的多年平均降水量相比较而确定其干旱程度，气象干旱指数(CI)便是这种指数，由于它们所规定的干旱指标与作物生长状况、需水量和土壤水分等没有直接联系，只是一种气候干旱的背景，因此不具有农业干旱的意义。

土壤水分的不足是造成作物干旱的直接原因。根据农田水量平衡原理，建立基于土壤、大气、植物三者的土壤水分监测模型。常采用的单一土壤水分指标有(土壤含水量占田间持水量的比值)、土壤有效水分存储(土壤某一厚度层中存储的能被植物根系吸收的水分)、土壤水分亏缺量(实际蒸散量与可能蒸散量之差)等。Palmer(1965)基于数年监测实际水分供给量明显少于适宜气候的水分供给期望值的现象，推求出水分亏缺持续时间和亏缺量的函数关系，建立了监测土壤水分供给亏缺的帕默尔干旱指数(Palmer Drought Severity Index，PDSI)。

在农业干旱监测中常采用的单一作物需水量指标有：作物需水量与降水量之比、作物供水量与需水量之比、农作物亏盈水量指标等。目前在国际上应用最广泛的基于作物需水量测定干旱状态的指标是作物湿度指标(Crop Moisture Index，CMI)。Palmer(1968)在 PDSI 的基础上设计出作物湿度指标(CMI)，因其考虑的因子全面，故被国际上广泛地应用于农业干旱的监测评估。

Jackson 等(1988)在综合考虑土壤水分和农田蒸散的关系上建立了作物缺水指数。

$$CWSI = 1 - \frac{ET}{ET_p} \tag{3.109}$$

式中，CWSI 为作物缺水指数，ET 为实际蒸散，ET_p 为潜在蒸散。

作物缺水指数相对于作物需水量与降水量之比、作物供水量与需水量之比、农作物亏盈水量指标等单一作物需水量指标，物理意义更明确，综合性更强，精度更高，可靠性更强。

水分亏缺指数综合考虑作物缺水指数中多数理论参数与植被覆盖度的近线性关系，结合地表和空气之间的温差与植被指数得到的区域干旱监测指标(齐述华 等，2005)，其中地表温度是在假设植被冠层与土壤之间不存在热交换前提下，通过作物冠层温度和土壤表面温度线

性加权得到在一定植被覆盖度下的水分亏缺指数(WDI):

$$\mathrm{WDI}=(\Delta T_{AC}-T)/(\Delta T_{BD}-\Delta T_{AC}) \tag{3.110}$$

式中,WDI 为水分亏缺指数,ΔT 为在一定植被覆盖度下地表与空气之间的温度差,ΔT_{BD} 为湿边上的地表与空气的温度差,ΔT_{AC} 为干边上的地表与空气的温度差。

② 遥感农业干旱监测指标

遥感农业干旱监测指标可分为基于裸露地表的干旱遥感监测指标和基于植被覆盖地表的干旱遥感监测指标。

前者包括热惯量和土壤水分指标监测。热惯量是体现物质在温度变化热反应状态过程中与周围环境能量交换能力的一种量度,热惯量法适用于裸土或植被覆盖率低的下垫面的干旱监测,对于植被覆盖率高的下垫面,植被会改变土壤的热传导,获取的温度信息精度会受影响。微波遥感法利用目标物的介电特性对土壤湿度进行监测,具备全天时、全天候并有一定穿透能力的优势,因此运用微波遥感进行土壤湿度监测逐渐成为土壤湿度监测的热门方法之一。目前在裸土条件下利用微波遥感法监测土壤含水量已达到较高精度,但依然存在受覆盖植被影响等问题。

后者包括植被状态指数、植被供水指数、条件植被温度指数、温度植被指数,也具有一定的作物缺水指数、水分亏缺指数的监测能力等。Kogen(1990)首次提出了植被状态指数,它可以对干旱及降水的时空分布动态进行有效监测。植被供水指数是综合地表温度监测指标和植被指数监测指标的一种用于农业干旱监测的综合指数,其定义如下:

$$\mathrm{VSWI}=\mathrm{NDVI}/T_s \tag{3.111}$$

式中,VSWI 为植被供水指数,NDVI 为植被指数,T_s 为植被冠层温度(以地表温度近似为植被的冠层温度)。由于受土壤物理特性、植被生理特性(如土壤含水量的滞后效应、植被气孔的闭合、植被种类等)、光照强度等因素的影响,不适合用于大尺度或大范围的干旱监测。

条件植被温度指数既考虑了区域内植被指数的变化,又强调了植被指数相同时地表温度的变化,是一种农业干旱监测综合指标,其定义为:

$$\mathrm{VTCI}=\frac{\mathrm{LST(NDVI)_{max}}-\mathrm{LST(NDVI)}}{\mathrm{LST(NDVI)}-\mathrm{LST(NDVI)_{min}}}$$

$$\mathrm{LST_{max}(NDVI)}=a_1+b_1\mathrm{NDVI}$$

$$\mathrm{LST_{min}(NDVI)}=a_2+b_2\mathrm{NDVI} \tag{3.112}$$

式中:VTCI 为条件植被温度指数;$\mathrm{LST_{max}(NDVI)}$、$\mathrm{LST_{min}(NDVI)}$ 分别为在某一植被指数(NDVI)时,研究区域内地表温度的最大值和最小值;a_1、b_1、a_2、b_2 均为待定系数,可以通过绘制研究区域的 NDVI 和 LST 的散点图近似获得。

条件植被温度指数法解决了在干旱发生时时空变异参数的稳定性问题,尤其适用于区域级的干旱监测。

Sandhol 等(2002)提出了只考虑地表温度或植被指数进行干旱监测造成水分胁迫反映不够敏感的问题,研究发现在干旱监测中结合使用地表温度与植被指数既可消除土壤的影响,又可消除植被指数只有在水分胁迫严重受阻不利于作物生长时才会变化的滞后性,并基于此提出了温度植被干旱指数,其定义为:

$$\mathrm{TVDI}=\frac{T_{s\max}-T_s}{T_{s\max}-T_{s\min}}$$

$$T_{s\max}=a_1+b_1\text{NDVI}$$
$$T_{s\min}=a_2+b_2\text{NDVI} \tag{3.113}$$

式中，TVDI 为温度植被指数；T_s 为任意像元的地表温度；$T_{s\max}$，$T_{s\min}$ 分别为地表的最低温度和最高温度，可通过线性回归分析提取湿边和干边获取；a_1、b_1、a_2、b_2 均为待定系数。

温度植被指数法可有效地克服土壤背景的影响，在不完全覆盖地区可以取得较好的效果，在我国的干旱监测中得到了广泛的应用。

对作物缺水指数的监测，遥感反演地表参数的精度目前还很难达到模型定量化计算的要求，还需要进一步的研究。

(2)农业干旱指标的确定方法

农业干旱指标的确定有统计分析法、实验模拟法和作物模型法，在这一小节中各举一个例子说明他们的应用。

① 统计分析法

李筱杨等(2017)收集了吉林省春玉米主要种植区(公主岭、农安、榆树)1993—2014 年每日平均温度、降水量以及 1993—2013 年每日日照时数；1949—2012 年每年玉米播种面积、单位面积产量；发育期资料为吉林中部玉米种植区多年平均播种、出苗、拔节、抽雄、乳熟、成熟日期。利用平行分析法分析当地春玉米种植气候条件的适应性；采用三次多项式拟合模拟趋势产量，从而分离出气象产量；分析相对气象产量与发育期各旬降水量的 Pearson 相关性。

李筱杨等(2017)将丰歉年的春玉米生长各发育期气象因子进行对比分析，发现：三地春玉米丰年播种—出苗期平均温度、日照时数均高于歉年，降水与丰歉年没有表现出明显的规律；出苗—拔节期三地丰年平均降水量均远高于歉年，丰歉年降水差值在 55 mm 左右，该时期降水是影响产量的重要因子；抽雄前后一个月的时间内，春玉米对水分反应较为敏感，拔节—抽雄期三地丰年较歉年降水量多 54.9 mm，抽雄—乳熟期多 46.4 mm，该发育期缺水，导致穗小、粒数少，严重缺水时，雄穗或雌穗抽不出来，称为“卡脖旱”；乳熟—成熟期丰歉年降水量差距虽有所减少，但仍较明显，三地丰年降水较歉年多 28.0 mm，歉年这个时期缺水，会造成籽粒不饱满，影响玉米质量；乳熟期以后，籽粒基本定型，对水分的要求逐渐减少。由此得出影响春玉米产量的主要气象因子为降水。通过比较丰歉年平均降水量，将歉年各发育期平均降水量作为春玉米各发育期降水干旱指标，得到公主岭、农安、榆树三地春玉米各发育期平均降水干旱指标：出苗—拔节期划定降水干旱的指标为＜112.8 mm；拔节—抽雄期划定降水干旱的指标为＜102.9 mm；抽雄—乳熟期划定降水干旱的指标为＜139.6 mm；乳熟—成熟期划定降水干旱的指标为＜32.2 mm。

李筱杨等(2017)通过分析相对气象产量与降水量和干燥度两种干旱指标的显著性表明，三地相对气象产量与干燥度的相关系数在 0.05 水平(双侧)均呈显著性相关，特别是在榆树显著性达到 0.0002；相对气象产量与降水负距平的相关系数在 0.1 水平(双侧)均呈显著性相关，表明干燥度在评估春玉米干旱程度时优于降水负距平。这是因为干燥度在考虑降水的同时，增加了蒸发量的影响，弥补了降水负距平在评估农业干旱过程中的不足。根据减产 10%以下为轻旱，10%～20%为中旱，20%～30%为重旱，＞30%为特旱的标准，得到各发育期干旱等级的干燥度指标(表 3.70)。

表 3.70 各发育期干旱等级及干燥度(K)指标

干旱类型	出苗—拔节期	拔节—抽雄期	抽雄—乳熟期	乳熟—成熟期
轻旱	$1.75<K<2.25$	$1.75<K<2.25$	$1.25<K<1.75$	$K>5.25$
中旱	$2.25<K<3.25$	$2.25<K<3.25$	$1.75<K<2.25$	—
重旱	$3.25<K<4.25$	$3.25<K<4.25$	$2.25<K<2.75$	—
特旱	$K>4.25$	$K>4.25$	$K>2.75$	—

② 实验模拟法

王晨等(2023)为建立干旱胁迫对棉花害虫种群增长影响的评价方法，研究设置1%、3%和5%聚乙二醇6000(PEG6000)溶液处理4叶期棉花苗，分别模拟轻度、中度、重度干旱胁迫，系统测定并比较分析了棉花植株生理特性及棉蚜种群密度。研究发现，随着干旱胁迫程度增加，棉株上棉蚜种群数量逐渐降低，但棉花叶片相对含水量也逐渐下降，干旱胁迫对棉花幼苗茎叶干重具有负影响。反之，非干旱胁迫下，棉花长势更好，更有利于棉蚜种群增长。因此，干旱胁迫下棉花叶片组织内营养物质、防御物质的组成和含量如何变化、怎样影响棉蚜种群发生有待进一步研究。

③ 作物模型法

董智强等(2020)以土壤相对湿度为指标，2013—2015年在德州市夏津气象观测站进行夏玉米田间控水试验，依据田间试验结果，确定了山东省夏玉米苗期适宜和不适宜的土壤相对湿度范围，分别为62%～91%和<62%；穗期适宜和不适宜土壤相对湿度范围，分别为66%～92%和<66%；花粒期适宜和不适宜土壤相对湿度范围，分别为68%～94%和<68%。

董智强等(2020)为了确定土壤干旱阈值指标，基于本地化验证后的WOFOST机理模型(董智强 等，2019)，以土壤相对湿度为驱动因子，针对苗期、穗期与花粒期3个发育阶段，以土壤相对湿度每单位变化引起总穗重变化的幅度(与潜在总穗重相比较，即减产率)为依据；参考已有农业气象评价指标(马玉平 等，2005)，分别将无减产、减产5%、减产10%与减产20%对应的土壤相对湿度，作为无旱、轻旱、中旱与重旱的阈值指标。确定了夏玉米苗期无旱、轻旱、中旱与重旱阈值指标分别为53%、50%、45%与40%，穗期各程度干旱阈值指标分别为58%、48%、43%与37%，花粒期各程度干旱阈值指标分别为57%、52%、49%与45%。

董智强等(2020)针对轻旱、中旱与重旱，分别在苗期、穗期与花粒期设置连续干旱3 d、5 d、10 d、15 d与20 d总干物重(TAGP)、总穗重(TWSO)、总叶重(TWLV)、总茎重(TWST)与最大叶面积指数(MAXLAI)等指标，分别与无旱状况下进行对比。结果表明，随着轻旱持续天数的增加，各指标均表现为减少趋势，其中TAGP减少幅度在3.2%～8.5%；TWLV与TWST减幅分别在3.9%～20.7%与3.7%～18.4%；MAXLAI减幅在3.0%～17.6%；TWSO减少幅度最小，且各持续天数间变化幅度不大，基本维持在2.9%左右。同样，随着中旱持续天数的增加，TAGP减幅在1.7%～17.0%；TWLV与TWST减幅分别为5.7%～40.8%与4.8%～36.6%；MAXLAI减幅在3.9%～37.1%；TWSO减幅最小，随持续天数增加，最大减产幅度达6.1%。随着重旱持续天数的增加，TAGP减幅在2.4%～31.8%；TWLV与TWST减幅分别在7.8%～60.1%与6.7%～55.3%；MAXLAI减幅在5.5%～56.8%；TWSO减幅在0.2%～18.8%。

本研究明确了苗期干旱对夏玉米总叶重、总茎重与最大叶面积指数的影响最大；穗期与花粒期干旱对总穗重影响最大，对于产量形成的影响更为显著。

3.12.2　水文干旱指标的确定方法

Linsley 等(1982)把水文干旱定义为："某一给定的水资源管理系统下，河川径流在一定时期内满足不了供水需要"。他的这个定义似乎没有成为制定水文干旱指标的指导思想。

(1)水文干旱指标

① 径流距平指标

径流距平指标是基于水文变量统计量的水文干旱指标，该指标计算简单，目前在水文干旱特征分析领域应用较为广泛。径流距平指标(P)直观表征某段时间径流量较常年偏多或偏少，其计算公式如式(3.114)所示：

$$P_i = \frac{x_i - \overline{x}}{\overline{x}} \tag{3.114}$$

式中，x_i 为某时段的径流量，$\overline{x}$ 为多年同期径流量平均值，从式中可知 P 的理论取值范围为 $[-1,\infty)$。

② 径流 Z 指数

由于时段径流量与降雨量的关系较为密切，且我国大部分地区降雨量服从 Person-Ⅲ 型分布，故假定时段径流量也服从 Person-Ⅲ 型分布，其概率密度函数如式(3.115)所示：

$$f(x) = \frac{\beta^{\alpha}}{\gamma(\alpha)}(x - a_0)^{\alpha-1}\mathrm{e}^{-\beta(x-a_0)} \tag{3.115}$$

式中，a_0 为时段径流量的最小值，α 和 β 为待估参数，$\gamma(\alpha)$为伽马函数，将概率密度 Person-Ⅲ分布转化为以 Z 为变量的标准正态分布，Z 即为径流干旱 Z 指数，其转化计算式如式(3.116)所示：

$$Z_i = \frac{6}{C_s}\left(\frac{C_s}{2}J_i + 1\right)^{1/3} - \frac{6}{C_s} + \frac{C_s}{6} \tag{3.116}$$

式中，C_s 为偏态系数，J_i 为时段径流量标准化变量，上述两者都可由时段径流量实测序列计算得到，其如式(3.117)所示：

$$C_s = \frac{\sum_{i=1}^{n}(x_i - \overline{x})^3}{nS^3}, J_i = \frac{x_i - \overline{x}}{S} \tag{3.117}$$

式中：x_i 为时段径流量；S 为时段径流量的均方差，可由实测序列计算得出；Z 指数的理论取值范围为$(-\infty,\infty)$。

③ 标准化径流指数 SRI

标准化径流指数(Standardized Runoff Index，SRI)具有可进行多时间尺度分析(1 个月、3 个月、6 个月、12 个月等)、适用于资料缺乏、地形复杂的区域，且计算方法简单等优点，广泛被应用于国内外水文干旱识别研究。它与标准化降水指数(SPI)类似，即确定一定时间内径流适合的概率分布类型后，进行正态标准化得到 SRI。计算方法见式(3.115)。

此外，还有进一步考虑了降水、蒸发等因素的 Palmer 水文干旱强度指数(PHDI)、地表供水指数(SWSI)、标准干旱严重指数(SWDSI)等。

(2)水文干旱评价指标

国际上主要的水文干旱评价指标见表 3.71。

表 3.71 国际上主要的水文干旱评价指标

指数	发表者	年份	分析的变量
地表供水指数 SWSI	Shafer	1981	积雪、水库蓄水、流量和降水
PDHI 指数	Alley	1985	水量平衡模式分析的降水和温度
区域流量短缺指数 RDI	Stahl	2001	流量和流速资料
标准化径流指数 SRI	Shakla&Wood	2008	径流
径流干旱指数 SDI		2009	径流

国外水文干旱预警多以可用水量或流量作为预警等级划分依据,各国的旱情等级划分见表 3.72。美国地质调查局(USGS)对境内有 30 a(及以上)系列的监测站点,采取一定时间的平均流量在历史同期统计系列中的百分位数进行判断,水文干旱等级分为 4 级。加拿大在干旱监测与预警系统(CDAMP)中,将可用水量与正常蓄水量距平的比例设为 5 个等级,并匹配可能采取的保护措施。西班牙依据水文模拟,将河道内的水文干旱划分为 4 个等级。由此可见,各个国家水文干旱等级的划分标准是不同的,没有一个标准符合 Linsley 等(1982)水文干旱的定义。

表 3.72 国外水文干旱预警指标

USGS 水文干旱等级划分			CDAMP 可用水量与正常蓄水量距平比例		西班牙河道内水文干旱等级
级别	范围/%	干旱程度	偏少程度/%	级别	级别
D1	0~2	中度	5	1 级(绿色)	正常
D2	2~5	重度	10	2 级(黄色)	预警
D3	5~10	极度	20	3 级(橙色)	警报
D4	10~20	异常	30	4 级(红色)	紧急
			50	5 级(黑色)	

我国至今尚未建立可用于干旱预警的水文干旱评价指标体系,导致水文报旱、旱情预警、抗旱会商、应急响应、水量调度等旱灾防御管理工作缺乏科学依据。

(3)标准化径流指数(SRI)

由于 SRI 计算方法与标准化降水指数(Standardized Precipitation Index,SPI)类似,方法简单,可以进行多时间尺度分析(1 个月、3 个月、6 个月、12 个月等)且适用于资料缺乏、地形复杂的区域,目前在水文干旱识别研究中应用较多。

① SRI 具体计算方法

假设某时段的径流量 x 满足 T 分布概率密度函数 $f(x)$为:

$$f(x)=\frac{1}{\gamma^{\beta}T(\beta)}x^{\beta-1}\mathrm{e}^{-x/\lambda} \tag{3.118}$$

式中,γ、β 分别为形状和尺度参数,$\gamma>0$、$\beta>0$,γ、β 可用极大似然法计算。

一定时间尺度的径流量 x 的累积概率:

$$P(x)=\int_0^{x_0}f(x)\,\mathrm{d}x \tag{3.119}$$

对 T 分布概率进行正态标准化得到:

$$\mathrm{SRI}=S\frac{t-(C_2t+C_1)t+c_0}{[(d_3t+d_2)t+d_1]t+1.0} \tag{3.120}$$

$$t=\sqrt{2\ln F} \tag{3.121}$$

当 $F>0.5$ 时，$S=1$；当 $F\leqslant 0.5$ 时，$S=-1$，其中 $c_0=2.515517$，$c_1=0.802853$，$c_2=0.010328$，$d_1=1.432788$，$d_2=0.189269$，$d_3=0.001308$。

② SRI 指数阈值合理性分析

宫博亚等(2021)以标准化径流指数 SRI 进行水文干旱的识别与等级划分。他们认为，SPI 适于定量刻画大部分干旱事件，包括气象、农业和水文干旱，其中 SPI 的干旱等级划分见表 3.73(杨庆 等，2017；世界气象组织，2012)。

表 3.73　SPI 的干旱等级(宫博亚 等，2021)

SPI 值	分类	SPI 值	分类
SPI≥2.0	极端湿润	−1.0<SPI≤0	轻微干旱/正常
1.5≤SPI<2.0	非常湿润	−1.5<SPI≤−1.0	中等干旱
1.0≤SPI<1.5	中等湿润	−2.0<SPI≤−1.5	严重干旱
0≤SPI<1.0	轻微湿润/正常	SPI≤−2.0	极端干旱

宫博亚等(2021)检验了 SRI 指数阈值的合理性。

(a)王家坝站水文干旱评价

宫博亚(2021)为检验 SRI 指数的适用性及其阈值的合理性，选择淮河流域王家坝站为代表站点，计算其月、季、年尺度的 SRI 值，并与《淮河流域防汛抗旱水情手册》中有的典型年旱情记载进行对比。

1988 年、1994 年、1999 年、2001 年、2002 年、2009 年为典型干旱年，除 2002 年外所有发生干旱的年份的 SRI 均在−2～−0.5 范围内，参考 SPI 对干旱的等级划分，均判定为中度到重度干旱年，符合《淮河流域防汛抗旱水情手册》中的历史旱情记载。考虑 2002 年的 SRI 值为正的原因是当年流域内只是部分水系发生了严重干旱，而这里的 SRI 值是由淮河干流的代表站王家坝站的径流数据计算而来。所以，用 SRI 值识别典型断面的水文干旱，并参考 SPI 的干旱等级划分标准划分水文干旱等级是合理的。

宫博亚(2021)将王家坝站径流序列求得的年尺度 SRI 值按照从小到大，也即干旱由重到轻的顺序排列，并与旱情记载的对比，发现如直接采用表 3.73 的等级划分标准，由 SRI 判断的干旱等级较实际情况偏轻，需要调整干旱等级与 SRI 阈值范围，调整结果见表 3.74。

表 3.74　水文干旱等级与 SRI 阈值对应关系(宫博亚 等，2021)

水文干旱等级	SRI 阈值
轻度干旱/正常	−0.5<SRI≤0.5
中度干旱	−1.0<SRI≤−0.5
重度干旱	−1.5<SRI≤−1.0
极度干旱	SRI≤−1.5

(b)主要江河控制断面水文干旱评价

宫博亚等(2021)选取 15 个主要江河控制断面 1984—2015 年连续 35 a 的日径流数据作

为分析对象,在日径流系列的基础上整理得到旬、月、季、年的径流数据,再进行不同尺度的水文干旱评价。

根据宫博亚等(2021)确定的水文干旱指标阈值,对全国主要江河控制断面水文干旱情况进行评价,主要江河对不同尺度的时空分布规律为:月尺度干旱发生最多的为海河拒马河张坊、黄河花园口、淮河鲁台子河段,季尺度干旱发生最多的是海河拒马河张坊、黄河花园口、黄河龙门河段,年尺度干旱发生最为频繁的是黄河兰州与花园口、拒马河张坊、长江寸滩河(江)段。

像气象干旱指标一样,目前的水文干旱指标同样仅是水文干旱的气候背景,当然评价这种背景是有用的,但都是就径流谈径流,没有与风险挂起钩来。看来需要按照 Linsley 等(1982)的定义大力发展能用于风险评估的水文干旱指标,这种指标对于每一个流域都是不一样的,不会有全国统一的标准。

第 4 章　承灾体脆弱性

承灾体的脆弱性是承灾体抗击灾害能力的一种度量。换句话说，它衡量在遭受灾害打击时可能的损失程度，是灾损估算和风险评估的重要基础之一。

第 2 章中已经表明：风险源对承灾体的打击是高度非线性的；对于同一种风险源，不同承灾体的脆弱性是不同的；同一种承灾体对于不同的风险源，其脆弱性也是不同的。因此，我们需要研究对于不同风险源各种承灾体特别是敏感性承灾体的脆弱性。

第 2 章中还表明：承灾体的脆弱性不仅与承灾体的物理或生物结构、组成物质的特性等自身性质(m)有关，而且还与致灾因子(h)有关，通常可用致灾(h)与自身性质(m)之间的关系曲线或方程式表示，即 $V=f(h,m)$，又叫脆弱性曲线(Vulnerability Curve)或灾损(率)曲线(函数)(Damage/Loss Curve)，用来衡量不同灾种的强度与其相应损失(率)之间的关系，主要以曲线、曲面或表格的形式表现出来。

4.1　脆弱性曲线构建方法

承灾体脆弱性曲线构建方法有基于灾情数据的脆弱性曲线构建、基于系统调查的脆弱性曲线构建、基于模型模拟的脆弱性曲线构建、基于实验模拟的脆弱性曲线构建 4 种。

4.1.1　基于灾情数据的脆弱性曲线构建方法

基于实际灾情数据构建脆弱性曲线是脆弱性曲线研究中最为常用的方法。研究者利用收集到的灾情数据中致灾因子与灾损一一对应的关系，采用曲线拟合、神经网络等数学方法发掘之间的脆弱性规律。3.8 节研究冰雹致灾临界气象条件时用的就是这个方法。

(1)灾情数据的来源

灾情数据来自历史文献、灾害数据库、实地调查或保险数据等。其中，历史文献、政府统计数据及灾害数据库是脆弱性曲线的主要数据源。基于灾后实地调查，可以获取第一手数据。开展自然灾害保险相关险种的历史赔付清单，可反映灾害的实际损失，从保险数据推定易损性曲线的方法，在北美(石勇 等，2009)、日本(石勇 等，2009；Dutta et al.，2003a)等保险市场较为发达的地区已得到有效应用。水灾、台风灾害等是自然灾害保险中发展较为成熟的险种(UN/ISDR，2004)。保险数据对灾情信息记录较为完善精细，在一定程度上弥补了灾情记录缺乏的情况。

(2)大力加强灾后实地调查

利用灾情数据构建的脆弱性曲线可以较好地反映实际灾害情景中承灾体的脆弱性水平。在现实中灾情大小往往还受孕灾环境、灾害预警、防灾水平等多因素影响，因此灾情记录很难真正刻画出承灾体自身的脆弱性水平，并且案例数据的不完备也使脆弱性曲线具有一定的不确定性(Merz et al.，2004a；Moel et al.，2010)。因此，应当大力加强灾后实地调查，获取第一手数据,特别是每一次灾害过程致灾因子的识别和量值的确定,对于提高脆弱性曲线的精度十分重要;实地灾情调查可以用问卷和访谈相结合等方式,对于灾情中普遍存在的经济损失报大、人员伤亡报小的情况通过问卷和访谈等方式应当予以仔细甄别。

(3)脆弱性曲线的本地化修正

由于承灾体脆弱性曲线是承灾体自身固有的脆弱性的表现,不同地区同种承灾体的脆弱性不同,因此,各地这种承灾体脆弱性曲线各异。例如,2008 年 5 月 12 日四川汶川、北川发生里氏 8.0 级地震,震源深度 10 km,最大裂度 11 级,地震造成 69227 人遇难,374643 人受伤,17923 人失踪。而 2010 年 2 月 27 日 03 时 34 分(当地时间,UTC 06 时 34 分)智利中南部马乌莱大区发生震级为 8.8 级大地震,是当地自 1960 年智利“9 • 5”大地震后震级最大的地震,此次地震震源深度 35 km。地震只造成 1279 人死亡或重伤。两地因地震造成的人员伤亡为什么会出现如此大的差异,除了震源深度的差异外,其根本原因在于汶川地区建筑物的脆弱性远远高于智利。智利建筑对抗震有着严格的要求,自 1985 年大地震后,智利政府就要求所有建筑都按照抗击 8 级地震的标准来进行设计。因此,地震袭击之后,虽然很多建筑受到损害但并没有完全倒塌。统计数字显示,在这场大地震中,1985 年后竣工的建筑仅有 0.1%出现结构性损害,而其余 99.9%建筑均安然无恙,保证了居民的人身安全。

因此,在已有脆弱性曲线的基础上,通过研究区的数据对曲线参数进行本地化的修正,形成新的脆弱性曲线,即脆弱性曲线的再构建是十分必要的。Papathoma-Khle 等(2011)曾对前人滑坡/泥石流、雪崩、洪水等灾害的脆弱性曲线研究所涉及的 21 条曲线进行分类,其中有 12 条曲线是采用已有曲线再构建的方式建立的。有研究者引用 US Army Corps of Engineer 提供的洪水灾害建筑物脆弱性曲线,针对意大利的水灾灾情,对曲线参数进行了修正(Lotto et al.,2000;石勇,2010)。根据区域经济差异,从物价、GDP、汇率等方面对台湾水灾曲线参数进行修正,重构了上海地区水深—住宅损失脆弱性曲线。在雪崩灾害研究中,研究者普遍采用 Wilhelm 提出的脆弱性曲线,根据研究区域的实际灾情数据,对该曲线参数进行修正和重构(Cappabianca et al.,2008;Wilhelm,1998;Jonasson et al.,1999;Keylock et al.,2001;Barbolini et al.,2004)。

有些文章将对承灾体脆弱性曲线参数的修正也称之为一种方法,实在是对方法一词的误解,就其方法而言,仍然是基于灾情数据的脆弱性曲线构建。

4.1.2 基于系统调查的脆弱性曲线构建

基于对承灾体价值调查和受灾情景假设,推测出不同致灾强度下的损失率进而构建脆弱性曲线的方法,被称为系统调查法(Smith,1994)。在水灾脆弱性曲线研究中首次出现这种方法并得到广泛应用。系统调查法基于土地覆盖和土地利用模式、承灾体类型、调查问卷等信息,发掘致灾参数和损失的一一对应关系,进而构建曲线。

(1)建筑物脆弱性曲线构建

以建筑物的系统调查为例:首先对建筑物进行分类,并对实地建筑物中的财产分类登记;然后根据财产的类型、质量和使用年限,估算财产价值;再根据每类财产放置的平均高度(距地面),判断不同水位情景下该类财产的淹没深度;利用淹没深度和历时下建筑物损失的个例资料,建立不同类别建筑物的水灾脆弱性曲线。这种方法在英国、澳大利亚等地的水灾脆弱性评估中已被广泛采用(Smith,1994;Penning-Rowsell et al.,1977;石勇,2010)。

(2)不同种类承灾体灾损的个例分析不可缺少

基于系统调查法构建洪涝脆弱性曲线,虽然仍然需要淹没深度和历时下建筑物损失的个例资料,但不需要完备的灾害案例数据,这是它的优点,但是调查的工作量较大是其缺点。为了解决这个矛盾,我们可对不同经济发展阶段中的承灾体脆弱性进行调查评估。仍以建筑物为例,为了评估地震、强风、洪涝建筑物的脆弱性,我们不可能对每一栋建筑物的脆弱性都进行调查评估,但是可以认为不同的经济发展阶段不同种类的建筑物(木结构、砖混结构、钢筋水泥结构)的脆弱性具有同一性,这样我们只需对不同经济发展阶段的典型建筑物(木结构、砖混结构、钢筋水泥结构)进行脆弱性调查评估就可以了。4.2.1 节(2)中的④提供了一个案例。当然,这种方法,调查数据准确性和假设情景的合理性决定了脆弱性曲线的精度,具有一定的人为因素。

4.1.3　基于模型模拟的脆弱性曲线构建

随着我们对承灾体脆弱性认识的深入,研制出一些表征承灾体脆弱性的数学模型,基于计算机模型模拟的脆弱性曲线应运而生。此方法的关键在于承灾体脆弱性的数学模型是否能真实反映致灾因子和承灾体的相互作用过程。在不同的灾害研究中发展了各自的灾害评估模型用于脆弱性曲线的构建。例如,在地震灾害中,大量研究者利用模型模拟的方法构建了以超越概率表示的结构理论易损性曲线。在旱灾研究中,有学者利用作物生长模型模拟不同旱灾致灾强度情景,并计算出相应的产量损失率,构建了作物的旱灾脆弱性曲线(王志强,2008;何飞,2010;贾慧聪 等,2011)。3.8.2 节介绍的有限元分析软件 ANSYS 适合线性非线性应力、应变分析。

基于模型模拟构建的脆弱性曲线的优点在于:可以模拟任意灾害情景中的承灾体脆弱性水平,深入发掘灾害信息,较少受到实际灾情数据缺乏的限制;可以从灾害自身机理出发细致刻画承灾体的脆弱性。此方法的主要问题:一是模型是否能真实反映致灾的机理,能否精确模拟出致灾的过程;二是处理海量数据,模型的运算量较大,技术要求高。前者研究难度大,很多灾害难以找到其数学模型;后者有了高性能计算机是容易解决的。此外,在模型构建和模拟的过程中,还需要利用实际灾情数据进行检验和修正,从而保证脆弱性曲线的精度。

4.1.4　基于实验模拟的脆弱性曲线构建

实验模拟法是在人为模拟的灾损环境下,研究致灾因子强度对承灾体的影响,然后用统计方法拟合实验数据得到承灾体脆弱性曲线(曲面)。如果一种成灾过程可以用一种实验模拟很好地描述,那么就可以用该模型去研究承灾体的脆弱性。

实验模拟经常用来检验物理、生物等模型的正确性,例如用风洞实验来检验流体力学模型的正确性。

国内外学者基于实验模拟研制了很多雹灾、旱灾、涝灾、风灾、低温冷害等灾害的脆弱性曲线。例如尹圆圆等(2012)设计了“基于人工控制雹灾的棉花脆弱性机理实验”,来测定棉花不同生育期雹灾损失率。余学知等(2001)对水稻田间干旱进行了模拟试验研究。李香颜等(2011)进行了淹水对夏玉米性状及产量的影响试验研究。

下面介绍几种主要灾种敏感承灾体的脆弱性曲线。

4.2 洪涝脆弱性曲线

洪涝脆弱性曲线研究有基于灾情数据的脆弱性曲线构建和实验模拟两种方法。

4.2.1 基于灾情数据的脆弱性曲线构建

水灾是目前脆弱性曲线研究较为完善的灾种之一,水灾脆弱性曲线的应用也较早。

(1)国外研究情况

1977 年,英国洪灾研究中心(FHRC)的 Penning-Roswell 等提出了针对英国居住和商用房产的阶段-损失曲线(图 4.1)。

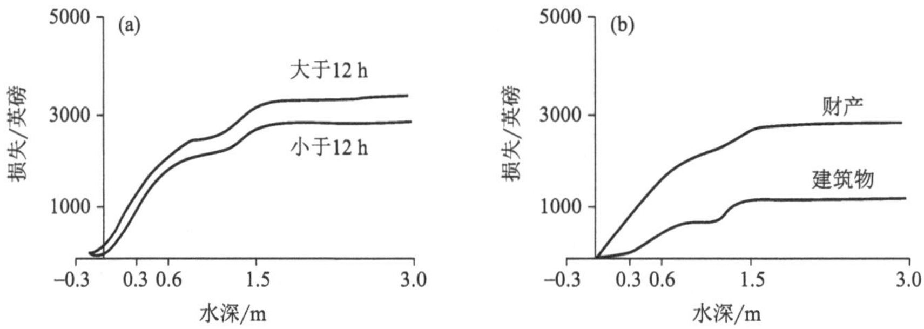

图 4.1 建筑物水灾脆弱性曲线(Penning-Rowsell et al. ,1977)

(a)按洪水淹没时长;(b)按承灾体

他们将建筑分为 21 类,并分别求出各类建筑在 2 种水灾延时情况及 4 种社会条件中的水灾脆弱性曲线共 168 条,这是目前水灾脆弱性曲线研究最为详尽的成果之一(周瑶 等,2012)。其中以建筑物和财产的损失金额(英镑)作为衡量脆弱性的指标。

德国的 HOWAS 数据库(2004)包含有针对不同建筑物上千条水灾历史记录,也被应用于脆弱性曲线的构造。澳大利亚资源与环境研究中心(CRES)(2004)构建的 ANUFLOOD 模型,利用英国和澳大利亚的洪水灾情数据构建了住宅等建筑物的脆弱性曲线。Dutta 等(2003a)则给出了包括建筑物和农作物在内的多种承灾体日本水灾脆弱性曲线。

美国联邦应急管理署(FEMA)(2003)构建的 HAZUS-MH 国际标准方法和开发的相应软件程序面对不同层面的政府机构,包含了多种自然灾害的潜在损失评估,既包括物理损失、经济损失,又包括社会影响。洪水评估模型,根据街区环境(楼层高度、工作级别、地板高度、有无地下室等)不同,从系统自带的脆弱性曲线库中选择合适的脆弱性曲线,进行建筑损失的计算。

HAZUS-MH 储存的脆弱性曲线主要来自于:①联邦保险减灾署(FIMA,从属于 FEMA);②美军陆军工程师兵团的水资源处;③美国陆军工程师兵团所辖区域的实际调查,包括芝加哥、加尔维斯敦、新奥尔良、费城、圣保罗和威明顿。

USAGE(1985)不但考虑了水深这一参数,还曾考虑水速。以波特兰区域为例,房屋按照材料被分为木质、石质和钢铁质三类,构建不同水深和水速组合时房屋倒塌的临界曲线。HAZUS-MH 曾利用该模型进行建筑的倒塌可能性评估,而后运用一些假设,完善了该灾损曲线,不过仍然只考虑是否倒塌,损失率是 0%或 100%。

(2)国内研究情况

国内对洪涝损失率做过不少研究，仅举几例以飨读者。

① 黄河下游洪涝损失率

国内黄河水利委员会(简称黄委)20 世纪 90 年代对黄河下游洪涝损失率做过比较系统的研究。“八五”国家科技攻关课题“北金堤滞洪区洪水风险分析及减灾措施研究”确定的 20 世纪 80 年代北金堤滞洪区农作物的洪灾损失率见表 4.1。

表 4.1　北金堤滞洪区分类农作物直接经济损失与淹没等级关系

水深/m		小于 0.5				0.5～0.99				大于 1.0			
历时/d		1～2	3～4	4～6	≥7	1～2	3～4	4～6	≥7	1～2	3～4	4～6	≥7
秋粮/%	稻谷	41	50	56	70	49	69	75	86	67	84	94	100
	玉米	47	60	80	80	72	75	90	100	78	100	100	100
	其他	57	72	84	97	70	80	100	100	100	100	100	100
经济作物		50	60	72	90	65	81	95	100	80	100	100	100

黄委治黄科研专项“黄河下游防洪工程体系减灾效益分析方法及计算模型研制报告”确定的各类作物损失率见表 4.2、各类企业单位固定资产的损失率见表 4.3、农村居民家庭财产损失率见表 4.4。

表 4.2　黄河下游分类农作物直接经济损失率与淹没等级的关系

水深/m		0～0.5	0.5～1	1～2	2～3	大于 3
种植业	秋粮	70%	80%	90%	100%	100%
	其他	80%	90%	100%	100%	100%
林业	树木、林网	0	0	5%	10%	20%
	苗圃	0	5%	15%	30%	50%
	果园	5%	10%	30%	40%	50%

表 4.3　黄河下游各类企业单位固定资产的损失率表

水深/m		0～0.5	0.5～1	1～2	2～3	>3
交通及运输	房屋	0%	5%	10%	15%	20%
	设备	0%	5%	10%	20%	30%
行政事业	房屋	0%	5%	10%	15%	20%
	设备	5%	10%	20%	30%	30%
工业	房屋	0%	5%	10%	15%	20%
	设备	0%	10%	20%	30%	40%
	库存	5%	10%	20%	35%	50%
	年增加值	10%	15%	25%	25%	25%
商业	房屋	0%	5%	10%	15%	20%
	设备	5%	10%	20%	30%	40%
	库存	5%	15%	30%	45%	60%

表 4.4 黄河下游农村居民家庭财产损失率

水深/m	0～0.5	0.5～1	1～2	2～3	＞3
房屋	0%	7%	12%	16%	25%
家庭财产	10%	25%	40%	55%	70%

② 城市洪涝损失率

李汉浸等(2009)对河南省濮阳高新区的洪涝损失进行了研究。濮阳高新区总服务面积 247 km^2,是濮阳市重要的经济集中区。根据降水强度、历时和受灾实况统计得出,1994—2004 年濮阳高新区共出现较为严重的洪灾 11 次。首先根据每次洪灾实况,按降水强度、历时天数确定洪灾等级,然后根据等级不同,利用当地政府有关权威部门提供的灾前社会经济资源数据和受灾区每次洪灾中各种资源类型的经济损失情况,分别进行统计(政府有关权威部门指政府防灾救灾办公室、经济、统计、民政、气象、保险等部门),结合对应年份各类资产原有价值,计算出每次洪灾各种资源类型的损失率和受灾比例,最后通过回归分析和加权平均求算出不同洪灾等级各种资源类型的损失率和受灾比例,计算结果见表 4.5 和表 4.6。

表 4.5 不同洪灾水深历时与受灾比例平均状况(李汉浸 等,2009)

洪灾历时/d	不同洪灾水深的受灾比例/%			
	0～0.5 m	0.5～1.0 m	1.0～1.5 m	＞1.5 m
2	10	20	25	45
3	18	25	30	50
4	25	30	35	60

表 4.6 不同洪灾水深的分类资产损失率平均(李汉浸 等,2009)

资产类型	不同洪灾水深的损失率/%			
	0～0.5 m	0.5～1.0 m	1.0～1.5 m	＞1.5 m
城市基础资源	2.1	2,6	3.5	10.6
自然资源	2.8	3,3	4.1	20.2
行政事业资源	1.0	1.9	3.1	9.8
工商企业资源	1.8	2.5	4.6	16.2
居民财产	0.3	1.5	6.8	22.8
城市生命线工程	1.9	3.1	5.2	26.2
其他	含救济费,企业停、限产损失等,以总损失的 8%计算			

③ 暴雨内涝房屋财产和商业资产损失

刘耀龙等(2011)就 0908 号台风"莫拉克"影响开展"暴雨内涝灾后房屋财产和商业资产损失"抽样问卷调查。依据财(资)产损失值和本身价值调查数据,分别对雨涝淹没水深、房屋财产、商业资产损失价值进行强度分级和频数、频率统计。依据财(资)产损失值和本身价值调查数据,求商取百分数得到对应淹没水深强度下的房屋财产和商业资产灾损率。利用 SPSS 统计软件,分别对房屋财产和商业资产的淹没水深和灾损率两个指标进行相关性分析和曲线估计。

刘耀龙等(2011)得到房屋财产 15 个样本,先去除灾损率为 0%的 8 个特殊样本,然后对房屋财产 7 个样本进行淹没水深和灾损率的相关性分析,结果显示皮尔逊相关系数为 0.444,相伴概率为 0.318>0.05,二者的相关意义不是很大;商业资产样本数为 39,淹没水深和灾损率的皮尔逊相关系数为 0.413,相伴概率为 0.009<0.01,通过双侧检验,且显著性水平为 0.01,淹没水深与商业资产灾损率存在显著的正相关关系。

刘耀龙等(2011)在相关性分析的基础上对两类样本进行回归分析和曲线估计。房屋财产曲线估计结果显示(图 4.2),乘幂函数最能反映样本的淹没水深和灾损率关系。灾损率函数为 $y=15.073x^{0.7283}$,其中$R^2=0.319$,F 值为 2.34,伴随概率为 0.187。

去除 12 个特殊样本(灾损率为 0%),对商业资产 39 个样本进行淹没水深和灾损率曲线拟合(图 4.3),结果显示乘幂函数的可信度最高(99%可信度,通过 F 检验和 T 检验),商业资产灾损率曲线函数为 $y=11.955\,x^{1.2412}$,其中 $R^2=0.465$,F 值为 32.15,伴随概率为 0.000<0.01。

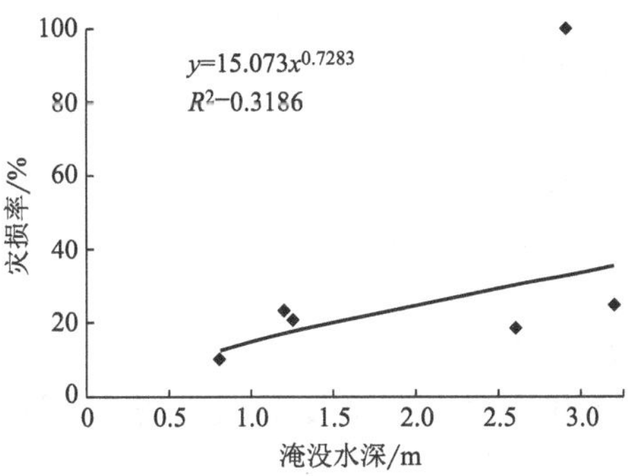

图 4.2 房屋财产脆弱性曲线(刘耀龙 等,2011)

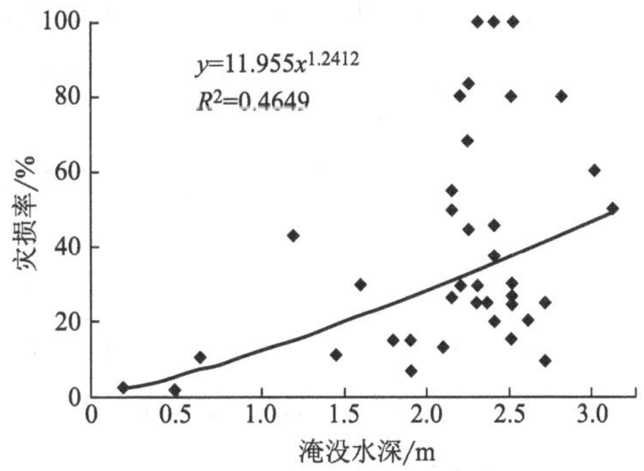

图 4.3 商业资产脆弱性曲线(刘耀龙 等,2011)

刘耀龙等(2011)基于房屋财产和商业资产暴雨内涝灾损率曲线函数,计算得到经常性暴雨内涝区域受灾居民淹没水深-财(资)产灾损率参考范围(表 4.7)。在淹没水深不超过 2.0 m 时,房屋财产灾损率大于商业资产灾损率;2.0 m 以上商业资产的灾损率迅速超过房屋财产,且增加势头迅猛,如 3.0 m 水深,房屋财产灾损率不超过 40%,商业资产灾损率则接近 50%。说明经常性暴雨内涝区房屋财产的可转移性并不随淹没水深而降低,尤其是水深 2.0 m 以上的内涝灾害,而商业资产(如家电空调、电视、电冰箱等需要吊挂在高处或高大物件)则随着淹没水深灾损率增加速率逐渐加大,因为资产转移难度也不断增加。

表 4.7 不同淹没水深的房屋财产和商业资产损失率(刘耀龙 等,2011)

淹没水深/m	房屋财产损失率/%	商业资产损失率/%
<0.5	9.10	5.6
0.6~1.0	15.07	11.96
1.1~1.5	20.25	19.77
1.6~2.0	24.97	28.26
2.1~2.5	29.38	37.28
2.6~3.0	33.55	46.75
3.1~3.5	37.54	56.60

④ 农村房屋洪灾损失

董姝娜等(2012)以2012年吉林省永吉县口前镇洪灾为例,开展了村镇洪灾损失的实地调查,调查发现,在水深不超过4.5 m的情况下,钢筋混凝土框架结构和砖混结构楼房,其主体结构并未受到破坏,损失率很小,而砖木结构平房在水深小于1 m时,其主体结构可以保持完好;到水深大于1 m时,各类砖木结构平房存在不同程度的损毁。

董姝娜等(2012)应用RS(遥感)和GIS(地理信息系统)技术提取淹没水深以补充未调查房屋的淹没水深数据,采用回归分析方法建立了三种类型平房住宅水深-损失率之间的关系,用以表征脆弱性曲线:

类别Ⅰ:建造于20世纪80年代,墙体无照面和装饰材料。

$$Y=0.0011x^2+0.7889x-38.794 \tag{4.1}$$

$$R^2=0.7861$$

类别Ⅱ:主要从20世纪90年代开始建,墙体上半部用石子装饰,下部有围子。

$$Y=0.0007x^2+0.1545x-10.126 \tag{4.2}$$

$$R^2=0.8102$$

类别Ⅲ:主要从21世纪10年代开始建,墙体用瓷砖装饰。

$$Y=-0.05x^3+0.0011x^2+0.0061x-2.8563 \tag{4.3}$$

$$R^2=0.8499$$

式(4.1)—式(4.3)中:Y是损失率;x是淹没水深,单位为cm。

结果表明,平房损失率与水深高度相关,淹没水深越大损失率越大,而且在同一淹没水深下,平房使用时间越长损失率越大。

4.2.2 基于实验模拟的玉米洪涝脆弱性曲线(表)构建

李香颜等(2011)为定量探求洪涝灾害对玉米生长及产量的影响,于2008年和2009年在河南省驻马店地区进行以淹水日数和淹水发育期为试验因素的模拟试验。结果表明:淹水1d对玉米产量影响甚微,淹水3 d以上减产率40%以上,拔节期淹水5~7 d,抽雄期淹水7 d夏玉米基本绝收。淹水对夏玉米植株死亡率、果穗成穗率、单株籽粒重影响明显;对株高、果穗长、粗、百粒重和秃尖率影响较小。拔节期的淹水危害重于抽雄期。

李香颜等(2011)讨论了淹水日数与淹水发育期对玉米产量影响的交互作用,初步建立了淹水的玉米产量损失率评估模型。

(1)拔节期的玉米洪涝脆弱性曲线

根据两年的玉米水淹试验数据,拔节期淹没天数与玉米产量损失率之间的关系如图4.4所示。

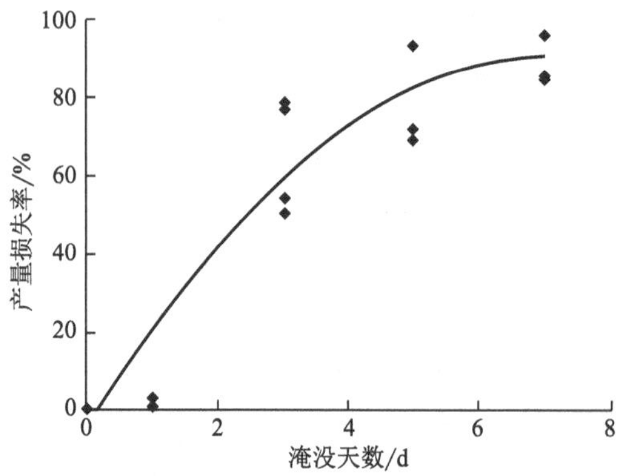

图4.4 拔节期淹没天数与玉米产量损失率关系图(李香颜 等,2011)

拔节期玉米洪涝脆弱性曲线可以用以下曲线拟合:

$$P=-1.9601d^2+27.459d-5.1616 \tag{4.4}$$

相关系数达到了0.9214,通过了$\alpha=0.01$

的显著性检验。

(2)抽雄期的玉米洪涝脆弱性曲线

抽雄期淹没天数与玉米产量损失率见图 4.5,可以用以下曲线拟合:

$$P = -0.4142d^2 + 15.262d - 3.277 \tag{4.5}$$

相关系数达到了 0.9657,通过了 $\alpha = 0.01$ 的显著性检验。

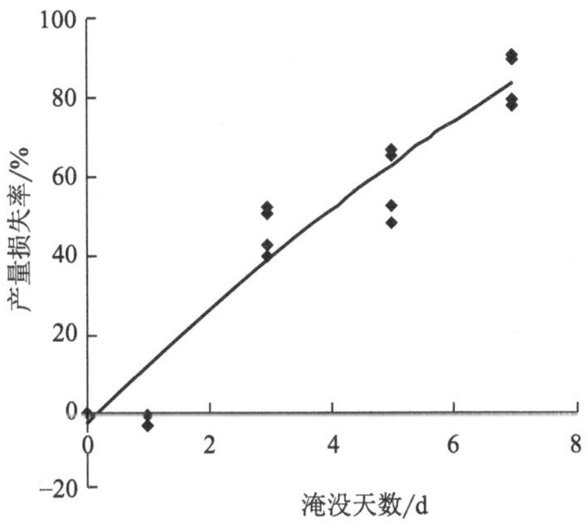

图 4.5 抽雄期淹没天数与玉米产量损失率关系图(李香颜 等,2011)

4.3 冰雹脆弱性曲线

研究冰雹脆弱性曲线有基于灾情数据的脆弱性曲线构建、实验模拟和动力模型三种方法。

4.3.1 基于实际冰雹观测资料和灾情数据

实际冰雹观测资料有气象台站观测和试验测雹板测量(可测量冰雹的大小和浓度)两种,气象部门和民政部门有灾情数据,用统计方法建立二者之间的关系,就可以得到各种承灾体的冰雹脆弱性曲线。冰雹灾害常用冰雹直径、冰雹动能和降雹时的风速作为致灾因子指标,其中冰雹直径数据容易测量,应用广泛。

早在 1967 年,Changnon(1971)就开始在美国伊利诺伊州开展针对降雹因子与棉花、小麦和大豆雹灾损失间定量关系的研究,得到了小麦、棉花、大豆的雹灾损失与降雹密度的线性函数关系,及棉花、大豆雹灾损失与降雹动能的线性函数关系。后来,Wojtiw 等(1973)基于艾伯塔冰雹研究项目(ALHAS),利用测雹板获取了 1971 年和 1972 两年的监测数据,建立了降雹动能、降雹直径与作物雹灾损失之间的线性函数。为进一步确定预测作物雹灾损失的最优致灾强度因子,美国环境与社会影响研究组(ESIG)于 1975 年在美国内布拉斯加东北部和科罗拉多西南部又设置了 243 个测雹板,Garcia 等(1976)利用此次监测数据,采用线性回归构建了冬小麦和棉花雹灾损失与降雹直径、降雹密度、降雹质量、降雹动能、降雹动量的线性函数关系,研究表明降雹密度和降雹动能是预测作物雹灾损失的最好指标。之后,Katz 等(1981)在美国科罗拉多州及内布拉斯加州同样基于测雹板监测数据,拟合了降雹动能、降雹动量、降雹质量、降雹密度、降雹直径与作物雹灾损失之间的函数,研究结果也表明,降雹动能是预测作物雹灾损失的最好指标,同时他们第一次指出降雹动能与作物损失率之间最好的拟合形式是

Logistic 函数。

Hohl 等(2002a,2002b)基于测雹板测量数据、实验数据、保险数据与遥感反演数据等建立了建筑物、农作物、汽车等的冰雹脆弱性曲线。Hohl 等(2002a,2002b)认为,Logistic 曲线是冰雹动能以及农作物损失之间的非线性关系的最好表达。

(1)建筑物冰雹脆弱性曲线

Hohl 等(2002a)研究了建筑物冰雹脆弱性曲线(图 4.6)。在图 4.6 中,损失率表示为保险索赔损失与最大可能损失的比例,致灾因子指标由冰雹动能 E_{KINPIX} 表示,其计算公式为:

$$E_{\mathrm{KINPIX}}=\int_{t_0}^{t_1}\int_{s_0}^{s_1}E(x,y,t)\,\mathrm{d}x\,\mathrm{d}y\,\mathrm{d}t \quad (\mathrm{J/m^2}) \tag{4.6}$$

$$E=5\times10^{-6}\times Z^{0.84} \quad (\mathrm{J/(m^2\cdot s)})$$

式中,Z 为雷达反射率因子,E 为动能通量。

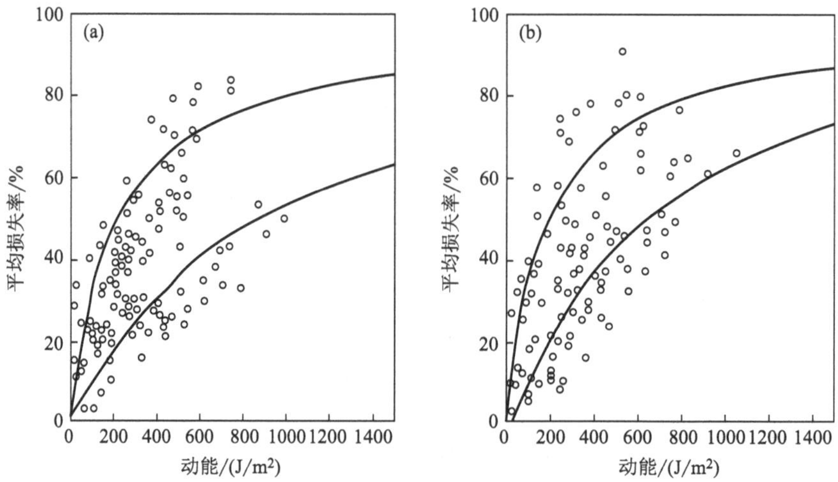

图 4.6 建筑物冰雹脆弱性曲线(Hohl et al.,2002a)

(a)住宅;(b)农业用房

(2)棉花冰雹脆弱性曲线

尹圆圆等(2012)利用安徽省棉花冰雹灾损资料研究了棉花雹灾脆弱性曲线。由于安徽省棉花雹灾案例有限,为构建棉花雹灾脆弱性曲线,将全国所种棉花假设为同一品种,这样弥补了数据不足的缺陷。他们分别收集整理了全国棉花播种出苗期、苗期、蕾期、铃期和吐絮期的 11 个、92 个、104 个、103 个和 15 个案例,选取致灾指数和损失率 2 个指标,基于 SPSS 曲线估计与非线性拟合平台,进行多次拟合、结果验证,然后基于 Matlab 得到棉花不同生育期的雹灾灾损敏感性曲线(图 4.7),曲线方程为:

播种出苗期:$y_1=\exp(4.504-43.261/x_1)$ (4.7)

苗期:$y_1=\exp(4.611-18.568/x_2)$ (4.8)

蕾期:$y_3=2.104\times x-0.022\times x_3^2+9.594\times10^{-5}\times x_3^3$ (4.9)

铃期:$y_4=-119.721+62.429\times\lg(14.185\times x_4+84.062)$ (4.10)

吐絮期:$y_5=-103.087+77.514\times\lg(2.115\times x_5+21.967)$ (4.11)

式中,y_i 为第 i 生育期的损失率;x_i 为第 i 生育期的冰雹致灾指数,$x_i=d_{hi}/d_i$,d_{hi} 为第 i 生

育期的冰雹的频次，d_i 为第 i 生育期的天数。以上方程的 R^2 值分别为 0.700、0.690、0.680、0.609 和 0.651，方差分析表明拟合效果是显著的，通过了检验。

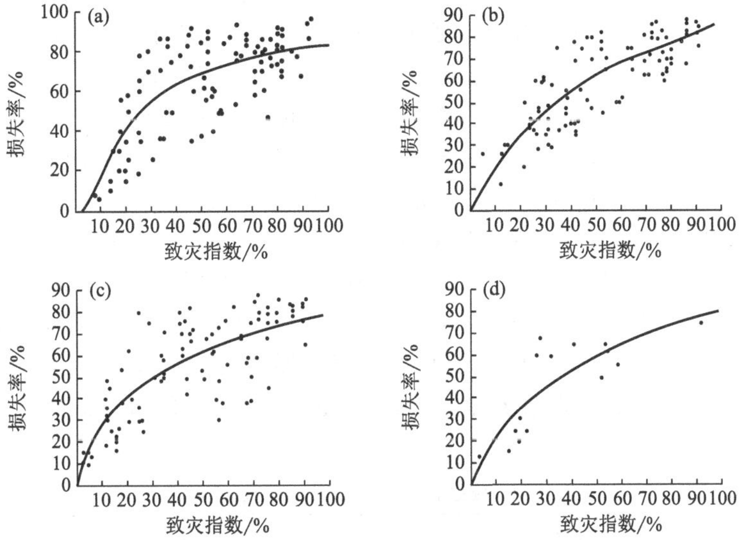

图 4.7　棉花不同生育期雹灾脆弱性曲线(尹圆圆 等，2012)

(a)苗期；(b)蕾期；(c)铃期；(d)吐絮期

从脆弱性曲线图(图 4.7)可以看出，雹灾致灾指数与棉花损失率成正比，随着致灾指数的增加，各生育期的棉花损失率也逐渐增大直至绝收。不同生育期棉花损失率不同，相同的致灾指数，吐絮期造成的棉花损失较小，而苗期、蕾期和铃期造成的损失较大，其中蕾期造成的损失最大，苗期造成的损失最小。

4.3.2　基于人工实验模拟

最早采用降雹模拟装备研究雹灾损失的是美国学者 Lane。他于 1953 年在美国得克萨斯州卢博克市采用设计的简易降雹机通过发射冰粒模拟降雹研究了降雹导致的棉花叶片、果枝、蕾铃损伤对棉花产量的影响，但并未进一步研究降雹强度与棉花雹灾损失之间的函数关系，因此，没有得到棉花雹灾脆弱性曲线(Lane，1959)。日本是较早开展基于实验模拟方法构建雹灾脆弱性曲线的国家，Seino(1985)假设冰雹是球形的，并利用简易装置发射直径为 1.5～2.2 cm 的石头模拟降雹，构建了降雹动能与小麦、大豆雹灾产量损失间的线性函数；此外，他还利用剪叶法，通过设置不同落叶率水平(0、20％、40％、60％、80％、100％)来模拟降雹影响，构建了落叶率与小麦、大豆产量损失间的双曲函数。采用降雹装置研究雹灾承灾个体脆弱性，对实验装备的精确性、实验设计的可操作性及实验模拟效果的真实性要求较高，导致采用该方法的难度较大。因此，后来的研究主要选取剪叶法模拟雹灾以构建脆弱性曲线。其中，Sij 等(2005)利用割草机模拟降雹导致的 0、33％、66％、90％落叶率对瓜尔豆产量的影响，建立了落叶率与产量损失率的线性函数关系。Conley 等(2009)在印第安纳州和爱荷华州，于 2003—2005 年人工去除大豆结点来模拟降雹影响，研究了雹灾导致的结点脱落率(0、20％、40％、60％、80％、100％)对处于 V2(第 2 片真叶出现)、V6(第 6 片真叶出现)及 R3(结荚)生育期大豆产量的影响，研究结果表明，不同生育期结点去除率与大豆产量之间函数关系不一致：V2 生育期二者显著线性相关,V6 生育期呈显著指数关系,而 R3 生育期则呈显著二次函数关系。Irigoyen 等(2011)利用喷水器喷出的高压水流打落作物叶片,模拟降雹导致不同落叶程度(无落叶、轻微落叶、中度落叶、严重落叶)对处于不同生育期的 3 种土豆的产量影响,得出土豆在不同生育期落叶率与产量损失率均呈显著的线性函数关系的结论。除此之外,国内也有学者通过实验对雹灾承灾个体脆弱性进行了探究,李培仁等(2006)主要利用苹果硬度计测量不同生长期的苹果表面和果肉的硬度来表征苹果的抗雹能力,结合冰雹落地末速度计算苹果和冰雹撞击时力的转换关系,得到苹果雹损概念模型,估算出当冰雹直径在一定阈值范围时可能导致的苹果经济损失,这为进一步建立水果类作物雹灾脆弱性曲线提供了新思路。

为进一步探讨棉花雹灾的自然脆弱性,尹圆圆等(2012)设计了“基于人工控制雹灾的棉花脆弱性机理实验”,来测定棉花不同生育期雹灾损失率。试验田选择在了河北省三河市燕郊镇荣家庄。实验设计了 18 种降雹情景(表 4.8)和 10 个发生时间点,每种降雹情景 3 次重复,共计 540 个实验小区。每次实验前后分别对棉花植株形状进行调查统计,具体观测项目见表 4.9。尹圆圆等(2012)基于实验数统计分析,最终获取不同强度下的棉花各生育期损失率表(表 4.10)。

表 4.8 降雹情景设计(尹圆圆 等,2012)

冰雹直径/cm	1.0、1.5、2.0、2.5、3.0、5.0
降雹密度	150 粒/m^2、300 粒/m^2、450 粒/m^2
小区面积	0.85 m^2(按 1 m^2 计)
重复次数(一次实验)	3
冰雹数量(一次实验)	450+900+1350=2700,合计:16200

表 4.9 棉花雹灾试验灾情观测项目(尹圆圆 等,2012)

<table>
<tr><th>观测时间</th><th>生长点</th><th>叶片损失</th><th>枝茎损失</th><th>花蕾损失</th><th>棉铃损失</th><th>产量损失</th></tr>
<tr><td rowspan="2">灾前</td><td>生长点数</td><td>叶面积</td><td>果枝数</td><td>花蕾数</td><td>棉桃数</td><td rowspan="5">实际产量一理论产量</td></tr>
<tr><td>生长点数</td><td>叶面积</td><td>果枝数</td><td rowspan="2">花蕾数</td><td rowspan="2">棉桃数</td></tr>
<tr><td rowspan="2">灾后</td><td rowspan="2">顶尖拆断(是/否)</td><td>落叶数</td><td>落枝数</td></tr>
<tr><td>破叶数</td><td>断枝数</td><td rowspan="2">花蕾数</td><td rowspan="2">棉桃数</td></tr>
<tr><td>跟踪</td><td>生长点数</td><td>叶面积</td><td>果枝数</td></tr>
</table>

表 4.10 棉花不同生育期不同强度雹灾损失率(尹圆圆 等,2012)

%

雹灾等级	苗期	蕾期	铃期	吐絮期
特重雹	94.46	73.21	89.29	74.44
重雹	69.88	69.79	77.50	56.00
中雹	53.35	42.12	59.97	41.00
轻雹	16.17	34.38	35.03	29.74

4.3.3 基于 ANSYS 的冰雹脆弱性曲线的构建

3.8.3 节讨论过 ANSYS 软件分析冰雹对汽车和建筑物的损害,同样,也可以分析冰雹对农业的损害。根据以往的研究结果，当冰雹颗粒直径大于 0.5 cm 时，就会对农作物及其附属设施造成破坏，即直径大于 0.5 cm 的冰雹就已经使农业遭受损失。因此，对于农业来说，评估冰雹灾害损失风险时，式(3.65)中的调节参数 a 就可以取直径为 0.5 cm 冰雹的动能。而式(3.65)中的参数 b 还需要根据不同地区的冰雹灾害对农业造成经济损失的历史统计数据来确定。

4.4　风灾脆弱性曲线

对强风最敏感的承灾体是水上航行的船舶、建筑物、架空输电线、设施农业，其次是农作物和树木。强风对水上航行船舶的影响主要是翻覆，在第 3 章致灾临界气象条件中已有阐述。

风灾脆弱性曲线也有基于灾损资料的风灾脆弱性曲线构建和风洞实验、理论分析、数值模拟等方法。

4.4.1　基于灾损资料的风灾脆弱性曲线构建

(1)风力-建筑物脆弱性曲线

风灾脆弱性曲线研究较多的是台风脆弱性曲线，台风脆弱性曲线研究较多地与工程和保险相结合。Lee 等(2005)构建了呈对数分布房屋易损性函数。Walker 利用 20 世纪 80 年代前后澳大利亚房屋飓风保险数据构建的建筑物脆弱性曲线，是目前应用最广泛的脆弱性曲线(Khanduri et al.，2003)。他针对不同时期的建筑物构建与最大风速相关的脆弱性曲线，并认为不同的设防水平造成了脆弱性差异。Khanduri 等(2003)针对美国不同结构房屋建立了风速与建筑物平均损失率的脆弱性曲线(图 4.8)。其中，损失率指经济损失所占房屋总体价值的百分比。

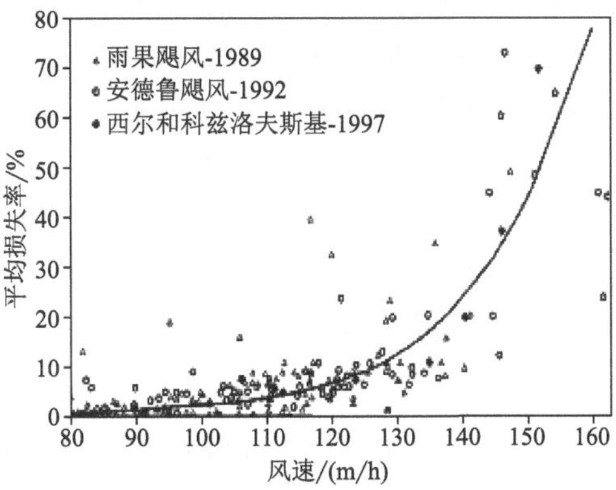

图 4.8　木结构房屋飓风脆弱性曲线(Khanduri et al.，2003)

(2)设施农业风灾脆弱性曲线

日光温室是中国北方地区特有的设施农业结构形式，具有效益高的特点。其增温保湿效应促进蔬果均衡生产，解决了冬季蔬果供应难题，推动农业产业结构调整。但是日光温室结构相对简单，对外界气象条件的依赖性较高，灾害性天气可对温室作物的产量和品质造成影响。据统计，1984—2015 年河北省平均每年发生大风灾害 40 多次，最多年份可达 119 县次，风灾是影响温室生产的频发性灾害(李婷 等，2020)，若防御不当，风灾可刮破棚膜,破坏保温性,造成作物减产,重度风灾会直接损毁温室结构,造成严重经济损失。因此,研究日光温室大风脆弱性,建立科学的风险评估模型,对于规避风险、稳定发展设施农业有重要的实际意义。

李婷等(2020)收集了河北省142个国家地面气象站(1984—2016年)和602个区域地面气象站(2014—2016年)的逐日日最大风速和极大风速观测资料,实地走访河北省11个地(市)34个县69个村,通过问卷调查采集大风风速-设施农业损失样本数据;1984—2016年河北省各区县风灾统计数据共1306条记录,包括风灾发生的地点、开始和结束时间、天气过程、受灾人口、农作物受灾情况等信息[取自河北省气象局和《中国气象灾害大典·河北卷》(藏建升 等,2008)。对数据进行逐条核对、除重,共梳理得到有效样本98个。

李婷等(2020)从灾情数据中选取有日光温室损失的大风灾害案例,计算该次风灾事件的温室损失率,构建大风风速-日光温室损失率对应关系,选择线性、指数、幂和对数函数分别对大风灾害日光温室脆弱性曲线进行拟合,对结果进行拟合优度检验。选择确定系数(R^2)较高且形式简单的线性函数表征日光温室风灾脆弱性。由于大风灾害造成的损失具有较大的不确定性,为避免这种影响,采用分段函数形式表示如下:

$$\begin{cases} y=0 & (x\leqslant 20.0) \\ y=4.8562x-97.149 & (20.0<x\leqslant 40.6) \\ y=100 & (x\geqslant 40.6) \end{cases} \tag{4.12}$$

式中:y为日光温室损失率;x为日最大风速,单位:m/s。

由式(4.12)可以看出,开始出现损失的临界风速值为20.0 m/s,在风速大于20.0 m/s小于40.6 m/s范围内,日光温室风灾损失率随着风速的增大而增加,风速≥40.6 m/s时温室损失率为100%。

陈笑娟等(2019)收集了1983—2015年的风观测数据和气象灾情数据,大风资料从河北省气象局获取,2015年河北不同种类设施蔬菜种植面积从河北省农业厅获取,实地调查走访了河北省34个县(市)的69个村,得到日光温室、大拱棚、中拱棚和小拱棚有效样本分别为94个、120个、79个、77个,以这些实地调查数据为基础,结合当地风力观测资料和风险决策ALARP准则,构建了设施农业风灾灾损曲线:

$$\begin{aligned} Y_{小拱棚} &= -0.09x^2+8.46x-51.63, & r^2=0.96 \\ Y_{中拱棚} &= -0.13x^2+10.13x-80.06, & r^2=0.98 \\ Y_{大拱棚} &= 0.04x^2+1.82x-29.80, & r^2=0.99 \\ Y_{日光室} &= 0.01x^2+4.19x-88.57, & r^2=0.96 \end{aligned} \tag{4.13}$$

式中,$Y=\dfrac{l}{e}$为棚室损失率,l为风灾直接经济损失,e为棚室重置费用。

陈笑娟等(2019)研究河北省日光温室、大拱棚、中拱棚和小拱棚设施农业的抗风能力,并进行风险预警等级划分。结果表明:日光温室、大拱棚、中拱棚和小拱棚开始出现损失的临界风速分别为18 m/s、12 m/s、8 m/s和6 m/s;根据各类型设施农业不同风险等级的损失率和临界风速值,确定日光温室、大拱棚、中拱棚和小拱棚的抗风等级依次为8级、7级、6级和5级,并将大风灾害风险预警等级由强至弱依次分为Ⅰ级、Ⅱ级、Ⅲ级和Ⅳ级4个等级,对应的分级标准依次为风力8～9级、7～8级、6～7级和5～6级,见表4.11。

表 4.11　不同风险等级各种设施农业的损失率、临界风速、风力及抗风等级(陈笑娟 等,2019)

设施类型	低风险			中风险			高风险			抗风等级
	损失率/%	风速/(m/s)	风力/级	损失率/%	风速/(m/s)	风力/级	损失率/%	风速/(m/s)	风力/级	
日光温室	＜1	＜17.0	8	1～30	17.0～24.0	8～9	＞30	＞24.0	＞9	8 级
大拱棚	＜5	＜14.0	7	5～31	14.0～21.0	7～8	＞31	＞21.0	＞8	7 级
中拱棚	＜16	＜11.0	6	16～36	11.0～17.0	6～7	＞36	＞17.0	＞7	6 级
小拱棚	＜20	＜8.0	5	20～37	8.0～14.0	5～6	＞37	＞14.0	＞6	5 级

(3)台风脆弱性曲线

殷洁等(2013)利用 1954—2008 年间登陆中国东南沿海的 174 个成灾台风路径数据和对应的灾情记录数据,对台风强度等级和承灾体(农作物、人口、房屋和社会经济)的 8 项指标的损失数量关系进行分析,并对台风强度等级与各项损失率指标之间的关系进行拟合,得出各项灾损指标的损失率曲线。

殷洁等(2013)采用风速指标来表征台风的强度特征。台风所伴生的大风强度一般用气旋底层的中心最大风力(速)或中心气压值表示。根据我国的《热带气旋等级标准》(GB/T 19201—2006),按近中心最大风力(速)划分为六级:热带低压(10.8～17.1 m/s)、热带风暴(17.2～24.4 m/s)、强热带风暴(24.5～32.6 m/s)、台风(32.7～41.4 m/s)、强台风(41.5～51.0 m/s)和超强台风(＞51.0 m/s)。由于收集到的台风灾情数据中未见热带低压造成的灾情记录,因而只对 2～6 等级的台风进行分析。

殷洁等(2013)灾损率按如下方法计算。首先根据台风过程时段内,在 200 km 范围内受影响省份气象站点有明显降水的区域视为台风影响范围,计算影响区的总暴露量。将提取出的影响区域内的耕地面积、人口、房屋数量、GDP(国内生产总值)值进行求和,得到影响区内的暴露总量,如下式:

$$E_i = \sum_{i=1}^{n} e_{ij} \tag{4.14}$$

式中:E_i 为第 i 种承灾体总暴露量;$i=1,2,3,4$ 分别为耕地面积、人口、房屋数量和 GDP 四种承灾体;e_{ij} 为第 j 个县的第 i 种承灾体暴露量,$j=1,2,\cdots,n$。最后,计算各个损失指标的损失率。根据灾情数据中每场台风各项损失数量和对应区域的暴露总量,分别计算农作物受灾率、农作物绝收率、人口受灾率、人口死亡率、人口受伤率、紧急安置人口比率、房屋倒塌率及直接经济损失率:

$$r_{il} = \frac{L_{il}}{E_i} \tag{4.15}$$

式中:r_{il} 为第 i 种承灾体第 l 个指标的损失率;$l=1,2,\cdots,8$;r_{il} 分别代表农作物受灾率、农作物绝收率、人口受灾率、人口死亡率、人口受伤率、紧急安置人口比率、房屋倒塌率及直接经济损失率,共 8 个指标;L_{il} 为每一场台风第 i 种承灾体第 l 个指标的损失量;E_i 为第 i 种承灾体的总暴露量。

由于历次台风影响范围描述模糊,导致的承灾体总暴露量统计数据的不足,E_i 的计算采用如下处理:每场台风人口暴露总量按照全国平均人口增长率(式(4.16)),以 2008 年影响区域人口总数为基数求得对应年份人口暴露量;GDP 暴露总量采用 GDP 平减指数(式(4.17)),计算相对于基期 1978 年的逐年 GDP 平减指数,再根据 2008 年 GDP 数据折算为对应年份的经济暴露量,耕地面积和房屋数据比较难以处理,仍采用 2008 年的统计数据和 2000 年的普查数据。

$$r_n = \frac{V_{2008} - V_n}{V_{2008}} \times 100\% \tag{4.16}$$

$$\mathrm{GDPDeflator}(n) = (\mathrm{GDP}_n / \mathrm{IGDP}_n) \times (\mathrm{IGDP}_{1978} / \mathrm{GDP}_{1978}) \tag{4.17}$$

式中,r_n 为 2008 年相对于第 n 年的人口增长率,V_n 为第 n 年的人口数,GDPDeflator(n)为第 n 年的 GDP 平减指数,GDP_n 为第 n 年的 GDP 值,IGDP_n 为第 n 年的 GDP 指数,IGDP_{1978} 为 1978 年的 GDP 指数为 100,GDP_{1978} 为 1978 年的 GDP 值。

殷洁等(2013)分别构建农作物、人口、房屋和经济四种承灾体 8 个指标(农作物受灾面积、农作物绝收面积、受灾人口、死亡人口、受伤人口、安置人口、倒塌房屋、直接经济损失)受不同强度等级台风影响下的损失率曲线(图 4.9)。从图 4.9 可以看出,不同强度等级的台风灾害与承灾体损失率之间存在明显的指数正相关关系,R^2 除了农作物受灾面积率为 0.915,直接

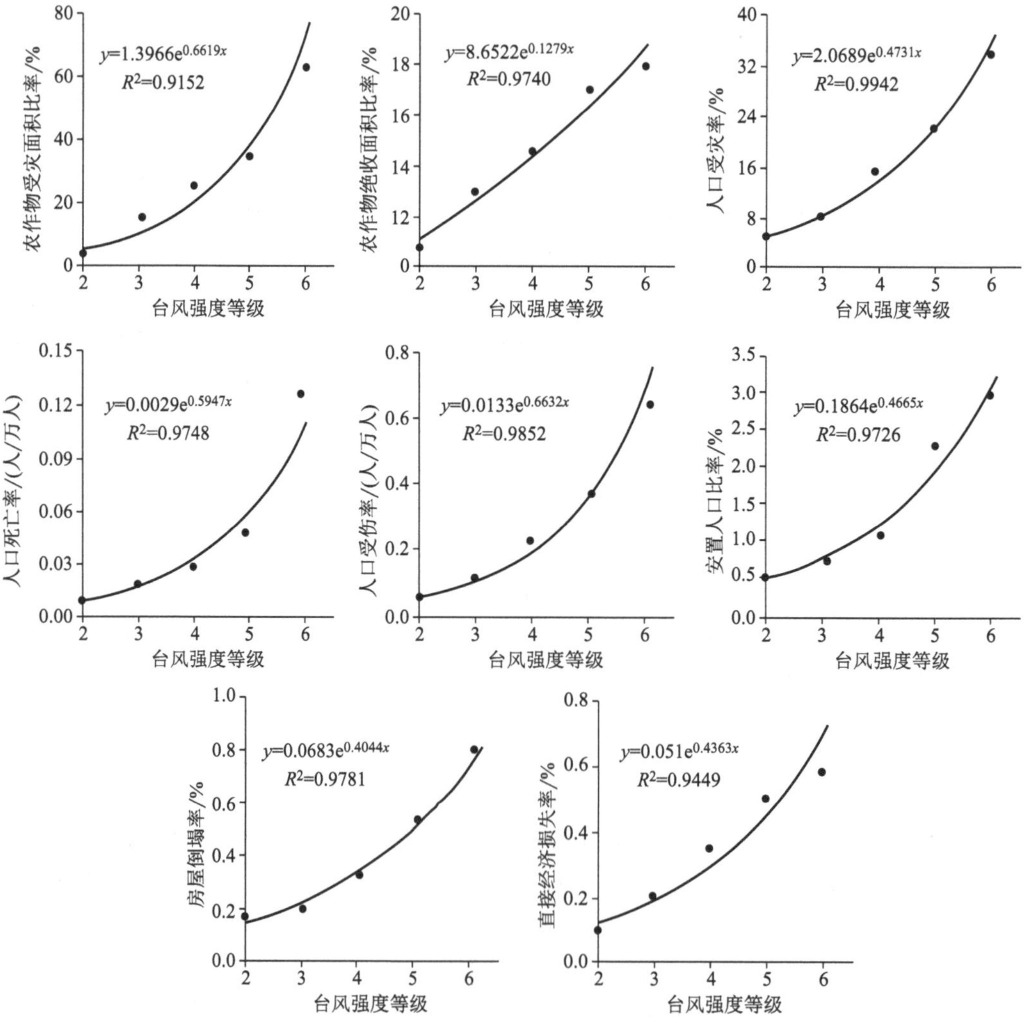

图 4.9 中国台风灾害承灾体损失率曲线(殷洁 等,2013)

经济损失率为 0.944 外，其余指标均达到 0.95 以上，表明随着台风强度增强承灾体损失率呈指数增长，台风越强，损失率越高，当台风强度等级达到第 4 等级(台风)时，各项损失率均有急剧增加的趋势。

殷洁等(2013)还基于台风强度等级划分标准和损失率曲线，建立了我国四个强度等级的台风灾害损失标准划分方案：微度、轻度、中度和重度，对应的损失率用承灾体的社会经济指标来表征。因强度较弱的 2、3 等级(热带风暴、强热带风暴)造成损失较小，合为微等级的台风灾害，4、5、6 等级分别对应的台风、强台风、超强台风单独划分为一级，对应台风灾害等级的轻、中、重，共划为四级。对应台风强度等级的 8 项灾害损失率作为台风灾害承灾体 8 要素的损失标准。根据上文分析，台风灾害损失标准实际指的是对应强度等级的损失率的平均值，最终构建中国的台风灾害损失标准(表 4.12)。

表 4.12 不同强度等级台风损失均值(殷洁 等，2013)

台风灾害强度等级	台风强度等级/级	风速/(m/s)	农作物受灾率/%	农作物绝收率/%	人口受灾率/%
微度	2～3	17.2～32.6	15.00	13.01	6.75
轻度	4	32.7～41.4	25.44	14.54	15.16
中度	5	41.5～50.9	35.12	17.01	21.99
重度	6	≥51.0	63.25	17.95	33.93
台风灾害强度等级	人口死亡率/(人/万人)	人口受伤率/(人/万人)	安置人口率/%	房屋倒塌率/%	直接经济损失率/%
微度	0.0146	0.0741	0.62	0.20	0.15
轻度	0.0289	0.2226	1.03	0.33	0.35
中度	0.0469	0.3663	2.27	0.53	0.50
重度	0.1248	0.6379	2.96	0.80	0.58

由表 4.12 可见，微度台风灾害时各项损失标准均处于较低的比率，随着强度增强，损失程度加大，其中，对于农作物影响最为严重(63.25%受灾)。人口死亡率、受伤率、倒塌房屋比率和直接经济损失这几项指标在四种强度台风灾害影响下损失程度数量级别都较低，可见虽然中国频繁遭受台风袭击，但仍然具有一定的防灾能力确保社会经济系统避免惨重的损失。

应当注意的是，表 4.12 是损失率的平均值，实际上每个强度相同的台风的损失率都是不相同的，因此，表 4.12 在实时台风风险评估中只具有参考价值。台风的灾损除了强风之外，还包涵了强降雨引发的洪涝、地质灾害和风暴潮的影响，需要综合考虑风和雨的共同影响。另外，台风是仅次于地震的重大灾害，表 4.12 中台风灾害强度等级名称改为轻度、中度、重度、特重度更为妥当。

(4)台风致灾因子综合评判和风险评估

台风致灾因子主要有风、雨、潮三个要素，其致灾形式有时表现为以雨为主，有时表现为以风为主，更多的时候是风、雨、潮三灾并发，因此单因子的等级不能全面描述台风致灾因子强度，不利于综合评价，因此需要建立一套台风致灾因子综合强度等级指标。台风引发的风暴潮是由于大风引起的，不是独立的因素，但是当风暴潮越过海堤时所产生的灾害是风灾所不能包含的，因此风暴潮影响也需要作适当的考虑。

① 致灾因子综合强度评估指标

采用典型相关分析的方法研究风、雨与灾损的关系。以县为单位,选取浙江省 1983 年以来有人员死亡或受伤的台风个例 200 个,摘录相应气象站的过程雨量和过程最大风力资料,进行典型相关分析,用以确定在致使人员伤亡中,大风与暴雨的影响力(即典型变量系数)。同样,以县为单位,选取 2004—2007 年有财产损失的台风个例 257 个,摘录相应气象站的过程雨量和过程最大风力资料,进行典型相关分析,用以确定在财产损失中,大风与暴雨的影响力(即典型变量系数)。将上述两种相应典型变量系数进行综合,得出最终大风与降水权重系数,具体见表 4.13。

表 4.13 典型相关分析参数及风雨权重系数

致灾形式	典型相关系数	P 值	典型变量系数	
			暴雨	大风
人员伤亡	0.5225	0.0001	0.6025	0.7395
财产损失	0.4732	0.0013	0.7418	0.5883
最终结果	暴雨权重系数 $A=0.6722$,大风权重系数 $B=0.6639$			

据此,建立台风致灾因子综合强度指标。设:

$$x=\frac{R-25}{50} \quad (若\ R<25\ \text{mm},x\ 为\ 0)$$

$$y=\frac{f-13.6}{3.8} \quad (若\ f<13.6\ \text{m/s},y\ 为\ 0)$$

$$I=Ax+By \tag{4.18}$$

式中,R 为过程降水量,f 为过程最大风力。I 为风雨强度综合指数,A、B 为台风风雨权重系数(见表 4.13)。

利用上述公式计算历史影响浙江台风对应的所有气象观测站(不包含自动站)的风雨综合强度指数,结合历史灾情,最后确定台风致灾因子综合强度评估指标见表 4.14。

表 4.14 台风致灾因子综合强度评估指标

台风强度	评估指标
1 级(特强)	风雨综合强度指数≥1.0 或发生严重的风暴潮
2 级(强)	风雨综合强度指数≥0.8 或发生较严重的风暴潮
3 级(较强)	风雨综合强度指数≥0.6
4 级(中等)	风雨综合强度指数≥0.4
5 级(轻)	风雨综合强度指数≥0.2

综合强度评估指标给予风暴潮较大的关注,这是因为引发严重风暴潮的台风强度都很大,而且浙江沿海人口和经济密度大,造成的灾害很大的缘故。

② 台风灾损综合评估指标

台风灾害造成的损失具有很多方面,如人员伤亡、农田受灾、房屋倒塌、经济损失等。判定台风损失程度,需要充分考虑各受灾因子,最终可以归结为人员伤亡和财产损失两部分,财产损失包括直接经济损失和间接经济损失,间接经济损失难以估算,因此台风灾害灾情评估因子选择直接经济损失与死亡人数双因子。直接经济损失使用相对量(占当年 GDP 的比值),这样既避免了 GDP 增加和价格波动的影响,也体现了台风灾害在国民经济发展中的影响力。选取浙江总灾情个例 86 例。

采用投影寻踪(Projection Pursuit,PP)方法,建立灾损评估模型。所谓投影实质上就是从不同的角度去观察数据,寻找能够最大限度地反映数据特征和最能充分挖掘数据信息的最优投影方向。PP 是一种可用于高维数据分析、有效降维的技术。其投影系数可以作为因子的权重系数。

灾损评估模型如下:

$$I = 0.8653\,\frac{\ln x_1}{x_{1p}^0} + 0.5013\,\frac{x_2}{x_{2p}^0} \tag{4.19}$$

式中,I 为综合灾损指数,x_1 为评估台风死亡人数,x_2 为评估台风的直接经济损失占当年 GDP 比值,x_{1p}^0、x_{2p}^0 为常数,根据相应样本应用 Pearson-Ⅲ分布计算出来的重现期为 100 a 的理论值。根据 86 个样本,x_{1p}^0 取值为 8.36,x_{2p}^0 取值为 10.56。

根据模型对 86 例台风灾情资料进行灾情综合指数计算,采用有序样本的聚类分析方法,将 86 个灾情指数按大小排列,划分成 5 个等级,并参考灾情指数的变化范围,最后确定为灾情指数≥0.7 为特重,0.55~0.7 为严重,0.35~0.55 为较重,0.1~0.35 为一般,<0.1 为轻。

下面给出致灾因子综合强度等级(只给出 1、2、3 级)评估灾情等级(只给出特重、严重、较重三个等级)见表 4.15。

表 4.15 致灾因子综合强度指标评估灾情正确率

致灾因子等级	灾情等级			评估正确率/%	跨一级评估正确率/%
	特重	严重	较重		
1	6	4	1	54.5	90.9
2	0	9	7	56.3	100.0
3	0	1	13	92.7	100.0

由表 4.15 可知,致灾因子综合强度指数等级为 1 级(特强)时,评估灾情特别严重的正确率为 54.5%,跨一级的评估正确率达 90.9%;致灾因子综合强度指数等级为 2 级(强)和 3 级(较强)时,评估灾情严重和比较严重的正确率分别为 56.3%和 92.7%,跨一级的评估正确率都达到 100%。评估的正确率是比较高的。总体来说,在致灾因子综合强度指标为 1 和 2 级时,有灾情评估偏低的趋势。

4.4.2 风洞试验和数值模拟

风荷载是建筑物设计与建造过程中的重要影响因素。风荷载的研究主要有风洞试验和数值模拟两种方法为,风洞试验周期长且费用高,所以,数值模拟方法在国内外得到广泛的应用。通常 CFD(computational fluid dynamics)数值模拟方法分为直接数值模拟和间接数值模拟 2 种,其中直接数值模拟就是通过流体计算软件,首先设置计算域与模型,通过设定物理湍流模型,然后对建筑物直接进行模拟计算。与直接模拟不同,间接数值模拟分为统计平均法、雷诺应力平均法和大涡模拟 3 种方法。

(1)FIuent 软件简介

Fluent 软件是一款常用于风荷载数值模拟计算的大型商业软件。FIuent 程序提供多种二维面单元和三维体单元,对较大梯度的流场的精确求解提供了强大的适应能力。同时,网格可以根据计算精度需要和观测重点的不同,在局部区域加密网格,达到计算精度和计算时间的协调。

① 程序的主要模块

(a)Gamblf:前处理模块,用来建立计算模型和网格划分;

(b)Fluent:求解器,对整个模型进行流动数值模拟计算;

(c)TGrld:根据现有的边界网格来生成体网格;

(d)Flllers:开放接口,用于从其他程序模型来生成 Fluent 数据格式。

② 用 Fluent 软件进行模型计算的步骤

首先根据需要确定流动区域的形状和大小,通过 Gamblf 模块建立此计算区域并对各边界面进行网格划分,之后 TGrld 会对计算流域内自动进行二维或三维的网格生成,并生成 Flunet 的计算数据;进入 Fluent 模块对求解器的参数进行设置,包括选择求解方程、输入流体物理性质、设定边界类型和条件,然后确定初始条件和收敛标准后开始整体模型的收敛求解计算,最后根据需要选取计算结果进行后处理。

(2)低层建筑屋风荷载脆弱性

我国沿海地区常遭受台风的袭击,台风的侵袭往往造成大量的人员伤亡和财产损失。而风致灾害中以低层建筑屋盖的破坏为主。低层四坡屋面是我国东南沿海地区常见的屋面形式,但在我国《建筑结构荷载规范》(GB 50009—2012)中并没有对四坡屋面的风荷载体型系数给出相关规定,因此,研究低层四坡屋面风压分布规律具有重要的现实意义。

风工程界关于低层建筑风压分布及周围风场的研究主要采用以下 3 种方法:一是风洞试验,二是现场实测,三是数值模拟 CFD 方法。

李翊等(2018)用流体力学软件 Fluent 14.5,对低层四坡屋面房屋模型的风压分布规律进行数值模拟研究。采用标准 k-ε 模型、进行 k-ω 模型和重整化群模型对体型尺寸为 24 m(D)×16(B)m×4 m(H),坡度为 26.7°的低层房屋模型数值模拟研究,并将结果与东京工艺大学风洞试验结果进行对比,在 0°和 90°两种不同风向角作用下,相比于其他模型,重整化群 k-ω 湍流模型计算结果和风洞试验数据更为吻合,故采用重整化群 k-ω 湍流模型对低层建筑进行模拟。具体研究内容和结果如下。

① 研究了 0°、30°、45°和 90°四种风向角以及 10°、20°、30°、45°四种屋面坡角对屋面风压系数的影响。随着风向角的变化,屋面的高负压区的位置也随之改变。当坡度低于 20°时,风向角为 30°和 45°斜风向角下,屋面高负压区沿对角屋脊线分布;风向角为 0°和 90°时,迎风屋面前沿风压等值线密集。当屋面坡角大于 20°时,各风向角下高负压区均位于屋面斜脊上。屋面坡度为 30°时,45°风向角下的局部最大风压是 0°风向角的 2.54 倍。抗风设计时应当注意避免斜风向角对屋面的不利影响,同时提高屋脊的体型系数。

同一风向角下,迎风屋面随着屋面坡度的增大,所受到的负压逐渐减小,并在 45°屋面坡角时达到正压;侧风屋面均处于负压状态下;背风屋面随着屋面坡度的增大,负压绝对值随之增大。抗风设计时应当考虑来流风在背风屋面再附着的影响。

② 分析了两栋相邻建筑不同的排列布置对低层四坡屋面风压分布的影响。结果表明:当建筑串列布置时,0°风向角下,由于干扰建筑的“遮挡效应”,受扰建筑屋面平均风压系数

有所减小。随着房屋距离的增大，“遮挡效应”减弱；90°风向角下，当相邻建筑的距离 $S_x < B$ 时，两栋房屋之间形成狭缝效应，受扰建筑的屋面平均风压系数增大；45°风向角下，$S_x < B$ 时，同时产生“遮挡效应”以及“狭缝效应”，屋面平均风压系数变化并不明显。当建筑并列布置时，0°风向角下，当建筑之间的距离为 0.5 B时，形成狭缝效应，屋面每个区域的平均风压系数均增大；45°风向角下，干扰建筑对施扰建筑屋面风压系数影响不明显；90°风向角下，位于下风向的受扰建筑由于遮挡效应的存在，侧风屋面风压减小，但由于干扰建筑尾流涡旋的存在，使得迎风屋面风压变化较为复杂。因此设计时应当考虑周围建筑的影响，减小相邻建筑间的风致干扰。

(3)高层建筑施工塔式起重机风荷载脆弱性分析

崔利鹏(2023)采用雷诺平均 Realizable k-ε 湍流模型，对某在建高层建筑施工塔式起重机的吊臂节段风荷载进行了数值模拟研究。该高层建筑位于珠海横琴岛，建筑总高约 260 m，水平截面尺寸为 45 m×36 m，角部切角率为 10%，采用外爬升式平头型附着式塔吊，塔身 K 型标准节高 3.12 m，吊臂为三角形桁架。

塔吊结构抗风属于黏性不可压缩流体绕流问题，崔利鹏(2023)研究采用基于时间平均的RANS(Reynolds Averagedn Avier-Stokes)方法，流体控制方程如下：

$$\frac{\partial U_i}{\partial x_i}=0$$

$$\frac{\partial U_i}{\partial t}+U_j\frac{\partial U_i}{\partial x_j}=-\frac{1}{\rho}\frac{\partial P}{\partial x_i}+v\frac{\partial^2 U_i}{\partial x_i \partial x_j}+\frac{1}{\rho}\frac{\partial(-\rho\overline{u'_i u'_j})}{\partial x_j} \tag{4.20}$$

式中：U_i、x_i($i,j=1,2,3$)分别为三个方向速度分量时均值和坐标分量；P 为压力时均值；ρ 为空气密度；υ 为动力黏度常数；$\rho\overline{u'_i u'_j}$ 为雷诺应力。

雷诺应力为 N-S 方程均化处理后多出的未知量，需要建立模型使方程组(4.20)封闭。文章采用 Realizable k-ε 湍流模型。方程求解采用分离式方法，方程对流项采用二阶迎风格式离散，计算收敛准则取残差值为 5×10^{-4}。

塔吊位于建筑长边侧，考虑结构对称性，崔利鹏(2023)在 CFD 数值模拟中，研究了吊臂的 5 个工作位置，相应夹角 β 分别为 0°、30°、45°、60°和 90°，每个吊臂位置均进行风向角 $\alpha=0°\sim345°$(间隔 15°)的 24 个风向的数值模拟计算，共计 5×24=120 个工况。

崔利鹏(2023)为确保模型阻塞率不超过 5%，根据建筑和塔吊尺寸，确定 CFD 数值模拟计算域大小为：流向×展向×竖向=$15H\times9H\times5H$(H 为塔吊顶部高度)。计算域的离散采用区域分块网格，在建筑和塔吊附近采用加密的非结构化网格，最小网格尺寸为 $1/1300H$；计算域还给出了计算域的边界条件设置，根据结构所处地貌入口处数值模拟了 A 类地貌风场。

崔利鹏(2023)模拟得到的主要结论如下。

① 吊臂节段表面的风压分布不均匀，不同位置处的节段风荷载不相同，容易受来流风向角和吊臂工作角度影响，当吊臂于建筑轴向有夹角时气动力系数值相对较大。

② 吊臂处于在建建筑顶部且悬挑长度长，不同节段周围流场受建筑影响不尽相同，且对来流风向和吊臂工作位置变化敏感，在强风或来流风速发生突变时，吊臂节段风荷载可能发生显著变化，导致塔吊受风破坏。

孙相雨等(2019)以 RNG k-ε 和 SST k-ω 物理湍流模型模拟动力风荷载，对格构式塔吊结构底部剪力值、弯矩值、塔臂风荷载值等受力情况进行分析计算。计算结果表明：①基于 2 种湍流模型得到的体型系数较为接近。基于 RNG k-ε 湍流模型计算得到塔吊模型的体型系数，0°风向角时为 1.623，在 90°风向角为 2.2；基于 k-ω 湍流模型计算所得各工况体型系数，0°风向角时为 1.62，在 90°风向角为 2.07；体型系数均在来流垂直于塔臂时达到最大。②塔吊结构塔身部相对于塔臂的分迎风面积大，基底剪力塔身贡献大；而对于基底弯矩，由于塔臂产生的剪力力臂大，反而其对基底弯矩贡献更大，其占基底总弯矩值的 70%～95%。因此，在进行塔吊结构设计时，应注意塔身部分与结构主体的可靠连接，避免塔吊因受弯矩过大而产生弯扭破坏。

4.5 旱灾脆弱性曲线

对旱灾最敏感的承灾体是农作物。在旱灾脆弱性曲线研究中，不少研究者(薛昌颖 等，2004；刘荣花，2008)从气象产量的角度入手，研究了不同干旱强度下作物减产的情况。Yamoaha(2000)对美国内布拉斯加州玉米产量和标准化降水量指数(SPI)进行统计分析，进而评价了玉米受旱的风险。潘耀忠(1996)从农业旱灾形成的机理上来看，农作物缺水造成的危害和损失随着缺水时间延长呈 Logistic 曲线关系；一些学者(王志强，2008；何飞，2010)；贾慧聪等，2011)利用作物模型分别模拟和构建了小麦、玉米和水稻旱灾脆弱性曲线。

农作物旱灾脆弱性曲线有基于灾情数据的统计分析法、作物模型和实验模拟的构建方法。

4.5.1 基于灾损资料的统计分析法

作物水分亏缺指数能够反映作物各个生育阶段的水分累积亏缺效应，但它仅以水分亏盈量反映农田干湿状况，由于作物不同，对水分的需求也不一致，且产量对不同生育阶段水分亏缺的响应也存在明显差异。所以，庞丹琦等(2020)尝试性地构建了一个基于产量损失的玉米水分适宜指数，并在东北地区验证了该指数的适用性。本节选取东北地区，包括黑龙江省、吉林省、辽宁省和内蒙古自治区东四盟(市)(呼伦贝尔市、通辽市、赤峰市、兴安盟)为研究区，该地区属于中温带半湿润、半干旱气候区。

(1)资料来源

气象资料源于中国气象科学数据共享服务网(http://data.cma.cn/)提供的 106 个台站 1960—2017 年共 58 年逐日常规地面观测数据(包括平均气温、最高气温、最低气温、降水量、日照时数、平均风速、平均相对湿度和平均水汽压)，缺测数据通过构建同日有效数据随年份变化的线性方程进行插补。干旱灾情数据源于该共享服务网干旱灾情数据集。产量数据源于辽宁省和黑龙江省统计年鉴，包括辽宁省 1992—2016 年 13 个地区和黑龙江省 2011—2016 年 11 个地区的单位面积玉米产量数据。

(2)玉米水分适宜指数的构建及参数化

① 玉米水分适宜指数的构建

玉米生育期可划分为 4 个阶段，即(Ⅰ)播种期-拔节期、(Ⅱ)拔节期-抽雄期、(Ⅲ)抽雄期-乳熟期和(Ⅳ)乳熟期-成熟期。虽然前一阶段受到的伤害可通过其他途径在一定程度上降低对产量的影响，但仍无法完全消除，每一阶段受到的伤害会逐阶段累积，并最终表现为产量降低。因此，庞丹琦等(2020)仿照 Jarvis(1976)的气孔导度对环境要素响应模型的构建方式，以连乘方式进行逐阶段修正，本研究构建的基于产量损失的玉米水分适宜指数(Specifield Water Suitability Index for Maize，SWSIM)如下：

$$\mathrm{SWSIM}=\mathrm{MSlopt}(1-a\%)(1-b\%)(1-c\%)(1-d\%) \tag{4.21}$$

式中，SWSIM 为玉米水分适宜指数，该指数介于 0～1 之间，越接近 1，表明玉米生育期水分越适宜，越接近 0，表明玉米生育期水分越不适宜。MSlopt 为最适水分条件下的 SWSIM，取值为 1；$a\%$、$b\%$、$c\%$、$d\%$分别是玉米第（Ⅰ）、（Ⅱ）、（Ⅲ）和（Ⅳ）阶段由水分不适宜而造成的减产率。

② 玉米水分适宜指数的参数化

庞丹琦等(2020)首先利用玉米产量数据，确定式(4.21)中所需的玉米 4 个阶段的减产率。在整个生育期无温度胁迫和其他 3 个阶段无水分胁迫时，计算某一生育阶段由水分不适宜所造成的减产率总公式如下：

$$\Delta Y_i=1-\frac{Y_i}{Y_p} \tag{4.22}$$

式中：ΔY_i 是第 i 年的减产率；Y_i 是第 i 年的实际玉米产量(kg/hm^2)；Y_p 为本地化(受土壤限制)的光温生产潜力(kg/hm^2)。本研究采用线性趋势方法对实际产量进行趋势处理，得到玉米气象产量 Y_{ci}。实际玉米产量 Y_i 可表示为：

$$Y_i=Y_t+Y_{ci} \tag{4.23}$$

式中：Y_{ci} 是第 i 年的玉米气象产量(kg/hm^2)；Y_t 是趋势产量的最大值(kg/hm^2)，用最近一年的趋势产量代替。

庞丹琦等(2020)考虑到光温生产潜力很难获得，采用如下公式近似计算：

$$Y_p=Y_t+Y_{c\max} \tag{4.24}$$

式中：$Y_{c\max}$ 是气象产量序列的最大值(kg/hm^2)；结合式(4.23)和式(4.24)，则式(4.22)可变为：

$$\Delta Y_i=\frac{Y_{c\max}-Y_{ci}}{Y_{c\max}+Y_t} \tag{4.25}$$

由于玉米生长发育除受水分影响外，还受热量条件的制约，低温冷害也是东北地区玉米生产中的主要自然灾害之一。另外，应用式(4.25)计算某一生育阶段的减产率时，需保证其他阶段水分处于正常状态，但实际上，上述条件在自然气候条件下很难得到保证。庞丹琦等(2020)为保证式(4.25)计算的减产率仅仅为干旱，且是相对于光温生产潜力的减产率，在计算 ΔY_i 时对产量数据进行了筛选，标准如下：①为去除低温冷害的影响，本研究在计算 ΔY_i 时，剔除了因低温冷害导致产量减少的年份，判别标准为≥10 ℃的有效积温比历年平均值低 100 ℃・d(潘铁夫 等，1983)；②理论上来说，计算某一阶段因水分亏缺导致的减产率，需其他阶段旱涝等级处于正常状态，但据此筛选的样本量较少，为保证分析具有足够的样本量，本节选取的标准为其他生育阶段的旱涝等级与正常等级相差不超过一级，即其他时期的旱涝等级需介于较旱—湿润等级之间，据此标准选取产量数据，进行 ΔY_i 的计算。

庞丹琦等(2020)应用筛选后的数据，根据玉米生育期内水分亏缺量所对应的旱涝等级，分别计算玉米 4 个生育阶段在不同旱涝等级下 ΔY_i 的平均值，得到玉米减产率(表 4.16)。在东北地区，即使在正常年景下，玉米的产量也很难达到光温生产潜力，这与东北地区降水量总体不足及季节分配不均、土壤的限制等有关，正常年景下，玉米产量只能达到光温生产潜力的 47.0%。

表 4.16 玉米 4 个生育阶段在不同旱涝等级下的减产率(庞丹琦 等,2020)

旱涝等级	*a*	*b*	*c*	*d*
洪涝	27.7	19.6	20.9	31.6
湿润	15.7	17.9	17.1	15.7
正常	14,6	16.8	16.4	20.8
较旱	24.7	23.9	23.7	20.2
重旱	32.1	35.1	30.2	26.2

庞丹琦等(2020)旱涝等级的划分是根据玉米各个生育阶段水分亏缺量确定的。水分亏缺量即降水量与作物需水量之差,计算公式如下:

$$W_i = P_i - \mathrm{ET}_{ci} \tag{4.26}$$

式中:W_i 是第 i 个生育阶段的水分亏缺量($i=1,2,3,4$),单位:mm;P_i 是第 i 个生育阶段的降水量,单位:mm;ET_{ci} 是第 i 个生育阶段的作物需水量,单位:mm。其中,作物需水量利用 FAO 推荐的作物系数法计算:

$$\mathrm{ET}_{ci} = \sum_{j=1}^{ni} k_{cij} \times \mathrm{ET}_{oij} \tag{4.27}$$

式中:k_{cij} 是在第 i 个生育阶段中第 j 的作物系数($i=1,2,3,4,j=1,2,3,\cdots,n_i$);$n_i$ 为第 i 个生育阶段的总天数;ET_{oij} 是在第 i 个生育阶段中第 j 天的参考作物蒸散量,单位:mm/d。参考作物蒸散量采用联合国粮农组织推荐的改进 Penman-Monteith 公式计算(不失一般性,略去角标):

$$\mathrm{ET}_0 = \frac{0.408\Delta R_n + \gamma \dfrac{900}{T+273} U_2 (e_s - e_a)}{\Delta + \gamma(1 + 0.34 U_2)} \tag{4.28}$$

式中:R_n 是作物表面净辐射量,单位:MJ/m^2;γ 是湿度计常数,单位:kPa/℃;T 是平均温度,单位:℃;U_2 是地面之上 2 m 处的风速,单位:m/s;Δ 是饱和水汽压和温度关系曲线的斜率,单位:kPa/℃;e_s 是空气饱和水汽压,单位:kPa;e_a 是空气实际水汽压,单位:kPa。

庞丹琦等(2020)参考 1998 年 FAO-56 推荐的分段单值平均作物系数法和有关文献,确定东北地区玉米不同生育阶段内作物系数分别为 0.47、1.18 和 0.83。东北地区范围广大,玉米各个生育期的起止日期并不一致,其完成整个生育期所需的积温也不一样。但玉米完成特定生育阶段所需积温占整个生育期积温的比值基本恒定,在实际生产中,东北各地玉米播种和成熟日期虽存在差异,但抽雄和开花日期基本一致,即是各生育阶段积温比例恒定的表现。本研究中,确定作物系数曲线转折点日期的方法如下:①以气温稳定通过 10 ℃起止日期定义为玉米播种和成熟的日期(假设日序数分别为 D_0 和 D_4);②依据沈阳地区玉米拔节、抽雄、乳熟和成熟的确定日期,计算各个阶段的≥10 ℃ 有效积温占整个生育期≥10 ℃有效积温的比例,确定各生育阶段的有效积温比例系数 k_i($i=1,2,3,4$)(表 4.17);③在已知各地区≥10 ℃起止日期及≥10 ℃有效积温的前提下,将(ⅱ)确定的比例系数应用于其他地区,即可确定其他地区玉米四个生育阶段的起止日期(公式略)。

表 4.17 玉米各生育阶段积温比例系数(庞丹琦 等,2020)

生育阶段	播种期—拔节期	拔节期—抽雄期	抽雄期—乳熟期	乳熟期—成熟期
k_i	0.22	0.30	0.25	0.23

庞丹琦等(2020)依据玉米生育阶段水分亏缺量不同,划分五个旱涝等级,即洪涝、湿润、正常、较旱和重旱,并统计东北地区发生不同旱涝等级的概率(表 4.18)。根据玉米 4 个生育阶段水分亏缺量的大小,确定玉米不同生育阶段不同旱涝等级的水分亏缺量的临界值(表 4.19)。

表 4.18 玉米在 4 个生育阶段发生不同旱涝等级的概率(庞丹琦 等,2020)

旱涝等级	播种期—拔节期	拔节期—抽雄期	抽雄期—乳熟期	乳熟期—成熟期
洪涝	0.01	0.15	0.15	0.01
湿润	0.2	0.2	0.25	0.1
正常	0.2	0.3	0.25	0.25
较旱	0.4	0.2	0.2	0.5
重旱	0.19	0.15	0.15	0.14

表 4.19 基于玉米水分亏缺量的旱涝等级划分(庞丹琦 等,2020)

旱涝等级	播种期—拔节期	拔节期—抽雄期	抽雄期—乳熟期	乳熟期—成熟期
洪涝	$W \geqslant 123.5$	$W \geqslant 139.1$	$W \geqslant 129.5$	$W \geqslant 94.6$
湿润	$31.6 < W \leqslant 123.5$	$71.8 < W \leqslant 139.1$	$47.8 < W \leqslant 129.5$	$33.1 < W \leqslant 94.6$
正常	$-3.3 < W \leqslant 31.6$	$-7.7 < W \leqslant 71.8$	$-18.7 < W \leqslant 47.8$	$-15.6 < W \leqslant 33.1$
较旱	$-70.2 < W \leqslant -3.3$	$-75.1 < W \leqslant -7.7$	$-86.7 < W \leqslant -18.7$	$-96.2 < W \leqslant -15.6$
重旱	$W < -70.2$	$W < -75.1$	$W < -86.7$	$W < -96.2$

(3)结果与分析

庞丹琦等(2020)研究结果表明,玉米水分适宜指数与产量的相关系数均大于水分亏缺量指标与产量的相关系数,其中阜新站相关系数最高,达到 0.782。其次是朝阳站,相关系数为 0.703。6 个站点的玉米水分适宜指数与产量的相关系数均通过 95%的置信水平。然而,水分亏缺量指标与产量的相关性较低,并且只有阜新和朝阳 2 个台站通过 95%的置信水平。由此可见,玉米水分适宜指数能够更好地体现干旱地区如辽西、辽北地区玉米生育期内水分亏盈状况,以及干旱对玉米实际产量的影响。

庞丹琦等(2020)利用《干旱灾害数据集》和《中国气象灾害大典》等书籍整理了东北地区典型干旱年的统计资料。选取 1982 年和 2004 年作为典型干旱年,记录这两年干旱的发生时间、影响范围、旱情发展及产量损失,通过将构建的玉米水分适宜指数和水分亏缺量指标与实际旱情进行对比,进而分析指数在东北地区的适用性。

通过计算玉米水分适宜指数和水分亏缺量指标,可以看出玉米水分适宜指数能够更准确的体现干旱对东北地区玉米产量的影响(图略)。1982 年黑龙江省和吉林省西部及内蒙古东部的玉米水分适宜指数有 2 个低值中心区,其中黑龙江省伊春市玉米水分适宜指数最低,为 0.25,吉林省靖宇市玉米水分适宜指数最高,为 0.49。可以看出,玉米水分适宜指数所体现该年干旱状况与统计年鉴描述相符，即黑龙江中西部、吉林西部和辽西地区受旱灾严重，辽东、辽南地区受旱灾较轻。然而水分亏缺量指标仅能体现出东北地区水分资源的空间分布状况，未能体现出水分亏盈对玉米产量的影响。同样，2004 年玉米水分适宜指数在内蒙古东部、吉林中西部、黑龙江西南部呈现低值中心区，这与历史统计年鉴资料描述的干旱覆盖范围相吻合，其中最低值为内蒙古新巴尔虎右旗，为 0.27，最高值为吉林省集安市，为 0.48。而水分亏缺量指标未能体现干旱对玉米产量造成的实际损失。

综上所述，本研究构建的玉米水分适宜指数对水分亏缺更加敏感，与水分亏缺量指标相比，能更准确体现干旱对玉米实际产量的影响及覆盖范围。

4.5.2 应用作物模型构建干旱脆弱性曲线

在农业旱灾风险研究中，采用模型方法建立农业旱灾主要承灾体的脆弱性曲线库，可以为农业旱灾脆弱性从统计意义上的研究转向灾害机制上的研究提供一种思路，有广阔的应用前景。

侵蚀-生产力影响评估模型（Erosion Productivity Impact Calculator，EPIC）是 1984 年美国农业部研制的水土资源管理和作物生产力评价模型，适合于模拟作物轮作、耕作实践、种植日期、灌溉和施肥策略等（Williams et al.，1989）。经过广泛验证和多次完善，已经在美国、法国、中国等多个国家成功地应用到作物估产、气候变化影响评价、精准农业、区域农业规划等多个领域。EPIC 以日为时间步长，可模拟从一个生长季到上百年的农田水土资源及作物生产力的动态变化。作为一种多作物通用型作物生产系统模拟模型，EPIC 模型能够模拟上百种作物、牧草和树木生长，其特点是根据各种作物生理生态过程的共性来研制其主体框架，再结合作物的生长参数和田间管理参数分别进行各作物的生长模拟（Williams et al.，1997）。

EPIC 模型对作物生长与产量形成过程，及其对环境影响进行定量模拟的基本过程见图 4.10。

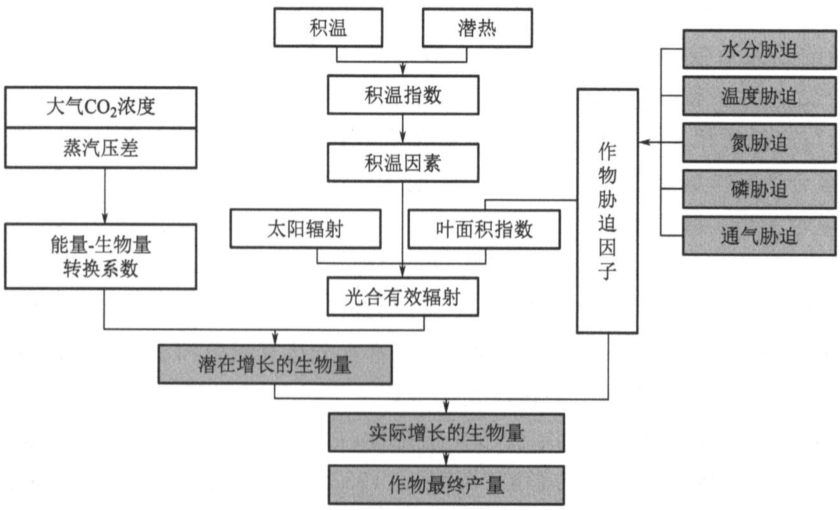

图 4.10　EPIC 模型作物产量计算流程图（Williams et al.，1997）

致灾因子危险性评价采用“水分胁迫”作为刻画其致灾因子强度的主要因子。由于水分胁迫的大小和胁迫的天数共同影响了作物在一个生长季内的干旱强度，因此，在不灌溉情景下，从日输出结果中提出每个生长季内受水分胁迫影响的当天的水分胁迫值和天数，构建了 HI 指数作为农作物旱灾致灾因子评价的指标：

$$\mathrm{HI}_{yj}=\frac{\sum_{i=1}^{n}(1-\mathrm{WS}_i)-\mathrm{minHI}}{\mathrm{maxHI}-\mathrm{minHI}} \tag{4.29}$$

式中，HI 为作物生长季内的干旱致灾强度指数，HI_{yj} 为 y 年第 j 站的干旱致灾强度指数，WS_i 为第 i 天受水分胁迫影响的当天的胁迫值，n 为生长季内受水分胁迫影响的天数，maxHI 和 minHI 分别为所模拟的所有站点所有年份内 $\sum_{i=1}^{n}(1-\mathrm{WS}_i)$ 的最大值和最小值。

自然脆弱性评价根据 EPIC 模型的特点，先控制养分和通气性胁迫，然后设定：完全满足养分与完全满足水分（Y1 情景）和完全满足养分与雨养即不灌溉（Y2 情景），分别进行模拟产量，利用 Y1 减去 Y2 的产量，认为是达到了剔除温度胁迫对作物生长的影响，只受水分胁迫影响的玉米产量损失值。该值与各站点的多年最大产量的比值即为干旱产量损失率：

$$\mathrm{YL}_{yj}=\frac{Y1_{yj}-Y2_{yj}}{\mathrm{max}Y1_j} \tag{4.30}$$

式中，YL_{yj} 为第 j 站 y 年因干旱导致的单位产量损失率，$Y1_{iy}$ 为第 j 站 y 年完全满足养分和水分情景的单位产量，$Y2_{yj}$ 为第 j 站 y 年完全满足养分与不灌溉或雨养情景的单位产量，max $Y1_j$ 为第 j 站多年最大单位产量。

(1)玉米旱灾脆弱性曲线

贾慧聪等(2011)首先对 EPIC 模型进行空间尺度校验。用于 EPIC 模型校验的数据有：①模型的相关参数(耕作参数、作物参数和施肥参数等)；②基本输入数据：日气象数据(含天气生成器数据)、土壤数据、田间管理操作的数据等。施肥量数据来源于 2001 年中国农业数据库，主要包括氮肥、磷肥、钾肥和复合肥。玉米的潜在热量单位(PHU)选择 2200 K。灌溉方式设定为均采用自动灌溉。基于获得的已有数据，用 2001 年统计产量数据和模型模拟的产量进行对比验证，R^2 相关系数为 0.5222。这样的模拟精度已经达到了满意水平。然后应用 EPIC 模型评价了黄淮海夏玉米旱灾风险。

① 全生育期玉米旱灾风险评价

贾慧聪等(2011)根据中国气象局全国农业气象站的田间观测试验数据，选择数据序列较好的黄骅国家基准气候站“丹玉十三”品种作为代表性作物，对 EPIC 模型自身广适性的玉米农作物参数进行修正，完成了作物遗传参数的本地化。具体调整玉米作物参数的方法是：按照模型需要的输入数据，将试验站点河北省黄骅县国家基准气候站 1986—1991 年的日气象数据、土壤数据和实际的田间管理数据(犁地、播种、灌溉、施肥、农药和收获等)输入到设置好的站点 EPIC 模型中，将输出的作物产量和实际测得的作物产量进行拟合。通过反复运行模型，运用试错法调整主要参数值，比较年际间产量变化趋势和产量值是否一致。最后拟合的平均误差为 0.082，模拟的产量与实验值在趋势上比较一致，并且数值也比较接近，因此，模型也得到较好的验证(图 4.11)。

贾慧聪等(2011)根据前期已经调整好的“丹玉十三”玉米作物遗传参数，利用 EPIC 模型

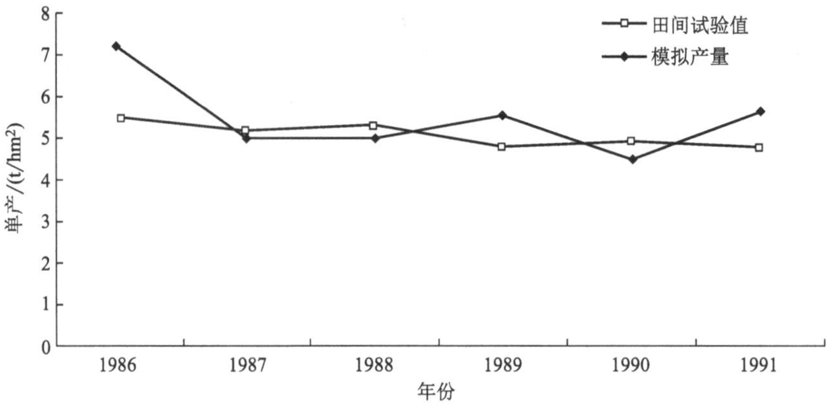

图 4.11 “丹玉十三”典型玉米品种模拟产量和实测产量的验证(贾慧聪 等,2011)

对这种玉米 Y1 情景和 Y2 情景分别进行模拟。计算每个站点在相应整个生长季内的旱灾致灾指数和 2 种灌溉情景设定下的玉米产量损失值。最终通过 MATLAB 软件非线性统计模型进行多次拟合,回归出脆弱性曲线图和相应的函数方程(图 4.12)。

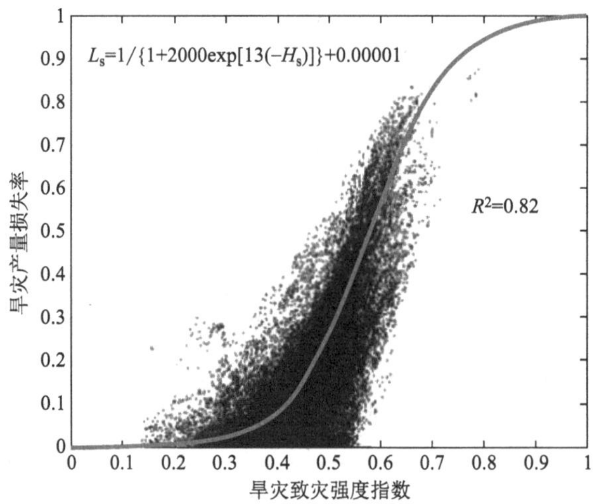

图 4.12 典型玉米品种“丹玉十三”旱灾自然脆弱性曲线(贾慧聪 等,2011)

② 分生育期玉米旱灾风险评价

贾慧聪等(2011)基于 EPIC 模型模拟的 1961—2005 年黄淮海夏播玉米区玉米的生长过程,“分 5 个生育时期”进行黄淮海夏播玉米区玉米旱灾风险的评价,找出了玉米致灾和成灾的高风险生育期,以期为玉米旱灾的分生育期防范提供科学依据。

致灾风险刻画的是玉米不同生育阶段降水供给与需求的平衡关系,而成灾风险刻画的是玉米不同生育阶段因旱生物量损失的大小。

贾慧聪等(2011)在确定玉米不同生育阶段对应的日期后,基于研究区内每个 8 km 网格的每年不同生育阶段,运用 EPIC 模型,进行各自生育期的逐日 WS 值模拟。根据玉米旱灾危险性评价指标 H,确定 1966—2005 年每年每个生育期的玉米干旱致灾强度指数均值,绘制出黄淮海夏播玉米区全区各生育阶段与旱灾致灾风险变化的对应曲线图(图 4.13)。整体来看,随着生育期的推移,玉米旱灾的致灾风险呈现先升高再降低后升高的趋势。可以得出:抽雄期—乳熟期是玉米旱灾致灾风险的高风险时期，而播种期—出苗期、出苗期—拔节期的玉米受旱致灾风险较低。

不同生育时期干旱致灾风险对产量的影响程度的差异。首先，播种期—出苗期对水分胁迫的抵抗力比较强，适当的水分胁迫可以起到蹲苗和抗旱锻炼的作用。所以，苗期阶段轻度干旱有利于根系生长，增加根叶比，对产量有益。从图 4.13 中也可看出，此生育阶段干旱的生物量损失不增反减。拔节期是玉米株体形成的重要时期，植株生长旺盛，玉米需水强烈，此期受旱对玉米的株高、叶面积和根系生长影响变大，进而对产量的影响较大。而抽雄期的玉米主要由营养生长向生殖生长过渡，体内新陈代谢旺盛，为玉米的需水临界期，该期的干旱对产量损失产生重大影响。抽雄期 6 月下旬—7 月中旬的生物量损失率达到最大，基本保持在 0.04 附近。进入乳熟期后，玉米仍需要较多的水分，此时玉米的光合作用和蒸腾都在旺盛进行，同时大量的营养物质从茎叶向果穗运移，此期受旱玉米植株生物量减产风险仍较高。进入成熟期后，玉米自身的生物量已经达到最大值，干旱胁迫对玉米的减产损失率基本保持在 0.03。收获期时由于植株的水分亏损率变小，生物量损失率有下降的趋势。因此，拔节期—抽雄期对水分胁迫的敏感性最高，这可以作为减轻旱灾风险水平，选择田间灌水时期以及灌水数量的重要依据，以达到最优的玉米产量结果。

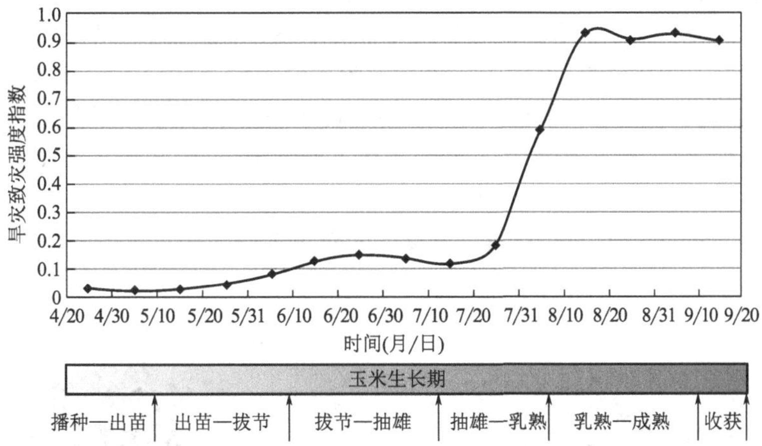

图 4.13　1966—2005 年各生育阶段划分与旱灾致灾风险变化的对应关系(贾慧聪 等,2011)

黄淮海平原的年降水量虽然主要集中于 6—9 月，由图 4.13 可以得出，黄淮海夏播玉米区的玉米耗水高峰处于 7 月下旬—8 月中下旬，导致此时期的玉米水分胁迫风险最高。因此，玉米旱灾致灾风险最高的生育阶段——乳熟期前后应加强防范。

(2)小麦旱灾脆弱性曲线

王志强等(2010)应用 EPIC 模型评价小麦旱灾风险时，采用的致灾强度公式与贾慧聪等(2011)略有不同：

$$Hl_{dyj}=\frac{\sum_{i=1}^{n}(1-WS_i)}{\max Hl_d} \tag{4.31}$$

式中，Hl_d 为干旱致灾强度指数；Hl_{dyj} 为 y 年 j 评价单元的干旱致灾强度指数；WS_i 为第 i 天受水分胁迫影响的当天的胁迫值；n 为生长季内受水分胁迫影响的天数，$\max Hl_d$ 为所模拟的所有评价单元所有模拟年份内 $\sum_{i=1}^{n}(1-\mathrm{WS}_i)$ 的最大值。干旱致灾强度指数越大,受旱强度越高,反之受旱的强度越低。

王志强等(2010)根据全国749个站点的气象数据,建立各种小麦旱灾致灾强度胁迫的情况,利用EPIC农作物生长模型,计算出不同情景下的小麦产量损失率,然后通过Logistic曲线拟合出小麦品种的旱灾自然脆弱性曲线。

因为不同小麦品种干旱脆弱性不同,王志强等(2010)选择了两个小麦品种:春小麦永良4号和冬小麦温麦6号。为了求得这两个品种的干旱脆弱性曲线,他们选择田间作物实验观测数据年代长且连续种植同一品种小麦的两个站的资料进行模拟,一是宁夏永宁县的春小麦永良4号,另一是河南许昌市的冬小麦温麦6号。按照模型需要的数据,将试验站点2000—2006年逐日气象数据、土壤数据和田间管理数值(犁地、播种、施肥、灌溉、打药、收获等)输入设置好的站点EPIC模型中,将输出的作物产量与实际作场产量比较,调整作物参数,直至模拟产量与实际产量拟合最好为止。

为了对作物参数进行校验,王志强等(2010)选择了中国北方主要小麦产区的70个站点,进行了模拟产量与实测产量验证。这些站点在品种上覆盖了冬小麦和春小麦,在灌溉方式上分为灌溉和雨养,模拟产量与实测产量两者的确定系数 R^2 为0.702。

王志强等(2010)根据上面宁夏永宁县的春小麦永良4号、河南许昌市的冬小麦温麦6号田间实验数据确定的遗传参数,利用40 a实际气象观测资料,应用EPIC模型对完全满足养分和水分情景($Y1$)和完全满足养分与不灌溉或雨养情景($Y2$)两种情景下分别进行模拟。首先制作干旱致灾强度指数(基于式(4.31))和旱灾因灾产量损失率(基于式(4.30))的散点图(图4.14),每一个散点代表一个站点某年因旱灾产量损失率和干旱强度指数。然后利用非线性统计模型进行多次Logistic曲线拟合,得到永良4号春小麦确定性系数为0.725,温麦6号冬小麦为0.568。

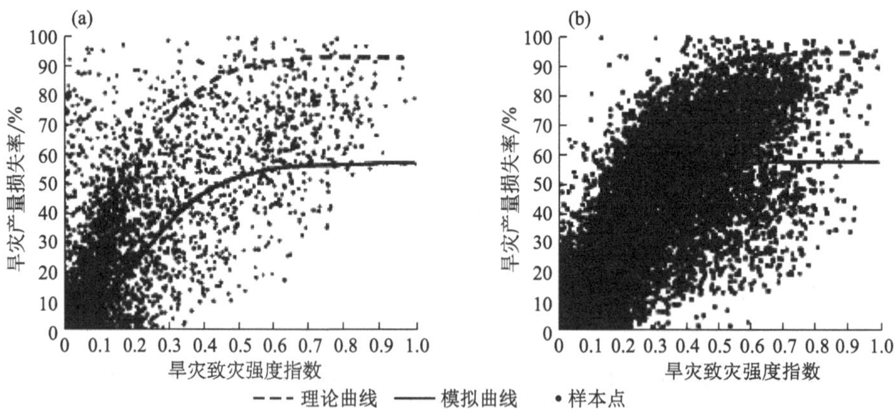

图4.14 典型小麦旱灾自然脆弱性曲线(王志强 等,2010)

(a)永良;(b)温麦

从图4.14可以看出,小麦旱灾的自然脆弱性曲线,不同类型、不同品种脆弱性曲线不同。在干旱致灾强度不大的情况下,温麦6号冬小麦的脆弱性比永良4号春小麦要略小一些;尽管损失的最大值都趋近60%,但温麦6号冬小麦灾损率的增长速率比永良4号春小麦灾损率的增长速率要低。

在理想状况下，自然脆弱性曲线中的灾损率应当从 0 值逐步增加到 1，也就是说极端干旱情况下产量应当为 0。但实际拟合脆弱性曲线的灾损率最高值为 0.6 左右，这是因为模拟过程中采用的干旱强度为我国过去 40 年的实际水分胁迫，不存在极端干旱的情形。

4.5.3　水稻田间干旱模拟试验

余学知等(2001)1995 年对水稻田间干旱进行了模拟试验研究。供试品种晚稻为余赤 231-8。晚稻自分蘖、拔节、孕穗和抽穗始期立即排水，分别作 10 d、20 d、30 d、40 d、50 d，10 d、20 d、30 d、40 d、50 d，10 d、20 d、30 d、40 d 和 10 d、20 d、30 d 连续干旱处理，并设置了对比组。试验表明，在连续干旱 10～15 d 后，尽管设计层的农田水分已降到田间持水量的 50%左右，产量仍较高。一方面，这时已进入秋季，气温降低使农田蒸散量大减，水分胁迫不严重。另一方面农田水分适当减少有利于土壤透气和水稻根系活动。但在连续干旱 20 d 以上，晚稻则减产。说明干旱累积到一定程度将造成灾害。

余学知等(2001)还根据试验数据分析了晚稻不同生育期干旱对产量的影响，得到如下结果。

晚稻分蘖期经连续干旱处理后其产量(y_i)与连续干旱天数(t_i)的关系为抛物线型，模拟方程为：

$$y_i = 473.1 - 9.67(t_i - 13) + 0.002\, t_i^2 \quad (n=55, r=-0.944^{**}) \tag{4.32}$$

式中，* * 表示通过 $\alpha=0.01$ 的显著性检验，下同。

晚稻分蘖前期短期干旱能促进分蘖和壮蘖，产量有所增加，这与晚稻早期要落干晒田的丰产经验相吻合。但在分蘖期再受连续干旱就导致减产。

晚稻拔节期、孕穗期经连续干旱后产量呈直线下降，产量(y_i)与连续干旱天数(t_i)关系的模拟方程为：

$$\text{拔节期}\ y_i = 453.47 - 5.88t_i \quad (n=60, r=-0.992^{**}) \tag{4.33}$$

$$\text{孕穗期}\ y_i = 399.75 - 8.28t_i \quad (n=45, r=-0.965^{**}) \tag{4.34}$$

水稻拔节期和孕穗期是水分临界期(关键期)，遇水分胁迫和干旱就减产，且干旱期越长减产越多，甚至绝收。

晚稻抽穗期经连续干旱处理后其产量(y_i)和连续干旱天数(t_i)的关系为抛物线型，模拟方程为：

$$y_i = 378.72 + 25.0(t_i - 4) - 0.916\, t_i^2 \quad (n=35, r=-0.906^{**}) \tag{4.35}$$

晚稻抽穗扬花后遇不严重的干旱还有增产效果。

试验表明水稻的水分关键期在拔节到孕穗期，受旱会抑制性器官的发育，导致畸形，减产严重；分蘖期到拔节期受旱，水稻有较强的补偿能力，对晚稻有增产作用。

4.6　冰雪灾害脆弱性曲线

对雪灾最敏感的承灾体是牲畜和交通运输(所谓雪阻)。雪灾脆弱性曲线的构建主要依靠基于灾情数据的统计分析法。

3.9.4 节给出了设施农业雪灾脆弱性曲线，下面研究牲畜雪灾脆弱性曲线，并阐述冰雪对架空输电线、高速铁路的危害。

4.6.1 牲畜雪灾脆弱性曲线

青海省气候中心采用灾损案例法拟合青海雪灾承灾体脆弱性曲线(章国材,2014)。青海畜牧业雪灾承灾体为牲畜。分别选择积雪深度(致灾因子)和牲畜死亡率为指标,依据灾情数据库中34个典型灾情案例,运用SPSS软件平台非线性统计模型进行多次拟合,得到青海畜牧业雪灾脆弱性曲线(图4.15),为曲线方程(4.36)。R^2 值为0.891,方差分析表明拟合效果是显著的,通过了检验。不同牲畜承灾体对于同样的雪灾其灾损敏感性也不同。在实地调查的基础上,根据经验数据,拟合不同牲畜的脆弱性曲线(图4.16)。

$$Y=1/(0.01+1\times 0.923x) \tag{4.36}$$

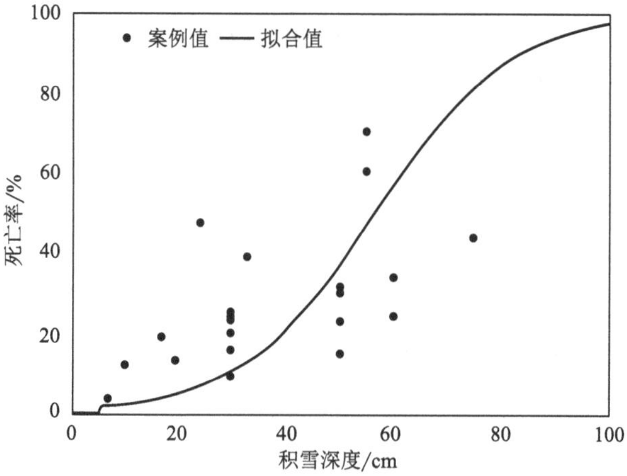

图4.15 青海畜牧业雪灾脆弱性曲线

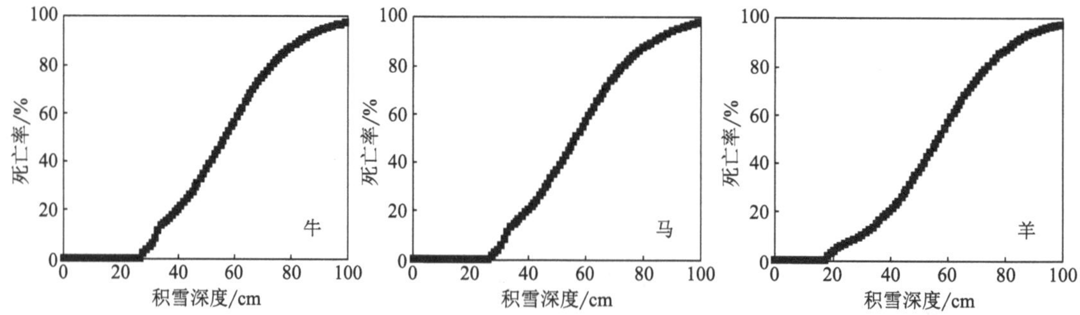

图4.16 不同牲畜灾损敏感性曲线

白媛等(2011)依据案例数据库中所提供的致灾强度和牲畜死亡率数据,在不考虑牲畜自然死亡率的情况下,使用灾损拟合法构建青海畜牧业雪灾脆弱性曲线。其中,牲畜死亡率是位于[0,1]区间的一个系数。假设当积雪深度为0时,牲畜的死亡率为0;当积雪深度达到一定程度时,牲畜死亡率可以接近甚至达到1。依据灾情数据库中14个典型灾情案例,运用SPSS软件平台非线性统计模型进行多次拟合,得到青海畜牧业雪灾脆弱性曲线(图4.17),曲线方程为:

$$f(H)=-0.095H^2+1.033H \tag{4.37}$$

式中，$f(H)$为牲畜死亡率，H 为致灾因子的危险性指数，等于实际积雪深度(200 cm)，R^2 值为 0.956，方差分析表明拟合效果是显著的，通过了检验。

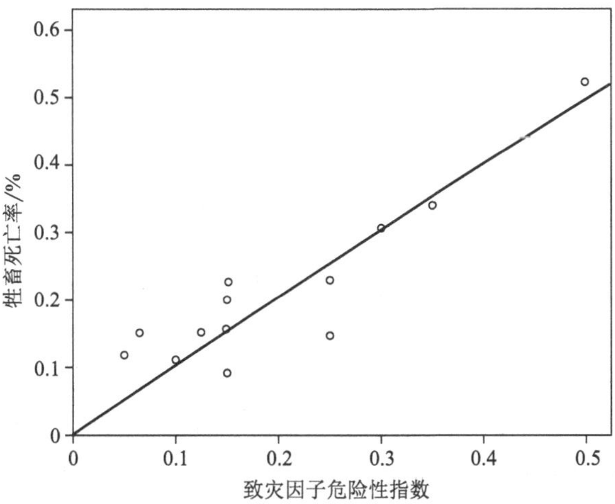

图 4.17　青海畜牧业雪灾脆弱性曲线(白媛 等，2011)

这两项雪灾脆弱性研究都是针对青海省牲畜业的，得到的雪灾脆弱性曲线有所不同，其原因是样本数不同，青海省气候中心采用了 34 个个例，白媛等(2011)只采用了 14 个个例，从统计的意义上讲，前者比后者的可靠性更高一些。

4.6.2　输电线路覆冰脆弱性分析

中国南方省市 2008 年遭受了严重的冰冻雨雪灾害，造成电力系统大范围倒塔、断线和闪络，给电力系统的稳定运行与电力的正常供应带来了巨大的压力与威胁。因此，研究并判定覆冰灾害下电力系统的输电线路脆弱性是亟须解决的问题。

张厚荣等(2018)基于线路绝缘子串拉力测量系统，给出了绝缘子串倾角的理论计算方法；应用有限元方法对覆冰工况下的耐张塔失效进行了研究。

输电塔塔架是由许多杆件组合在一起的高耸结构，属于高次超静定结构体系。单根杆塔构件的失效并不一定会导致整个杆塔体系的失效，而是相应的构件破坏达到一定数目时，塔架整体形成了机构或者局部破坏才整体破坏。张厚荣等(2018)给出 3 种判定杆塔结构体系失效的状态。

(1)结构变为机构。判断标准为：当部分构件失效后，剩余没有失效的构件总体刚度矩阵 K_{residual} 奇异，表现为 ANSYS 计算程序不收敛；

(2)结构变形大于许用值。一般认为输电塔结构的总体位移反应界限点发生在顶端处，若塔顶位移超过一定值，即认为输电杆塔破坏；

(3)结构不再能够承受额外荷载或结构承载力首次出现降低现象。一般表现为铁塔主要构件应力比值过大，出现了破坏，即认为输电杆塔破坏。

张厚荣等(2018)结合以上三点，参考相关文献和规程，制定分级失效判据如表 4.20 所示，依据失效情况分为 3 级：轻微破坏、中等破坏和严重破坏，其中 ξ 表示构件应力比值，d 表示塔顶位移，h 表示塔高。

表 4.20　杆塔分级失效判据(张厚荣 等,2018)

类别	轻微破坏	中等破坏	严重破坏
杆塔斜材	$\xi>1.0$	$\xi>1.15$	—
杆塔主材	$0.8<\xi<1.0$	$1.0<\xi<1.15$	$\xi>1.15$
塔顶位移	—	$3h/1000<d<h/100$	$l>d/100$
收敛性	—	—	程序不收敛

注:“—”表示不适用。

张厚荣等(2018)依据当地电网维护人员对杆塔绝缘子串拉力监测的各级警戒值,在参考拉力的基础上,以 50 kN 为差值,不断增大杆塔两侧拉力值,对杆塔有限元模型进行仿真计算,以探究两侧拉力的改变对杆塔失效的影响,总结杆塔失效的一般触发范围。

依据各级拉力警戒值,分别将小号侧和大号侧拉力在 0～450 kN 分为 8 级,每级拉力相差 50 kN。依据覆冰情况下某侧拉力与水平面所呈夹角 θ,若此时该侧监测拉力大小为 T,则挂点竖直方向分量 T_V 为:

$$T_V=T\cdot\sin\theta \tag{4.38}$$

若杆塔转角度数为 α,则挂点处拉力横担方向分量 T_x 和垂直横担方向分量 T_z 为:

$$T_x=T\cdot\cos\theta\cdot\sin(\alpha/2) \tag{4.39}$$

$$T_z=T\cdot\cos\theta\cdot\cos(\alpha/2) \tag{4.40}$$

张厚荣等(2018)由式(4.38)—式(4.40)确定各挂点拉力载荷在各方向上的分量,对杆塔有限元模型进行加载求解,不断改变杆塔两侧拉力进行仿真计算,提取不同拉力组合下杆塔各单元的应力比值和各节点的位移,采用表 4.20 对杆塔安全状况进行判断。

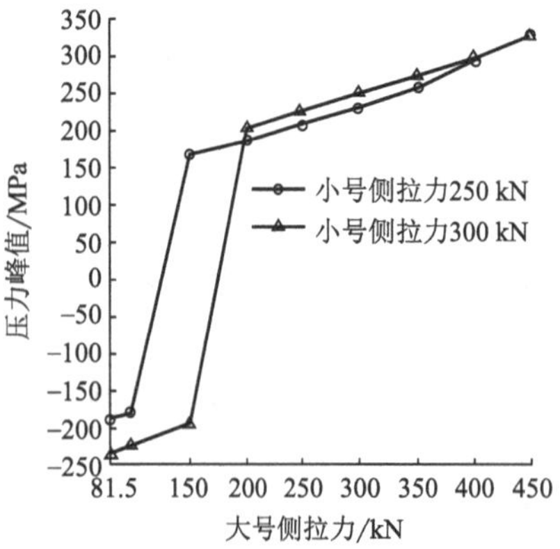

图 4.18　主材应力峰值随大号侧拉力变化曲线(张厚荣 等,2018)

以小号侧拉力 250 kN 和 300 kN 为例,提取出大号侧从参考拉力到 450 kN 变化过程中杆塔主材应力峰值,绘制主材应力峰值随大号侧拉力的变化曲线如图 4.18 所示。

从图 4.18 可以发现,当小号侧拉力一定时,大号侧拉力远小于小号侧拉力时,杆塔所受两侧不平衡张力较大,杆塔受压构件的应力较大;随着大号侧拉力增大,两侧不平衡张力逐渐减小,杆塔受压构件的应力也逐渐减小,杆塔安全状况也越来越好。当两侧拉力较接近时,随着大号侧拉力增大,不平衡张力又被拉开,逐渐变大,此时杆塔受拉构件应力逐渐增大直至接近屈服极限,杆塔危险程度也不断提高。小号侧拉力为 300 kN 时,当大号侧拉力较小时,两侧不平衡张力大于小号侧拉力 250 kN 的工况,因此受压构件应力也更大,曲线也在小号侧拉力 250 kN 的曲线下方,结果合理。实际对小号侧拉力为其他值时也做上述处理,分析发现结果都与小号侧拉力 250 kN 和 300 kN 时一致。

因此，评估杆塔失效的一般触发范围时，对于小号侧拉力一定，大号侧拉力过大或过小都可能导致杆塔失效，因此失效触发曲线应有两条。同时注意到杆塔失效是不平衡张力和载荷综合作用的结果，当一侧拉力较大时，例如小号侧拉力为 450 kN 时，无论大号侧拉力取何值杆塔都易出现失效。

由于杆塔失效是不平衡张力和载荷综合作用引起的，因此当由于人工融冰或自然脱冰造成耐张塔两侧不同时脱冰时，此时线路不平衡张力达到最大，杆塔面临着较大失效风险。

对应到有限元仿真中，将杆塔一侧挂点拉力载荷设为参考拉力（无覆冰工况下对应的拉力），另一侧拉力载荷从参考拉力开始不断增大，依据表 4.20 对杆塔安全状况进行判断，直到找出杆塔失效对应的杆塔一侧拉力大小。当本节所研究杆塔小号侧脱冰，大号侧未脱冰时，大号侧绝缘子串监测拉力超过 250 kN 时，杆塔有出现失效可能；杆塔大号侧脱冰，小号侧未脱冰时，小号侧绝缘子串监测拉力超过 200 kN 时，杆塔有出现失效可能。基于以上思路，张厚荣等(2018)给出杆塔失效区域如图 4.19 所示。

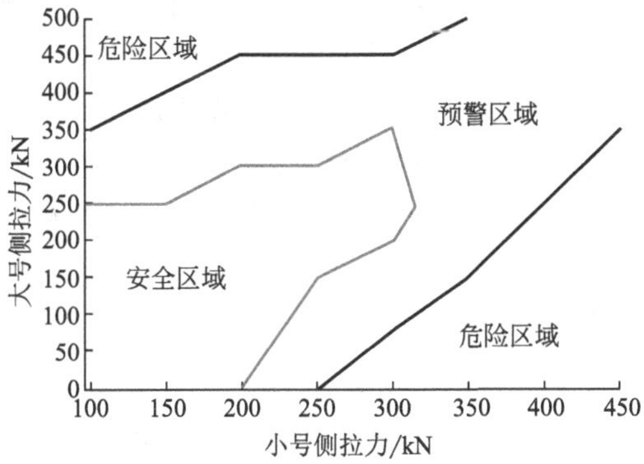

图 4.19 杆塔失效预警区域（张厚荣 等，2018）

如图 4.19 所示，当转角塔两侧监测拉力对应点位于安全区域时，表示杆塔安全状况较好，无倒塔风险；当位于预警区域时，表明此时杆塔有一定概率出现失效风险，需要引起电网维护人员注意，并采取一定的融冰措施，及时观测杆塔状况；当位于危险区域时，杆塔有大概率出现失效甚至可能发生倒塔事故，需要电网维护人员及时采取对应措施。

因此，在杆塔两侧覆冰时，需要提前考虑可能将要发生的最严重不同时脱冰情况：一侧档距内覆冰厚度为 0，另一侧档距内覆冰厚度较大，此时线路不平衡张力最大，杆塔处于最危险状况。依据失效判据判断此时杆塔是否失效，若有失效可能，则要求现场运维人员及时采取措施，防止发生由于线路不均匀脱冰带来的杆塔失效事故。

4.6.3 高速铁路冰雪脆弱性分析

高速铁路冰雪脆弱性问题严重阻碍其运营与拓展。冰雪飞溅是飞砟问题外延表现形式之一。一般认为列车时速超过 300 km 后易发生飞砟现象，但实际上在特殊路段或天气情况下，时速 250 km 甚至更低情况下也会发生飞砟现象，如路桥过渡段、桥梁、隧道以及严寒冰雪线路。需要明确，飞砟问题不仅存在于有砟道床、过渡段，还存在于无砟轨道结构线路。如严寒地区冰雪线路上，由于高速列车车体携带的积雪、融冰在列车动力或温度条件改变下（如跨越不同地区、穿越隧道、车站）散落击打列车、道床，并引起有砟道床表面冰雪、道砟及无砟轨道表面冰雪飞溅,击打车体,发生连锁反应。因此列车不得不采取冬季降速措施,如我国哈大高铁等。冰雪飞溅相对于普通飞砟现象,发生概率更高、破坏形式更多样、后果更严重(由于冰雪块体初始运行速度更快、质量更大、击打道床连续反应)。

林建等(2016)利用空气动力学仿真手段分析研究铁路道床表面冰雪飞溅现象。采用不可压缩三维定常雷诺时均方程(RANS)结合 k-ε 双方程湍流模型分析不同砟肩高度下强列车风对道床表面的气动特性影响。研究结果表明:列车风速越大,道床表面风压越大,越易引起冰雪飞溅;相同风速下,钢轨两侧轨枕槽内监测点风压值最小为 4～15 Pa,线路中心处监测点风压值约为其 10 倍,砟肩处监测点风压值约为其 25 倍,最易引起冰雪飞溅;砟肩高度每增加 50 mm,风压值增幅为 2%～7%。

井国庆等(2017)基于 k-εRealizable 湍流模型,采用滑移网格技术,建立 CRH3 型高速列车-有砟道床模型,对列车绕流特性和道床空气动力学特性进行研究,揭示冰雪飞溅机理,得到如下结论:①车头、车尾和转向架区域,风速和风压出现大幅度波动,冰雪飞溅概率较高;②道床中心风压较大,风速较高,冰雪块极易发生飞溅现象,道床表面风压由内向外递减,轨枕槽内易出现冰雪块移动和堆积;③列车速度是影响冰雪飞溅的关键因素,随着车速增加,风压值随之变大,列车速度在 250 km/h 以上时,车速每增加 100 km/h,风压峰值增加约 1 倍,冰雪飞溅概率明显增加;④风压随着砟肩堆高的增大而增大,在列车速度为 350 km/h 条件下,砟肩堆高由 0～150 mm,负压峰值增幅达 9.0%,因此在保证道床横向阻力基础上宜降低砟肩堆高。

4.7 地震脆弱性曲线

地震脆弱性曲线起初应用于核电站的地震概率风险评估。Orsini(1999)基于建筑震害现场调查,提出使用无参数的地震强度等级建立了易损性函数。Singhal 等(1996,1998)运用蒙特卡罗仿真法,对钢筋混凝土框架结构建立了易损性曲线。Hwang 等(2004)针对缺乏桥梁结构地震破坏数据的地区,考虑地震地面运动、局部工程场地条件和桥梁自身参数的不确定性构建了桥梁结构的易损性曲线(图 4.20)。

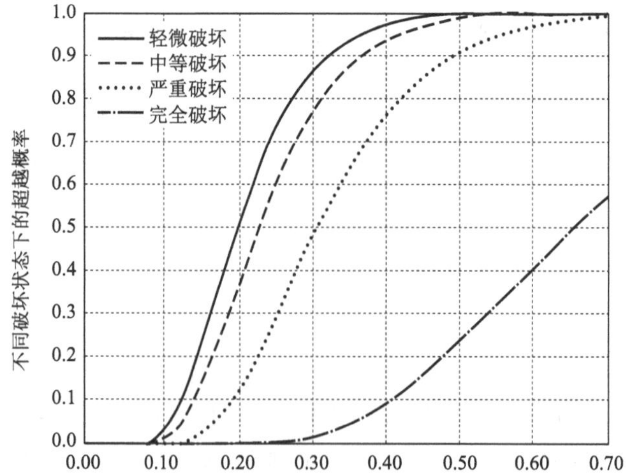

图 4.20 钢筋混凝土桥的地震易损性曲线(Hwang et al.,2004)

Shi 等(2006)利用台湾震后调查数据建立了 PVC 管道的地震脆弱性曲线。Colombi 等(2008)根据意大利地震案例数据分别建立了砖结构和加固结构的建筑脆弱性曲线,并与地震模型建立的脆弱性曲线进行了对比分析。在地震灾害脆弱性曲线研究中,常用的致灾强度指标有峰值地面加速度、地表位移和结构自振周期对应的加速度反应谱等。

美国 HAZUS 灾害评估系统中脆弱性函数是建筑设施、运输系统、生命线系统等在地震下脆弱性分析的通用公式,被广泛应用于世界各国对地震灾害下公共基础设施的脆弱性计算,可用累计对数正态分布函数描述,如式(4.41)。

$$P_k^{\mathrm{DMG}}(\mathrm{PGA}_g)=\int_0^{\mathrm{PGA}_g}\frac{1}{\sqrt{2\pi\xi\kappa S}}\exp\left(-\frac{1}{2}\frac{\ln S-\lambda_k}{\xi_k}\right)\mathrm{d}s \tag{4.41}$$

式中:$k=1,2,3,4$,分别表示设备的 4 种损坏状态,$k=1$ 表示轻度损坏,$k=2$ 表示中度损坏,$k=3$ 表示高度损坏,$k=4$ 表示完全损坏;$P_k^{\mathrm{DMG}}(\mathrm{PGA}_g)$ 表示设备达到第 k 种损坏状态的概率,与其所处地区的 PGA(峰值加速度)有关;λ_k 、ξ_k 分别为设备在第 k 种极限损坏状态下脆弱性曲线的对数均值和标准差,由美国联邦应急管理署开发的 HAZUS 技术手册给出,地震灾害下配电网四种极限状态的对数均值和标准差见表 4.21。

表 4.21　配电网四种极限状态下的对数均值和标准差

受损程度	对数均值	标准差
轻度	0.24	0.25
中度	0.33	0.2
高度	0.58	0.15
完全	0.89	0.15

赵东升等(2022)构建了我国及区域地震灾害房屋脆弱性曲线。

(1)数据与方法

① 数据来源

本研究认为,同一烈度对承灾体的破坏力是相近的,按照烈度区进行房屋毁坏比例数据的收集,将有助于脆弱性曲线拟合精度的提高。灾情数据涉及 1996—2017 年期间有震害调查的 116 个震例,数据项包含震发日期、震中地点、震级、震中烈度、影响烈度、房屋类型、房屋毁坏比例等。数据主要来源于中国地震局震灾应急救援司(2010,2015,2020)和公开发表的文献资料。

我国房屋结构大致可以分为:钢筋混凝土结构(简称钢混结构,又称框架结构)、砖-钢筋混凝土混合结构(简称砖混结构)、砖木结构和土木结构。本研究主要对这四类结构房屋构建脆弱性曲线,民族特色性房屋等暂不做考虑。房屋的破坏等级可分为 5 级,分别为基本完好、轻微破坏、中等破坏、严重破坏和毁坏。其中,毁坏是指房屋的多数承重构件严重破坏,结构濒于崩溃或已倒毁,已无修复可能。"毁坏比例"表示某结构类型房屋在特定地震强度下,毁坏面积占该类抽样房屋总建筑面积的比例。赵东升等(2022)主要对房屋的毁坏比例进行分析,并基于地震烈度与房屋毁坏比例间的关系构建脆弱性曲线。

② 研究方法

(a)不同类型房屋发生毁坏的概率分析。在地震灾害中,建筑物毁坏比例为 0 的情况客观存在并且占有相当数量。因此,本研究采用概率方法,假设在地震烈度为 i 时,房屋毁坏事件的发生是随机的,那么,可以假设每次发生房屋毁坏的概率为 P_i,不发生房屋毁坏的概率为 $1-P_i$。P_i 的计算方法为:

$$P_i = N_i / N_t \tag{4.42}$$

式中,N_i 表示地震烈度为 i 时发生房屋毁坏事件的次数,N_t 表示烈度为 i 的地震总次数。

脆弱性曲线将基于毁坏比例不为 0 的数据进行拟合。

(b)在全国和地区尺度构建脆弱性曲线。赵东升等(2022)首先对全国范围的房屋毁坏比例数据进行脆弱性曲线拟合,其次基于数据有效性,对一些地震多发省区构建脆弱性曲线,以提高脆弱性曲线的估算精度和地区适用性。地震灾害与承灾体损失的相关性研究发现,地震烈度与承灾体损失的关系最为密切(刘毅 等,2011),因此这里采用地震烈度作为地震动强度的表征指标。

赵东升等(2022)全国尺度脆弱性曲线构建:以省(区)为最小单元,以省(区)数据的平均值为样本进行脆弱性曲线拟合。地区尺度脆弱性曲线构建:由于钢混结构和砖混结构的抗震性能高于土木结构和砖木结构房屋,其发生毁坏的概率更小,可用于脆弱性曲线拟合的数据较土木结构和砖木结构明显减少,很难支撑地区尺度的脆弱性曲线构建。因此,该研究主要对土木结构和砖木结构房屋构建地区尺度的脆弱性曲线。基于数据有效性,选择部分地震多发的西部省(区)构建脆弱性曲线,为地区尺度地震灾害房屋脆弱性和毁坏风险研究提供参考。

地震灾害脆弱性曲线在形态上是随着地震烈度增加,损失率随之增加并逐渐趋近于100%的一条曲线。本研究基于 SPSS 统计软件,利用 Logistic 函数拟合房屋脆弱性曲线。

(2)研究结果

① 概率分析

赵东升等(2022)基于 1996—2017 年我国 116 次地震灾害土木、砖木、砖混和钢混四种结构房屋的毁坏比例数据,计算地震烈度为 Ⅴ～Ⅷ度的毁坏概率。当烈度为 Ⅴ、Ⅵ、Ⅶ和Ⅷ度时,土木结构房屋发生毁坏的概率分别为 42%、58%、81%和 100%。砖木结构房屋发生毁坏的概率分别为 11%、30%、45%和 88%。砖混结构房屋的毁坏概率分别为 0、7%、33%和 64%。钢混结构房屋的毁坏概率分别为 0、0、6%和 25%(表 4.22)。

表 4.22　四种结构房屋在地震灾害中发生毁坏的概率(赵东升 等,2022)

烈度	土木结构毁坏概率/%	砖木结构毁坏概率/%	砖混结构毁坏概率/%	钢混结构毁坏概率/%
Ⅴ	42	11	0	0
Ⅵ	58	30	7	0
Ⅶ	81	45	33	6
Ⅷ	100	88	64	25

② 全国尺度脆弱性曲线构建

赵东升等(2022)对全国尺度不同结构房屋进行脆弱性曲线拟合,其中,土木结构房屋的数据覆盖新疆、四川、云南、甘肃、内蒙古、黑龙江、青海、西藏和河北 9 省(区);砖木结构房屋的数据覆盖新疆、四川、云南、甘肃、内蒙古、黑龙江、青海、吉林、广西、重庆和河北 11 省(区);砖混结构房屋数据覆盖新疆、四川、云南、甘肃、广西、江西 6 省(区)。

对于钢混结构房屋,在所收集的 70 余条毁坏数据中,非零数据仅为 3 个,分别为 2007 年云南宁洱地震Ⅷ度烈度区和 2008 年四川汶川地震Ⅶ度和Ⅷ度烈度区,因此该研究暂不对钢混结构拟合脆弱性曲线。但可以依据房屋毁坏概率和历史灾情数据，对钢混结构房屋不同烈度下的毁坏比例进行估算。由概率分析可知，当地震烈度为Ⅵ度及以下时，钢混结构房屋毁坏概率为 0(表 4.22)，因此毁坏比例也可估算为 0。当烈度为Ⅶ度时，毁坏比例可采用 2008 年四川汶川地震Ⅶ度区的毁坏比例 0.3%；当烈度为Ⅷ度时，毁坏比例可采用 2007 年云南宁洱地震和 2008 年四川汶川地震Ⅷ度区毁坏比例的平均值 6.28%，当烈度为Ⅸ～Ⅺ度时，可采用 2008 年四川汶川地震Ⅸ～Ⅺ度区的毁坏比例 13.06%。

全国尺度脆弱性曲线的拟合结果如图 4.21。不同烈度和地震等级下四种结构房屋的毁坏比估算值见表 4.23。

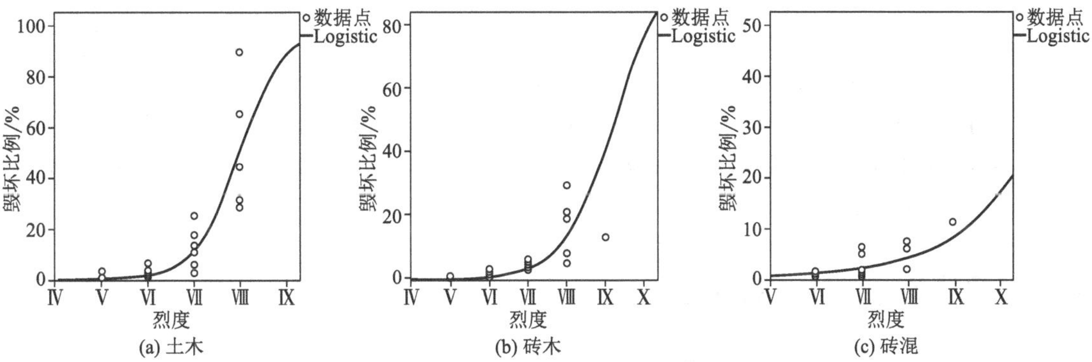

图 4.21　地震灾害房屋脆弱性曲线(全国尺度)(赵东升 等，2022)

表 4.23　四种类型房屋分烈度毁坏比例估算值(全国尺度)(赵东升 等，2022)

	Ⅴ	Ⅵ	Ⅶ	Ⅷ	Ⅸ	Ⅹ	Ⅺ	Ⅻ
土木结构($y=1/(0.01+1.50\times10^{5}\times0.127^{x})$)	2.01×10^{-1}	1.56	11.12	49.62	88.58	98.39	99.79	99.97
砖木结构($y=1/(0.01+1.03\times10^{4}\times0.223^{x})$)	1.76×10^{-1}	7.83×10^{-1}	3.42	13.70	41.59	76.15	93.47	98.47
砖混结构($y=1/(0.01+1.47\times10^{2}\times0.452^{x})$)	0	7.91×10^{-1}	1.73	3.76	7.95	16.05	29.72	48.33
钢混结构	0	0	0.3	6.28		13.06	—	—

③ 地区尺度脆弱性曲线构建(略)

赵东升等(2022)指出，在研究所采用的房屋毁坏比例数据中，相同结构类型房屋的数据表现出一定的离散性，这一方面与房屋抗震性能的区域差异有关，另一方面也与统计口径等的差异有关，这给本研究带来了一些不确定性，脆弱性曲线在实际灾情中的估算精度仍有待进一步验证。

4.8　其他灾害脆弱性曲线

在滑坡和泥石流、雪崩灾害风险评估中，开始主要是评估致灾强度指标的掩埋深度和掩埋面积，雪崩灾害亦是常见的致灾强度的掩埋深度、雪崩面积和雪崩压强等，实际上是致灾因子的评估。

从20世纪90年代起,脆弱性曲线逐渐应用于滑坡、泥石流和雪崩等山地灾害的风险评估中。Bell等(2004)利用冰岛的数据对滑坡中建筑物和人的脆弱性进行了分析。Galli等(2007)针对意大利的建筑物和道路分别建立了滑坡灾害的脆弱性阈值曲线。

在泥石流灾害中,Fuchs等(2007,2009)采用奥地利历史灾情数据构建了不同结构建筑物泥石流脆弱性曲线。Akbas等(2009)构造了意大利泥石流掩埋深度和房屋脆弱性的关系曲线,并与前人结果进行了比较分析。

雪崩的脆弱性曲线近年才出现和推广(Cappabianca et al.,2008)。Wilhelm等利用瑞士、冰岛、奥地利等地的灾情数据构建了建筑物及人员的雪崩脆弱性曲线(Cannons et al.,2008;Jonasson et al.,1999;Keylock et al.,2001;Barbolini et al.,2004)。雪崩脆弱性曲线主要针对北欧、西欧等地的风险评估展开,研究也较为深入。

总体上看,滑坡与泥石流、雪崩等灾害的脆弱性曲线研究相对较为薄弱,主要是因为数据获取难度大、标准不一。此外,Heneka等(2011)研究了暴风雪、Eidsvig等(2011)和Leone等(2011)研究了海啸等灾害脆弱性曲线。

4.9 脆弱性曲线研究趋势

承灾体脆弱性曲线作为定量评估承灾体脆弱性的方法,成为灾情估算、风险定量评估的重要环节,因此受到国内外的广泛重视,其研究有如下趋势。

(1)从单曲线向多曲线集成发展

由于承灾体类型的不同,其脆弱性曲线也不同。例如,对于建筑物而言,木结构、砖混结构、钢筋混凝土结构(又可以区分为整体钢混结构和预制板结构),其抗震、抗洪涝、防风能力都不同,因此,单一脆弱性曲线已不能满足风险评估的需求,需要逐渐向多条脆弱性曲线集成发展,形成脆弱性曲线库。

目前,地震、水灾、冰雹灾种都逐渐形成了自己的脆弱性曲线库。美国联邦应急管理署(FEMA)在HAZUS-MH的洪水评估模型中就集成了多种来源的建筑物脆弱性曲线,形成了比较完备的水灾建筑物脆弱性曲线库。在风险评估中,可根据具体的孕灾环境和承灾体性质,选择合适的脆弱性曲线进行建筑物水灾损失计算(石勇 等,2009)。由Risk Frontiers构建的冰雹灾害脆弱性曲线库,是针对澳大利亚悉尼和布里斯班地区的冰雹损失开发的HailAUS模型。

不同国家、一个国家的不同地区,由于经济和社会发展水平不同,承灾体的脆弱性不同,基于灾情数据的脆弱性曲线构建方法都应当根据当地承灾体的灾损资料修订承灾体脆弱性曲线,被称为已有脆弱性曲线的再构建,它可以得到灾害风险评估更为精确的结果,从而为区域防灾减灾工作提供更为准确的支持。

(2)从单指标(曲线)向多指标(曲面)综合发展

很多灾害是多种致灾因子共同作用的结果,单指标脆弱性曲线往往不能反映真实的灾损,已经不能满足风险评估的需求,脆弱性曲线逐渐向多致灾参数综合发展。在水灾研究中,学者往往综合考虑水深、流速、淹没时间、水灾预警时间(石勇 等,2009;Smith,1994;Dutta et al.,2003a)或水深与水速的乘积作为致灾强度综合指数(Clausen,1989)。在冰雹灾害中,Hohl等(2002a)采用冰雹动能作为致灾因子指标,并用风速进行修正,较为显著地提高了建筑物冰雹脆弱性曲线精度。在 3.8 节中，我们利用冰雹直径和持续时间与灾损资料构建二元一次方程，得到冰雹脆弱性曲线。旱灾研究中有学者提出利用作物需水量、蒸散量和灌溉情景等因素综合计算得到的作物水分胁迫指数构建小麦的旱灾脆弱性曲线（贾慧聪 等，2011）。台风脆弱性曲线显然应当包含风和雨的共同作用，沿海地区还需要考虑风暴潮的影响。

由于历史灾害记录往往有限，而且历史灾损资料往往是各种致灾因子综合影响的结果，没有区分不同致灾因子的影响，因此需要构建多指数综合的脆弱性曲线，提高灾害数据的可用性。与此同时，需要加强自然灾害的精细调查，包括灾害产生的原因，不同致灾因子造成的灾损等。

(3)从单一方法向综合集成方法发展

基于灾情数据的脆弱性曲线构建方法需要比较完备的致灾因子和灾损的数据，致灾因子和灾损数据的不完备性和不精确性会影响曲线拟合的精度和准确度；基于系统调查的脆弱性曲线构建方法对调查数据准确性和假设情景的合理性要求很高，具有一定的人为因素；基于模型模拟的脆弱性曲线构建方法的准确性取决于模型的科学性，它虽然是今后应当大力发展的一种方法，但是研究得到一个科学的模型是一件不容易的事情，而且模型模拟的准确性也需要实际数据的验证和修正；实验模拟法也会因为实验设计方案的不同，得到有差异的结果。因此，脆弱性曲线的构建方法各有利弊，需要互相验证从而提高精度。因此，单一方法不能满足脆弱性曲线构建的需求，需要组合和优选，逐渐向综合集成方法发展。在地震和水灾研究中，有研究者将基于灾情数据构建的实际脆弱性曲线与基于模型构建的理论脆弱性曲线进行相互验证，从而提高曲线的精度。

从脆弱性曲线综合化研究趋向来看，随着灾害风险评价理论和技术的不断发展，人们开始从多个视角、多元化综合考虑，探索致灾因子和承灾体脆弱性间的定量关系。而多视角、多元化的综合应用也将成为脆弱性曲线今后的发展趋势。

从不同灾种的脆弱性曲线发展来看，地震、水灾等灾害的研究集合政府、商业和保险等领域的力量，灾害脆弱性曲线研究起步早且发展较为成熟，国外已经积累了大量成果构建脆弱性曲线库，形成了较完善的脆弱性评估模型；其他一些灾种，如滑坡、泥石流、雪崩等，脆弱性曲线研究起步较晚，成果大多以特定区域单一的脆弱性曲线形式呈现，应用价值还需进一步证实推广。从研究区域上看，脆弱性曲线的研究主要集中于发达国家，尤其是自然灾害高风险区，如美国、日本和欧洲莱茵河流域等地的洪水脆弱性曲线，欧洲阿尔卑斯山区的滑坡与泥石流脆弱性曲线研究等。越来越多的灾种开始研究应用脆弱性曲线，研究区域逐渐扩大，整体研究有不断推广和深入的趋势。承灾体脆弱性研究正在向定量化、精确化方向发展。

国内虽然进行了不少跟随性的研究工作，但是研究的广度和深度都很不够，需要大力加强各种灾害敏感性承灾体脆弱性研究，建立定量化、精确度高的脆弱性评估模型，并用于实时的风险评估业务之中。

第5章 自然灾害风险评估

风险评估(risk assessment)是对风险发生的强度和形式进行定量评定和估计。由于风险是与某种不利事件有关的一种未来情景,决定了风险评估就是要认识未来的情景,因此,风险评估具有预测的性质。

一些人将灾害评估与灾害风险评估混为一谈。实际上,灾害评估一般是指灾后评估,即通过调查分析,对灾害事件产生的人员伤亡、经济损失、自然环境破坏量(包括数量和价值量)及其产生的原因进行分析评估。如果灾害评估指的是灾害预评估,由于预评估带有预测性质,与灾害风险评估的内涵相一致,只是灾害评估的两种不同说法而已,当然风险评估更吸引人的"眼球"。

5.1 自然灾害风险评估原理

我们在2.3.4节中已经得到自然灾害的风险表达式,对于人类社会,第 i 种承灾体的风险应当是而且只能是:

$$R_{d,i}|_{H(I)}=E_i\cdot V_{d,i}\cdot[a_i+(1-a_i)(1-C_{d,i})]|_{H(I)} \tag{5.1}$$

式(5.1)的物理意义是在强度为 I 的自然灾害 H 打击之下,暴露在自然灾害中的第 i 类承灾体因其自身的暴露量和脆弱性去除人类可以防御的那部分损失而可能造成的损失。它表达出风险的真正含义:"由于灾害的打击所造成的人员伤亡、财产破坏和经济活动中断的预期损失。"

它首先取决于自然灾害强度和影响范围,很显然,自然灾害强度越大、影响范围越大,承灾体的可能损失就越大。其次取决于承灾体的易损性:暴露在自然灾害中的承灾体(E_i)数量越多、价值越高,可能损失就越大;承灾体自身的脆弱性 $V_{d,i}$ 越大,可能损失就越大;人类防灾减灾能力越强可减少的损失就越多。

虽然自然灾害风险系统是由风险源危险性(致灾危险性)和承灾体易损性组成的,但是风险是相对承灾体而言的,因而,从逻辑上讲,风险评估模型中的构成元素只应当包括承灾体的易损性,而不应当包括致灾危险性。致灾危险性是风险源通过对承灾体的打击而表现出来的,是致灾的条件,正如式(5.1)所表示的那样。

某种自然灾害的总风险是这种自然灾害影响范围内所有承灾体风险之和:

$$R_d|_{H(I)}=\sum_{i=1}^{n}E_i\cdot V_{d,i}\cdot[a_i+(1-a_i)(1-C_{d,i})]|_{H(I)} \tag{5.2}$$

式中,i 是第 i 种承灾体;n 是灾害影响范围内承灾体的种类数量,特别是敏感承灾体的种类数量。

在做风险评估研究和业务时,时刻不能忘记风险是"由于灾害的打击所造成的人员伤亡、财产破坏和经济活动中断的预期损失。"如果风险评估模型不能真正反映承灾体可能的损失,那么就不是所需要的风险评估模型，因而是不可取的。

风险的这个内涵正是我们防灾减灾所需要的，防灾减灾的目的就是为了减小“由于灾害的打击所造成的人员伤亡、财产破坏和经济活动中断的预期损失”。如果风险评估方法不能达此目的，则不是我们所需要的。

5.2 国内外风险评估模型评述

国内外风险评估模型“五花八门”，笔者在本书再版时本来不打算介绍那些思路不对、概念不清的模型，但看到它们仍然“大行其道”，就不得不介绍了。看来需要对国内外风险评估模型进行总体评述，以利前行。

5.2.1 灾害风险指数系统(DRI)

UNDP(2004)研究的灾害风险指数系统(disaster risk index，DRI)是全球尺度灾害风险评估的代表，它开发了两个脆弱性全球指标(Pelling，2004b)：相对脆弱性和社会-经济脆弱性指标。相对脆弱性是经过标准化的死亡率数值，它测量因灾死亡的风险。它以 1980—2000 年的资料为基础，计算大、中尺度的地震、热带气旋、洪水所造成的各国的平均死亡风险。灾害风险评价模型如下：

$$R = H \cdot \mathrm{Pop} \cdot \mathrm{Vul} \tag{5.3}$$

式中：R 为风险(死亡人数)；H 为致灾因子，依赖于给定灾害的频率和强度；Pop 为暴露区的人口数量；Vul 为脆弱性，依赖于社会、政治、经济状况。

风险可以用死亡人口数量、死亡率和相对于受灾人口死亡率等多种指标表示，每一种指标都有其优势和不足。第一种指标每个人都有同样的权重，显然对小国不利；第二种指标大小国有同样的权重，但每个人的权重大国小于小国；第三种指标用来说明相对脆弱性。

脆弱性指标从经济、经济活动类型、环境质量和依赖性、人口、健康和卫生条件、早期预警能力、教育、发展八个方面选取了 25 个变量。

(1)物理暴露的计算

DRI 识别暴露在每一种致灾因子下的地区以及人口，并利用地理信息系统标识出来。它用绝对人口数量和相对人口数量两种方法计算物理暴露。

第一种方法：在每一个暴露区，多种致灾因子发生频率乘以当地人口，如式(5.4)所示。

$$\mathrm{PhExp}_{\mathrm{nat}} = \sum F_i \cdot \mathrm{Pop}_i \tag{5.4}$$

式中，$\mathrm{PhExp}_{\mathrm{nat}}$ 为国家级别上的物理暴露，F_i 是在一个空间单位上，一种特定强度事件每年发生的频率；Pop_i 为一个空间单位上的总人口。

第二种方法：当一个特定强度事件的年频率的数据没有办法获得时，物理暴露计算方法是受灾人口除以统计时段的年数，如式(5.5)。

$$\mathrm{PhExp}_{\mathrm{nat}} = \sum \mathrm{Pop}_i / Y_n \tag{5.5}$$

式中，$\mathrm{PhExp}_{\mathrm{nat}}$ 是一个国家的总物理暴露，Pop_i 是一个特定的影响范围内的总人口，这个影响范围的半径依灾害强度不同而异，如根据震级由震中辐射开来的半径范围；Y_n 是统计时段的年数。

这两种方法都违背了物理暴露的原意。特定强度事件每年发生的频率乘以空间单位上的总人口的物理意义是什么？受灾人口除以统计时段的年数,岂不是统计时段的年数越长,物理暴露越少？

(2)脆弱性指标和计算

DRI 采用统计方法对脆弱性指标进行筛选,检测每一种致灾因子的可见风险的社会、经济和环境指标。根据专家评判意见,共有 26 个变量被选入全球数据库。

DRI 用因灾死亡人数除以暴露人数计算一个国家相对于某种致灾因子的相对脆弱性。

(3)某种灾害风险评估计算公式

所进行的统计分析是基于两个主要假设:一是风险能够用过去灾害事件中的死亡人数来表示;二是风险计算采用多元指数相乘模型,如式(5.6)所示。第二个假设是不成立的。

$$K=C\cdot(\text{PhExp})^{a}\cdot V_1^{a_1}\cdot V_2^{a2}\cdot\cdots\cdot V_p^{a_p} \tag{5.6}$$

式中:K 是某一种致灾因子导致的死亡人数;C 是一个常数;PhExp 是物理暴露,即生活在暴露区的人口乘以致灾因子发生频率(前面已经指出它的荒谬性);V_i 是社会经济参数;a_i 是 V_i 的指数。

对式(5.6)取对数得:

$$\ln(K)=\ln(C)+a(\text{PhExp})+a_1\ln(V_1)+a_2\ln(V_2)+\cdots a_p\ln(V_p) \tag{5.7}$$

统计分析中用到的社会经济变量都要转变为 21 a 的均值。在回归分析中的一个重要条件是变量之间的彼此独立性,因此,式(5.7)社会经济变量都应当是独立变量,如果无法判断变量之间的独立性,可使用逐步回归方法,回归结果的有效性,通过方差分析和残差分析来确定。

(4)多种灾害风险综合

$$\begin{aligned}K_{\text{total}}=&K_{\text{cyclones}}(\text{PhExp}_{\text{cyclones}}^{0.63}\cdot\overline{\text{pal}}^{0.66}\cdot\overline{\text{HDI}}^{-2.03}\cdot e^{-15.86})+\\&K_{\text{floods}}(\text{PhExp}_{\text{floods}}^{0.78}\cdot\text{GDP}_{\text{cap}}^{-0.45}\cdot\text{D}^{-0.15}\cdot e^{-5.22})+\\&K_{\text{eathquakes}}(\text{PhExp}_{\text{eathquakes}}^{1.26}\cdot\text{U}_{\text{g}}^{12.27}\cdot e^{-16.27})+\\&K_{\text{drought}}(\text{PhExp3\_50}^{1.26}\cdot\text{WAT}_{\text{TOT}}^{-7.58}\cdot e^{14.4})\end{aligned} \tag{5.8}$$

式中:e 为欧拉常数,$e=2.718\cdots$;PhExp 为物理暴露;pal 为可耕地比例的转换值;HDI 为人类发展指数;GDP_{cap} 为用购买力评价的人均 GDP;D 为人口密度(如洪水区的人口密度);U_g 为城市增长率(用 3 a 一段来计算);PhExp3_50 为每年暴露于旱灾中的人数,旱灾的定义是持续 3 个月以上的阶段内降水小于或等于平均降水量的 50%;WAT_{TOT} 为获得饮用水的途径。

尽管这个模型物理概念不清楚,但根据式(5.8)总是可以算出一个数来,而且灾害越严重的国家,这个数值越大,联合国环境发展署就是用这个方法制定因灾的援助计划的。

5.2.2 灾害风险热点地区研究计划

参照世界银行和哥伦比亚大学联合发起的“灾害风险热点地区研究计划(The Hotpots Projects)”的思路,自然灾害评估可用下面的模型来表示(Dillcy et al.,2005)。

(1)风险指标

风险指标包括死亡率、经济损失总量和经济损失占 GDP 的比重,可以从每个地区的灾情数据中得到。全球灾害风险热点地区研究计划将这三个指数的原始数据均转化为 2.5′×2.5′ 的格点化数值。

(2)脆弱性指标

从理论上讲，当特定的地区的人口和经济财产暴露于某强度的灾害下，会有一个预期的损失概率密度方程。为了反映地区的防灾减灾能力的不同，将每个地区分为五种富裕水平：低、中低、中、中高、高，以人均 GDP 作为划分的依据，按联合国的标准。

用历史灾损数据计算不同富裕水平地区每种灾害的损失率，例如每 10 万人中灾损(至少 5～10 个灾害事件)死亡人数、经济损失占 GDP 的比重。

(3)灾害风险评估

灾害风险评估是对每一个地区而言的，利用历史灾损数据计算每个地区不同经济(富裕)水平下，每种灾害的死亡率和经济损失风险指数及权重。这里的权重是一个灾损累加值，即每个经济水平地区，每种灾害过去(有灾损数据的年数，设为 20 a)的损失的累计值。下面以死亡风险指数为例，说明计算过程和公式。

① 任意一个经济水平地区 j 中，对于某种灾害 h 每个格点 i 的累计死亡人口的计算公式为：

$$M'_{hij}=r_{hj}\cdot W_{hi}\cdot P_i \tag{5.9}$$

式中：P_i 为第 i 个格点评价年(例如 2008 年)的人口总量；W_{hi} 为 20 a 间，第 i 个格点中某灾害 h 发生强度(以频次表示)；r_{hj} 为第 j 个经济水平地区的第 h 种灾害的死亡率，其计算公式为：

$$r_{hj}=M_{hj}/P_{hj} \tag{5.10}$$

式中，P_{hi} 为第 j 个经济水平地区 2008 年受灾害 h 影响地区的人口数，M_{hi} 为该地区 1989—2008 年期间同种灾害的死亡总人数。

② 任意一个经济水平地区 j 中，每个格点 i 的累计死亡人口的加权表达式为：

$$M^*_{hij}=M'_{hij}\cdot M_{hj}/\sum_{h=1}^{n}M'_{hij} \tag{5.11}$$

式中：M^*_{hij} 为第 j 个经济水平地区中，每个格点 i 的累计死亡人口；M_{hj} 为第 j 个经济水平地区因灾害 h 的死亡人口数值；n 为受灾害 h 影响的格点总数。

③ 多种灾害死亡风险指数的加权计算公式

$$Y^*_i=\sum_{h=1}^{m}M^*_{hij} \tag{5.12}$$

式中，Y^*_i 为第 i 个格点综合风险指数，m 为灾害的种类数。

④ 进行风险等级分类。将每一种灾害的风险指数数值序列平均分为十个等级，位于前三位的风险等级代表“相对风险显著水平高”(即 8～10 级)。综合风险评估为某一格点所有灾害种类十分位等级数之和除以 m。

用这种方法可以得到每一个格点的每种和综合灾害死亡风险指数，同样可以得到灾害经济损失风险指数，便可以绘制风险地图。这种风险图中的灾害风险热点(8～10 级)便可以成为国际人道主义援助和世界银行紧急借贷资金再分配的重要依据，这也是世界银行为什么进行这项研究的重要原因。式(5.9)与式(5.4)的问题相同：风险不能用灾害发生频次乘以总人口或累计死亡人口表示。另外，各种灾害风险的分等定级是基于每种灾害自身的数据序列进行的，因此不同灾害的风险缺乏可比性。

5.2.3　欧洲多重风险评估方法

多重风险评估方法(multi-risk assessment)是欧洲空间规划观测网络(ESPON)项目组研

发的风险评估方法(Greving,2006),它是一种综合所有由自然和技术致灾因素引发的所有相关风险来评估一个特定地区的潜在风险的方法。它包含四个部分:致灾因子、潜在危害、脆弱性和风险,其中,脆弱性是风险的关键因素,它包括风险暴露程度(risk exposure extent)和应对能力(coping capacity)两个要素。评估的主要输出结果包括总体致灾因子、综合脆弱性和总体风险图。

(1)致灾因子图

对于每一种与空间相关的灾害而言,一张单独的致灾因子图需要显示致灾因子发生的地区和强度以及频率,致灾因子的强度被分成5级,不同致灾因子的相对重要性应用Delphi法根据专家的意见确定。表5.1为由Stefan Greiving所确定的致灾因子指标。

表5.1 致灾因子指标

自然和技术灾害	灾害指标	相对重要性/%
雪灾	可能出现崩塌的地区数	2.3
干旱	观测到的干旱数量(1904—1995)	7.5
地震	峰值地面加速度、伤亡人数	11.1
极端温度	高温天数、热浪(7 d最高温度)、严寒日数、寒潮(7 d最低温度)	3.6
洪灾	大规模河流洪灾事件重现期(1985—2002年)	15.6
森林大火	每1000 km^2内的火灾次数(1997—2003年)、生物地理区	11.4
滑坡	专家意见,向所有欧洲地质专家发放问卷	6
风暴潮	冬季风暴出现概率、冬季风速的变化	4.5
海啸	由海啸引发的重力滑坡区域,临近构造活动带的区域,临近已经发生过由地震、火山爆发或海底滑坡引发沿海啸的构性活动带	1.4
火山喷发	过去1万年已知的火山喷发	2.8
空难	5 km范围内的机场数量,每年乘客数量	7.5
主要事故	各区域内每平方公里内化工厂的数量	2.1
核事故	核电站的位置,距核电站的距离(以切尔诺贝利事故的微尘辐射经验为标准)	8.4
石油生产,石油加工,石油储存,石油运输	区域内炼油厂、石油港和石油管线的总数	7.8

(2)综合致灾因子图

综合致灾因子图将所有单个致灾因子的信息综合在一张图上,反映每一个地区所有灾害发生的可能性(潜在危险)。综合的方法就是对所有单个致灾因子的强度加权求和,即每个致灾因子的强度(1～5级)乘以Delphi权重后再相加。

(3)综合脆弱性图

把灾害暴露和应对能力的信息结合起来可以得到每一个地区的综合脆弱性图。灾害暴露由三个指标进行度量:①用地区人均GDP度量一个地区的基础设施、工业设备、生产能力、居民建筑等灾害暴露程度(权重为10%);②人口密度指标代表暴露区内可能的受害人口(权重为30%);③自然区的破碎化程度表示生态脆弱性(权重为10%);以人均GDP作为刻画应对能力的指标(权重为50%),反映一个地区应对和处理灾害影响的响应潜力。把灾害暴露和应对能力综合成一个脆弱性指标，然后划分出 5 个等级。

(4)综合风险图

将综合致灾因子强度等级和综合脆弱性指标综合起来就可以得综合风险指数，综合的方法首先将总的致灾因子强度等级和综合脆弱性指标等级排列成一个 55 的矩阵(表 5.2)，然后把每一级的综合致灾因子强度等级与脆弱性指数等级相加，共得到 9 个综合风险等级：2、3、4、5、6、7、8、9、10。

表 5.2　致灾因子强度与脆弱性等级的综合表

致灾因子强度等级	脆弱性等级				
	1	2	3	4	5
1	2	3	4	5	6
2	3	4	5	6	7
3	4	5	6	7	8
4	5	6	7	8	9
5	6	7	8	9	10

这种综合的方法实际上假定致灾因子与脆弱性各占 50%的权重。

这种评估方法可以对多种灾害风险进行综合评估，但也存在很多问题：第一，致灾因子和脆弱性线性叠加问题。这种做法有违风险评估的原意，它会造成不合理的结果，这一点已在第 2 章中阐述，此处不再赘述。第二，各种致灾因子的强度加权求和，各种承灾体脆弱性同样加权求和，权重由专家给出。这样做很简单，但不正确，因为任何专家都不可能给出一个符合实际的权重。各种灾害的权重应当由灾损的历史数据求得，而不是由专家主观给出权重。我们在这一章的最后一节会讨论如何正确处理这个问题。第三，度量局限的问题。例如应对能力只给出人均 GDP 一项明显不足，防灾减灾的组织和实施能力是一种重要应对能力，例如中国的人均 GDP 比美国低很多，但是两个国家对台风的应对能力不相上下，就是一个例证。当然还有数据质量和数据空间的匹配问题等。

5.2.4　灾害风险管理指标系统

灾害风险管理指标系统(System of Indicators for Disaster Risk Management)是哥伦比亚大学和美洲间发展银行共同研究的成果(Pelling，2004a)。他们用该指标系统对美洲国家 1970—2000 年灾害管理相关方面进行了系统定量的评价，识别出经济和社会领域的关键问题。

本指标系统共有 4 个综合指标：灾害赤字指数(Disaster Deficit Index，DDI)、地方灾害指数(Local Disaster Index，LDI)、通用脆弱性指数(Prevalent Vulnerability Index，PVI)和风险管理指数(Risk Management Index，RMT)。灾害赤字指数(DDI)从宏观经济和财政角度度量发生巨大灾害(例如 50 a 或 100 a 一遇的灾害)时国家的可能风险；地方灾害指数(LDI)用来识别地方经常发生的灾害事件所导致的社会、环境风险；通用脆弱性指数(PVI)是由一系列反映脆弱性(包括暴露、社会经济弱点和缺乏社会恢复力)的指标组成；风险管理指数(RMT)是由一组度量国家风险管理表现的指标组成，反映了在降低脆弱性和减少损失、备灾和恢复方面的组织和制度等行为。

(1)灾害赤字指数

$$DDI=\frac{MCE_{Loss}}{\text{economic resilience}} \tag{5.13}$$

式中:分子是潜在损失,是由致灾因子发生的超越概率和物理暴露的脆弱性共同决定的;分母是经济恢复力,它表示政府所能获得国内和国外的资金的能力,包括灾害准备金 F_1^P,即在灾害发生年,一个地区为应对灾害可支配的资金;一个地区预算再分配的余额 F_2^P,它与政府能够自由支配的资金余额有关;保险和再保险支付能力 F_3^P,即该地区所能得到的由政府承保的物质和基础设施的保险;援助和捐赠 F_4^P,可以来自公共和私人,国内和国外;国内信贷 F_5^P,来自中央银行和商业银行;外部信贷 F_6^P,来自多国组织和国外资本市场;新税 F_7^P,即在灾害事件中,一个地区通过新税所能得到的可能金额。

DDI 大于 1 意味着该地区没有能力处理极端灾害事件。DDI 越大,意味着灾害损失与该地区应对处理灾害能力之间的差距越大。

(2)地方灾害指数 LDI

LDI 用来识别一个地区经常发生的灾害事件所导致的社会环境风险,该指标反映了一个地区风险的空间差异性,企图为决策部门在建立地方政策时提供科学依据,在全国规划中提高对地方灾害的重视,同时为建立资源转移网络和风险管理提供依据。

$$LDI=LDI_{Deaths}+LDI_{Losses}+LDI_{Affected} \tag{5.14}$$

LDI_{Deaths}、LDI_{Losses}、$LDI_{Afected}$ 分别是因灾死亡人数、经济损失和对环境的破坏和影响,基于每个地区的灾害事件资料进行计算。

式(5.14)表示的实际上是灾损指标,并非真正的灾害风险指标。

(3)通用脆弱性指数 PVI

PVI 是一个合成指标,可以评价一个地区的脆弱性状态、主要脆弱性因素,它提供了度量一个灾害事件的直接、间接及潜在影响的方法,认为能够促进有效地实施预防、缓解、准备、风险转移和减灾措施。PVI 所提供的信息,对于住宅和城市发展、规划、经济、环境、农业、健康、社会福利等方面都有用途。

$$PVI=(PVI_{暴露}+PVI_{易损性}+PVI_{恢复力欠缺})/3 \tag{5.15}$$

暴露和易损性是风险存在的必要条件,暴露和(或)物理易损性(PVI_{ES})的指标包括易受影响的人口、财产、投资、生产、生计、古迹和人类活动,如表 5.3 所示。

表 5.3 暴露和(或)物理易损性(PVI_{ES})

描述	指标	权重
人口增长(平均年增长率)	ES1	$W1$
城市增长(平均年增长率)	ES2	$W2$
人口密度/(人/km^3)	ES3	$W3$
每天收入低于 1 美元的贫困人口 PPP	ES4	$W4$
资本/(百万美元/km^2)	ES5	$W5$
货物进出口与服务(占 GDP 比重)	ES6	$W6$
总国内固定投资(占 GDP 比重)	ES7	$W7$
可耕地、永久性耕地(占总土地面积比重)	ES8	$W8$

社会经济易损性(PVI_{SF})可以用贫穷、个人安全缺乏、文盲、收入不平等、失业、通货膨胀、债务、环境恶化等指标来反映。这些指标反映了一个国家或地区的弱点,即使这些影响不是累积的,它们也会对社会和经济水平产生重要影响(表 5.4)。

表 5.4　社会经济易损性(PVI_{SF})

描述	指标	权重
人类贫困指数(HPI-1)	SF1	$W1$
受赡养人口与工作年龄人口的比重	SF2	$W2$
用基尼系数衡量的社会不平等、收入集中化问题	SF3	$W3$
失业者占总劳动人口的比重/%	SF4	$W4$
通货膨胀、食物价格(年增长率/%)	SF5	$W5$
农业与 GDP 增长的相关性(年增长率/%)	SF6	$W6$
债务偿付(占 GDP 的比重)	SF7	$W7$
人文因素诱发的土地退化	SF8	$W8$

恢复能力的缺乏程度可以用人类发展、人类资产、经济再分配、管理、财政保护、社区灾害意识、对危机状态的准备程度、环境保护这些指标来反映,这些指标反映了灾后恢复或消化吸收灾害影响的能力(表 5.5)。

表 5.5　恢复指数(PVI_{LR})

描述	指标	权重
人口发展指数(HDI)	LR1	$W1$
性别相关的发展指数(GDI)	LR2	$W2$
社会花费(养老金、健康、教育经费占 GDP 的比重)	LR3	$W3$
协同管理指数	LR4	$W4$
设施和房屋保险(占 GDP 的比重)	LR5	$W5$
每个人拥有电视机台数	LR6	$W6$
每千人医院床位数	LR7	$W7$
环境可持续能力指数(ESI)	LR8	$W8$

(4)灾害风险管理指数(RMI)

灾害风险管理指数(RMI)对风险识别、降低风险、灾害管理、治理和财政保护这四个公共政策进行定量化。风险识别(RI)是风险的客观评价;降低风险(RR)包括和减缓方面的度量;灾害管理(DM)是对响应和恢复力的度量;治理和财政保护(FP)是度量制度化程度和风险转移的指数。RMI 是这四个指数的平均:

$$RMI=(RMI_{RI}+RMI_{RR}+RMI_{DM}+RMI_{FP})/4 \tag{5.16}$$

式中,四个指数都分为 5 个等级:低、初等、有效、显著、最佳,分别赋值 1、2、3、4、5,表 5.6—表 5.9 显示了这四个指数的具体内容。

表 5.6 风险识别指数(RMI_{RI})的组成

描述	指标	权重
系统的灾害和损失清单	RI1	$W1$
致灾因子监测和预报	RI2	$W4$
致灾因子评价与制图	RI3	$W5$
脆弱性与风险评估	RI4	$W6$
公共信息与公共参与	RI5	$W7$
风险管理的培训教育	RI6	$W8$

表 5.7 风险预测和减缓指标(RMI_{RR})组成

描述	指标	权重
土地利用和城市规划中考虑风险问题	RR1	$W1$
流域干预与环境保护	RR2	$W4$
致灾事件控制和管理技术的实施	RR3	$W5$
住房的改善与居民倒塌房屋的重建	RR4	$W6$
升级与强化安全标准和建筑法规	RR5	$W7$
强化和改进公共和私有财产	RR6	$W8$

表 5.8 响应和恢复力指数(RMI_{DM})组成

描述	指标	权重
应急行动的组织与协调	DM1	$W1$
应急响应计划和预警系统的实施	DM2	$W4$
设备、工具和设施的捐赠	DM3	$W5$
内部机构响应的模拟、升级和测试	DM4	$W6$
社会备灾与培训	DM5	$W7$
恢复与重建计划	DM6	$W8$

表 5.9 风险转移指数(RMI_{FP})组成

描述	指标	权重
内部体制的、多部门、非集权的组织	FP1	$W1$
强化制度的准备金	FP2	$W4$
预算分配与资金筹集	FP3	$W5$
社会安全网和基金响应的实施	FP4	$W6$
公共财产的保险储备与损失转移策略	FP5	$W7$
住户、私营部门的保险和再保险储备金	FP6	$W8$

式(5.15)将通用脆弱性指数视为暴露、易损性和恢复力欠缺等权重叠加显然是不恰当的。

5.2.5 社区灾害风险指数系统

社区灾害风险指数系统采用问卷调查方法,得出的指标体系包括致灾因子、暴露、脆弱性以及能力和措施 4 个因子，每个因子可以分解为若干个子因子，每个子因子又可以用若干指标描述，总共得到 47 种独立指标。采用分等的方法实现不同指标度量方法的归一化。所有与致灾因子有关的指标都被综合为一个致灾因子指数，所有与暴露有关的指数都被综合为一个暴露指数，依此类推。综合后便得到综合风险指数。它的通用表达式是：

$$R = \alpha H + \beta E + \gamma V - \delta C \tag{5.17}$$

式中，H、E、V、C 分别是社区综合致灾因子指数、社区综合承灾体物理暴露指数、社区综合承灾体脆弱性指数以及社区综合应对能力和措施指数，α、β、γ、δ 分别是它们的权重系数，有许多办法求这些权重系数，例如专家评估法等。

这个方法因为简单易行，因而成为目前国内外应用最多的方法，笔者将其称为线性叠加法，因子指数线性叠加，物理概念混乱，在 5.2.8 节我们会详细讨论这个问题。

5.2.6 美国 HAZUS 灾害评估模型

HAZUS 是由美国联邦紧急管理局和国家建筑科学院共同研究的成果（FEMA，2004）。HAZUS 模型是一个标准化的全国通用的多灾种损失估计方法。该系统建立在 GIS 综合平台上，结合当前自然科学、工程学和 3S 技术，对洪水、飓风和地震的物理破坏、经济损失和社会影响进行评估。包括地震评估模块、洪水评估模块和飓风评估模块。

（1）评估的基本内容

每个模块中灾害损失评估的基本内容都是由致灾因子评估[评估三种致灾因子（地震、洪水、飓风）的可能强度]、直接物理破坏评估、间接物理破坏评估、直接经济损失评估（对于不同强度的致灾因子，以暴露水平和结构脆弱性为基础，评估结构和非结构性损失、内容物损失、重新安置成本、商品存货损失、资本损失、工资收入损失、租金损失）和社会损失评估（评估人员伤亡、转移家庭、暂时性避难所的需要）以及间接损失评估（由灾害事件所造成的财产的次生损失，如地震引起的火灾损失等；灾害造成的区域范围和对区域经济的长期影响。评估结果可以提供销售、收入、雇佣的变化）等五大部分组成。灾害损失评估都是在公共数据库和特定数据库的支持下，应用概率分析、情景分析和历史资料分析等多种方法，从国家、地方和专家 3 个层面开展相关评估工作。

洪水模块主要分析河流和海岸洪水对建筑物、交通生命线、交通工具以及农作物等的潜在损坏，也可对建筑物废墟的产生和避难需求进行定位。另外，通过洪水的年平均损失分析，提供报告和图表。灾害发生前，使用该模块可帮助政府和有关部门制定减灾政策和土地利用方案、土地区划以及建筑标准等，制定应急响应计划，测试灾害应急能力；同时又是区域风险管理决策支持工具，实时分析最有可能受到灾害冲击的地区，提供损失和伤亡的快速报告，确定受灾物资和医院床位需求等。

HAZUS-MH 飓风模型由 Vickery 等（2006）开发，根据工程力学原理，利用几类脆弱性指标和灾害参数估计飓风对建筑物及其内部可能造成的损害和损失。模型由飓风灾害模型、地形模型、建筑物性能评判模型、物理损坏模型和建筑物损失模型五部分构成。每个模块的模型依次由登陆飓风的历史数据、风洞试验结果、飓风造成损害的现场观测和保险损失数据来进行验证，模块间衔接也有检验。此外，HAZUS-MH 模型开发了快速运行损害和损失模块，用于估算每个建筑类别或居住类别的损失。

该模型先模拟生成飓风或热带风暴的整个路径和风场，其中，飓风灾害模型中模拟的完整飓风路径,包含不登陆与登陆两种情况。目前,飓风风场模型经扩展,可估计降雨率,进而估算从窗户及门破损处进入建筑物的水量,这也是评估建筑物损坏的一个组成部分。HAZUS-MH 利用现有的土地利用和土地覆盖信息(这里用表面粗糙度表示)来构建地形模型;建筑构件性能部分由压力负荷模型和风载碎片模型两部分构成,采用基于工程上对建筑构件性能的分析方法,查看建筑物的承载和抵抗能力。物理损伤模型主要从建筑围护结构中构件的破坏程度来估算建筑的损伤程度。

损失模型包含两大部分:第一部分是对建筑物损坏状态进行建模,分为外部和内部两部分(外部损失的计算结合了建筑物修复和更换的经验成本估计技术,是一个显式算法;内部损失估计基于经验模型,该模型可以将内部损坏的成本与建筑外部物理损坏关联起来计算,是一个隐式算法,此算法也用来估计由于门窗失效导致的围护结构破裂后进入建筑的水量);第二部分是根据修理该建筑物所需的时间,估计建筑物使用损失方面的费用。

(2)评估的三个层次

HAZUS 是一个灵活的软件工具,允许用户根据数据基础和评估精度的需求,进行不同层次的评估,大致可以分为三个层次:

第一层次:提供基本的损失估计。基础数据来源于国家数据库和嵌在 HAZUS-MH 内的分析参数,外加少量的附加数据,例如,进行此层次的沿海地区洪水灾害评估需要数字高程模型、百年的静态水面范围和水位工程。第一层次的评估可以满足减灾规划的需求。

第二层次:提供详细的区域损失估计。除基础数据外,需要近期相对详细的地方数据,如地震灾害评估需要地址条件数据、地区建筑物清单、公用设施和交通系统数据,另外,地球技术工程师和结构工程师的参与会使结果更为有用。

第三层次:提供建筑物内更为详细的损失估计。需要使用第二层次评估所用的数据,此层次的评估是由掌握 HAZUS-MH 模型开发知识的高级用户来进行的,其目的是面向用户的专门问题。

(3)评估的基本流程

整个流程分五步:

① 致灾(险)因子辨识。

② 致灾(险)因子概览。

③ 数据清单。

④ 损失评估。

⑤ 降低风险措施。

HAZUS 是一个比较完善的灾害风险评估方法(软件),既可以用于评估灾害的损失,又可以用于预测灾害的风险。

5.2.7 其他评估模型

(1)UNDRO 模型

该模型由联合国救灾组织提出(United Nations Disaster Relief Organization,1991),并以灾害救助的决策与计划手册形式发布,该模型评估过程包含 6 个基本步骤。

① 识别危险。根据历史记录,地质、气象、技术因素识别危险。

② 脆弱性评价。对建筑结构、基础设施(供水、供电、油气、通信、交通等)进行脆弱性评价。

③ 风险评估。根据危险性和承灾体脆弱性对社区、基础设施、生活区、经济区进行风险评估。

④ 风险分级。将风险划分为7个等级:可接受、勉强可接受、不可接受、高、非常高、危急、灾难性。

⑤ 风险叠加。将不同类的风险叠加,并形成风险叠加图层。

⑥ 影响评价。对人员伤亡、公共投资、建设损毁、经济设施的影响做出评价。

(2)NOAA模型

该模型由美国国家海洋大气局提出(NOAA,1999),在美国多个州及地区使用,其风险评估包含8个基本步骤。

① 危险辨识。首先确定考虑的危险因素,从可能性、影响区及强度三方面评价危险因素。

② 危险区分析。确定“风险考虑区”,对风险区分级排序(按灾害强度分3个或5个等级)。

③ 关键设施分析。关键设施分类与整理,所处位置面临的环境,分析其功能和结构上的脆弱性。

④ 社会分析。识别特殊考虑区(贫民区、少数族群区等),特殊区域环境分析,列出详细的信息清单。

⑤ 经济分析。经济结构与中心区分析,中心区与高风险区的重叠情况(详细清单),风险区大型企业建筑及结构脆弱性分析。

⑥ 环境分析。自然灾害衍生环境影响的区域及重大环境危险源识别,以上地点与风险区的重叠情况及位置环境分析。筛选优先考虑的环境影响区域,开展脆弱性分析。

⑦ 减灾机会分析。土地规划及未开发区域高风险,未开发区域清单,防灾措施运行状态。

⑧ 结果。对前7个步骤的结果整理总结,形成风险评估结果提出优先减灾行动建议。

(3)EPC模型

该模型于1992年提出,是在加拿大1986年的《危险辨识、脆弱性分析和风险评估应急准备手册》基础上改进而成,共包括7个基本步骤。

① 检查危险清单并根据实际情况添加、修改。

② 收集历史资料,评估灾害发生频率、危害严重程度、影响人群数等,并进行分级(1～5级)。

③ 分析内部风险因素或环境的改变对灾害发生可能性的影响,评估值用数值−3～+3表示。

④ 分析外部风险因素(邻近地区灾害)对风险的影响,评估值用数值−3～+3表示。

⑤ 脆弱性评估。用“缺乏应对能力”表示(0～3)。

⑥ 把第2～5步的风险评分值相加。

⑦ 风险值比较与排序。

(4)FEMA模型

这是由美国联邦应急管理署1987年发布的一个灾害风险分析模型,也被广泛应用,其基本流程包括6步。

① 发生历史。低:100 a不超过1次;高:100 a不少于4次。

② 脆弱人群。脆弱群体(老人、残疾人等)人口密度以及位置分布。财产价值及分布,进行脆弱性评估。

③ 最大威胁区。高:威胁区面积超过 25%;低:威胁区面积小于 5%。

④ 可能性分级。低:发生概率低于 10^{-3};高:发生概率高于 10^{-1}。

⑤ 风险评分。低、中、高分别赋予 1、5、10,权重因子:历史(2)、脆弱性(5)、最大威胁区(10)、可能性(7)。

⑥ 风险阈值。100 分为风险警戒分值,超过 100 分意味着风险很高,需要采取优先减灾行动。

(5)SMUG 模型

该模型在澳大利亚灾害协会(1991)的倡导下建立,从灾害严重度、管理、紧急度、发展趋势等方面评估灾害风险,其风险评估的基本步骤如下。

① 严重程度。用危险造成的经济损失和人员伤害衡量其相对冲击力。

② 管理能力。灾前的风险管理是否对抑制灾害的危险起到作用?

③ 紧迫程度。采取减灾行动的紧迫性如何?是否需要立即优先行动?

④ 风险概率。危险发生的可能性。

⑤ 发展态势。如果不采取任何行动,灾害是继续扩大蔓延还是保持稳定态势?

⑥ 综合评分。以上 5 方面的评价结果进行加权综合。

(6)APELL 模型

该模型发布于 1991 年,联合国环境规划署工业和环境规划中心以 1989 年的《瑞典救援服务局手册》为基础改进而来。它主要目标是减少技术类事故和提升应急准备能力,其基本步骤为。

① 选择目标。工业设施、学校、商业运营中心,分析其主要的功能。

② 危险分析。产生危险的源头:化工过程、地质因素等危险因素的量。

③ 事件类型。可能发生何种事件?(爆炸、火灾、地震)。

④ 危害目标。人员、财产、环境。

⑤ 后果分析。事件引发的后果(污染饮用水资源、毁坏基础设施等)。

⑥ 后果排序与分级。生命与健康:轻微(暂时性危害)到灾难性(死亡 20 人以上或重伤上百人、紧急疏散超 500 人);环境:无污染到严重污染;财产:轻微(1000 美元以下)到灾难性(20000 美元以上);发展速度:用预警系统的配置及效果来评价。

⑦ 可能性分析。用数值 1~5 评价:1 表示少于 1000 a 1 次,5 表示多于 1 a 一次。

⑧ 评估总结。综合以上评估结果,进行风险分级排序,其他附加考虑的内容。

另外,学者提出的风险评估模型更是五花八门,具有代表性的包括 Maskrey(1989)提出自然灾害风险是危险性与易损性之代数和。Smith(1996)提出风险表达式为灾害发生概率与灾害损失的乘积。Tobin 等(1997)提出了灾害发生概率加上易损度的风险表达式,等等。

5.2.8 国内外风险评估模型总体评述

国内外灾害风险评估模型归纳起来有四种类型:第一种是线性模型,第二种是乘法模型,第三种是风险分析模型,第四种是基于灾害事件预报的风险评估模型。

(1)线性模型

线性模型最典型的代表是 Maskrey(1989)和 Blaikie(1994)提出的表达式。

$$风险=危险性+易损性 \tag{5.18}$$

Tobin 和 Monts 的灾害概率＋易损度也属于线性模型，目前最为流行的属于线性模型是：

灾害风险指数＝w_1×危险性＋w_2×物理暴露＋w_3×承灾损脆弱性＋w_4×人类防灾减灾能力　(5.19)

式中，$w_1 \sim w_4$ 是权重系数。

式(5.19)之所以最为流行是因为最容易做文章。以上列举的国外评估模型中欧洲多重风险评估方法、灾害风险管理指标系统、社区灾害风险指数、UNDRO(将不同类的风险叠加，并形成风险叠加图层)、EPC(各种风险评分值相加)、FEMA(历史灾害、脆弱性、最大威胁区、可能性赋值后相加)、SMUG(5 方面的评价结果进行加权综合)等都属于线性模型。他们先分析自然灾害危险性和承灾体易损性指标，然后二者加权求和；物理暴露量和脆弱性，由于承灾体不同，也少不了加权求和，人类防灾减灾能力亦是如此。权重的确定有两种方法，主观赋权法根据专家经验主观判定各属性指标得到权重。常见的方法包括德尔菲法、层次分析法和模糊综合评价法等；半主观半客观赋权法则根据各指标间的相互关系或数据特征来确定权重，如主成分分析法、TOPSIS 加权法、熵权法和人工智能等。之所以称之为半客观方法，是因为把这些物理意义完全不同的要素放在一起找关系或特征，本身就不具有客观性。

这种风险评估方法都是用来评估区域(大到大洲、国家，小到社区)所谓风险的，这种模型可以得到某地或某区域的某种灾害的风险指数(或等级)的数值，可以评估一个地区所谓“灾害风险”的大小，用于援助之目的。但是，只要评估模式中显式出现致灾因子强度和/或概率，这个模式得出的结果就不是风险——预期损失，而且由于评估指标和权重系数设置的任意性，可以随心所欲设计评估模型。

与此同时，线性模型没有回答也不可能回答可能发生的风险和产生风险的原因是什么，因此不可能提出预防风险发生的具体措施；另外，2.2 节中已经指出自然灾害风险是风险源(致灾因子)对承灾体非线性作用的结果，风险表达式不能采用危险性和易损性相加的方法，并指出线性模型会导致荒谬的结果。因此，严格来讲，线性模型是不正确的模型。需要指出的是，线性模型中当前的致灾危险性、承灾体的暴露性和脆弱性、人类防灾减灾能力对于一个评估单位而言是一个常数，因而得到的风险也是一个常数，对于每一次灾害事件都是一样的，因此不能用于实时的风险评估。

(2)乘法模型

乘法模型最典型的代表是 Davidson 等(2001)提出的模型，上面介绍的国外风险评估模型中 UNDP 的灾害风险指数及世界银行和哥伦比亚大学的灾害风险热点地区研究计划即属于指数模型。这是目前较为流行的风险评估模型之一。它们的典型表达式是：

$$R_d=(H^{\mathrm{WH}})(E^{\mathrm{WE}})(V^{\mathrm{WV}})[a+(1-a)(1-C_d)] \tag{5.20}$$

式中，H、E 和 V 分别是致灾危险性、承灾体物理暴露和脆弱性，WH、WE、WV 分别是他们的指数，a 为不可防御的损失，C_d 是人类防灾减灾能力。

乘法模型的其他表达式还有：

①　R_d＝危险性×易损性÷恢复能力　(United Nations，2002)　(5.21)

②　R_d＝概率×损失(Smith，1996)　(5.22)

③　R_d＝致灾因子×承灾体脆弱性×暴露度(Perles et al.，2009)　(5.23)

④
$$R=\sum_{i=1}^{n} p_i \times \alpha_i \tag{5.24}$$

式中,p_i 为灾害发生的概率,α_i 为灾害发生时受灾率,i 为灾害类别。

⑤ 灾损综合风险指数

$$R_d = \sum_{i=1}^{n} J_i P_i \times D \times V \times \frac{1}{k} \tag{5.25}$$

式中,J_i 为减产率,P_i 为相应减产率出现的概率,D 为历年平均减产率,V 为灾年减产率变异系数;k 为抗灾系数。

⑥ 灾害风险指数

$$\mathrm{DDRI}_j = \mathrm{TF}_j \cdot \mathrm{SF}_j \cdot \mathrm{IF}_j \cdot \mathrm{GJ}_j \cdot (1-\mathrm{PL}_j) \tag{5.26}$$

式中,TF 为灾害发生频率,SF 为灾害受灾率,IF 为灾害强度,CI 为灾害持续时间,PL 为承灾体经济发展水平。

⑦ 灾损风险指数

$$E = Q \cdot S(1-M) \tag{5.27}$$

式中,Q 是灾损率,S 是受灾体面积比例,M 是生产管理水平。

因为风险因素乘法设计的任意性,设计者可以展开想象的翅膀为所欲为。例如,式(5.21)将恢复力、式(5.25)将抗灾系数作除数,当恢复力或抗灾系数很小时(例如极端贫困的国家恢复重建能力或抗灾力很差),风险便变得很大,甚至无穷大,这样便极大地放大了自然灾害的风险。5.3.1 节将阐述,自然灾害最大风险为 $\sum_i E_i \cdot V_{d,i}|_{H(I)}$,即暴露在自然灾害中的承灾体因其自身易损性而可能造成的损害的总和,不可能无穷大。因此,恢复力或抗灾系数作除数的表达式是极端不恰当的。式(5.22)使用了物质破坏和影响因子这样不规范的词,又没有阐述清楚物质破坏中暴露性和脆弱性的关系。式(5.23)—式(5.24)式没有反映出人类防灾减灾能力对风险的作用。不仅如此,式(5.25)—式(5.26)还将受灾率(减产率)乘以受灾(减产)概率,我们在 2.3.2 节中式(2.2)已经指出这种表达式的伴谬,此处不再赘述。更有甚者,不管有没有物理意义,在受灾率(减产率)乘以受灾(减产)概率的基础上,式(5.25)又再乘上平均减产率和变异系数,式(5.26)再乘以灾害强度和持续时间,作者们可能以为堆积上越多的物理量,越能表现出风险,殊不知这样得到的表达式是没有任何物理意义的,堆积越多,越说不清其物理意义。就如“画蛇添足”,得到的不是“蛇”,是什么只有天知道了。

乘法模型虽然解决了线性模型中致灾危险性与承灾体易损性线性叠加的不合理性问题,可以得到某地或某区域的某种灾害的风险指数(或等级),可以用于评估一个地区“灾害风险的”大小,但仍然存在致灾因子强度和/或概率显式出现在表达式中的问题,因而得出的结果就不是风险——预期损失。使用者是否认真想过,致灾因子强度指数或概率乘以承灾体的易损度,其物理意义是什么?天知道!反正不是预期的损失。同时式(5.20)中各项的指数也是通过专家评估法得到的,因此这种模型也不能从理论上证明风险相关假设和模型的合理性,不能证明风险分析结果是可靠的。乘法模型同样没有回答可能发生的风险和产生风险的原因是什么,因此也不可能提出预防风险发生的具体措施。式(5.20)中的暴露性、脆弱性和防灾减灾能力也是所评估单位(例如某国、某城市等)整体的暴露性、脆弱性和防灾减灾能力,不仅没有体现对同一风险源由于不同承灾体的脆弱性不同因而风险不同的风险原理,而且用式(5.20)计算得到的某地区的风险是一个固定的常数,对于每一次灾害性天气过程都是一样的。很显然,乘法模型也不能用于实时风险评估。

总之，无论是线性模型还是乘法模型都显式出现致灾危险性，表达出来的都不是真正的人类社会的可能损失，因此并非真正意义上(2.2 节定义)的风险。与此同时，这两种模型都需要专家对模型中危险性、物理暴露、承灾体脆弱性、人类防灾减灾的权重赋值，因此，这两种模型在学术上也没有什么研究价值。因为以上两种模型既不科学又不能用于实时风险评估，因此，我们在这一章自然灾害风险评估中不会再提到更不会应用这两种模型。

(3)风险分析模型

这种模型对风险系统的组成元素不是采用线性或乘法的形式进行组合，而且进行具体的风险分析。例如，NOAA 模型首先辨识危险(从可能性、影响区及强度三方面评价危险因素)，然后分别评估对关键设施、社会、经济和环境的风险，并分析减灾的机会和应当采取的行动。APELL 模型分析危险源及灾害事件发生概率及对人员、财产、环境的影响，综合以上评估结果，进行风险分级排序。不过 APELL 模型的可能性分析(亦即灾害事件发生概率)用数值 1～5 评价：1 表示少于 1000 a 1 次，5 表示多于 1 a 一次，过于简单，应当根据实际灾害事件发生概率进行评价。

(4)基于灾害事件预报的风险评估模型

基于灾害事件预报的风险评估模型的典型代表是美国的 HAZUS 模型。HAZUS 是由美国联邦紧急管理局和国家建筑科学院共同研究的成果(FEMA，2004)。HAZUS 模型是一个标准化的全国通用的多灾种损失估计方法，是建立在 GIS 平台上的一种全面的风险分析软件包。

HAZUS 是一个比较完善的灾害风险评估方法(软件)，既可以用于预测灾害事件，又可以用于评估灾害的损失。这一章我们将举例说明它的应用。

5.3 正确的自然灾害风险评估方法

自然灾害风险评估可以区分为自然灾害事件的风险评估(实时风险评估)和区域性自然灾害风险评估，前者可以用于实时防灾减灾，因此是需要大力发展的风险评估，本章重点讨论的就是这种风险评估；后者是为了评估比较区域之间的自然灾害的风险，国内外绝大多数方法都是针对区域的，但方法不科学，我们将在这一章的最后一节讨论其正确的方法。

自然灾害事件的风险评估有两种思路和方法：第一种是基于自然灾害事件预报和当前承灾体易损性的风险评估；第二种是基于自然灾害事件预报和历史灾损资料的风险评估。

5.3.1 基于自然灾害事件预报和当前承灾体易损性的风险评估

(1)评估思路

我们来仔细分析式(5.1)，如果能够预报灾害 H 的强度和影响范围，又建立了承灾体数据库和脆弱性曲线库，那么，就知道了式(5.1)中的每一种承灾体的物理暴露(E_i)和脆弱性($V_{d,i}$)，这样便可以进行灾害风险评估了。笔者把这种方法称之为基于自然灾害事件预报和当前承灾体易损性的风险评估，简称为基于承灾体易损性的风险评估。

这种方法有两种情况值得注意：一种是人类对某种灾害的防御能力很强，例如对于小麦干旱灾害，在实现全灌溉的地方，$C_{d,i}=1$，$a_i=0$，根据式(5.1)，$R_{d,i}=0$，不存在干旱的风险。另一种是突发自然灾害，因为每一次自然灾害过程的防灾减灾能力(应对措施)难以预测，因此，实际上要评估的是灾害 H 对 i 种承灾体可能的最大影响：

$$\max R_{d,i}|_{H(I)} = E_i \cdot V_{d,i}|_{H(I)} \tag{5.28}$$

某种自然灾害的最大总风险是这种自然灾害影响范围内所有承灾体最大风险之和：

$$\max R_d|_{H(I)} = \sum_i E_i \cdot V_{d,i}|_{H(I)} \tag{5.29}$$

风险评估的第一步是评估受种类为 H 强度为 I 的自然灾害影响的每一种承灾体的物理暴露 E_i(数量和价值量)，如果能做到这一点，风险评估就能在防灾减灾中发挥重要作用。例如，如果能够准确预报山洪可能淹没哪个村镇及水深，政府就可以采取相应的防御措施，做到人员零伤亡、财产损失降到最低，防灾效益十分显著。

第二步是进一步评估可能的损失，这需要知道承灾体灾的脆弱性 $V_{d,i}$，第 4 章介绍的承灾体脆弱性曲线就可以派上用场了。

(2)风险评估流程

首先预报自然灾害事件的强度和影响范围，其次评估受灾害影响区域内承灾体的数量和价值量及可能的损失量。

① 自然灾害事件预报

因为致灾临界条件是自然灾害发生的充分必要条件，因此自然灾害事件预报实际上是致灾临界条件预报。另外，如果某种自然灾害可以用数学模型描述，那么我们可以用它直接做自然灾害事件预报。

自然灾害事件预报和风险评估是为了实时防灾减灾，因此，自然灾害事件预报需要有比较高的时间和空间分辨率和准确率，政府和公众才能有效地防御灾害、减少损失。与此同时，还要解决好预警信息的即时发布问题，政府和公众才来得及防御灾害。

② 确定自然灾害影响范围

对于温度、风、冰雹、雾、沙尘暴等气象要素和天气现象，它们致灾的阈值(致灾临界气象条件)预报所覆盖的范围便是气象灾害影响范围。

然而，降水的预报范围(落区)并不是灾害的影响范围，还需要发展淹没模型来得到洪水的淹没范围和水深。淹没模型有统计模型和水文模型两种，统计模型是根据历史上出现过的洪涝灾害的淹没范围来估计当前同样强度洪涝灾害(即同样强度的面雨量)的淹没范围及水深，只要孕灾环境和防灾工程没有发生变化，统计模型不失为一种有用的模型。水文模型是在精细的 GIS 支持下，根据地形(DEM 数据)、排泄条件等模拟洪水汇流、淹没范围和水深，这是应当大力发展的风险评估方法。

③ 风险评估

第一步是评估灾害影响范围内受影响的承灾体的数量和价值量，这需要建立承灾体的数据库。第二步评估可能的经济损失和人员伤亡，有了承灾体脆弱性曲线，便可以进行经济损失和人员伤亡的评估了。

④ 建立基于 GIS 的承灾体数据库和自动化风险评估平台

为了评估自然灾害对承灾体的影响，应当建立基于 GIS 的承灾体数据库，包括承灾体数据库和承灾体脆弱曲线库。目前 GIS 中已包括村镇、土地利用等数据，还需要增加人口、房屋、财产、道路、桥梁、学校、医院、变电站、危险的企事业单位(例如化工厂等)、商业单位、风景名胜等数据，并添加到 GIS 的图层中去。

自动化风险评估平台应当能够自动获取致灾因子实况和预报数据，并能够自动与致灾临界条件相比较，当达到阈值时自动报警；对于洪涝类灾害，还能自动启动淹没模型，自动计算淹没范围和水深；并能根据承灾体数据库，自动生成承灾体物理暴露评估产品；如果有承灾体脆弱性曲线，还可以自动生成这种承灾体灾损评估产品。这个平台能够人机交互修改灾害预警和风险评估产品，经责任人签发后向预警分发系统推送该产品。HAZUS-HM 就是这种平台，很可惜，我国尚没有开发出这种平台。

5.3.2　基于自然灾害事件预报和历史灾损资料的风险评估

(1)评估思路

如果没有承灾体脆弱性曲线资料，但又要评估可能的经济损失和人员伤亡，怎么办？在这种情况下，如果我们有历史灾损资料，也可以直接评估灾害可能的损失。因为历史灾损资料是某种强度的灾害综合作用于影响范围内承灾体的结果，它代表了式(5.1)—式(5.2)的综合结果，因此可以用来评估可能的人员伤亡和经济损失。笔者把这种方法称之为基于自然灾害事件预报和历史灾损资料的风险评估方法，简称基于历史灾损资料的风险评估方法。

基于历史灾损资料的风险评估方法也是在自然灾害事件预报的基础上，评估受自然灾害影响范围内承灾体的可能损失，不过它所用到的评估资料是历史灾损资料。

(2)历史灾损资料的订正

基于历史灾损资料的风险评估方法有一个基本假定：灾害风险可以用历史灾损资料表示。但是，这个假定是不准确的。我国改革开放 40 多年来，经济快速发展，承灾体的物理暴露大大增加了，承灾体的脆弱性也发生了很大的变化，同样强度的自然灾害造成的经济损失绝对值大大增加了，与此同时，防灾抗灾能力也大大增强了，因此，对历史灾损资料必须进行相应的订正，使订正后的灾损资料时间序列符合平稳马尔科夫过程。

因为承灾体的物理暴露和脆弱性与社会经济的发展程度有关，例如经济越发达的地区财产密度和人口密度越大，即物理暴露量越大；与此同时，承灾体的灾损敏感性也减小了，例如房屋抗风能力增加了；防灾减灾抗灾能力也增强了，历史灾损资料并不能真实反映灾害的强度，因此，使用历史灾损资料来评估现在的灾害风险，应当去除这些因素的影响，进行必要的订正。

① 农业灾损资料订正

农业除了设施农业之外，是露天生产的行业。40 多年来，农作物品种变化较大，农作物的脆弱性发生了变化，但是历史农业受灾面积资料只与自然灾害事件本身有关，与农作物的脆弱性无关，因此，历史受灾面积资料可以连续使用，无须订正；但是，历史产量灾损资料则与农作物的脆弱性有关，需要进行生产力订正，得到产量损失指数；或者去除趋势产量得到的气象产量也只与致灾气象条件有关。若使用历史农业经济损失资料则需要进行以下的订正。

② 经济损失资料订正

经济损失包含着物价变化、经济增长率等诸多因素。我们知道，经济越发达，自然灾害造成的损失就越大，这是因为受灾地区的财产密度随着经济的发展而增加，所以出现同样强度的灾害，灾害造成的经济损失就越大。因此，在使用历史上经济损失的资料时应当进行两项订正：物价订正和 GDP 增长率的订正。如果物价和 GDP 增长率相同，那么用某地的经济损失除以同一地区当年的 GDP 便可以消除这两种因素的影响，可称之为因灾经济损失指数。另外，一个地区的富裕程度基本上可以反映承灾体灾损敏感性和防灾减灾抗灾能力，进行富裕程度订正后，历史灾损资料也可能用于风险评估。

③ 人员伤亡风险评估

因灾死亡人数与人口密度有关。同样强度的灾害,人口密度越大,可能造成的人员死亡数越大,因此在使用因灾死亡人数的历史资料时应当予以订正,最简单的订正方法是评估区因灾死亡人员除以评估区当年的人口数量,可称之为因灾人员死亡指数。

灾损资料进行订正之后得到各种灾损指数,然后可以采用相似、相关、分布函数法、模糊数学等方法进行风险评估,得到当前自然灾害事件的灾损指数,最后乘以当前的农业产量/GDP/人口密度就可以得到这个灾害事件可能产生的农业产量损失/经济损失/人员死亡数。

总之,基于灾害预警及历史灾损资料的风险评估,必须将历史灾损资料订正到同一尺度上,才可能用于风险评估;同时要求评估区域在使用的历史资料时期内孕灾环境和/防灾工程不能发生明显的变化。而且历史灾损资料都是针对区域(省、市、县),风险评估的普适性和灵活性差,而基于灾害事件预警及当前承灾体易损性的风险评估是根据灾害预报的强度、范围和当前承灾体的易损性(物理暴露和脆弱性)进行的风险评估,普适性和灵活性更强,为了实时防灾减灾的需要,应当大力发展基于灾害预警及承灾体易损性的风险评估方法。

5.4 基于历史灾损资料的风险评估方法

历史灾损资料经过以上订正后,可以采用分布函数法、历史相似法、相关分析法、模糊数学、灰色系统等方法进行风险评估。

5.4.1 分布函数法

分布函数评估法的基本思路是根据历史资料分析总结出自然灾害对承灾体造成的灾害损失占 GDP 的百分比,作为风险分布函数。

在实时业务评估中,根据当前自然灾害事件预报,可以知道评估地区所受自然灾害影响的部位和强度,查出其分布函数,再乘以该地区目前的经济密度,就可以得到经济损失评估结果。

此方法的关键是从历史资料中算出分布函数,需要较长时间的历史资料。因为该方法使用灾害损失占 GDP 的百分比作为风险分布函数,消除了物价和 GDP 增长的因素,因此可用于实时风险评估。如果用其他因子(例如直接经济损失)的分布函数,则需要进行物价和 GDP 增长两项订正。

例 1. 设某地区总雨量≥200 mm,持续降水两天,排水条件不畅的地区会受淹,从分布函数上看会造成农作物 40%的损失。如当年农作物产值为 150000 元/hm^2,则将造成 60000 元/hm^2 的损失。再乘以受淹的面积便可以得到受淹区域农作物的经济损失。

例 2. 城市洪灾经济损失评估

我们在 4.2.1 节中介绍了李汉浸等(2009)的研究工作,得到表 4.6,在第 4 章中我们称其为基于灾情数据的脆弱性曲线构建,表 4.6 亦可称之为洪灾损失分布函数。根据现场实地调查暴雨的洪涝范围、水深、历时等致灾特性及洪涝灾区内各资源类型的分布和洪灾损失率(表 4.6),便可以评估可能造成的经济损失。

在实时评估洪涝灾害的经济损失时,应当根据降雨的实况或预报启动城市内涝预报模型,迅速计算每个街区的积水深度,同时对灾区内各类资产总价值作出合理快速的统计,针对灾区的空间资产分布特征，洪灾直接经济损失是洪灾损失评估的中心内容，它可以按财产类型、经济发展水平与洪灾程度水深、历时等，分部门、分区、分级计算，并进行累加。计算公式如下：

$$D_d = \sum_{i=1}^{n} \sum_{j=1}^{m} \sum_{k=1}^{l} W_{ijk} \eta_{ijk} \tag{5.30}$$

式中：D_d 为洪灾直接经济损失；W_{ijk}、η_{ijk} 分别为第 k 级洪灾范围内、第 j 级经济分区、第 i 级财产值和相应的损失率(表 4.6)；n 为财产类型数，m 为按经济发展水平分区的分区数，l 为洪灾程度(水深与历时)的分级数。

很显然，随着城市建设的发展、排水能力的增加，内涝临界雨量或内涝动力模型计算结果需要更新。另外，随着城市的发展，各种资源的物理暴露和脆弱性也在发生变化，表 4.6 所列的数据也需要重新修正。

这种方法实际上假定孕灾环境和防灾工程没有发生变化，如果孕灾环境和/或防灾工程变了，例如修建了防灾工程(例如农田或城市排涝工程)，则利用孕灾环境和/或防灾工程变化前的资料求得的分布函数不能用于孕灾环境和/或防灾工程变化后的风险评估，必须用孕灾环境和防灾工程变化之后的资料重新确定分布函数。与此同时，对所得到的分布函数应当进行统计显著性检验。

5.4.2　历史相似法(历史情景类比法)

历史相似评估法的主要思路是在历史资料库中找出所评估的自然灾害强度和范围相似的若干个例，相似程度必须大于 0.5 的个例才能选为相似个别，根据相似程度分别给予每个相似个例一定的权重，然后对相似个例的灾损资料进行必要的订正，最后对相似个例订正后的灾损资料进行加权求和便得到这种灾害的灾损风险值，权重系数采用相似系数归一化值。

(1)一般表达式

对于某个个例 M，从历史上选出三个相似个例 A、B 和 C，其相似程度分别为 0.9、0.7 和 0.6，将相似系数归一化：对于个例 A，其权重系数为：0.9/(0.9+0.7+0.6)=0.41，同样 B 和 C 的权重系数分别为 0.32 和 0.27。

设 A、B、C 三个时期的 GDP 是 M 时期 GDP 的 a、b、c。相似个例灾害经济损失分别为 E_a、E_b、E_c，则得到个例 M 的经济损失：

$$E_m = 0.41a \times E_a + 0.32b \times E_b + 0.27c \times E_c \tag{5.31}$$

如果评估的是受灾面积，则不需要进行经济发展和物价订正，受灾面积：

$$S_m = 0.41S_a + 0.32S_b + 0.27S_c \tag{5.32}$$

(2)台风环境场特征相似预报方法

姚健等(2010)建立台风环境场特征相似预报方法，用于台风预报系统，并在业务中使用。

① 建立台风历史个例环境场特征库和相应的台风实况资料库

取 15°—50°N、95°—145°E 作为历史个例格点场资料取值范围，统计 1950—2006 年强度已达热带气旋以上、进入预报警戒区(浙南沿海 750 km 范围)的 376 个个例，计算台风个例起报日前 1～2 d 到起报日后 2～5 d(台风减弱消失或远离浙江为止)的环境场特征值，建立台风历史个例环境场特征库和相应的台风实况资料库。其中，台风实况资料库包括台风路径、强度、中心风力、浙南沿海风力、台风过程雨量及 1 h、3 h、24 h 全省各站(包括气象站、水文站和自动站)雨量资料。

② 环境场特征量计算

环境场特征量的计算有两种方法:一是用某区域要素格点场计算的要素特征,例如500 hPa台风中心北侧6～8个纬距处的平均风矢量、700 hPa台风中心周围5个纬距内的湿区(相对湿度>90%)面积;闽中到浙南沿海的水汽通量、500 hPa涡度、200 hPa散度等。

二是天气形势场的特征。设计一具有图形自动识别的计算程序,在等值线(等高线、等湿线、等温线)或天气系统标志线(如脊线、槽线)上,采取鼠标点击自动读取数值(经纬度和高度或温度、湿度值),并根据读取的数值计算出相应的特征值,实现天气系统的人工识别。

③ 相似程度计算

将特征数据库中的要素分为四类,每一类采取相应的相似分析计算方法。

(a)反映天气系统位置的要素。例如副高中心,西风槽南端,计算相似距离时,用两点间距离(都用纬距表示),若选用 m 个要素,则预报样本 Z_0 和某样本 Z_k 综合距离为:

$$D_{0k}=\sum_{J=0}^{m}\sqrt{(x_{0j}-x_{kj})^2+(y_{0j}-y_{kj})^2} \tag{5.33}$$

式中,$(x_{0j},y_{0j})(x_{kj},y_{kj})$分别为 Z_0 和 Z_k 的地理坐标。

(b)反映天气系统24 h移动趋势或朝向等可以表示为向量的要素。例如西风槽南端和脊线的朝向,采用两个向量夹角的余弦作为相似系数:

$$R_{0k}=\cos\theta_{0k}=\frac{Z_0^T\cdot Z_k}{\|z_0\|\ \|z_k\|} \tag{5.34}$$

当 $R_{0k}=1$,则说明两样本天气系统移向完全一致,$R_{0k}=-1$,移向相反。如选 m 个天气系统的移动趋势,则可用 m 个相似系数的平均值选出相似个例。

③ 反映数值大小的要素。如高度、温度、湿度、水汽通量、涡度、散度等,若选 m 个要素,设 Z_0 和 Z 为预报样本和某历史样本,由于物理量的量纲不同,先归一化处理,然后计算相关系数。

④ 反映系统时间系列的动态要素。如24 h变高、变温、副高面积变量等的连续变化,计算起报日开始3 d的动态变化相似,则3 d m 个要素时间系列矩阵A为:

$$A=\begin{bmatrix} Z_{11} & Z_{12} & Z_{13} \\ \vdots & \ddots & \vdots \\ Z_{m1} & Z_{m2} & Z_{m3} \end{bmatrix} \tag{5.35}$$

式中 Z_{ij},i 为因子号,j 为日期,起报日 $j=1$。将要素 Z 的值进行标准化处理,但保持正负号不变,按下式计算 Z_0 与 Z_k 的动态趋势相似距离:

$$A_{0k}=\sum_{i=1}^{m}\sum\nolimits_{j=1}^{3}(|Z_{0j}-Z_{kj}|-Z_{0j}\cdot Z_{kj}) \tag{5.36}$$

(3)逐步过滤相似筛选

逐步过滤相似筛选的思路是先选取前期路径、强度大致相似的初选台风个例,然后在初选样本中用最重要的关键要素进行相似分析,采用相似距离或相关系数排序方法选取相似个例,该相似样本通过相关检验后,再进入下一步相似筛选,如相关检验通不过则退回上一步重新筛选,直到选出最佳相似个例。

姚健等(2010)开发的台风环境场特征相似预报诊断系统于2007年10月建成投入业务应用,据2007年10月—2009年10月进入预报区的6个台风,台风的暴雨等级预报(分特大暴雨、大暴雨、暴雨、无暴雨四级),除台风"海鸥"预报偏大一个量级外,其他5个台风预报正确。

台风环境场特征相似预报诊断系统主要是用于台风特别是台风暴雨的预报，没有涉及风险评估的内容，最粗略的风险评估办法就是用相似台风的灾损指数乘以上一年度的 GDP，就可以作为经济损失的评估内容了。也可以像例 1 那样求 3 个相似台风的加权平均。另外，系统中所用的图形自动识别软件目前已有更先进的软件系统可用了。

历史相似评估法的最大局限性是难以找到相似的个例，对于灾害风险评估而言，只有致灾因子的强度和地理上的分布相似，产生的灾损才有可能相似，要寻找这样的相似个例，人工智能提供强大的功能。为了获得足够多的历史样本，就需要长历史序列的个例，这又带来另外一个问题，在长的历史时期内，承灾体的易损性发生了很大的变化，需要订正的不仅是经济发展速度和物价指数，还要考虑防灾减灾能力等问题。

5.4.3　相关分析法

致灾因子与灾损相关型风险评估模型是通过建立致灾因子与灾损的相关关系来评估灾害的风险。

设灾害损失矩阵为：$(y_1, y_2, \cdots y_n)$，y_i 为第 i 个灾损指标，例如人员死亡指数、直接经济损失指数等。

设致灾因子矩阵为：$(x_1, x_2, \cdots x_m)$，x_i 为致灾因子，例如降雨量、风力等。

建立致灾因子与灾损相关模型：　$\boldsymbol{YA} = \boldsymbol{XB} + U$　(5.37)

首先讨论模式的可识别性，若不可识别，则需要调整灾情项数和因子个数，使之达到可识别。

最后，用 2SLS（两段最小二乘估计法）估计参数矩阵 $\boldsymbol{A}$ 和 $\boldsymbol{B}$，便得到了致灾因子与灾损的相关模型。

陈舜华等（1994）利用 1954—1984 年 28 个台风影响福建省的比较完整的资料进行灾害评估，灾损指标有三个：y_1——受灾面积（万亩①），y_2——倒损房屋（百间），y_3——人员伤亡（人）。选取 4 个气象因子：x_1——台风中心气压（hPa），x_2——过程降雨量（mm），x_3——风力（级），x_4——最大风速（m/s）。建立了两个模式：一个模式同时估测受灾面积、倒损房屋和人员伤亡的 3Y 模式；为作比较，又建立了同时估测受灾面积和倒损房屋的 2Y 模式。

对于模式可识别性的要求，作者主要是根据物理机制去挑选因子：中心气压和过程雨量主要影响受灾面积，风力和最大风速主要影响倒损房屋，而过程雨量和最大风速主要影响人员伤亡。

建立的福建省台风灾害评估的 3Y 模型如下：

$$\begin{aligned} \hat{y}_1 &= -0.0019\hat{y}_2 + 0.3613\hat{y}_3 - 119.7435 + 0.1711x_1 - 0.1650x_2 \\ \hat{y}_2 &= 13.0398\hat{y}_1 - 3.6429\hat{y}_3 - 1401.4710 + 148.5950x_3 - 1.0437x_4 \\ \hat{y}_3 &= 1.9239\hat{y}_1 + 0.0541\hat{y}_2 - 263.9544 + 0.8560x_2 + 2.9531x_4 \end{aligned} \tag{5.38}$$

式中，$\hat{y}_1$、$\hat{y}_2$、$\hat{y}_3$ 分别是受灾面积、倒损房屋、人员伤亡的评估值。

2Y 模型为：

$$\begin{aligned} \hat{y}_1 &= 0.1254 - 197.0752\hat{y}_2 + 0.1511x_1 + 0.4505x_2 \\ \hat{y}_2 &= -0.4132 - 1593.928\hat{y}_1 + 164.5272x_3 + 10.759x_4 \end{aligned} \tag{5.39}$$

将每个个例的实测值与模式计算的评估值分别求平均，用两母体均值相等的 t-检验检验两母体均值是否有显著性差异，若评估值与实测值之间并无显著差异，则评估值是有明显意义

① 1 亩＝666.67 m^2，余同。

的,说明对模式来说 2SLS 估计的无偏性。若用一般最小二乘(LS)估计就不具无偏性。检验结果三者皆通过两母体相等的 t-检验。

虽然该评估模式能有效评估出灾害变化的趋势,但是对异常大值的误差较大,这是线性模型的通病,改进的方法之一是先作非线性变换,例如对数变换等,然后再做线性回归。

相关分析法对历史资料也有严格的要求,第一,要求使用订正后的灾损资料,第二,致灾因子和订正后的灾损资料序列应当是平稳马尔科夫过程,这实际上要求在评估区域内孕灾环境和防灾工程不能有明显的变化,如果发生了明显变化,例如修建了新的防灾工程,则致灾因子会出现突变,如果没有有效的办法能将致灾因子订正到平稳的状态,则孕灾环境和防灾工程变化前的致灾因子序列在建模中不能连续使用。这篇文章用的是 1954—1984 年的资料,改革开放才刚刚起步,因灾倒损房屋、人员伤亡的灾损资料序列可以看成是平稳马尔科夫过程,是可以连续使用的。

5.4.4 模糊数学的应用

黄秀凤(2004)对广西平果县地质灾害应用模糊数学易发程度进行了分区评价。

黄秀凤(2004)首先将广西平果县按(2×2)km^2 等分出 635 个评价单元,其中非岩溶区 202 个单元,岩溶区 433 个单元,对非岩溶区和岩溶区滑坡、崩塌分别确定评价因子和易发程度分级,见表 5.10 和表 5.11。

表 5.10 非岩溶区滑坡、崩塌评价因子和易发程度分级指标一览表(黄秀凤,2004)

评价因子	高易发	中易发	低易发	不易发
工程地质岩组	软弱岩组	软弱-半坚硬岩组	半坚硬-坚硬岩组	坚硬岩组
断层线密度/(km/km^2)	>0.8	0.5~0.8	0.2~0.5	<0.2
原始地形坡度/°	>40	30~40	20~30	<20
年降雨量/mm	>1600	1300~1600	1000~1300	<1000
公路线密度/(km/km^2)	>0.7	0.5~0.7	0.3~0.5	<
人口密度/(人/ km^2)	>250	150~250	50~150	<50
灾害点密度/(处/ km^2)	>0.5	0.25~0.5	0~0.25	0
残坡积层及强风化层厚度/m	>10	5~10	2~5	<2

表 5.11 岩溶区滑坡、崩塌评价因子和易发程度分级指标一览表(黄秀凤,2004)

评价因子	高易发	中易发	低易发	不易发
山体坡度/°	>60	45~60	30~45	<30
年降雨量/mm	>1600	1300~1600	1000~1300	<1000
节理裂隙密度/(条/m^2)	>5	3~5	1~3	<1
断层线密度/(km/km^2)	>0.8	0.5~0.8	0.2~0.5	<0.2
人口密度/(人/ km^2)	>250	150~250	50~150	<50
灾害点密度/(处/ km^2)	>0.5	0.25~0.5	0~0.25	0
切割深度/m	>500	300~500	100~300	<100

然后确定各评价因子易发程度的隶属度，可按下面的隶属函数分别求得：

$$
\text{不易发区：} r_{a1} = \begin{cases} 1 & (x < a_1) \\ \dfrac{a_2 - x}{a_2 - a_1} & (a_1 < x < a_2) \\ 0 & (x \geqslant a_2) \end{cases} \tag{5.40}
$$

$$
\text{低易发区：} r_{a2} = \begin{cases} \dfrac{x - a_1}{a_2 - a_1} & (a_1 < x \ll a_2) \\ \dfrac{a_3 - x}{a_3 - a_2} & (a_2 < x < a_3) \\ 0 & (x \leqslant a_1 \text{ 或 } x \geqslant a_3) \end{cases} \tag{5.41}
$$

$$
\text{中易发区：} r_{a3} = \begin{cases} \dfrac{x - a_2}{a_3 - a_2} & (a_2 < x \ll a_3) \\ \dfrac{a_4 - x}{a_4 - a_3} & (a_3 < x < a_4) \\ 0 & (x \leqslant a_2 \text{ 或 } x \geqslant a_4) \end{cases} \tag{5.42}
$$

$$
\text{高易发区：} r_{a4} = \begin{cases} 0 & (x < a_3) \\ \dfrac{x - a_3}{a_4 - a_3} & (a_3 \leqslant x < a_4) \\ 0 & (x \geqslant a_4) \end{cases} \tag{5.43}
$$

式中，$a_1 = A_1$，$a_2 = (A_1 + A_2)/2$，$a_3 = (A_3 + A_2)/2$，$a_4 = A_4$，x 为评价因子的实测值。“工程地质岩组”因子无法量化，它们的隶属度只能定性取值，按其所处的余级别取值为 0。

第一，确定评价因子隶属度的模糊矩阵：

$$
\boldsymbol{R} = \begin{bmatrix} r_{11} & \cdots & r_4 \\ \vdots & \ddots & \vdots \\ s_1 & \cdots & s_4 \end{bmatrix} \tag{5.44}
$$

第二，确定评价因子的权重矩阵：

把各评价因子对地质灾害形成作用的大小两两相比较打分，然后用各因子的总得分对各因子归一化处理，得到各因子的权重(α)，并得到权重矩阵 $\boldsymbol{\alpha}$，其中非岩溶区滑坡、崩塌评价因子权重矩阵：

$\boldsymbol{\alpha} = [0.083, 0.047, 0.083, 0.153, 0.153, 0.153, 0.245, 0.083]$

岩溶区滑坡、崩塌评价因子权重矩阵：

$\boldsymbol{\alpha} = [0.100, 0.100, 0.181, 0.181, 0.054, 0.284, 0.100]$

第三，确定各评价单元的隶属度矩阵 $\boldsymbol{S}$，然后按最大接近度原则来判定各评价单元的易发程度等级：

$$
\boldsymbol{S} = [s_1, s_2, s_3, s_4] \tag{5.45}
$$

得到各单元评价结果：非岩溶区划出滑坡、崩塌 3 个中易发区，149 个低易发区，50 个不易发区；岩溶区划出滑坡、崩塌 2 个高易发区，118 中易发区，239 个低易发区，74 个不易发区。

注意到本节划出的易发程度等级是静态的隐患状态，不是真实发生的情景，但对于防御滑坡、崩塌的发生还是有用的。

下面我们分灾种讨论基于灾害事件预警及当前承灾体易损性的实时风险评估问题。以下诸节我们将尽可能引用实际业务中的案例。

5.5 洪水灾害风险评估

洪水灾害风险评估需要先做洪水预报(有统计模型、人工智能和水文模型三种方法),然后做风险评估。

大江大河洪水预报已有了较高的准确率。但是,由于山洪沟和中小河流存在分布广、降水及下垫面空间异质性强、产汇流时间短、突发性强、水文资料欠缺等特点,因此预报精度较低,预见期短,预报难度大。目前中小河流洪水预报大多采用已有的流域洪水预报模型,模型在中小河流上的适用性和精度等很多地方还需要进一步研究。

5.5.1 山洪和中小河流洪水预报

(1)山洪预报

如何做山洪预报?我们在 3.3 节介绍的三种方法都有用武之地。

① 用统计分析法建立的山洪预报方程做山洪预报

如果建模时样本足够多,包括了小流域各种降雨的情景,那么用统计分析法建立的预报方程就可以用于山洪预报。

② 用率定好的水文模型做山洪预报

无论是 Topmodel,还是 HEC-HMS 模型或淹没模型 FD 等,在率定之后,都可以用来做相同地形地貌的小流域的山洪预报:将每 10 min 至少每小时降雨实况或预报数据,输入淹没模型就可以得到动态的每小时淹没情景,对于每一个隐患点,都可以得到每小时的淹没范围和水深,由最大的淹没水深确定山洪的等级;对于 Topmodel、HEC-HMS 等水文模型,输入每小时降雨实况或预报、蒸发等数据,可以得到预报的流量,根据已建立的流量和水位的关系,可以得到每小时预报的水位;再根据精细的 GIS 数据,可以分析得到小流域每小时的淹没情景,对于每一个隐患点,都可以得到每小时的淹没水深,由最大的淹没水深确定山洪的等级。

如果要用临界面雨量做山洪预报,应当注意 3.3 节介绍的下磨溪山洪的临界面雨量是在南玛都台风降雨情景下的临界面雨量,在其他降雨情景并不适用。所以,我们还需要利用稠密自动气象站(雨量站)10 a 以上的雨量资料,分析每条山洪沟的强降雨情景,将其分型,对于每一型强降雨情景,用率定好的淹没模型,像下磨溪那样,进行山洪模拟,就可以得到在每一型强降雨情景下每一个隐患点不同历时不同淹没水深的临界面雨量。或者对每条山洪沟,用率定好的淹没模型进行强降雨情景模拟。假设 1 h、2 h、3 h、4 h、5 h、6 h 的降雨量为 10 mm、15 mm、20 mm、25 mm、30 mm、35 mm、40 mm、45 mm、50 mm、55 mm、60 mm、65 mm、70 mm……对于各种降雨情景进行山洪模拟,也可以得到每一个隐患点不同历时不同淹没水深的临界面雨量。

实时预报时,需要精细的格点(分辨率等于和小于 1 km)降雨量观测和预报数据,对照每个隐患点不同历时不同淹没水深的临界面雨量,就可以预报每个隐患点山洪影响的等级。

如果没有进行以上的强降雨情景模拟,可以先设置一个稍低于已做过山洪个例模拟得到的最低级的临界面雨量作为起报条件(或者根据经验设置这个起报条件),达到起报条件,自动启动运行已经率定好的淹没模型，自动输入降雨实况和预报数据，就可以得到当前降雨情景下每一个隐患点不同历时的淹没水深预报。

(2)河流洪水预报方法简介

洪水预报按预见期的长短，可分为短、中、长期预报。对径流预报而言，预见期超过流域最大汇流时间即作为中长期预报。按洪水成因要素可分为暴雨洪水预报、融雪洪水预报、冰凌洪水预报、海岸洪水预报等。预报项目则包括洪峰水位(流量)、洪峰出现时间、洪水涨落过程(或洪水总量)。世界上绝大多数河流的洪水是暴雨产生的，并造成灾害，故暴雨洪水预报是洪水预报的一个主要课题。本书主要关注暴雨洪水预报。其预报方法有统计分析法、人工智能和水文模式和实时修正四种。

① 统计分析法

目前常用基于一定理论基础的经验性预报方法有如下几种。

(a)相应水文流量法

通过建立河道上游与下游的水位(或流量)相关关系，用上游站的洪峰水位(流量)来预报下游站洪峰出现的时间、水位(或流量)。作为一种经验方法，一般流域的面积越大，准确度也会越高。3.4.1 节(1)给出的案例用的就是这个方法。

(b)降雨径流相关图法

相应水位流量法只考虑了上下游水位流量关系以及传播时间，而实际上可以纳入洪水预报的因素很多，还包含降雨前期的土壤干湿情况(常用前期降雨情况代替)、地表蒸发情况、季节、降雨的中心位置、降雨的大小等一系列因素，选用其中的几个重要要素构建多变量相关图法。在众多的多变量相关图法中，用得最多的是降雨径流相关图法。该方法直接从降雨的层面出发，开展洪水总量的预报。

(c)单位线法

降雨径流相关图法通常和单位线法相结合，用于计算指定河段的流量过程。使用降雨径流相关图法计算得到当前时刻整个流域产生的洪水量，单位线法则用于再现洪水到达流域出口时间差异的径流再分配。在初始径流深较为准确的情况下，单位线法预报的精度还是可以的，但难点之一在于初始的径流深难以准确估计，影响到了该方法应用于实际预报中的前景。因为洪水汇流的快慢以及洪水涨落的程度其实是与降雨的强度、降雨的位置等多方面要素有关联的，因而采用一条固定的单位线就难以取得满意的效果。但依据降雨强度和降雨中心位置的不同绘制多条单位线，又难以保证每次都选用了最合适的单位线，存在错选的风险。所以实际工作中更多情况是选用具有代表性大雨强，降雨高发区域对应的单位线来满足对洪峰预报的目的。

② 水文模型

考虑到单位线法计算存在的种种问题，水文学者进一步研究开发出了预报更为准确的洪水预报方法，称之为概念性水文模型。国内新安江模型是国内应用最为广泛的水文模型。

其他国外的水文模型也相继被引了进来，其中分布式水文模型比集总式水文模型更具优势。因为分布式水文模型将整个流域划分为众多子流域，然后依据每个子流域不同的土地利用类型、土壤、植被、坡度等条件，针对每个子流域采用不同的参数或计算方法，构建分布式模型是目前主流的进展方向。另外，国外具有物理性质的水文模型已经崛起，将概念性和物理性质相结合的水文模型将会有非常广阔的前景。

③ 人工智能

人工智能最适合在有长水文资料且人类活动影响变化不明显的地区用于洪水预报。

人工智能在水文模型参数率定方面也大有作为。传统的洪水预报模型基于洪水形成的基本原理,将降雨量、土壤、植被覆盖面积、蒸发量、流域下垫面等自然因素进行量化和建模,不仅存在大量的参数需要人工率定(这通常需要专业的背景知识和工作经验),而且存在着模型参数率定工作量大和预报结果误差较大等问题,将人工智能方法引入水文预报模型参数自动率定(例如自适应遗传算法参数优化识别)和实时校正,可以获得了比较满意的结果。

人工智能在大数据分析中可以改变传统水文学方法中繁琐的数据处理和基础参数率定的问题,能通过各相关因素之间的联系,找到一定的规律性,获得的结果与实测值更接近,对于指导实际工作大有裨益。

④ 实时修正算法

由于气象水文数据的不完整性和模型科学性欠缺,无论是经验统计方法、水文模型还是人工智能方法的洪水预报,都存在误差,有必要进行实时修正,就是依据当前的预报结果和实测的情况进行比较后,对预报的一些中间变量或结果进行修改,目的在于获得未来预报结果精度的提升。实时修正算法有 AR 自回归模型、递推最小二乘法(动态更新的 AR 模型)、BP 神经网络算法、动态系统响应方法、集合卡尔曼滤波等算法。

5.5.2 应用统计模型的洪水风险评估

(1)望谟河山洪预警

根据 3.2.1 节建立的望谟河山洪预警指标,贵州省台对 2011 年“6·6”望谟山洪进行了预警服务。

2011 年 6 月 5 日夜间—6 日凌晨,望谟河上游出现强降水,6 日凌晨 01 时后,由于发生山洪,自动水位雨量站及望谟河上游的纳包乡雨量站被冲毁,凌晨 01 时后无雨量和水位记录(表 5.12)。

表 5.12 2011 年 6 月 5 日—6 日 03 时望谟河上游乡镇雨量

单位:mm

雨量站	时间					
	5 日 22 时	5 日 23 时	6 日 00 时	6 日 01 时	6 日 02 时	6 日 03 时
R9801	0	37	106	63	25	37
R9817	0	22	45	45	无记录	无记录
R9803	0	1	3	2	23	52

图 5.1 为望谟河 4 日 08 时—6 日 23 时自动水位监测记录。02 时及之后由于洪水猛烈,水位监测站被冲毁,从冲毁前的水位变化可以看到,6 月 5 日 23 时起望谟河水位观测点的水位开始上涨。

分析 5 日 23 时—6 日 01 时指标站(打易站)的降水量(表 5.13),由表 5.13 可见,5 日 23 时起指标站的降水量就达到望谟河三级山洪预警标准。6 日 00 时,达到未来 2 h 望谟河将上涨 4 m 以上的山洪一级标准(表 3.19)。

(2)气象服务

贵州省气象台根据临界雨量指标,6 日 00 时 16 分通知望谟县气象局望谟县城将达到了

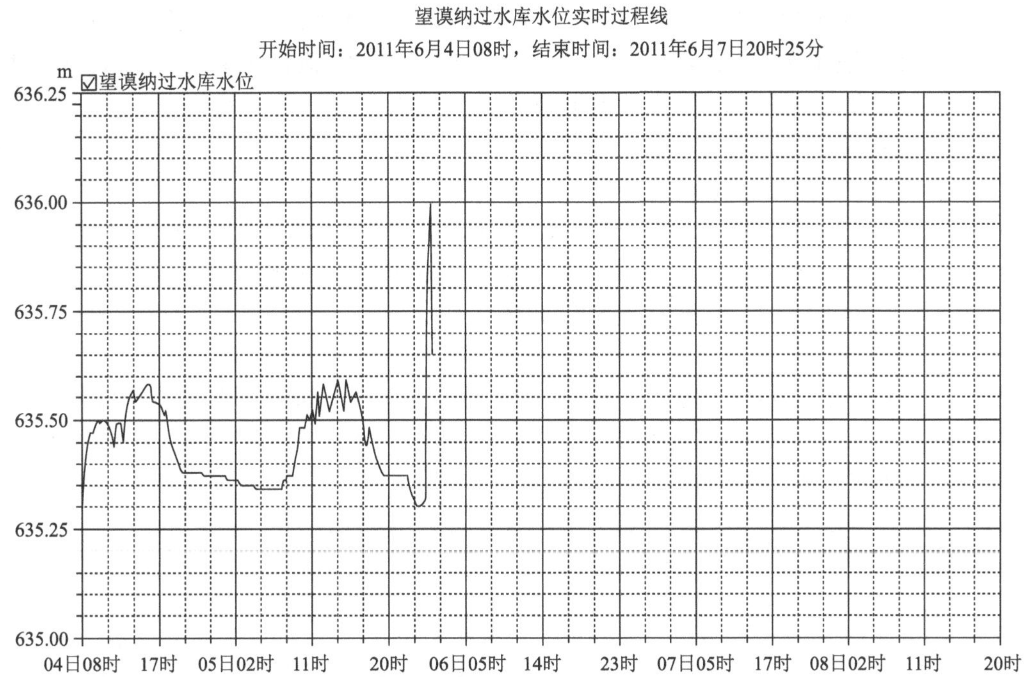

图 5.1　望谟河 4 日 08 时—6 日 23 时水位监测

一级山洪标准，望做好服务工作。望谟县气象局将山洪预警信息通过手机短信、电话、传真等方式向县委、县政府领导、相关部门领导、乡镇领导、中小学校长、乡村气象信息员等进行了全面发布。并按照“三个叫应”的工作内容积极地实施了叫应服务，县委县政府及时撤离了群众，大山洪未造成人员伤亡，灾害损失也降到最低限度。准确的预警加上积极主动的服务，是此次山洪灾害预警服务成功的关键。

表 5.13　望谟河 6 月 5 日 23 时—6 日 01 时山洪短时预警

时间	未来 1 h 预警	未来 2 h 预警
5 日 23 时	未达到 1 h 预警标准	指标站雨量 37 mm，达到三级标准，预计未来 2 h 水位上涨 1～2 m
6 日 00 时	面雨量 71.3 mm，达到三级标准，预计未来 1 h 水位上涨 1～2 m	指标站雨量 106 mm，达到一级标准，预计未来 2 h 水位上涨 4 m 以上
6 日 01 时	面雨量 107.3 mm，达到三级标准，预计未来 1 h 水位上涨 1～2 m	指标站雨量 63 mm，达到二级标准，预计未来 2 h 水位上涨 2～4 m

据灾后调查，望谟河大幅涨水是在 6 日 02 时左右，气象台站的山洪预警提前了 2 h，为政府防灾赢得宝贵的时间，产生了明显的社会经济效益。

5.5.3　应用淹没模型的洪水风险评估

水文淹没模型具有漫坝淹没、溃坝淹没、强降雨淹没三个模块，并且还可以进行漫坝淹没＋强降雨淹没、溃坝淹没＋强降雨淹没叠加，可以用于各种情况下的洪水淹没模拟，得到淹没范围和水深随时间的变化；在承灾体数据库的支持下，容易评估被水淹的承灾体的数量和价值量,如果还有承灾体脆弱性曲线或历史灾损资料,便可以评估可能的损失了。下面举 3 个例子,分别说明如何应用强降雨淹没、漫坝(沟)淹没和溃坝(分洪)淹没模型进行风险评估,第一个例子由于有历史灾损资料的支持,还做了经济损失评估。

(1)2010 年武汉江夏特大暴雨洪涝风险评估

① 过程概述

2010 年 7 月 8—16 日受中低层切变线影响,湖北省出现梅雨期的持续性集中暴雨过程,雨带稳定少动,降水持续、强度大。强降水主要集中在鄂东、江汉平原东南部,江夏站 7 d 最大降水量达 579 mm、连续 4 d 暴雨,创历史新纪录。

② 暴雨洪涝过程模拟

李兰等(2013)将江夏区 2010 年 7 月 11 日—13 日逐时面雨量数据输入暴雨洪涝淹没模型之暴雨洪涝模型,可推算出相应的淹没面积和渍水深,如图 5.2(彩)所示。表 5.14 给出了推算的淹没面积与渍水深度。

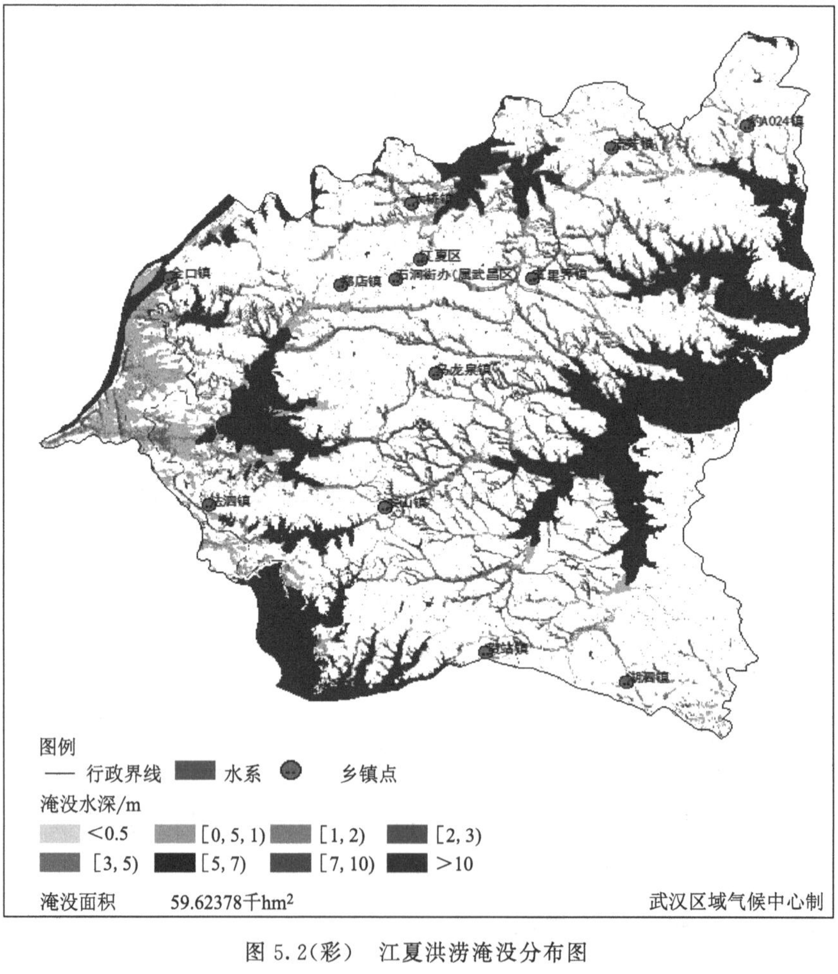

图 5.2(彩) 江夏洪涝淹没分布图

由表 5.14,利用 2005 年江夏区土地利用类型资料,可以推算出各种土地利用类型在各水深段的淹没面积,如表 5.15 所示。

表 5.14 2010 年 7 月 11—13 日江夏区洪水淹没面积统计

序号	水深/m	像元数	面积/千 hm^2
1	<0.5	664375	41.39082
2	[0.5,1)	127195	7.92430
3	[1,2)	97301	6.06189
4	[2,3)	37590	2.34187
5	[3,5)	24097	1.50125
6	[5,7)	4291	0.26733
7	[7,10)	700	0.04361
8	>10	1488	0.09270
合计	面积	957037	59.62378

表 5.15 各土地利用类型在各水深段的淹没面积

单位：km^2

水深/m	0	(0,0.5)	[0.5,1)	[1,2)	[2,3)	≥3	合计
耕地	1117.4949	99.4572	42.7851	37.8882	16.7868	13.5846	1327.997
林地	96.984	0.6813	1.1529	1.1367	0.5796	0.4923	101.0268
草地	24.0741	0.1548	0.1008	0.0486	0.0207	0.0396	24.4386
城乡工矿居民用地	53.3592	3.2211	1.1358	0.7983	0.306	0.2259	59.0463
未利用地	20.6325	5.0481	0.4059	0.3006	0.2412	0.2052	26.8335
水域	—	—	—	—	—	—	471.6801
合计	1312.5447	108.5625	45.5805	40.1724	17.9343	14.5476	2011.022

③ 财产经济损失评估

利用黄河流域洪涝行业损失分布函数(表 4.3)，结合本个例淹没面积、渍水深度与各类承灾体的数据，可以得出洪灾财产经济损失的状况，如表 5.16 所示。

表 5.16 2010 年 7 月 11—13 日江夏区洪水直接经济损失

项目	直接经济损失/万元	项目	直接经济损失/万元
农业	27173.05	餐饮业	435.8855
林业	517.5209	行政事业单位	9159.5226
牧业	16.1232	房屋	0.3438
渔业	2834.1664	家庭财产	0.0625
工业	8206.3431	水利设施	4499.2307
建筑业	467.8471	市政设施	1354.0262
批发零售业	5443.7057	合计	60107.82445

④ 模型结果验证

根据江夏区灾情统计表，将表 5.16 结果与实际灾情相比，发现模型推算的结果比实际上报的经济损失小约 25%。考虑到在实际灾情上报中存在经济损失偏大的现象，模型推算结果基本能够反映出此次灾害所造成的经济损失。

(2)福建省南安梅溪山洪风险评估

① 南安梅溪流域致洪临界面雨量

以位于梅溪流域中游的洪溪村为预警点,利用 2012 年 6 月 24 日典型山洪个例用淹没模型进行模拟,确定梅溪流域各级致灾临界面雨量及风险评估结果如表 5.17 所示。

表 5.17 南安梅溪流域致灾临界面雨量及风险评估表

山洪等级	4 级	3 级	2 级	1 级
临界面雨量/mm(4 h)	36	52	75	90
淹没水深/m	0	0.6	1.2	1.8
受淹村镇	无	六都村、洪溪村、新林村、霞峰村、洪梅村、新联村	六都村、洪溪村、新林村、霞峰村、洪梅村、新联村、洪梅镇	六都村、洪溪村、新林村、霞峰村、洪梅村、新联村、洪梅镇

2013 年 7 月 12—18 日在短短一周时间内台风“苏力”和热带风暴“西马仑”先后正面袭击福建,强降水引发了多起暴雨洪涝灾害,位于闽南的南安梅溪流域在 2 次台风暴雨中皆出现了山洪灾害。

② “苏力”台风山洪风险预警及评估服务

2013 年 7 月 12—14 日台风“苏力”影响福建期间,福建南部发生暴雨到大暴雨。根据已确定的梅溪流域山洪临界(面)雨量的阈值(表 5.17)及短期、短时预报结果,福建省气象台于 2013 年 7 月 12 日发布了山洪预警,南安市气象局通过政务内网、传真、手机短信、大喇叭等方式通知当地镇政府做好预警准备;13 日 20 时 10 分,根据降水实况监测,福建省气候中心对南安梅溪流域山洪灾害进行了实时预警及风险评估,向省气象局及地市气象局领导和南安市气象局发布了梅溪流域的山洪风险预警及评估短信,具体内容如下。

[山洪预警]13 日 17—20 时,南安梅溪流域,面雨量为 52.9 mm,已经超过 3 级(较高)风险等级,可能影响流的村庄有:六都村、洪溪村、新林村、霞峰村、洪梅村、新联村。请注意防范。

南安市气象局接到山洪预警信息后立即电话向市防汛办值班室报告,并向市分管领导汇报目前水位情况和预报,然后及时通过手机短信向可能影响的六个村的村主任发布相关预警信息,地方政府、乡镇和村负责人及时采取了相应的防范措施,迅速组织乡镇、村干部巡查排洪排涝隐患点,调集沙袋加高拦河坝,有效减少了经济损失。事后的灾情调查表明:7 月 13 日梅溪流域包括洪梅镇在内的部分村庄遭受洪灾,农作物受灾面积 0.44 万亩,直接经济损失 23 万元;防汛总投资消耗折算资金 1.0 万元,投入抢险人数 60 人。此次的山洪风险预警及评估服务效果较好,做到了提前 24 h 和临近山洪预警和风险评估。

③ 热带风暴“西马伦”山洪风险预警及评估服务

2013 年 7 月 18—20 日热带风暴“西马伦”影响福建期间,福建南部发生暴雨到大暴雨。福建省气象台于 2013 年 7 月 17 日发布山洪预警,南安市气象局通知当地镇政府做好预警准备;19 日 21 时,根据降水实况监测,福建省气候中心对南安梅溪流域山洪灾害进行了实时预警及风险评估,向福建省气象局及地市气象局领导和南安市气象局发布了梅溪流域的山洪风险预警及评估短信,具体内容如下。

[山洪预警]19 日 16 时 50 分—20 时 50 分，南安梅溪流域，面雨量为 66.7 mm，已经超过 2 级(高)风险等级，可能影响流的村庄有：六都村、洪溪村、新林村、霞峰村、洪梅村、新联村。请特别注意防范。

南安市气象局根据系统的预警结果，及时通过手机短信平台发布至梅溪村落的村主任和市防汛办、乡镇相关领导，市防汛办、乡镇采取了相应的防范措施，迅速组织转移 38 人。事后的灾情调查表明：7 月 19 日梅溪流域包括洪梅镇在内的部分村庄遭受洪灾，农作物受灾面积 0.20 万亩，但未造成人员伤亡。

(3)安徽省大通河 2013 年 7 月 5 日洪水预警和风险评估

2013 年 7 月 5—7 日，受低涡和低空急流影响，安徽省出现连续性强降水过程，多个流域累计面雨量达 100 mm 以上，最强雨强中心位于大通河流域，流域内青阳站 3 h 和 6 h 降水超历史极值。

① 暴雨预报

2013 年 7 月 5 日上午，安徽省气象台预报：5 日夜里—8 日安徽省有强降雨，并伴有短时强降水、雷电和雷雨大风等强对流大气，江淮中部到江南北部累计降水量为 180～260 mm，局部超过 350 mm，大通河流域处于降水中心地带。

安徽省气候中心研究的大通河致洪临界面雨量见表 5.18。

表 5.18　大通河临界面雨量

洪水等级(1/2/3)	时效/h	临界面雨量/mm	临界水位/m	基础水位/m
3	9	85.1	14.5	12.5
2	9	131.9	15.6	12.5
1	9	165.0	16.4	12.5
3	9	63.8	14.5	13.0
2	9	110.6	15.6	13.0
1	9	144.6	16.4	13.0
3	9	42.6	14.5	13.5
2	9	89.3	15.6	13.5
1	9	123.4	16.4	13.5

② 洪水预报

根据短期预报结果，气象部门进一步密切关注沿江和江南一带，在 SWAN 平台支撑下开展了大通河流域 QPE 和 QPF 产品的滚动制作，并结合致灾临界雨量指标，实时判断流域的暴雨洪涝等级。

当定量降水监测结果超过临界雨量指标时，于 7 月 5 日 12 时及时制作了中小河流洪水预警产品，指出大通河流域暴雨诱发洪水等级较高；在 7 月 6 日 00 时根据定量降水监测和预报的最新结果，对洪水预警产品进行了滚动订正，将大通河流域暴雨洪水等级调整至最高级别。

③ 风险评估

基于大通河流域洪水预警等级结果，启动了暴雨洪涝灾害风险评估，将预报雨量和大通河下垫面信息输入淹没模型预估了流域暴雨淹没风险情况(图 5.3(彩))。

结果表明：大通河流域上游支流的七星河、南河、北河及青通河水位上涨明显，大部地区涨

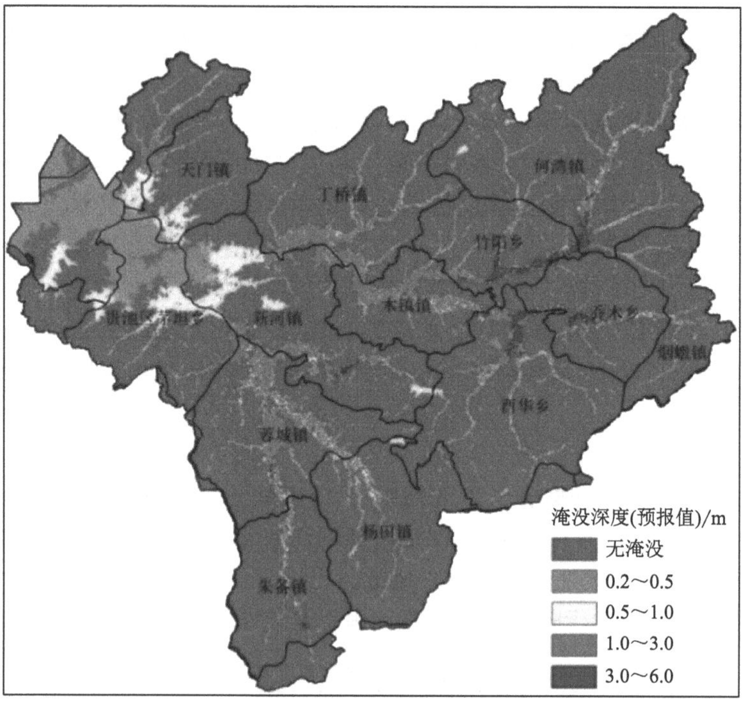

图 5.3(彩)　大通河暴雨洪水淹没预报图

水超过 1 m,其中南河和北河支流水位上涨超过 3 m,竹阳乡、西华乡和乔木乡的局部地区涨水超过 6 m。流域内木镇、丁桥和新河等地的沿河洼地和圩区受强降水和河水上涨影响,洪水淹没风险较高,发生较严重的内涝灾害。

本次强降水给大通河流域带来了损失。大通河水位上涨明显,致使农作物受淹、房屋设施倒塌、厂矿企业受损、大量道路、塘库堤坝、沟渠遭到水毁,直接经济损失达 7270 万元,灾情结果与风险预警情况基本一致;受灾最严重的地区也主要位于木镇镇、乔木乡等地,与风险预评估结果以及模拟淹没最严重地区基本吻合(表 5.19)。

表 5.19　预估淹没深度与实际调查结果对比

调查点	经纬度	调查时河水水面高程/m	淹没最深痕迹高程/m	实际涨水深度/m	模拟涨水深度/m
木镇镇七星河桥	117.942°E,30.72°N	18.0	21.0	3.0	2.9
竹阳乡北河河道	118.011°E,30.735°N	20.5	24.0	3.5	3.7
西华乡石安桥	118.021°E,30.706°N	21.0	24.8	3.8	3.5
木镇镇受淹房屋	117.942°E,30.711°N	—	—	1.2	1.16

④ 预警服务、应急响应与服务效益

根据降水和洪水预报以及风险评估结果,气象部门及时启动应急响应,与防汛、国土等部门进行会商,向公众发布预警产品和信息,通过电话、短信、大喇叭等手段开展了点对点预警服务,动员撤离高风险地区群众,为及时救灾转移赢得了时间。

风险预警产品均及时传真到市委、市政府、市防办、市城防办及国土局,同时通过微博向公众服务，提示高风险地区注意防范暴雨洪涝灾害。根据气象预警信息，池州市防指连续下发通知，对本次强降水防范工作作出动员和部署，及时发布防汛预警，科学调度各县区重点区域的防范工作。

大通河流域此次历史罕见强降水引发的洪涝灾害虽然造成了经济损失，但是在这样一个中小河流洪水及山洪易发区做到无一人伤亡，是与气象风险预估精准、预警信息发布及时、各级政府防范有效等各方面共同努力是分不开的。

根据风险预警评估的指导，在暴雨洪涝灾害来临前夕，大通河流域的危房户、沿河低洼地区和地质灾害点共计 2576 人得到紧急转移，避免了人员伤亡。

与历史类似强降水过程相比，例如 2007 年 7 月 10 日，青阳县境内出现了暴雨过程，降水量在 150～200 mm，青阳本站降水量 180.6 mm，在该次暴雨过程中，轻伤 320 人，死亡 8 人。而在 2013 年 7 月 5 日过程中，得益于风险预警服务和各级政府应对及时有效，该地区无一人伤亡，这也充分体现了风险预警的防灾减灾效益。

5.5.4　HAZUS-MH 洪水预报和风险评估

(1)背景

2008 年 6 月 9 日，美国依荷华州约翰县上游洪水已经超过 28 英尺[①]水位记录，预报员称雨还会继续下，为该县绘制出一幅阴暗的图画，俨然 1993 年洪水再现。

洪水发生前 2～3 d，紧急事务中心就被 25 个人挤爆了，紧急事务管理局(EMA)的官员们焦急地搜索着能够帮助他们制定减少损失计划的模型。EMA 发现 HAZUS 并求助于依荷华大学地理系对洪水事件进行潜在影响的评估。按照地理系的意见，紧急事务管理人员获准照着国家突发事件管理系统去进行洪水潜在影响的评估。

(2)数据采集

EMA 从国家洪水保险计划(NFIP)获得涝原图，从美国测绘局(USGS)、天气局的预报获得评估数据，并把天气局的预报代入 HAZUS 以估计洪水的程度，国家级别的数据库从局地 GIS 数据产生建筑物的位置，结合洪水的程度提供更准确的 HAZUS 估计的损失。

损失的估计成为每天早晨紧急业务中心(EOC)会商的一部分，以定量分析洪水对社区直接和间接的经济损失，包括潜在的人员伤亡。紧急支持功能(ESF)包括建设管理部门、红十字会、救助的军队、乡村安全员和联邦紧急事故管理署(FEMA)社区关系户在每天早晨 10 时会商，基于更新的数据和洪水标准，形成仔细的 HAZUS 分析材料。

(3)保护风险中的关键性设施

对约翰县建设管理部门来说，HAZUS 揭露出作为约翰县主要电力来源的几个中美地区能源变电站很可能受到洪水的影响。中美地区配备了可移动的变电站以确保当必要时迅速递补，国家警戒局对所有需要保护的设备用沙袋掩体提供了另外的保护。

(4)快速响应和恢复

EMA 能够利用 HAZUS 估计将封闭的道路。分析人员帮助 EMA 和它的同伴导航主要干线，告诉员工什么地方应当预先布置响应队伍，鉴别为医护人员和架桥人员开放的道路。

1993 年的大洪水使约翰县几乎所有的桥梁都封闭了，所以根据在类似的或更高的工程水

---

① 1 英尺＝0.3048 m，余同。

位上,约翰县2008年6月16日上午11时(美国中部时间)封闭了10座桥梁,EMA要求每一个单独的桥梁都应当准备好。

(5)风险评估的检验

利用HAZUS,他们估计1100栋房屋将被淹没,确切的结果表明1250～1300栋房屋被洪水淹没了。约翰县GIS协调员,风险管理人员非常满意HAZUS的精度。

5.6 城市内涝风险评估

虽然城市内涝每年都在发生,因内涝人员死亡的消息时有报道,但只有少数城市开展了内涝的监测预警业务,城市内涝风险评估业务更是没有建立起来。城市内涝预报和风险评估是急待建立和发展的业务,将城市内涝模型和易损性分析相结合是需要突破的重点和难点。

城市内涝预报亦有统计模型和水文模型两种方法。

5.6.1 城市内涝监测和临近预警

佛山在全国率先实现城市内涝实时监测和预警。佛山市城市内涝预警系统从2010年投入使用以来,以大数据分析助力公众提前避险,有关部门及时采取排涝措施,有效降低了内涝对城市的影响。基于此,《城市内涝实时监测预警关键技术研究与应用》项目荣获2017年度广东省水利学会水利科学技术奖一等奖。

(1)103站点实时监测佛山市区内涝情况

截至2019年5月,佛山市共有69个内涝监测站,它是雨量和水位两要素监测站,其最上面的圆筒是雨量筒,测雨量;矗立着一支金属杆子里面有一把电子水尺,当发生内涝时,水尺可以自动感应水位超过地面的高度,并将数据通过杆上方的仪器箱,用4G信号传输到内涝预警系统平台。内涝监测站分布于禅城区、顺德区、三水区、高明区、佛山新城。再加上佛山市交通运输局(公路局)已建成10个道路内涝监测站点,南海区国土城建和水务局也建成24个城市内涝监测站点,共有103个内涝监测站点,所有数据均已共享到佛山水文分局城市内涝预警系统平台中使用。这些内涝监测站尽量选择易涝区域建设,一是地形低洼地区,二是排水管网薄弱的地区,使内涝监测基本实现了佛山市中心城区全覆盖。。

佛山水文分局从2009年开始自主设计并陆续建设城市内涝监测站点,已获得实用新型专利,并推广应用到广州、佛山、惠州、汕头、中山、珠海及湛江等城市中心城区。因各地条件不同,站点还因地制宜各有特色,有的顶上安装摄像头,可通过视频实时观看到路面积水情况,有的则附有显示屏,可以显示水位数据以及提醒内涝的文字信息。针对隧道、蓄水池等特殊的位置,还探索使用气压式、超声波、激光、埋入式等水位计应用在城市内涝监测中。

(2)大数据运算实现内涝分级预警

各个内涝监测站源源不断地提供实况数据,再结合雨量、地形、地下管网、河网分布等情况及数据,给内涝预警预报带来了丰富的信息支撑。

内涝预警系统应用了多项先进技术,包括:短历时降雨与潮位组合的内涝风险分析技术、雷达定量降雨与二维水动力学模型耦合技术、河网模拟计算、管网耦合技术、实时工情耦合技术等。佛山水文分局借助高性能服务器运算,结合人工经验校正,得出未来0～3 h的内涝预报结果。

在佛山城市内涝预警系统的显示屏上，佛山城区地图被划分成一个个细小的网格，每个网格不同的颜色深浅代表着不同的积水深度，还可以对某个点用动画进行积水过程的演示。

基于内涝预警预报技术的运用，佛山水文分局制定了城市内涝预警信号及标准。当预计或达到积水深度为 15 cm 以上，25 cm 以下时，发布蓝色预警；水深 25 cm 以上，50 cm 或以下时，发布黄色预警；水深 50 cm 以上，100 cm 或以下时，发布橙色预警；水深 100 cm 以上时，发布红色预警。

2021 年 6 月 23 日下午，佛山市气象台发布红色暴雨预警，市内大部出现强降雨。禅城区陶瓷城附近出现了约 60 cm 的水浸深度，主干道季华路被积水淹没数百米。佛山水文分局及时发布城市内涝黄色预警，并将内涝实时情况共享至住建、交通等部门，为佛山市防洪排涝、疏导交通提供了及时可靠的技术支持，为保护人民生命财产安全再一次起到关键作用。

5.6.2 全国第一个综合性城市内涝气象风险监测预警系统——石家庄市城市内涝气象风险监测预警系统

2017 年 4 月由河北省气象灾害防御中心构建的“河北省城市内涝监测预警系统”(魏军等，2019)投入试运行。该系统以地理信息系统为支撑平台，依托气象中小尺度监测预报系统，利用暴雨内涝数学模型模拟暴雨内涝灾害，实现内涝灾害的预警。本系统设计成两大子系统，分别是基于 C/S 的城市内涝数学模型模拟子系统、基于 B/S 的城市内涝气象监测与预警子系统。

(1)系统架构

系统总体上采用云计算架构，由下至上依次划分为感知层、基础设施层、开发平台层、数据层和应用展示层 5 个层次。

感知层位于系统最底层，为系统实时数据采集提供硬件支撑，主要以自动气象站、交通气象站、水文气象站等实时获取降水数据，利用城市积涝监测站等实时获取积涝区积水深度数据，通过视频监控实时获取内涝灾情数据。基础设施层指的是系统运行环境，通过将系统搭建在河北省气象信息中心资源池中，在资源池中安装了 2 台 Vmware 虚拟机，并通过光纤网络连接磁盘阵列存储。平台开发层，主要由 Oracle 数据库系统、Linux 操作系统和 GIS 平台软件组成，为系统提供软件运行环境。数据层主要由各类数据库及数据访问接口组成，系统数据库主要由基础地理信息数据库、城市交通专题数据库、市政专题数据库、内涝隐患点专题数据库、视频专题数据库、气象专题数据库和信息发布专题数据库组成，数据访问接口主要采用 WebService 形式提供。应用展示层是系统的核心层，采用 Javascript 开发，提供基于 B/S 的城市内涝监测预警显示平台，能够实现雨量监测、积水模拟、风险预警和产品发布等功能，可为城市内涝预警预报服务提供及时、准确及可视的决策支持。

(2)关键技术

① 城市内涝数学模型模拟子系统

(a)数学模型

参见 3.5.3 节。

(b)内涝模型构建

系统构建的石家庄城市内涝数学模型主要模拟对象为城区地表与明渠河道的水流运动，根据城市下垫面的地形地貌特征，采用无结构不规则网格进行模型计算域概化。网格设计时需要充分考虑城市地形地貌特征和积水区的分布情况,如城市的重点服务区和易积水片区采用较密的网格划分,在城市边郊和不易积水区域采用较为稀疏的网格进行划分,且单一网格内的下垫面属性尽可能相同。同时针对建模区域地道桥、涵洞和暗河较多等情况,在模型网格划分时采用立体多重和分区分层方式对模型加以优化改进。立体多重指在同一平面位置上布设多重网格,解决地道桥、涵洞、暗河等网格单元立体层面的水体汇流和积水问题;分区是指将网格按路网、社区和河网划分,各区自成体系,实现逐区计算;分层是指管网层、地表层与雨量层等独立计算。图 5.4 为城市内涝模型积涝计算流程图,其中包含了路网、河网、社区和管网汇流模拟与泵站排水或管网自流 3 个程序块,应用程序采用 Visual Fortran 语言编制。

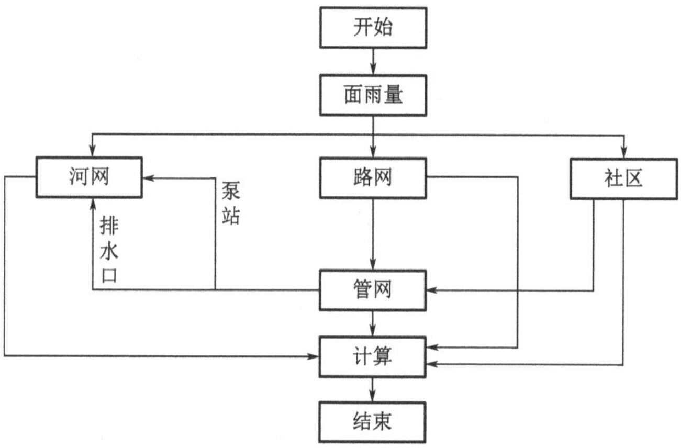

图 5.4　城市内涝模型积涝计算流程图(魏军 等,2019)

改进后的城市内涝模型采用自动雨量站与雷达估算降水(QPE)相结合的方式计算区域实时面雨量,用以作为模型的降雨初始条件;河网层模型以河网和管网之间的水量交换为主要目标,通过改变以往河流单纯汇流、排水和蓄水的功能,以河网的控流、限流和调节为建设条件,建立自排水与泵站抽水相结合的排水计算模式,增加了河网的调控能力;路网层模型主要以立体路网之间、路网与社区之间、路网与管网之间的水量交换为目标,水量交换的方式表现为垂直井汇或涌水、陡坡汇流、社区旁侧分流等;社区层模型主要以社区与路网、社区与管网间的水量交换为目标,水量交换方式主要有社区与管网汇流、整体社区与周边道路水量交换、局部社区水量分布等,将整体模拟与局部模拟相结合。

根据上述网格设计原则,利用高精度城市地理信息数据,最终划分得到建模区域内河道型网格 545 个,道路型网格 3169 个,社区型网格 11055 个。

② 城市内涝气象监测与预警子系统

城市内涝气象监测与预警子系统是在提取暴雨内涝数学模型模拟结果的基础上,基于 WEBGIS 技术开发的可视化内涝监测预警与发布平台,能够实现城区多源雨量监测、实况与预报模拟积水显示、历史数据动态查询与统计、内涝风险预警和服务产品制作发布等功能。

③ 综合开发技术

系统平台以面向服务的体系架构(SOA)方式搭建,前端采用 AJAX 技术实现数据的局部刷新,后端采用 Java 开发的 Rest 服务方式实现数据的发布服务,并集成对跨域资源共享

(CORS)的支持,使跨站数据传输更安全,增加系统的可移植性、通用性。通过 HTML5 的 Canvas 技术实现积水网格的快速渲染绘制,实现流畅的积水淹没动画播放效果和面雨量色斑图的展示。同时基于动态网页技术、WEBGIS 技术、分布式技术、中间件技术等目前 B/S 系统建设领域较为先进和广泛的系统技术,以天地图公众地图服务为地理支撑平台,通过使用 Javascript 前端脚本语言实现气象数据与地理数据的叠加展示,实现了电子地图的基本操作及多图层显示,快速的数据浏览及查询分析,雨量、雷达估算降水、数值预报雨量信息显示及城市面雨量数据显示,积水深度和易积水点预报预警显示等功能。数据库使用 Microsoft SQL Server 2008,其提供完整的企业级技术与工具,具有使用方便可伸缩性好与相关软件集成程度高等优点。

(3)系统功能实现

系统能够较好地实现城市的实时雨量监测、降水数据自动采集、积水模拟与预测、积水点风险预警和服务产品一键式发布等功能,基本满足了城市内涝监测预警服务的业务需求。

① 服务端数据采集模块

数据采集程序分为手动运行模式和自动运行模式。手动运行模式能够读取任意历史降水过程的自动站、水文站和雷达估测降水的雨量数据,用于开展历史积涝过程的模拟;自动运行模式能够采集实况站点雨量数据、雷达资料、各类数值预报降水数据等,并根据当前资料计算面雨量实况、面雨量预报、城市积水实况、城市积水预报等。

② 雨量监测显示

雨量监测主要包括石家庄市区域气象自动站、交通气象站和水文站的实况降水数据,高时空分辨率的雷达定量降水估测(QPE)资料和精细化数值预报降水数据。同时根据插值方法,能够实时生成面雨量,能够显示不同网格的面雨量信息。

③ 积水模拟显示

积水模拟包括实况降水积水深度模拟和预报降水积水深度模拟两方面。系统在业务运行时,通过读取当时时刻的前 6 h 逐小时实况降水数据加未来 6 h 逐小时的预报数据,按照每 30 min 运转一次,及时监测预报城区积水变化情况。同时针对重点区域,系统可以给出选择区域积水最大值随时间的变化趋势。

④ 易积涝点预警显示

系统基于实况雨量监测和模型水深模拟结果制定了易积涝点风险预警等级。设定易积涝片(点)的致涝雨量阈值和制定积水深度风险预警阈值(见表 5.20),当关联的自动雨量站雨量或模拟积水深度超过相应的阈值时,发布城区易积涝片(点)的风险预警,同时提供易涝区(点)详细情况的介绍,以利于开展相关气象服务。

表 5.20 积水深度风险预警等级(魏军 等,2019)

风险等级	Ⅳ(有一定风险)	Ⅲ(风险较高)	Ⅱ(风险高)	Ⅰ(风险很高)
水深/cm	5～20	20～60	60～100	＞100

⑤ 服务产品制作发布

系统提供了服务产品制作的相关工具,在服务材料的发布上,采用固定的模板,包含了降水历史、小时最大雨强、最大积水深度、积水面积等信息,支持 FTP、邮箱、短信、微博等多渠道发布方式。

(4)系统应用

2017年7月21日11—12时石家庄市区出现一次短时强降水,降水路径自西向东分布,11时雨强最高为63.0 mm,出现在市区西部的烈士陵园站,12时雨强最高为56.1 mm,出现是市区东部的土贤庄站。城区多处地方出现明显积水,部分路段出现断交情况,个别地道桥最大积水深度达到3 m。利用石家庄城市内涝气象风险监测预警系统对此次过程造成的积涝程度进行验证计算,对比分析系统的实际应用效果。

结果发现,系统能够稳定运行,界面实时显示自动站雨量信息,并根据站点雨量及时生成面雨量,利用城市内涝模型,能够逐时显示城区积水模拟分布。此外,通过石家庄市排水管理处提供的10处重点路段和2个地道桥的实测积水资料,对模型计算的最大积水深度精度进行验证。此次降水过程,石家庄市排水处提供的12处城区积水片(点)在模型中都有所体现,不存在漏报情况;实测积水深度与模拟最大水深的误差绝对值在0.3 m以内(包括0.3 m)有9处,占全部积水片(点)的75.0%,其中绝对误差小于0.1 m的有4处,占全部的33.3%,总体上模拟结果与实际情况相符;有2处绝对误差超过1 m,均集中在地道桥积水模拟上,可能与地道桥周边泵站及闸门是否按时开启有关,需对其相对应的模型网格参数进行进一步率定。

总体来说,本系统在功能实现、模拟精度及运行稳定性等方面都能达预期设计目标,满足了业务使用需求,可以应用于石家庄市内涝预报的业务工作。

为加快该系统在全省的推广应用,河北省气象局编制了《河北省城市内涝监测预警与风险评估业务建设方案》和《河北省城市内涝风险普查方案》,还将开展城市内涝风险普查和风险预警评估列为各设区市气象局考核指标,河北省气象灾害防御中心也开始发布全省城市内涝气象风险等级预报。

5.6.3 基于临界雨量的内涝风险评估

(1)深圳市的内涝风险评估

深圳市气象局已经建立本市所有社区水浸风险的评估业务,并为各社区制作防御明白卡。所用的方法就是统计淹没模型,即根据历史上的淹没情况来评估当前同样降雨量下的的淹没区域和水深,并评估水浸的风险。在城市排水条件没有发生变化的情况下,可以应用统计淹没模型来评估水浸的风险。下面仅以星海名城社内涝风险评估为例予以说明(章国材,2010)。

① 承灾体概况

深圳市星海名城社区面积1.2 km^2,总人口22137人,总户数7317户,其中户籍人口13817人,流动人口8320人。主要产业为商业和住宅。星海名城社区平均海拔5 m以下,地势低,易受内涝灾害。

② 临界面雨量及水浸深度

当日雨量≥110 mm或小时雨量≥50 mm时,星海名城社区会出现二级水浸灾害,主要易涝点及水浸水深如下:

星海名城七组团地下车库入口,最深0.6 m;

一期地下车库,最深0.1～0.2 m;

前海路边101岗亭,最深0.7 m,水可以把路面下水井盖顶起来;

三期地下车库出入口，最深 0.1 m；

北大附中后门，最深 0.3 m；

六期地下停车场门口，最深 0.5～0.6 m；

停车场内，最深 0.4 m。

③ 风险评估

危险高压设备和风机房各 1 处：

六期地下停车场内的高压设备和风机房易水浸而导电致人伤亡；

易水浸的车库 4 处：星海名城七组团、一期、三期、六期地下车库易水浸，易因车辆受淹造成大的经济损失；

危险水井盖 1 处：前海路上，靠近星海名城的 101 岗亭的水井盖易被水顶起，给行人和行车造成危险隐患。

(2)广州市中心城区内涝风险评估

受高空槽影响，2011 年 10 月 13—14 日广州市出现大暴雨局部特大暴雨，全市有 5 个镇街录得特大暴雨的降水，最大日降水量达 319.7 mm，最大 1 h 降水量为 85.3 mm，重现期为 20 a 一遇；这次强降水过程是 2011 年最强降水，也是广州市 30 a 10 月份同期最强的降水，具有时间长、范围广、强度强的特点。

基于 10 月 13 日 08 时—14 日 07 时广州市中心城区区域自动站实测降水量、雷达估测雨量(QPE)和易涝点临界降水指标，对广州市中心城区易涝点进行风险评估。根据风险评估结果，此次强降水过程可能造成广州市中心区 40 处易涝点可能出现高风险内涝灾害，104 处易涝点可能出现中风险内涝灾害。

另外，基于广州中心城区区域自动站实测降水量，采用广州市中心城区积涝淹没模型对 10 月 13 日强降水过程造成的城市内涝进行了风险评估模拟，结果显示：此次强降水过程可能造成广州市 90 处地段出现积水，35 处为高风险(积水深度超过 60 cm)，高风险城市内涝灾害地段主要分布在越秀区和天河区。评估越秀区和天河区的部分路段交通可能被阻断，地势较低的居民住宅小区、沿街商铺和地下停车场可能遭到水浸。34 处为中风险(积水深度 20～60cm)，21 处为低风险(积水深度 10～20 cm)。

根据广州市城市内涝灾害风险评估结果，此次强降水过程造成广州市越秀区和天河区发生较重的城市内涝，部分路段交通可能被阻断，地势较低的居民住宅小区、沿街商铺和地下停车场遭到水浸。

根据排水管理中心数据和新闻媒体报道统计：本次降水过程造成中心城区出现大面积内涝，其中越秀区、天河区和荔湾区内涝灾害较重。中心城区共有 32 个点出现高风险内涝，风险评估准确率为 76%。有 60 多个点出现中风险内涝。风险评估准确率为 70%。

通过模拟结果与收集到的实际内涝点分析比较发现，模型在大部分地区尤其是越秀区和天河区模拟结果与实际灾情较为符合。但由于珠江潮水的顶托作用，不利于下水道泄洪，可能增大了暴雨带来的影响。

5.6.4 基于内涝水文动力模型的城市内涝风险评估

段丽瑶等(2013)基于“城市内涝仿真模型”对天津沿海地区风暴潮引发的城市内涝风险进行评估。天津滨海新区包括天津的塘沽、汉沽、大港以及津南和东丽的部分地区。模型的网格设计考虑了滨海新区的地形、地貌特征,并兼顾通道属性。

(1)天津滨海新区概化

区域内较宽的河道蓟运河、潮白河、永定新河、海河以及独流减河概化为河道型网格,即一级河道;对于城市内尺度较小的河道及排水渠涌,如黑猪河、马厂减河、大沽和北塘排污河等,由于宽度较小,不足以概化为网格单元,但对排水影响较大,模型中将其概化成特殊型通道。坑塘、湖泊按大体形状概化为湖泊型网格;盐池也按湖泊型网格处理。公园、成片绿地、建筑群、街区均概化为不同形状的陆地型网格。

此外,模型计算域设计中对天津沿海地区社会资源相对集中、人口相对稠密地区的网格进行进一步剖分,加密了网格,尽可能的包含了街道、居民区的信息。同时,对于城市容易积水的地区,也采用较密的网格。而对城市边缘或不易发生积水的地区采用较稀疏的网格。城市中连续型的阻水建筑物,如堤防、高于地面的干道、铁路等,概化成连续堤,按实际走向布置在通道上,形成连续堤通道。模型共设计有网格 7973 个,通道 17191 个,节点 9217 个。共分为河道型网格、湖泊型网格、陆地型网格、连续堤和特殊通道。

(2)2012 年台风“达维”风暴潮引发的城市内涝风险评估

2012 年 8 月 3 日,受台风“达维”的影响天津沿海地区出现了 5.07 m 的高潮位,8 月 2 日数值预报模式预估潮位 5.6 m,预报员结合台风型风暴潮预报方程预报结果、相似预报法等多种方法以及预报经验,预计 3 日潮位为 5.2 m。3 日 16 时 20 分,天津滨海新区最高潮位达 5.07 m,超过 4.9 m 的警戒水位(图 5.5)。客运码头、北塘码头等海水漫上岸来。海河闸水位达 5.6 m,出现海水倒灌。“城市内涝仿真模型”系统以 5.2 m 的潮位进行预评估,以实际潮位 5.07 m 进行事后评估。

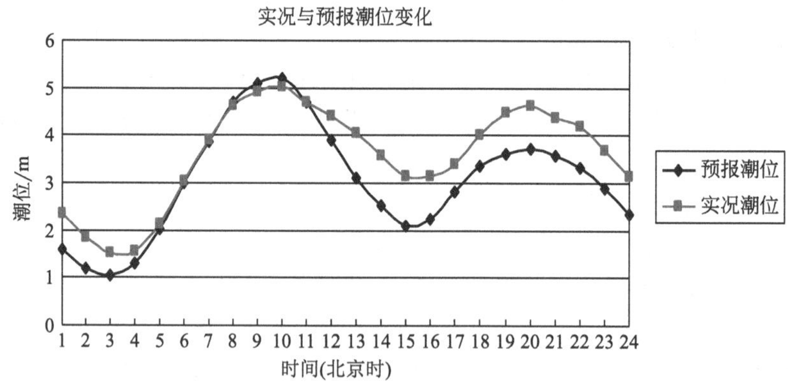

图 5.5 2012 年 8 月 3 日逐时预报潮位与实际潮位图(段丽瑶 等,2013)

利用 ACVIEW 函数计算每个网格的面积,计算出现积水的面积。选择关心区域,显示该区域的积水信息。预评估结果为风暴潮将产生的淹没范围为 33.2 km^2,最大积水深度 1.04 m。实际淹没范围为 25.4 km^2,最大积水深度 0.89 m,与实地采集得到的积水范围基本相符,但积水深度偏大。

5.6.5 2021 年 7 月 20 郑州市严重内涝的反思

2021 年 7 月 17—23 日,河南省遭遇历史罕见强降雨,覆盖了郑州、新乡、鹤壁、安阳、焦作等地区，全省因灾死亡失踪 398 人，形成了严重的洪涝灾害。在此次“7・20”特大暴雨灾害事件中，郑州市灾害最为严重，因灾死亡失踪人数占全省的 95.5%，更是发生了地铁 5 号线亡人事件、京广快速路北隧道亡人事件、郑州郭家咀水库漫坝事件、荥阳市崔庙镇王宗店村山洪灾害、郑州阜外医院人员被困事件等造成重大人员伤亡和引发重大社会影响的灾害。《河南郑州“7・20”特大暴雨灾害调查报告》(国务院灾害调查组，2022)表明：这是一场因极端暴雨导致严重城市内涝、河流洪水、山洪滑坡等多灾并发，造成重大人员伤亡和财产损失的特别重大自然灾害，总体是“天灾”，具体有“人祸”。

(1)雨情

此次降雨事件新乡市与郑州市持续时间长，降雨强度大，强降水范围广、强降水时段集中、极端性突出。新乡市 7 月 20—21 日降雨强度最大，郑州市 7 月 19—20 日降雨强度最大。其中辉县最大日降雨量 446.6 mm，7 月 17—24 日累积降雨量 762.4 mm；卫辉最大日降雨量 336 mm，7 月 17—24 日累积降雨量 748.8 mm；郑州站日降雨量达 627.4 mm，7 月 17—24 日累积降雨量 820.5 mm；新密站日降雨量达 376.3 mm，7 月 17—24 日累积降雨量 723.7 mm。

郑州市 27.3%的区域累计降雨量大于 600 mm，73.9%的区域累计降雨量大于 400 mm，平均累计降雨量高达 528 mm。7 月 19 日 08 时—21 日 08 时，郑州市降雨量达到特大暴雨级别(24 h 降雨量大于 250 mm)，最大 24 h 点雨量高达 696.9 mm，超郑州市年平均降雨量(640.8 mm)；最大 1 h 点雨量达到 201.9 mm，刷新了我国大陆小时雨强的观测极值(189.5 mm，河南省“75.8”特大暴雨)(刘昌军 等，2021)。

7 月 18 日 20 时—20 日 15 时郑州主城区上游的嵩山站、巩义站和新密站发生高强度降雨，累积降雨量分别已经达到 515 mm、464.5 mm 和 476 mm。1 h 后(20 日 15—17 时)郑州站(位于主城区偏东北)最大小时降雨量达到 201.9 mm，最大 24 h 总降雨量超过 622 mm。

“7・20”暴雨中心由西南山区逐渐向东北郑州市区发展，导致城市河道由于山区暴雨径流和水库安全下泄，水位快速抬升，在市区发生特大暴雨时，城区河道排水条件不利，出现严重内涝。

(2)水情

采用 7 月 20 日 22 时 32 分 GF-3 雷达数据和 7 月 8 日 18 时 28 分“哨兵 1A”雷达两期卫星数据，提取洪涝淹没范围。郑州市和贾鲁河及其支流双洎河、索须河等河道水面扩大明显。

强降雨致使郑州周边的水库处于高水位运行状态，其湖面积较 8 日均有不同程度扩大，尤其是丁店水库、唐岗水库等库面面积变化明显。

刘昌军等(2021)采用中国水利水电科学研究院自主研发的模块化分布式水文模型软件 FFMS 和自主研发的 OMHMS 模块化水文建模系统对河南这次暴雨洪水进行了模拟分析。根据 2021 年 7 月 17—24 日河南省中小流域逐小时暴雨洪水模拟分析结果显示：1645 个河段流量超 5 a 一遇，达到一般危险等级；1700 个河段流量超 10 a 一遇，达到危险等级；645 个河段流量超 20 a 一遇，达到高危险等级；423 个河段流量超 50 a 一遇，达到极高危险等级。共计 31114 个村庄受山洪威胁，其中 12180 个村庄洪水超 5 a 一遇，达到一般危险等级；12888 个村庄洪水超 10 a 一遇，达到危险等级；3402 个村庄洪水超 20 a 一遇，达到高危险等级；2644 个村庄洪水超 50 a 一遇，达到极高危险等级。

(3)预警情况

郑州市气象台2022年7月21日20时—22日20时连续发布山洪灾害气象预警,河南北部部分地区发生山洪灾害可能性大(橙色预警),局地发生山洪灾害可能性很大(红色预警)(预警信息来源:国家预警信息发布中心)。本次强降雨期间,河南山洪灾害监测预警和群测群防体系发挥了良好作用,未出现因山洪导致人员伤亡事件。

但是,气象和水务部门都没有发布城市内涝预警,水务部门也没有发布洪水预警,更没有进行风险评估。

(4)应急响应的缺失

经国务院调查组调查认定(国务院灾害调查组,2022),河南郑州"7·20"特大暴雨灾害是一场因极端暴雨导致严重城市内涝、河流洪水、山洪滑坡等多灾并发,造成重大人员伤亡和财产损失的特别重大自然灾害;郑州市委市政府及有关区县(市)、部门和单位风险意识不强,对这场特大灾害认识准备不足、防范组织不力、应急处置不当,存在失职渎职行为,特别是发生了地铁、隧道等本不应该发生的伤亡事件。郑州市及有关区县(市)党委、政府主要负责人对此负有领导责任,其他有关负责人和相关部门、单位有关负责人负有领导责任或直接责任。调查组认定,郑州地铁5号线、京广快速路北隧道亡人事件是责任事件,郭家咀水库漫坝事件是违法事件;并查明,郑州市委、市政府没有履行好党委政府防汛救灾主体责任,对极端气象灾害风险认识严重不足,没有压紧压实各级领导干部责任,存在形式主义、官僚主义问题;灾情信息报送存在迟报瞒报问题,对下级党委政府和有关部门迟报瞒报问题失察失责……如此直面社会疑问,直击责任痛点的态度,在保障调查公信力的同时,也为所有地方压实防汛救灾责任,剔除形式主义、官僚主义作风,杜绝侥幸心理,敲响了警钟。

(5)郑州市"7·20"内涝模拟

章卫军等(2021)为了评估郑州市暴雨水情形势和淹没风险,分析洪涝灾情成因,构建了郑州市主城区水文水动力2D洪涝模型,模型范围1057.8 km^2,包含主要城区范围和郑州市泄洪排涝骨干河道。模型降雨采用北京师范大学地理科学学部"生态水文遥感"团队根据中国地面气象站逐小时观测资料数据分析梳理的郑州市国家级气象站点降雨资料,选用郑州站2021年7月19日20时—7月21日00时之间的逐小时降雨数据输入模型计算,总降雨量约为640 mm,最大1 h降雨量为201.9 mm,径流系数取值0.9。模型地面高程采用美国NASA,Shuttle Radar Topography Mission雷达高程数据,数据精度为30 m×30 m。

① 模拟结果

模拟结果表明,郑州城区总体积水形势严峻,大片区域最大积水深度超过城市内涝防治要求的0.25 m,部分区域最大积水深度甚至在2 m以上。城区东北部的金水区和惠济区地势较低处积水最为严重;主城区内郑州北站至郑州站沿线、圃田西站周边、郑州地铁5号线沿线范围广、水深也较大。

进一步统计淹没水深面积占比,结果见表5.21,最大积水深度超过0.25 m的面积为479.1 km^2,占总面积的45.3%,其中,0.5~2 m的面积为272.4 km^2,占比25.8%;2 m以上的面积达到116.0 km^2,占比11%。

根据郑州市政府2017年发布《郑州市海绵城市专项规划(2017—2030年)》,在水安全方面,标准为:城区与航空城的内涝防治设计重现期为50 a一遇。郑州市5 a、50 a一遇重现期24 h设计暴雨量分别为119.0 m、199.4 mm(表5.22)。

表 5.21　主城区洪涝模拟范围统计表(章卫军 等,2021)

淹没水深/m	淹没面积/km^2	占比/%	备注
<0.25	578.7	54.7	
0.25~0.50	90.6	8.6	
0.50~1.0	125.1	11.8	
1.0~1.5	86.6	8.2	
1.5~2.0	60.7	5.7	
>2.0	116.0	11.0	含原水面面积
合计	1057.8	100	

表 5.22　郑州市设计暴雨雨量(章卫军 等,2021)

特征雨量	海绵+管网(5 a 一遇)	内涝防治(50 a 一遇)	“7·20”最大 24 h 降雨
雨量/mm	119.0	199.4	622.7

章卫军等(2021)根据上述特征暴雨雨量分析,管网在设计能力条件下排水量(含海绵设施)占本次极端降雨总雨量的 19%,50 a 一遇防涝系统排水量(含管网)约占 32%,超标雨水占比达到 68%,大量超出内涝防治体系能力标准的雨水将形成快速的地表坡面汇流,流向地势低洼区域。

主城区 1057.8 km^2 模型范围内水量平衡分析结果如表 5.23 所示。

表 5.23　模型分析水量平衡分析表(章卫军 等,2021)

总产水量	海绵+管网排水	内涝防治系统排水	“7·20”产生的涝水
67374 万 m^3	12801 万 m^3	21560 万 m^3	45814 万 m^3

此次郑州市暴雨产生的涝水远超城区内涝防治系统的排水能力,导致郑州市城区严重内涝。

② 淹没风险分析

章卫军等(2021)根据模型得出的地面淹没最大水深及最大流速,对研究区域淹没范围的内涝风险进行评估。淹没高风险区主要位于郑州金水区。金水区位于主城区地势最低洼处,区内水系纵横连通,是城区主要的行洪区段,主干排洪河包括贾鲁河、东风渠、熊耳河、金水河、魏河等均在金水区交汇,造成区内水量持续累积、水位壅高,远超内涝安全调蓄量。此外,贾鲁河、金水河、十八里河和七里河等河道中上游两岸也存在中、高淹没风险区。大部分区域淹没水深大于 0.5 m,甚至 1~2 m,流速大于 0.8 m/s,水流风险极大,严重影响城市安全。

③ 代表点淹没水位过程

暴雨期间,郑州市阜外华中心血管病医院(简称阜外医院)因暴雨积水,停水断电、道路受淹、交通受阻,导致近 5000 人被困。

阜外医院所在的城东中牟处于郑州地势最低处,贾鲁河、魏河、龙湖等水体交汇处下游,暴雨后河水暴涨导致大量积水倒灌,导致路面水位上升速度快、涨幅高,但受地形影响退水速度较慢。

章卫军等(2021)通过模拟 2021 年 7 月 20 日 15 时—7 月 20 日 21 时间郑州站实际降雨,

结果显示阜外医院周边区域水位6 h上升可达到2.25m左右。

④ 结论和建议

模型推演表明,郑州"7·20"暴雨主城区受灾的主因是由上游始发暴雨洪水与市中心极端小时暴雨叠加,城区形成大面积水深不等的快速坡面汇流排泄不畅所致。"天灾"不可避免,但降低"天灾"的风险还是大有作为的。

首先,从流域尺度构建洪涝蓄排格局,降低暴雨致灾力。第一,要进一步提高城区上游水库的防洪能力,优化水库调度方式,挖掘水库防洪潜力,尽量减少上游山洪的下泄,避免与城区内涝遭遇,减小城区累积的洪涝风险。第二,水库下游至高密度城区之间的坡面产流,可建设截洪沟,将部分区间洪水导流入河流,分散、转化城区内河的防洪压力。第三,疏导河流,提高其洪水的排泄能力。第四,提高城市主城区的防洪标准、排水标准、内涝防治标准,进一步提升防洪排涝工程的设计标准,使之与城市人口、经济、规模、重要程度相匹配。

其次,减小承灾体的暴露度。造成重大人员伤亡和社会影响的地铁5号线亡人事件,究其灾害发生原因是五龙口停车场处于地势较低位置,"7·20"特大暴雨期间,排水分区内暴雨产生的径流向停车场一带不断汇集;同时,停车场南侧环保路、东侧蓝天路的顺街雨洪不断向道路最低点演进,冲倒了道路最低点旁侧的挡墙,大量涝水涌入五龙口停车场,导致灾害的发生。所以在洪涝风险区划中必须明确承灾体密集区(停车场即是)不能建在易涝区中。

再次,郑州暴雨洪涝事件暴露了一个非常普遍的风险管理问题:城市没有具有标准内的洪涝风险图,更没有超标准暴雨和预案的风险图(会淹哪些地方?怎么调蓄?如何排放?)重要的是对风险特征,如暴雨量级、淹没水深、流速、淹没对象等的判断、识别、评估和防御措施等,完全缺乏认知。

同时,流域防洪工程管理不能只关注河道堤防和泵站等,还需要关注城市细节;城市排水防涝不能只局限于管渠和内涝防治标准,更需要关注极端事件及其对策。

最后,建立和发展城市内涝预警业务系统,开展城市内涝预警业务,提前发出风险预警,防患于未然。像"7·20"这样的特大暴雨,预报城市内涝并不困难,关键是要告诉公众什么地方会被淹,淹没水深是多少,应当到什么地方去避险等。提前预警可以大大降低内涝的风险。

5.7 台风灾害综合风险评估

台风预报是气象部门做得最好的业务之一,台风对各行各业的影响分析业务也在逐步展开,但尚未形成完整的风险评估业务。

台风灾害风险评估有统计分析法、动力统计法和动力模型。

5.7.1 2022年12号台风"梅花"的预警和防御

据"2022年9月8日—9月16日台风'梅花'及暴雨预报案例"(中国气象报社2022年10月31日)报道:2022年12号台风"梅花"9月14日20时30分前后在浙江舟山普陀沿海登陆(14级,42 m/s,强台风)后,又分别登陆上海、山东和辽宁,是1949年以来9月登陆浙江象山港以北最强台风。台风"梅花"具有登陆强度强、影响范围广、大风持续时间长、降水强度大等特点,给浙江东部、上海、江苏东部、山东半岛、辽宁东部等地造成严重风雨影响(图5.6(彩))。其中,浙江绍兴、宁波舟山及山东青岛等地部分地区降雨量达250～500 mm,最大降雨量为浙江余姚夏家岭 707 mm，共 23 个国家气象观测站日降雨量突破 9 月极值。浙沪沿海及部分岛礁风力达 12～15 级，最大阵风出现在浙江舟山徐公岛（16 级，53.6 m/s）。

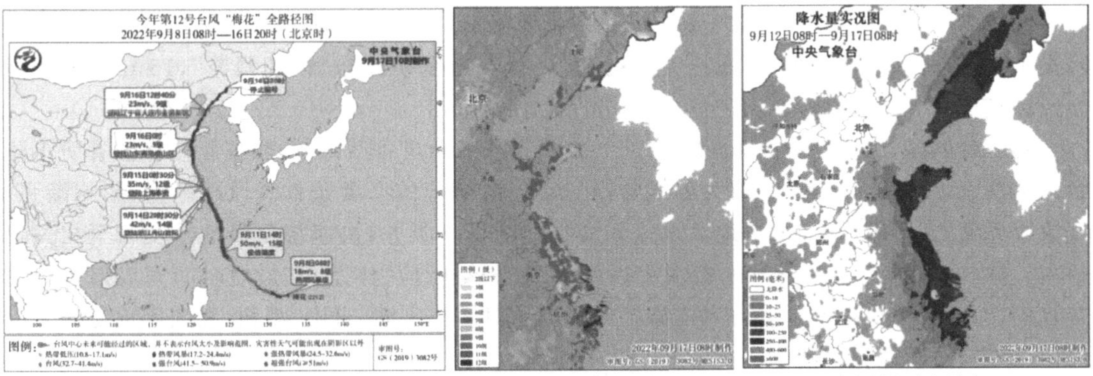

(a) 全路径　　(b) 过程最大阵风实况　　(c) 过程累计降水量实况

图 5.6(彩)　台风"梅花"路径及实况资料（王晴 等，2023）

(1)台风路径和风、雨预报

中央气象台 9 月 13 日 06 时发布台风橙色预警，9 月 14 日 06 时继续发布台风橙色预警。中央气象台发展的最优集合预报技术在台风"梅花"路径和强度的预报中得到充分应用，"梅花"24 h 平均路径预报误差为 64 km，较近 3 a 平均水平提高 12.7%，强度预报误差 3.7 m/s，最小路径预报误差仅为 10 km。

中央气象台 9 月 13 日 06 时预报 14 日浙北地区和浙中东部地区有暴雨，部分大暴雨，局部特大暴雨；9 月 15 日，湖州、杭州北部等部分中到大雨局部暴雨。浙江省气象台预报：受"梅花"外围环流影响，12 日开始，浙江省舟山、宁波等地降水明显，部分地区出现中到大雨、局地暴雨。预计 12—15 日，浙中东部和浙北地区先后有大雨暴雨，累计雨量一般有 80～150 mm，宁波、舟山、嘉兴、绍兴、台州北部等地 150～250 mm，局部 250～300 mm，个别 500 mm 以上。并分析了"梅花"致灾强度：宁波、舟山等地有 196 个乡镇（街道）风雨致灾强度为"特重"等级，宁波、舟山等地短时暴雨强度和大风强度超过"烟花"（"烟花"是 2021 年影响宁波、舟山等地风雨最强的台风），与实况相符。与此同时，浙江全力做好"梅花"气象服务（中国气象报社，2022 年 9 月 16 日）。

(2)应急响应及时得当

浙江气象部门多地发布台风红色预警。14 日早上 06 时 30 分，舟山市普陀区发布今年首个台风红色预警。之后，宁波象山、余姚、奉化、鄞州、宁海、江北、慈溪、镇海、海曙、北仑分别更新台风红色预警。截至 07 时，浙江共发布 153 条预警信号，其中台风预警 59 条。

12 日 17 时 30 分，省水利厅将水旱灾害防御（防台）应急响应提升至Ⅲ级，同时强调要做好全面动员部署、精准预报预警、抓好山洪灾害防御、落实海塘防潮措施等 7 项工作。12 日 20 时—13 日 20 时，海曙区、北仑区、鄞州区、奉化区、象山县、宁海县、余姚市、上虞区、新昌县、嵊州市、定海区、普陀区分布山洪灾害蓝色预警。省农业农村厅渔业防台指挥部决定将全省渔业防台应急响应升级为Ⅲ级，要求所有海上作业渔船于 13 日中午 12 时前到港避风外，12 日 18 时前停业所有休闲渔船，海上养殖人员全部撤离上岸。

(3)气象服务细致周到

浙江省气象局第一时间向省委、省政府和相关部门发出风险提示,在省防指的统一指挥下,全省所有海上作业渔船提前回港避风,各地风险管控和人员转移工作有序开展。

2022年,在浙江各地,台风气象防御有一张明确的时间表:提前24 h发布灾害性天气"风险提示",提前3～6 h发布"警戒提醒",提前0～1 h分乡镇发布"精细预警",15 min内开展"分级叫应"。

随着台风靠近,精细到乡镇(街道)的气象预警吹响全员备战号角,根据新修订的省防汛防台风抗旱应急预案,气象预警成为各级防指启动应急响应的必要条件。风雨渐盛、影响渐强,气象服务随之"升级"——相关地区迅速开展"分级叫应"服务,快速将预警信号发布至相关责任人。嵊州、乐清等多地研发的极端灾害性天气"一键叫应"体系,在最短时间完成语音电话"叫应",为各级党委政府部署台风防御工作争取了时间。宁波、舟山、温州、嘉兴等地纷纷采取停课、停航、停运等应急措施。

气象数字化改革的实践也引领着气象防灾减灾工作的转型升级。打开浙江全省公职人员通用的数字化办公APP"浙政钉",其置顶的"气象防灾在线"应用自台风"梅花"生成以来就备受关注。其中的台风专题搭载了气象实时监测、预报预警、决策服务等多项功能。在多次"使用-复盘-升级"的过程中,"气象防灾在线"应用不断充实基础数据,丰富服务产品,力求更科学、更精细、更全面。目前,全省内外使用"气象防灾在线"的相关部门达236个,近4 d访问量超过83万,为防御工作提供了气象数字化支撑服务。

在行业服务中,台州气象部门借助大陈航线智慧决策服务系统开展了海上船只安全保障精细化服务,台州海事部门还根据气象部门精细化台风预警信息,加强对全市海域689艘避风商货船的安全管理;在公众服务中,杭州市萧山区义桥镇各村防汛人员充分利用"萧山数智气象"App,实现气象数字化改革成果惠民。

智慧的服务源于智慧的监测、预报。为了更精密地监测台风"梅花",杭州天气雷达启用台风观测模式,增加探测仰角层等内容,实现了三种模式智能切换。省气象台还充分应用自主研发的大风和风浪预报产品,为预报员提供更准确、可靠的极大风预报参考。

台风"梅花"强势登陆持续影响,其细微变化吸引着各行各业的关注,牵动着百姓的心。浙江各地各级气象部门聚焦防御重点,针对不同行业服务需求,精细化气象服务触角向渔船渔港、游客景点、电力部门、田间地头等不断延伸,力争将损失减到最小,将安全放在第一位。

从9月10日起,浙江气象部门聚焦"梅花"可能对汤浦水库等造成影响开展专题会商,并持续加强与水库调度人员沟通联络,统筹推进预报预警与水情针对性服务。

在沿海港口,宁波市气象局首席预报员从13日起入驻宁波舟山港调度中心,通过实时研判核心港区和沿海海面的风雨影响,为港口和海事部门组织防御提供参考。13日下午,随着最后一艘大型船舶离开宁波北仑国际集装箱码头,宁波港域内所有码头全部停止作业。随即港口工作人员依据气象部门台风正面"袭击"港区的风雨影响分析,开展了最后的隐患排查。14日夜间,"梅花"登陆后,气象部门还通过精准预报为港口尽快复工复产提供参考。

路面交通也离不开气象信息的实时支撑。嘉兴气象部门根据高速公路行车、管理养护、货物运输对横风和短时暴雨预报等的需求,将相关交通风险产品、市域高速交通气象观测站实况数据纳入交通气象预报预警服务平台。

(4)气象服务效益显著

虽然台风“梅花”风雨致灾强度为“特重”等级，但由于预警及时，防御得当，经济损失大大减小了。渔船回港避风，近 8 万人紧急转移。截至 12 日 15 时，浙江 11680 艘开捕渔船已撤离回港 9060 艘。其中，北纬 27°以南渔船已全部撤离，29°以南还有 539 艘正在加速撤离，其他海域渔船也在有序撤离中，预计均能按时到港。

无论是中央气象台还是浙江省气象台，台风“梅花”预报服务超前提示风险，准确把握服务节奏，筑牢气象防灾减灾第一道防线，实现了“人员无伤亡、灾害损失轻”的目标，“早、准、快、广、实”预报服务成效显著。

5.7.2　基于相似分析法的台风灾害风险评估

杨林等(2015)采用相似分析法对台风灾害进行预评估，他们的相似分析法主要有两种估算方法，一种是上下限区间估算法，适用于有 3 个以上相似台风样本的情况，根据台风受灾面积、受灾人口和直接经济损失 3 个灾情数据的最小值及最大值，确定预估区间的上下限数值。另一种是平均值距平估算法，适用于仅有 1～2 个相似台风样本的情况，根据台风受灾面积、受灾人口和直接经济损失灾情数据的平均值或单一值，加入一定的正负距平值，确定预估区间的上下限数值；预估区间较大时，需加入较大的正负距平值，而预估区间较小时，需加入较小的正负距平值，前者在台风距离较远，不确定性较大时采用，后者在台风距离较近，不确定性较小时采用；平均值距平估算法的预估区间范围随着台风由远到近，逐步缩小范围，预估精确度不断提高。经业务实践检验，相似台风样本数越多，上下限区间估算法预估准确率越大；但不足之处是有时会出现预估区间范围太大，在这种特殊情况下，可采用平均值距平估算法补充。

(1)“苏力”台风预评估

杨林等(2015)根据台风“苏力”的特点，采用相似分析法中的上下限区间估算法，预评估台风“苏力”造成的影响。

首先根据福建省气象台 2013 年 7 月 13 日 08 时的台风“苏力”的预报结果，利用福建省台风灾害数据库(2000 年后台风灾情数据，较完整和可靠)，查找 2000—2012 年与台风“苏力”预报路径和强度、影响范围等较相似的台风，主要有 0505 号台风“海棠”、0808 号台风“凤凰”和 0908 号台风“莫拉克”3 个；然后综合分析 3 个相似台风的登陆路径、强度、影响范围和灾情等资料，预评估出台风“苏力”影响较重，将造成福建省 130 万～220 万人受灾，农作物受灾面积达 6.0×10^4～11.0×10^4 hm^2，直接经济损失约为 14 亿～27 亿元。

(2)预评估结果的检验

据福建省民政厅统计的实际灾情，台风“苏力”造成福建省 9 个地级市及平潭综合实验区 80 个县(市、区)102.76 万人受灾，紧急转移 32.01 万人，农作物受灾面积达 4.06×10^4 hm^2，直接经济损失达 17.7 亿元。与预评估结果对比可知，预评估直接经济损失范围与实际灾情相符；受灾人口和紧急转移安置人口也与预评估范围相符；农作物受灾面积比预评估范围下限值偏少约为 2.00×10^4 hm^2，造成偏差的原因是 3 个与台风“苏力”相似台风强降水的落区和受灾区域均在福建省中北部地区，福建省北部地区农作物种植面积较大，而台风“苏力”强降水的落区和受灾地区在福建省中南部，南部经济发达，工业用地较多，而农作物种植面积较小。

5.7.3 减轻台风灾害的风险——以台风“利奇马”为例

顾小丽等(2022)分析了 2019 年 09 号台风“利奇马”预警服务在宁波地区的减灾效益。

(1)灾情指数等级

为定量评估台风实际灾情大小,将台风灾害损失归结为死亡人数和直接经济损失两项,采用投影寻踪法建立台风灾情评估模型,实际灾情指数(I_{ad})的计算公式如下:

$$I_{ad}=0.8653\frac{\ln x_1}{x_{1c}}+0.5013\frac{\ln x_2}{x_{2c}} \tag{5.46}$$

式中,I_{ad} 为台风实际灾情指数,x_1 为台风造成的死亡人数,x_2 为台风造成的直接经济损失占当年 GDP 的比重,x_{1c}、x_{2c},为常数。利用 1956--2016 年影响宁波的 30 个台风样本,分别将死亡人数和直接经济损失从大到小排序,作为基础资料,然后利用皮尔逊 III 型拟合方法进行分布拟合,得到重现期为 50 a 的理论值,$x_{1c}=6.4$,$x_{2c}=4.2$。

将灾情指数按表 5.24 分级。

表 5.24 灾情指数分级表(顾小丽 等,2022)

$I_{ad}<0.1$	$0.1\leqslant I_{ad}<0.3$	$0.3\leqslant I_{ad}<0.6$	$0.6\leqslant I_{ad}<0.9$	$I_{ad}>0.9$
较轻	一般	较重	严重	特重

台风“利奇马”风大雨强,宁波 10 个区县(市)145 个乡镇不同程度受灾,受灾人口高达 62 万,直接经济损失 50.19 亿元,是继台风“菲特”之后造成宁波经济损失最大的台风,然而台风“利奇马”未造成宁波人员死亡。台风灾害损失主要表现为房屋倒损,农林牧渔业受灾,道路交通和通讯受阻、设施设备受损;强降水还引发了山洪、山体滑坡、内涝等次生灾害。

顾小丽等(2022)根据台风灾情指数计算公式(5.46),计算得到“利奇马”台风的实际灾情指数 $I_{ad}=0.06$,台风“利奇马”的实际灾情等级为 5 级(较轻)。

(2)致灾强度等级

文中讨论了气象服务效益的计算方法,笔者另辟蹊径讨论“利奇马”台风气象服务效益,并分析效益的来源。根据 4.4.1(4)中建立的台风致灾因子综合强度指标:

$$x=\frac{R-25}{50}(\text{若 } R<25\ \text{mm},x\text{ 为 }0)$$

$$y=\frac{f-13.6}{3.8}(\text{若 } f<13.6\ \text{m/s},y\text{ 为 }0)$$

$$I=0.6722R+0.6639f$$

(式中,R 为过程降水量,f 为过程最大风力,I 为风雨强度综合指数)和台风强度划分等级来确定“利奇马”台风致灾强度等级。

受“利奇马”台风影响,宁波出现大暴雨局部特大暴雨,平均雨量 277 mm,7 个站点雨量超过 500 mm,最大站点为宁海留五扇 597.5 mm;影响宁波的最大风力为 12 级,确定“利奇马”台风在宁波的致灾强度等级为特强。

(3)气象服务效益评估

比较台风“利奇马”的致灾强度等级和实际灾情等级,二者差距较大,台风“利奇马”造成的实际灾情等级远低于根据致灾强度等级预估的风险评估等级。这并不奇怪。我们在 5.1 节中就已经指出，在不考虑人类防灾行动的情况下，我们评估的实际上是自然灾害可能造成的最大损失。

与近 70 a 来对宁波造成重大灾害损失的台风相比（表 5.25），"利奇马"台风带来的直接经济损失率显著低于历史上其他严重影响台风的直接经济损失率，实际灾情等级也较轻，台风"利奇马"未造成宁波地区人员死亡、重要堤防决口、重要基础设施出险等情况。使得台风减灾效益显著，这是人类防灾行动使然。面对灾害，宁波上下一心，全力防御，共计转移人口 27.9 万人，安置人口 11.3 万人，实现了"不死人、少伤人、少损失"的防台目标。具体减灾措施如下。

表 5.25　1949—2019 年严重影响宁波的台风（顾小丽 等，2022）

台风编号	强度等级	死亡人数	直接经济损失/亿元	直接经济损失率	实际灾情指数 I_{ad}
5612	超强台风	3897	1.5	12.5	2.61（特重）
6126	超强台风	92	0.30	2.10	0.93（特重）
7413	台风	104	0.50	2.90	0.98（特重）
9711	强台风	19	45.43	5.05	1.01（特重）
1323	超强台风	9	333.62	4.68	0.87（重）
1909	超强台风	0	50.19	0.47	0.06（较轻）

第一，宁波市气象部门积极开展台风"利奇马"气象服务保障工作，8 月初已通过领导决策短信汇报有台风影响，8 月 6 日开始，向市委、市政府及水利相关部门报送决策服务材料 7 期；相继发布台风警报、台风紧急警报和台风预警信号共计 34 次；面向决策用户发布短信 51 条次。9 日 21 时发布台风红色预警信号，根据《宁波市应对极端天气停课安排和误工处理实施意见》，除政府机关和直接保障城乡运行的企事业单位外，其他单位根据情况，按照计划预案采取临时停产、停工、停业等措施。台风高影响时段气象部门领导驻守防汛指挥部，就水库附近雨量实况与预报、强降水转折起止时间等当面汇报。

第二，根据市气象部门提供的决策气象服务信息和水库的承洪能力，政府及水利相关部门提前 2～3 d 进行防洪水利调度及人员转移（共转移 27.9 万人）等防台工作部署，最大限度减少台风造成的灾害损失和人员伤亡，保证了人员零死亡。此外，"利奇马"台风气象服务效益也表现在内涝风险减少和水库蓄水增多等方面。

5.8　大风灾害风险评估

引发大风灾害的天气系统有台风、龙卷、飑线、下击暴流、强烈发展的气旋等。强风力对各种建筑物、桥梁、架空输电线、农作物、林木等都有不同程度的破坏作用，对航运业影响尤其明显。大风预报是气象部门的常规业务，但除了少数单位开展了大风灾害风险评估业务之外，多数单位尚未开展这项工作。大风灾害风险评估有统计分析法、理论分析法、动力模型和数值模拟等方法。

5.8.1　设施农业大风灾害风险等级预报

根据《河北省设施农业大风灾害风险预警等级》（表 5.26）和表 4.14，河北省气象灾害防御和环境气象中心已经建立设施农业大风灾害风险等级预警业务。

表 5.26 河北省设施农业大风灾害风险预警等级(陈笑娟 等,2019)

级别	分级标准	级别含义	物理意义
Ⅰ级	8～9 级风	大棚损害严重,温室较重	大棚棚膜破损,棚架受损严重;日光温室棚膜破损
Ⅱ级	7～8 级风	中棚损害严重,大棚较重	中棚棚膜破损,棚架受损严重;大棚膜破损
Ⅲ级	6～7 级风	小棚损害严重,中棚较重	小棚棚膜破损,棚架受损严重;中棚膜破损
Ⅳ级	5～6 级风	小棚损害较重	小棚棚膜破损

2015—2018 年河北省气象灾害风险等级产品在生产应用上共发布大风灾害风险预警信息 100 余期。产品已上传至河北省信息共享平台、微信平台。当预报未来 24 h 农业设施大风灾害气象风险等级将达到Ⅱ级及以上时,通过短信和 NOTES 发送至省级决策服务部门及相关业务单位,并在电视天气预报节目中发布(陈笑娟 等,2019)。下面举两个近期的例子(可以在网查到)以飨读者。

例 1. 河北省气象台 2022 年 4 月 10 日 17 时发布大风蓝色预警信号:受从蒙古东移南下的冷空气影响,4 月 11 日白天到 12 日,全省自北向南有偏北风 4 到 5 级,阵风 7 到 8 级;11 日夜间到 12 日,沿岸海域和沿海地区有北到东北风 6 到 7 级,阵风 8 级。

河北省气象灾害防御和环境气象中心 4 月 10 日 17 时发布设施农业大风灾害风险等级预报:受大风天气影响,11 日白天到夜间,全省大部分地区设施农业大风灾害风险等级在Ⅳ级及以上,大风可能造成小棚棚膜破裂。其中,张家口大部、承德大部、廊坊南部、雄安新区、石家庄东部、沧州、衡水、邢台东部、邯郸东部地区设施农业大风灾害风险等级为Ⅲ级,大风可能造成小棚棚膜破裂、棚架折断,中棚棚膜破裂,请注意防范。

例 2. 河北省气象台 1 月 18 日 17 时发布大风蓝色预警信号:明天白天到夜间,张家口、承德、唐山、秦皇岛、廊坊北部和保定、石家庄、邢台、邯郸四个地区的西部有西北风 4 到 6 级,阵风 7 到 8 级,局地可达 9 级;明天夜间,沿岸海域和沿海地区有西北风 6 到 7 级,阵风 8 级。20 日早晨气温明显下降,张家口、承德、保定西北部最低气温降至－29～－17℃,石家庄、沧州以南地区－10～－7℃,其他地区－16～－11℃。

河北省气象灾害防御和环境气象中心 1 月 18 日 17 时发布设施农业大风灾害风险等级预报:明天白天到夜间,我省保定西北部、廊坊北部及以北地区设施农业大风灾害风险等级在Ⅳ级及以上,其中,张家口大部、承德西北部设施农业大风灾害风险等级在Ⅲ级,大风可能造成小棚棚膜破裂、棚架折断,中棚棚膜破裂,请注意防范。

5.8.2 大风条件下的架空输电线路停运概率评估

沈策等(2014)研究了大风条件下的架空输电线路停运概率模型。架空输电线路具有杆塔高、线路跨距长的特点,因此容易受外界环境的影响。其中,由于大风气象引起的输电线故障情况日益突出,特别是台风对电网造成的冲击,台风风速大大超过了设计风速,容易发生线路断线、倒塔等事故,给电网造成严重破坏。

架空输电线路受到的外部荷载主要是风荷载,在风荷载下架空线路呈现较强的非线性耦联特性。沈策等(2014)结合线路风荷的设计水平,根据风参数的变化提出了一种大风条件下的架空输电线路时变停运模型,根据风参数的变化,结合线路的风荷载设计水平,动态分析架空线路的实时停运概率。

(1)线路风荷载分布参数计算

沈策等(2014)对于架空输电线路停运概率模型的构建是基于我国的设计标准(GB 50545—2010《110～750 kV 架空输电线路设计规范》及 GB 50009《建筑结构荷载规范》)的。GB 50545—2010 中给出了线路风荷载的计算公式：

$$W_x = 6.25 \times 10^{-4} \alpha \mu_{sc} \beta_c d l_H (K_h v)^2 \sin^2\theta \tag{5.47}$$

式中：W_x 为垂直于导线轴线的风荷载；α 为电线风压不均匀系数；μ_{sc} 为电线体型系数；β_c 为 500 kV 线路电线作用于杆塔上的风载调整系数，其他电压级的线路直接取 1；d 为电线外径；l_H 为杆塔水平档距；K_h 为导线平均高为 h 处的风速高度变化系数；v 为线路规定基准高处 h_s 的设计风速；θ 为风向与导线轴向间的夹角。

在实际情况下，由于风速与风向是实时变化的，因此线路风荷载是一个动态的时间序列，我们可以将风荷载认定成一个随机变量，并用概率分布的方法进行拟合，从而更准确地描述风荷载的不确定性和离散性。在架空线路的正常运行条件下，一般的风速和风向对线路的影响是微小的。然而，大风气象是一种发生概率小但风险度高的极端气象情况。因此，对大风气象我们可以着重考虑其严重的时间和区段，以此来反映大风条件下架空线路的恶化情况。本书采用广义极值分布对风荷载进行概率分布的拟合：

$$F(x,\mu,\sigma,\xi) = \exp\left\{-\left[1+\xi\left(\frac{x-\mu}{\sigma}\right)\right]^{-1/\xi}\right\} \tag{5.48}$$

式中，ξ 为形状参数，σ 为尺度参数，μ 为位置参数。当 $\xi \to \infty$ 时，为Ⅰ型极值分布，当 $\xi > 0$ 时，为Ⅱ型极值分布，当 $\xi < 0$ 时，为Ⅲ型极值分布。

沈策等(2014)在对风荷载数据的分析中，选取每个区段内的风荷载样本的最大值，组成一列新的极值样本，来拟合风荷载的广义极值分布，即估计参数 ξ、σ、μ。在获取风速、风向气象数据后，根据式(5.47)计算在每一组风速、风向气象数据下的架空输电线路承受的风荷载。以时间区间 t 为基准时段，选取该时段内最大的风荷载，重复该步骤，直到选取出 i 组最大风荷载组成一列风荷载的极值样本序列 $W_{x1}, W_{x2}, \cdots, W_{xi}$，然后通过最大似然估计，估计出风荷载的 3 个广义分布参数 ξ、σ、μ。以此类推，结合每一次的风荷载极值样本序列，即可估计出随时间变化的大风条件下的架空输电线路风荷载广义极值概率分布函数。

(2)线路风荷载停运概率

同线路承受的风荷载一样，线路设计风荷载同样也是一非负的随机变量，存在着分散性。线路设计风荷载服从正态分布，IEC 标准中定义了线路设计荷载的变差系数为：

$$Z = \frac{\delta}{\mu} \tag{5.49}$$

式中，δ 为线路设计荷载的标准差，μ 为线路设计荷载的均值。变差系数一般取 0.05～0.2。

从上文的叙述中，已获得了架空输电线路在大风灾害下，所实际承受的风荷载 W_x 的计算方法与其概率分布，以及设计的线路所能承受的最大风荷载 W_d 与其概率分布。显然，当线路设计风荷载大于实际承受的风荷载时，线路可靠运行；相反，当线路设计风荷载小于实际承受的风荷载时，线路发生故障；而当两者都为随机变量，并已知它们的概率分布时，可通过应力-强度干涉面积法算出在大风影响下的架空输电线路故障概率。

干涉图如图 5.7 所示。输电线路大风荷载概率密度函数 $f(w_x)$ 与线路设计荷载概率密度函数 $g(w_d)$ 相交。沈策等(2014)首先考虑设计风荷载部分，如图 5.7 所示，取线路设计风

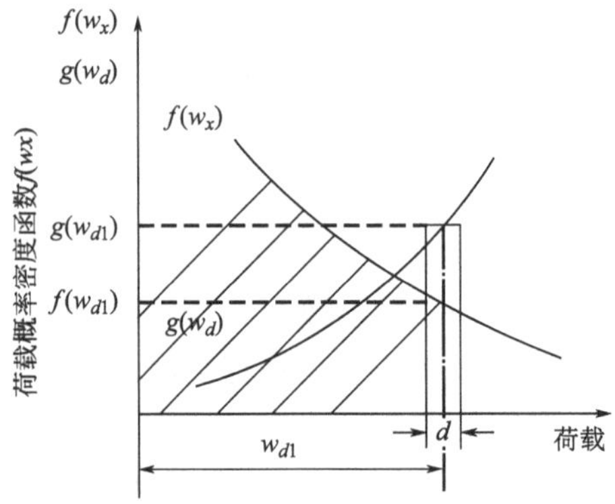

图 5.7　干涉图(沈策 等,2014)

荷载 w_{d1} 的小区间 $\mathrm{d}w_d$,其中点为 w_{d1},则设计风荷载落入小区间 $\mathrm{d}w_d$ 的概率等于该小区间的面积,即:

$$P\left[\left(w_{d1}-\frac{\mathrm{d}w_d}{2}\right)\leqslant w_{d1}\leqslant\left(w_{d1}-\frac{\mathrm{d}w_d}{2}\right)\right]=g(w_{d1})\mathrm{d}w_d \tag{5.50}$$

再考虑线路实际承受的风荷载,其小于设计风荷载的概率为:

$$P(w_{d1}>w_x)=\int_0^{W_{d1}}f(w_x)\mathrm{d}w_x \tag{5.51}$$

由于线路所承受的风荷载与线路设计风荷载相互独立,即:

$$P\left[\left(w_{d1}-\frac{\mathrm{d}w_d}{2}\right)\leqslant w_{d1}\leqslant\left(w_{d1}+\frac{\mathrm{d}w_d}{2}\right)\right]$$

$P(w_{d1}>w_x)$为两个独立的随机事件的概率,则它们同时发生的概率等于两个事件单独发生的概率的乘积。所以当线路设计风荷载为 w_{d1},在小区间 $\mathrm{d}w_{d1}$ 内,线路可靠的概率,也就是设计风荷载大于线路承受风荷载的概率为:

$$\mathrm{d}P=g(w_{d_1})\mathrm{d}w_d\int_0^{W_{d1}}f(w_x)\mathrm{d}w_x \tag{5.52}$$

对于线路设计的风荷载这个随机变量来说,可以取到所有非负值,即线路可靠的概率为:

$$P(w_d>w_x)=\int_0^{+\infty}g(w_d)\int_0^{w_d}f(w_x)\mathrm{d}w_x\mathrm{d}w_d=\int_0^{+\infty}F(w_d)g(w_d)\mathrm{d}w_d \tag{5.53}$$

从而,在承受大风风荷载的条件下,线路的故障概率为:

$$P=1-\int_0^{+\infty}F(w_d)g(w_d)\mathrm{d}w_d \tag{5.54}$$

上文说到线路承受的风荷载的概率分布为广义极值分布,即:

$$F(w_x,\mu_x,\sigma_x,\xi_x)=\exp\left\{-\left[1+\xi_x\left(\frac{w_x-\mu_x}{\sigma_x}\right)\right]^{-1/\xi_x}\right\} \tag{5.55}$$

而线路设计风荷载的概率分布为正态分布:

$$g(w_d,\mu_d,\sigma_d)=\frac{1}{\sigma_d\sqrt{2\pi}}\mathrm{e}^{-\frac{(w_d-\mu_d)^2}{2\sigma_d^2}} \tag{5.56}$$

所以，可得出大风灾害下，架空输电线路故障概率的实际表达式：

$$P=1-\int_0^{+\infty}\exp\left\{-\left[1+\xi_x\left(\frac{w_d-\mu_x}{\sigma_x}\right)\right]^{-1/\xi_x}\right\}\frac{1}{\sigma_d\sqrt{2\pi}}\mathrm{e}^{-\frac{(w_d-\mu_f)^2}{2\sigma_d^2}}\mathrm{d}w_d \tag{5.57}$$

(3)考虑疲劳折损的线路风荷载停运概率

① 疲劳折损模型

除了大风瞬时作用对线路可靠性造成影响外，还受风等外界环境及自身老化的影响，容易产生结构疲劳折损。这会导致线路故障率的增加。而服役时间越长，线路发生故障的可能性越高。沈策等(2014)用浴盆曲线来表征这种随时间而增加的故障率。架空输电线路的整个服役时期可划分为初始运行期、稳定运行期和损耗区，该过程可用威布尔分布来描述。在时间 t 时的线路瞬时故障率为：

$$\lambda(t)=\frac{\beta}{\alpha}\left(\frac{\beta}{\alpha}\right)^{\beta-1} \tag{5.58}$$

式中，β 为形状参数，α 为尺度参数，也称特征寿命参数。形状参数的不同取值，能够表示出不同服役期下的线路故障率变化情况。当 $0<\beta<1$ 时，故障率单调递减，线路处于初始运行期；当 $\beta=1$ 时，线路故障率为常数 $1/\alpha$，线路处于稳定运行期；当 $\beta>1$ 时，线路故障率单调递增，线路处于损耗区。

沈策等(2014)考虑线路开始稳定运行后的情况。有两条设计规格相等的输电线路 L_1 和 L_2，当它们都在稳定运行期时，承受风荷载的能力是相同的，与设计风荷载相当；当线路 L_1 处于稳定运行期，而线路 L_2 处于损耗期时，线路 L_1 依然能够承受设计的风荷载，但线路 L_2 的抗风能力已经发生折损；当两条线路都处于损耗期时，服役期长的线路所折损的抗风能力更大。为了能够量化这种疲劳折损效应，引入疲劳折损系数 ξ，其定义为，输电线路实际承受风荷载的能力与其最初设计承受风荷载能力的比值。即：

$$\zeta=\frac{W'_d}{W_d} \tag{5.59}$$

式中，W'_d为实际所能承受风荷载，W_d 设计所能承受的风荷载。

沈策等(2014)在线路服役寿命服从威布尔分布的假设下，两条设计规格相等的两条输电线路 L_1 和 L_2 的尺度参数 α 可认为是相等的。当线路服役在稳定运行期，即 $T_1<t<T_2$时，抗风能力没有发生折损，即 $\zeta_1=1$；当线路服役在损耗区时，即 $t>T_2$ 时，线路抗风能力发生折损，并且在服役寿命到达时，线路运行地区的较常见大风而非大风灾害天气(如 8 级及以下风)的作用就会超过其设计荷载，这样就可以计算出线路实际上所能承受的风荷载。从而结合线路实际设计与运行情况，能算得线路服役寿命到达时的疲劳折损系数 ζ_2。以双曲线来拟合疲劳折损系数值与时间 t 的关系：

$$\zeta=\frac{\zeta_2(1-\beta^{\frac{1}{\beta-1}})}{\beta^{\frac{1}{\beta-1}}\left[\frac{t}{\alpha}(\zeta_2-1)-\zeta_2\right]+1} \tag{5.60}$$

从而，可以计算出折损后的线路所能承受的最大风荷载：

$$W'_d=\zeta\cdot W_d=\frac{\zeta_2(1-\beta^{\frac{1}{\beta-1}})}{\beta^{\frac{1}{\beta-1}}\left[\frac{t}{\alpha}(\zeta_2-1)-\zeta_2\right]+1} \tag{5.61}$$

② 考虑疲劳折损的线路风荷载停运概率计算

沈策等(2014)基于大风灾害的风速、风向气象参数,以及线路的设计规格、服役期限等运行条件,在考虑疲劳折损的情况下,预测线路风荷载停运概率的过程如下。

(a)将所需预测停运概率的架空输电线路进行分组,获取其设计风荷载水平最大风荷载 W_d 与其概率分布。

(b)读取线路服役期数据,判断其是否超过疲劳折损的门槛役龄。若在稳定运行期,则设计风荷载水平按原值计算;若在损耗区,则按式(5.60)计算线路设计风荷载的疲劳折损系数,并按式(5.61)修正线路实际能承受的风荷载。

(c)获取时间 t 内的所有风参数,包括风速和风向的预测值,按式(5.47)计算风条件下的架空输电线路承受的实际风荷载,并选取该时段内最大的风荷载 W_x。重复该过程,得到由最大风荷载组成一列风荷载的极值样本序列,然后通过最大似然估计,可获得随时间实时变化的风荷载的 3 个广义分布参数。

(d)按照式(5.57)即可算出当大风灾害发生时,不同疲劳折损程度的架空输电线路实时停运概率。

(4)算例分析

沈策等(2014)采用某地 4 d 共 96 h 内实际观测的大风灾害的风速、风向数据,来计算该算例大风灾害期间内输电线路的停运故障概率。风速变化如图 5.8 所示。

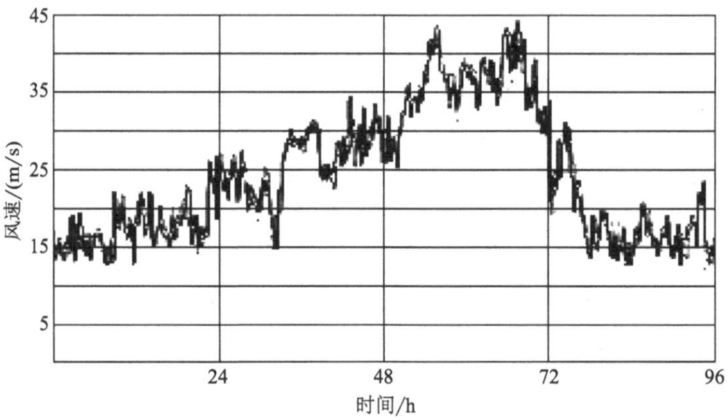

图 5.8 风速变化图(沈策 等,2014)

可以看出,风速从小到大,再逐渐变小的过程。风向与导线轴向间的夹角的变化如图 5.9 所示。

沈策等(2014)选取在该大风灾害发生的地区内,设计规格相同,然而服役期不同的两条架空输电线路 L_1 和 L_2,其参数如表 5.27 所示。两条线路的设计风荷载相同,均为 2850 N。其中线路 L_1 服役时间约为 25 a,并没有超过线路的疲劳折损的门槛役龄,处于稳定运行期,所以其实际风荷载承受能力与设计风荷载水平相等,为 2850 N;然而线路 L_2 已经跨越了疲劳折损的门槛役龄,所以,虽然其设计风荷载为 2850 N,但实际承受力已经产生折损,不能达到 100% 的设计风荷载承受能力,其疲劳折损系数 ζ 计算可得为 0.737,按照式(5.61),其实际能承受风荷载的能力:

$$W_d' = \zeta \cdot W_d = 2100.45\ \text{N}$$

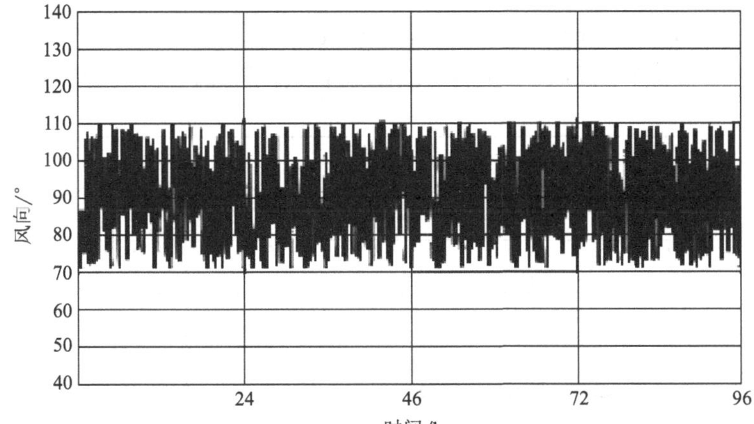

图 5.9 风向变化图(沈策 等,2014)

表 5.27 两条线路参数(沈策 等,2014)

线路	d/mm	l_H/m	服役年限/a	β	α	W_d/N	ζ
L_1	18	300	25	1	40	2850	1
L_2	18	300	32	7.47	40	2850	0.737

沈策等(2014)在大风灾害期间,对观测到的每一次风速、风向都进行记录,逐一计算每一次观测点下,线路所承受的风荷载,并间隔半小时选取一次最大风荷载量。将每半天 12 h 内计算的所有最大风荷载构成整个线路风荷载的极值样本,来拟合线路承受荷载的广义极值分布参数。

根据考虑疲劳折损的线路风荷载停运概率预测模型,已确定出线路的疲劳折损情况,以及线路的风荷载状况,可以由式(5.57)计算出两条线路在大风灾害下的故障概率,如图 5.10 所示。具体概率取值如表 5.28 所示。

表 5.28 大风灾害下两条线路的停运概率(沈策 等,2014)

时间/h	线路 L_1 停运概率	线路 L_2 停运概率
12	6.46×10^{-9}	1.34×10^{-5}
24	7.72×10^{-6}	0.0021
36	0.0127	0.1631
48	0.0679	0.6607
60	0.5787	0.9606
72	0.7799	0.9852
84	0.0423	0.1077
96	6.3×10^{-7}	0.0004

恶劣大风灾害的发展是一个风力逐渐从小发展到大风灾害,再逐渐减小的动态过程。图 5.10 和表 5.28 表明,随着大风灾害的动态发展,架空输电线路的停运概率也产生动态的变化:在起风阶段,故障概率较小;随着大风风力逐渐加大,发展成恶劣灾害时,线路故障概率水

平也随之显著上升;当大风灾害度过后,风力逐渐减小时,线路的故障概率也逐渐减小,安全可靠水平升高。这说明,该模型能够很好地量化反映在大风恶劣灾害条件下,线路故障概率的动态变化水平,方便调度运行人员获取线路的故障水平,从而做出合理决策。

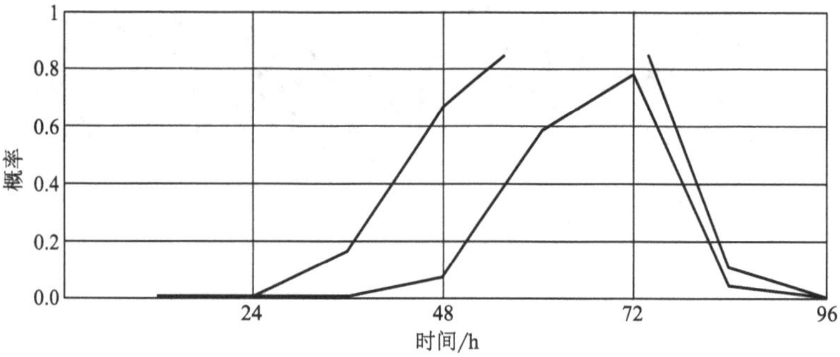

图 5.10　两条线路的停运概率随大风灾害发展的变化图(沈策 等,2014)

(图中上面有断的线为 L_2,下面那条线为 L_1)

同时,从图 5.10 中可以看出,由于线路 L_2 服役年龄长于线路 L_1,相对于最初设计的线路风荷载水平来说,其实际承受大风的能力已经发生折损。所以在同样的大风灾害情况下,线路 L_2 的故障概率值要高于线路 L_1 的故障概率值,也就是说线路 L_2 更容易受到大风灾害的影响,更容易出现故障;在第三天时,其故障概率几乎接近于 1,这说明线路几乎无法承受这样的大的风力了,已经处于故障状态了。

以上分析表明,本节所建立的恶劣大风灾害条件下,考虑疲劳折损的线路风荷载停运概率预测模型,不仅能够反映出架空输电线路受大风灾害影响,其故障概率动态变化的水平,也能够反映出线路由于服役期过长,内部发生疲劳折损而导致的升高的故障率水平,使决策人员能够实时掌握不同线路在大风灾害下的风险状况,及时部署预控方案。这对于保证电网的安全运行,减少社会经济损失具有重要意义。

5.8.3　大风低矮房屋易损性和风险等级预报

杨绚等(2020)研究了台风大风低矮房屋易损性,构建了台风大风对低矮房屋倒损概率模型,基于我国精细化智能网格预报产品,评估了 2017 年 13 号台风"天鸽"低矮房屋风险等级。

(1)数据

2017 年第 13 号台风"天鸽"资料包括"天鸽"登陆时间、登陆地点、登陆时近中心最大风速和强度信息等。台风"天鸽"的实况风速资料为 2017 年 8 月 20 日 08 时—24 日 08 时全国区域地面自动站逐小时 10 min 平均风速数据。为了在影响评估业务中应用,将站点平均风速数据插值到与智能网格相匹配的 5 km×5 km 网格上。风场预报产品采用我国智能网格预报业务产品中的逐小时 10 m 纬向风分量(U)和 10 m 经向风分量(V)预报数据,空间分辨率为 5 km×5 km。

房屋倒损灾情数据是以县(区)为单位统计收集的倒塌和损坏房屋的数量。

采用全球夜间灯光遥感数据(Defense Meteorological Satellite Program/Operational Line Scan System,DMSP/OLS),来源于美国国家地球物理数据中心(http://ngdc.noaa.gov/eog/dmsp/downloadV4 composites.html),获取图像的幅宽为 3000 km,像元大小为 0.008333°。

该数据为 2013 年 30s 分辨率的稳定灯光图像数据，是在消除了云及火光等偶然噪声影响后对全年 VNIR 通道灰度值直接平均化处理后得到的(Elvidge et al.，2009；Small et al.，2011；Liu et al.，2012)，数据灰度值范围为 1～63，饱和灯光灰度值为 63，空间分辨率为 1 km。

DMSP/OLS 夜间灯光数据具有独特的夜间低光探测能力和反映人类活动信息(尤其是城市区域的人类活动信息)的特点，可以提供大范围的城市用地信息，因此广泛应用于区域或全球尺度的城市范围提取和变化评估研究。

杨绚等(2020)利用该数据对地面孕灾环境进行分类，将我国东南沿海地区的地面粗糙度分为四类，分别是大城市或城市中心区、普通城市区、城镇区和其他区域，并对该数据与智能网格风速产品的分辨率进行匹配，将其插值到 5 km×5 km 的网格上。

数字高程模型(DEM)数据来源于美国奋进号航天飞机的雷达地形测绘(shuttle radar topography mission，STRM)数据。本研究选取研究区域内 1 km 分辨率的 DEM 数据，并将该数据插值到 5 km×5 km 的智能网格上。

(2)概率模型基本思路和方法

杨绚等(2020)为了方便分析典型低矮房屋不同区域的易损性，将其分为屋面和墙体。屋面的设定为铺盖小青瓦，屋面坡度 α 分别取 5°、15°和 30°；墙体的砌体种类为普通砖木结构(包括烧结普通砖、混凝土普通砖、蒸压灰砂普通砖等)，单层高 4 m，共两层，山墙高 10 m，墙体厚 0.3 m。

在建筑结构工程中，台风大风致低矮房屋结构破坏的可能性是以结构失效概率来描述的。杨绚等(2020)建立低矮房屋结构可靠度与风速的函数关系，分析低矮房屋不同构件随风速变化的失效概率，是台风大风低矮房屋倒损概率模型的基本思路。

① 结构可靠度

杨绚等(2020)根据《建筑结构可靠性设计统一标准》(GB 50068—2018)，结构可靠度定义为结构在规定时间内与条件下完成预定功能的概率，即：

$$Z=R-S\begin{cases}Z<0 \text{ 失效状态}\\Z=0 \text{ 极限状态}\\Z>0 \text{ 可靠状态}\end{cases} \tag{5.62}$$

式中，R 为结构抗力，S 为作用在结构上的荷载效应。

② 低矮房屋的结构抗力

结构抗力定义为结构或结构构件承受所用效应的能力。

台风大风对于小青瓦双坡屋面的破坏，主要是瓦片被掀掉。其结构抗力可认为主要是瓦片本身重力垂直于屋面的分量(宫文壮，2009)，并根据《砌体规范》的局部受压构件的承载力，计算公式简化为：

$$R_r=\gamma_a R\cos\alpha \tag{5.63}$$

式中：γ_a 为屋面局部抗压提高系数，表示由于瓦片间摩擦、瓦面加固措施等的不确定因素，根据《砌体结构设计规范》(GB 50003—2001)(简称《砌体规范》)，该系数取值范围在 1～1.5；R 为小青瓦的重力密度，均值可取 24 kN/m^3；α 为屋面坡度。

砖木结构的墙体结构抗力主要为在水平风荷载下的弯曲抗拉能力，普通砖沿通缝的弯曲拉抗最为容易受损，因此，本研究分析普通砖沿通缝在风荷载作用下的抗弯能力，结合汤垚天(2008)的研究，其功能函数为：

$$R_M=\frac{1}{6}b_k h_k^2(f_{tm,k}+\gamma H) \tag{5.64}$$

式中：$\frac{1}{6}b_k h_k{}^2$ 表示墙砌体的截面抵抗矩，其中 b_k 是墙面宽度标准值，本研究取 4 m，h_k 是墙面厚度标准值，取 0.3 m；f_{tm} 为砌体弯曲抗拉强度设计值，其中，砂浆强度是砌体弯曲拉抗能力最为关键的因素，根据《砌体规范》，基于四种不同砂浆强度等级（≥M10、M7.5、M5 和 M2.5，即砂浆抗压强度平均值分别大于 10 MPa、7.5 MPa、5 MPa 和 2.5 MPa）的普通砖，沿通缝的弯曲抗拉强度标准值在 0.13～0.27 MPa；γ 为砌体容量，均值取 18；H 为砌体高度单层取 4 m。

③ 低矮房屋的风荷载

房屋围护结构的风荷载，计算公式如下：

$$w_k=\beta_{gz}\mu_{sl}\mu_z\omega_0 \tag{5.65}$$

式中，w_k 为风荷载标准值(单位：KN/m^2)，β_{gz} 为高度 z 处的阵风系数，μ_{sl} 为风荷载局部体型系数，μ_z 为风压高度变化系数，w_0 为基本风压（单位：kN/m^2），《建筑结构荷载规范》（GB 50009—2012)（以下简称《荷载规范》）规定基本风压为 50 a 重现期风压。依据《荷载规范》选择离地高度 10 m 的风压变化系数和阵风系数(表 5.29)。

屋面结构分区的风荷载体型系数依据《荷载规范》取绝对值的较大值（表 5.30)，本研究不再单独分析不同坡角对屋面体型系数的影响。墙体的主要受力结构为迎风面、山墙和背风面的中心区，其体型系数分别为 0.8、−0.7 和 −0.5，可以认为墙体主要受力结构在台风（或大风)影响下承受的平均风压(吸)力相较于围护结构小很多，通常不会直接被大风破坏。因此，本研究在分析墙体大风易损性时，仅考虑墙体的侧边墙角负压区，该区域作为墙体的围护结构，局部体型系数取 −1.4(表 5.30)，在一定的风力下，会受到大风的影响而受损。

表 5.29　不同地面粗糙度对应离地 10 m 高度的风压变化系数和阵风系数(杨绚 等,2020)

	地面粗糙度类别	风压变化系数	阵风系数
A 类	近海海面和海岛、海岸及沙漠地区(简称近海地区)	1.28	1.6
B 类	田野、乡村以及房屋比较稀疏的乡镇(简称乡镇)	1.0	1.7
C 类	有密集建筑群的城市市区(简称城市)	0.65	2.05
D 类	密集建筑群且房屋较高的市区(简称大城市)	0.51	2,4

表 5.30　低矮房屋屋面分区和墙角的体型系数(杨绚 等,2020)

结构分区	屋面侧边	屋檐	迎风屋面	屋脊	背风屋面	侧边墙角
体型系数	−2.0	−1.8	−1.2	−1.5	−0.6	−1.4

杨绚等(2020)根据伯努利方程计算风压，其中，空气密度根据 2000 年以来登陆我国台风的时间、气压、气温和相对湿度数据，计算得到我国台风季东南沿海地区空气密度均值为 1.15 kg/m^3，方差为 0.02 kg/m^3；风速取 10 m 高度处 10 min 平均风速。

《荷载规范》将地面粗糙度分为四类(表 5.30)，本研究已利用 DMSP/OLS 夜间灯光数据对东南沿海地区 B 类、C 类和 D 类的地面粗糙度进行分类。

表 5.30 给出的 10 m 高度风压变化系数仅适用于较为平坦的地形，为了使低矮房屋大风易损模型在业务中得到应用，需要考虑地形对低矮房屋风荷载的影响。《荷载规范》针对山区的建筑物，对风压高度变化系数给出了地形修正系数。对于山峰和山坡，修正系数的计算公式为：

$$\eta=\left[1+k\tan\alpha\left(1-\frac{z}{2.5H}\right)\right]^2 \tag{5.66}$$

式中：k 为系数，对山峰取 2.2，山坡取 1.4；$\tan\alpha$ 为山体的坡度，当 $\tan\alpha>0.3$ 时，取 0.3；H 为山顶或山坡全高(单位：m)；z 为建筑物高度，本研究取 10 m。

杨绚等(2020)对东南沿海地区 DEM 数据计算其格点上的坡度，并将 5 km 网格范围内平均地面标高作为地面标高，计算网格范围内海拔高度最大值与地面标高的差，将其作为该网格点的山坡高度 H。本研究没有考虑低矮房屋相对于山区最高点(山峰)的相对距离，因此，k 系数统一取 1.4。

④ 蒙特卡罗方法

杨绚等(2020)利用蒙特卡罗方法模拟低矮房屋结构可靠度的流程如下：①建立计算模型：根据低矮房屋不同构件的风荷载体型系数等变量，建立低矮房屋不同构件的结构可靠度与风速的函数关系式；②确定参数的统计特性：确定风荷载基本变量(风速、风向等)、结构抗力基本变量等参数的概率分布；③循环抽样：利用蒙特卡罗法，对低矮房屋不同构件与风速的函数模型进行随机循环抽样 1 万次，得到屋面和墙体不同区域的失效概率，并分析该区域的易损性。

在利用蒙特卡罗方法模拟低矮房屋的风速易损性时，不考虑地形对风速的影响。

⑤ 评分方法

杨绚等(2020)针对台风低矮房屋倒损风险落区预(评)估结果的 TS 评分、空报率(FAR)和漏报率(PO)，计算公式如下：

$$\mathrm{TS}=\mathrm{NA}/(\mathrm{NA}+\mathrm{NB}+\mathrm{NC}) \tag{5.67}$$

$$\mathrm{FAR}=\mathrm{NB}/(\mathrm{NA}+\mathrm{NB}) \tag{5.68}$$

$$\mathrm{PO}=\mathrm{NC}/(\mathrm{NA}+\mathrm{NC}) \tag{5.69}$$

式中，NA、NB、NC 分别为预报正确、空报、漏报的县(区)个数。当预(评)估落区的县(区)与实况灾情县(区)域相同时，则判定为预报正确；预(评)估出在某县(区)域内存在风险而实况没有出现灾情，则为空报；预(评)估没有风险的县(区)，而实况出现灾情，则为漏报。

(3)研究结果

① 低矮房屋不同构件易损性分析

杨绚等(2020)根据台风大风低矮房屋倒损概率模型基本思路和方法，屋面的结构可靠度计算由式(5.63)与式(5.65)相减得到，侧边墙角结构可靠度的计算由式(5.64)减去式(5.65)，式中各参数的设定综合参考了《砌体规范》和《荷载规范》中的取值(表 5.31)。

杨绚等(2020)根据上文结构可靠度的计算公式开展蒙特卡罗模拟，得到在四类地面粗糙度的条件下，屋面各区域和侧边墙角随风速增大的失效概率(图略)。结果表明，无论在哪种地面粗糙度的条件下，随风速增大的易损性为：侧边＞屋檐＞迎风屋面＞屋脊＞侧边墙角＞背风屋面；以低矮房屋在不同地面粗糙度的易损性来看，A 类(近海地区＞B 类(乡镇)＞C 类(城市)＞D 类(大城市)，这与实际灾后调查过程的情况较吻合。其中，屋面的侧边区和屋檐区的易损性较为接近，是最容易被大风破坏的区域。背风屋面由于受风荷载的负压较小是最不容易被大风破坏的区域，然而屋面坡角对屋脊、迎风屋面、背风屋面的局部体型系数影响较大，本研究只讨论房屋各构件最不利条件的易损性。以低矮房屋相对较多的地面粗糙度B类(乡镇)为例,当风速大于25 m/s(10级)时,屋面的侧边区和屋檐区开始被大风破坏;当风速约大于30 m/s时,迎风屋面和屋脊便可能被大风破坏;背风屋面和侧边墙角直接受大风破坏所需要的风力较大,当风速大于40 m/s时,背风屋面和侧边墙角才开始受到风速的影响。但在实际灾情中,低矮房屋受损情况会比较复杂,因为一旦屋面的瓦片被掀起,低矮房屋内部的气压将发生突变,原本封闭的房屋在开洞的条件下,将更容易遭受破坏,从而引发连锁效应,造成房屋更大面积的结构性损坏,甚至倒塌。

表5.31 屋面和墙体结构可靠度参数设定(杨绚 等,2020)

参数类型	参数名称	概率分布类型	取值范围
屋面结构抗力参数	小青瓦重力密度(R)	正态分布	均值取2.4 kN/m^3,方差取0.2 kN/m^3
	屋面局部抗压系数(γ_a)	均匀分布	1～1.5
	屋面坡角(α)	均匀分布	5°、15°和30°
墙体结构抗力参数	墙面宽度标准值(b_k)	常数	4 m
	墙面厚度标准值(h_k)	常数	0.3 m
	普通砖沿通缝的弯曲抗拉强度设计值($f_{tm,k}$)	均匀分布	0.13～0.27 MPa
	砌体容量(γ)	正态分布	均值取18 kN/m^3,方差取2 kN/m^3
	砌体高度(H)	常数	4 m
风荷载参数	阵风系数(β_{gz})	正态分布	均值为四类粗糙度的阵风系数(表5.29),方差取0.3
	风荷载体型系数(μ_{sl})	常数	根据不同的区域而定(表5.30)
	风压高度变化系数(μ_z)	常数	表5.29
	空气密度(ρ)	正态分布	均值取1.15 kN/m^3,方差取0.02 kN/m^3
	风速	均匀分布	20～100 m/s

② 台风大风低矮房屋倒损风险等级设计

在台风灾害预估业务化中,为了判断低矮房屋的倒损概率,杨绚等(2020)根据屋面各构件和墙角随风速的失效率,设计了三个等级表示其倒损风险,分别为较低风险、中等风险和高风险(表5.32)。

表5.32 低矮房屋倒损风险等级设计(杨绚 等,2020)

风险等级	屋面侧边、屋檐	迎风屋面、屋脊	背风屋面、侧边墙角
较低风险	失效率＜20%	无	无
中等风险	20%≤失效率＜30%	失效率＜20%	无
高风险	失效率≥30%	失效率≥20%	失效率≥10%

以地面粗糙度B类(乡镇)为例,杨绚等(2020)给出了低矮房屋三种风险等级所对应的风速集合。结果表明,屋面侧边或屋檐的失效率不超过20%的风速集合主要分布在24～28 m/s,其倒损风险为“较低风险”。结合屋面侧边和屋檐的失效率大于等于20%且低于30%,以及迎风屋面或屋脊损失率不超过20%的风速集合分布在28～34 m/s,认为该风速区间为低矮房屋倒损的“中等风险”。当风速大于38 m/s时,屋面侧边、屋檐的失效率达到30%以上,同时迎

风屋面、屋脊损失超过 20%，对应低矮房屋倒损等级的“高风险”。其他三类地面粗糙度的风险设计及对应的风速阈值所用的方法均与之相同，不再赘述。

③ 基于智能网格风速产品的业务应用

由于该理论模型仅考虑了单个房屋对瞬时大风的易损性，而在实际台风灾害预估中，大风的持续时间也是判断房屋倒损风险的重要因素之一。杨绚等(2020)经过与多个台风实际灾情的分析和检验，当各等级风险阈值的风速持续时间超过 3 h 以上时，应将风险等级相应升级。

杨绚等(2020)选择 2017 年第 13 号台风“天鸽”进行低矮房屋倒损概率模型的分析检验。该台风于 2017 年 8 月 23 日 12:50 前后在广东珠海南部沿海登陆(强台风级)，登陆时风力达 45 m/s(14 级)，台风“天鸽”登陆前后，广东珠江口两侧沿海出现平均风 10～14 级，是最近几年登陆我国沿海风力较大的台风之一。台风“天鸽”给广东省共 25 个县(区)造成房屋倒损的灾情，房屋倒损超过 2000 间的地区位于珠海斗门区和金湾区，珠海香洲区、广州黄埔区、云浮新兴县倒损房屋超过 500 间，江门、佛山、肇庆等部分县(区)也出现房屋倒损的灾情。

杨绚等(2020)利用智能网格风速产品，2017 年 8 月 23 日 08 时起报的未来 24 h(8 月 23 日 08 时—24 日 08 时)逐小时风速对台风“天鸽”低矮房屋倒损风险进行预评估。结果表明，预估结果与实际灾情在广东中西部较为吻合，但广东东部沿海地区被预估为较高风险地区，与实际灾情不符，这主要是由于智能网格风速产品在台风东侧的风速预报偏大，从而产生了较大区域的空报；云浮、茂名、阳江等地多个县(区)存在房屋倒损的灾情，却没有被预估出来，这可能是因为风速预报在台风登陆后，陆地上风速的衰减速度过快，导致预报风速偏小，产生了一定区域的漏报。该结果预估正确了 13 个县(区)，空报了 21 个县(区)，漏报了 12 个县(区)，预估结果的 TS 评分为 0.28，空报率为 0.62，漏报率为 0.48。

由此可见，不仅要研究承灾体脆弱性曲线，而且需要提高风速落区预报的准确率，风灾风险评估才能够准确。

5.8.4　接触网参数对接触网风致响应的影响

地处新疆的兰新铁路第二双线、兰新铁路既有线和南疆铁路沿线经过的风区很多，其中百里[①]风区、三十里风区的风力最为强劲、最大风速达 64 m/s (超过 17 级)，大风频繁，8 级以上大风天数年平均超过 100 d，是我国乃至世界上铁路风灾最严重的地区之一。历年来因大风列车停运时有发生，并发生翻车等重大安全事故，严重威胁铁路的行车安全。接触网作为悬索结构、沿铁路线露天布置，大风等外部环境因素严重影响其安全可靠性；另外，接触网线长点多，且无备用，一旦出现故障将导致列车停驶，其防风安全问题已经成为大风区高速铁路建设和电气化改造的难点。刘改红(2016)分析了接触网参数对接触网风致响应的影响，并进行了风洞试验验证。

(1)接触网有限元模型的建立

由于悬索结构的几何非线性，在接触网不同的初始状态施加相同荷载增量引起的效应不同，故需要通过静态找形确定其初始状态。刘改红(2016)首先确定系统初始构型，采用 BEAM44 单元模拟支柱、腕臂、腕臂支撑、定位管、定位器及定位器支座；由于承力索、接触线、吊弦受拉力作用，采用轴向仅受拉的杆单元 link10 模拟；因为腕臂支撑装置是整体式旋转腕

① 1 里＝500 m，余同。

臂，所以释放上下腕臂底座与支座连接点的 z 方向旋转自由度；定位器与定位支座可视为铰接，释放连接点的 x、y、z 三个方向的旋转自由度；将各个支柱的底部节点、承力索和接触线两侧终端的节点全约束。其次，使支柱和腕臂结构刚性化，进行承力索在承力索、接触线、吊弦和定位器重力作用下的几何非线性分析，积累重力刚度；然后，恢复支柱和腕臂结构的弹性，进行悬挂系统与支撑系统的耦合分析，最终完成悬挂系统的找形工作。如果模型中承力索的张力、弛度与理论计算结果一致，则静态找形正确。以表 5.33 所示的简链接触网系统为例，建立的接触网有限元模型如图 5.11 所示。

表 5.33　接触网系统基本参数(刘改红，2016)

名称	材料	杨氏模量/GPa	泊松比	密度/(kg/m^3)
接触线	CTMH150	120	0.33	8940
承力索	JTMH120	105	0.33	9103
吊弦	JTMH10	105	0.33	9356
腕臂	Q345A	210	0.3	7850
腕臂支撑	Q345A	210	0.3	7850
定位管	Q345A	210	0.3	7850
定位器	铝合金	70	0.3	2700
定位器支座	Q235A	210	0.3	7850
支柱	Q235A	210	0.3	7850
绝缘子	陶瓷	55	0.25	3100

注：接触网结构高度 1.1 m、跨距 50 m、接触线张力 28.5 kN、承力索张力 21 kN。

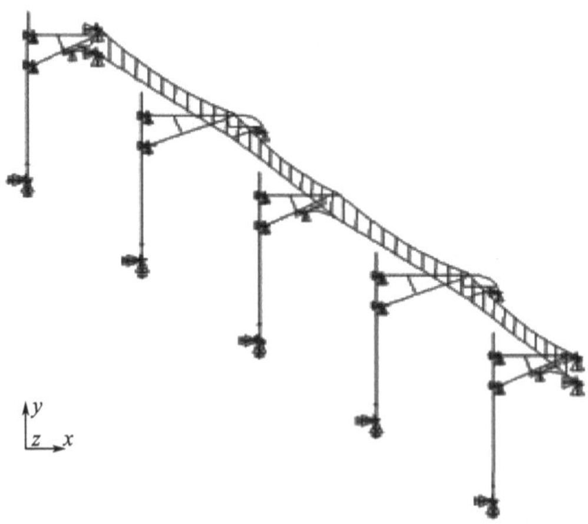

图 5.11　接触网有限元模型(刘改红，2016)

(2)风荷载的计算与模拟

风一般可以分为平均风和脉动风两部分，假设作用于结构上坐标为 (x,y,z) 的点的风速为：

$$V(x,y,z,t)=\overline{V}(z)+v(x,y,z,t) \tag{5.70}$$

式中，右边相加的两部分分别为距地面高度 z 处的平均风速和对应的脉动风速。风的模拟主要针对脉动风。

① 平均风的计算

在空间上，平均风速会随着高度的变化而变化，刘改红(2016)选取指数率计算，具体公式

$$\overline{V}(z)=K\cdot v_{10}\left(\frac{H}{10}\right)^{\alpha} \tag{5.71}$$

式中：v_{10} 为距离地面 10 m 高度处的环境风速，标准参考高度取 10 m；H 为当前高度；α 为地表粗糙度指数，这里取 0.16；K 为挡风屏后接触线、承力索高度处的风速系数，这里按桥梁 4 m 挡风屏风场风洞试验结果取值，即接触线处风速系数 0.76，承力索处风速系数 1.21。

② 脉动风的模拟

刘改红(2016)为计算接触网水平方向的风偏和竖直方向的振动位移，分别选用经 Simiu 修正的 Kaimal 谱(式(5.72))和 Lumley-Panosfsky 谱(式(5.73))模拟水平脉动风速时程和竖向脉动风速时程。

$$\frac{nS_u(n)}{u_*^2}=\frac{200f}{(1+50f)^{5/3}} \tag{5.72}$$

$$\frac{nS_w(n)}{u_*^2}=\frac{3.36f}{1+50f^{5/3}} \tag{5.73}$$

式中：$S_u(n)$为横向风功率谱密度函数；$S_w(n)$为竖向风功率谱密度函数；$f=\dfrac{nz}{\overline{V}(z)}$ 为无量纲 Monin 坐标；n 为风的脉动频率；u_* 为气流摩阻速度，$u_*^2=k\overline{V}(z)/\ln(z/z_0)$；$k$ 为 Von Karman 常数，约等于 0.4；z_0 为地面粗糙度，按 0.05 取值。

空间任意两点脉动风速互谱的相干函数如下：

$$\mathrm{Coh}(\mathrm{r},\omega)=\exp\left\{-\frac{\omega}{2\pi}\frac{[C_z^2(z_1-z_2)^2+C_y^2(y_1-y_2)^2]^{1/2}}{[\overline{V}(z_1)+]\overline{V}(z_2)/2}\right\} \tag{5.74}$$

刘改红(2016)计算水平向脉动风速互谱的相干函数时 C_z 和 C_y 分别取为 10 和 16；计算竖向脉动风速互谱的相干函数时 C_z 和 C_y 分别取为 7 和 8。

按上述方法及风谱，模拟出水平风速时程和竖向风速时程，选取简链其中一跨定位点处为例，模拟风速时程(图略)。其中模拟计算的主要参数为截止频率 4π rad/s、频率分段数 1024、样本时间间隔 0.25 s。

刘改红(2016)对模拟得到的风速时程进行统计分析，得到其均值和均方根，与目标谱对应的值进行对比，如表 5.34 所示。从表 5.34 可以看出，模拟风速的均值、均方根与目标风速相差均较小。

表 5.34　风速统计数据对比(刘改红，2016)

比较项目	水平风速/(m/s)		垂向风速/(m/s)	
	模拟值	目标值	模拟值	目标值
均值	−2.69	0	−0.32	0
均方根	9.98	10.05	4.87	4.80

图 5.12 所示为风速时程的功率谱与目标谱的比较,模拟的水平功率谱及低频段竖向功率谱与目标谱无论极值还是趋势都吻合很好,竖向功率谱在高频段虽然极值有一定差别,但整体趋势较为吻合。

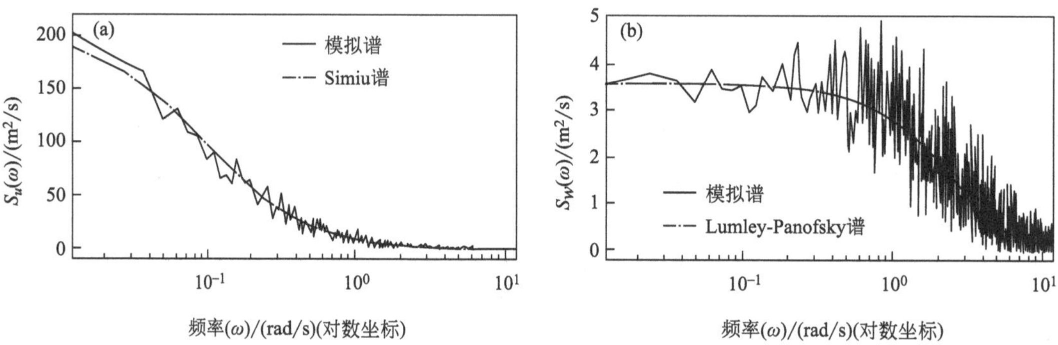

图 5.12 模拟的风速功率谱与目标谱的比较(刘改红,2016)

(a)水平风速功率密度谱;(b)竖向风速功率密度谱

(3)接触网风致响应计算及影响分析

刘改红(2016)对不同接触网参数组合方案(表 5.35)进行正定位、反定位、跨中风致振动及跨中风偏的动态计算,根据计算结果,分析研究接触网悬挂类型、张力及跨距对风致响应的影响。

表 5.35 接触网组合方案(刘改红,2016)

方案	悬挂类型	张力匹配/kN	跨距/m
1	弹链(5.3 m,1.6 m)	21+28.5	50
2	简链(5.3 m,1.1 m)	21+28.5	50
3	简链(5.3 m,1.1 m)	21+28.5	45
4	简链(5.3 m,1.1 m)	21+28.5	55
5	简链(5.3 m,1.1 m)	20+25	50
6	简链(5.3 m,1.1 m)	25+25	50
7	简链(5.3 m,1.1 m)	23+28.5	50
8	简链(5.3 m,1.1 m)	25+28.5	50
9	简链(5.3 m,1.1 m)	27+33.5	50

① 接触网风致响应计算

刘改红(2016)在接触网有限元模型中施加风压作用,利用空气动力学理论计算接触网平均位移,采用时程分析方法计算接触网抖振位移;叠加竖向平均位移与竖向抖振位移最大值,获得接触网在风压作用下的风致振动位移最大值,叠加水平平均位移与水平抖振位移最大值,获得接触网在风压作用下的风偏最大值,见表 5.36。

表 5.36 接触网风致响应计算结果(刘改红,2016)

风致响应类别	风速/(m/s)	总位移/mm								
		方案 1	方案 2	方案 3	方案 4	方案 5	方案 6	方案 7	方案 8	方案 9
正定位风致振动	30	111.6	59.7	60.4	79.6	58.5	49.5	56.9	50.9	49.1
	35	154.2	88.3	86.8	113.9	88.0	74.0	83.7	74.9	71.4
	40	205.5	121.4	116.5	153.6	122.5	102.3	116.1	102.6	97.8
	45	263.4	159.6	139.9	203.4	163.0	135.0	154.0	135.2	129.0
反定位风致振动	30	102.7	40.1	39.7	48.3	42.7	36.2	37.2	37.0	29.0
	35	145.8	58.0	56.5	70.0	61.3	51.3	53.4	52.3	41.5
	40	199.6	80.1	81.9	100.4	83.8	69.3	74.8	70.6	59.1
	45	263.9	114.6	100.9	142.3	117.8	93.2	106.5	99.0	82.3
跨中风致振动	30	139.4	95.7	94.1	135.1	108.5	99.0	100.9	98.6	81.6
	35	195.8	149.6	128.5	191.8	153.6	139.2	142.4	138.6	112.6
	40	264.0	200.5	173.6	259.5	205.8	185.1	191.4	184.4	151.0
	45	343.1	261.0	200.9	338.9	267.8	238.1	248.2	238.9	195.1
跨中风偏	30	133.6	128.2	124.6	180.9	138.0	132.8	126.7	125.5	107.9
	35	185.4	177.6	171.5	250.0	190.7	183.5	175.4	173.6	149.6
	40	246.1	235.0	227.8	330.2	251.8	241.3	232.1	229.6	198.3
	45	315.6	310.5	299.5	420.7	320.3	307.3	296.2	293.2	253.8

② 接触网参数对风致响应的影响分析

图 5.13a、图 5.13b、图 5.13c 分别所示为接触网悬挂类型、跨距、张力对风致响应的影响。刘改红(2016)结合图 5.13 及表 5.36 得出如下结论。

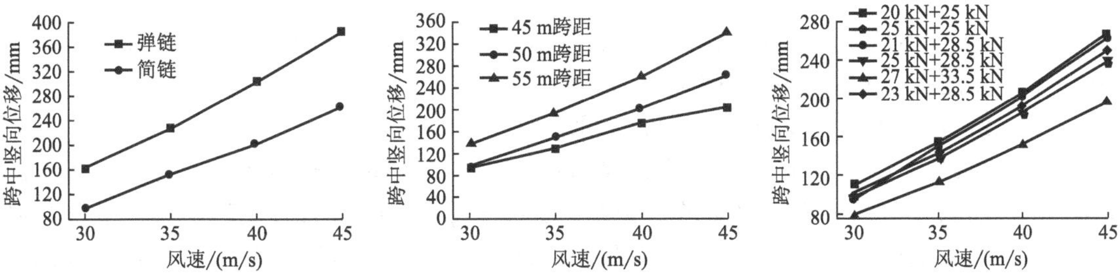

(a) 悬挂类型的影响　(b) 跨距的影响　(c) 张力的影响

图 5.13 接触网参数对风致响应的影响(刘改红,2016)

(a)与弹链相比,简链整体刚度大,抗风稳定性较好。

(b)跨距由 55 m 减小至 50 m,风致响应明显减小。跨距由 50 m 减小至 45 m,风速不大于 40 m/s 时竖向位移变化较小,风速大于 40 m/s 时,竖向位移有较大的变化量。从抗风稳定性角度考虑,跨距不应大于 50 m。

(c)承力索与接触线的张力和越大,整体刚度越大,抗风稳定性越好;从风致振动角度,对于设置挡风结构的工况,由于接触线与承力索的高度不同,挡风墙/屏后接触线与承力索处的风速变化系数不同且差别较大,因此与增大接触线张力相比,增大承力索张力对于抗风稳定性的提高更为敏感,张力对竖向位移约束作用由弱到强依次为 20 kN+25 kN、21 kN+28.5 kN、23 kN+28.5 kN、25 kN+25 kN、25 kN+28.5 kN、27 kN+33.5 kN。此外,从风偏角度,有必要适当增大接触线张力,以对风偏形成更好的约束作用,张力对风偏约束作用由弱到强依次为 20 kN+25 kN、25 kN+25 kN、21 kN+28.5 kN、23 kN+28.5 kN、25 kN+28.5 kN、27 kN+33.5 kN。

(4)接触网气动弹性风洞试验

刘改红(2016)进行接触网风致响应气动弹性风洞试验,模拟接触网结构动力特性、评估接触网系统风致响应,与有限元计算结果进行对比、验证。经振型、频率计算及测试,有限元模型与风洞试验的振型一致、频率误差约 5%,对比结果见表 5.37。

表 5.37 振型、频率理论计算与风洞实测对比结果(刘改红,2016)

振型	频率/Hz	
	理论计算	风洞实测
第一竖向弯曲	2.48	2.36
第一横向弯曲	2.67	2.54

刘改红(2016)经对比,接触网风致振动与风偏的有限元计算结果与风洞试验结果基本吻合,接触网参数对风致响应的影响的研究结果正确。

刘改红(2016)的研究成果直接应用于兰新铁路第二双线大风区接触网系统方案设计和技术参数选择中,为大风区接触网的防风设计、工程建设提供了科学依据。并在工程实践基础上,此研究成果作为主要技术支撑之一,形成了首个国内外铁路电化行业标准《风区 200~250 km/h 电气化铁路接触网主要装备技术条件(暂行)》(TJ/GD 002—2013)。

5.8.5 龙卷预警

龙卷是大气中最小尺度的灾害性天气,预报难度大,随着多普勒天气雷达在业务中的应用,龙卷的监测临近预警取得了很大的进展。

(1)2021 年 12 月美国龙卷事件浅析(王永明 等,2022)

2021 年 12 月 10—11 日,一个强大的风暴系统席卷了美国中部,导致该地区出现了广泛的恶劣天气,其中包括一系列严重的长径龙卷。截至 2021 年 12 月 21 日,美国国家气象局(NWS)共确认此次事件导致 66 次龙卷,以及几次长径龙卷。风暴从阿肯色州出发,前往五大湖方向,有 8 个州报告称在此期间发生了龙卷,其中最严重的破坏发生在阿肯色州、田纳西州、密苏里州和肯塔基州。美国国家气象局收到了近 400 份关于横跨该地区的大冰雹、破坏性大风和龙卷的报告(图 5.14)。

美国国家气象局风暴调查发现,其中一场猛烈的 EF-4 级龙卷开始于田纳西州的西北部,穿过肯塔基州西部,并对该地区的部分区域造成了严重破坏,造成共计 56 人死亡、500 多人受伤。另一场长径 EF-3 级龙卷,最高风速估计为每小时 160 英里①,始于田纳西州的代尔县,穿过田纳西州西北部 122.7 英里,进入肯塔基州西部的克里斯蒂安县和托德县,造成 13 人受伤。

① 1 英里=1.609 km,余同。

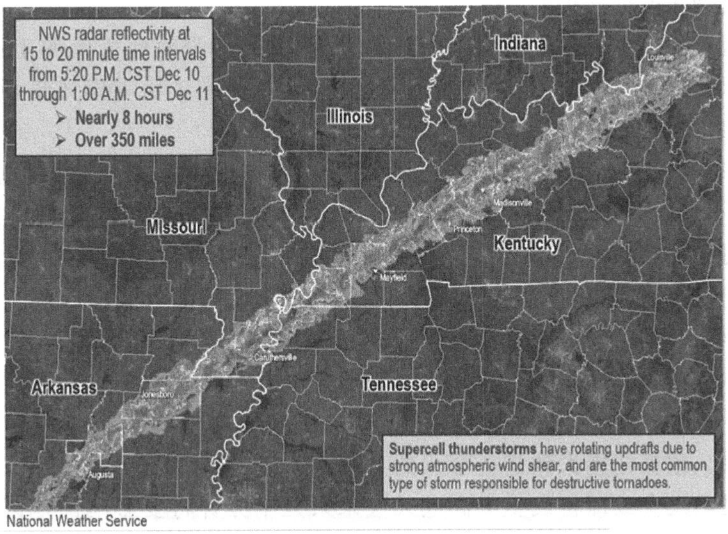

图 5.14　2021 年 12 月 10—11 日美国龙卷灾害事件中的超级雷暴(美国风暴预测中心网站)

此次恶劣天气事件伴生的超级雷暴时间较长,特别是两个超级单体雷暴都移动了 100 英里,沿途产生龙卷,然后在天黑后消散。

此次龙卷灾害的主要成因是大范围冷暖空气立体交汇于美国中部,这是由于其大平原地区特殊的地理环境与大气环流条件所造成。产生龙卷的具体强雷暴时空尺度很小,主要靠临近时刻的预警警报来减灾防灾。

美国风暴预测中心(简称 SPC,隶属美国国家气象局)在事件发生前几天持续监测潜在的恶劣天气情况,并在风暴发生前 3 d 发布了突出关注区域的展望。在事件发生的当天早上,风暴预测中心将天气展望升级为中等风险,并在最严重的雷暴形成前几个小时预警了"强龙卷"的出现。美国国家气象局对此次灾害保持持续的预测和观察,通过美国国家海洋和大气管理局天气无线电、无线紧急警报、紧急警报系统、紧急管理人员天气信息网络、国家气象局社交媒体账户等渠道发布警告,预测时间高于平均水平。

2021 年 12 月 12 日,美国总统拜登根据《斯坦福德灾难与紧急援助法》的授权发布了巨灾声明。在声明中,受灾的地区和范围得以明确,按照法律规定的各种形式的灾害援助被宣布用于受灾群众。

12 月 15 日,拜登走访被龙卷摧毁的城镇,并承诺重建遭受数十亿美元损失的社区。联邦应急管理局也在接受居民的救灾申请,以帮助他们支付临时住房和房屋维修的费用。

① 气象部门预报预警

分析此次美国龙卷灾害,体现了预防准备和监测预警在极端气象灾害中的重要性,再次证明只有多主体(包括气象部门、政府、企业和社会公众等)协同才能有效应对极端气象灾害。

为减缓强对流天气等自然灾害的影响,前期的预测预报预警工作至关重要。

龙卷的监测预报工作具有相当的难度。一方面,作为强对流天气中最猛烈的天气现象,龙卷具有时空尺度小的特点,从发生、发展到消散的整个过程持续时间短,具有突发性,当前的数值天气预报无法对此类小尺度天气事件进行精准预报;另一方面,在当前技术条件的限制下,龙卷的形成机制尚未研究透彻。

美国气象部门根据强风暴发展的时间或紧急性,龙卷等强对流天气的正式预报预警主要分为四个阶段:展望—中尺度讨论—预警—警报。其中,前三项由美国风暴预测中心负责,警报则由各级气象部门负责发出。

展望是对于未来1～8 d的可能性预报,涉及的区域范围相对最大,可以包含美国多个州。此次龙卷发生前,12月7日及之前完全没有预报,12月8日给出低可能性预报,提前1～2 d时给出了较高可能性预报,但仍未给出更高程度危险性的展望。同时,还针对不同的强对流天气类型,发布了分类天气的概率预报,对于龙卷给出了超过10%的较高展望概率。直到即将发生龙卷的当天(12月10日)下午,才给出了龙卷发生的极高概率预报。

预警是对未来几个小时的高危天气预报,范围缩小到美国一个州左右。当地时间12月10—11日,针对本次灾害过程共发布和更新了11次预警,其中第一个预警直到当地时间10日14时才被发出,预警范围大致是一个州的大小。

警报是对已经发生或即将发生的高危天气未来几十分钟将要影响的地区发出的预报,范围大约是几个县。美国国家级预警中心不再发出警报,而是由地方气象台发出,每个警报提前发布的时间一般在几分钟到十几分钟,有时甚至是灾害天气发生之后才发出警报。覆盖有效时间一般为几十分钟,覆盖区域一般不超过几个县,实际上就是对正在发生的强对流天气进行报警。

总体而言,美国对强对流的天气监测预报的综合能力仍是世界最强,因此在技术水准领先的基础上,美国对于此次龙卷灾害的预报预警表现得相对保守。

② 民众对预警信息的接收与响应

在气象部门发出预报预警之后,可能遭受龙卷地区的民众对预警信息的接收和响应便成为后续的重要环节。

当地民众接收灾难性天气预警主要有公共警报器,广播、电视媒体和网络,手机短信或智能手机灾难预警 APP 三种方式,各自具有相应的优势和劣势。其中劣势体现在公共报警器的覆盖范围有限,电子设备只有在开机状态下才能收到信息,灾难来临电力网络等基础设施可能受损甚至瘫痪,一些工作单位上班时间禁止手机等电子设备的使用等诸多方面。这些因素都限制了民众对于预警信息的接收。在克服以上困难接收到预警信息之后,社会各界对于预警的重视和响应也将决定应对灾难的表现情况。

选取受灾较严重的肯塔基州梅菲尔德蜡烛工厂为案例,分析民众对预报预警的响应。

根据蜡烛工厂幸存工人的叙述,当地时间12月10日下午,由于工厂收到了恶劣天气预警,原本排班到18时至凌晨04时30分的工人们,刚到工厂打完卡就被工作人员带到了风暴避难所。10～15 min后预警解除,工人们被告知回到岗位上工作。3 h之后,龙卷预警再次响起,虽然大部分工人回到了避难所,但是由于龙卷威力巨大,整个工厂全部倒塌,导致工人被埋压。

根据美国肯塔基州梅菲尔德蜡烛工厂的情况,看得出部分企业和民众处理预警的敏感度和重视程度不足。在接到预警之后,民众应当立即做出正确充分的应对响应,不应无视或轻视预警,甚至照常作业。这样的行为不仅会在事后遭到严肃调查处理,更有可能造成更为严重的损失后果。轻视态度或侥幸心理、准备工作缺失或不足、对避难场所的错误选择、夜间避险照明条件受限等主客观因素的负面影响将会不同程度地破坏民众的应急能力,加剧灾害带来的人员伤亡和财产损失。

(2)佛山市气象台成功提前 1 h 预警龙卷(来源:《南方农村报》,时间:2022 年 7 月 9 日版次:05)

2022 年 6 月 30 日,佛山市南海区狮山镇颜峰社区丹邱村附近出现龙卷;7 月 2 日,潮州市潮安区、佛山市南海区出现龙卷;7 月 4 日,广州市黄埔区、增城区、花都区和佛山市三水区出现龙卷。其中,7 月 4 日 15 时 30 分左右佛山市三水区云东海街道附近发生中等级别龙卷,造成树枝折断、厂房工棚受损。

2022 年 7 月 4 日下午,三水云东海龙卷发生后,佛山市气象局、佛山市龙卷研究中心、三水区气象局第一时间派出工作人员赴现场开展调查。经询问现场目击者及分析周边气象观测资料,现场调查发现,树枝折断、厂房工棚受损。根据三水发布通报,截至目前初核 2 人受伤。确认 7 月 4 日 15 时 30 分前后三水区云东海街道附近发生 EF1 级龙卷,此次龙卷尺度小、生命史短,持续时间约 2 min,现场破坏路径约 900 m,最大宽度约 70 m。

龙卷发生条件包括:垂直不稳定的大气层结、一定的低层水汽条件以及强烈的近地面 1～2 km 内的垂直风切变。台风本身风速很大,能为龙卷诞生提供有利的大环境,可以在较大范围内形成有利于微型超级单体和龙卷形成的垂直风切变。在台风外围螺旋雨带上,常常生成微型超级单体,如果能够发展到接地的状态,便会引发龙卷。此次广东频繁出现的龙卷与 2022 年第 3 号台风"暹芭"的活动密切相关。在台风"暹芭"登陆前后,共诱发了至少 3 个龙卷:7 月 2 日 07 时左右,潮州潮安区浮洋镇出现龙卷,受影响区域长度达 1 km 左右;当天 10 时 30 分前后,汕头南澳海面出现水龙卷;当天 17 时 30 分左右佛山南海西樵镇出现龙卷。

台风"暹芭"引起的超级单体风暴发展较为连续、稳定,雷达回波特征较为明显,预报员较早就密切关注其发展,所以预警提前量较大。7 月 1 日 11 时佛山市气象台召开新闻发布会,预报 2～4 日该市有发生龙卷的风险,4 日佛山市气象台滚动发布当天本市有发生龙卷的风险。

翻看历史台风案例发现,台风"暹芭"与 2015 年的台风"彩虹"的"步调"非常相似。2015 年第 22 号超强台风"彩虹"在湛江市坡头区沿海地区登陆,粤西、珠三角和清远出现暴雨到大暴雨、局部特大暴雨。受台风"彩虹"外围环流影响,当年佛山市顺德区、广州市番禺区部分镇街均出现龙卷。

7 月 4 日 14 时 30 分前后,佛山市气象台、三水区气象台根据雷达回波,提前 1 h 发布龙卷警报,并通过手机短信发给受影响地区的气象信息员,成功地为当地防御和人员撤离争取了时间。

5.9　风暴潮风险评估

对于风暴潮灾害风险评估与分析,研究方法从数理统计发展到数值计算,从定性、半定量发展到定量,从静态分析发展到动态模拟,已取得了一系列成果。风暴潮风险评估首先需要进行风暴潮灾害事件预警,即在灾害发生前,预测暴潮期间的总潮位,然后将总潮位作为输入模拟漫滩淹没,最后考虑近岸的社会经济条件,进行影响分析。

风暴潮期间沿海各地的总潮位由天文潮和风暴增水组成,预测总潮位的时空分布必须清楚天文潮位的时空分布和风暴增水时空分布。天文潮预报采用调和分析法,也可以采用国家海洋信息中心公布的潮汐表数据;风暴增水时空分布需要启动风暴潮动力模型(图 5.15)。

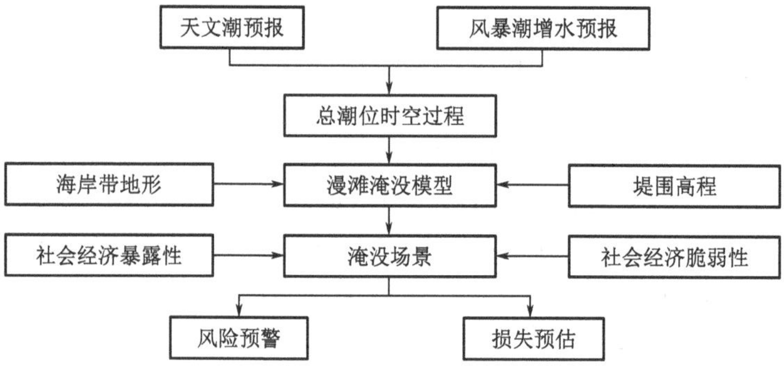

图 5.15　风暴潮灾害事件预警和风险评估技术路线

5.9.1　风暴潮预报

风暴潮预报目前主要依靠风暴潮动力模型,集合预报可以提高单模式预报的准确率;统计方法在动力模型没有应用业务之前使用比较广泛,诺模图法是其中的代表。

风暴潮增水预报常采用数值模拟方法,即在给定的海上风场和气压场作用下,根据一定的边界条件和初始条件,然后用数值方法求解风暴潮的控制方程组,从而得到风暴增水和潮流的时空分布。基于风暴潮动力模型的预报将在以下各节介绍,这一节主要介绍风暴潮统计预报、临近预报和集合预报。

(1)诺模图法——一种统计预报方法

诺模图—nomograph 在风暴潮预报中得到广泛应用,它是根据一定的几何条件,把一个数学方程的几个变量之间的函数关系,画成相应的用具有刻度的直线或曲线表示的计算图表。

在风暴潮数值预报模式没有用于业务之前,主要是用气象海洋历史资料建立诺模图和表,用于风暴潮预报。尹庆江等(1987)把历史上进入和影响渤海的台风路径划分为五种类型,给出了 27 条典型的假想台风路径,同时让一个强度相当于 7203 号台风的“标准台风”,以三种不同速度(6 m/s、10 m/s、14 m/s)分别沿 27 条路径袭击渤海,计算出 81 种情况下的逐时风暴潮位场,制作诺模图表,查找出 8 个验潮站在每种情况下计算的最大增水值。用这些计算结果对历史上 4 次较强的台风潮进行了查算,查算结果与实况吻合较好。

风暴潮数值预报模式出现后,依据台风风暴潮数值预报模式对假想台风进行计算,由模式输出结果建立的诺模图和表,是风暴潮预报的有用工具,至今仍在业务中使用。

李树华等(1992)根据台风暴潮数值预报模式,计算了 68 场假想台风所引起的台风暴潮,据此编制了广西沿海 6 个港口的台风暴潮数值预报诺模图,并预测各种路径下的台风所引起的最大增水值。通过查算检验,由该诺模图查算的台风暴潮与实测值基本一致,说明该诺模图具有一定的推广应用价值。

尹庆江等(1997)采用 SLOSH 模式对 9 次影响杭州湾的显著台风风暴潮过程(5612,7413,7707,7909,7910,8114,8310,8807 和 9015 号台风)进行模拟,覆盖区域为杭州湾,计算范围为 26°—37°N、119°—127°E,计算格点 80×110,极坐标网络,以杭州湾和长江口为中心,格点最小距离 2.6 km(湾顶),最大距离 6.5 km(湾口)。表 5.38 给出了 9 次影响杭州湾的显著台风风暴潮过程镇海和金山潮位站的风暴潮值和实测值的比较,其平均误差都小于 15 cm,结果令人满意。

表 5.38　镇海和金山潮位站的风暴潮值和实测值的比较(尹庆江 等,1997)

单位:cm

台风编号		5612	7413	7707	7909	7910	8114	8310	8807	9015	平均
镇海	实测	254	138	100	81	146	131	203	80	96	—
	模拟	260	160	89	90	149	146	176	91	97	—
	误差	6	22	11	9	3	15	27	11	1	11.7
金山	实测	—	144	66	123	97	108	63	102	157	—
	模拟	—	135	75	106	87	106	67	114	136	—
	误差	—	9	9	17	10	2	4	12	21	10.5

蒋娟等(2011)采用 SPLASH 模式诺模图法预报登陆台风引起最大风暴潮增水,并对 SPLASH 模式诺模图作了一定的修正和完善,使其的编程计算更加易于实现且结果更精确。在此基础上对 SPLASH 模式诺模图法进行二元插值计算编程,并用若干个算例验证,获得了较为精确的预报结果。

(2)基于 LSTM 神经网络模型的风暴潮临近预报

刘媛媛等(2020)建立了一个基于多因子长短期记忆神经网络(LSTM)算法的潮位临近预报模型,该模型可利用气压、风速、风向等气象观测数据以及前时序潮位观测数据,对未来 1~3 h 的潮位高度进行预测。利用位于珠江口东岸的赤湾站的 2008—2016 年逐时潮位资料和气象数据,对模型进行了训练,并对 2017 年两场台风的风暴潮进行了预测检验。从对两次风暴潮过程的检验可以看出,并非考虑的影响因素越多,所得结果越合理,影响因素的贡献应充分给予评价后再确定是否作为输入量。

结果表明,基于 LSTM 的临近预报模型的预报误差与所选用的输入影响因素及其前序时次 n 有关。在所有的计算方案中,利用前 2 h 的风速和风向过程数据,前 7 h 的潮位过程数据建立的模型对未来 1~3 h 天文潮和风暴潮位的预测误差最小。其中对未来 1 h 预测结果误差最小,误差在 0.1~0.25 m,对未来 2~3 h 预测结果均方根误差在 0.5~0.6 m,可以满足日常应急工作的需求。

为了进一步分析各气象要素对风暴潮的影响,本节还考虑了 4 种不同输入参数的组合,对预测效果进行了进一步的检验,发现仅考虑前时序潮位的预测模型误差最大,考虑气压后模型的预测能力有一定进步,而考虑风之后,预测的效果提升更为明显,体现为潮位的预测误差明显减小。这并不意外,因为风暴潮就是风驱动的。

(3)风暴潮集合预报

宋国煜等(2023)基于郭文云等(2021)的台风集合构造方案,考虑台风中心气压的误差,利用 FVCOM 三维海洋模型和 WRF 中尺度天气数值预报模型建立了多源台风长江口风暴潮的概率集合预报系统。该系统基于 CMA、HKO、CWB、JTWC、RSMC_Tokyo 和 KMA 6 个气象预报机构的台风路径预报数据,将其合成为一条分析数据,并衍生出 45 个台风样本(5 条台风路径、3 个台风最大风速和 3 个台风中心气压),每个台风样本的发生概率通过对历史台风数据的分析得到。

宋国煜等(2023)考虑台风中心气压的不确定性,采用以上 45 个台风样本进行多源台风的集合预报,完善了风暴潮概率预报结果的相关产品,如增水值大小范围、平均增水值、概率增水值和增水概率值等。通过集合预报与单一预报的结果对比,说明了集合预报精度优于单一预报。以热带气旋“利奇马”(201909)为例,利用该预报系统进行了模拟预报,实现了风暴潮的集合预报和概率预报。结果表明,该系统对增水具有较好的预测精度,可提供各增水场的发生概率。

本节建立的概率预报系统实际隐含了一个假设,即台风路径、台风最大风速和台风中心气压是相互独立的。在概率预报系统中进一步考虑各个台风要素之间的相互关系,采用联合概率分布来生成台风样本,可望得到更佳的结果。

5.9.2 风暴潮事件预警与灾害风险评估

(1)风暴潮模式 GZSSM-V1.0 简介

GZSSM-V1.0 是中国气象局广州热带海洋气象研究所业务风暴潮数值模式。GZSSM-V1.0 以 JMA(Japan Meteorological Agency)风暴增水模式为基本框架,输入驱动风场和气压场,采用基于浅水波方程的二维线性正压模式,预报由于风搅拌和气压抽吸引起的水位增量。模式预报的范围为经度 90°—150°E,纬度 5°—50°N,采用经纬度定义网格点,分辨率 0.033°×0.033°。预报时次每日两次(00:00UTC、12:00UTC),分别发布 72 h 风暴潮增水预报。起报条件为被编号热带气旋进入起报范围(90.0°E 以东,150.0°E 以西,5.0°以北,50.0°N 以南范围)时,模式将自动加入台风预报信息,并发布台风风暴增水预报。模式预报产品为每小时间隔输出,每天两个数据文件和 144 个图形文件,数据按 grid 码存储,广东省数值预报显示平台实时显示(刘春霞 等,2016a)。

JMA 风暴潮数值模式可接受由全球或区域的天气数值预报模式生成的风场和气压场的预报值作为驱动方式,包括 GZSSM-V1.0 我国自主研发的高分辨率大气模式 GRAPES 的地面风和气压预报值。

GZSSM-V1.0 的预报误差经过验证,可提前 20 h 以上给出测站的风暴最大增水预报,且预报值与测站该时刻的风暴潮位相差不大,在香港大埔滘、横澜岛、尖鼻咀和广东湛江港经过 8 个站次的预报值和实测值对比,最大相差 25 cm,平均误差 5.75 cm,说明 GZSSM-V1.0 风暴潮模式具有较好的预报能力(刘春霞 等,2016b)。

(2)GZSSM-V1.0 和 FD 的应用

GZSSM-V1.0 仅能预报台风风暴潮增水(减水),不能预报淹没范围和水深,因此还需要用淹没模型 FD 模拟漫滩淹没,得到淹没范围和水深,在承灾体数据库的支持下,评估风暴潮的风险。

王喜娜(2016)直接采用中国气象局广州热带海洋气象研究所的广州风暴潮数值模式(GZSSM-V1.0)风暴潮增水预报产品的输出结果——台风风暴潮期间的总潮位时空分布,将其输入淹没模型 FD。在获知天文潮预报和给定海堤高度的前提下,根据沿海地形模拟潮水漫滩过程。风暴潮漫滩淹没模型由逐小时的潮位面驱动,时间步长设置为 10 min。不同土地覆盖分类的粗糙度设置如表 5.39。

表 5.39 不同土地利用分类的粗糙度(王喜娜,2016)

土地覆盖分类	居民地	水体	旱地	水浇地	林地
Striker 系数	14	40	17	20	15
Manning 糙率	0.07	0.03	0.06	0.05	0.07

水流最大交换率设置为 5%。水流最大交换率可以调整，取值 1%～15%之间。平坦地区水流较快，通常取小一点的值可以产生较好的效果，在起伏比较大的地区，值取 15%能取得较好的效果。

王喜娜(2016)采用的地形输入数据为广东省 1:5 万 DEM，分辨率 25 m，1985 国家高程基准，由广东省国土资源厅提供。土地利用类型为 2010 年广东省土地利用专题图，来自地球科学数据共享平台。土壤水文特性来自于中国科学院寒区旱区研究所西部数据中共享的基于世界土壤数据库(HWSD)的中国土壤数据集。海岸堤防数据来自《广东省防潮警戒潮位核定研究报告》(马毅，2005)。将不同时刻的沿岸陆地淹没深度按表 5.40 分级。

表 5.40　不同水深的预警风险分级(王喜娜，2016)

水深 H/m	$H<0.6$	$0.6\leqslant H<1.2$	$1.2\leqslant H<1.8$	$H\geqslant 1.8$
预警风险等级	一般风险	风险较高	风险高	风险很高

王喜娜(2016)参考文献《气候变化情景 B2 下中国洪水灾害风险定量研究》(邢颖，2014)，暂时拟定了基于受灾栅格单元淹没水深的经济损失率和受影响人口损失率(表 5.41)。

表 5.41　水深－经济损失率与水深－受影响人口比率(王喜娜，2016)

水深/m	GDP 损失率/%	受影响人口比率/%
0～0.6	5	10
0.6～1.2	10	20
1.2～1.8	20	30
>1.8	30	60

损失预估采用广东省 2010 年人口栅格数据和 2010 年 GDP 栅格数据，灾损率由表 5.41 确定。损失评估以地市为单元进行统计。

(3)2016 年“妮姐”风暴潮风险评估

“妮姐”台风于 2016 年 8 月 2 日 03 时 35 分，在广东省深圳市大鹏新区大鹏街道附近沿海登陆，是近 30 a 来正面登陆珠三角的最强台风之一，台风带来的强风、暴雨、风暴潮将给珠三角造成极大威胁。我国中央气象台 7 月 31 日 18 时发布台风橙色预警，8 月 1 日 18 时升级为台风红色预警。我国国家海洋预报台 8 月 1 日 08 时发布风暴潮红色预警。

面临严峻的防灾形势，在台风来临前，王喜娜(2016)采用提前计算好的广东省天文潮预报数据，中国气象局广州热带海洋气象研究所预报的未来 72 h 风暴潮增水数值，结合地形图和堤围高程数据，采用淹没模型 FD 构造潮水漫滩淹没模拟模型，进行“妮姐”台风事件在珠三角地区所引起的风暴潮事件预警和损失预估。研究范围为珠江口到惠州约 250 km 的海岸线。

王喜娜(2016)获取广东省 43 个验潮站在“妮姐”台风期间的天文潮潮位，以泗盛围站为代表，2016 年 8 月 2 日，农历六月三十，是广东省珠三角沿海的天文大潮期，“妮姐”台风经过珠三角时(8 月 2 日 03—12 时)正是天文大潮的高潮时。“妮姐”台风 8 月 2 日 03 时 35 分在深圳大鹏半岛沿海等领域，以 25 km 左右的时速向西北移动，到泗盛围站附近的时间是 8 月 2 日 08—09 时，在泗盛围站，“妮姐”台风引起的增水正好叠加在为天文大潮的高潮位上。同样的方法可以计算广东省其他 42 个验潮站在 8 月 1 日—8 月 3 日“妮姐”台风前后的天文潮潮高，然后将其逐小时的天文潮位值在空间上插值，形成逐小时的天文潮位面。

① "妮妲"台风风暴潮增水

广东省风暴潮数值模式 GZSSM-V1.0 在北京时间 8 月 1 日 08 时发布了未来 72 h 的增水预报。王喜娜(2016)根据 2016 年 8 月 1 日 08 时的预报,受 2016 年第 4 号台风"妮妲"的影响,预计 8 月 2 日 03 时广东省深圳到福建漳州沿海将出现 0.5～5.25 m 的风暴增水,最大增水岸段发生在惠州(3.6～5.25 m)、深圳(2.1～3.8 m)、汕尾(2.3～2.9 m)、香港沿海(1.9～2.8 m);增水较大的区域为揭阳(1.2～1.9 m)、汕头(1.1～1.9 m)、潮州(1.2～1.9 m)、福建漳州(1.2～1.5 m)。

王喜娜(2016)根据 2016 年 8 月 1 日 08 时的预报,预计 8 月 2 日 06 时广东珠海至福建漳州沿海将出现 0.2～3.6 m 的风暴增水。其中,珠三角河口区增水 0.2～0.8 m,增水最大的区域香港、深圳大鹏湾和惠州所辖岸段(2～3.6 m),其次为汕尾南段(1.1～1.4 m),汕尾北段到福建漳州增水高度 0.7～0.9 m。随着台风路径西移,增水范围向西移动,珠海、澳门增水 0.5～1 m。预计 8 月 2 日 09 时,风暴潮增水范围明显减小,集中于珠三角河口区(0.6～1.8 m),最大增水在深圳大鹏湾和惠州沿海(1.2～2.9 m)。

"妮妲"台风期间,泗盛围站最大增水发生在 8 月 2 日 05 时(3.74 m),持续 3 h;深圳机场站最大增水发生在 8 月 2 日 12 时(1 m),持续 4 h;深圳大鹏湾站最大增水发生在 8 月 2 日 17 时(1.24 m),持续 4 h。

有了 43 个沿海验潮站逐时天文潮预报潮位,王喜娜(2016)通过空间插值,将其插值成天文潮位面,与风暴潮增水叠加,得到沿海预测总潮位的时空分布。

模拟的总潮位需要与实测数据进行对比,以验证其合理性。验潮站实测潮位数据属于我国海洋部门的保密数据。王喜娜(2016)只在广东省水利厅讯情发布系统中找到东莞市泗盛围水文站 8 月 2 日前后的实测潮位数据,以泗盛围水文站的实测潮位数据为基准,与模拟总潮位进行对比,模拟总潮位的最大值发生在 8 月 2 日 13 时(2.17 m),实测潮位的最大值发生在 8 月 2 日 12 时(2.4 m),两者相差 1 h,潮位误差 28 cm。潮汐预报理论中误差要求一般不超过 30 cm,说明 GZSSM-V1.01 模式对风暴潮增水极大值的估计与真实较为符合。可以看到天文潮的相位与总潮位的相位一致。模拟总潮位的误差主要发生在 8 月 1 日 16 时—8 月 2 日 08 时,模拟总潮位与实测总潮位相比偏低,这主要是因为风暴潮减水部分计算不准确(减水部分与真实减水相比,偏低 2.8 m),需要改进在风暴潮到来之前的减水部分计算的准确性。

② "妮妲"台风风暴潮淹没

王喜娜(2016)利用 FD 模拟"妮妲"台风造成的风暴潮漫滩场景,以逐小时的预测潮位面为驱动,得到不同时刻的水流向、流速和径流深。

风暴潮漫滩淹没验证最好的方法是获得淹没痕迹线。但是风暴潮灾害从淹没到消退,仅几个小时,要大范围地获得准确淹没的痕迹线,有一定难度。我国风暴潮灾害调查技术手段还没有办法达到这一要求,所以只能借助单点的检测来实现模型验证。

根据凤凰网、新浪新闻中心 2016 年 8 月 2 日的报道,"妮妲"台风期间珠海渔女、广州南沙天后宫、深圳皇岗口岸发生了风暴潮漫滩淹没事件。"妮妲"台风 8 月 2 日 07—09 时接近珠海,致珠海海面水位大涨,珠海著名景区－珠海渔女所在的珠海市情侣路被淹,渔女景点已经无法靠近,海水比 8 月 1 日天文大潮高潮时上涨 1 m 左右。羊城晚报记者报道,广州南沙天后宫沿海海水漫向路面,海面比平时高出 3 m,海浪不断涌上岸,交警封锁了多条海边道路,淹没发生在 8 月 2 日早上,广州南沙客运港停运,船舶转移避风(刘勇,2016)。深圳皇岗口岸水位有半个小时超过警戒水位 0.2 m，低洼地带发生漫堤（邱川芷，2016）。三个观察点都在本节预警的范围内，从一定程度上反映了本节模型的合理性。

③“妮妲”台风风暴潮预期损失

王喜娜（2016）以 8 月 2 日 09 时的淹没范围进行损失预估，得到受风暴潮淹没面积、经济损失和影响人口统计表（表 5.42）。从淹没范围看，广州市、珠海市和中山市受影响范围最大；从经济损失看，东莞市、深圳市和广州市损失较大（经济损失主要取决于产业分布）；从影响人口看，佛山市、江门市、中山市受影响人口较多，受影响人口主要取决于城镇分布。

表 5.42　“妮妲”台风 8 月 2 日风暴潮灾害影响和损失预估（王喜娜，2016）

地（市）	淹没范围/km^2	经济损失/万元	受影响人口/人
广州	97	274.3	—
珠海	81	256.9	—
中山	77	147.2	1269
江门	62	168.6	2899
东莞	30	639.3	—
惠州	12	104.2	427
深圳	7	483.2	—
香港	4	210.9	—
佛山	1	42.1	—
合计	371	2326.7	9836

据南方网 2016 年 8 月 3 日报道，台风“妮妲”袭粤，共造成直接经济损失 2.88 亿元，全省受灾人口 33.55 万人。此为“妮妲”台风造成的总损失，包括内陆的风灾、涝灾、滑坡等灾害所导致的损失。本节估计的风暴潮直接经济损失为“妮妲”台风全部直接经济损失的 10%，受影响人口为全省受灾人口的 3%，由于风暴潮灾害的影响只发生在近海岸上，经济损失和受影响的人口远小于台风灾害全部的影响是合理的。预估结果的准确性，有待真实统计数据出来以后进行检验。

5.9.3　台风“利奇马”引发的渤海风暴潮风险评估

受第 2019 年 9 号台风“利奇马”影响，8 月 11 日下午—13 日上午，山东半岛南部沿岸出现了 30～80 cm 的风暴增水，山东半岛北部沿岸出现了 60～150 cm 的风暴增水，莱州湾沿岸出现了 150～230 cm 的风暴增水，渤海湾沿岸出现了 150～200 cm 的风暴增水，辽东湾沿岸出现了 30～70 cm 的风暴增水。其中，山东省东营市、河北省沧州市和唐山市出现了达到当地红色警戒潮位的高潮位；山东省烟台市、潍坊市和滨州市，河北省秦皇岛市出现了达到当地橙色警戒潮位的高潮位；天津市、辽宁省葫芦岛市出现了达到当地黄色警戒潮位的高潮位；山东省威海市出现了达到当地蓝色警戒潮位的高潮位。

此次过程，山东省滨州市、东营市、潍坊市、烟台市、威海市、青岛市、日照市直接经济损失分别为 105033.47 万元、94050.00 万元、298.10 万元、13269.6 万元、148.50 万元、2609.37 万元、925.40 万元；河北省秦皇岛市、唐山市、沧州市直接经济损失分别为 10370.88 万元、954.00 万元、22041.85 万元；天津市直接经济损失 140.00 万元；辽宁省大连市、葫芦岛市、锦州市直接经济损失分别为 9788.14 万元、2402.6 万元、371 万元。

李健(2021)利用 FVCOM 模式模拟 TY1909 台风“利奇马”的风暴潮过程。FVCOM 海洋模式是由美国麻省理工大学和美国伍兹霍尔海洋研究所，于 2000 年建立的水平非结构网格海洋环流与生态模型。2006 年由 UMASS-D/WHOI 模式开发团队进一步完善。此模型综合了现有海洋有限差分和有限元模型的优点，解决了数值计算中浅海岸界拟合和质量守恒及计算有效性等问题，目前被广泛应用于风暴潮研究。利用 MIKE21 模式对 TY1909 号台风风暴潮进行溃堤后的漫滩模拟。MIKE21 模式是由丹麦水力研究所(Danish Hydraulic Institute，简称 DHI 公司)开发的系列水动力学软件(DHI Software)，属于平面二维自由表面流模型，可广泛地应用于潮汐、水流、风暴潮、波浪和洪水等二维模拟研究。MIKE21 FM 采用标准 Galerkin 有限元法进行水平空间离散，在时间上，采用显式迎风差分格式离散动量方程与输运方程。该软件具有算法可靠、计算稳定、界面友好、前后处理功能强大等优点，运行简单，漫滩模拟不易溢出，更容易设置堤坝信息，并且 MIKE 模式有专门针对洪水的模块，更适合开展风暴潮和洪水灾害并发的风险研究。

(1)数据

TY1909 号台风风暴潮数值模拟的输入风场是基于 ECMWF(The European Centre for Medium-range Weather Forecasts)的再分析风场，空间分辨率是 1/2°，时间分辨率是 1 h。

山东省国土资源厅提供的山东省市 DEM 数据，共 1700 余幅，测量时间为 2010—2012 年。以“908 专项”调查岸线为基础，通过高分辨率卫星数据提取的岸线，进行细化修正。黄海、渤海区的水深是以 ETOPO1 为基础，近岸区域采用各比例尺电子海图 40 余张进行修正，同时利用“908 专项”调查数据及部分工程深水测量数据进行补充。潍坊沿岸的堤坝是基于 SDCORS 的网络 RTK 技术实际测量的堤坝数据。

莱州湾底沿岸的重要承灾体数据是在海洋灾害公报统计损失类型的基础上，结合《山东省承灾体调查报告》和实际调查的结果，通过合理的简化获得的。

(2)TY1909 台风风暴潮数值模拟

李健(2021)使用经过作者验证的 FVCOM 模式，考虑风暴潮全局特性(不仅受到局地海水影响，还受到外部海水传入影响)，采用从开边界逐渐向渤海沿岸加密方式，建立了覆盖了渤海、黄海和东海区域的三角网格，具体格点数是 89541 个，最小空间分辨率是 100 m 左右。模式的时间分辨率是外模态为 1.5 s，内模态 15 s。

风拖曳系数是由分段函数计算的：

$$
\begin{gathered}
0.040v^4 - 0.5241v^3 + 2.4631v^2 - 5.3025v + 6.1763 \\
v \leqslant 6 \\
-1.3405 \times 10^{-5}v^4 + 0.0010v^3 - 0.0264v^2 + 0.3428v - 0.0755 \\
6 < v \leqslant 31 \\
1.8701 \times 10^{-7}v^4 - 4.3336v^3 + 0.0043v^2 - 0.2308v + 6.8709 \\
v > 31
\end{gathered}
\tag{5.75}
$$

式中，v 是风速。

温度和盐度分别是 18 ℃和 35 psu 的固定值。开边界除了温盐外，其余动力因素输入是零。

李健(2021)经过外部风场对风暴潮影响研究和讨论，结合历史台风风暴潮演变过程和黄、渤海区独特地理特点，按照天气系统所处的位置，将渤海风暴潮分成两个部分，一部分是由研究区域的天气系统直接作用形成风暴潮，即局地风作用产生的风暴潮，简称是“直接作用”；另一部分是由外部区域的天气系统（位于黄、东海区域的天气系统），通过表面重力波和海水移动等间接方式，对渤海沿岸风暴潮产生影响，简称“间接影响”。以 TY1909 号台风风暴潮为例，对渤海风暴潮的组成进行定量分解研究，并对比了两者空间分布差异。

受 2019 年第 9 号台风“利奇马”影响，8 月 10 日，TY1909 号台风开始影响黄、东海区域，产生向北移动的表面重力波，并与流入渤海的黄、东海水共同作用，导致渤海沿岸区域出现全海域风暴增水。11 日 00 时起，台风逐渐影响渤海区，由于局地风的作用，导致渤海沿岸风暴增水出现空间分布差异，即在渤海湾和莱州湾沿岸区域风暴增水幅度逐渐加大，而辽东湾沿岸区域风暴增水幅度逐渐减小。11 日 20—22 时，渤海风速达到极值，受风暴增水滞后的影响，局地风引起风暴增水在 3 h 后达到极值，此时渤海沿岸区域风暴增水空间差异最为明显。12 日 04 时，台风再次出海，中心进入莱州湾，莱州湾风速开始减小，但由于渤海海峡风速继续维持较大值，导致流入的海水和表面重力波不能流出渤海，因此出现渤海风暴增水继续维持的现象。12 日 12 时左右，渤海海峡风力逐渐减少，海水和表面重力波逐渐传出渤海，导致渤海沿岸风暴增水的幅度变小，山东半岛南部迎来第二次风暴增水。随着台风强度减弱（13 日 11 时），表面重力波能量逐渐消失，潮位逐渐恢复正常。

李健（2021）以 TY1909 号台风风暴潮为基础，设计对比试验，开展风暴潮空间分解研究。具体是：原始试验是数值模拟的 TY1909 号台风风暴潮；对比试验是仅考虑局地风直接作用于渤海区域引发的风暴潮，即渤海内部风速采用 TY1909 号台风的真实风速，渤海海峡以外区域风速恒等于 0。因此，对比试验代表“直接作用”在渤海引起的风暴潮，而“间接影响”引发的风暴潮是原始试验结果与对比试验结果的差值。

李健（2021）通过各个验潮站处的风暴增水随时间变化曲线的对比发现：当 TY1909 号台风位于东、黄海区域时（8 月 11 日以前），风暴增水以“间接影响”作用为主，“直接作用”贡献较小。随着 TY1909 开始逐渐影响渤海；“直接作用”引发的风暴增水逐渐明显，且各验潮站风暴增水出现差异。

李健（2021）对比“直接作用”和“间接影响”引起的风暴增水和两者比值空间分布发现：在 TY1909 号台风风暴潮期间，渤海湾的风暴增水极值主要贡献来自于局地风的“直接作用”，且“直接作用”导致的风暴增水极值约占总增水极值的 2/3；莱州湾的风暴增水极值是由“直接作用”和“间接影响”两者共同提供的，且两者贡献相当；辽东湾的风暴增水极值是由“间接影响”贡献的，而局地风的“直接作用”对辽东湾风暴增水起负贡献，即“直接作用”产生风暴减水，但风暴减水极值小于“间接影响”引起的增水极值。在渤海区域，“直接作用”导致的风暴增水具有空间分布不一致性，即渤海湾和莱州湾附近沿岸出现风暴增水，辽东湾附近沿岸出现风暴减水，且风暴增水极值分布受局地风分布影响较大；而“间接影响”引发的风暴增水的空间分布及变化幅度相差不大，“间接影响”在辽东湾沿岸引起的风暴增水略偏多的原因可能与局地风引起风暴减水与外部风场引起风暴增水相互作用以及表明重力波率先传入该区域有关。由于表面重力波能量传播方向通常是与海水移动方向垂直向右，因此其能量首先到达辽东湾，然后受到地形反射等影响进入渤海湾和莱州湾。

在 TY1909 号台风风暴潮中，“直接作用”产生的风暴增水极值与“间接影响”引起的风暴增水极值叠加较好，且“间接影响”引起风暴增水持续时间较长，是此次台风风暴潮出现较高综合潮位的一个原因。

李健(2021)同时也指出:本节仅研究了台风尺度较小情况下,台风强度和最大风速半径变化对风暴潮影响情况,缺少台风尺度较大情况下,风暴潮的时空变化研究。外部风场变化也是基于理想试验开展的,需要寻找真实历史过程进行验证。此外,在风暴潮空间分解研究方法,仅以一个台风过程进行展示,所获得结果不一定适合所有的影响黄海、渤海区的风暴潮过程,需要开展进一步研究和论述。

(3)TY1909 号台风风险评估

李健(2021)基于 MIKE21 数值模拟结果,对影响莱州湾底部的 TY1909 台风风暴潮开展风暴潮、海浪和洪水的并发风险评估,并对风险评估体系合理性进行讨论。

李健(2021)选择 TY1909 号台风风暴潮过程进行风险评估,具体评估的区域是莱州湾底部沿岸区域。承灾体类型是以《中国海洋灾害公报》统计的风暴潮影响较严重的类型为基础,结合实际调查确定的。空间范围是通过实际调查承灾体经纬度,结合卫星图像抽象出来的:区域 A 是只有救灾物资分布区,区域 B 是只有化工产品分布区,区域 C 是渔港码头和救灾物资共同分布区,区域 D 是化学物资和救灾物资共同分布区,区域 E 是化学物资、救灾物资和渔港码头共同分布区(图略)。

李健(2021)在莱州湾底沿岸区域,利用 MIKE21 模式对 TY1909 号台风风暴潮过程进行漫滩模拟。模拟采用非结构的三角形网格,由远到近的加密设置,共由 136340 个单元和 68941 个节点组成,水平最小分辨率 100 m。岸线、水深和地形数据来自电子海图、1∶5 万 DEM 数据(测量时间 2010—2012 年)及实际补充测量数据,数据统一为墨卡托投影的 WGS1984 坐标系。堤坝数据来自实际高程测量结果,模拟考虑溃堤情况。基准面为海平面。为满足漫滩需求,参考 Quinn(2014)漫滩模拟的设置方法,采用两年一遇高潮位作为风暴潮模拟的起算面,具体潍坊验潮站附近区域起算面高度是 1.8 m。初始点和边界点设置为恒定的 1.8 m 的潮位,流速为 $U_0=0$,$V_0=0$。温度和盐度设置为恒定值,分别等于 18 ℃和 35 psu。强迫风场数据是以 EC 再分析的风资料为基础,通过网格插值后计算的,且风场数据已通过观测数据的验证。模式未考虑气压、潮汐、河流和海浪的影响。开边界条件设置为自由表面边界,同时开放干湿网格。基于 Courant-FriedrichsLevy 数值稳定条件,确定模式最小和最大时间步长分别是 0.01 s 和 60 s。

李健(2021)根据数值模拟结果显示(图略),最大淹没范围覆盖了所有的承灾体。受高程影响,莱州湾底部偏西区域淹没范围最大,海岸线附近淹没深度最大。利用 QF104 浮标的有效波高值计算的海浪危险性,发现虽然海浪风险的加入削弱了风暴潮风险空间分布的差异,但承灾体受到的总风险性增加了,这与实际多种灾害叠加更易造成损失相一致。并发风险最大区域是旅游区和重点区域重叠(重点区域 B—E)。由于旅游区对海浪的敏感性高于叠加区,因此海浪使得旅游区的风险增加幅度更大。

洪水水位是李健(2021)基于 FloodArea 模型思想改写的溢流模型计算的。溢流模型是基于风暴潮模拟的三角网格设计的。洪水风险是在假设小清河堤坝在 4.5 m 时,发生的漫堤过程,因此小清河上网格点水位一致保持在 4.5 m 的高度(高于风暴增水的最大高度)。在此假设的基础上,利用溢流模型进行洪水漫堤计算,其中最小迭代时间步长是 30 s。

FD 的输入数据是河流经纬度和淹没深度,网格化的 DEM 高程及对应的淹没高度,糙率系数,输出步长和模拟总时长;迭代数据是流速、淹没深度和时间;输出数据是淹没深度。开始漫堤时间是 2019 年 8 月 11 日 19 时(台风马上登陆青岛时刻,此时潍坊市降雨已经持续一段时间),下界面是 TY1909 号台风风暴潮漫滩水位,漫堤岸段水位变化剧烈区域,模型运行 3 h 基本稳定。从增加洪水前后空间分布图(图 5.16(彩))对比发现,洪水漫堤后使得风暴潮的淹没水位整体上升,上升较大的区域是河流两岸和沿海高程略偏低的区域。

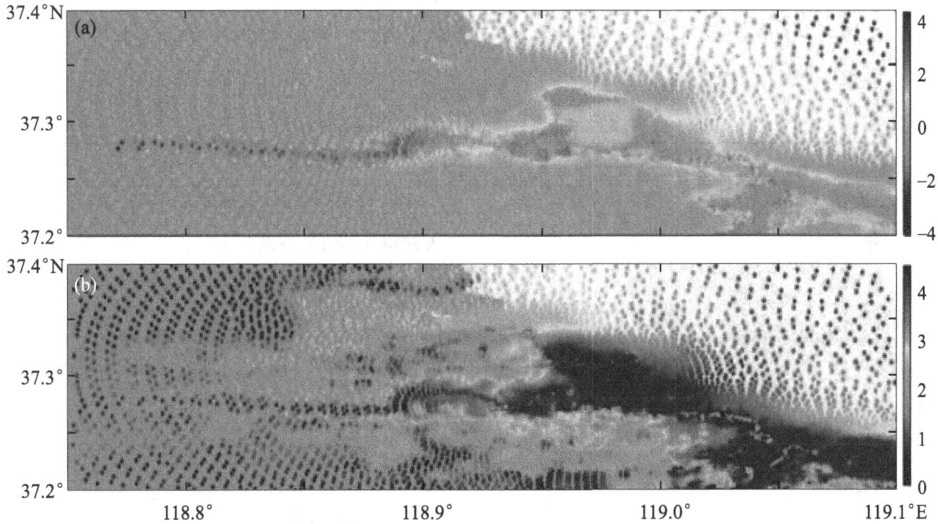

图 5.16(彩)　最大风暴增水时刻的洪水淹没图(a)和共同淹没图(b)

李健(2021)将洪水风险加入风暴潮和海浪的并发风险评估中。由于洪水使得淹没水深增加了,导致河流两岸和沿海区域的危险性增加了,变化最为明显的是分布在河流南岸的救灾物资区,其危险性整体提升近一个等级。小清河洪水暴发,导致河流沿岸和靠近海边的沿岸区域的风险加大,尤其是河流南部区域风险变化更大,这与实际防灾减灾关注区域相吻合。

5.9.4　洋山港海域冷锋类温带风暴潮评估

徐杰等(2022)选择利用高分辨率的 FVCOM-SWAVE 波浪-风暴潮耦合模型,分析 2020 年底影响洋山港海域的一次冷锋类温带风暴潮。

(1)天气形势

2020 年 12 月 29 日 03:00 UTC(世界时)冷锋已南压至江苏南部;18:00 UTC,上海沿海气压梯度强,等压线密集,走向基本为南北向,此时冷锋已经南压至南海,冷空气主体的南压移动速度较快。洋山气象观测站逐小时实况显示,2020 年 12 月 29—31 日上海沿海受强冷锋影响,出现大风寒潮天气,洋山站气压出现了短时内骤升过程,由 29 日 06:00 UTC 的 1008 hPa 上升至 30 日 00:00 UTC 的 1030 hPa。其中,洋山港最大阵风可达 11 级(风速 28.8 m/s),大风持续时间长,7 级以上大风由 29 日 16:00 UTC 持续至 31 日 09:00 UTC,共计 41 h;8 级以上大风由 29 日 17:00 UTC 持续至 31 日 03:00 UTC,共计 34 h。本次过程上海沿海多数站点最大阵可达 10～12 级。

(2)FVCOM-SWAVE 模拟

FVCOM-SWAVE 是 2000 年由陈长胜教授及其研究小组(陈长胜,2003;Chen et al.,2011)开发的一种采用无结构化三角形网格的有限体积三维波浪-风暴潮耦合模型。

徐杰等(2022)采用高分辨率设计生成的洋山港海域网格,该网格是结合谷歌地球解码后得到的海岸线数据构建的无结构化三角网格,其深水航道处的最高分辨率可达10 m;利用俄勒冈州立大学提供的TPXO模型模拟输出了开边界的8个分潮潮位;根据水利部长江水利委员会水文下游局南京分局的大通水文站和富春江杭州段富阳区水文站的径流量数据,计算得到长江与钱塘江河流径流输入数据;利用上海市气象局数值预报创新中心SWARMS2.1数据集中的10 m风场与海平面气压场数据作为气象强迫场。本次研究中模式的主要相关设置见表5.43。

表5.43 模型关键设置(徐杰 等,2022)

模型参数	参数配置
网格范围	120°—123°18′E,29°12′—32°12′N
分辨率	最大网格9 km,最小网格10 m
节点/单元	节点148375个,三角形单元286204个
垂向分层	10层
积分时间	2020年12月24日00:00UTC—2021年1月2日00:00UTC
FVCOM时间步长	内模2 s,外模0.2 s,时间分裂模比10
SWAVE时间步长	2 s
谱方向分辨率	10°
边界海浪谱型	JONSWAP
边界径流	大通、富春江水文站径流量
边界水位	TPXO模型模拟输出的M2、S2、K1、01、N2、P1、Q1、K2
初始条件	冷启动(温度10 ℃;盐度30‰)
风场	WARMS2.1数据集10 m风场的U、V分量(水平分辨率9 km)
气压场	WARMS2.1海平面气压数据

徐杰等(2022)采用上海海洋中心气象台提供的南港验潮站、长江口灯船、东海大桥北浮标及海礁浮标站的观测水位、流向流速及波浪数据,用来验证模拟效果。其中,东海大桥北浮标由于距离岸线较近,主要以往复流为主,因此对流速进行处理时,以垂直于往复流向为正、负分界,重新规定其正负。最后利用Skill评分(willmott,1981;唐燕玲 等,2019)来验证模拟结果的准确性,Skill值越接近于1,表明模拟准确度越高。

$$\text{Skill}=1-\frac{\sum_{i=1}^{N}|V_{\text{model}}-V_{\text{obs}}|^{2}}{\sum_{i=1}^{N}(|V_{\text{model}}-\overline{V_{\text{obs}}}|+|V_{\text{obs}}-\overline{V_{\text{obs}}}|)^{2}} \tag{5.76}$$

式中,V_{model}为模式结果,V_{obs}为观测数据,$\overline{V_{\text{obs}}}$为观测数据的时间平均,$N$为观测数据样本个数。

徐杰等(2022)对比实际观测值与模拟值可知,南港验潮站的模拟水位时序基本与实况水位相吻合;东海大桥北浮标的实况流向与此处的模拟值吻合度较高,且能反映出此处往复流的特征,即流向主要分布在120°左右和270°左右,呈现东南一西北向的特征;东海大桥北浮标的流速实测值与模拟值整体较为接近。FVCOM-SAAVE还可以较好地模拟有效波高的变化趋势,根据海礁浮标和长江口灯船的有效波高验证对比,可以发现海礁浮标实测的有效波高最大值可达 5.0 m，要高于长江口灯船的 3.4 m。此外，通过对比实测值与模拟值可以发现，海礁浮标和长江口灯船数值模拟获得的有效波高数据，均可以较准确地体现有效波高的峰谷值、有效波高的快速增长过程以及缓慢减弱过程。通过式(5.76)方法的计算，获得了上述各项要素的 Skill 评分值，结果显示各项要素的 skill 评分均可达到 0.9～0.98。表 5.44 列出了观测值与模拟值之间的平均绝对误差和均方根误差计算结果。由表中数据可知，有效波高的平均绝对误差在 0.21 m 以下，均方根误差均在 0.25 m 以下；水位的平均绝对误差为 0.28 m，均方根误差为 0.34 m；流向的平均绝对误差为 12.57°，均方根误差为 17.18°；流速的平均绝对误差为 0.24 m/s，均方根误差为 0.30 m/s。因此，本次模拟结果是准确可信的，并且该模拟结果可以用于本次风暴潮过程的分析研究。

表 5.44　模拟结果的平均绝对误差和均方根误差(徐杰 等,2022)

站点(要素)	长江口灯船(有效波高)	海礁浮标(有效波高)	南港验潮站(水位)	东海大桥浮标(流向)	东海大桥浮标(流速)
平均绝对误差	0.19 m	0.21 m	0.28 m	12.57°	0.24 m/s
均方根误差	0.23 m	0.25 m	0.34 m	17.18°	0.30 m/s

(3)敏感试验设计

徐杰等(2022)为了分别考虑波浪、风场、海平面气压场在本次冷锋型温带风暴潮中定量的作用大小，设计了 5 类试验(CASE0、CASE1、CASE2、CASE3 和 Control)，其中，控制实验(Control)的设定条件为输入场引入天文潮潮位、海平面气压、风场及波浪的全要素耦合控制试验，CASE3 的设定条件为输入场引入天文潮潮位、海平面气压及风场的敏感试验，CASE2 的设定条件为输入场引入天文潮潮位和风场的敏感试验，CASE1 的设定条件为输入场引入天文潮潮位和海平面气压场的敏感试验，CASE0 的设定条件为输入场仅引入天文潮潮位的敏感试验。

由此可知，方案 CASE1 与 CASE0 的模拟水位之差即为海平面气压场引起的增减水，CASE2 与 CASE0 的模拟水位之差即为风场引起的增减水，而 Control 与 CASE3 的模拟水位之差即为波浪引起的增减水。分别将风场、海平面气压场及波浪各自引起的增减水 ΔW_{wind}、ΔW_{sip}、ΔW_{wave} 与控制实验(Control)模拟生成的总增减水 ΔW_{total} 相比后即可得到各要素对总增减水的贡献大小，详见式(5.77)—式(5.82)。

$$\text{ROC}_{\text{wind}}=\frac{\Delta W_{\text{wind}}}{\Delta W_{\text{total}}}\times 100\% \tag{5.77}$$

$$\text{ROC}_{\text{sip}}=\frac{\Delta W_{\text{sip}}}{\Delta W_{\text{total}}}\times 100\% \tag{5.78}$$

$$\text{ROC}_{\text{wave}}=\frac{\Delta W_{\text{wave}}}{\Delta W_{\text{total}}}\times 100\% \tag{5.79}$$

$$W_{\text{wind}}=W_{\text{CASE2}}-W_{\text{CASE0}} \tag{5.80}$$

$$W_{\text{sip}}=W_{\text{CASE1}}-W_{\text{CASE0}} \tag{5.81}$$

$$W_{\text{wave}}=W_{\text{Control}}-W_{\text{CASE3}} \tag{5.82}$$

以上各式中：ROC_{wind}、ROC_{sip} 和 ROC_{wave} 分别表示风场、海平面气压场、波浪的贡献度；W_{CASE0}、W_{CASE1}、W_{CASE2}、W_{CASE3} 和 W_{Control} 分别表示试验方案 CASE0、CASE1、CASE2、CASE3、

Control 的模拟水位。

徐杰等(2022)分析本次冷锋型温带风暴潮过程中风场、海平面气压场及波浪导致的洋山港海域风暴增减水特征,并利用式(5.77)—式(5.82)所列的方法计算相关变量,定量讨论上述各要素对总风暴增减水的贡献率大小(图 5.17)。本次冷锋型温带风暴潮过程增减水位变化的特征为先增水后减水。其中,29 日 07:00 UTC—22:00 UTC 为风暴增水时间段,增水峰值为 0.48 m,出现在 29 日 13:00 UTC,与高潮时刻叠加;29 日 23:00 UTC 之后为持续风暴减水时间段,减水峰值为−0.65 m,出现在 30 日 12:00 UTC,与低潮时刻叠加。通过比较各要素造成的水位变化值,可以发现由波浪造成的水位增减幅度最小,在−0.11~0.1 m 之间。

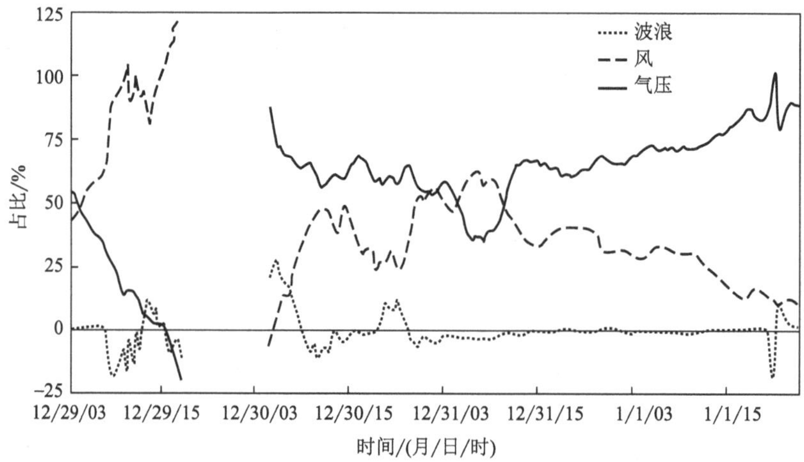

图 5.17　洋山港模拟风场、波浪、气压引起的增减水占比(徐杰 等,2022)

综合来看,本次洋山港海域冷锋型风暴潮过程中,风场对风暴增水的贡献最大,增水峰值期间的贡献占比约为 90%;海平面气压场只占约 5%,之后迅速减小,并逐渐由正作用转为负作用。然而,海平面气压场对风暴减水的贡献却最大,其在减水峰值期间的贡献占比为 55%,时间上先于风场约 6 h 引起的减水,并且一直持续造成减水。减水峰值期间风场的贡献占比约为 40%,其贡献的持续时间要短于气压场。整个风暴过程中,波浪对增水和减水的贡献占比均为最小,介于−10%~10%之间。

(4)风暴潮对洋山港航道的影响

徐杰等(2022)为研究洋山港及其附近海域的潮流场特征,分别选取 30 日 01:20 UTC(涨急)、03:20 UTC(涨憩)、09:00 UTC(落急)及 10:00 UTC(落憩)时刻的流场分布(图略)进行对比,发现涨急与落急时,洋山港航道内潮流流速可达到 2.6~2.8 m/s,落潮时为东南向离岸潮流,涨潮时为西至西北方向的外海潮波传入潮流。洋山港航道处的流向因受到地形海岸线的影响,始终是东南向或西北向,此外由于受到喇叭口地形影响,该处流速辐合,是洋山港海域流速最高的区域。

根据洋山港及其附近海域波浪场特征的分析,洋山港航道内最大的有效波高可达 1.8 m,但洋山港海域航道内的有效波高要小于洋山港周边海域的有效波高,其中洋山港海域东南侧由于临近开阔海域而有效波高较大,数值可超过 2 m。

5.9.5 厦门风暴潮淹没风险预警系统

袁方超等(2022)基于风暴潮数值模型开发厦门风暴潮淹没风险预警系统，并以 1521 号台风为例模拟其淹没风险。

(1)风暴潮数值模型

厦门风暴潮漫堤数值模型选择非结构网格的 ADCIRC 模型，模型计算区域设为 114°—130°E、15°—30°N，基本覆盖台湾海峡及其周边海域，重点关注区域为厦门海域。根据“远海分辨率较粗，沿岸分辨率较细”的原则划分模型网格，模型大区域采用高分辨率全球 GSHHS 岸线数据。通过对比分析，发现厦门海域 GSHHS、“908 专项”和海洋功能区划的 3 套岸线数据基本吻合，但海洋功能区划的数据更合理且分辨率更高，因此，本项目在厦门海域采用海洋功能区划数据代替 GSHHS 数据。考虑漫堤淹没过程，模型的实际闭边界选择在上述岸线外围；考虑厦门海域潮差、风暴潮和海浪的影响，潮水淹没高度基本在海平面上 10 m 以内，因此以 12 m 等高线设置模型闭边界。

袁方超等(2022)采用圆对称的分析模型来描述静止台风风场和气压场，并叠加台风移动风场，从而获得理想情形下的台风风场。考虑到台湾海峡和台湾岛地形对台风的影响，在理想情形的基础上添加地形对台风的影响效应，基于卫星遥感风场分析结果来确定风向和风速的修正参数，根据经验对理想台风风场分别修正风向和风速。其中，台风风向修正反映“阻挡”效应和“分流”效应等地形作用对台风风向的影响，而台风风速修正体现中央山脉“阻挡”效应和海峡“狭管”效应等地形作用导致的风速加强现象。将修正风向和风速后的台风风场作为台湾海峡周边海域附加风场，将附加风场叠加到理想台风风场上得到最终的台风风场，作为风暴潮模型的驱动风场。

(2)风暴潮模型检验

袁方超等(2022)利用厦门海洋站 2014 年 8 月(该月无台风影响厦门海域)的潮位观测数据和调和预报数据检验模型的潮汐模拟能力，经对比发现模型模拟结果与实际观测结果和调和计算结果均较吻合，平均逐时绝对误差均不超过 20 cm，标准误差为 25 cm。

为检验模型的风暴潮模拟能力，收集 1975—2015 年对厦门影响较严重的 30 次台风的历史资料以及厦门海洋站的风暴潮观测资料，基本涵盖影响厦门的各类台风。与厦门海洋站实际观测结果对比，风暴潮模拟结果的平均绝对误差仅为 18.1 cm，平均误差仅为 0.6 cm，标准误差和均方根误差均为 23.2 cm，总体模拟效果较理想。

因此，风暴潮数值模型能满足风暴潮漫堤风险分析的实际业务工作需求。

(3)系统功能

袁方超等(2022)建立的厦门风暴潮淹没风险预警系统实现的主要功能包括：①根据预先设置的参数，自动调用风暴潮数值模型进行风暴潮模拟计算，并在计算过程中实时显示工作进度；②自动提取模拟计算结果并转换成潮位和风暴潮等预报信息，根据需求在选定区域快速绘制潮位和增水分布图；③在模型计算的基础上参考经验预报成果，通过整体修正或个别修正的方式对风暴潮预报结果进行人工修正和审核(含批量修正)；④以当前最新台风位置为起点，以中央气象台 24 h 预报台风位置(标准预报路径)为中心，采用标准预报路径以及在标准预报路径基础上偏左、偏右、偏快和偏慢 5 条台风预报路径用于风暴潮集合数值预报，并输出 5 条路径下的风暴潮预报信息；⑤选择按高程预警和按警戒潮位预警 2 种方法分析风暴潮淹没风险;⑥根据预先选定的分析方法快速计算并绘制各岸段的漫堤风险分布图,并在高潮位超过一定潮位后加密显示,目前暂设置为超过厦门蓝色警戒潮位后每 5 min 计算并绘制 1 次;⑦展示风暴潮淹没区域,并制作相应的预警产品;⑧根据预先设置的模板填入相应的分析内容并自动生成预警报单,快速提供精准的防灾减灾决策服务;⑨可选择冷启动和热启动 2 种方式计算潮位,建议在首次计算时选择冷启动方式,而后选择热启动方式,以节省计算时间。

其中,按警戒潮位预警的方法是指对比分析预报结果中的最高潮位与厦门四色警戒潮位(如预报高潮位达到厦门蓝色警戒潮位,则岸段预警颜色也为蓝色),此种方法将岸段漫堤风险与现行的四色警戒潮位预警方法相对应。按高程预警的方法则先根据沿海区域高程和海岸线走向等特征将岸线划分为不同的岸段,然后对比堤防代表点高程与岸段附近模型网格输出点潮位(表 5.45)。

表 5.45 高程预警影响程度的分级标准

单位:cm

风险等级	预警颜色	标准
高	红色	预测高潮位超过堤防代表点高程的最大高度≥120
较高	橙色	50≤预测高潮位超过堤防代表点高程的最大高度<120
较低	黄色	预测高潮位超过堤防代表点高程的最大高度<50
低	蓝色	预测高潮位低于堤防代表点高程的最大高度≤50

笔者认为,按高程预警的方法比按警戒潮位预警的方法更精细,更适合在预警和风险评估业务中使用。

在台风影响期间,预报员可利用厦门风暴潮淹没风险预警系统显示的沿岸漫堤风险分布图,结合历史风暴潮灾害的实地调查成果和基础地理信息,制作风暴潮淹没风险预警图,按照不同的岸段采取不同的预警和防御措施,提供精细化的风暴潮预警服务,为政府部门指导和开展有针对性的风暴潮防灾减灾工作提供技术支撑。

(4)案例应用

2015 年第 21 号台风“杜鹃”影响厦门期间,恰逢农历八月十五天文大潮期,厦门海洋站出现 1949 年以来排名第二位的极值高潮位。在此次台风风暴潮过程中,厦门沿岸低洼地带出现海水漫堤和海水倒灌等现象。

在此次风暴潮预警期间,厦门风暴潮淹没风险预警系统调用风暴潮数值模型进行计算并分析预报结果,根据沿海区域高程和海岸线走向等特征将厦门岸线划分为不同的岸段,按高程预警方法展示风暴潮淹没风险情况。根据模拟结果,厦门低洼地带的漫堤风险等级较高(红色和橙色),而高程较高地带的漫堤风险等级较低(黄色和蓝色),可采取分段预警和防御措施,从而提供精准的风暴潮防灾减灾决策服务。

厦门海洋预报台及早发布精细化的风暴潮预警报告和有针对性的防御措施,为政府部门开展海洋防灾减灾工作提供决策支撑服务,大大减少极值高潮位造成的海洋灾害损失(袁方超 等,2016)。

5.10 冰雹灾害风险评估

冰雹每年都给农业带来不小的损失。多普勒天气雷达在冰雹临近预警中发挥着重要作用，越来越多的证据表明人工消雹在减轻冰雹灾害中的作用。冰雹风险评估有统计分析法、动力模型等方法。

5.10.1 2021 年 5 月 11 日嘉禾雹灾过程及烤烟气象服务

嘉禾县 2021 年 5 月 11 日 14:40—15:00 石桥镇、15:50 行廊镇新队砠社自然村、普满乡茶坞桥下岭村出现冰雹，冰雹最大直径 30 mm，对正处于旺长期的烤烟造成严重损失。经核实，本次冰雹造成石桥镇、行廊镇新队村、普满乡茶坞桥下岭村 4062 人受灾；农作物受灾面积 672.54 hm^2，成灾面积 556.97 hm^2，绝收面积 373.23 hm^2；倒塌房屋 9 户 14 间，严重损坏房屋 11 户 13 间，一般损坏 9 户 11 间；直接经济损失 2394.05 万元。

何娜等(2021)总结了历年冰雹实况资料的雷达回波特征，分析了此次冰雹过程的天气形势、预警服务过程。

(1)天气形势和物理量指标分析

嘉禾地区 500 hPa 西南气流由 5 月 10 日 08:00 的 18 m/s 加强至 28 m/s；700 hPa 桂阳和长沙分别存在小槽，西南急流加强到 26 m/s，气温为 8 ℃的冷平流渗透至嘉禾县北部，有利于形成对流不稳定的层结；850 hPa 维持 16 m/s 西南急流，切变线伸至湘中南。11 日 08:00 地面低压倒槽位于湘中北至湘西南一线，其弱冷锋位于浏阳、衡阳、东安一线，安仁、永兴、桂阳、蓝山一线有地面辐合线，为嘉禾县北部发生强对流天气的发生提供了较好的辐合抬升的触发条件。

郴州站探空 11 日 08:00 cape 为 936 J/kg，K 指数 42.7 ℃，SI 指数－4.3 ℃，0 ℃层 4545 m，－20 ℃层 7837 m，地面至 500 hPa 垂直风切变约 30 m/s，地面至 700 hPa 垂直风切变约 28 m/s，无论是不稳定能量、垂直风切变还是 0 ℃层高度和－20 ℃层高度及二者之间的厚度都符合产生冰雹的条件。

(2)临近预警指标

何娜等(2021)根据 2012—2021 年嘉禾冰雹实况资料分析，指出：每年 3—5 月当从雷达图上监测到嘉禾上游新田、蓝山、宁远或本地生成回波强度＞60 dBZ、VIL 大于 45 kg/m^2、出现三体散射、旁瓣回波、中气旋等特征时，综合各指标判断可能有冰雹后，需立即通知临近炮点申请防雹作业并发送冰雹预警信息。

(3)烤烟气象服务情况

5 月 8 日郴州永兴樟树镇遭受严重的冰雹灾害，嘉禾县气象局农业气象服务人员分析近期天气形势后，在 5 月 10 日的烟叶气象服务专题第 8 期中提醒 11—12 日嘉禾县可能出现局地冰雹，需特别加强防范。

11 日中午业务人员实时监测雷达回波演变，14:36 监测到有三体散射、中气旋特征的强单体由向东移动突然转为向东偏南移动时，立即通过石桥烟草技术群发送冰雹预警信息并向县烟草局做电话服务，通知广发、普满炮点申请空域进行防雹作业、通过短信平台向预警责任人发送冰雹预警信息。14:47 监测到冰雹云自西北向东南移动可能影响行廊、普满，向行廊、普满烟草技术群发送冰雹预警信息，普满炮点 14:59 高炮作业 90 发，广发炮点 15:31 高炮作业 60 发，实况表明：广发、普满 2 个固定炮点作业覆盖区(炮点中心直径 10 km)内均未出现冰雹，而炮点覆盖区以外的石桥镇、行廊镇部分地区遭到冰雹侵害。在 5 月 12 日嘉禾县县政府组织的抗灾会议上，副县长表扬气象局工作主动，监测到位、预警及时、服务主动，抓住有利时机进行了人工防雹作业,最大限度地减少了烤烟主产乡镇普满乡烤烟的损失,防灾救灾效果显著。5月14日县烟草局领导,广发、普满乡政府领导带着米油等慰问品慰问炮兵和气象局工作人员,高度肯定了气象部门的预报预警和防雹工作。

5.10.2 2021年"10·1"烟台等苹果产地冰雹预警和损失评估

烟台是国内苹果的主要产区,被誉为"中国苹果之都",烟台苹果也是国家地理标志产品。2020年,烟台苹果、栖霞苹果品牌价值分别达到145.05亿元和66.31亿元,成为烟台最靓丽的名片之一。10月是烟台苹果收获的季节,福山、栖霞、牟平、招远……各个地方的果园里都挂满了红彤彤的苹果,到处都满溢着收获的香气。

(1)冰雹预警

2021年10月1日11时20分,烟台市气象台发布冰雹橙色、雷电黄色预警信号:受冷空气影响,预计今天中午到下午,大部分地区有雷雨或阵雨,雷雨时阵风7～8级,长岛、蓬莱、龙口等区市的部分地区有冰雹。10月1日14时50分烟台市气象局继续发布冰雹橙色预警信号:今天中午到下午,烟台市区的部分地区有冰雹,可能造成冰雹灾害。

10月1日中午12时左右,山东蓬莱地区出现冰雹与雷电天气。降水从蓬莱城区沿海岸线向东,14时左右抵达烟台,随后经过牟平和威海部分地区,栖霞、海阳个别区域也出现冰雹。

蓬莱地区下冰雹时间很短,而且主要集中在海边,但是果园也出现了受损。根据百立农业的统计,蓬莱产区受灾地区是当地的优质产区。受灾果园主要集中在刘家沟和龙山店北部,估计商品价值下降50%以上,小部分有遮阳网的不受影响。

13时50分左右,烟台福山、莱山、开发区、芝罘区、牟平等地出现降雨并夹杂冰雹,时间持续半小时。如同"棍子敲脸盆"一样的声音密集地敲响地面,部分车辆为避险躲避在隧道内。据了解,此次冰雹对山东烟台苹果造成严重的损害。

有视频显示,有的冰雹大如鸡蛋,甚至比鸡蛋还大!该地苹果也刚脱完袋,白白净净的苹果,被冰雹砸伤,果农的心一下碎了,犹如砸到自己头上一样,冰雹过后,果园狼藉一片。此次冰雹又一次给果农雪上加霜,一年的所有的投资全部投入,眼看着劳动成果就要变成钱的时候,这场突如其来的冰雹瞬间把果农们的希望化为了泡影!被冰雹打烂,果农欲哭无泪!部分果农苹果绝收。

(2)损失评估

截至10月8日,初步统计显示,苹果受灾面积约10万余亩,受灾较严重的是烟台市牟平区、蓬莱区、莱山区等区域。栖霞个别区域也出现冰雹,但受灾较轻。

就烟台市而言,从前期的坐果量和套袋数来看烟台总产量预计增产10%,但经历霜冻和冰雹影响可能减产25%～30%,预计总产量基本与2020年持平,但果锈多,苹果优果率有所下降。

冰雹过后,被砸坏的苹果会快速招虫、腐烂,这些果实只能以极低的价格进入果汁厂。

山东库存果出库价格4.00～5.00元/kg较节前小幅回升,而用于苹果加工的落地果收购价格在280元/t左右,较去年下降70元/t,降幅20%。

综合各种因素,2021年产季红富士苹果(直径80 mm二级以上套纸袋红富士)收购价格总体低于2020年,优质果的价格下降幅度较小,低质果的价格下降幅度较大有可能出现卖难的情况。

(3)减轻雹灾风险的措施

山东省农业农村厅 2021 年 10 月 4 日前下发《关于近期我省局部地区苹果雹灾发生情况及灾后管理技术指导意见》(鲁农技字〔2021〕16 号)(简称《指导意见》),要求有关市农业农村主管部门及时选派专业技术人员赴受灾果园开展巡回技术指导,尽全力将雹灾损失降到最低程度。根据受灾情况,山东省农业农村厅建议受灾区域加快入保果园的理赔,并加强对受灾果园管理的技术指导工作。

《指导意见》提出,尽快清理果园,及时疏除雹伤严重的残次果和剪除折断的枝条,及时清理果园内沉积的残枝落叶及落果等。然后进行伤口保护,对于果树主干、主枝和一些较大侧枝的皮层被冰雹打伤后,应及时剪除翘起的烂皮,并涂抹腐植酸·铜水剂或喹啉铜膏剂等,提高伤口的愈合能力。及时补充营养,叶面喷肥,每隔 10 d 喷 1 次 0.3%磷酸二氢钾,连喷 2 次到 3 次;根据情况地下追施氮磷钾复合肥,每株 0.5～1.0 kg,并结合施肥进行灌水,及时解决树体营养不足问题。同时,加强病虫害防控。果树受灾后树势较弱,抗病能力降低,利于病菌侵染蔓延,要全园喷布杀菌剂,及时做好病虫害的防控工作。分类处置受损果实,对轻微受损且处于较高成熟度的果实,应及早采摘进行鲜食销售。对受损程度较重的果实,可尽快联系加工企业进行销售。

5.10.3　棉花苗期雹灾损失定量分析

棉花苗期是受雹灾影响最为敏感的阶段,常因毁苗导致棉花减产或绝收。冯红英等(2017)以黄骅试验基地棉花苗期 1 次自然降雹为例,通过实际观测、对比分析的方法,计算出 4 种不同致灾等级下单株和大田棉花雹灾损失率。

(1)数据与方法

① 降雹区域与过程

2010 年 6 月 22 日 15 时,黄骅市中捷农场附近遭受雹灾,冰雹粒径大小一般如枣或棒棒糖,最大的有乒乓球大。降雹过程分为 2 场,2 次降雹间隔时间约 15 min。降雹持续时间约 20 min。当地棉花正处于苗期,大部分棉花被打成光秆,造成绝收,玉米叶被打成缕状,可以确定本次雹灾属于特重雹灾。

这次雹灾发生地恰好在北京师范大学黄骅实验基地,灾后第 2 天,试验人员赶到基地,采集了苗期棉花雹灾灾情数据,确定跟踪观测棉花恢复情况,在棉花吐絮期测定了本次雹灾的棉花损失率。

② 雹击带的确定

民间有俗语叫做“雹打一条线”。1 次降雹过程中,冰雹大小和密度并不是均匀分布的。这次雹击带前进方向的右侧边缘清晰,与雹击带边缘一致。最大雹块区大致沿雹击带长轴,其面积虽占雹击带总面积的 10%左右,但降雹持续时间长,因而降雹中心带是受灾最为严重的区域,雹块大小在两侧 100～200 m 距离内就可以从直径数厘米的大雹块减弱到没有冰块,右侧比左侧减得更快。这种规律在黄骅试验基地棉区得以验证,梯度灾情表现得非常明显。因此,在黄骅重大雹灾中选取雹击带左侧棉区划分灾情等级,进行跟踪观测。

冯红英等(2017)根据灾情选取了特重雹灾、重雹灾、中雹灾、轻雹灾 4 个致灾等级的棉花雹灾观测点和 1 个无雹灾棉花对照区。对应的灾情现状分别是光秆、断头有叶片、断头不多有落叶、无断头有落叶且叶片打碎。

③ 观测点选择

冯红英等(2017)选取4种降雹强度的观测点，每种强度分别确定观测样方，确定了不同雹灾强度下的棉田受灾性状。

(a)特重雹灾观测点。该块试验田中种植的棉花遭受雹灾最为严重，所有棉株已经没有生长点，棉叶全部被打掉，成了光秆，垄边雹痕累累，乒乓球大小，可以判断此处属于特重雹灾区。该棉花雹灾样方的统计主要是统计棉株数和棉花高度。

(b)重雹灾观测点。重灾区观测点与特重雹灾区相距100 m，但受灾明显比特重雹灾轻。样方1光秆率和生长点破坏率均为41.7%；样方2光秆率为40%，生长点破坏率为60%。样方3光秆率30%，生长点破坏率50%。

(c)中雹灾观测点。选取样区距离重灾区南150 m，受灾相对较轻，棉株平均有2～3个叶片残留，叶柄未脱落，断头的较少。样方1光秆率为16.7%，生长点破坏率为16.7%；样方2光秆率为10%，生长点破坏率为20%；样方3生长点破坏率为27.3%。

(d)轻雹灾观测点。钢厂南侧，国道以南棉区受雹灾影响较轻，没有被打成光秆的棉株，生长点有的被破坏，但并未打光，叶片被穿孔、打碎，地面上有少量落叶。

(e)无雹灾对照观测点。通过观察发现，冰雹强度由钢厂向西南方向递减明显，在距离钢厂西南约1 km的棉田完好无损，未遇到冰雹，在此处选择棉田作为对照组。

(2)结果与分析

① 损失率的确定

2010年9月22日，正值当地棉花吐絮期，冯红英等(2017)对试验棉区进行了测产。在样方小区随机抽取10株棉花，对其恢复情况进行测量，包括分枝数、株高、棉铃数、铃长、花铃数。然后对小区所处的大田统计3行恢复棉株数和死亡棉株数，测算出棉株死亡率，具体结果见表5.46、表5.47。

表5.46 棉花苗期遭受不同强度雹灾的恢复状况(冯红英 等,2017)

雹灾强度	分枝数/个	株高/cm	棉铃数/个	铃长/cm	花铃数/个
特重雹灾	4.2	80.9	3.4	4.2	14.0
重雹灾	4.5	78.9	8.2	4,2	10.0
中雹灾	2.0	80.4	11.0	4.2	16.6
轻雹灾	2.8	83.0	18.2	4.5	2.8
无雹灾	1.0	92.7	19.4	5.0	5.3

表5.47 棉花苗期不同冰雹致灾强度下的棉株死亡率(冯红英 等,2017)

雹灾强度	成活棉株数/株	死亡株数/株	死亡率/%
特重雹灾	66	106	61.62
重雹灾	57	10	14.93
中雹灾	118	3	2.47
轻雹灾	117	0	0

特重雹灾棉花分枝较多，平均每株从底部开始有 4 个分枝，平均株高 80.9 cm，单株棉铃最多 8 个、最少 1 个，平均 3.4 个棉铃，棉铃平均长度 4.2 cm。苗期的这次特重雹灾把棉花打成了光杆，后期恢复中，有很多棉株死亡，以 3 行统计死亡株数，分别计算成活率，最后求平均值。

棉株成活率计算公式：

$$\mathrm{MI}=\frac{M_d}{M_d+M_f}\times 100\% \tag{5.83}$$

式中，MI 表示棉株成活率，M_d 表示成活棉株数，M_f 表示死亡棉株数。

计算结果表明特重雹灾、重雹灾、中雹灾和轻雹灾棉花苗期平均死亡率分别为 61.62%、14.93%、2.47%和 0。

棉花苗期遭受不同强度雹灾的损失率计算分为 2 种，1 种是单株损失率，1 种是大田损失率。单株损失率计算公式如下：

$$\mathrm{Ld}_i=\left(1-\frac{\mathrm{Gg}_i\times\mathrm{Gc}_i}{\mathrm{Bg}\times\mathrm{Bc}}\right) \tag{5.84}$$

式中，Ld_i 表示 i 强度雹灾棉株减产率，Gg_i 表示 i 强度雹灾观测单株棉铃数均值，Gc_i 表示 i 强度雹灾观测单株棉铃长度均值，Bg 表示无雹灾对照棉株铃数均值，Bc 表示无雹灾对照棉株棉铃长度均值。

② 产量损失

棉花苗期不同强度雹灾单株减产率计算结果见表 5.48。

表 5.48　棉花苗期雹灾单株减产率(冯红英 等，2017)

雹灾强度	棉铃数/个	棉铃长度/cm	减产率/%
特重雹灾	3.4	4.24	85.08
重雹灾	8.2	4.17	64.61
中雹灾	11.0	4.22	51.95
轻雹灾	18.2	4.45	16.17
无雹灾	19.4	4.98	0

从表 5.48 可以看出，随着雹灾强度的增加，平均单株棉花的铃数递减，棉铃长度也呈现逐级缩小的趋势，但是特重雹灾的单株棉花的棉铃长度均值却处在轻雹灾与中雹灾之间，出现了逆势现象，这是由于特重雹灾棉株棉铃数量少，棉株的营养供给少数棉铃，致使棉铃生长较好。由于棉铃数量少，特重雹灾的棉铃长度出现的逆势现象并不影响不同雹灾强度造成棉花减产率的测算次序，计算结果特重雹灾、重雹灾、中雹灾、轻雹灾苗期单株损失率分别为 85.08%、64.61%、51.95%、16.17%，对应灾情分别属于绝收、损失惨重、损失严重、损失较轻。

如果考虑遭受雹灾后的棉株成活率 MI，则得到棉花大田减产率公式：

$$\mathrm{Ld}_i=\left(1-\frac{\mathrm{Gg}_i\times\mathrm{Gc}_i\times\mathrm{MI}}{\mathrm{Bg}\times\mathrm{Bc}}\right)\times 100\% \tag{5.85}$$

根据式(5.85)，计算得到的棉花苗期雹灾大田减产率见表 5.49。

表 5.49 棉花苗期雹灾大田减产率情况(冯红英 等,2017)

雹灾强度	棉铃数/个	棉铃长度/cm	棉株成活率/%	减产率/%
特重雹灾	3.4	4.24	37.1	94.46
重雹灾	8.2	4.17	85.1	69.88
中雹灾	11.0	4.22	97.1	53.35
轻雹灾	18.2	4.45	100.0	16.17
无雹灾	19.4	4.98	100.0	0

冯红英等(2017)计算结果表明(表 5.49),特重雹灾棉花死亡率较高,大田棉花减产率达到 94.46%;重雹灾次之,达 69.88%;中雹灾为 53.35%;而轻雹灾没有造成棉株死亡,最终计算的棉花大田减产率与单株棉花平均减产率相等,为 16.17%。

冯红英等(2017)认为,由于棉花生长的地域差异性及棉花品种的抗雹能力不同,本研究结果对黄河流域棉区的雹灾损失有普遍适用性,对于其他棉区来说,还具有一定局限性;同时本研究也只是针对棉花苗期雹灾损失的跟踪观测结果,对蕾期、花铃期等其他生育期的雹灾致损情况,还需进行系统研究。

5.10.4 雷达对冰雹灾害落区的跟踪及鉴定

王丽荣等(2019)利用雷达识别得到的区域对冰雹灾害进行跟踪和鉴定。

(1)资料与方法

冰雹直径、持续时间等冰雹实况资料来自气象观测站及网络;灾情资料来自民政部门。雷达资料选用石家庄新乐 CINRAD/SA 雷达的观测,所用参数包括:组合反射率因子(CR)、回波顶高(ET)、垂直累积液态水含量(VIL)等。

冰雹在多普勒雷达图像上有比较明显的特征,尤其在回波强度、回波顶高、垂直累积液态水含量上体现得最为清楚。王丽荣等(2019)利用河北省气象台统计并业务应用的多普勒雷达图像识别指标,确定冰雹的移动路径、影响范围。

从形状来看,雷达回波多为块状,或带状中镶嵌块状,边界清楚光滑,强回波处回波强度梯度很大。当满足以下三个条件时,可能产生冰雹:①回波中心强度 $Z \geqslant 50$ dBZ;②回波顶高 ET $\geqslant 10$ km;③垂直累积液态水含量 VIL$\geqslant 35$ kg/m^2。当三个参数加强,达到如下标准时,可能会产生 2 cm 以上的大冰雹:①回波中心强度 $Z \geqslant 60$ dBZ;②ET$\geqslant 14$ km;③VIL>60 kg/m^2;另外,有三体散射出现时一定有大冰雹。

(2)雹灾识别

2018 年 5 月 12 下午,河北省出现短时强降水、雷暴大风、冰雹等强对流天气。2018 年 6 月 12—13 日,河北省再次出现冰雹、大风、短时强降水等强对流天气。这两次冰雹过程的分析结果与河北省气象台的统计规律基本是一致的,进一步说明非气象监测站点的冰雹也能够被监测到,可以利用雷达参数跟踪监测冰雹路径,并能初步判断冰雹直径是否大于 2 cm。

(3)冰雹直径与雷达参数的关系

王丽荣等(2019)分析冰雹直径与雷达参数的关系(图 5.18),可见各参数维持在一定的范围内,变化幅度较小,相对而言,垂直累积液态水含量变化幅度更大一些。但是,仍能看出,随着冰雹直径的减小，回波中心强度、回波顶高、垂直累积液态水含量均呈减小的趋势，也就是说，冰雹直径与各雷达参数基本上成正相关。

表 5.50　冰雹特征、灾害损失及雷达参数对照表(王丽荣 等,2019)

灾害时间(年-月-日)	县名	冰雹直径 1/cm	冰雹直径 2/cm	持续时间/min	回波中心强度/dBZ	回波顶高/km	垂直液态水含量/(kg/m^2)	三体散射	直接经济损失/万元
2018-05-12	阜平	0.9	—	9	62	11	47	无	—
	平山	1.2	—	30	62	11	57	无	—
	石家庄	0.4	—	12	62	11	52	无	—
	正定	0.7	1	14	65	11	57	无	2057.9
	内丘	—	3	25	57	11	57	无	277.5
	南和	1	1.9	16	62	11	47	无	—
	藁城	0.7	—	5	62	10	42	无	—
	安平	2	—	10	62	10	52	无	1836
	文安	0.7	—	4	57	11	47	无	—
2018-06-13	涞源	0.4	—	2	62	14	47	无	—
	正定	0.2	—	4	65	16	52	无	—
	赵县	0.3	—	5	62	16	62	有	50
	宁晋	2.4	—	10	62	18	42	有	145.4
	清苑	0.9	3	20	65	14	57	有	28473
	博野	—	7	20	65	16	52	有	9039.45
	蠡县	—	3	8	65	16	52	有	3220
	安平	1.4	—	4	65	14	57	有	579
	深州	0.6	7～8	16	65	16	62	有	32506.89
	衡水	0.8	—	9	65	16	62	有	463.4
	冀州	2.2	—	8	65	16	62	有	1619

注：冰雹直径 1 指气象台站观测记录，冰雹直径 2 指网络等媒体报道记录。“—”表示数据缺省。

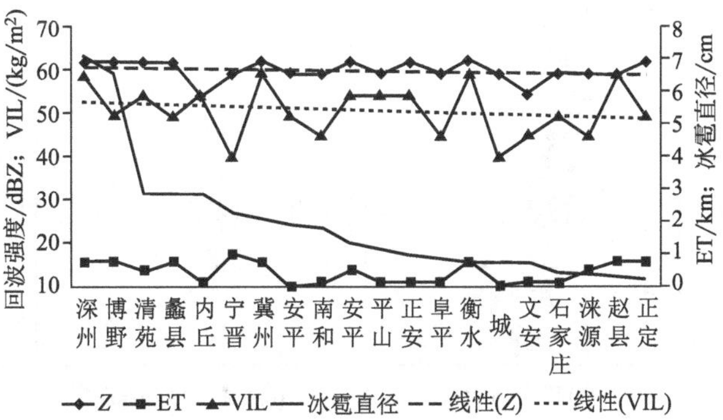

图 5.18　冰雹直径与雷达参数的关系(王丽荣 等,2019)

(4)经济损失与冰雹特征的关系

王丽荣等(2019)分析冰雹灾害造成的直接经济损失与冰雹直径和持续时间的关系(图略),从趋势来看,直接经济损失和冰雹直径、持续时间成正相关,也就是说,随着冰雹直径的增大和降雹持续时间的延长,造成的直接经济损失越重。但是也有部分站点例外的情况,比如宁晋,冰雹直径 2.4 cm,持续时 10 min,损失仅有 145.4 万元。造成误差的原因是多方面的。第一,从冰雹致灾自身上,冰雹直径、持续时间只是其中的两个方面,还与冰雹密度,以及是否伴有风雨等其他灾害相关。第二,与冰雹观测等因素有关,冰雹具有极强的突发性、局地性,而气象观测站只对降落在观测站点的冰雹直径和持续时间进行记录,即使有部分社会观测信息作为补充,也很有限,而且数据的有效性也不能保证;然而,民政部门的直接经济损失是灾后统计得到的,且是全本县范围的,这就造成了冰雹落区与灾情统计的区域不一致。再者,气象观测站大多在县城,而灾情上报的大多是农业损失,集中在乡村,同样存在区域不一致的现象。第三,与当地的防御能力和种植作物有很大关系,比如,深州损失的主要是蜜桃等经济作物,造成的直接经济损失就大于玉米等农作物。第四,民政部门统计的灾情数据,大风和冰雹灾害混在一起,统称为"风雹灾害",并不加以区分,故我们得到的受灾区域和经济损失等可能并不单单是冰雹引起的。

(5)利用雷达资料识别冰雹路径和影响区域

由前面分析可知,导致冰雹观测与造成的损失不一致的原因是多方面的,单纯依靠气象台站观测记录或者社会力量提供的冰雹信息,远远不能代表冰雹发生的真实情况,需要有更好的办法来鉴定冰雹灾害及其影响。王丽荣等(2019)探讨如何利用高时空分辨率的雷达资料来获得冰雹参数,进而判断冰雹的路径和影响区域。以 2018 年 6 月 13 日下午河北省中南部冰雹天气过程为例,对比分析利用雷达和人工观测资料识别冰雹路径、影响范围的优劣。

① 冰雹可能发生区的识别方法

王丽荣等(2019)根据河北省气象台业务应用的雷达判别指标,对回波中心强度($Z \geqslant$ 50 dBZ)、回波顶高(ET$\geqslant$11 km)、垂直累积液态水含量(VIL$\geqslant$35 kg/m^2)三个参量逐个体扫进行识别,然后连接成线或者区域(图 5.19a—c),初步得到冰雹可能发生区。将三个参数区域进行叠加,共同包含的区域(图 5.19d),即为"冰雹最有可能发生的路径和影响区域"。可以看出,这个区域与 VIL 更为一致,但仅靠 VIL 会漏掉部分降雹区,因此,需要对三个参数进行综合分析。

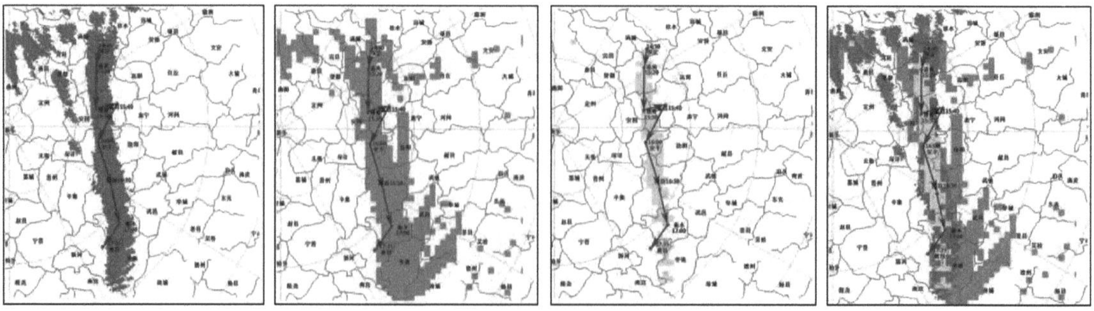

(a) CR≥50 dBZ　(b) ET≥11 km　(c) VIL≥35 kg/m^2　(d) 综合叠加图

图 5.19　2018 年 6 月 13 日 14:00—18:00 雷达参数覆盖区域图

(蓝色箭头为观测到的冰雹路线)(王丽荣 等,2019)

② 雷达识别效果分析

王丽荣等(2019)通过上述①小节的处理,得到冰雹可能的移动路径和覆盖区域。由图 5.19d 可以看出,台站观测到的冰雹落区及路径全部位于"冰雹最有可能发生的路径和影响区域"内,也就是说,利用雷达三参数确定的区域能够跟踪冰雹的落区。

为了进一步说明雷达三参数所确定区域的合理性,王丽荣等(2019)分别计算了三参数占各县总面积的百分比,与民政部门获得的各县农业受灾面积进行比较(图 5.20)。可以看出,ET 占比与农作物受灾面积占比对应关系较差,而 CR 和 VIL 占比则与农作物受灾面积占比成正相关的关系。从数值来看(表略),由雷达判别得到的冰雹可能影响区域,所占县域百分比大于农作物受灾面积。这种差别的原因也是多方面的:一是冰雹影响区域可能不是农田,而是村庄、道路等;二是农作物可能受到了冰雹影响,但没有致灾;另外,与上报人的统计方法也有很大的关系。

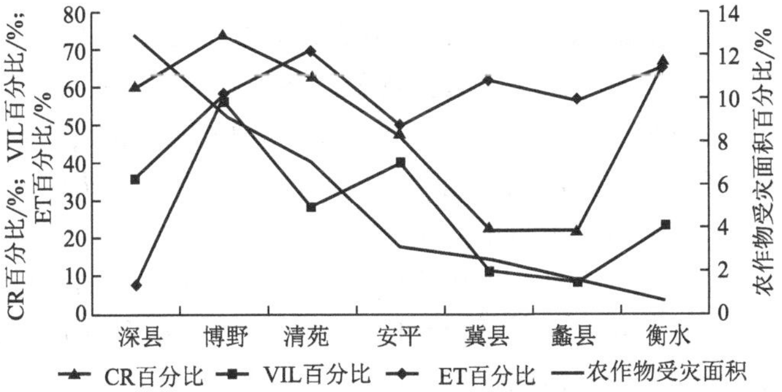

图 5.20 雷达参数与农作物受灾面积对比(王丽荣 等,2019)

同样,对"5·12"过程,王丽荣等(2019)利用雷达三参数对冰雹可能影响区域进行识别(图 5.21),可以看出,识别路径与台站观测到的冰雹路径基本一致。进一步说明,可以利用雷达三参数跟踪、鉴定冰雹。

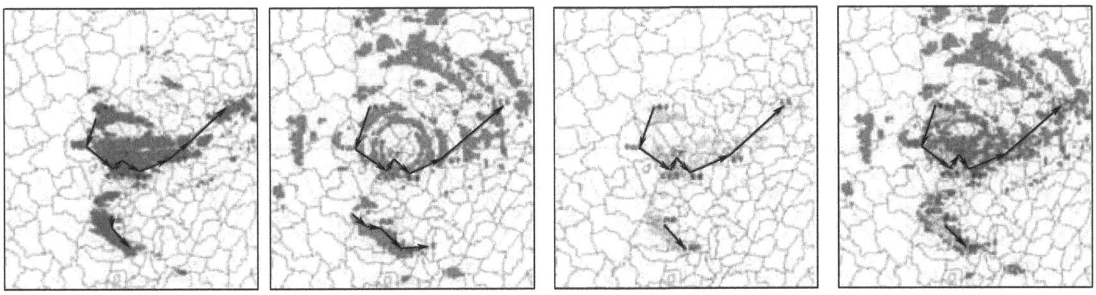

(a) CR≥50 dBZ (b) ET≥11 km (c) VIL≥35 kg/m² (d) 综合叠加图

图 5.21 2018 年 5 月 12 日 14:00—20:00 雷达参数覆盖区域图

(图中箭头为观测到的冰雹路线)(王丽荣 等,2019)

本节另辟蹊径,综合利用雷达三参数(回波中心强度、回波顶高、垂直累积液态水含量)识别冰雹路径和影响区域,如果能够分析更多的个例,建立经得起统计检验的经济损失与冰雹特征的统计关系,那么就可以用天气雷达做冰雹的临近预报和风险评估了。

5.10.5 人工防雹——减轻冰雹风险的措施

冰雹是中国春夏两季主要的气象灾害之一,它出现的过程十分短促,一般为数分钟,且来势猛、强度大,常常伴随强降水、大风、降温等灾害性天气过程,具有突发性、短时性、局地性的特点,对农作物影响极大。人工防雹需要做好冰雹的短期预报,为作业人员、装备的准备提供充足的时间,然后通过雷达产品对冰雹发展、移向、速度等情况开展监测和临近预报,明确冰雹具体的发生的时间和地区,以便有针对性地开展人工防雹作业。

(1)人工防雹原理和方法

采用人为的办法对一个地区上空可能产生冰雹的云层施加影响,阻止云中的冰雹胚胎形成雹粒,或者使小冰粒在变成大的冰雹之前就降落到地面。由于冰雹生成需要云中有上下强烈运动的气流,并且蕴涵大量水分,云中小的冰雹胚胎才有发展成冰雹的足够水分供应,才有充分的机会捕捉云中水分使自身不断增大。

所以,人工防雹(或消雹)的原理,一是设法减少或切断给小雹胚的水分供应,因此要达到防御冰雹的效果,一般需要向云中播撒足够量的催化剂,以产生大量冰晶,迅速形成更多的水滴或冰粒,造成同雹胚竞争水分的优势,从而抑制雹块的增长。二是用高炮或火箭将装有碘化银的弹头发射到冰雹云的适当部位,炮弹或火箭弹的爆炸引发扰动导致流态改变并抑制上升气流的理论,也是人工防雹的另一种解说。

检验人工防雹效果的方法,一是分析作业前后冰雹云体的雷达回波的变化,回波强度减小或结构变松散,说明作业有正效果。二是用数值模式模拟人工引晶或炮弹或火箭弹的爆炸对冰雹云的影响。三是设计对比区,用测雹板测量作业区和非作业区的降雹量,这需要长期的实验数据,作业区和非作业区的降雹量要有显著性差异才能说明问题。

(2)一种可能的防雹机理分析

孙跃等(2023)利用相控阵双偏振雷达研究 2021 年 6 月 28 日山西省临汾市隰县的高炮防雹作业个例,基于作业信息和雷达数据,对比高炮防雹作业前后冰雹云的动力和微物理特征,讨论高炮防雹作业效果和机理。

① 数据和方法

孙跃等(2023)主要使用的雷达数据来自隰县 X 波段相控阵双偏振雷达。隰县位于吕梁山脉南麓、黄土高原残塬沟壑地形区中地势相对平坦的区域。雷达布设在隰县西北缘地势相对较高的位置,探测范围可覆盖全县,并能弥补原有业务天气雷达因地形遮挡导致的探测局限。本次个例,雷达采用方位机械扫描、俯仰相扫的体制,每 60.25 s 一次体扫数据,共 21 个仰角(0.9°～36.9°,采样分辨率为 1.8°),每个仰角下含 300 个方位(采样分辨率为 1.2°),径向距离库分辨率为 30 m,最大探测距离为 43.17 km。

观测记录包括 8 个变量:原始反射率因子(单位:dBZ)、水平反射率因子(Z_H,单位:dBZ)、多普勒径向速度(V_R,单位:m/s)、速度谱宽(S_w,单位:m/s)、差分反射率(Z_{DR},单位:dB)、共极化相关系数(ρ_{HV},量纲为 1)、差分相移(Φ_{DP},单位:°)和差分相移率[K_{DP},单位:(°/km)]。

孙跃等(2023)为评估隰县 X 波段相控阵双偏振雷达回波强度和位置的可靠性,还利用附近的布网业务雷达数据进行简要比对。选取与隰县距离最近的临汾 C 波段业务天气雷达(距离库长为 0.3 km,探测半径为 150 km),该雷达为 CINRAD CC 型单偏振雷达,位于隰县雷达东南侧约 102.69 km,每 342 s 一次 9 层体扫观测。

高炮防雹作业所使用的炮站为阳头升塬炮站，位于雷达南偏东方向，距离雷达站点约为 22.6 km。高炮防雹作业时间为 2021 年 6 月 28 日 19:04—19:05(北京时，下同)。高炮防雹作业使用三七高炮，高炮防雹作业仰角范围为 46°～73°，方位范围为 347°～357°，消耗炮弹 10 发。此外，使用 ERA5 再分析数据的温度垂直廓线分析雷达回波垂直结构。

孙跃等(2023)对雷达数据的分析主要从两方面入手。一是关注回波宏观特征随时间的变化，选取受高炮防雹作业影响单体移动的范围作为分析区域，统计不同强度阈值回波顶高作为宏观特征量，分析其时间序列是否存在与高炮防雹作业相联系的特征。其他宏观特征统计量，如不同阈值的回波面积，由于受本文个例回波单体合并影响，不易客观反映受高炮防雹作业单体的变化，故不进行展示和讨论。二是聚焦高炮防雹作业范围内云体的动力和微物理垂直结构的变化。具体为选取高炮防雹作业前/后各 1 min、高炮防雹作业方位内及邻近的 RHI，基于 Z_H、V_R、Z_{DR}、ρ_{HV}、K_{DP} 等直接观测量和径向速度散度、粒子相态识别等二次计算结果，分析是否存在与现有爆炸防雹理论一致或其他可解释的短时变化特征。在此基础上，讨论本次高炮防雹作业的效果、影响机理和相控阵雷达的优势。

② 天气背景

孙跃等(2023)分析了这次作业过程的天气背景。2021 年 6 月 28 日 08:00 隰县处于 200 hPa 高空急流带内和 500 hPa 高压脊前，850 hPa 30°N 附近存在西南低涡和从我国东部延伸到东海的切变区，隰县东南侧存在 146 dagpm 等值线闭合的小范围高压区。在这种大气中低层的配置下，虽然没有向隰县地区输送水汽的直接通道，但水汽可分别沿西南低涡东侧和东海切变区北侧到达隰县东南侧小高压中心西侧，被输送至隰县附近。28 日上午隰县及邻近区域的对流有效位能为 0，尚未出现对流不稳定条件，但是隰县东北侧到东南侧存在 1000～2000 J/kg 的中等不稳定区。总体而言，28 日上午隰县不具备高空槽、切变线、低空急流、高对流有效位能等典型的大范围降水或中尺度强对流背景条件，但周边存在低空输送和不稳定条件，仍可能受小范围对流性天气的影响。

③ 雷达数据特征

孙跃等(2023)重点分析了这次作业过程的雷达数据特征。

(a)过程概况

图 5.22(彩)展示 2021 年 6 月 28 日对流天气过程的组合反射率因子演变情况。18:31 雷达站南侧出现活跃的对流单体活动，回波总体向东南方向移动。为了说明受高炮防雹作业影响的单体和其他相邻单体在高炮防雹作业时和高炮防雹作业后的移动及合并情况，自 18:56(高炮防雹作业前 8 min)手动为强单体进行编号(编号 A—E，其中 A 为 19:04 被催化作业的单体)。18:56 中心强度超过 60 dBZ 的回波处于阳头升塬炮站北偏西方向约 10 km(单体 A)，预计将进入炮站作业范围。19:04 为高炮防雹作业时刻，图 5.22 中炮站北侧 V 型黑线为高炮防雹作业的方位角范围。由高炮防雹作业时回波位置可知，对流云回波已经处于旺盛发展阶段，高炮防雹作业时间偏晚。高炮射击范围仅覆盖单体 A 西侧强回波边缘，受高炮防雹作业时机选择滞后的影响，未达到单体最强核心处，但高炮防雹作业位置仍然处于云内，因此认为本次高炮防雹作业可影响单体 A，故视其为作业云。高炮防雹作业后，受影响的单体 A 继续向东偏南方向移动并与单体 B 合并，范围和强度逐渐减小至消亡。同时，炮站北侧未受高炮防雹作业影响的对流云单体向东移动，单体 C、单体 D、单体 E 等不断合并，强回波范围逐步增大并逐渐移出隰县雷达探测范围。本次过程隰县境内无地面降雹报告。

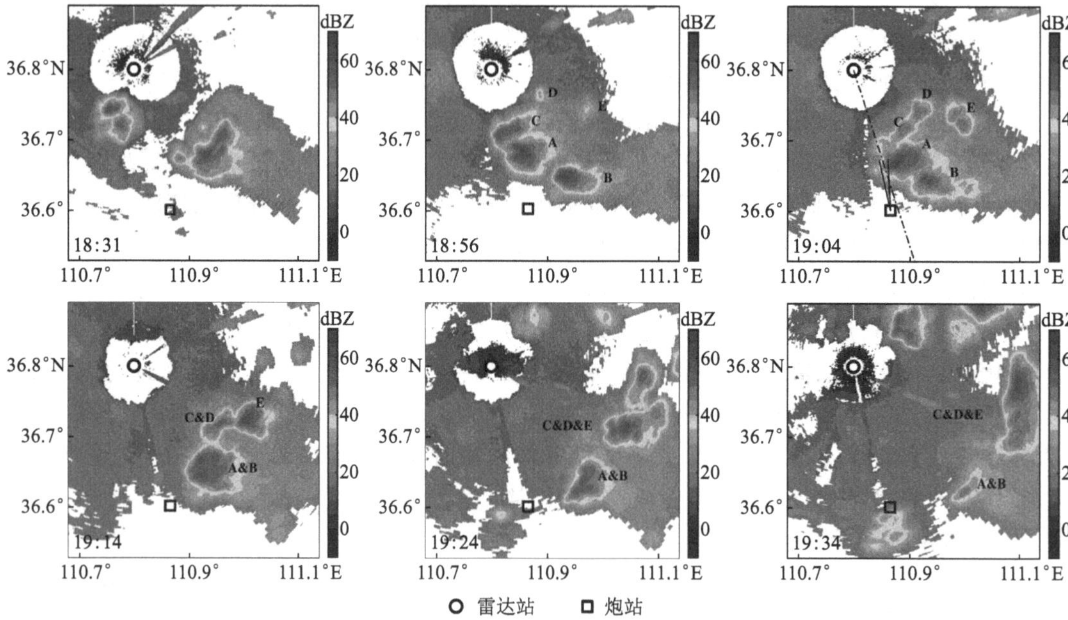

图 5.22(彩) 2021 年 6 月 28 日隰县 X 波段相控阵双偏振雷达的组合反射率因子(V 型黑实线为高炮防雹作业方位范围。黑色点划线为雷达 162°方位角,A—E 为单体编号,& 表示多个单体合并)(孙跃 等,2023)

图 5.23(彩)是 2021 年 6 月 28 日 19:01 临汾 C 波段业务天气雷达的组合反射率因子和低仰角 Z_H,其中黑线为隰县 X 波段相控阵双偏振雷达 40 dBZ 等值线。由图 5.23 的组合反射率因子可知,主要云体强回波位置基本一致,但临汾 C 波段业务天气雷达的组合反射率因子略小于隰县 X 波段相控阵双偏振雷达,原因有两个方面:一方面,受吕梁山脉南麓大地形影响,临汾雷达前两层仰角的观测存在大范围遮挡或部分遮挡(图 5.23 低仰角 Z_H),导致无法获取低层强回波信息计算组合反射率因子;另一方面,不同波段天气雷达反射率因子存在差异。如对于等效球形直径为 3.5~5.5 mm 的单个椭球雨滴,散射模拟结果显示 X 波段 Z_H 明显大于 C 波段和 S 波段。此外,两部雷达对同一云体的观测仰角及横切单体的垂直部位也存在差异,导致很难精确、定量对比两部雷达的反射率因子。鉴于所研究的对流单体大致处于两部雷达之间,隰县 X 波段相控阵双偏振雷达可能出现明显衰减的波束远端正位于临汾 C 波段业务天气雷达几乎无衰减的雷达波束近端,因此可以通过回波的形态对比分析隰县 X 波段雷达是否存在明显衰减。由图 5.23 可见,以偏强的 40 dBZ 回波为例,隰县 X 波段相控阵双偏振雷达和临汾 C 波段业务天气雷达强回波分布形态基本一致,在隰县 X 波段相控阵双偏振雷达强回波(黑色等值线)的远端(东南方向)未见明显的 V 型缺口等与衰减相对应的回波特征。由此表明,隰县 X 波段相控阵双偏振雷达在这次水平尺度较小的强对流过程中并未发生明显衰减,可不对其进行衰减订正。另外,鉴于临汾 C 波段业务天气雷达低层存在较多遮挡,下文不再使用临汾雷达的数据开展其他分析。

(b)回波宏观特征随时间变化

由概况分析可见,本次过程中不同单体间的移动方向和生命期差异较大,且存在单体合并现象,这种情况下既不易对各个单体进行追踪分析,也不宜划定高炮防雹作业影响区和对比区

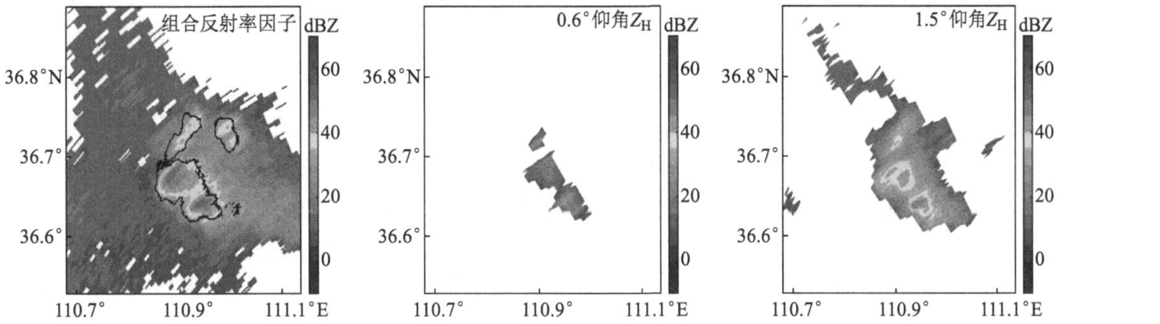

图 5.23(彩)　2021 年 6 月 28 日 19:01 临汾 C 波段业务天气雷达的组合反射率因子和低仰角 Z_H(孙跃 等,2023)

进行统计。因此,为了将受高炮防雹作业影响的单体与其北侧其他对流单体区分开,在统计区域回波并计算强回波顶高时,以单体 A 移动方向东北侧、雷达 135°方位为界,依据雷达东南侧指定范围内(135°~180°方位范围,即正南到东南的 1/8 象限)的体扫数据统计不同强度回波顶高。

由强回波顶高随时间的变化(图 5.24)可知,17:45 强度为 45 dBZ 的回波区顶高出现在 6～7 km 的高空,随后高空出现 55 dBZ 强回波,各强度回波顶高呈起伏上升趋势。19:04 强度为 20 dBZ 的回波顶高上升至 12 km 高度以上。45 dBZ 强回波顶高全程在 6～10 km 起伏变化,并在高炮防雹作业前 4 min 维持在约 9 km 高度,同时 55 dBZ 强回波顶高维持在 8 km 高度附近,表明对流云发展旺盛至成熟阶段。19:04 高炮防雹作业后,55 dBZ 回波顶高在 1 min 内急剧下降约 2 km,并在约 4 min 内维持在 0 ℃层及以下,最低至 4 km 高度。而后可能由于单体 A 与单体 B 合并,各强度的回波顶高回升,但 10 min 后各强度回波顶高总体持续下降,19:30 强度为 55 dBZ 的回波接地消失。

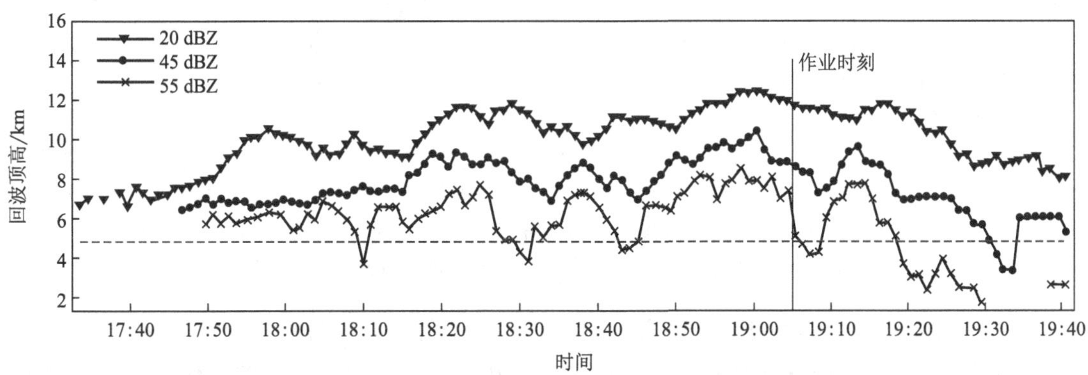

图 5.24　2021 年 6 月 28 日隰县 X 波段相控阵双偏振雷达探测的单体 A 移动范围内不同 Z_H 阈值回波顶高的时间序列(统计范围为雷达方位角 135°～180°,黑色虚线为 0 ℃层高度)(孙跃 等,2023)

总体而言,研究范围内强对流在高炮防雹作业后的强回波顶高迅速且明显降低,这与人工防雹作业人员常说的卸雹效应一致。但小范围的高炮防雹作业不能在短时间内影响整个对流系统的组织结构,因而在高炮防雹作业后对流云仍出现短暂的组织化增强现象,但最终未能进一步发展增强。此处应指出,强回波顶高在高炮防雹作业后迅速下降的现象并不足以说明高炮防雹作业效果,以下进一步分析高炮防雹作业范围及邻近 RHI 上对流单体垂直结构在高炮防雹作业前后的短时差异。

(c)高炮防雹作业前后动力结构差异

孙跃等(2023)首先选取位于高炮防雹作业方位范围内(雷达 162°方位)的 RHI 数据,分析 Z_H 的垂直结构。由图 5.25(彩)高炮防雹作业前 1 min 162°方位角可见,单体 A 的 Z_H 核心距雷达水平方向约为 16 km,强度超过 45 dBZ 的强回波向上延伸并穿过 0 ℃层(约 4.83 km 高度)到达 8 km 高度,强度超过 50 dBZ 的强回波中心位于 3~4 km 高度。6~7 km 高度呈弱有界回波区和悬挂回波特征,是强单体冰雹云的典型特征之一,基本符合高炮防雹作业的对象特征,且悬挂回波特征在单体西侧边缘方位仍存在(图 5.25 高炮防雹作业前 165.6°方位角)。由于高炮作业仅持续 1 min,且作业方位的记录未能精确到秒,因此无法确定 19:04 雷达数据中哪些方位的观测正在受影响或已经受到影响,故选择分析高炮作业后 1 min(19:05)的雷达数据。由于云体向偏东方向移动,高炮防雹作业后 162°方位角的 RHI 更加接近云体边缘,Z_H 受云体移走的影响明显偏弱,故选择向东即雷达方位逆时针方向顺延 1 个方位角(160.8°方位)的 RHI 一并分析。由催化作业后 Z_H 垂直结构(图 5.25 作业后 162°和 160.8°方位角)可见,回波在 0 ℃层附近、单体核心垂直 3~5 km 高度出现断裂,形成 2 个回波相对大值区分别位于低层 2 km 高度和高空 5~6 km 高度。由于高炮防雹作业前单体 A 从作业位置到云体更边缘位置的 Z_H 垂直结构总体连续(图 5.25 作业前 162°和 160.8°方位角),基本可以确定 RHI 的 Z_H 一垂直结构的断裂特征在高炮防雹作业后出现。

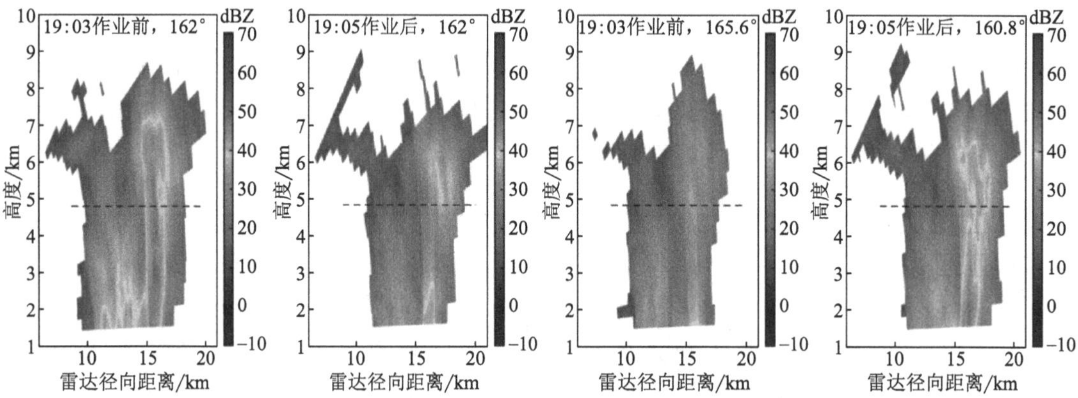

图 5.25(彩) 2021 年 6 月 28 日隰县 X 波段相控阵双偏振雷达探测的单体 A 作业前后 1 min RHI 的 Z_H(黑色虚线为 0 ℃层高度)(孙跃 等,2023)

孙跃等(2023)选取高炮防雹作业前 1 min 162°方位角和高炮防雹作业后 1 min 160.8°方位角的 RHI 为垂直结构分析对象(图 5.26(彩))。由图 5.26 可知,高炮防雹作业前最高层 V_R 存在由负转正的分布,对应高层辐散特征。单体前部中层存在 V_R 小值,且负值带延伸至单体核心高层并与 Z_H 的悬挂回波位置基本吻合,对应对流单体典型的前侧入流特征。高炮防雹作业后 V_R 沿水平方向的变化范围从高炮防雹作业前的−3~8 m/s 减小到 3~8 m/s,且与前侧入流对应的小值/负值带的形态也发生改变。由图 5.26 的 RVD 变化可知,高炮防雹作业前单体前侧与入流对应的辐合带延伸至单体核心高层的辐散带显示前部的主上升气流区。入流辐合带下方和单体后部底层为辐散带,理论上与降水及底层出流对应。单体强中心后部(水平 15 km 左侧)也存在垂直分布的辐合带,其中紧邻水平 15 km 左侧的辐合带从低层一直延伸到接近 0 ℃层,这可能与单体核心降水出流导致的抬升有关,并且与对流系统中后部新单体的生成密切相关。由高炮防雹作业后的 RVD(图 5.26)可知,前侧入流辐合带缩短且不再向单体内延伸,对流核心辐散带更明显地延伸到底层,强回波后部从低层一直延伸到 0 ℃的辐合带消失,据此可推断单体前部和后部的上升运动均减弱。综合上述分析,有利于强对流单体维持和新单体生成的典型动力结构,高炮防雹作业后短时间内发生改变乃至消失。

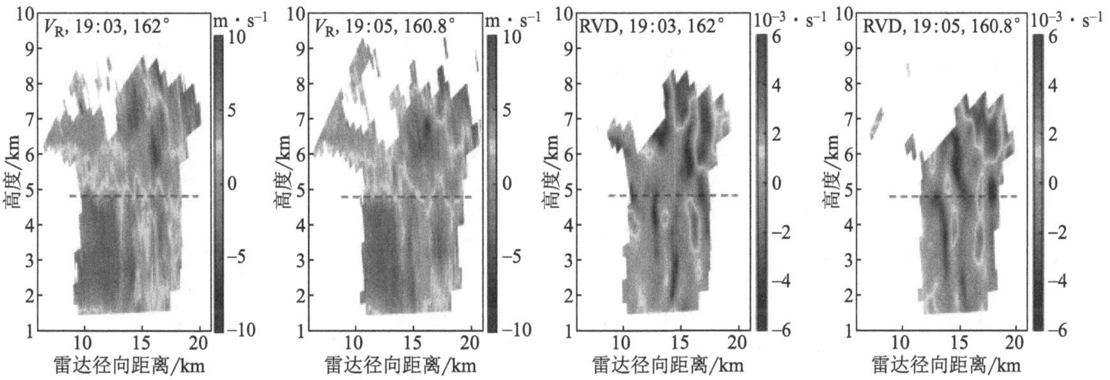

图 5.26(彩)　2021 年 6 月 28 日隰县 X 波段相控阵双偏振雷达探测的单体 A 作业前后 1 min 的 RHI 上的 V_R 和 RVD (黑色虚线为 0 ℃层高度)(孙跃 等,2023)

(d)高炮防雹作业前后偏振参量和水凝物粒子相态识别差异

图 5.27(彩)是单体 A 在高炮防雹作业前后 1 min 偏振参量和粒子相态对比。由图 5.27 的 Z_{DR} 可见,高炮防雹作业前 1 min 单体核心存在强度超过 1dB 的 Z_{DR} 柱特征。Z_{DR} 柱指的是 Z_{DR} 正值区呈柱状且从低层一直延伸到 0 ℃层以上的现象,通常认为与过冷层出现的大雨滴及强上升气流输送作用密切相关。Z_{DR} 大值中心分散于 2～4 km 高度单体前部和单体核心,数值约为 2.5 dB。高炮防雹作业后 1 min Z_{DR} 柱消失,表明上升气流减弱。同时,Z_{DR} 大值中心高度下降,主要分布于近地面,最大可达 3.4 dB,表明低层的大雨滴或其他水平取向的扁平粒子增多。

由图 5.27 的 K_{DP} 可知,高炮防雹作业 1 min 后大值更加集中在约 3 km 高度且数值增大,可能对应液态含水量的增加。

由图 5.27 的 ρ_{HV} 可知,高炮防雹作业前 1 min 0 ℃层以下的单体核心和前部存在多个小于 0.9 的分散低值点,而高炮防雹作业后 1 min 出现柱状 ρ_{HV} 小值区,并从地面向上延伸至略微超过 0 ℃层,可能对应大雨滴或其他水平与垂直尺寸不一致的粒子有组织地下落。ρ_{HV} 的小值中心位于 4 km 高度,为 0.94,近地面 ρ_{HV} 约为 0.96,且小于 0.9 的低值点减少。

由图 5.27 的水凝物粒子相态识别可知,高炮防雹作业前 1 min 单体 A 核心 0 ℃层以上以霰粒子为主,还有小范围过冷水区(水平距离 15 km,5～6 km 高度),可能是与 Z_{DR} 柱对应的被上升气流输送至此的过冷雨滴。这部分过冷雨滴,一方面可能形成冻滴并充当雹胚,另一方面也能促进冰雹、霰等粒子的撞冻增长。单体 A 核心 0 ℃层以下至近地面,由多到少分别有雨夹雹、霰、湿雪、大雨、雨、毛毛雨等不同相态的粒子并呈柱状分布,显示正在发生冰相粒子下落及部分融化过程。在高炮防雹作业 1 min 后单体 A 核心 0 ℃层以上的小范围过冷水区消失,下部出现明显的大雨粒子区,中低层兼有少量雨夹雹和湿雪,0 ℃层以下不再有邻接的多相态粒子柱状分布。结合前文上升气流的减弱现象,可推断此时单体A核心在过冷层的霰、雹等粒子新生或增长并下落的过程减弱或消失,原先0 ℃层以下的冰相粒子则加速下落并融化。更多的雨滴下落也会增加雨滴的重力碰并增长,这些因素均可能导致近地面出现大雨滴增多。

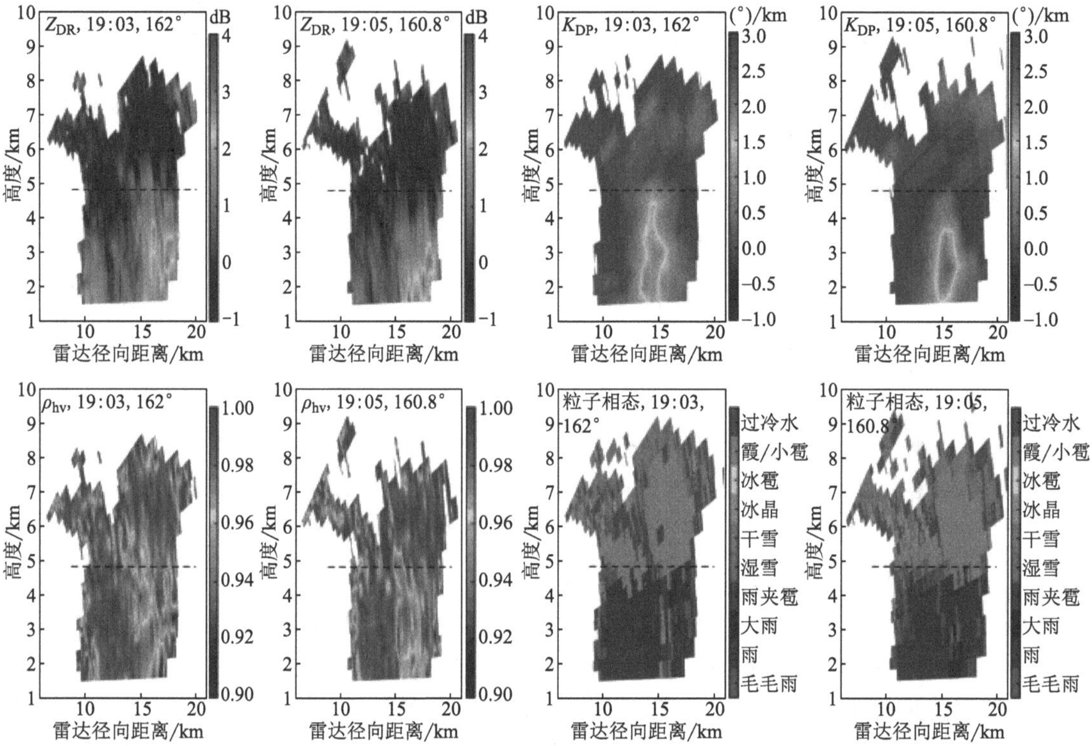

图 5.27(彩) 2021年6月28日隰县X波段相控阵双偏振雷达探测的单体A作业前后1 min的RHI上的偏振参量和粒子相态(黑色虚线为0 ℃层高度)(孙跃 等,2023)

(e)可能的作用机理

高炮防雹作业存在微物理和爆炸动力作用两大类机理学说,孙跃等(2023)基于高时空分辨率相控阵双偏振雷达观测分析的结果支持爆炸作用这一大类学说。因为以往的数值模拟研究中,人工引晶引发的防雹微物理过程通常需要数分钟到十几分钟才起明显效果。属于相对慢的过程,而本次作业前后1 min的雷达数据分析显示,在高炮防雹作业后至多2 min便出现动力和微物理特征的明显变化,属于相对快的过程。一方面,高炮防雹作业后的强回波中心断裂、动力垂直结构改变等观测与分析结果与许焕斌(2001)归纳的爆炸引发扰动导致流态改变并抑制上升气流的理论大致吻合。另一方面,高炮防雹作业后短时间内低层出现更多大雨滴的现象也与"炮响雨落"高炮防雹作业实践基本吻合。因此,这些现象均有望成为高炮防雹短时动力作用的新证据。

孙跃等(2023)认为,人工引晶是否在本次防雹过程中起了作用,则不易被证明。高炮防雹作业时单体处于旺盛至成熟阶段,探测及分析结果显示单体核心的过冷水以 Z_{DR} 柱向上输送的过冷雨滴为主。高炮防雹作业后上升气流减弱,过冷雨滴减少或消失,这难以支撑人工冰晶消耗大量过冷水的过程。由于水凝物粒子相态识别算法每个空间点仅能识别一类粒子的局限性，在单体核心高层几乎均以霰粒子为主的定性结果下，尽管也有少许空间点显示过冷水和冰晶、霰粒子交错分布的识别结果，但无法证明是否有人工冰晶参与微物理过程。

孙跃等(2023)同时指出，本研究未能在雷达数据中找到防雹炮弹爆炸的直接信号，其可能原因是，尽管雷达径向距离分辨率为 30 m，但 1.8°的垂直采样宽度在水平距离 15 km 处相当于 RHI 垂直分辨率近 500 m，导致不易明确探测到半径仅有几十米的高炮防雹弹爆炸的直接动力效应。因此，未来有必要在较近水平距离采用雷达高仰角开展针对性探测，进一步探明高炮防雹弹进云爆炸的相关信号，深入厘清爆炸过程的直接、间接动力作用和粒子融化及拖曳等间接作用，以及这些作用在短时间内的演变特征和相互关系，如爆炸的激波是否能直接促成大雨滴碰并影响垂直气流。

5.11　冰雪灾害风险评估

2008 年初的冰冻雨雪巨灾引起政府和学术界的高度重视，促进了冰雪灾害风险的研究和业务工作的开展。气象部门冰冻雨雪大气的预报准确率较高，为冰雪灾害风险评估提供了有利的条件。冰雪灾害风险评估有统计分析法、人工智能和机理模型等方法。

5.11.1　2008 年南方冰冻雨雪巨灾的反思

2008 年伊始，一场历史罕见的低温雨雪冰冻巨灾几乎席卷了南方 20 个省区。大范围交通中断或堵塞以及断电、缺煤、断水、断通讯，对当地经济发展和群众生活造成了巨大影响。

(1)天气情况

从 2008 年 1 月 10 日—2 月 2 日，中国南方主要经历了四次明显的雨雪天气过程，时段分别为：1 月 10—16 日、1 月 18—22 日、1 月 25—29 日和 1 月 31 日—2 月 2 日。四次过程频繁集中、间隔短、过程总时间长，且冰冻、暴雪、严寒、连阴雨等多灾并发，多项气象极值被刷新，导致系列极端天气的综合强度成为有气象记录以来的极值。

持续性低温天气历史罕见。2008 年 1 月 10 日—2 月 2 日这段时期，南方平均日最高气温为 2.1 ℃，较气候平均值偏低 5.7 ℃，达到了 1951 年以来的历史最低值。这一低温事件在长江中下游地区出现的概率为 100 a 一遇。

降雪量及降雪日位居历史高位。此次灾害天气过程给长江中下游至江南一带制造了大到暴雪，总雪量(63.3 mm)居 1951 年以来冬季降雪量第二位，达 50 a 一遇。最长连续降雪量(42.4 mm)为 1951 年以来冬季最多，达 100 a 一遇。

冰冻持续时间创历史极值。2008 年冰冻天气(以日平均气温≤1 ℃，同时有降雨或降雪出现作为标准定义一个冰冻日)覆盖长江中下游和江南大部地区。湖南、湖北、江西、安徽、贵州等 5 个受冰冻灾害最严重省份出现的冰冻日数达 10～20 d。湘、鄂、赣、徽、浙、苏、贵等 7 省 2008 年冬季的最长连续冰冻日数为 9.9 d，达 1951 年以来最大值，超 100 a 一遇。湖南、贵州冬季最长连续冰冻日数分别达 15.5 d 和 14.9 d，均为 1951 年以来最长，超 150 a 一遇。综合上述指标分析，此次大范围、长时间的低温、雨雪、冰冻灾害强度已经达 100 a 一遇。

持续的低温雨雪冰冻天气影响之广实属罕见。涉及贵州、湖南、湖北、安徽、江西等 20 个省(区、市)。我国除华南、东北及云南等地以外的大部分地区均出现冰冻、雨雪天气，其中湖南、湖北大部、江西西北部、安徽中南部、贵州中部等地冰冻日数达 10～20 d。

(2)灾情

2008年1月中旬以来,持续低温雨雪冰冻天气给湖南、湖北、安徽、江西、广西、贵州等21个省(区、市)造成重大灾害,灾民过亿人。特别是对交通运输、能源供应、电力传输、通信设施、农业生产、群众生活造成严重影响和损失。马路上的冰层坚硬如铁、光滑如玻璃,高压电线覆冰最大厚度达70 mm,超过历史最高纪录。在这次低温雨雪冰冻灾害中已造成129人死亡,4人失踪,紧急转移安置166万人。农作物受灾面积1.78亿亩,农作物绝收2536万亩;森林受灾面积达2.79亿亩,冻死冻伤国家重点保护野生动物3万只(头);倒塌房屋48.5万间;因灾直接经济损失1516.5亿元。

雨雪冰冻天气对交通运输、电网和通信网络的影响巨大。1月26日京珠高速公路湖南段滞留车辆超过2万台,滞留司乘人员超过6万人。1月28日,持续的雨雪天气导致湖南、湖北、江苏、江西、安徽等省共计21个机场关闭。1月30日,受南方雪灾的影响,京广线南段和沪昆线部分区段受阻,致使广州地区滞留旅客达近80万人。部分地区出现电煤紧张的状况,全国有17个省市出现拉闸限电。持续的低温雨雪和冰冻天气导致湖北、湖南、江西、安徽、贵州、云南、广西、广东等地区的电网均遭受了历史上最严重的覆冰灾害,其中贵州和湖南两省遭受的损害最为严重。冰灾造成南方大范围出现倒塔、断线和闪络事故,仅南方电网公司停运10 kV及以上线路共计7541条,停运35 kV及以上变电站共计859座,且造成10 kV以上线路损坏及倒塔共计126247基。

(3)气象预报服务情况

2007年12月18日,中国气象局即下发通知要求各级气象部门作好应对暴风雪的准备,全面部署元旦和春节期间的气象监测、预报预警、服务和应急准备等工作。2008年1月8日,及时将此次雨雪过程的预报预测情况专题报告国务院,随后逐日上报预报警报信息和气象灾害影响分析材料。又根据国务院应急办的通知要求,全面部署防灾救灾工作,先后召开6次全国紧急电视电话会议,迅速传达党中央、国务院领导的重要批示及国务院应急办有关紧急通知精神、通报气象部门各地各单位应急响应情况、部署安排应急气象服务工作。同时加强信息上报工作,1月10日以来,中国气象局共报送《重大气象信息专报》18期,《中国气象局值班快报》60期。省级气象部门当面向省委、省政府进行专题汇报246次。有关省(区、市)气象局向当地党委、政府报送材料998期。地市县级气象部门报送服务材料14000余期。

气象部门对这次严重的灾害性天气过程的1～5 d预报是很准确的,对4次天气过程的预报也比较准确。中央气象台在短期预报时效内,对降水的有无和降水量级均做出了较准确的预报。截至2月5日17时,中央气象台共发布《暴雪红色警报》2期、《暴雪橙色警报》12期、《大到暴雪预报》6期、《大雪预报》4期,《大风降温消息》2期、《大雾预报》2期、专项预报服务材料50期,通过"全国气象业务信息服务系统"对地方台站发挥业务指导作用。警报信息通过短信方式发布至相关接收人。

灾害损失最重的湖南省气象部门提前一周对此次天气过程做出了准确的雨雪天气预报。其中,0～24 h预报准确率为95%,24～48 h、48～72 h预报准确率为90%,4～7 d(96～168 h)的预报准确率都在85%以上。湖北省气象局1月11—13日根据该过程的实况和对未来天气趋势的预测,对冰冻雨雪天气持续时间及影响程度做出了准确的预测和判断,4次大到暴雪天气过程均提前3～7 d作出了较为准确的预报。江西各级气象部门积极应对,准确预报出了1月12日晚—13日、28日晚—29日、1月31日—2月2日和2月4日晚—5日四次降雪过程,在 1 月 10 日、14 日、19 日、24 日、27 日和 29 日等先后滚动预报有连续低温阴雨雪天气，1 月 26 日提前 6 d 做出了“2 月 2 日前我省连续低温雨雪冰冻天气的预报”。

气象部门从上到下都及时为党委、政府、应急办以及交通、民政、农业、林业、公安交警、民航、铁路、安监、防汛抗旱指挥部办公室和电力公司等相关单位提供《重大气象信息专报》《专题气象服务》《应急气象服务》《春运专题气象服务》等预报服务材料。并多次发布“道路结冰预警信号”，提醒道路结冰对交通有很大影响。

湖南、湖北、江西、贵州等省气象部门都及时启动了重大气象灾害预警Ⅱ应急预案及应急响应，加强值班，加密会商，精心预报，周到服务。与移动、联通、电信公司沟通，以小区广播方式通过手机短信向公众发布气象预警信号。实现了气象灾害预警信号在卫视、电台、交通广播、综合频道等广电媒体的实时插播和滚动飞播，并在交通、新闻、经济、音乐等电台节目中随时插播(广播)暴雪红色预警信号。各级气象台站还利用各大报纸、“12121”电话、专业气象服务网站、省和市气象门户网站，及时向公众提供最新降雪量、积雪深度、天气警报、各种预警信号、春运天气、周天气预报、天气展望，开展防雪防冻抗灾科普宣传。努力扩大信息覆盖面。

对公路沿线开展应急气象服务。每隔 2 h 制作一次沿线交通天气预报。通报道路结冰、大雾和天气实况与预报，为交通、高管部门疏导和分流超长车龙提供气象服务。

(4)冰冻雨雪巨灾的反思

尽管气象部门对 2008 年初冰冻雨雪天气的预报工作十分出色，但灾害造成的损失依然严重，为什么？

对气象部门而言，传统的天气预报服务是做得不错的，但是，就天气谈天气是远远不够的，天气对各行各业和人民群众有什么影响？如果能够说清楚，那么我们的气象事业就可以上一个大台阶，这就是风险评估问题。在此灾害中，针对专项预报服务所发布的预警信号只有“道路结冰预警信号”一项，但受冰冻灾害影响严重的部门却包括水、电、煤、气、交通、通信、食品生产供应等诸多部门。对这些部门有些什么影响，因为缺乏研究，服务也就很难有针对性了。就是“道路结冰预警信号”，也只是说对交通有影响，如何影响，如何防御，因为没有研究，也说不清楚。有人在文章中把气象部门的问题说成是部门协调问题，那是“牛头不对马嘴”，非气象部门不为，而是难为也。当然，风险评估并非气象部门一家之事，各个部门都应当加强研究，并开展相应的业务工作。笔者之所以写风险方面的书，就是为了引起大家对风险问题的重视。这也可能是气象部门从 2010 年开始把气象灾害风险评估正式列入气象业务的原因，十多年过去了，这项工作做得怎么样，是值得认真总结的，肯定成绩，找出问题，有利于再出发。

早在 2003 年“SARS”之后，中国就开始加速突发公共事件应急机制建设，各级政府制定了有关自然灾害、事故灾难、公共卫生事件和社会安全事件的应急预案。2007 年 11 月 1 日，《中华人民共和国突发事件应对法》正式实施，明确我国要建立统一领导、综合协调、分类管理、分级负责、属地管理为主的应急管理体制。这是利国利民的大好事。但有关部门没有及时做好细化工作，特别是对防御措施缺乏研究，大而化之，灾害来了，忙得团团转，却无计可施。2005 年湖南电力系统遭受严重覆冰灾害之后，也有人曾发表过一批很有价值的研究成果，对灾害成因及防范措施都做了比较深入的分析论证。可惜这些宝贵的经验和研究成果未能引起足够的重视，未能及时被相关规程规范吸收，因而也未能在实际电力线路设计中得到应用。由此看来，我国冰雪灾害发生并非突如其来，只是相关政府部门的预防和风险意识淡薄，没有提前做好防范措施而已。2008 年冰冻雨雪灾害的应对就是明证。

除此之外,冰冻雨雪灾害还暴露出政府管理协调方面存在的诸多问题。首先,我国的应急管理体制,是在党中央、国务院的统一领导下,分类管理、分级负责,条块结合、属地管理为主,强调的是下级政府对上级政府负责,下级政府及时向上级政府报告信息。但是上级政府除了向下级政府下发文件外,在主动与下级政府沟通信息方面往往欠缺。因此,上级政府与下级政府之间不协调的原因主要责任在上级政府。其次,由于我国的行政管理体制存在条块分割,就决定着部门之间通常缺少直接的业务联系。再次,地区之间不协调。据新华社报道,2008 年 1 月 25 日,京珠高速公路湖南段和衡枣高速公路,之所以出现严重的大堵车,除天气原因外,还有一个原因就是湖南邻近省区的高速公路相继封闭,很多车辆进入湖南后无法出去。通车信息发布混乱,"你开我关、你关我开",这使得灾害下的交通困局雪上加霜。在疏通京珠高速公路时,又出现多头指挥,力量不集中问题,最后,在广东省委书记汪洋视察"京珠北抗冰救灾联合指挥部"后,指挥中心决定由军队全面指挥救灾工作,"一统管,一下子就好办了。"不到一天时间,京珠北双向车道全部开放。而此前这一路段堵塞时间长达 8 d。

就公众而言,问题就更多了,主要是公民预防和危机意识淡薄、应对风险的能力欠缺。比如,大雪造成交通中断,计划出门的旅客绝大部分还是选择在车站、机场坐等,造成公共场所秩序混乱,截至 2008 年 1 月 31 日,广州地区已经滞留旅客百万人,1 月 31 日就有 100 多名旅客晕倒,许多家人失散。在冰雪灾害最严重的时候,京珠高速公路在湖南段发生严重堵塞,11500 辆汽车和 35000 人共滞留了整整 9 d。广州从 1 月 26 日启动紧急春运预案,到 31 日止,紧急调派到广州火车站、广州东站的武警官兵 6500 多人维持秩序。由此看出天灾已经演变成了人灾。

以上这些问题目前得到一定程度的解决,但又冒出了一个新问题,负责应急的部门和人员不懂风险,瞎指挥就难以避免了。至于基础设施薄弱,防灾能力严重不足的问题在之后十几年的建设中已经得到比较好的解决。

5.11.2 电网覆冰灾害预测和经济损失评估

2008 年初的冰冻雨雪灾害极大地刺激了电线覆冰灾害的研究。马天男(2017)针对输电线路覆冰问题,从研究线路覆冰产生机理出发,对导线覆冰影响因素进行了识别,在建立基于 Spark 大数据平台的覆冰数据预处理模型基础上,构建了输电线路覆冰影响因素量化分析模型。以覆冰影响因素识别与量化为依据,结合 Spark 处理平台分别建立了输电线路覆冰预测模型和覆冰状态风险智能评估模型,并因此构建了区域电网覆冰灾害风险管理体系。

(1)数据

马天男(2017)研究使用的全部覆冰大数据源主要由湖南省电网输变电设备防灾减灾国家重点实验室提供。采集的数据为近 8 a(2009—2016 年)输电线路的历史覆冰数据,其中严重覆冰期间的数据采集方式按 15 min 一个点进行记录储存,轻度覆冰则采取不定时取样方式,由此得到近 2 T 的数据量。原始覆冰数据组主要由不同电压等级覆冰线路的气象数据、环境因素数据、线路自身属性数据、覆冰厚度数据等结构化和部分半结构数据组成。通过对原始覆冰大数据的整理、清洗、提取、转换和预处理等,形成新的数据集和关系型数据库,并将多维数据组进行存储,从而建立可调度的覆冰数据仓库,为输电线路覆冰影响因素量化分析、覆冰预测以及风险评估等模型的输入提供良好的基础。马天男(2017)将 MapReduce 框架和数据仓库进行整合实现大数据环境下的覆冰历史数据分析处理工作,通过 Spark 大数据平台将单个数据库节点串联起来并行执行数据的查询任务和存储任务，以提高数据仓库操作的效率，减少时间消耗。

(2)基于 DBN-ANFIS 的输电线路覆冰风险智能评估模型

根据输电线路覆冰事件发生可能的影响程度、影响范围以及发展态势等，将输电线路覆冰状态风险等级按照覆冰厚度范围共划分为五个等级：Ⅰ级(轻度：覆冰厚度 0～5 mm)、Ⅱ级(一般：覆冰厚度 5～10 mm)、Ⅲ级(中度：覆冰厚度 10～20 mm)、Ⅳ级(严重：覆冰厚度 20～30 mm)、Ⅴ级(非常严重：覆冰厚度 30>mm)，依次用灰色、蓝色、黄色、橙色和红色表示。

马天男(2017)通过对输电线路覆冰影响因素的动态识别和量化分析，建立了输电线路覆冰影响因素库，并构建了基于 Spark 大数据平台的无限深度卷积神经网络影响因素综合量化模型(IDNN)。影响因素的识别主要从三个方面展开，即气象因素、环境因素和线路参数；在覆冰影响因素的量化分析的基础上，提出了基于无限深度卷积神经网络(IDNN)的输电线路覆冰影响因素综合量化模型，通过 Spark 大数据平台设置不同工作组，为每个工作组设定输入-输出结构，通过并行化训练和学习，进而对测试样本进行有效计算。通过选取数据仓库中覆冰影响因素数据的实例测算，验证了模型的有效性和实用性。

马天男(2017)从气象因素、环境因素和线路参数三大方面，提炼出最终的风险评估指标，从而建立线路覆冰风险评估指标体系。气象因素主要包括环境温度、相对湿度、风速、风向以及降水量；环境因素主要是海拔高度、凝结高度、地形地貌和林带防护性能。线路参数指标主要有线路方向、悬挂高度、导线刚度、导线直径和负荷电流和电场。在 Spark 大数据平台上，建立动态贝叶斯推理(DBN)的 ANFIS(自适应模糊智能推断系统)覆冰状态风险评估模型(DBN-ANFIS)。

从覆冰数据仓库中选取 2008 年湖南省遭受冰冻灾害期间的 23 条覆冰输电线路共 2260 组数据进行 DBN-ANFIS 模型的验证和分析；选取其中 2000 组数据作为训练样本，其余 260 组数据作为测试样本。DBN-ANFIS 模型的 MAPE 值为 2.74%，要小于 ANFIS 模型和 BPNN 模型的 4.69%和 4.98%；另外，DBN-ANFIS 模型的 MSE 值为 0.17，亦小于 ANFIS 模型(0.68)和 BPNN 模型(0.74)；另外，DBN-ANFIS 模型对风险程度和颜色标识的识别率为 97.31%，识别错误的样本数为 7 个；ANFIS 模型的识别率为 92.69%，识别错误的样本数为 19 个；BPNN 模型的识别率为 91.92%，识别错误样本数为 21 个，说明 DBN-ANFIS 模型对风险程度和颜色标识的识别精度要高于 ANFIS 和 BPNN 模型。

马天男(2017)分别构建了覆冰断线经济性损失评估指标体系和覆冰灾害引起区域电网大停电经济性损失评估指标体系。首先，在断线经济性损失评估中，主要从覆冰断线故障率、断线经济损失和用户停电损失三个方面构建了断线经济性损失指标体系；在覆冰灾害引起区域电网大停电经济性评估中，分别从输电线路设备损失、供电部门经济损失、电力用户经济损失和人员伤亡经济损失四个方面构建了评估指标体系。其次，根据所构建的经济性评估指标体系，建立了基于 AHP 一熵权组合权重确定的模糊综合评价模型。选取湖南省 2008 年冰灾期间三条不同电压等级的架空输电线路作为案例用以计算和分析，选用本节构建的 AHP-熵权模糊综合评价模型分别对三条线路的断线经济性进行评估，三条线路经济性损失的综合评估值均大于 80，说明覆冰灾害引起的断线造成这三条线路的经济损失均较为严重。从评分大小来看，110 kV 线路的经济损失最为严重，220 kV 的经济损失严重程度次之，500 kV 的经济损失排位最后。选取湖南省 2008 年某区域因覆冰灾害造成的大停电事故作为案例进行计算和分析。该区域覆冰灾情发生在海拔 800 m 以上的高寒山区，严重覆冰导致断线 33 根，倒杆倒塔 79 处，停电受影响用户 1320 户，受伤人数 11 人，区域电网供电损失达 2000 万 kW·h，地区经济损失总量为 2.3 亿元。采用本节构建的 AHP-熵权模糊综合评价模型进行评估，计算结果表明，该区域大停电事故引起了非常严重的经济性损失，对供电企业、电力用户以及当地居民造成巨大的经济损失。

5.11.3　2012 年冬季青海省雪灾风险评估

2012 年 1 月 3 日—3 月 8 日，青海省青南牧区各地≥2 cm 积雪累计时间为：甘德、称多累计时间超 60 d，泽库、曲麻莱、河南、达日超过 30 d(图 5.28)，与历年同期相比，五道梁、曲麻莱、称多、甘德≥2 cm 积雪累计时间列 1961 年以来第 2 位，玛沁、河南列 1961 年以来第 3 位。青南牧区出现如此大范围、长时间的积雪，为有气象记录以来少见。

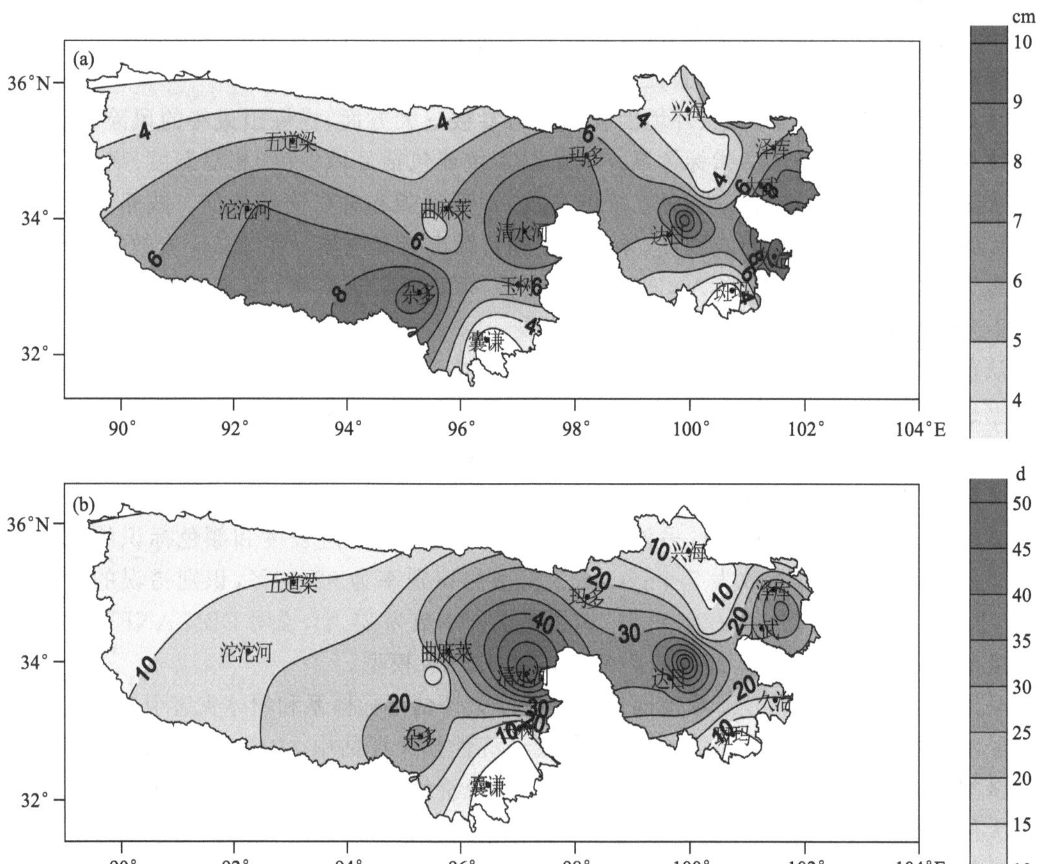

图 5.28　2012 年 1 月 3 日—3 月 8 日青海省青南地区最大积雪深度(a)和积雪持续时间(b)

针对这一雪灾过程，早在 2011 年 9 月，青海省气候中心制作发布了《2011—2012 年今冬明春雪灾趋势预测》，准确地预测出冬春季雪灾发生时段和落区，根据预测结果，进行了青南地区雪灾风险评估，提出青南牧区出现雪灾的概率较大(图 5.29)，建议牧区群众做好青饲料储备和牲畜安全越冬工作。对于雪灾趋势预测及所提出的对策建议，青海省委书记高度重视，专门批示请主管农牧业的副省长阅，早作雪灾防灾减灾准备。由于预测预警服务及时、准确，最大程度上减少了雪灾对农牧业、交通、通信设施等各方面可能造成的损失，得到了省委省政府领导的高度关注与充分肯定，青海省委常委、省政府常务副省长做出重要批示，充分肯定了气象部门的有力有效工作，并要在相关系统推广相关成功经验。

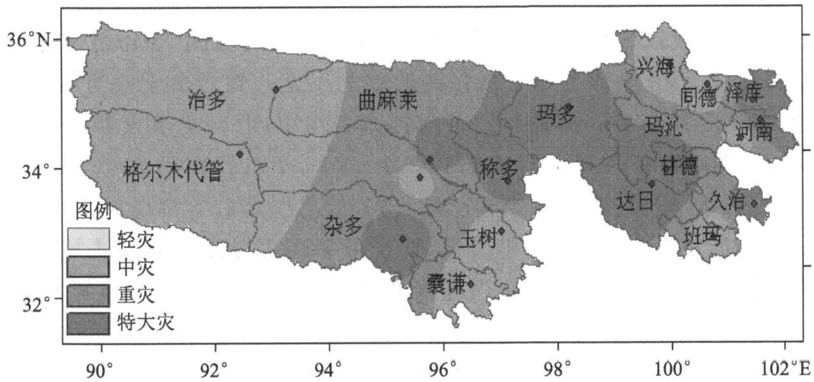

图 5.29　2012 年 1 月 3 日—3 月 8 日青海省青南地区雪灾风险评估

5.11.4　冰雪天气对轨旁设备的影响和防护

冰雪天气对高速铁路信号设备的影响，最严重的是列车积冰对轨旁设备的击打，不仅影响信号设备的正常使用，也成为高速运行动车组安全运行的隐患。

(1)冰雪天气对轨旁设备的影响

王振波等(2018)根据哈大高速铁路轨旁设备运行维护的情况，总结出冰雪天气对轨旁设备有如下影响。

当出现降雪天气时，线路积雪被高速运行的动车组吹起后，在车底和车体两侧形成结冰并逐渐变大。当动车组由降雪区域运行至温度较高的区段或动车组高速通过隧道时，因温度上升导致车体底部和侧面携带的冰块大量脱落掉人线路中间和两侧，直接击中线路中心和两旁的信号设备，造成设备损坏，干扰正常行车秩序，对高速铁路行车安全构成了严重威胁。

轨旁设备主要包括电路设备、电缆终端盒、应答器、转撤机以及轨旁标识牌等。应答器损坏情况主要分为 2 种：①应答器本身在遭遇雪块击打后损坏。应答器损坏后无法与列车进行信息交互，维修人员必须在夜间“天窗”时间内对应答器进行修理或更换；但是存在严重安全隐患，即应答器被击碎后，内部零件、螺丝等散落于铁轨之上，在下一辆列车通过时将大范围卷起碎片，极大地影响行车安全。②应答器尾缆被冰雪击打损伤。在高寒、极寒等极端天气，尾缆会变硬变脆，尤其是硬连接部位在受到冰雪击打后更易被损坏，造成应答器与其他设施之间的通信中断。

轨道电路的调谐单元、扼流变压器、电缆盒等，一般安装在轨旁，用于显示轨道电路的占用和出清状态，并向机车发码，实现机车信号显示的自动控制。这些设备一般采用金属或玻璃钢材质，但由于冰雪打击的力度较大，也经常遭受击打而损坏。

钢轨引接线铺设于轨旁，与钢轨呈 90°角，主要用于信号的传输。在冬天天气寒冷时，该线缆的外皮会发硬发脆，当动车组车体上的积雪和积冰掉落下来后，会打坏该线缆，造成信号传输故障。

(2)轨旁设备防护

① 应答器防护

按照《应答器冰雪击打防护装置技术评审意见》(运电高信[2014]225号)文件要求,电务系统对哈大高速铁路296个有源应答器尾缆和2300处应答器组加装了防护装置。通过2 a的运行考验,尾缆防护效果非常理想,杜绝了尾缆被击坏的问题;应答器防击打装置也有效地防护了应答器被击打损坏,保证了冬夏一张图的顺利实施。然而由于应答器防击打装置由5片垫块组成,安装高度为170 mm,虽起到了阻挡冰雪作用,但自身被频繁击打损坏。2015年冬季哈大全线应答器防击打装置击打损伤232块,2016年击打损伤多于82块,2017年损伤26块。存在问题:①应答器防护装置结构问题,防护装置脱落后有刮碰风险;②应答器本身结构过高(135 mm),防护装置高度也不能降低,防护效果还需提高。要彻底解决应答器防击打问题,必须从降低应答器本身高度人手,但是降低高度,又会影响车——地间无线通信质量(王振波,2018)。

为此,2016年10月,沈阳局电务处组织进行降低应答器高度试验,北京交大思诺科技股份有限公司将其国产应答器安装高度降低至距离轨枕70 mm,仍能保证车——地正常通信。为进一步保证安全,沈阳局同时对这203个应答器的防击打装置,由5块垫块减少为2块垫块,高度由170 mm降低至70 mm,与应答器安装高度相同。应答器与防击打装置降低高度后,与冰雪作用面积减少50%,受冰雪击打概率降低一半,安装螺栓抗剪切力提高一倍,抗冰雪击打能力将大大增强(王振波,2018)。

兰州局集团公司没有采取哈大线降低应答器高度的方法,主要采取防的办法(满开泉 等,2020):一是为应答器加装防护装置。这个防护装置,实质是一个多层叠放的三角板,一个角正对列车来临的方向,利用三角形边将迎面而来的列车落冰导向两侧,起到防护应答器的目的。防护挡块的高度大于应答器的高度,用上下贯通的螺栓将防护挡块固定在道床上,距应答器18 cm时效果好。应答器前安装防护挡块,意在防护顺列车方向滑来的冰块,并不能防护直击冰块。同时,受防护挡块导引冰块在撞击钢轨后,碎屑仍会对应答器及尾缆造成一定的伤害,但已大大降低了应答器受冰雪击打的风险。二是改进应答器底座,增加尾缆防护功能。防护的方法是改进应答器底座,加长、加高尾缆端的底座,为尾缆增加一层防护屏障。通过改进应答器的底座,使得尾缆也有了相应的保护,大大降低了应答器被落冰击打损坏的概率。

满开泉等(2020)认为,相对于应答器而言,区间轨道电路补偿电容受列车落冰击打防护难度更大些,落冰借动车高速动能在钢轨间道床上高速运行,极具破坏力。中心安装方式会将电容及导线打断,侧装式则会砸断引线。预留孔道暗装也许是根本的解决办法。随之而来的问题是需要在整体道床上预留孔道,这又是另一个难题。BIM技术的出现为解决工务与信号专业的协调提供了契机,利用BIM技术对各专业接口进行仿真,或许能提高各专业间协调的可行性。另一条路线是整体道床施工时预留标准间距的孔道,由信号专业就孔道位置设计补偿电容。

② 转辙机防护

转辙机防护存在的问题:目前哈大高铁采用S700K转辙机1174台,存在转辙机外盖被击打脱落的风险。采取防护措施:转辙机外盖采取加装折页进行改造,防止转辙机外盖击打后脱落卷入车底剐碰车体。

③ 其他轨旁设备防护

由于冰雪击打的力度较大，轨道电路方向盒外面的金属罩采用抗击系数较高的材料制作，并配置防雪套来阻挡冰雪的冲击。

钢轨引接线的防护则通过制作与线缆尺寸相匹配的防雪管，将其套在线缆的外层，以防止冰雪的击打。

5.12　地质灾害风险评估

地质灾害预报和风险评估在气象和地质部门的密切合作下，已经将该项业务建立起来了，但水平和精细化程度还有待提高，预报的地质灾害范围过大，当地政府转移受影响的群众困难重重。

5.12.1　滑坡、泥石流的监测和临近预警

由于滑坡、泥石流的预测预报仍然存在预报的时间和空间精度以及准确率不高的问题，因此，滑坡、泥石流的监测和临近预警在预防地质灾害的危害仍具有积极的意义。

(1)滑坡的监测和临近预警

王念秦等(2021)分析了边坡变形监测技术发展现状，归纳的常规边坡变形监测技术见表 5.51。

表 5.51　常规边坡变形监测技术及其特点(王念秦 等,2021)

监测内容	监测方法	监测仪器	监测方法特点 适用范围(阶段)	适用范围(阶段)
地表变形	大地测量法	水准仪、经纬仪、测距仪等	精度高、投入快、监测范围广、能确定位移方位及变形速率，但受地形和气候的影响	
		全站仪、电子经纬仪等	精度高、速度快、易操作、可自动跟踪连续观测，但受地形和气候的影响	地表位移监测(各变形阶段)
	倾斜测量法	倾斜仪、表面倾角计等	精度高、成本低，但不能测得位移量	坡体、结构物变形监测
	测缝法	测缝计、收敛计、位移计等	操作简单直观，但精度较低、不易保护	岩土体裂缝变化监测
深部变形	测斜法	钻孔倾斜仪、钻孔多点位移计等	精度高、易保护、可判定滑面位置，但量程小、成本较高	深部位移监测(变形初期)
土应力	受压法	土压力计等	精度高、投入快、成本低	各变形阶段

除了常规边坡变形监测技术之外，时域反射法(time domain reflection，TDR)、分布式光纤传感技术(distributed fiber optic strain sensor，DFOSS)、声发射(acoustic emission，AE)、测量机器人等也在边坡变形监测的研究中得到应用。

与此同时，3S(GPS、GIS、PS)技术对滑坡监测分析、掌握滑坡时空演化规律以及滑坡监测工作的进展起到了关键作用。

RS 技术在滑坡监测领域可以快速获得大范围研究区域的动态滑坡信息，并可以同步进行

滑坡监测。具有覆盖范围广、获取信息快、受地面障碍限制小,并能连续反复进行观测等优点。

GIS 技术具有对地球表层空间中有关地理分布数据进行采集、分析等功能。可以从不同空间和时间尺度上分析滑坡发生与环境因素之间的统计关系,从而定量-半定量地监测和评价滑坡发生的时间及可能的影响范围。

由于 GPS 具有精度高、自动化程度高、实时动态监测、不受气候条件限制以及无需站点之间通视等优点,因此在地质灾害领域发展十分迅速,成为滑坡监测的有力手段,其对水平位移量的观测精度可达到±5 mm。中国已在长江三峡库区建立 GPS 监测网,其中,根据玉黄阁滑坡 GPS 监测网监测结果表明,玉黄阁滑坡的水平位移平均每月为 0.02～0.28 mm,为边坡稳定性分析提供了参考依据。与此同时,以 GPS 为基础的 CORS(continuous operational reference system)和 GNSS(global navigation satellite system)等技术也相继得到发展。

许强等(2019)指出:大量的滑坡实例表明,滑坡尤其是重力型滑坡(主要受重力作用形成的滑坡,而非地震、降雨、人类工程活动诱发的滑坡),基本都能满足日本学者斋藤提出的 3 阶段变形规律(图 5.30)。通过高分辨率光学+合成孔径雷达干涉测量技术(InSAR)、地基合成孔径雷达系统(GBSAR)、全球导航卫星系统(GNSS)、裂缝计等变形监测手段的持续监测,获取滑坡的变形时间序列曲线,结合监测数据不难判断滑坡当前处于哪一阶段。理论和实践均表明,滑坡进入加速变形阶段是滑坡发生的前提,也是滑坡预警的重要依据。也就是说,若滑坡还处于等速变形阶段,即使有较大的变形速率(一般可达每天数厘米、数分米),也未必会发生滑坡,但一旦进入加速变形阶段,则预示着在未来不久将会发生滑坡。因此,对于新发现的重大滑坡隐患,一般应尽快实施变形监测,掌握滑坡所处的变形阶段,并由此判断滑坡的稳定性和危险性。

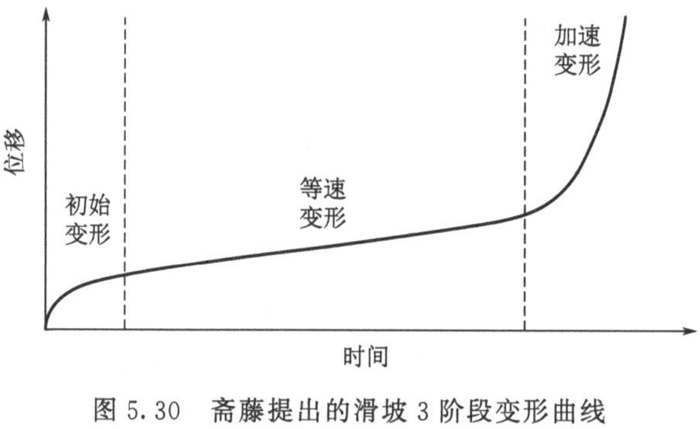

图 5.30　斋藤提出的滑坡 3 阶段变形曲线

基于滑坡的 3 阶段变形规律以及加速变形对滑坡预警的重要性,许强等(2015)撰写的《大型滑坡监测预警与应急处置》一书中对滑坡的加速变形阶段进行了细分,并通过统计分析给出了基于变形的滑坡 4 级综合预警准则(图 5.31)。滑坡预警级别划分的主要依据,一是根据变形-时间曲线各阶段的特征差异,如曲线斜率(切线角)、加速度、速度增量等;二是根据宏观变形迹象,如地表裂缝的动态发展状况、分期配套特征、滑动面的贯通情况,以及临滑阶段的前兆特征等;三是根据稳定性系数。理论上讲,在滑坡等速变形阶段,其稳定性系数应该在 1 上下波动,而一旦进入加速变形阶段,其稳定性系数将降低到 1 以下,临滑阶段其应远小于 1。为了使地质灾害监测预警能够实用化和业务化,许强等(2015)基于全球广域网绘图协议的三维数字地球,研发了地质灾害实时监测预警系统,实现了现场监测数据的自动采集、远程无线传输、实时自动分析预警和预警信息的自动发送等功能。该系统在 2017 年曾两次提前数小时成功预警甘肃黑方台黄土滑坡。2018 年 11 月，金沙江白格滑坡堰塞体应急处置过程中，直接使用该系统进行监测预警，对施工现场的几次小规模垮塌均作出了提前预警，保证了施工安全。该系统已用于贵州省地质灾害监测预警的业务化运行，对数百处滑坡隐患进行实时自动监控，一旦某灾害点出现临灾征兆，系统会通过短信等方式将预警信息及时自动发送给相关人员。

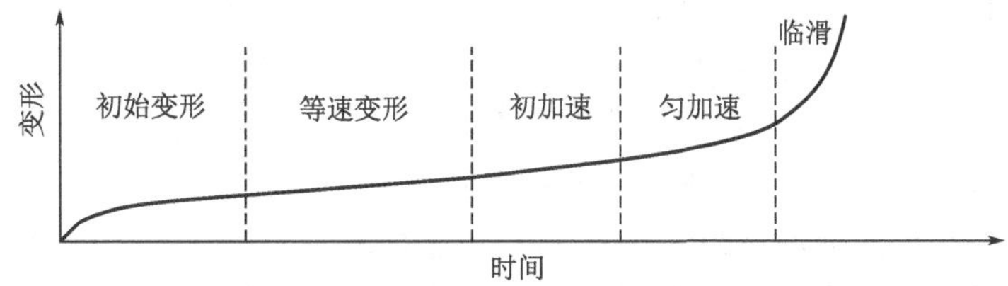

预警级别	注意级	警示级	警戒级	警报级
警报形式	蓝色	黄色	橙色	红色
地表裂缝(空间)	后缘、两侧及前缘裂缝分期有序形式	地面裂缝逐渐配套、贯通，并最终圈闭		后缘裂缝急剧拉开，前缘出现隆起、小崩小落
切线角(时间)	$\alpha\approx45°$	$45°<\alpha<80°$	$80°\leqslant\alpha<85°$	$\alpha\geqslant85°$
稳定系数(强度)	$1.0\leqslant K\leqslant1.05$	$0.95<K<1.0$		$K<0.95$
加速度(时间)	在一定幅度范围内振荡			骤然剧增

图 5.31　基于变形观测的滑坡 4 级综合预警

许强等(2009)在传统切线角的基础上，提出求取切线角的新方法。该方法通过坐标变换统一横纵坐标量纲，得到改进切线角模型，使不同斜坡变形曲线在相同切线角特征下进行比较，避免了不同曲线因坐标轴被单向拉伸或压缩带来的差异。计算公式如下：

$$T_i=\frac{S_i}{V_0} \tag{5.86}$$

$$\alpha_i=\arctan\frac{T_i-T_{i-1}}{t_i-t_{i-1}}=\arctan\frac{S_i-S_{i-1}}{v_0(t_i-t_{i-1})} \tag{5.87}$$

式中：S_i、S_{i-1} 为 i、$i-1$ 时刻滑坡累积变形(mm)；T_{i-1}、T_i 与时间 $i-1$、i 相同量纲的纵坐标值；v_0 为滑坡等速变形阶段的速率(mm/d)；α_i 为改进切线角(°)；t_{i-1}、t_i 为监测时刻，两者相差一个监测周期。

据式(5.86)、式(5.87)，当 $\alpha_i<45$ 时，斜坡处于初始变形阶段；当 $\alpha_i\approx45°$时，斜坡处于等速变形阶段；当 $\alpha_i>45°$时，斜坡处于加速变形阶段，α_i 越接近 90°，滑坡濒临发生。

(2)泥石流的监测和临近预警

泥石流灾害的监测相比滑坡、崩塌要简单一些。一方面，是因为泥石流受水力驱动，有足够的水量(如降雨、冰雪融水等)才会有泥石流发生，没有降雨、冰雪融水就不会有泥石流；另一方面，泥石流沟谷长度大多为数千米乃至数十千米，泥石流流速一般为每秒数米至数十米左右，泥石流暴发后，其从上游源头区流到下游沟口(村镇大多位于沟口的泥石流堆积扇)一般需要数分钟乃至数十分钟的时间，通过视频、泥位计等手段就可以对泥石流的发生过程进行全面监控。也就是说，即使泥石流已经发生，只要进行科学的实时监测预警，也有时间组织沟口人员进行紧急撤离避险。但是，由于降雨对泥石流形成的复杂性和泥石流沟地形地貌的复杂性，基于机理的泥石流预报十分困难。

以泥石流物理特性为主线的监测预报,是通过仪器设备接收泥石流的物理特性,对泥石流发生和运动进行监测,依据这些信息进行泥石流预报和警报。铁道部和中国科学院曾研制过一系列泥石流监测报警及传感器,如超声波泥位警报器、地声警报器和次声警报器等,在泥石流监测警报中发挥了作用。目前,已经开发的泥石流警报仪器采用的原理主要有(崔鹏 等,2005):

接触型泥石流警报:通过量测传感器(安装在泥石流断面侧壁的盆形凹槽里)被泥石流体淹没之前的高电位 V_{k0},和传感器被泥石流淹没后沟通的电流从变压器流经限流电阻、传感器、泥石流体、接地极又回到变压器的回路电压 V_{ky} ($V_{ky} << V_{k0}$),借助于 V_{ky} 和 V_{k0} 的显著差异,来判别传感器是否被淹没,从而确定和发报泥石流发生与否及其发生规模。

超声波泥位警报:利用回波测距的原理,测得传感器断面的泥石流流深,能够直观反映泥石流规模大小和可能危害程度推断泥石流的规模并发布预警报。根据这一原理研制的 DFT-3 型遥测超声波泥位警报器于 1985—1986 年在云南蒋家沟内安装,共测得 14 次泥石流,并成功报警。

遥测地声警报:泥石流运动过程中摩擦、撞击沟床和岸壁而产生震动,并沿沟床方向传递,称之为泥石流地声。其信号具有一狭窄的频率范围,且其卓越频率较其他频率成分(环境噪声)至少可以高出 20 dB;地声信号的强度与泥石流规模成正比。利用泥石流地声的这些特点,即可通过信号接收与转化,对泥石流实施报警。根据这一原理研制的 NJ-2 型遥测地声警报器于 1985 年在蒋家沟试用,测报 13 场泥石流,成功报警 12 场(一场因为传感器故障而未完成测报)。

遥测次声警报:泥石流运动时在产生地声的同时,也会产生在空气中稳定传播的次声波。根据泥石流次声音频特征,利用次声原理研制了泥石流次声警报系统。该系统在中国科学院东川泥石流观测研究站实测实验,可提前 30～40 min 发出泥石流警报,达到了预期的效果。

5.12.2 “5·10”岷县特大冰雹山洪泥石流灾害预警和风险评估

2012 年 5 月 10 日 17:32—18:15,岷县发生大范围冰雹和短时强降水,最大降水量 69.2 mm,全县 18 个乡(镇)均遭受冰雹山洪泥石流袭击,这是继 2010 年“8·8”舟曲特大山洪泥石流灾害后,白龙江流域和洮河流域再次发生的一次特大山洪泥石流灾害。灾害共造成岷县、漳县、渭源 3 县的 33 个乡(镇)、52.44 万人受灾,因灾死亡 56 人(其中岷县境内死亡 47 人、失踪 12 人,漳县境内 9 人、失踪 3 人),因灾受伤 114 人。需紧急救助和转移安置人口 3.0163 万人,农作物受灾面积 36905.77 hm^2,直接经济损失约 33.02 亿元。以下是王宝鉴等(2012)分析的 2012 年 5 月 10 日发生在甘肃省岷县的特大冰雹山洪泥石流灾害预报服务的情况。

(1)资料

灾情及社会经济数据:1980—2012 年岷县 18 个乡镇的人口、GDP、耕地面积等社会经济数据,69 个灾害案例的经济损失、人员伤亡等数据。

气象数据:1963—2007 年岷县本站逐小时降水资料,2008—2012 年岷县区域观测站逐小时降水资料,1971—2001 年岷县、舟曲、礼县等 21 个气象站的暴雨日数。

(2)临界面雨量的确定

王宝鉴等(2012)主要利用统计法、类比法,即通过对历史灾情的统计调查确定临界雨量,本节重点考虑两点,一是灾害与降水有关,二是考虑汇流的影响。临界面雨量的确定,主要先确定山洪沟的临界雨量，然后通过 GIS 空间插值分析的方法，由点到面确定出临界面雨量。

黄河上游最大的支流洮河，流经岷县内 13 个乡镇 83.5 km。于岷县东南部的燕子河、闾井河、申都河、蒲麻河等属于二级河流的临界雨量较大，3 h 临界雨量为 20.2～38.6 mm；位于岷县县城周围的洮河流域，由于槽子河、南沟河、叠藏河、西河、纳纳河、耳阳河等河流的汇流作用，这些地区的致灾临界雨量相对较小，为 10.5～20.2 mm。通过对实际灾害案例的分析，发现 1 h 和 3 h 临界雨量是临近阶段最为关键预警指标，当某个山洪隐患点 1 h 雨量达到临界值时，就应该转移群众，当达到 3 h 临界雨量时，发生山洪地质灾害的气象风险就很高了。

(3)山洪地质灾害短期预报

王宝鉴等(2012)基于 EC-thin/WRF/MM5/T639/NCEP 等 6 家模式降水预报产品，利用相似离度、逐级归并等方法，兰州中心气象台开发了较高时空分辨率多模式集成降水预报产品(72 h 内时间分辨率为 3 h)。多模式精细化降水预报(图略)显示，5 月 10 日 08 时—11 日 08 时包括岷县在内的甘肃东南部将出现 25～40 mm 的降水，20—次日 02 时降水量为 20～25 mm(事后检验表明模式集成降水预报对强降水的落区预报较好，但量级偏小)，综合分析天气系统影响时间和临界雨量(表 5.52)，发现 6 h、24 h 的降水量预报值接近对应的临界雨量，同时结合 1—4 月降水较少、植被覆盖率低、土壤疏松等下垫面状况，预报该流域出现山洪地质灾害的风险等级为高。经过和国土厅的联合会商，发布了包括岷县在内的甘肃陇东南出现中小河流洪水和山洪地质灾害气象风险高(Ⅱ级)，请相关市州人民政府做好灾害的防御工作。

表 5.52 岷县各山洪沟临界致灾雨量(王宝鉴 等,2012)

单位：mm

乡(镇)	1 h	3 h	6 h	24 h
梅川镇	9.2	13.1	19.7	26.2
秦许乡	19.5	27.8	41.7	55.6
西寨镇	19.3	27.5	41.3	55.0
西江镇	7.4	10.6	15.9	21.2
维新乡	7.4	10.5	15.8	21.0
锁龙乡	24.5	35.0	52.5	72.0
寺沟乡	18.3	26.2	39.3	52.4
十里乡	18.1	25.9	38.9	51.8
申都乡	20.4	29.2	43.8	58.4
清水乡	16.7	23.9	35.9	47.8
蒲麻乡	15.3	21.8	32.7	43.6
岷阳镇	10.4	14.8	22.2	29.6
马坞乡	22.4	32.0	48.0	64.0
麻子川乡	40.6	58.0	87.0	116.0
闾井镇	21.7	31.0	46.5	62.0
中寨镇	9.8	14.0	21.0	28.0
茶埠乡	13.4	19.1	28.7	38.2
禾驮乡	18.3	26.2	39.3	52.4

2012年5月9日11时甘肃省气象局向甘肃省委省政府报送题为"10—12日我省陇东南局地有大到暴雨,注意防范中小河流洪水和山洪地质灾害"的《重大气象信息专报》,同时以《重要天气提示》的形式向防汛、国土、水利等26个部门联络员发送预警提示短信。省政府根据气象部门提供的信息,首次针对强天气过程,组织省-市-县-乡村及气象、水利、国土等部门防汛视频会议,积极开展灾前预警防御工作。甘肃省水利厅以明传电报形式,向各市(州)水利部门转发《重大气象服务专报》,要求防办各成员单位做好防范工作及群众转移。

(4)短临监测与预警

2012年5月10日08时开始,利用"中小河流洪水和山洪地质灾害气象风险预警业务平台",实时监视天气演变。14时开始甘肃中部的兰州、临夏、定西等市州出现了雷暴、冰雹等对流性天气,定西市的渭源、岷县、漳县等地出现了回波强度大于45 dBZ的强回波。根据监测情况,15时兰州中心气象台发布了雷电黄色预警及冰雹橙色预警信号,明确指出临夏、兰州、定西、天水等市州要注意防范"短时强降水及中小河流洪水和山洪地质灾害"。省政府收到兰州中心气象台发布的雷电黄色预警及冰雹橙色预警信号后,在政府门户网站对外发布公告,要求相关市州政府和国土、水利、农牧、林业等部门积极履行职责,切实做好防范应对工作。17时,麻子川出现42 mm/h短时强降水后,监测显示岷县局部地方存在高级别的山洪地质灾害气象风险。

(5)群策群力防风险

甘肃省气象部门在第一时间通过手机短信、气象微博、电子显示屏、网络等多种手段发布预警信号。同时,预警信号在甘肃卫视、中国气象频道、甘肃气象频道中以字幕形式滚动播出。其中,5月10日00时—5月11日14时,甘肃省气象部门发布天气预警信息30条,向决策用户、应急部门联络员、气象协理员、信息员短信发送近3万人次,向社会公众短信发送270.3455万人次(定西发送17万人次)。当地政府在收到气象部门的预警信息后,岷县紧急转移安置2.93万人,漳县紧急转移安置525人,渭源县紧急转移安置338人,最大限度地降低了人员伤亡。

"5·10"气象服务过程中,气象信息员在转移人口、降低人员伤亡方面发挥了至关重要的作用。距离岷县县城不到10 km的茶埠镇是这次受灾最严重的地方之一。茶埠乡气象信息员、村主任收到气象预警信息后立即用大喇叭喊话通知,随后组织其他3名预警信息员挨家挨户通知群众。雷雨天气刚一发生他看情况不对,便又带领村干部冒着大雨挨家挨户的找人,及时将村民转移到地势较高的地方。18时30分,倾泻而下的洪水涌向茶埠镇,并引发严重的山洪地质灾害,造成287户约1186人受灾,442间房屋进水,8间房屋倒塌,但由于及时预警和撤离,村民无一伤亡。禾驮乡哈地哈村距乡政府3 km,气象信息员、村主任在收到气象信息后,他带领村干部冒着暴雨,分头进村,利用敲锣、手摇报警器向村民发出警报信息,逐户找人、组织撤离,经他努力全村202户,936人无一伤亡。

甘肃省气象局对"5·10"岷县特大冰雹山洪泥石流灾害的预报预警工作,得到了时任甘肃省委书记王三运同志的高度评价和充分肯定。王书记指出"预报预警超前和基层工作扎实是此次灾害损失降低到最低程度的最主要原因,是在这次抵御自然灾害中积累的两条宝贵经验,需要在今后的工作中保持和发扬"。刘伟平省长指出:"去岷县视察灾情时,乡镇长表示手机及时收到了气象部门发布的预报、预警信息"。

5.12.3　2012 年 7 月 21 日河北省涞源县尾矿库溃败预警服务

2012 年 7 月 21 日，涞源县遭遇强降雨（简称“7・21”暴雨），降雨强度突破了历史极值，针对涞源县地质灾害点多、尾矿库多、安全隐患大的实际情况，涞源县气象局强化暴雨监测，制作地质灾害尾矿库专项预报，提供全程应急保障服务，为有效抗击“7・21”特大暴雨触发的尾矿库垮塌灾害发挥了重要作用。

（1）天气概述

受副热带高压和西来槽共同影响，7 月 21 日，涞源县普降暴雨到大暴雨局地特大暴雨，全县平均降雨量达 167.1 mm，其中最大降雨量点是王安镇 378.6 mm，王安镇矿区、大湾矿区、杨家庄矿区雨量均接近 300 mm 或以上（图 5.32）。降雨量大大超过王安镇矿区、杨家庄矿区、大湾矿区尾矿库垮塌的临界雨量。

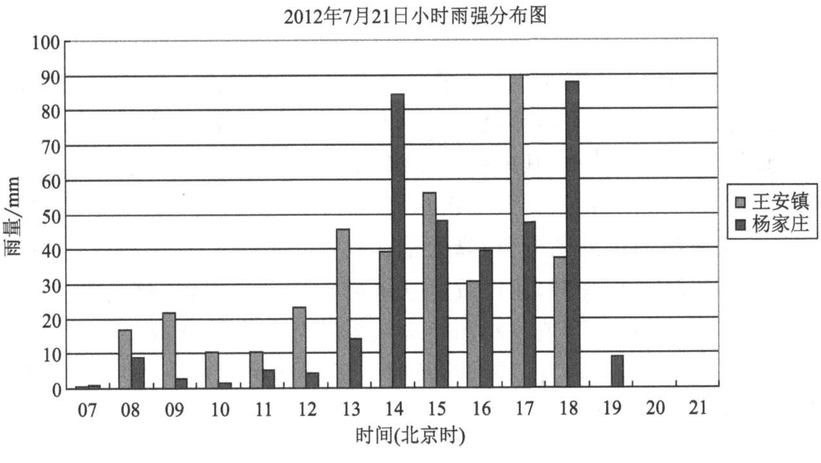

图 5.32　2012 年 7 月 21 日涞源县王安镇、杨家庄逐小时雨量

降雨开始于 7 月 21 日 05 时 19 分，结束于 22 日 01 时 25 分，整个降雨过程强度大、范围广、持续时间长，由于长时间的强降雨，造成河谷洪水陡涨，城镇内涝严重、水库蓄水剧增，部分矿区尾矿库出现不同程度损坏、溢流，此次降水过程造成全县所有乡镇不同程度受灾。

（2）提前发布气象灾害预警

7 月 19 日下午，河北省保定市气象台发布《重要天气报告》：受副热带高压和西来槽的共同影响，21 日白天到 22 日白天保定市将经历一次强降水天气过程，过程雨量大部分地区为大到暴雨，个别地点雨量可达大暴雨，涞源、易县、阜平等山区县极易引发山洪、泥石流、滑坡等地质灾害，请注意防范。

针对市气象台的天气预报，涞源县气象局立即召开紧急会议，安排部署此次降水过程服务工作：一是要加强值班值守，主要领导要 24 h 坚守岗位；二是做好地质灾害点和矿区气象服务工作，及时做好信息上报和灾情收集等工作；三是进入应急工作状态，成立气象应急保障服务工作组，全力做好此次过程的各项服务、保障工作。

20 日 16 时，涞源县气象局制作了《重要天气报告》，指出：受副热带高压和西来槽的共同影响，明天白天到 22 日白天全县将有一次强降水天气过程，主要降水集中在明天下午到夜间，过程雨量可达到大暴雨，局地会出现强对流天气，请注意防范因局地强降水引起地质灾害易发区、采矿区尾矿库的泥石流、滑坡等地质灾害,并报送县委、政府领导、防汛办和相关单位,局长亲自向政府领导汇报天气过程预报情况及防御建议,同时以气象灾害防御指挥部名义,要求各相关部门做好山洪、泥石流等地质灾害和尾矿库区域气象灾害防御工作。

与此同时,涞源气象局密切监视天气变化,综合分析自动站、加密雨量站、天气雷达等监测资料,充分考虑到全县尾矿库等隐患点可能造成的危害,于 21 日 13 时发布暴雨橙色预警信号,14 时 58 分又发布了暴雨红色预警信号。并通过手机短信发布平台向全县气象信息员、村干部发布暴雨预警信息,提示公众注意预防强降水可能造成的灾害;并通过电视、"96121"、电子显示屏、乡村气象信息服务站等渠道向公众广泛发布,提醒公众防灾避险。整个降水过程中,以手机短信形式为当地县委县政府等领导、乡镇领导及气象信息员发布气象灾害预警信息和通知总计 9600 余条。与此同时,通过电视天气预报、电子显示屏、科普宣传等多种形式,在全县范围内普及汛期易发气象灾害、衍生及次生灾害科普知识和避险自救常识,提高民众的防范意识。

(3)防范风险于未然

21 日 15 时,涞源县政府召开防汛工作紧急调度会,会上涞源县气象局局长结合当日降雨情况进行了翔实汇报:涞源县山区地形复杂,尾矿库多、地质灾害点多,目前,矿区所在地降水量级已达到大暴雨,降雨强度很大,其中杨家庄镇 170 mm,王安镇雨量已达 200 mm 以上,小时雨强分别为 84.3 mm 和 56 mm,且天气雷达资料显示强降水仍将持续。根据涞源县尾矿库现状分布图和地质灾害风险区划图分析,降雨量达到 150 mm,杨家庄矿区、王安镇矿区、大湾矿区极可能会出现尾矿库溃坝灾害,建议政府立即启动应急预案,转移杨家庄矿区、王安镇矿区、大湾矿区危险区域内群众。当地政府领导决定采纳县气象局建议,立即启动应急预案,要求各级政府和部门马上行动、采取有效措施,及时组织转移尾矿库下方危险区域内群众,积极应对和处置暴雨带来的各种影响。

(4)气象服务效益显著

此次特大暴雨过程虽造成杨家庄矿区、王安镇矿区和大湾矿区等多处尾矿库不同程度损坏、溢流(图略),全县 18 个乡、镇、办事处全部受灾,受灾人口达 17.15 万人,倒塌房屋 6174 间,严重损坏房屋 29561 间,一般损坏房屋 7350 间,冲毁护村护地坝 23960 m;塌方 141 处,滑坡 68 处、泥石流 5 处;杨家庄矿区冲走铁精粉 17 万 t,机械设备 256 件(套),直接经济损失 45 亿元。但是由于紧急疏散 4.5 万人,没有直接造成人员伤亡,未出现大的险情,社会效益和经济效益明显,取得了抗洪抢险救灾显著成效。

5.12.4 厦门市 2013 年强台风"苏力"和热带风暴"西马仑"地质灾害预警服务

(1)厦门市地质灾害临界雨量

厦门市气象局研究确定的诱发地质灾害的有效雨量的时间长度为 10 d,衰减系数见表 5.53。

表 5.53 地灾前 10 d 降雨衰减系数

日期	当日	前 1 d	前 2 d	前 3 d	前 4 d	前 5 d	前 6 d	前 7 d	前 8 d	前 9 d	前 10 d
系数	1	0.7	0.49	0.343	0.309	0.216	0.151	0.106	0.074	0.052	0.036

根据历史发生地质灾害的情况得到厦门市地质灾害预警等级临界雨量区间(表 5.54)。

表 5.54　地质灾害预警等级临界雨量区间

单元:mm

预警等级	三级	四级	五级
临界雨量区间	[50,80)	[80,120)	[120,∞)

(2)台风“苏力”地质灾害预警服务

① 天气实况

2013 年第 7 号超强台风“苏力”,于 7 月 8 日 08 时在西北太平洋洋面上生成,9 日 08 时加强为台风,20 时加强为强台风,10 日 02 时加强为超强台风。11 日 08 时近中心最大风速为 55m/s。11 日 17 时台风“苏力”强度降为强台风。13 日 03 时左右台风“苏力”在台湾新北市与宜兰县交界处登陆后强度略有减弱,在台湾停留了近 5 h 后,台风“苏力”从新竹进入台湾海峡,并继续向西北方向移动。10 时台风“苏力”进一步减弱,并于 16 时在福建省连江县黄岐半岛再次登陆,登陆时中心附近最大风力 12 级(33 m/s),中心气压 975 hPa。

受台风“苏力”影响,厦门市普遍出现了大暴雨,厦门岛外山区局部特大暴雨。13 日 08 时—14 日 20 时(北京时)累积降水量,东渡站达到了 202.6 mm,同安站为 164.5 mm,全市最大雨量在同安汪前站,达到 267.0 mm;最大小时雨强出现在海沧站,13 日 22 时雨强 54 mm/h,最大 6 h 雨量出现在同安汪前站,13 日 16—22 时雨量 157.7 mm。

② 地质灾害预警

根据前期 10 d 的降雨量和厦门市气象台未来 24 h 降雨量预报,得到厦门市台风“苏力”影响期间 11 个站的综合雨量(综合雨量=有效雨量+预报未来 24 h 降雨量),见表 5.55。

表 5.55　台风“苏力”厦门市 11 个站的综合雨量

单位:mm

综合雨量	东渡	同安	大嶝	白交祠	西坑	西源	汪前	五峰	黄地	半岭	锄山
7 月 13 日 17 时综合雨量	130.2	203.9	245.9	196.0	200.5	190.5	210.0	213.2	175.0	225.0	239.0
7 月 13 日 21 时综合雨量	189.9	308.1	336.0	338.0	342.5	302.0	369.0	335.6	299.5	349.0	347.5
7 月 14 日 17 时综合雨量	187.0	144.3	177.2	212.7	242.2	153.9	232.8	198.9	156.0	195.1	186.6

将表 5.55 中的数据与表 5.54 比较,台风“苏力”影响厦门期间,全市综合雨量对应的地质灾害预警等级均应为五级,发生地质灾害可能性很大。厦门市气象局经与国土房产局会商,7 月 13 日 18 时发布预警等级为三级(发生地质灾害可能性较大);22 时将北部山区预警等级升级到五级(发生地质灾害可能性很大),其余地区为四级(发生地质灾害可能性大);14 日 18 时将预警等级下调到三级(发生地质灾害可能性较大)。

这 3 次预警,除 7 月 13 日 18 时发布地质灾害三级预警(可能性较大),实况没有出现地质灾害外,其余 2 次地质灾害预警都是正确的。其中,13 日 22 时发布地质灾害预警为:预计 7 月 13 日 22 时—14 日 10 时,全市有高地质灾害风险(四级),其中北部山区为很高地质灾害风险(五级),请加强巡查、监测、防范,并转移地质灾害隐患点及地质灾害易发地带人员。实况同安区发生5处地质灾害险情;翔安区发生4处地质灾害险情。7月14日18时发布地质灾害预警为:预计7月14日18时—15日18时,全市有较高地质灾害风险(三级),发生崩塌、滑坡等地质灾害可能性较大,请继续加强巡查、监测、防范。实况同安区、翔安区各发生1处地质灾害险情。台风"苏力"影响厦门期间没有出现地质灾害漏报的情况。

③ 地质灾害预警发布及效益

地质灾害预警产品及时向厦门市委、市政府、防汛办、市国土房产局、市旅游局、市环保局等相关部门发送,并通过电视节目、网站、"12121"、微博、广播、报社等渠道向公众发送。还通过手机短信向市国土房产局、县(市)区国土房产局(分局)、有关乡(镇)街道以及重要企业、居委会等基层组织发布地质灾害预警信息。

7月13—14日,厦门市6个区、23个乡镇受灾,受灾人口5050人,转移4667人。其中:同安区受灾乡镇10个,受灾人口300人,转移人口565人;集美区转移人口779人;海沧区受灾乡镇3个,受灾人口2550人,转移人口60人;湖里区受灾乡镇5个,受灾人口2200人,转移人口1542人。"苏力"台风影响期间没有出现人员伤亡,预警服务效果良好。

(3)热带风暴"西马仑"地质灾害预警服务

① 天气实况

2013年第8号热带风暴"西马仑"于7月17日08时在台湾省鹅銮鼻偏南方大约400 km的巴士海峡内生成,生成时中心气压1000 hPa,近中心最大风力8级(18 m/s),7级风圈半径100 km。生成后先向西北方向移动,强度略有加强;17日16时转向西北偏西方向移动,强度继续加强,18日02时中心最大风力达到23 m/s (9级),但随后强度开始减弱,06时中心最大风力减弱为20 m/s (8级),并转向西北方向移动,到了10时,开始稳定向偏北方向移动,并于当日20时30分在福建省漳浦县沿海登陆,登陆时中心附近最大风力为20 m/s (8级),中心最低气压为995 hPa。登陆后"西马仑"移向西北偏北并缓慢移动,同时强度迅速减弱,于19日02时减弱为热带低压,停止编号。

热带风暴"西马仑"对厦门市产生的影响主要是降水,受其影响厦门市普遍出现了大暴雨,局部地区有特大暴雨。18日08时—20日08时累积降水量(图略),东渡站达到了185.6 mm,同安站为182.2 mm,全市过程最大雨量出现在海沧后井,达到了374.7 mm,主要降水区位于厦门沿海一线。其中,厦门19日的日降水量为164.9 mm,达大暴雨量级,为历史同期日降水第三多记录;鼓浪屿西自动站当日的降水量更是达到特大暴雨量级,日降水量为246.9 mm。最大小时雨强出现在万石植物园,19日02时雨强61.7 mm/h,最大6 h雨量出现在海沧后井,18日23时—19日05时雨量309.3 mm。

由于超强台风"苏力"刚刚过去3 d,产生的大暴雨降水使得整体城市下垫面的水分含量基本处于饱和状态。因此,接踵而来的热带风暴"西马仑"的再一次大暴雨降水彻底摧垮了城市的排涝系统,全市到处一片汪洋,城市多条主干道出现积水,交通严重受阻,不少区域被淹,个别低洼社区底层几乎淹没,造成的财产损失比"苏力"更为严重。

② 地质灾害预警

根据前期10 d的降雨量和厦门市气象台未来24 h降雨量预报,得到厦门市热带风暴"西马仑"影响期间11个站的综合雨量(综合雨量=有效雨量+预报未来24 h降雨量),见表5.56。

表 5.56　热带风暴"西马仑"厦门市 11 个站的综合雨量

单位:mm

综合雨量	东渡	同安	大嶝	白交祠	西坑	西源	汪前	五峰	黄地	半岭	锄山
7 月 18 日 16 时综合雨量	159.0	220.1	228.6	252.6	273.1	223.8	248.8	235.9	232.0	238.6	231.4
7 月 19 日 10 时综合雨量	234.3	242.8	221.4	196.9	208.5	183.3	202.2	203.5	185.8	195.1	239.2
7 月 19 日 18 时综合雨量	238.5	208.8	227.4	177.4	188.0	156.3	174.2	175.8	164.8	174.6	220.7

将表 5.56 中的数据与表 5.54 比较，热带风暴"西马仑"影响厦门期间，全市综合雨量对应地质灾害预警等级均应为五级，发生地质灾害可能性很大。厦门市气象局经与国土房产局会商，发布地质灾害预警三次，具体情况如下。

第一次 7 月 18 日 17 时地质灾害预警为:受 2013 年第 8 号热带风暴"西马仑"影响，预计今天夜间到明天夜里我市有暴雨，局部大暴雨。雨量 80～120 mm，局部可达 150～200 mm。由于前期累积降水大，土壤含水量高，预计 7 月 18 日 20 时—19 日 20 时，全市有较高地质灾害风险(三级)，发生崩塌、滑坡等地质灾害可能性较大，请加强巡查、监测、防范。实况思明区发生 4 处滑坡，1 处崩塌；湖里区发生 2 处小崩塌；海沧区发生 2 处小崩塌。

第二次 7 月 19 日 11 时地质灾害预警为:受 2013 年第 8 号热带风暴"西马仑"影响，昨天我市普降大暴雨，7 月 18 日 12 时—19 日 10 时累计雨量普遍在 120～150 mm 之间，局部地区达 200～250 mm。预计今天白天降水还将持续，我市有大雨到暴雨，雨量 30～50 mm，最大可达 50～80 mm。由于前期累积降水大，土壤含水量高，预计 7 月 19 日 11—23 时，全市有高地质灾害风险(四级)，发生崩塌、滑坡等地质灾害可能性大，请加强巡查、监测、防范，并转移地质灾害隐患点及地质灾害易发地带人员。实况思明区发生 4 处滑坡，1 处崩塌；湖里区发生 2 处小崩塌；海沧区发生 2 处小崩塌。

第三次 7 月 19 日 19 时地质灾害预警:受 2013 年第 8 号热带风暴"西马仑"影响，我市普降大暴雨，7 月 18 日 12 时—19 日 18 时累计雨量普遍在 120～180 mm 之间，局部地区达 250～360 mm。预计今天下半夜到明天白天，我市有中雨、局部大雨，雨量 20～30 mm。由于前期累积降水大，土壤含水量高，预计 7 月 19 日 19 时—20 日 19 时，全市有高地质灾害风险(四级)，发生崩塌、滑坡等地质灾害可能性大，请加强巡查、监测、防范，并转移地质灾害隐患点及地质灾害易发地带人员。实况同安区出现 2 处灾情。

热带风暴"西马仑"影响厦门期间，没有出现地质灾害漏报。

③ 地质灾害预警发布及效益

此次过程，厦门市气象局联合国土房产局发布的地质气象灾害风险预警决策服务材料及时向市委、市政府、防汛办、市国土资源局、市旅游局、市环保局等相关部门发送并通过网站、"12121"、微博发布等方式向公众发送。向市领导、区领导，以及重要企业、居委会等基层组织发布 3 条预警短信(包括临近预报)。热带风暴"西马仑"导致全市 6 个区、37 个镇(街)受灾，受灾人口 1.43 万人，紧急转移 0.59 万人，没有出现人员伤亡，预警服务效果良好。

5.12.5 北京市"7·21"特大暴雨引发的地质灾害气象风险预警

2012年7月21日—22日08时左右,北京及其周边地区遭遇61 a来最强暴雨及洪涝灾害(简称"7·21"特大暴雨),同时引发地质灾害。

(1)雨情和灾情

2012年7月21—22日,北京市出现了1951年以来最强的一次全市性暴雨过程,在21日10时—22日06时近20 h内全市平均雨量170 mm,城区最大雨量出现在石景山模式口,降雨量达328.0 mm,全市最大雨量出现在房山河北镇,降雨量达541.0 mm。全市有11个气象站日降雨量达到历史极值,有11个气象站(包括自动站)小时雨量超过80 mm,平谷挂甲峪出现最大小时雨量100.3 mm,历史罕见。

特大暴雨造成城区河道洪水均超过20 a标准值。7月21日22时40分,房山大石河出现历史最大流量每秒1110 m^3,拒马河洪峰流量每秒高达2570 m^3。地质灾害多发,其中崩塌153处,不稳定斜坡80处,地面塌陷33处,滑坡21处,泥石流254处。北京市共接到地质灾害灾情5起,共造成3人死亡,2人受伤。

(2)气象风险预警和发布情况

北京市气象局与北京市国土资源局及时会商,并于7月21日10时30分联合发布地质灾害黄色预警,并且考虑到雨情的变化,及时发布地质灾害和中小河流洪水灾害气象风险预警。事后评估:预警提前2 h以上,滚动更新的预警区准确,5处地质灾害地都在预警区内。

在"7·21"特大暴雨过程中,北京市气象台发布地质灾害气象风险预警3期,中小河流洪水灾害气象风险预警3期。14个区(县)气象局房山、延庆、密云、昌平、怀柔、平谷等区县气象局根据气象台的预警,根据当地雨情的变化,不断更新本地的精细化预警产品,通过手机短信、传真和电话、计算机终端等向区委、区政府、农委、国土局、防汛办等单位及时发送决策气象服务专报317份,并在强降雨关键时段平均30 min向地方政府汇报。与此同时,通过报纸、电视台、电台等媒体、显示屏、预警喇叭等手段向公众发布预报预警和雨量实况信息。14个区(县)气象局共发布预报预警服务短信79800人次(包括所有3870个气象信息员)。朝阳、通州、房山、密云等地电视台字幕滚动播出预报预警信息,顺义电视台与顺义区气象局连线8次播出最新雨情和预警信息,丰台、顺义、昌平、怀柔等区县气象局通过街道(乡镇)、社区共529块显示屏发布预报预警信息,昌平109大喇叭(山区、半山区、泥石流易发区)播出预报预警信息,"村村通智能调频可寻址数控平台"实现区、乡镇、村三级广播天气预报和预警信息。

(3)应急响应情况

北京市气象局21日08时启动Ⅳ级应急响应,14时30分升级为Ⅲ应急响应,19时30分升级为Ⅱ应急响应,与市应急办公室等单位持续视频连线11 h。市政府、区县政府根据预警信息,快速联动,落实预案,采取积极措施,应对可能出现的灾害。市政府领导靠前指挥,迅速决策部署。市应急办5次下发启动应急机制和做好应急准备的通知,市防汛办组织山区泥石流、中小河道、在建工程、危旧房屋专项检查,先后发布蓝色、黄色、橙色汛情预警。全市全力以赴,处理通道积水112处,道路塌陷56处,提前组织郊区9.7万人疏散,转移群众无一伤亡;京港澳高速高岗洼积水路段共排水23万 m^3;全市水电气热和地铁、火车站、首都机场等城市重要基础设施运行基本正常。服务效益明显。

(4)存在的问题

北京市气象局认为,"7・21"特大暴雨气象服务也存在一些问题:①地质地理数据(例如沟壑发布)不全,影响地质灾害的精细化监测和预报。②这次拒马河洪水,上游河北境内的来水很快很强,造成房山洪水、泥石流暴发。北京市气象局尚未掌握河北的有关水文信息,很大程度上影响了气象风险预警的提前时间。③暴雨引发的地质灾害和中小河流洪水警戒值是依赖历史灾害资料分析得出来的,由于历史灾害资料的缺乏,这项工作的进展缓慢。今后需要大力加强历史灾害资料和实时灾情的调查。④加强部门间合作,特别是数据共享。⑤加强科普宣传,开展常态化群众性的应急演练和科普宣传是有必要的。

5.12.6　水土耦合的滑坡预报

水文模型逐渐被引入地质灾害预报模型之中,在垂直入渗理论的基础上发展为水土耦合机制的预报模型。用于降雨型地质灾害模拟的动力模型通常包含两个子模块:一个模块用于模拟与灾害发生相关的陆面水文过程,并完成相关计算;另一个模块基于边坡稳定性模型计算边坡的安全系数。根据物理模型中对于陆面水文过程描述的差异,常用的物理模型可分为基于垂直入渗理论和基于水土耦合机制两类。数值模拟在滑坡研究中也得到广泛的应用。

包红军等(2017)建立了基于流域水土耦合机制的月河流域滑坡机理预报模型,用于陕西省南部月河流域的滑坡预报。

(1)SLIDE 模型

包红军等(2017)在 SLIDE 模型中,考虑了土壤表观黏聚力对抗剪强度的贡献和下渗过程大于下渗层厚度的影响,滑坡边坡是否失稳是用安全系数(FS)表示。FS 是抗切变强度与切变力的比值。降水量与 FS 之间的关系已经通过一个简化的数学公式建立起来。一个滑坡体被认为当 $FS \geqslant 1$ 是稳定的,$FS < 1$ 时被预报将要发生滑坡。SLIDE 模型假定滑坡发生在浅表层,并且无限边坡方程由土壤黏聚力(c')与表观摩擦力[$c\varphi(t)$]构成,而 $c\varphi(t)$ 主要由流域土壤饱和度(S_r)和渗透层无量纲厚度(m_t)决定。

包红军等(2017)在 CRESLIDE 水土耦合模型中,应用能够完整表征流域水文过程的 CREST 分布式水文模型模拟出流域下渗、产流与汇流过程,得到较为准确的土壤含水量等滑坡动力机理模型中的中间水文变量,驱动描述流域水土力学过程的 SLIDE 模型实现滑坡动力机理预报。流域降水下渗过程是连接 CREST 分布式水文模型与 SLIDE 模型的主要物理过程。

(2)CREST 分布式水文模型

CRESLIDE 模型中用于模拟水文过程的 CREST 分布式水文模型是由美国俄克拉何马大学和美国宇航局项目团队(NASA SERVIR Project Team)2011 年共同开发的基于栅格的分布式水文模型。CREST 分布式水文模型将流域分成规则网格,在每个网格内模型降雨径流过程首先从土壤植被的冠层截留开始,降水(P)通过冠层截留,剩余降水(P_{soil})进入土壤层并分成两部分:地表径流(R)和基于新安江水文模型蓄水容量曲线计算得到的下渗量(I)。根据饱和水力传导度,R 进一步被划分为坡面径流与地下径流。应用逐栅格的线性水库法进行坡面与地下径流汇流演算。CREST 分布式水文模型中的产流过程和汇流演算,能更好地反映地表径流与地下径流的相互作用。

(3)CRESLIDE 水土耦合模型

包红军等(2017)在 CRESLIDE 模型中,采用 CREST 分布式水文模型与 SLIDE 模型的单向耦合:通过 CREST 分布式水文模型完整的流域土壤植被冠层截留、蒸散发、降水下渗、产汇流等物理过程,更好地考虑滑坡体前期土壤湿度和当前不同降水强度与持续时间情况下降水入渗过程的双重影响,从而得到更为准确的 S_r。有效雨量推求 m_t 过程分为基于蓄水容量曲线的降水入渗和地表直接径流两部分计算。水文过程变量(土壤湿度、下渗量等)可以直接通过 CREST 模型计算得到,用于 SLIDE 模型。这样就既可以更好地考虑滑坡体前期土壤湿度影响,又能够考虑不同降水强度与持续时间情况下入渗过程影响。即参数 m_t 的估计可表达为:

$$m_t = \frac{W_t}{nZ_t(1-S_r)} \tag{5.88}$$

式中,W_t 是栅格内三层土壤平均含水量,是 CREST 模型中一个中间过程变量;n 为土壤孔隙度;Z_t 为 t 时刻土层深度,单位:m。式(5.88)需要一个实际的下渗率,S_r 可以通过下式而得:

$$S_r = \frac{W_t}{W_m} \tag{5.89}$$

式中,W_m 是土壤最大蓄水能力。

(4)CRESLIDE 模型参数率定

包红军等(2017)选择的是陕西省南部的月河流域。月河流域处于陕西省安康市,位于 32°28′—33°20′N、108°26′—109°00′E,南接凤凰山、北靠秦岭、东邻旬河流域、西与池河流域交界。月河发源于秦岭凤凰山,流经陕西省安康市的汉阴县和汉滨区,隶属于长江一级支流汉江,全长 95.2 km,流域面积 2830 km^2。流域地处陕南山区,流域内地势西北高、东南低。上游断崖发育、坡陡沟短、地势起伏剧烈、沟壑纵横;中游多为低山丘陵和川道,地形呈带状,俗称月河盆地;下游地势平坦、河网密布。

2012 年 7 月 3 日 20 时—4 日 20 时,陕西省安康市境内发生暴雨过程,月河流域内发生特大暴雨,其中最大累计降水量和最大雨强均发生在中国气象局站号为 865125 的自动站,分别为 184 mm 和 55 mm/h。这次强降水过程也导致了 2012 年 7 月 4—5 日月河流域发生降水诱发型地质灾害共 40 起。

CRESLIDE 模型的参数分为水文参数与滑坡模型参数。本研究的 DEM 数据是基于 3″×3″分辨率的原始数据,地形参数直接从 DEM 获取作为模型输入,比如高程、坡度等。其他水文参数如流域不透水面积比、最大土壤蓄水容量、土壤饱和传速率等参数信息,由于能够获取的月河流域水文历史资料十分有限,本研究中水文参数是通过高分辨率的 DEM、土地覆盖和土壤质地数据直接采用先验参数提取方法自动获取。CREST 模型和 SLIDE 模型共用相同的土地利用和土壤类型。土壤数据获取自联合国粮农组织的统一化的全球土壤数据(Harmonized World Soil Database; Nachtergaele et al., 2009)。数据定义了全球 30″×30″分辨率的 13 种土壤质地分类。在本研究中,土壤类型数据被重新分析处理成 3″×3″分辨率,并且研究区域主要土壤类型为壤土、黏土和粉质黏土,相应的土壤参数参照 Mergili 等(2014)提出的方法获取。土地覆盖数据来自国家基础地理信息中心的全球 1″×1″地表覆盖数据(GlobeLand30,http://glc30.tianditu.com)。一共 10 类土地覆盖类型,在边坡稳定性分析时,某种植被的黏聚力可以叠加到土壤内聚力上。在本书研究区域，一共有 5 种土地覆盖类型，其中森林与耕地所占比率最高。

(5)模拟结果

包红军等(2017)针对 2012 年 7 月 3—5 日月河流域的洪水过程，应用 CRESLIDE 耦合模型进行模拟预报(图 5.33)。从图 5.34 可以看出，模型对洪水预报的模拟预报效果很好，其中皮尔逊相关系数(CC)为 0.92，相对误差为 15.6%，确定性系数达到 0.80。也验证了 CRESLIDE 耦合模型对水文过程模拟的适用性和合理性。

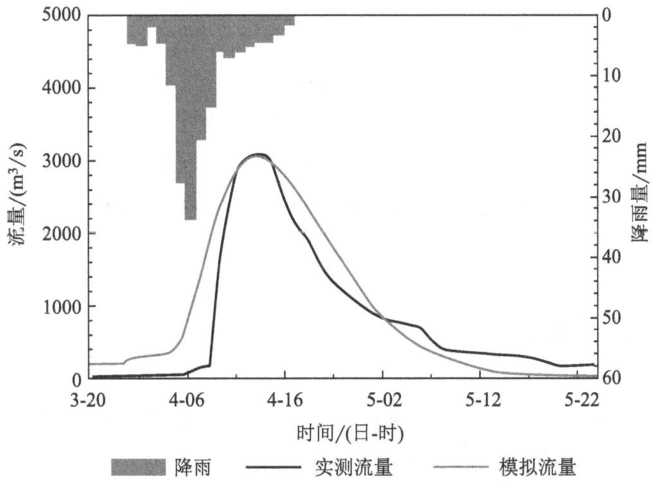

图 5.33　2012 年 7 月 3—5 日月河流域出口断面模拟洪水过程线(包红军 等，2017)

包红军等(2017)采用敏感度指数$=\dfrac{t_p}{t_p+f_n}$和特异度指数$=\dfrac{t_n}{t_p+t_n}$评价滑坡预报的准确性。式中，如果计算出来不稳定网格包含在滑坡实况区域，就被统计为预报正确(true positive，t_p，也被称为命中(hit))；如果其不在滑坡实况区域，则统计为预报错误(false positives，f_p，也被称为空报(false alarm))；如果计算出来的稳定网格被包含在滑坡实况区域，称之为漏报(false negative，f_n)；其余为 t_n(true negatives)。灵敏度统计值越高，表明滑坡预报命中率越高；特异度统计值越高，表明空报率越低。

统计结果表明，CRESLIDE 模型基本预报出月河流域大部分滑坡事件。预报有滑坡危险的区域与实际出现滑坡区域具有较为明显的一致性，体现了水土耦合模型在边坡失稳空间分布预报上的优势；但在流域北部存在较大区域的空报，也是模型在下一步需要深入研究的地方。

5.12.7　全球滑坡危险评估(LHASA)

据《地球科学动态监测快报》2021 年第 13 期报道，2021 年 6 月 10 日，美国航空航天局戈达德太空飞行中心(NASA's Goddard Space Flight Center)发布消息称，NASA 的全球滑坡危险评估(LHASA)模型 Version 2 可将全球滑坡"实时播报"的准确性翻倍。

LHASA Version 2 是基于一个机器学习的模型，可以分析单个变量和来自卫星的数据集的集合，以生成可定制的"实时预报"。这些及时和有针对性的实时预报是对两地间每 1 km^2

区域潜在滑坡活动的预测。该版本集中了地形坡度(较高的坡度更容易发生滑坡)、地质断层的距离、岩石的构成、过去和现在的降雨量,以及来自卫星的土壤湿度和积雪量等因素。在这个新版本中,拥有300个决策树的信息。LHASA Version 2还增加了一个新的暴露特性,该特性可以分析每个网格单元中道路和人口的分布情况,以计算遭受滑坡危害的人数或基础设施。暴露数据是可下载的,并已纳入交互式地图。增加这类关于暴露道路和容易遭受滑坡危害的人口的信息有助于提高国际组织利益相关者对滑坡情况的了解,以帮助制定决策建议和采取行动。

LHASA Version 2在正式发布之前,NASA灾害项目方和利益相关者在2020年11月(当飓风“埃塔”和“伊塔”在两周内袭击中美洲时)进行了测试。与NASA地球应用科学灾害项目合作的研究人员使用LHASA Version 2生成危地马拉和洪都拉斯预测滑坡危险的地图。研究人员用地区一级的人口数据覆盖了模型,以便更好地评估潜在危险与人口稠密社区之间的距离。灾害项目协调员与国家和国际应急机构分享了该信息,以便更好地了解实地人员面临的危险。与此同时,各国政府、救济机构、应急人员和其他利益相关者(以及一般公众)也可以使用LHASA Version 2的强大风险评估工具。

5.13 大雾灾害风险评估

大雾灾害风险评估的核心是低能见度监测和预报,交通管理部门可以根据能见度的情况对高速公路进行管制,从而防范大雾的风险。

5.13.1 2013年3月19日江苏高速公路大雾预警

王博妮等(2015)对2013年初春一次平流雾过程对江苏交通的影响进行了分析。

(1)天气实况

2013年3月19日02时开始,江苏省苏北地区先后出现大范围能见度低于500 m,大部分地区低于200 m,局部地区不足50 m的强浓雾天气过程。起雾最早的地区为沿江和江淮之间南部地区,然后开始向北部地区扩展,能见度最差的时段是19日05—08时左右,大雾持续了近9 h,到19日11时左右才逐渐消散。这次雾具有突发性强、影响性广、强度大等特点。江苏省的宁靖盐、宁宿徐、沿海、宁通、长江、宁连、宿淮盐、苏通大桥、润扬大桥先后出现能见度低于200 m的能见度浓雾天气。

(2)浓雾成因分析

500 hPa 18日20时有低槽过江苏,全省明显转西北风。徐州、南京风速达24 m/s,且全省冷平流降温达2～4 ℃,但到19日08时成雾时,500 hPa由强北风急转西南风,高空冷平流降温突转暖平流,增温达2～3 ℃。

850 hPa成雾时江苏省处于暖脊控制下,大气层较稳定。

地面前期18日14—17时从华北有冷空气南下,18日20时高空冷平流降温,致江苏省北部地区形成较冷下垫面。成雾时,19日02时华北地区仍为冷高压脊,40°N以南地区为自西向东伸展成低压倒槽。江苏省处在低压倒槽东部。沿江以北地区为一致偏东风(ESE),风速达4～6 m/s,有利于将海上暖湿气流输送到较冷的下垫面,且在成雾的02—08时时段。大部分地区有5～8成的低云量。因此,这次苏北地区大范围的突发性强的浓雾具有平流雾特征。

(3)混合层高度特征

王博妮等(2015)分析了本次平流雾过程中南通等 6 站的混合层高度随时间的变化，各站点在雾发展旺盛阶段的混合层高度都低于 0～7 km。由于混合层高度低，污染物很难在垂直方向上扩散，致使成雾的凝结核增多，有利于雾的形成。混合层高度与 18 日 20 时 700 hPa 附近的下沉气流形成的逆温层有关，19 日 08 时逆温有所增强，直到强冷空影响江苏，逆温层破坏，混合层高度上升，能见度在 20 日 08 时转好。

(4)预警服务

这次大雾过程，江苏省交通气象台预报值班人员在 18 日夜间开始先后向宁靖盐、宁宿徐、沿海、宁通、长江、宁连、宿淮盐、苏通大桥、润扬大桥等发布低能见度浓雾预警。2013 年 3 月 19 日 01 时 16 分提前 1 h 向宁靖盐高速公路指挥中心发布低能见度浓雾临近预报："全线今夜夜间-明天早晨能见度低于 500 m。"随后密切监视实况监测资料，进一步跟踪服务，于 05 时 14 分发布能见度低于 200 m 的临近预报："全线未来 3 h 内部分路段能见度低于 200 m，发展趋势：能见度下降。"07 时 43 分发布浓雾消散预报："全线 08 时左右起能见度上升到 200 m 以上，发展趋势：雾消散"(图 5.34(彩))。

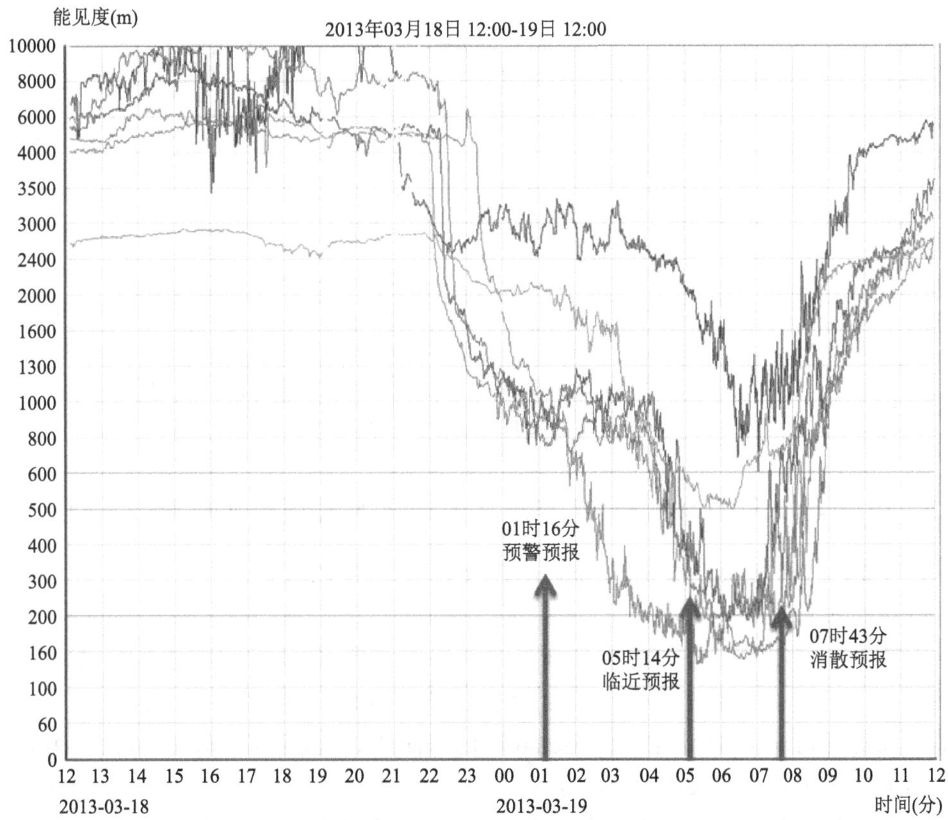

图 5.34(彩) 2013 年 3 月 18 日 12 时—19 日 12 时
宁靖盐高速公路能见度监测实况曲线

另外，京沪高速公路沿线安装的交通气象自动监测站显示，虽出现了能见度<500 m 的雾，并未出现低于 200 m 的浓雾，见图 5.35(彩)。因此，江苏省交通气象台只在 3 月 19 日 02

时08分向京沪高速公路指挥中心发布低能见度浓雾预警预报:“淮安以南路段今天夜里能见度低于500 m。”在发布预警后,值班员跟踪监测分析,最后判断不会出现能见度<200 m的情况,未再进一步发布临近预报,避免了交警部门采取封路措施。

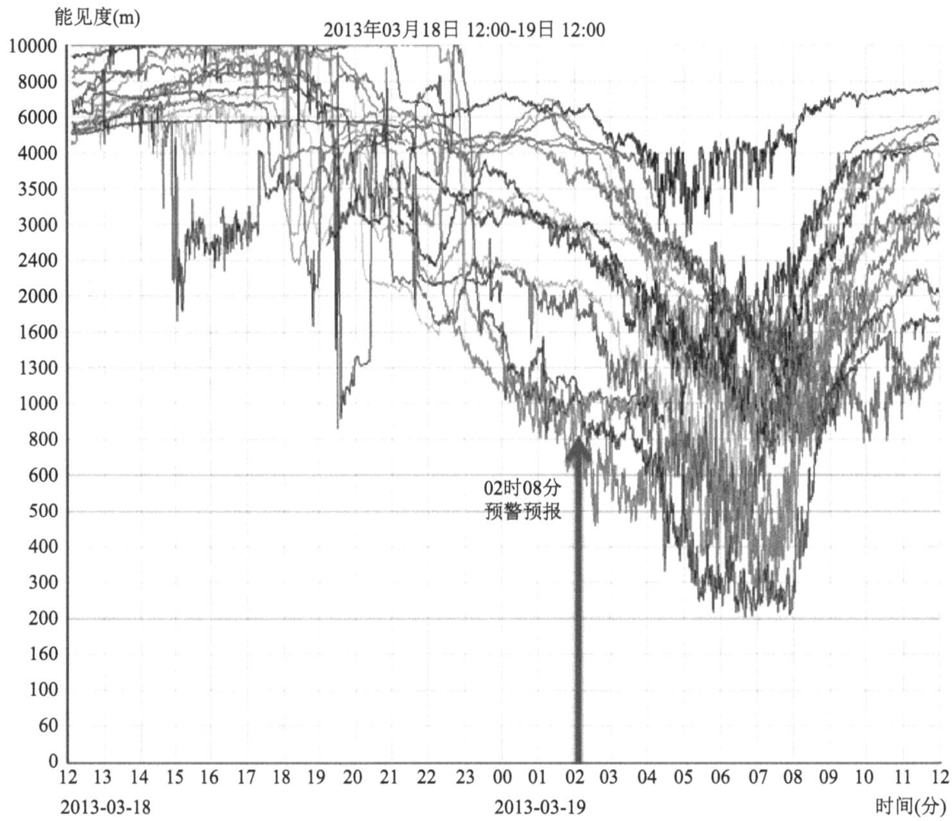

图5.35(彩) 2013年3月18日12时—19日12时
宁靖盐高速公路能见度监测实况曲线

5.13.2 2018年2月琼州海峡67年未遇的连续大雾预警和应对

2018年2月琼州海峡出现67年未遇的连续大雾,影响巨大。

(1)连续大雾预警

2018年2月15日强冷空气进入到南海北部海面之后,使得琼州海峡附近的海面水温有一定程度的下降,15日之后气温快速回升,水温回升速度比较慢,风向由之前偏北风转为东南或偏南风,在这种情况下,暖湿空气流经比较冷的海面的时候,受到冷却作用,使得潮湿空气出现凝结,从而形成平流雾。22日之后,冷空气影响到琼州海峡,有一些弱的降水,风力也加大,近海面空气相对湿度也在减少,平流雾逐渐消散,针对琼州海峡持续时间比较长的大雾天气,中央气象台15—20日持续发布了琼州海峡海雾预报,当地各级气象部门也多次发布了海雾预警,提醒防范大雾对春运造成的影响。

海南省气象台从2018年2月11日起提前3天在每天滚动制作并对公众发布的《春运气象条件预报》中,开始预报琼州海峡和海南岛陆地的大雾天气,向海南省政府和相关部门推送

《春节专题天气预报》，并提出：春节假日期间，海南岛东北部部分路段和琼州海峡早晚有雾，能见度较差，建议相关部门注意做好交通安全工作，本次大雾天气过程海南省气象台前后共发布琼州海峡大雾橙色和黄色预警信号 13 次，平均发布时间提前量达到 6 h 以上。

(2)影响

据北京青年报 2018 年 2 月 23 日报道：受 67 年未遇的连续大雾天气影响，2 月 15 日(大年初一)—2 月 20 日(初五)期间，为确保安全，琼州海峡多次被迫停航，其中最长停航时间为 2 月 19 日(初四)22 时 40 分—2 月 20 日(初五)09 时 30 分，长达 10 h 50 min，当天还陆续停航数次，导致海口市出现了大量车辆、旅客长时间滞留港口的情况。琼州海峡南北两岸客滚运输港口轮渡被迫多次间歇性停航高达 17 次，累计停航时间超过 58 h，大量返程车辆、旅客长时间滞留海口市秀英、新海和南港三港，引发全国关注。海口市先后启动客货滚装运输突发事件三级、二级应急响应，并于 2 月 19 日(大年初四)20 时启动了一级应急响应。

连续的大雾导致船舶停航，不知情的游客蜂拥离岛也让港区周边区域出现严重拥堵。顶峰时段，海口市港口区域滞留车辆一度超过 1.5 万辆、滞留旅客超过 5 万人、排队长达 20 km，道路大量拥堵，严重影响当地居民日常生活。

2 月 20 日晚间，海口市秀英港、新海港和南港三个港口周边多个路段频生拥堵。通往秀英港的滨海大道、丘海大道等干道汽车长龙绵延数公里。以前 20 min 的路，现在一度花费 20 h 都没走完。

虽然各级交通管理部门积极调度，但由于客流量过大，大雾天气反复，海口拥堵的情况持续了数天。截至 2 月 25 日 08 时，海口交警发布的路况信息显示，海口仍有部分拥堵：琼州海峡南岸三港暂时停航，滨海大道秀英港东往西方向待渡小车占用一车道，尾部排至港集路口；滨海大道新海港东往西方向待渡小车尾部排至省会展中心，待渡大车尾部排至长和路口，其中小车约 900 辆，大货车约 900 辆；滨海大道南港东往西方向待渡车辆尾部排过新海村。打开手机地图也可以看到，海口新海港、秀英港、南港周边区域道路是一片拥堵的红色。

马路拥堵、出岛难等问题，也衍生出了飞机票"洛阳纸贵"的怪象。拥堵期间，海南离岛机票从大年初二起不断上涨，21 日达到最高点，由三亚飞至广州、北京、哈尔滨等多地的机票价格均破万元，有些甚至接近 2 万元，票价涨幅超过 400%，但仍一票难求，就连中转票也瞬间被一抢而空。

一波未平，一波又起。在大雾侵扰期间，琼州海峡水域还发生了一起船舶碰撞的意外，为客滚运输带来了影响。2 月 22 日凌晨 01 时许，满载开往广东海安新港的海口 9 号客船在进港途中 1～3＃航标处与空载的"新盈 F069"轮(经核实为套牌船舶)发生碰撞，事故造成"新盈 F069"轮沉没，5 人落水，已救起 3 人，2 人正在搜救中。客滚轮"海口 9 号"970 多人无人伤亡。由于船舶沉没且海面有轻雾，航道暂时停航，导致 10 艘船舶无法出港，19 艘满载 13693 名旅客和 2443 辆车的客滚船在锚地待航。

(3)应对

为及时疏解滞留旅客和车辆，保障琼州海峡畅通、有序，各级交通管理部门高度重视，积极作为。交通运输部水运局、海事局，珠江航务管理局、粤琼两省交通运输厅、海事局及海峡办等有关部门凝心聚力、全力配合、靠前指挥、坚守一线，优化运输组织，强化航行保障，确保运力全部投入运营。针对存在的安全隐患，珠航局积极协调海南、广东交通港航及海事管理部门迅速采取应急措施。一是从 22 日 05 时开始，安排海上漂泊的 19 艘满载客船靠泊海安老港卸载，确保旅客安全;二是紧急联络打捞公司将沉船拖离海安新港进出港航道,在克服海上风浪大、能见度低、当地无测量船等困难的情况下,多部门密切配合,开展了多波束扫海工作,在查明沉船区域无碍航物后,海安新港于2月23日10时30分恢复双向通航,重新发挥正常航运效力;三是继续全力搜救失踪人员;通过多方共同努力,事故和险情得到快速处置和有效解决。截至2月26日,秀英港、新海港、南港外已无车辆滞留,待渡时间大幅下降,三港大量旅客和车辆滞留情况已得到解除,琼州海峡客滚运输运转已恢复正常,通行速度也恢复至以往春运水平。根据《海口市客货滚装运输突发事件应急预案》,自2月26日00时起,终止海口市客货滚装运输突发事件应急响应。

5.13.3 应对大雾等不利气象条件导致的空气重污染

2018年11月23—26日,中国华北、华东地区经历2018年秋冬季以来影响范围最大、程度最重的一次大雾天气,中央气象台连续3次发布大雾橙色预警,部分地区能见度不足50 m。在大雾天气的高湿度背景下,叠加静稳等不利气象条件影响,$PM_{2.5}$ 吸湿增长和二次转化明显,导致京津冀及周边地区出现一次重污染天气过程。

此次污染过程中,河北南部、河南北部、山东中西部、安徽和江苏北部地区共37个城市日均浓度达到重度及以上污染水平,$PM_{2.5}$ 日均浓度最高的城市为保定,26日日均值达到364 $\mu g/m^3$。京津冀及周边地区45个城市小时浓度达到重度及以上污染水平,北京、天津、石家庄等21个城市小时浓度达到严重污染水平,$PM_{2.5}$ 小时浓度最高达476 $\mu g/m^3$(保定,26日16时),但未出现因 $PM_{2.5}$ 浓度攀升导致“爆表”的城市。北京市26日的 $PM_{2.5}$ 日均浓度为217 $\mu g/m^3$,$PM_{2.5}$ 小时浓度于26日13时达到严重污染水平,并持续11 h,最高达288 $\mu g/m^3$。截至11月27日08时,受冷空气影响,北京市 $PM_{2.5}$ 浓度已经快速恢复到优良水平。

受西北上游区域重度沙尘过境影响,以 PM_{10} 为主要表征的扬沙浮尘天气随冷空气一起抵达京津冀及周边地区,并自西向东主导我国华北地区。11月26日夜,北京市 PM_{10} 快速攀升后,在27日凌晨开始快速改善。同时,京津冀中南部、河南北部、山东西部等地区短时出现沙尘,部分城市空气质量将维持重度污染水平。

预计11月27—28日,冷高压系统逐渐移出京津冀区域,沙尘系统逐渐过境,其所带来的区域空气质量恶化状况将得到显著缓解,但部分城市受沙尘残留影响,PM_{10} 浓度短时内仍处于高位。

为积极应对此次重污染天气过程,生态环境部于11月22日第一时间发布区域预警提示信息,启动区域应急联动;各地及时发布预警,采取有效措施,减轻污染物排放强度。此次污染过程中,京津冀及周边地区共有46个城市发布重污染天气预警,其中33个城市发布橙色预警,启动Ⅱ级应急响应,13个城市发布黄色预警,启动Ⅲ级应急响应。经初步估算,各地及时采取应急减排措施,污染物排放量减少约20%左右,有效降低了污染峰值浓度。

生态环境部230个驻现场工作组共720人,对照各地重污染天气应急响应减排清单,4 d共检查企业(点位)4092个(工业企业3828个,建筑工地264个)。检查共发现有39家企业和9个建筑工地未严格落实应急预案要求,占比1.2%。

根据中国环境监测总站会商京津冀及周边地区省级环境空气质量监测中心的最新预测预报结果,由于此次冷空气强度影响有限,污染物逐渐向南堆积,大雾天气将持续。预计河北沿山个别城市、河南大部、山东西部、皖北、苏北等部分地区的污染形势将于11月28日后得到缓解。同时,受气象因素不确定性影响,30 日前后,河北南部、河南北部、山东西部、安徽和江苏北部等地区可能出现新一轮不利气象条件,空气质量将维持中至重度污染水平。河北、山东、河南省相关城市要求继续保持现有重污染天气预警状态,安徽、江苏也向行政区域内相关城市推送预警提示信息,要求各地及时发布相应级别预警,采取有效措施,减轻重污染天气影响,保障人民群众健康。

5.14 干旱灾害风险评估

基于气象数据的农业干旱灾害研究最为系统,时间序列跨度长、空间分布范围广,在监测、预警、评价和格局分析等方面都有细致的研究;基于遥感数据的农业干旱灾害研究主要以监测和灾害评价为主;基于统计数据开展农业干旱灾害的研究主要集中在灾害损失评价方面;基于多源数据的农业干旱灾害研究在逐渐增多,在监测、预警、评价等方面也有所突破。

水文干旱做过一些研究,但尚未形成水文干旱监测、预警、评价的业务。

5.14.1 基于标准化土壤湿度指数(SSMI)的农业干旱评价

在农业干旱监测中,土壤湿度扮演着十分重要的角色。当土壤水分低于土壤田间持水量时,会产生水分亏缺,植被开始不处于最佳生长状态;当水分进一步降低,即会产生水分胁迫,影响植被生长,进而影响植被生产力。因此,利用土壤湿度进行农业干旱监测具有农学意义。

周洪奎等(2019)利用数据同化的根区土壤湿度数据构建 SSMI,综合评价 SSMI 监测农业干旱的适宜性。研究区为黄淮海平原。研究时段(2002—2010 年)内,2002 年、2004 年、2006 年发生了较为严重的干旱事件。

(1)资料与方法

本节所用到的数据包括根区土壤湿度同化数据、标准化降水蒸散指数数据、农业气象站点灾害数据和冬小麦产量数据。

① 根区土壤湿度同化数据

本节所使用的土壤湿度数据是将 LPRM 模型反演的微波土壤湿度同化到双层帕默尔水量平衡模型中所得。该根区土壤湿度数据代表的是土壤深度为 1 m 内的土壤水分状况,该深度能够满足大部分作物根部水分、营养吸收的需求。该数据覆盖时段为 2002 年 6 月—2010 年 12 月。分辨率为 0.25°的逐日数据,数据格式为 NetCDF 格式,可从 Reverb 平台下载(http://reverb.echo.nasa.gov/reverb/)。

② 标准化降水蒸散指数数据

标准化降水蒸散指数(SPEI)是 Vicente-Serrano 等提出的一种应用非常广泛的干旱指数。SPEI 是在考虑降水的基础上,加入了温度信息,利用降水与潜在蒸散发之间的水量平衡关系来表征干旱。本研究使用的 SPEI 数据集是由提出者 Vicente-Serrano 等生产的全球 SPEI 数据集,可以在以下网址(http://sac.csic.es/spei/index.html)下载。该数据格式为 NetCDF 格式,空间分辨率为 0.5°,时间分辨率为每月,数据时段为 1901 年 1 月—2015 年 12 月,包含 1~48 月尺度的 SPEI 数据。为了与土壤湿度数据时段保持一致,本研究选取黄淮海平原 2002 年 6 月—2010 年 12 月的 SPEI 格网数据集。

③ 农业气象站点灾害数据

该数据集包括灾害名称、灾害发生日期、灾害强度、灾害面积以及受害百分比等主要字段,该数据可以从中国气象数据网下载(http://data.cma.cn/)。根据农业干旱国家标准中作物形态指标,灾害记录中干旱强度分为轻度、中度和重度干旱。本研究在全国农气站点的灾害记录中筛选出了2002—2010年间黄淮海平原共40个农气站点的1244条干旱灾害记录。

④ 冬小麦产量数据

周洪奎等(2019)还收集了黄淮海平原主要省市天津、河北、山东、河南、安徽35个县级行政单位的1994—2013年冬小麦产量数据来评价干旱指数与作物产量之间的关系。数据来源是从各省(市)统计年鉴资料中获取。在预处理过程中,对产量数据进行了多项式去趋势处理,从实际产量中去除科技进步等人为因素对冬小麦产量的影响,得到气候要素为主要影响因素的产量(即气象产量)。研究中用减产率作为农业干旱对作物造成的影响的表达指标,减产率(YLR,yield loss ratio)可通过式(5.90)计算:

$$\mathrm{YLR}=[(Y-\overline{Y})/\overline{Y}]\times 100\% \tag{5.90}$$

式中:Y为气象产量;$\overline{Y}$为多年平均气象产量,用其表示正常产量。YLR负值表示减产;正值表示增产。

(2)标准化土壤湿度指数(SSMI)

SSMI的构建方法如下:

$$\mathrm{SSMI}=(\mathrm{SM}-\overline{\mathrm{SM}})/\sigma \tag{5.91}$$

式中,SM为某一时间尺度的土壤湿度值,$\overline{\mathrm{SM}}$为该时间尺度上多年土壤湿度均值,σ为该时间尺度上多年土壤湿度标准差。SSMI小于0代表土壤湿度小于正常值,呈现土壤水分亏缺的状态;反之,SSMI大于0表示土壤湿度大于正常值,呈现土壤水分盈余的状态,值的大小表示偏离正常值的程度。按照McKee等(1993)和世界气象组织(WMO)(2012)提出的干旱分类体系,干旱等级分为轻度干旱、中度干旱、重度干旱和极端干旱,不同干旱等级间的分隔点为数据的1 σ(σ为标准差)、1.5 σ和2 σ。经检验,土壤湿度数据符合正态分布特征,计算得到的SSMI服从标准正态分布($\mu=0$;$\sigma=1$),因而,SSMI干旱等级划分如表5.57所示。按照正态分布的特征,出现轻度、中度、重度和极端干旱的概率分别为34.1%、9.2%、4.4%和2.3%;干旱事件出现概率的倒数即为重复周期,出现轻度、中度、重度和极端干旱的重复周期分别约为3 a、10 a、20 a和50 a。

表5.57 标准化土壤湿度指数(SSMI)干旱等级划分(周洪奎 等,2019)

类别	取值范围	概率/%	重复周期/a
轻度干旱	(−1,0]	34.1	3
中度干旱	(−1.5,−1]	9.2	10
重度干旱	(−2,−1.5]	4.4	20
极端干旱	(∞,−2]	2.3	50

由于SPEI、农气站点灾情观测记录、作物产量数据的时间分辨率不同,周洪奎等(2019)分别采用了月、旬、生长季尺度的SSMI与上述数据进行综合对比分析,从不同时间尺度上分析SSMI在农业干旱监测上的适宜性。不同尺度的SSMI的计算方法为:首先,将逐日的根区土

壤湿度按照取均值的方法合成为相应尺度(旬、月、生长季)的土壤湿度数据;其次,按照式(5.91)计算相应尺度的 SSMI。

(3)结果与分析

① 基于 SSMI 的黄淮海平原干旱监测结果

周洪奎等(2019)根据式(5.91)的 SSMI 的计算方法,利用根区土壤湿度数据计算得到了 2002—2010 年黄淮海平原 SSMI 的干旱监测结果。根据 SSMI 的干旱等级划分,黄淮海平原在 2002—2010 年间共发生 12 次干旱事件,其中达到重度干旱事件 1 次(2002 年 6 月—2003 年 8 月),中度干旱事件 3 次(2004 年 1 月—2004 年 7 月、2005 年 3 月—2005 年 8 月、2006 年 8 月—2007 年 1 月),其余为轻度干旱事件。

② SSMI 与 SPEI 的对比分析

周洪奎等(2019)选用 3 个月尺度的 SPEI(SPEI-3)来与 SSMI 进行对比分析。SPEI-3 即综合考虑当前月份前 3 个月的降水和蒸散发量之差,按照上述 SPEI 的计算方法得到当前月份 SPEI 值,按照月份顺序依次滑动计算得到不同月份的 SPEI-3 值,最终形成逐月的 SPEI-3 时间序列。首先从整个黄淮海平原尺度上对比分析 SSMI 和 SPEI 之间的关系,将黄淮海平原内所有栅格数据进行取均值处理,得到 2002 年 6 月—2010 年 12 月共 103 个月的 SSMI 和 SPEI 时间序列数据。结果显示,从整个黄淮海平原尺度来看,SPEI 与 SSMI 具有较好的一致性,相关系数达到 0.63,呈现极显著的相关关系。在 2002 年、2004 年、2006 年发生的农业干旱中,二者均具有良好的识别效果。在栅格尺度上,进一步分析 SSMI 与 SPEI 的相关程度,可以发现,SSMI 与 SPEI 之间的相关系数在 0.3～0.8,平均相关系数为 0.52,每个栅格参与相关性计算的样本数量为 103 个,所有栅格均通过信度 0.001 的显著性检验。以上分析结果表明,SSMI 与 SPEI 之间具有极显著的相关性和较好的一致性,以 SPEI 作为参照指标,SSMI 能够反映黄淮海平原的干湿状况。

③ SSMI 与干旱灾害观测记录的比较

周洪奎等(2019)分别从黄淮海平原整体情况和典型农气站点上对干旱灾害观测记录与 SSMI 进行对比分析。在分析黄淮海平原整体情况时,由于灾害观测记录为旬值数据集,时间序列较长,为了便于空间上展示,按照逐月方式对干旱灾害记录进行了整理归纳;在典型农气站点尺度上,采用旬尺度数据进行对比分析。从相对较小的时间尺度上进一步检验 SSMI 的干旱监测效果。可以发现,黄淮海平原每年都会有干旱发生,仅是在持续时间和发生范围上有所差别。以 2004 年和 2006 年为例,从 2004 年 3 月开始。黄淮海平原就已经有零星分布的干旱发生,4—6 月,干旱范围已经扩展为黄淮海平原大部分地区。在 2004 年 3—6 月,黄淮海平原共有 18 个站点记录发生干旱,平均受害百分比为 40%～50%,平均受旱面积超过 2.5 万 hm^2,山东菏泽、安徽蒙城、宿县、亳州等地受害百分比甚至达到 90%～100%,平均受旱面积超过 6.7 万 hm^2。在 2004 年 7—11 月,干旱范围有所减小,主要集中在安徽、江苏北部,以及山东、河南部分地区。在 2006 年 4—12 月,共有 30 个站点显示发生干旱灾害,平均受害百分比为 47%～57%,平均受旱害面积超过 2.8 万 hm^2。在干旱空间分布来看,在 7—9 月干旱得到部分缓解;在 10—11 月,由于降水不足,干旱又逐渐加重;直至 12 月,黄淮海平原大部分地区干旱逐渐解除,只在山东胶东半岛和河北部分地区干旱持续。综合 2004 年、2006 年两次农业干旱事件,在空间分布上,SSMI 的干旱监测结果与农气站点灾害记录是基本符合的。

周洪奎等(2019)为了进一步评估 SSMI 在农业干旱监测中的准确性,从站点尺度上分析干旱指数监测结果与灾害记录的一致性。根据农气站点灾害数据的完整性,选取德州、菏泽、泰安、商丘、蒙城、亳州 6 个站点用于对比分析。可以发现,各站点 SSMI 所代表的干旱强度与干旱灾害记录是基本一致的,总体上 SSMI 能够较为准确地反映区域农业干旱强度特征。从干旱监测的时效性方面,旬值尺度的 SSMI 与干旱灾害记录也基本吻合,说明利用 SSMI 在旬尺度上监测农业干旱也具有较大的应用潜力。

④ 农业干旱对冬小麦产量的影响分析

周洪奎等(2019)在进行农业干旱监测时,分析干旱指数与作物产量的关系是检验干旱指数监测效果的重要方面。本研究搜集到黄淮海平原 35 个县(市)级 1994—2013 年共 20 a 的冬小麦产量数据。为了使不同县(市)之间的产量数据能够进行类比,本研究采用减产率来分析农业干旱监测结果与冬小麦产量的关系。首先,计算得到了所有县市 2002—2010 年 8 个生长季 SSMI 与冬小麦减产率的相关性。结果显示,SSMI 与冬小麦减产率呈现极显著的正相关关系($R=0.68$,$P<0.001$)。各县(市)生长季 SSMI 与减产率之间的相关性,在 35 个县市中,有 24 个可以通过信度 0.05 的显著性检验,11 个未通过显著性检验。根据农气站点灾害记录显示,河北保定、石家庄、邢台等地的冬小麦在 2002—2003 年生长季遭遇病虫害、大风的灾害影响,山东菏泽在 2003—2004 年生长季遭受渍害影响,并非都因干旱引起冬小麦减产。因此,总体上,生长季 SSMI 与冬小麦减产率是显著相关的,SSMI 能够对农业干旱引起的冬小麦减产起到一定的指示作用。

周洪奎等(2019)选取 2002—2003 年发生在冬小麦生长季内的干旱事件,进一步分析 SSMI 干旱监测结果与冬小麦减产率的关系。发现黄淮海平原 2002—2003 年生长季冬小麦产量基本都呈现减产状态,减产幅度在 15%以内。根据 SSMI 识别结果,除了河北保定、石家庄、邢台外,其余区域均处于干旱状态。总体上,基于统计数据得到的冬小麦发生减产的区域与基于 SSMI 识别的干旱发生区域具有较好的一致性。在数值上,有些区域减产率和 SSMI 可能无法很好地一一对应,即减产程度并不完全随着 SSMI 的减小而增加。主要原因在于粮食减产可能有多种原因引起,在农业气象灾害范畴内,除干旱外,还可能由大风、渍害、干热风、冰雹等引起减产。如河北保定、石家庄、邢台 SSMI 显示为正常或湿润状态,而产量却呈现减产状况,其主要原因在于受到病虫害、大风的灾害影响。2002—2003 年生长季内保定、石家庄、邢台的降水量分别为 101.7 mm、247.4 mm 和 177.6 mm,占平均降水量的 94%、185%和 134%,显示该生长季降水接近或者多于平均降水量,冬小麦产量减少可能并非受到干旱影响。另外,不同生育期内即使出现相同等级的干旱发生,对作物产量的影响也不尽相同,这也是导致 SSMI 与减产率无法很好地一一对应的原因之一。

(4)结论

周洪奎等(2019)从干旱指数、灾害观测记录对比以及干旱对产量影响的角度综合评价了标准化土壤湿度指数(SSMI)监测农业干旱的适宜性,研究表明,SSMI 能够有效反映黄淮海平原的农业干旱状况,利用 SSMI 监测农业干旱是适宜的,在干旱指数的适宜性评价方法上更加全面,研究结果可以为黄淮海平原农业干旱监测业务化运行以及防灾减灾策略的制定提供理论依据和科学参考。

5.14.2 气象干旱与水文干旱的关系

李峥嵘(2021)以长江流域为研究对象,以研究区 183 个气象站的气象资料和干流 4 个控制水文站 1960—2016 年逐月径流资料为基础，分别选用标准化降水蒸散发指数(SPEI)和标准化径流指数(SRI)表征气象干旱和水文干旱，分析近 60 a 来研究区气象干旱和水文干旱时空演变特征以及水文干旱对气象干旱的响应关系。最后，基于 Copula 函数构建了长江流域气象干旱和水文干旱多变量联合分布模型。主要研究成果如下。

(1)1960—2016 年长江流域 1 个月、3 个月、6 个月、12 个月时间尺度的 SPEI 随时间均呈下降趋势，其中 SPEI3、SPEI6、SPEI12 随时间呈现显著下降趋势，即研究区干旱状况有加重态势。长江流域 1 个月、3 个月、6 个月、12 个月时间尺度的 SPEI 在 1998 年均发生统计意义上突变。SPEI1、SPEI3 存在 0.5～1 a 的显著周期，SPEI6 存在 1～2 a 的显著周期，SPEI12 存在 8 a 左右的显著周期。

(2)1960—2016 年间，寸滩和宜昌站的 SRI6 和 SRI12 以及汉口站的 SRI1 呈显著下降趋势。近 60 a，寸滩、宜昌、汉口和大通站 SRI12 均存在显著的突变现象，并存在 4～16 a 和 16～20 a 的显著振荡周期。

(3)气象干旱和水文干旱相关性较好，其中 12 个月尺度气象干旱和水文干旱相关系数最大，相关性最强。以三峡水库运行前后 2003 年为界，探讨水库影响下水文干旱对气象干旱响应的变化。结果显示，宜昌、汉口和大通站特旱的发生次数和发生频率较 2003 年之前均有增加趋势，可能与长江流域近年来降水减少、气温升高有关。从不同时间尺度 SRI 与 SPEI 的相关系数来看，随时间尺度的增大，1960—2016 年宜昌、汉口和大通站 SRI 与 SPEI 的相关系数不断增大，其中 12 个月尺度下，3 个水文站 2003—2016 年相关系数要高于 1960—2002 年。与无水库影响时期相比，水库影响时期宜昌、汉口和大通站水文干旱滞后于气象干旱的时间均有一定程度的增加，可能与三峡水库蓄水有关。

(4)在同一重现期水平下，单变量的重现期介于二维、三维变量联合重现期与同现重现期之间；二维、三维变量的同现重现期大于相应的联合重现期；三维变量的同现重现期大于相应的二维变量的同现重现期，而三维变量的联合重现期小于相应的二维变量的联合重现期。

曾碧球等(2020)利用马别河流域 1982—2015 年逐月降水量和径流量资料，采用标准化降雨指数(SPI)和标准化径流指数(SRI)分析马别河流域气象与水文干旱特征，并探索气象与水文干旱之间的相关性。

马别河是珠江流域西江水系上源南盘江下游段的支流，发源于贵州省盘县老厂，流经普安县、兴义市、兴仁县，在安龙县汇入南盘江，全长 142.5 km，流域面积 2924 km^2，河口平均流量 75.7 m^3/s。马别河流域多年平均降水量为 1200 mm，降水量年内分配不均，5—8 月降水量约占全年的 65.1%；降水年际变化也较大，最大年和最小年降水之比为 4.8 倍。由于降水时空分布不均匀，季节性差异较大，易形成旱灾。研究表明，1982—2015 年，马别河流域每 2～3 a 会出现 1 次不同程度的干旱，年尺度上，气象干旱变化趋势不显著；季尺度上，秋旱有显著加重趋势，春、夏、冬三季变化趋势不显著；年尺度上，水文干旱有显著加重的趋势，2000 年后水文干旱频率明显增加，干旱年数占 1982—2015 年水文干旱年数的 70%。马别河流域气象与水文干旱之间有紧密的相关性和一定的时滞性，1 个月、3 个月、6 个月、12 个月的时间尺度中，12 个月尺度的 SPI12 与 SRI12 相关性最好，水文干旱滞后气象干旱 1 个月。

张璇等(2022)基于滦河山区 1960—2017 年的气象水文数据，应用游程原理识别气象水文干旱事件，甄别二者间的传播特征，并借助 Copula 模型评估气象干旱与水文干旱的风险和干旱传播的临界关系。结果表明：①在 1960—2017 年期间，与气象干旱事件相比，水文干旱事件具有频率低,历时长,峰值低的特点;②滦河地区气象干旱和水文干旱传播关系以单场气象干旱向单场水文干旱传播为主;③气象干旱向水文干旱的传播存在明显的滞后效应,从上游至下游地区干旱滞后时间依次增长;④Gumbel Copula 函数能够更准确地评估该流域干旱传播风险,结果显示上游地区发生干旱传播的风险低于下游地区,上、下游地区气象干旱发展成水文干旱的临界历时分别为 0.93 个月和 1.26 个月,临界峰值强度分别为 0.66 和 0.44。本研究可为评价不同干旱事件间的传播与演变关系,构建流域干旱风险评价模型提供新思路。

吴燕锋等(2018)采用标准化降水蒸散指数和径流干旱指数分析了 1961—2010 年松花江区水文干旱和气象干旱时空演变特征,并探讨了水文干旱与气象干旱的关系。结果表明:①1961—2010 年松花江区呈总体干旱化且又有明显时段性的特征,其中 1967—1983 年和 1996—2010 年气象干旱频发、覆盖范围广、持续时间长且强度大;其他时段气象干旱少有发生。其次,气象干旱空间分布差异明显,东部的平均干旱频次和强度都大于西部地区,中部(嫩江流域中下游)平均干旱持续时间最长;但在嫩江流域和黑龙江上游地区干旱略有减弱趋势。②松花江流域和挠力河流域水文干旱呈加剧的趋势,尤其是近 15 a 干旱化趋势明显;挠力河流域干旱频发、强度大且持续时间很长。松花江流域水文干旱程度弱于挠力河流域,但极端水文干旱事件频发。③松花江区气象干旱与水文干旱密切相关,嫩江流域水文干旱滞后于气象干旱 2 个月,而第二松花江流域和松花江流域水文干旱滞后于气象干旱 3 个月;挠力河流域水文干旱与气象干旱无明显的时滞相关性。

由此可见,无论是南方河流还是北方河流,气象干旱是导致水文干旱发生的原因,但在气象干旱历时较短或强度较小的情况下,水文干旱不一定会出现,且水文干旱相对于气象干旱有一定的滞后性。

5.14.3 渭河流域干旱分析和风险评估

渭河是黄河第一大支流,发源于甘肃渭源鸟鼠山,流经甘肃、宁夏及陕西三省(区)。华县水文站以上集水区面积为 10.6 万 km^2,位于 33°—38°N、104°—110°E 之间。流域内陆地貌以黄土高原和关中盆地为主,地势西高东低起伏较大,高程 336~3929 m。渭河干流全长 818 km,两岸支流众多,其中泾河是渭河最大支流,河长 455 km,流域面积 4.5 万 km^2,占渭河流域面积的 42.5%。渭河流域地处干旱地区与湿润地区过渡地带,属大陆性季风气候,冬季寒冷干燥,降水稀少;夏季炎热多雨。根据 1961—2013 年气象资料,渭河流域多年平均气温为 8.7 ℃,降水量为 539.7 mm,蒸发量为 488.3 mm。流域土壤以黄褐土、褐土、黄壤和棕壤为主,主要植被类型为落叶阔叶林。关中平原地处渭河中下游,是中国重要的工农业生产基地,有效灌溉面积为 92 万 hm^2,该地区也是渭河流域人口分布最密集的区域。

孙洋洋(2018)根据渭河流域 2 个水文站以及 20 个气象站 50 多年的水文资料、气象资料等进行研究,同时根据水文站点所在位置将渭河流域分为两部分集水区Ⅰ(渭河干流流域和泾河流域)和集水区Ⅱ(北洛河流域)。

孙洋洋(2018)首先采用小波分析,对渭河流域的水文及气象干旱时间变化进行系统分析,探讨其突变性、周期性、趋势性变化规律。接下来采用 m-k 趋势检验,对渭河流域年尺度和不同季节的气象干旱指数进行趋势检验,最后利用游程理论识别渭河流域主要干旱特征要素。

游程理论(Yevjevich, 1967)是目前被广泛用于干旱事件时序分析的一种手段。若干旱指数的时间变化序列为 x_t,给定一个确定的 x 来截取,当 x_t 在一个或多个连续的时段内大于 x

时，则出现正游程；反之，当 x_t 在一个或多个连续的时段内小于 x 时，则出现负游程。一般来说，在研究干旱特性时，根据所选取的干旱指数确定 x，负游程的长度通常被称为干旱历时(D)，代表干旱从开始到结束的时间长度；干旱烈度(M)为负游程的总量，也被称为干旱严重程度，即在干旱历时内所有小于 x 累计值的总和。

孙洋洋(2018)基于此，建立水文干旱与气象干旱的响应关系，计算气象干旱相应于水文干旱的临界条件，并计算出水文干旱对应于气象干旱的时滞性。主要结论如下。

① 1960—2013 年渭河流域发生气象干旱的频率在 50%以上。1975—1985 年和 1996—2006 年气象干旱的频率比较高，强度大。集水区Ⅰ在 2000—2009 年时段内中旱发生频率大约为 20%，1970—1979 年中旱发生频率大约 15%，1990—1999 年间重旱频率为 10%左右。集水区Ⅱ，中旱以及重旱发生频率较高，1970—1979 年中旱发生频率达 45%。1990—1999 年重旱发生频率为 10%左右。渭河流域气象干旱存在着 16～20 a 的主周期。

② 在年尺度下渭河流域呈现东部地区湿润化，西部地区干旱化的明显趋势。1960—2013 年渭河流域干旱发生的频率在 48%～55%之间，研究区频率差在 6%左右，SPI(标准化降水指数)对干旱趋势变化的响应也高于 SPEI(标准化降水蒸腾指数)。不同季节干旱化趋势不同。

③ 1960—2013 年渭河流域发生水文干旱的频率在 50%以上，极旱发生概率较小，一般不超过 1%。渭河流域水文干旱具有干湿交替的特性，20 世纪 70 年代和 20 世纪 90 年代水文干旱较严重，干旱的频率高，强度大。对于标准干旱指数(SDI)，渭河流域处于正常-微旱水平。华县站 SBI 值突变分别发生在 1972 年、1982 年和 1995 年左右，状头站 SBI 值突变分别发生在 1971 年、1984 年和 2000 年左右。1970—1980 年间华县站和状头站 SBI 值始终小于 0 且呈现出逐渐下降的趋势，渭河流域处于持续干旱状态且干旱情况不断加剧。华县站和状头站水文干旱存在着 16 a 左右的主周期。

④ 随着干旱指数的计算尺度的增大，可识别的干旱次数越少，相应的每次干旱烈度加大。集水区Ⅱ相对于集水区Ⅰ最大干旱历时短，对应干旱烈度小。在 1 个月、3 个月、6 个月、12 个月的计算尺度下，对集水区Ⅰ，当气象干旱临界历时为 2.60、2.033、5.12、0.53，临界烈度为 1.35、2.74、1.59、5.44；对集水区Ⅱ讲，气象干旱临界历时 0.78、0.38、1.58、−0.07，临界烈度为 1.37、0.10、−9.42、6.83。

⑤ 水文和气象干旱时滞性。渭河流域气象干旱和水文干旱在随着时间尺度的增大的相关性越来越好。年尺度下的 SDI 与 SPEI 相关系数最大，相关性最强。利用 12 个月尺度的气象干旱指标(SPEI12)和水文干旱指标(SDI12)分别取同期、滞后 1 个月、滞后 2 个月……滞后 12 个月作为两者的时间梯度，计算不同时间尺度的相关系数，取最大相关系数对应的时间梯度作为 SPEI 和 SDI 的滞后时间。结果表明，渭河流域最大相关系数出现在时滞 3 个月的时间尺度上，为 0.6031，和 0.549 说明渭河流域水文干旱对气象干旱的响应在滞后 3 个月的时候最为敏感。

李恩越(2016)运用风险评估模型计算渭河流域各地区的旱灾风险指数，对渭河流域的旱灾风险进行评估，分析发现渭河上游和泾河流域是旱灾的高风险区，渭河中游和北洛河流域是旱灾的中风险区，渭河下游和宝鸡地区是旱灾的低风险区；对渭河流域的洪灾风险进行评估，分析发现，渭河上游和泾河流域是洪灾低风险区，北洛河流域的延安是洪灾的中风险区，渭河中游和渭河下游是洪灾的高风险区。

5.15 海啸灾害风险评估

自2004年印度洋大海啸后,全世界对海啸灾害的关注度达到前所未有的高度;同时这次巨灾也促使世界很多滨海国家开始加大对海啸物理机制研究和海啸预警系统建设的投入以及国际合作。

海啸是由水下地震、火山爆发、水下塌陷及滑坡等大地活动产生的破坏性海浪,其中,由水下地震产生的地震海啸占80%以上,表现为海底地形急剧升降变动引起的海水强烈扰动。

5.15.1 地震海啸模型

地震海啸模型是探索海啸生成机制、评估海啸灾害和建立实时海啸预警系统的重要工具和技术手段。海啸数值模型通常由海啸源模型(断层模型)、海啸波传播模型以及与海岸相互作用的淹没模型所组成。

(1)海啸源模型(断层模型)

海啸源模型是海啸数值模型研究的基础,海啸源的适用性对海啸模型模拟结果显得尤为重要。目前海啸源的反演技术主要有直接通过海啸波幅信号反演和基于大地测量和地震数据反演的方法(王培涛 等,2014)。前者是利用直接测量的海啸波幅信号反演海平面形变场;后者是根据GPS数据和地震数据估计同震位移场。传统同震位移场是通过地震矩和震源机制方法推测同震位移场分布特征,转化成海啸产生阶段自由表面的初始边界条件。

断层模型是最主要的海啸源模型,断层模型通过利用海床位移量来估算地震引起的初始水面高度,为海啸数值模型计算提供初始条件。利用海啸浮标数据或实时地震数据反演的有限断层解可以描述详细的地震破裂特征,这种模型称为有限断层模型(Finite Fault Solution Model)。该模型将整个断层面剖分为多个相等面积的子断层,每个子断层具有独立的局部震源机制解,并根据断层的破裂速度以及子断层的破裂时间构建随时间变化的动态破裂过程。Wei 等(2014)指出基于海啸浮标反演的有限断层模型在刻画海啸传播特征方面更为准确。

(2)海啸传播数值模型

在海啸数值模拟方面,国际上主要采用MOST、TUNAMI-N1、COMCOT等数值模型进行海啸数值模拟,此类数值模拟均采用有限差分法求解二维浅水方程。近年来,GeoClaw模型开始广泛应用于海啸的数值模拟,该模型使用有限体积法求解非线性浅水方程。

GeoClaw数学模型是由美国华盛顿大学应用数学系George D L和LeVeque R L基于波浪追逐原理和自适应网格加密技术研究开发的。该模型根据越洋海啸的传播特征,考虑了海啸波在近岸传播的非线性作用、底摩擦和科氏力效应,根据追踪波幅变化确定是否加密计算,对海啸波影响小的区域进行粗网格分辨率计算,当到达近岸时波幅增大,模型会自动加密,提高计算分辨率。其主要优点在于解决了高分辨率和计算效率之间的矛盾,提高了运行效率。

模型的控制方程为:

$$\frac{\partial h}{\partial t}+h\left(\frac{\partial u}{\partial x}+\frac{\partial v}{\partial y}\right)=0 \tag{5.92}$$

$$\frac{\partial}{\partial t}(hu)+\frac{\partial}{x}\left(hu^2+\frac{1}{2}gv^2\right)+\frac{\partial}{\partial y}(huv)=-gh\frac{\partial b}{\partial x}+fhv-\tau_x \tag{5.93}$$

$$\frac{\partial}{\partial t}(hv)+\frac{\partial}{x}\left(hv^2+\frac{1}{2}gh^2\right)+\frac{\partial}{\partial x}(huv)=-gh\frac{\partial b}{\partial y}+fhv-\tau_y \tag{5.94}$$

$$\tau_x=n^2gh^{-1/3}u\sqrt{u^2+v^2} \tag{5.95}$$

$$\tau_y=n^2gh^{-1/3}v\sqrt{u^2+v^2} \tag{5.96}$$

式中：g 为重力加速度；h 为总水深；u 和 v 分别为 x 和 y 方向的深度平均流速；t 为时间；f 为科氏力系数；b 为海底表面水位；τ_x 和 τ_y 分别为 x 和 y 方向底摩擦项，其中 n 为曼宁系数。

相对于海啸源特征和海啸数值模式精度，影响海啸数值模型的计算精度的重要因素是水深及地形数据的分辨率，研究区域内不同质量的地形水深数据，必然会导致模拟精度在一定程度上的下降。

5.15.2　1960 年智利大海啸数值模拟

王培涛等(2012a)对 1960 年智利大海啸及对中国的影响进行了数值模拟。

北京时间 1960 年 5 月 23 日在智利南部海域发生 $M_w=9.5$ 级地震，并引发巨大海啸。通过灾害调查和数值模拟评估，可知此次海啸不仅洗劫了智利沿岸，还横扫了西太平洋岛屿，导致数万人死亡和失踪。太平洋沿岸，以智利蒙特港为中心，南北 800 km，几乎被洗劫一空。

(1)震源参数的选取及初始场计算

有关此次海啸地震(tsunamigenic earthquake)的断层(fault)参数已由各国地震学研究工作者研究并给出，被大家接纳并广泛采用的是 Kanamori 和 Ciparo 于 1974 年给出的(Atwater et al.，1997)，具体参数详见表 5.58。地震发生错动的过程是一个很短的冲击过程，因此可以假设海水表面的抬升与海底位移是“瞬间同步”完成的。利用获得的震源断层参数(表 5.58)和断层模型即可获得地震海啸数值模型所需的初始场。

表 5.58　1960 年智利海啸地震震源参数(王培涛 等，2012a)

参数名称	参数符号	参数值
断层长度	L	800 km
断层宽度	W	200 km
滑移量	D	24 m
倾角	δ	10°
滑移角	λ	90°
断层走向角	ϕ	NE10°
断层顶部深度	d	25 km
矩心位置	(x_0, y_0)	(39.5°S，74.5°W)

从断层模型计算的结果可知，最大海面抬升为＋9.447 m，最大下沉位移量为－5.288 m。由于地震地壳破裂的时间比海啸波的周期小 1～2 个量级，因此我们假定水面变动与地震引起的断层错动同时发生，用地壳破裂后的形状估算海面的初始形状。拟用本节得到的初始场进行海啸的数值模拟是可信的。

(2)海啸模拟

王培涛等(2012a)选取 GeoClaw 作为此次海啸的数值模拟的数学模型。采用三层自适应嵌套网格模型进行计算,所用地理信息数据来自 NGDC(National Geophysical Center)的 ETOP01 地形数据库(http://WWW.ngdc.noaa.gov/mgg/bathymetry/relief.html)。模拟的重点为中国近海的海啸波,同时计算得到受此次海啸影响较重的日本 Hakodate(41.38°N,140.717°E)站点的海啸波波动序列,将数值模拟的结果与 NGDC 自然灾害数据库中对应站点的海啸记录进行了对比。

地震发生后,海啸波以 700 km/h 的速度横扫了整个太平洋地区。越洋海啸传播至太平洋中部的夏威夷群岛所需时间为 14 h,穿越整个太平洋到达日本沿岸及我国海区为 23~25 h。

海啸波奔袭 24 h 后到达日本沿岸及我国海区。由于当时受我国的海洋环境监测能力限制,未能全面捕捉此次越洋海啸在我国近海的传播过程,但通过搜集相关文献发现了一些有关此次海啸在我国海区传播的踪迹。海啸波约 27 h 到达香港,海啸波幅为 0.38 m,长江口中峻站记录到的波幅为 0.20 m。通过检索 NGDC 自然灾害数据库有关此次海啸的信息也获取了一些珍贵的记录(表 5.59)。

表 5.59　海啸波到达时间及先导波幅模拟状况(王培涛 等,2012a)

潮位站	到达时间[a]	模拟先导波	实测先导波 b	计算误差
吕四	32 h 30 min	0.20	*	*
中峻	30 h 30 min	0.23	0.20	0.03
佘山	30 h 2 min	0.31	*	*
嵊山	28 h 40 min	0.30	*	*
石浦	28 h 28 min	0.66	*	*
大陈	27 h	0.85	*	*
坎门	27 h 11 min	0.94	*	*
基隆	25 h 19 min	0.54	0.66	0.12
花莲	24 h 20 min	0.54	0.30	0.24
遮浪	26 h 50 min	0.50	*	*
香港	27 h 9 min	0.36	0.38	0.02
日本函馆(Hakodate Japan)	23 h 27 min	2.27	2.07	0.2

注:a 表示以第一个显著波峰或波谷抵达时间为准;* 代表未能查阅到有关此次事件的观测记录。

从 12 个所选验潮站模拟的情况可以看出,海啸数值模式模拟的先导波结果与实测海啸记录基本一致,遗憾的是由于缺乏站点的序列资料,无法对模型实施进一步的验证。

(3)海啸对我国沿海的影响

从海啸波幅极值分布(图略)来看,此次海啸除对智利沿岸造成严重灾害外,还横扫了夏威夷群岛及西太平洋沿岸的多个国家和地区,如:日本、俄罗斯、中国、菲律宾等都受到不同程度的影响,对我国沿海的影响主要集中在台湾东部,江苏南部至福建北部以及珠江口一带沿海。值得一提的是此次海啸波幅在东海局部区域达到了 1.5 m 以上,据海洋工程测算:这样规模的海啸波到达近岸经过浅化变形后势必对近岸固定建筑物及近海工程造成严重威胁,尤其与特定地形相互作用后极易产生数倍于入射波的假潮,对港口设施造成严重损害。

王培涛等(2012a)为了研究海啸波对我国沿海的影响,重点考虑海啸波到达我国沿海近岸

(1 m 等深线)时的高度，将数值计算所得我国沿海(从江苏南部到南中国海中部)420 个输出点处的海啸波幅通过格林定律(SATAKE，2006)订正到近岸(1 m 等深线)。此次海啸最大波幅主要分布在江苏南部至长江口、杭州湾至福建闽江口以及台湾东北部沿海，最大海啸波幅可达 2.5 m 左右。这样规模的海啸波若遇天文高潮，对于经济发达的东南沿海来讲无疑具有严重威胁。因此必须重视和加强越洋海啸预警技术研究、建立健全海啸监测及预警系统、开展海啸灾害风险区划评估工作，以防范未来潜在的海啸危险。

5.16　区域自然灾害风险评估

在 5.2.2 节中我们已经指出，国外绝大多数风险评估模型和方法都不能用于实时风险评估。虽然对风险系统是由致灾危险性、承灾体物理暴露、承灾体脆弱性以及应对和恢复重建能力组成的系统，国内外有比较一致的看法，但是如何表达这些风险构成因素，又如何组合这些因素，不同的学者有不同的认识，因此风险评估模型和方法纷繁多样、莫衷一是。由于这些模型和方法都要由专家给各种评估指标赋值，因此这些方法都不能从理论上证明风险相关假设和模型的合理性，不能证明风险分析结果是可靠的。

那么，应当如何正确表达一个固定区域(大到洲和国家，小到社区和村镇)自然灾害的风险呢？有两种方法：一种是利用历史灾损资料的区域风险评估，另一种是在自然灾害风险区划基础上的区域风险评估。

5.16.1　利用历史灾损资料的区域风险评估

首先，我们知道历史灾损资料是过去已实现的“风险”，它是一个区域致灾因子强度、承灾体的物理暴露和脆弱性、人类防灾减灾能力的综合反映，因此，可以用历史灾损资料来评估区域的自然灾害风险。为了正确使用历史灾损资料，应当消除区域内经济发展的程度和人口密度对灾损资料的影响，可以用 5.3.2 节提到的订正方法得到的经济损失指数和人员死亡指数，建立历史经济损失指数和人员死亡指数时间序列。

然后，对经济损失指数和人员死亡指数这两个时间序列进行概率密度函数检验，选择最能反映这两个时间序列特征的概率密度函数，用其计算不同经济损失指数、不同人员死亡指数的出现概率。很显然，一个区域，经济损失指数越大、出现概率越高，因灾经济损失的风险就越大。同理，人员死亡指数越大、出现概率越高，因灾人员死亡的风险就越大。

在比较不同区域的因灾经济损失风险大小时，可以选择同一经济损失指数，比较其出现概率的大小，概率越大则经济损失风险越高；也可以选择同一概率水平，经济损失指数越大则经济损失风险越高。

同样，在比较不同区域的因灾人员死亡风险大小时，可以选择同一人员死亡指数，比较其出现概率的大小，概率越大则人员死亡风险越高；也可以选择同一概率水平，人员死亡指数越大则因灾人员死亡风险越高。

一般来说，如果历史灾损资料时间序列足够长，各种级别经济损失指数或人员死亡指数，风险大的地区，出现的概率应当越大。但是，如果历史灾损资料时间序列不够长，则可能出现一些级别的经济损失指数或人员死亡指数，风险大的地区，出现的概率反而小这种反常的现象。在这种情况下，可以对某一概率水平，求不同级别的经济损失指数或人员死亡指数的加权平均,权重系数取为不同级别的经济损失指数或人员死亡指数的归一化系数。例如,如果将某区域经济损失指数划分为 m 个等级,S_1、S_2,…,S_m;记这 m 个等级的经济损失指数出现的次数为 $n_1,n_2,\cdots,n_m$,则这 m 个等级的经济损失指数权重分别为 $n_1/(n_1+n_2+\cdots+n_m)$、$n_2/(n_1+n_2+\cdots+n_m)$,…,$n_m/(n_1+n_2+\cdots+n_m)$,因此,该区域经济损失的风险可以用下式表示:

$$S=(S_1\cdot n_1+S_2\cdot n_2+\cdots+S_m\cdot n_m)/[(S_1+S_2+\cdots+S_m)(n_1+n_2+\cdots+n_m)] \tag{5.97}$$

式中,S_1、S_2、…、S_m 分别为第 i 个经济损失指数,$i=1,\cdots,m$。

同样,可以得到该区域因灾人员死亡指数的风险:

$$D=(D_1\cdot K_1+D_2\cdot K_2+\cdots+D_L\cdot K_L)/[(D_1+D_2+\cdots+D_L)(K_1+K_2+\cdots+K_L)] \tag{5.98}$$

式中,D_j 为第 j 级因灾人员死亡指数,$K_1,K_2,\cdots,K_L$ 分别为 L 个因灾人员死亡指数出现的次数,$j=1,\cdots,L$。

因灾经济损失和人员死亡是两个完全不同范畴的问题,按理应当分别研究。有的学者企图对二者进行综合,这样便面临一个十分敏感的问题:因灾死亡一个人可以折合多少货币单位?可以用事故赔偿标准度量,但是,各个国家的事故赔偿标准是不同的,一般来说,发达国家事故赔偿标准大大高于发展中国家,更高于欠发达国家,如何用一个统一的赔偿标准是一个很容易引起争议的问题。与其争论不休,不如分开评述。

5.16.2 基于自然灾害风险区划的区域风险评估

我们在第6章将指出,自然灾害风险区划实际上是自然灾害危险性区划,即致灾临界条件的发生概率或超越某一概率的致灾临界条件最大等级的地理分布。基于自然灾害风险区划的区域风险评估,便是讨论在超越某一概率的致灾临界条件最大等级的地理分布中承灾体的易损性。由于致灾临界条件是自然灾害强度的度量,在某一超越概率下的致灾临界条件对承灾体的影响,便是这一自然灾害强度下的承灾体的物理暴露乘以它的脆弱性(暂不考虑人类防灾减灾能力),如此便得到这一超越概率下对应的自然灾害强度下承灾体的易损量——自然灾害风险。

另外,从第3章我们可以看出,很多自然灾害的致灾临界条件是直接从灾损资料得到的,某一等级的致灾临界条件对应某一级别的灾损指数,因此,我们很容易得到与某一超越概率对应的自然灾害强度下的灾损指数,即自然灾害风险。又因为自然灾害风险区划是超越某一概率的致灾临界条件最大等级的地理分布,因此,我们便可以比较不同区域自然灾害风险的大小。上面提到的NOAA模型和APELL模型就是基于这种思路去评价研究区域的风险的。

温家洪等(2012)基于PGIS方法,以上海市杨浦区富禄里居委地区为案例,开展给定概率下的社区台风风险分析。结果表明,近60 a影响上海市区的台风中,最大风速大于17.2 m/s的超越概率(AEP)为12%。在此情景下,共有52幢建筑物(占全部建筑物的15.3%)有台风大风损失。上海市区最大的一次台风过程雨量达306.5 mm,其超越概率为1.8%。在该情景下,研究区地面积水最深处达0.61 m,有115幢建筑物(占全部建筑物的33.8%)有经济损失。在上述情景下,台风大风与过程雨量造成的损失对当地居民尚属可接受风险范围。

王虎(2013)基于历史台风风暴潮灾害信息,利用概率统计方法和GIS空间建模方法,构建基于情景的台风风暴潮灾害风险评估方法体系，并就空间尺度效应进行探讨。论文选取中国东部沿海和上海地区作为两种空间尺度实证研究区，基于情景思想，综合运用台风危险性情景生成工具、水文数值模拟软件 DHI MIKE21 以及 ArcGIS 工具，按照“风险辨识-情景构建-危险性评估-脆弱性评估-风险区划及防范”的灾害风险研究体系，开展两种空间尺度风险评估工作，并提出有针对性的风险防范措施，同时探讨台风风暴潮灾害风险研究的空间尺度效应。该研究开展的工作及研究成果概况为以下 4 个方面。

(1)统计分析 2118 场台风数据，开发建立台风危险性情景生成工具，并生成 W20、W50、W100、WN20、WN50、WN100、S20、S50、S100 共三类 9 场台风情景数据。以台风为驱动力，在 DHI MIKE21 平台下完成台风风暴潮危险性模型构建。

(2)以中国东部沿海地区为大尺度实证研究区，开展台风风暴潮灾害风险评估

① 从 9 种情景台风风暴潮灾害危险性评估结果上看，西移型情景台风风暴潮主要影响广东和海南两省，西北移型主要影响福建和浙江两个省份，转向型主要影响区域为浙江、上海、江苏三个地区；极端台风(100 a 一遇)情景下，西移型、西北移型、转向型情景淹没面积分别为 10124 km^2、17915 km^2、23916 km^2。

② 选取 3 种极端危险性情景，开展台风风暴潮灾害脆弱性评估，从结果中可以看到，W100、WN100 情景影响区域内，台风风暴潮灾害脆弱性等级多为 1 或 2，处于中低水平；S100 情景影响下的地区脆弱性等级较高，上海地区脆弱性等级为 4。

③ 基于台风风暴潮灾害危险性和脆弱性评估，进行风险区划，广东雷州半岛、海南岛沿海地区、浙江省东南部及杭州湾、江苏省南部为中风险区，上海市东部为中高风险区。

④ 依据风险区划结果，提出中国东部沿海地区台风风暴潮灾害风险防范措施，即大尺度台风风暴潮灾害风险防范工作应把重点放在战略和政策导向方面，如调整社会发展模式，促进经济和自然协调与可持续发展。

(3)以上海地区为中尺度实证研究区，开展台风风暴潮灾害风险评估

① 从 3 种情景(W100、WN100、S100)台风风暴潮灾害危险性评估结果上看，上海主要淹没区域集中在崇明岛南部、长兴岛沿岸、横沙岛西侧、宝山区、浦东新区以及奉贤、金山沿海地区；极端台风情景(S100)下，淹没面积为 351 km^2。

② 在脆弱性评估方面，上海高等级脆弱性主要存在于上海市崇明岛南岸、长兴岛南岸、宝山沿海地区、浦东滨海以及金山南部沿海。上述区域多为公共管理与公共服务用地及交通运输用地。

③ 风险区划显示，上海地区极高危险区主要是崇明岛南端、宝山及浦东港口用地、金山南端。

④ 依据风险区划结果，上海中尺度上，针对高风险区，风险防范应以风险管理和城市规划为导向，开展工程和生物防范工作，如在宝山、浦东、金山等极高风险区加固海塘，构建梯级防御工事等。

(4)基于中国东部沿海和上海地区实证研究，探讨台风风暴潮灾害风险的空间尺度效应

① 危险性空间尺度效应主要体现在情景构建方法上，即大尺度选用全部 9 种台风情景，中尺度仅选择显著影响该区域的 3 种，此外，大尺度模型开边界远大于中尺度，而在模拟结果精度上，中尺度明显好于大尺度。

② 脆弱性上具有评估方法和结果精度两方面的空间尺度效应，大尺度脆弱性评估将一级

用地类型作为承灾体，中尺度脆弱性评估则选用二级用地类型为承灾体，因此，中尺度台风风暴潮灾害脆弱性评估结果较大尺度更为精确。

③ 台风风暴潮灾害风险区划的空间尺度效应表现为，在区划方法一致的前提下，由于数据精度的差别导致区划结果不同，即大尺度风险区划中，上海地区中高风险区仅出现在东北部黄浦江入海口附近，其余地方以低风险区为主；中尺度风险区划则更为细化，崇明岛沿岸多为中低风险区，宝山区沿海多为中高风险区，浦东沿海地区、南汇、奉贤基本为中低风险区，极高风险区分布在崇明岛南部沿岸、长兴岛南端、宝山、浦东港口用地处以及金山最南端。

第 6 章　自然灾害风险区划

6.1　自然灾害风险区划目的

为什么要研究自然灾害风险区划？研究并编制自然灾害风险区划的目的是什么？这是我们在研究自然灾害风险区划之前必须明确的一个重大问题，否则自然灾害风险区划就有可能误入歧途。很显然，自然灾害风险区划是为了防御减灾，自然灾害风险区划必须回答如下两个问题：哪些地区是自然灾害高风险区，不适合建居民点、开发区和工业工程；如果确有必要建或人类社会已经处于自然灾害高风险区内又难以搬迁，应当采取什么工程性措施预防风险的发生，并为防灾工程的设计标准提供科学依据，以防御灾害风险的发生。不能回答这两个问题的所谓风险区划不是我们所需要的风险区划。

下面我们举两个闻名全球的例子来说明自然灾害风险区划的重要性以及什么是我们需要的风险区划。

例 1. 日本福岛第一核电厂的灾难性事故

2011 年 3 月 11 日日本时间 14 时 46 分，日本本州岛东北海岸发生 9.0 级地震，造成日本福岛第一核电厂在 2、3、5 号机测到的最大地表加速度分别为 0.56 g、0.52 g、0.56 g(5.50 m/s^2、5.07 m/s^2、5.48 m/s^2)，超过了设计容限 0.45 g、0.45 g、0.46 g(分别相当于 4.38 m/s^2、4.41 m/s^2、4.52 m/s^2)。福岛第一核电厂原本设计只能抵挡 7.0 级地震，并没有考虑到会遭遇到这么大的地震冲击。大地震发生时，1、2、3 号机正在运转，4、5、6 号机早已停机做定期检查。当地震被检测到时，1、2、3 号机执行了自动停机程序。在反应堆自动停机后，厂内发电功能立即停止。正常情况下，核电场可以利用厂外电源驱动冷却和控制系统，但是地震对电力网造成大规模破坏。因此，只好倚赖厂区内的 13 台紧急柴油发电机组驱动冷却系统。但是接踵而至的 15 m 大海啸越过厂区的 5.7 m 海堤，淹没了地势较低的柴油发电机组。在日本时间 15 时 41 分，一共有 12 台紧急发电机中止运转，供给反应堆的交流电源即告失效，冷却系统因此停止运作，反应堆开始过热。地震与海啸造成的损毁也阻碍了外来的救援。在之后的几个小时到几天内，1、2、3 号反应堆经历了堆芯熔毁，终于导致福岛第一核电厂一系列设备损毁、堆芯熔毁、辐射释放等灾害事件(表 6.1)。

从上面叙述的福岛第一核电厂灾难发生过程可以看出：福岛第一核电厂的设计只能防御 7 级地震，实际地震为 9 级；核电厂的海堤高度只有 5.7 m，实际海啸的高度达 15 m。从“根子”上讲，福岛第一核电厂灾难是地震和海啸风险区划失误造成的。

为防止核电站发生灾难性事故，核电厂应当选在最不容易出现地震的地方或震级相对低的地方建设；核电厂的设备应当能够防御当地可能出现的最高震级的地震；在海边建设的核电站，保护核电厂的海堤高度必须高过可能发生的最大海啸的高度。这便是地震、海啸风险区划需要回答的问题。

表 6.1　日本福岛核电厂灾害成因分析

致灾因子	致灾因子实际值	致灾因子设计值	影响及后果
2 号机最大地面加速度/(m/s^2)	5.50	4.38	当地震被检测到时,1、2、3 号机执行了自动停机程序。在反应堆自动停机后,厂内发电功能立即停止。正常情况下,核电场可以利用厂外电源驱动冷却和控制系统,但是地震对电力网造成大规模破坏。因此,只好倚赖区内的 13 台紧急柴油发电机组驱动冷却系统。地震与海啸造成的损毁也阻碍了外来的救援
3 号机最大地面加速度/(m/s^2)	5.07	4.41	
5 号机最大地面加速度/(m/s^2)	5.48	4.52	
地震级别	9	7	
海啸高度/m	15	5.7	淹没了地势较低的柴油发电机组。在 15 时 41 分,一共有 12 台紧急发电机中止运转,供给反应堆的交流电源即告失效,冷却系统因此停止运作,反应堆开始过热、堆芯熔毁

例 2. 2010 年 8 月 8 日中国甘肃省舟曲县城的特大泥石流灾害

在 3.5 节中详细介绍了 2010 年 8 月 8 日中国甘肃省舟曲县城的特大泥石流灾害,并研究了致灾临界雨量。图 6.1 是泥石流前后舟曲县城航空影像地图。

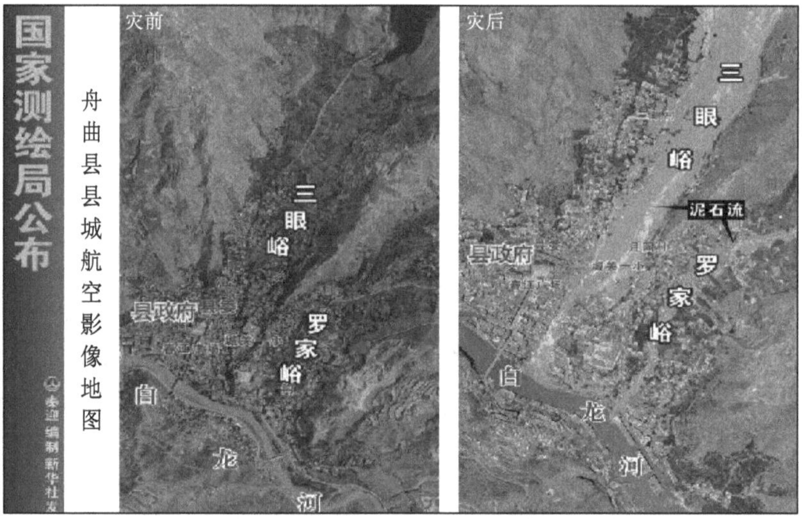

图 6.1　甘肃省舟曲县县城 2010 年 8 月 8 日泥石流灾前和灾后的地图

舟曲县自建制以来,县城就一直座落在三眼峪沟泥石流堆积扇上。随着人口的增长,县城范围迅速扩大,泥石流危险区被不断开发利用。一遇暴雨,泥石流便顺沟而下,进村入城,毁田埋房,冲毁公路桥梁,破坏引水设施和输电线路,造成严重人身伤亡和财产损失。另外,我们在 3.5 节也指出:特大泥石流发生之前,地方政府在三眼峪沟内建有 8 道拦挡坝,降雨强度不大时,这些防洪坝可以起到一定的挡水作用;降雨强度大时,洪水裹挟泥石,在泥石流的冲击下,防洪坝不仅没有起到防御泥石流的作用,而且由于防洪坝的阻挡作用,反而酿成了特大泥石流灾害。

从自然灾害风险区划的角度看,舟曲特大泥石流灾害的教训是:城镇、居民点和任何建筑物都不应当建在地质灾害可能的影响区域;已建在地质灾害影响区的居民点不能采取修建防洪坝的措施去防御地质灾害。这是因为地质灾害是毁灭性的，而我们预报地质灾害的能力不可能达到百分之百准确，一旦预报失误，必将造成人员伤亡。由于人的生命只有一次，因此，防御地质灾害的唯一措施是将居民点搬迁到没有地质灾害影响的区域。地质灾害风险区划就是要回答什么地方是地质灾害的影响区域，在这些区域不能建设城镇、居民点和任何建筑物。

由以上两个特例，我们可以看出自然灾害风险区划对于防御自然灾害，保障人民生命财产的安全是非常重要的。因此，我们必须研究并制作各种自然灾害风险区划。自然灾害风险区划必须回答如下两个问题：哪些地区是自然灾害高风险区，不适合建居民点、开发区和工业工程；如果确有必要建或者承灾体已经存在，应当建什么标准的防御工程，以防御灾害风险的发生。

凡是不能回答这两个问题的所谓风险区划都不是我们所需要的风险区划。

6.2　自然灾害风险区划原理

在 6.1 节中，我们从防灾减灾需求的角度明确了我们需要的自然灾害风险区划是什么和自然灾害风险区划需要回答的两个问题。下面我们将从理论上讨论自然灾害风险区划应当是什么。我们将看到我们提出的自然灾害风险区划理论与防灾减灾的需求是一致的，这说明我们的自然灾害风险区划的理论和方法是正确的。

6.2.1　自然灾害风险区划定义

在讨论自然灾害风险区划时，同“灾害”与“风险”两个概念混淆使用一样，学术界经常将自然灾害区划与自然灾害风险区划混为一谈。

首先，我们来讨论何谓区划？区划是研究某种事物时间上的演替和空间上的分布规律，对其空间范围进行区域划分的过程。因此，自然灾害区划是根据过去发生过的自然灾害事件，按照自然灾害在时间上的演替和空间上的分布规律，对其空间范围进行区域划分的过程。它并不涉及自然灾害未来的情景和出现概率。

在第 2 章中我们已经阐述：风险是与某种不利事件有关的一种未来情景。如何表示未来自然灾害风险的程度？很显然，未来自然灾害发生概率是最恰当的表达方式。因此，自然灾害风险区划应当反映社会若干年内可能达到的自然灾害风险程度，即某地区可能发生的自然灾害的概率或超越某一概率的自然灾害最大等级。

6.2.2　自然灾害风险的数学描述

在统计模型里，自然灾害风险的数学描述如下：

设 X 为自然灾害指标，记：

$$X=\{x_1,x_2,\cdots,x_n\}$$

又设超越 x_i 的概率 $P(x\geqslant x_i)$ 为 p_i，$i=1,2,\cdots,n$，则概率分布：

$$P=\{p_1,p_2,\cdots,p_n\} \tag{6.1}$$

就称为自然灾害风险概率分布。风险区划就是要求风险概率的空间分布。

6.2.3　样本问题

为了求概率，必须有合格的历史样本。所谓合格，一是历史样本应当有一定的长度，二是历史样本系列必须是平稳马尔科夫随机过程。

(1)样本长度

通常的概率风险分析方法要求有30个以上样本,否则分析结果将不稳定,甚至与实际情况相差甚远。

当我们研究的区域是省或省以上的基本单元时,由于有长序列气象、水文、海洋、地震、地质等观测资料的支撑,使用通常的概率统计方法一般就可以做出风险区划来。但是,大区域的平均结果掩盖了区域内的许多差别。按照6.1节的两点要求,我们需要的是精细的风险区划,但当我们将评估的基本单元缩小到县(市)以下的小区域甚或格点时,我们将碰到历史资料严重不足的问题。

通常在我国境内,一般一个县(市)仅有一个气象站具有30 a以上的历史资料。2005年之后,气象部门虽然建了不少区域自动气象站,对于风险区划而言,其问题:一是观测时间短,不到20 a;二是对冰雹、雪等不能进行观测。水文部门在大中河流上建的水文站资料长度在30 a以上,但是在小型河流上缺乏水文站,山洪沟自动水位站正在建设之中。沿海验潮站分布稀疏,用于评估沿海风暴潮的风险密度不够……因此,对于县以下的区域,虽然近几年灾情资料比较齐全,但是致灾因子的资料不足,致使研究致灾临界条件的概率区划难度很大。

(2)样本的平稳马尔科夫随机过程问题

如果我们用已观测的样本来计算风险的概率密度分布,其前提是假定了相应的风险系统之变化是平稳马尔可夫随机过程:即风险系统未来的发展状态只与过去 T 年的风险系统情况有关,并且,相应的概率规律不因时间的平移而改变。如果此假定符合实际,人们自然可以用过去 T 年的风险系统资料,推算未来 T 年内的风险。

① 符合平稳马尔科夫随机过程的风险因子辨识

如果只涉及自然因素,例如致灾临界条件,平稳马尔可夫随机过程的假定基本合理,说基本合理是因为有例外:第一,防灾设施(工程)修建前后致灾临界条件的历史资料不是平稳马尔科夫过程。这是因为防灾工程的兴建,致灾临界条件发生了突变。例如,长江三峡大坝建成前后长江流域洪水的水位、流量和致洪的临界面雨量的历史序列就不是平稳马尔可夫随机过程;第二,孕灾环境发生变化前后的致灾临界条件序列也不是平稳马尔可夫随机过程。这是因为孕灾环境也是决定致灾临界条件的重要因子。例如,2008年汶川地震极大地改变了北川地区的地质状况,因此,地震后滑坡、泥石流临界雨量明显变小了,地震前后的临界雨量序列不符合平稳马尔可夫随机过程。

一旦涉及人类社会系统,其随机过程显然不是平稳马尔可夫过程。社会发展造成了人口分布、经济发展程度、财产密度及物价的变动等,人口和财产密度越大,暴露于灾害中的数量和价值量越多,自然灾害的风险就越大。同样强度的灾害,人口、财产密集区产生的灾害就越大,经济越发达,自然灾害造成的损失的绝对值便越大。因此,承灾体的物理暴露的历史变化过程显然不是平稳马尔科夫过程;同样,承灾体的脆弱性和人类防御减灾能力的历史进程也不符合平稳马尔科夫过程。总之,包含了承灾体物理暴露、脆弱性和人类防灾信息的历史资料不是平稳马尔可夫过程,不能用过去 T 年的资料去推算未来 T 年内的风险。

因此,对于历史样本进行是否符合平稳马尔可夫随机过程的假定检验是十分必要的。

② 平稳马尔科夫随机过程检验

马尔科夫概率模型应用多元时间序列分析和马尔科夫过程的理论,从实测时间序列中抽象出随机过程的概率规律。具体计算过程如下：

(a)采用 χ^2 统计检验方法，检验待分析的时间序列是否具有马尔科夫性质，即无后效性；

以历史实测资料，统计各个状态之间的转移概率 P_{ij}，得到转移概率矩阵 $(P_{ij})_{n\times n}$；计算各状态的极限分布：

$$P = \lim_{n\to\infty} P^{(n)} \tag{6.2}$$

计算状态 i 和状态 j 之间的置换系数 L_{ij}：

$$L_{ij} = \frac{\sum_{k=1}^{m} P_{ik} \cdot P_{jk}}{\sqrt{\sum_{k=1}^{m} P_{ik}^2 \cdot \sum_{k=1}^{m} P_{jk}^2}} \tag{6.3}$$

式中：p_{ik}、P_{jk} 分别表示状态 i 和状态 j 转移到状态 k 的概率，L_{ij} 越接近于 1，状态 i 和 j 在序列中的地位的相似性越高；L_{ij} 越接近于 0，表明这两个状态越不相似，因此 L_{ij} 是考虑状态 i 和 j 动态变化相似性程度的指标。

(b)用相关系数统计检验的方法检验各状态之间互相转换的显著性，并据此对各状态加以分类。

6.2.4　自然灾害风险区划的理论分析

我们在第 2 章中得到，对于自然灾害 h，第 i 类承灾体的风险(式(2.8))为：

$$R_{d,i} = H_h \cap \{E_i \cdot V_{d,i} \cdot [a_i + (1-a_i)(1-C_{d,i})]\}$$

在式(2.8)中，H_h 为第 h 种自然灾害的致灾危险性，由第 h 种自然灾害强度和发生概率度量。除了兴建新的防灾工程和孕灾环境发生了明显的变化之外，一般来说，自然灾害的致灾危险性 H_h 的概率是存在的，只要有超过 30 个历史样本，而且这些样本符合平稳马尔科夫随机过程，可以选用合适的概率密度函数，求得社会若干年内可能达到的自然灾害风险程度，即某地区可能发生某等级自然灾害的概率或超越某一概率的自然灾害最大等级。

但是，每种承灾体的物理暴露的历史演变都不相同，由于经济社会发展的非平稳性，各种承灾体物理暴露的历史变化显然不是平稳马尔科夫过程。同样，各种承灾体脆弱性的历史变化也很大，因此各种承灾体的历史变化过程都不是平稳马尔科夫过程。例如房屋抗灾能力 30 a 来变化非常之大，显然不是平稳马尔科夫过程。2003 年全国实施突发灾害应急预案以来，中国政府防灾减灾能力明显提升，因此，人类社会防灾减灾能力的历程也不是平稳马尔科夫过程，不可防御的自然灾害风险亦然。所以，很难求出各种承灾体物理暴露、脆弱性和人类社会防灾减灾能力的概率，即便能够求出它们的概率，由于各种承灾体的物理暴露、脆弱性和人类社会防灾减灾能力的概率完全不同，与致灾危险性的概率相异，求它们乘积出现的概率既不可能，从学术上讲也无意义。因此，理论上只能求致灾危险性的概率，即某地区致灾临界条件的概率或超越某一概率的致灾临界条件的最大等级。

总结以上的讨论，我们可以得到一个结论：自然灾害风险区划的核心是致灾危险性区划，即致灾临界条件的概率或超越某一概率的致灾临界条件最大等级的空间分布。因为某等级的致灾临界条件是某一等级自然灾害发生的充分必要条件，当自然力达到这个阈值时，这个等级的自然灾害就要发生了，风险便存在了。致灾危险性区划能够告诉我们每个地区可能发生某等级灾害的概率或超越某一概率的灾害最大等级。在不同超越概率下，风险是不同的。也只有这种风险区划才能为人类社会防灾减灾所用,可以为城乡规划和开发区、工程布局、灾害防御工程提供依据。哪些地区是自然灾害高风险区,不适合建城镇、居民点、开发区和工业工程,如确有必要建,应当建什么标准的防御工程。

自然灾害风险区划的理论分析与防灾减灾对风险区划的需求如此一致,不足为奇,正确的理论才能指导实践,错误的理论只能误人子弟。

当然,致灾危险性区划还不是未来期望损失的地理分布,还需要分析在不同超越概率下的风险。这涉及重现期年承灾体的物理暴露量和脆弱性,承灾体的物理暴露和脆弱性发生变化,风险便随之发生变化。但是,目前绝大多数作者都用当前承灾体的物理暴露和脆弱性来评价 T 年后的风险。

例如,洪涝危险性区划是 T 年一遇的淹没范围和水深以及淹没历时与水利部 2021 年 3 月发布的《洪水风险区划及防治区划编制技术要求》:“风险要素指标一般包括最大淹没水深(h)、最大行进流速(v)、最大淹没历时”是一致的。受淹的承灾体的可能损失便是风险。由第 3 章的讨论可以知道,反映雪灾的积雪指标是根据历史牲畜死亡率来划分等级的,因此 T 年一遇的某等级积雪指数便对应该等级的牲畜死亡率;冰雹指数也是根据历史灾损资料来划分等级的,因此 T 年一遇的某等级冰雹指数便对应该等级的损失;玉米延迟性低温冷害指标同样是根据减产率分析得到的,因此 T 年一遇的某等级延迟性低温冷害指标对应着该等级玉米的减产率等。

6.2.5 国外自然灾害风险区划概况

国外学者对自然灾害风险区划的研究,较多见的是针对单一灾害类型的(如洪水、滑坡、地震)的研究。目前研究最为深入的是地震区划。美国从 20 世纪 70 年代起就对地震频繁的洛杉矶的地震、滑坡、水灾等的风险度进行了全面的评价,并编制了相应的灾害风险图。1992 年,为配合 IDNDR 活动的开展,“国际岩石圈计划”启动了“全球地震危险性评估计划(GSHAP)”,并于 1999 年发表了该计划的核心研究成果——全球地震危险性图(Global Seismic Hazard Map)(谢德洛克 等,2001),该图确定了全球不同地区未来 50 a 超越概率为 10%的最大峰值地面加速度,从而首次实现了全球不同地区间的地震危险性定量的和直接的对比。

另一研究较多的是洪水风险图,国外许多国家都编制了全国或区域性洪水风险图。日本于 1977 年制定了“综合治水对策”,以行政区域为单位制作洪水风险图始于 1995 年,截至 2003 年全国已制成并公布了 217 个市町村的洪水风险图。日本的洪水风险图指出了 100~200 a 一遇的洪水淹没范围。欧美等国家从 20 世纪 70 年代开始采用水文、水力学数值模拟方法编制全国洪水风险图。加拿大、澳大利亚等国编绘的洪水风险图标出了 20 a 一遇和 100 a 一遇的洪水淹没范围;美国的洪水风险图中指出了 10 a、50 a、100 a、500 a 一遇的洪水淹没范围。目前经常使用的以淹没图为主的洪水风险图,大部分没有进行不确定性意义下的风险分析,实际上是与地震烈度区划图相近的洪水强度区划图,是某一地域可能发生的水害的危险程度,或是预测出在发生某种洪水或在洪水调动、工程失事等情况下该地域遭受的洪水危险程度。

其他灾种如干旱、林火、滑坡、泥石流等区划也有不少研究,但其研究进展一般不如地震和洪水。

6.2.6 自然灾害风险区划的内容

如上所述,自然灾害风险区划是研究可能发生的自然灾害(即致灾临界条件)的概率或超越某一概率的灾害最大等级的空间分布,并阐述不同超越概率(或不同重现期)下自然灾害的风险。因此,自然灾害风险区划应当包含如下内容。

(1)确定致灾临界条件的概率或超越某一概率的自然灾害最大等级的空间分布。孕灾环境和防灾工程发生明显变化时,需要重新编制风险区划。

(2)评估在自然灾害 H 不同超越概率下各类承灾体的风险:

$$E_i \cdot V_{di} \mid_{H(T)} \tag{6.4}$$

式(6.4)表示在 T 年一遇的自然灾害 H 条件下第 i 类承灾体的风险,$i=1,2,\cdots,n$,n 为受 T 年一遇的自然灾害 H 影响的承灾风险的种类。

按照式(6.4),首先要分析不同重现期第 i 类承灾体的物理暴露 E_i,给出不同重现期第 i 类承灾体的物理暴露图表,然后在承灾体脆弱性曲线 V_{di} 的支持下,分析第 i 类承灾体的可能损失。

当承灾体的易损性(物理暴露和脆弱性)发生明显变化时,应当重新评估可能发生的风险。

(3)提出防御风险的有效措施

对于每一种自然灾害风险区划,都应当指出哪些地区是自然灾害高风险区,不适合建居民点、开发区和工业工程;如果确有必要建或者承灾体已经存在,应当建什么标准的防御工程,以防御灾害风险的发生;设计避难所和转移路线,根据医院和物资的地点,设计伤员和物资的输送通道等。

例如,风暴潮风险区划要研究的是我国沿海 50 a、100 a、200 a、500 a、1000 a、10000 a 一遇的风暴潮有多高。根据风暴潮风险区划,政府就可以根据需要保护的承灾体的重要性,确定防浪堤应修多高。我们也可以根据不同超越概率的风暴潮的高度和目前防浪堤的高度评估风暴潮的风险,当前者高于后者时,应用淹没模型的漫顶模式,在 GIS 的支持下计算被海水淹没的范围和水深以及被淹居民点、农田、草地、森林等面积;根据承灾体的脆弱性曲线,可以评估不同概率下承灾体的风暴潮风险。

洪水风险区划要研究的是 10 a、20 a、30 a、50 a、100 a、200 a、500 a 一遇的洪水淹没范围和水深。根据洪水风险区划,在政府的城乡规划中易受水淹的地区便不能兴建居民点和旅游设施。例如,2012 年 7 月 21 日北京及周边地区出现 50~100 a 一遇的特大暴雨,拒马河突发大洪水,致使拒马河道内建设的旅游设施荡然无存,好在气象部门事先发布了暴雨预警,拒马河流域没有出现人员伤亡。如果在洪水易淹区已经存在城镇等承灾体,那么政府就可以根据洪水风险区划和需要保护的承灾体的重要性,确定修建防洪堤的范围和高度。同样,我们也可以根据不同超越概率的洪水高度和目前防洪堤的高度评估洪水的风险,当前者高于后者时,应用淹没模型的漫顶模式,在 GIS 的支持下计算被洪水淹没的范围和水深以及被淹居民点、农田、草地、森林等面积;根据承灾体的脆弱性曲线,可以评估不同概率下承灾体的洪涝风险。

2008 年初我国南方遭受严重冰冻雨雪灾害的袭击,架空输电线、移动通信基站、农业和林业等损失严重。为了降低冰冻灾害对架空输电线的风险,电力部门提高了架空输电线设计标准,新标准为:330~550 kV/550~750 kV/>750 kV 架空输电线分别要预防 30 a、50 a、100 a

一遇电线覆冰,架空输电线覆冰风险区划实际上就是要研究 30 a、50 a、100 a 一遇的电线结冰厚度是多少?从而为架空输电线设计提供依据。我们也可以根据不同超越概率的电线覆冰厚度和目前架空输电线可抗覆冰厚度评估架空输电线的风险,若前者大于后者,则这段架空输电线存在断线和倒塌的风险。

低温冷害风险区划主要是针对农作物的。对于某农作物,首先根据减产率可以将低温冷害分级,例如分为轻灾、中灾和重灾三级,其次研究造成该农作物不同等级灾害的低温冷害指标,然后再应用历史气象观测资料,求不同级别的低温冷害指标的超越概率的地理分布,这便是低温冷害风险区划。为了降低低温冷害的风险,建议在风险高(重灾超越概率大或重现期短)的地区不要种植某农作物,改种其他适应性农作物;在中风险的地区,可以选用早熟品种以降低风险。对于当前的种植制度,我们也可以根据低温冷害风险区划,评估农作物减产的风险。例如,对于 20 a 一遇(超越概率为 5%)的低温冷害,根据灾损指标,很容易计算重、中、轻灾地区可能的产量损失等。

6.2.7 概率密度分布函数

如果致灾临界条件的历史资料比较齐全(包括空间分布和时间长度),且样本数超过 30 个,我们很容易选用适当的概率密度分布函数求得各地致灾临界条件的出现概率,从而得到自然灾害风险区划。概率密度分布函数很多,下面作简单的介绍。

(1)频率统计法

频率统计法在灾害风险评估和区划中使用比较广泛。此方法以数理统计学中的大数定律和中心极限定理为理论基础,认为在样本足够大时,可以用灾害事件发生的频率作为灾害危险性的无偏估计。

① 计算公式

(a)计算致灾因子强度(致灾临界条件)的出现频率:

$$f_i = \frac{t_i}{Y} \tag{6.5}$$

式中,f_i 为第 i 等级的致灾因子强度(致灾临界条件)出现的频率,t_i 为在统计年限 Y 内第 i 等级的某种致灾因子强度(致灾临界条件)出现的次数,Y 一般要求 30 a 以上。当 $f_i \leqslant 1$ 时,一般采用多少年一遇来表示。

(b)当数据质量不足以进行以上定量分析时,可以按照达到某一致灾因子强度发生次数来表示致险程度,例如洪水的致险程度通常以超过警戒水位的洪水次数来表示。

② 重现期

水文上常用“重现期”来代替“频率”。所谓重现期是指某随机变量的取值在长时期内平均多少年出现一次,又称多少年一遇。根据研究问题的性质不同,频率 P 与重现期 T 的关系有两种表示方法。

(a)当为了防洪研究暴雨洪水问题时,一般设计频率 $f_i < 50\%$,则:

$$T = \frac{1}{f_i} \tag{6.6a}$$

式中:T 为重现期,单位:a;f_i 为频率,单位:%。

(b)当考虑水库兴利调节研究枯水问题时,设计频率 $f_i > 50$,则:

$$T=\frac{1}{1-f_i} \tag{6.6b}$$

(2)几种常见的概率分布函数

常见的概率分布函数有如下几种。

① 正态分布

(a)正态分布

如随机变数 X 具有下列形式的函数：

$$f(x)=\frac{1}{\sigma\sqrt{2\pi}}\exp\left[-\frac{1}{2}\left(\frac{x-\mu}{\sigma}\right)^2\right] \tag{6.7}$$

$$\sigma>0,-\infty<x<\infty$$

则称 x 具有正态分布 $N(\mu,\sigma^2)$，它的分布函数是：

$$F(x)=\frac{1}{\sigma\sqrt{2\pi}}\int_0^x\exp\left[-\frac{1}{2}\left(\frac{x-\mu}{\sigma}\right)^2\right]\mathrm{d}x \tag{6.8}$$

如 $\mu=0,\sigma^2=1$，则称 $N(0,1)$为标准正态分布。

(b)对数正态分布

随机变量 x 的对数值服从正态分布时，称 x 的分布为对数正态分布。对于两参数正态分布而言，变量 x 的对数 $y=\ln x$ 服从正态分布时，y 的概率密度函数为：

$$g(y)=\frac{1}{\sigma_y\sqrt{2\pi}}\exp\left[-\frac{(y-a_y)^2}{2\sigma_y^2}\right]\qquad(-\infty<y<+\infty) \tag{6.9}$$

式中，a_y 为随机变量 y 的数学期望，σ_y 为随机变量 y 的方差。

由此可得到随机变量 x 的概率密度函数：

$$f(x)=\frac{1}{x\sigma_y\sqrt{2\pi}}\exp\left[-\frac{(\ln x-a_y)^2}{2\sigma_y^2}\right]\qquad(x>0) \tag{6.10}$$

式(6.10)的概率密度函数包含了 a_y 和 σ_y 两个参数，故称为两参数对数正态曲线。

因 $x=\mathrm{e}^y$，故式(6.10)又可写成：

$$f(x)=\frac{1}{x\sigma_y\sqrt{2\pi}}\exp\left[-\frac{(y-\overline{y})^2}{2\sigma_y^2}\right] \tag{6.11}$$

由矩法可以得到各个统计参数，即：

$$\overline{x}=\exp\left(a_y+\frac{1}{2}\sigma_y^2\right) \tag{6.12}$$

$$C_v=[\exp(\sigma_y^2)-1]^{\frac{1}{2}} \tag{6.13}$$

$$C_s=[\exp(\sigma_y^2)-1]^{\frac{1}{2}}[\exp(\sigma_y^2)+2]\geqslant 0 \tag{6.14}$$

所以，两参数对数正态分布是正偏的。

② 二项式分布

如随机变数 X 具有下列形式的函数：

$$P_x(r)=C_n^r p^r(1-p)^{n-r},r=1,2,\cdots,n \tag{6.15a}$$

则称 X 具有二项分布 $b(p,n)$，其中 p 为常数，$0<p<1$。它恰好是二项式 $(p+q)^n$ 的展开式中的各项，且 $q=1-p$，X 的分布函数是：

$$F_X(x)=\mathrm{P}(X\leqslant x)=\sum_{r=0}^{[x]}C_n^r p^r(1-p)^{n-r} \tag{6.15b}$$

③ 泊松分布

如随机变数 X 取可数多个值 $r=0,1,2,\cdots$ 的概率分布是:

$$P_X(r)=\mathrm{e}^{-\lambda}\frac{\lambda^r}{r!},\lambda>0 \tag{6.16a}$$

则称 X 是泊松分布 $p(r;\lambda)$,其中 $\lambda>0$ 为一常数。注意这时也有:

$$\sum_{r=0}^{\infty}P_X(r)=\mathrm{e}^{-\lambda}\sum_{r=0}^{\infty}\frac{\lambda^r}{r!}=\mathrm{e}^{-\lambda}\cdot\mathrm{e}^{\lambda}=1$$

相应地,X 的分布函数是:

$$F_X(x)=\mathrm{P}(X\leqslant x)=\sum_{r=0}^{[x]}\mathrm{e}^{-\lambda}\frac{\lambda^r}{r!} \tag{6.16b}$$

④ 柯西概率分布函数

某种致灾临界条件服从柯西分布,$x<X_p$ 的概率为:

$$F(x_p)=P(x<x_p)=\mathrm{e}^{-(b/x_p)^a} \tag{6.17}$$

则 $x>x_p$ 的概率为:

$$p=P(x\geqslant x_p)=1-P(x\geqslant x_p) \tag{6.18}$$

⑤ 皮尔逊Ⅲ型曲线

水利和气象部门经常用皮尔逊曲线和 Fisher/Gumbel 分布求多少年一遇的极值。

(a)皮尔逊Ⅲ型曲线

皮尔逊Ⅲ型曲线是一条一端有限一端无限的不对称单峰、正偏曲线,数学上常称伽马分布,其概率密度函数为:

$$f(x)=\frac{\beta^a}{\Gamma(\alpha)}(x-a_0)^{a-1}\mathrm{e}^{-\beta(x-a_0)}\qquad(\alpha>0,x>a_0) \tag{6.19}$$

式中:$\Gamma(\alpha)$是 α 的伽马函数;α、β、a_0 为曲线的三个参数,这三个参数经过换算也可以用系列的三个统计参数来表示:

$$\begin{aligned}\alpha&=\frac{4}{C_s^2}\\ \beta&=\frac{2}{\overline{x}C_vC_s}\\ a_0&=\overline{x}\left(1-\frac{2C_v}{C_s}\right)\end{aligned} \tag{6.20}$$

(b)皮尔逊Ⅲ型频率曲线及其绘制

水文统计计算中,需要对密度曲线进行积分,求出等于及大于 x_p 的累积频率 P 值,则 P 与 x_p 间的关系式为:

$$P=P(x\geqslant x_P)=\frac{\beta^a}{\Gamma(\alpha)}\int_{x_p}^{\infty}(x-\alpha_0)^{a-1}\mathrm{e}^{-\beta(x-a_0)}\mathrm{d}x \tag{6.21}$$

直接由式(6.21)计算 P 值非常麻烦,实际做法是通过变量转换,变换成下面的积分形式:

$$P(\Phi\geqslant\Phi_P)=\int_{\Phi_p}^{\infty}f(\Phi\cdot C_s)\mathrm{d}\Phi \tag{6.22}$$

式(6.22)中被积函数只含有一个待定参数 c_s，其他两个参数 $\overline{x}$、c_v 都包含在 Φ 中。x 是标准化变量，$\Phi=\dfrac{x-\overline{x}}{\overline{x}C_v}$ 称为离均系数。Φ 的均值为 0，标准差为 1。因此，只需要假定一个 C_s 值，便可从式(6.22)通过积分求出 P 与 Φ 之间的关系。对于若干个给定的 C_s 值，Φ 和 P 的对应数值表，已先后由美国福斯特和苏联雷布京制作出来，见表 6.2“皮尔逊Ⅲ型频率曲线的离均系数 Φ 值表”。由 Φ 就可以求出相应频率 P 的 x 值：

$$x=\overline{x}(1+C_v\Phi) \tag{6.23}$$

表 6.2　皮尔逊Ⅲ型频率曲线的离均系数 Φ 值表(摘录)

C_s \ P/%	0.1	1	5	20	50	80	95	99	99.9
0.0	3.09	2.33	1.64	0.84	0.00	-0.84	-1.64	-2.33	-3.09
0.1	3.23	1.67	2.0	0.84	-0.02	-0.85	-1.62	-2.25	-2.95
0.2	3.38	2.47	1.70	0.83	0.03	0.85	1.59	-2.18	-2.81
0.3	3.52	2.54	1.73	0.82	-0.05	-0.85	-1.55	-2.10	-2.67
0.4	3.67	2.62	1.75	0.82	-0.07	-0.85	-1.52	-2.03	-2.54
0.5	3.81	2.68	1.77	0.81	-0.08	-0.85	-1.40	-1.96	-2.40
0.6	3.96	2.75	1.80	0.80	-0.10	-0.85	-1.45	-1.88	-2.27
0.7	4.10	2.82	1.82	0.79	-0.12	-0.85	-1.42	-1.81	-2.14
0.8	4.24	2.89	1.84	0.78	-0.13	-0.85	-1.38	-1.74	-2.02
0.9	4.39	2.96	1.86	0.77	-0.15	-0.85	-1.35	-1.66	-1.90
1.0	4.53	3.02	1.88	0.76	-0.16	-0.85	-1.32	-1.59	-1.79

在频率计算时，由已知的 C_s 值，查 Φ 值表得出不同的 P 的 Φ 值，然后利用已知的 $\overline{x}$、C_v，通过式(6.23)即可求出与各种 P 相应的 x 值，从而可绘制出皮尔逊Ⅲ型频率曲线。

皮尔逊Ⅲ型理论频率曲线也可以用 Excel 软件来完成，具体如何操作请参考有关文章。

当 C_s 等于 C_v 的一定倍数时，P-Ⅲ型频率曲线的模比系数 $K_P=\dfrac{x_p}{\overline{x}}$，也已制成表格，见表 6.3“皮尔逊Ⅲ型频率曲线的模比系数 K_P 值表”。频率计算时，由已知的 C_s 和 C_v 可以从表 6.3 中查出与各种频率 P 相对应的 K_P 值，然后即可算出与各种频率对应的 $x=K_P\overline{x}$。有了 P 和 x 的一些对应值，即可绘制出皮尔逊Ⅲ型频率。

表 6.3　皮尔逊Ⅲ型频率曲线的模比系数 K_P 值表(摘录，$C_s=2C_v$)

C_s \ P/%	0.1	1	5	20	50	75	90	95	99
0.05	1.16	1.12	1.08	1.04	1.00	0.97	0.94	0.92	0.89
0.10	1.34	1.25	1.17	1.08	1.00	0.93	0.87	0.84	0.78
0.20	1.73	1.52	1.35	1.16	0.99	0.86	0.75	0.70	0.59
0.30	2.19	1.83	1.54	1.24	0.97	0.78	0.64	0.56	0.44

续表

C_s \ P/%	0.1	1	5	20	50	75	90	95	99
0.40	2.70	2.15	1.74	1.31	0.95	0.71	0.53	0.45	0.30
0.50	3.27	2.51	1.94	1.38	0.92	0.64	0.44	0.34	0.21
0.60	3.89	2.89	2.15	1.44	0.89	0.56	0.35	0.26	0.13
0.70	4.56	3.29	2.36	1.50	0.85	0.49	0.27	0.18	0.08
0.80	5.30	3.71	2.57	1.54	0.80	0.42	0.21	0.12	0.04
0.90	6.08	4.15	2.78	1.58	0.75	0.35	0.15	0.08	0.02
1.00	6.91	4.61	3.00	1.61	0.69	0.29	0.11	0.05	0.01

⑥ 极值分布函数

设 $x_1,x_2,\cdots,x_n$ 是独立同分布的随机变量,且都服从相同的分布函数 $F(x)$(称为底分布);对于自然数 n,

$M_n=\max\{x_1,x_2,\cdots,x_n\}$ 表示 n 个随机变量的最大值,

$m_n=\min\{x_1,x_2,\cdots,x_n\}$ 表示 n 个随机变量的最小值。

极值分布描述的是随机变量 M_n 和 m_n 的分布。

用 $G(x)$ 表示随机变量 M_n 的分布函数,即:

$$G(x)=P\{M_n\leqslant x\}$$

$G(x)$的函数形式有三种,分别称为Ⅰ型分布、Ⅱ型分布、Ⅲ型分布。

(a)第Ⅰ型

第Ⅰ型分布函数为: $$H_1(x;\mu,\sigma)=e^{-e^{-\frac{x-\mu}{\sigma}}},-\infty<x<\infty \tag{6.24}$$

此型称为 Fisher-Tippettd I 型分布。因最初由 Gumbel(1958)用于水文学的洪水极值计算,故又称此分布型为 Gumbel 分布。

(b)第Ⅱ型

第Ⅱ型分布函数为: $$H_2(x;\mu,\sigma,\alpha)=\begin{cases}0 & x\leqslant\mu \\ e^{-\left(\frac{x-\mu}{\sigma}\right)^{-\alpha}} & x>\mu\end{cases}\quad \alpha>0 \tag{6.25}$$

Ⅱ型分布称为 Fréchet 分布。

(c)第Ⅲ型

第Ⅲ型分布函数为: $$H_3(x;\mu,\sigma,\alpha)=\begin{cases}e^{-\left(-\frac{x-\mu}{\sigma}\right)^{\alpha}} & x\leqslant\mu \\ 1 & x>\mu\end{cases}\quad \alpha>0 \tag{6.26}$$

此型适用于极小值的分布,可以证明它就是 Weibull 分布。

式中,μ 称为位置参数,σ 称为尺度参数。

(d)极值分布函数的参数估计

常用于气象和水文研究的极值分布,多以 Fisher-Tippettd I 型/Gumbel 分布为主,其参数仅有 2 个,常用矩法、Gumbel 法、最小二乘法和极大似然法估计参数。近年来,发展了一种概率加权矩法(PWM)估计参数,后又发展出 L-矩法估计或与 PWM 估计相结合的方法。

(f)广义极值分布函数

广义极值分布函数是将 Gumbel、Frechet、WeibuⅡ 3 种极值分布统一为具有 3 个参数的分布函数：

$$F_{X(x)}=P(X<x)=\begin{cases}\exp\left\{-\left[1-\zeta\left(\frac{x-\mu}{\sigma}\right)^{\frac{1}{\zeta}}\right]\right\} & \zeta\neq 0\\ \exp\left[-\exp\left(\frac{x-\mu}{\sigma}\right)\right] & \zeta=0\end{cases}\tag{6.27}$$

式中，ζ、μ、σ 分别为形状参数、位置参数和尺度参数。形状参数 ζ 决定了分布的尾部形状，当 $\zeta\to 0$ 时，分布的尾部呈指数状，为极值Ⅰ型(Gumbel 分布)；当 $\zeta>0$ 时，分布的尾部较长，为极值Ⅱ型(Frechet 分布)；当 $\zeta<0$ 时，分布具有有限的上端点，为极值Ⅲ型(Weibull 分布)。

(3)概率分布密度函数检验

为了求得自然灾害风险样本的概率分布符合哪一种密度函数，首先需要对样本序列进行分布型判别，采用偏度-峰度检验法，通过检验且样本数大于 30，便可以用这种概率分布密度函数求该样本任何强度的致灾因子的重现期了，或者反过来，由重现期求致灾因子强度的量值。

6.3　自然灾害风险区划方法

如果有合格的致灾临界条件的历史序列数据，我们便可以选择合适的概率分布函数计算致灾临界条件的概率。如果有部分合格的致灾临界条件的历史数据，我们可以采用信息扩散的方法计算概率。另外，我们还可以采用物理/生物模型法、邻域类比法、经验估计等方法做自然灾害风险区划。

6.3.1　具备致灾临界条件历史序列资料的风险区划

6.2.3 节我们已经指出，如果有 30 个以上符合平稳马尔科夫过程的致灾临界条件历史数据，选用合适的概率密度分布函数，便很容易计算出致灾临界条件的概率或超越某一概率的致灾临界条件灾害最大等级的空间分布。

(1)天津、塘沽风暴潮的概率

吴少华等(2002b)采用 51 a(1950—2000 年)的天津、塘沽验潮站资料，分别建立逐月和年极值的增水和高潮位的系列，采用 Fisher/Gumbel 概率密度函数，计算出不同重现期的天津、塘沽风暴潮和高潮位(表 6.4 和表 6.5)。

表 6.4　天津年(月)风暴增水的重现期值(吴少华 等，2002b)

单位：cm

月份	重现期/a								
	10000	1000	500	200	100	50	20	10	2
1 月	348	258	267	242	223	204	179	159	108
2 月	385	311	288	259	237	214	185	161	101
3 月	320	263	246	223	206	189	166	148	101
4 月	372	297	275	245	223	201	170	147	86
5 月	238	195	182	165	152	139	121	108	73

续表

月份	重现期/a								
	10000	1000	500	200	100	50	20	10	2
6月	249	201	186	167	152	138	118	103	64
7月	289	229	210	186	168	150	126	107	58
8月	306	245	227	202	184	166	141	122	73
9月	316	255	237	213	194	176	151	132	82
10月	368	302	282	255	235	215	188	167	113
11月	427	347	323	291	267	243	210	185	120
12月	295	247	233	214	199	185	165	150	111
年	394	333	314	290	271	253	228	209	158

从表6.4中可以看出，天津沿海每年的2月、4月、10月和11月的增水重现期值较其余月份明显偏大，这说明：温带风暴潮产生的增水要大于台风风暴潮的增水。2月、4月、10月和11月是温带风暴潮发生的严重月份。

表6.5　塘沽年(月)高潮位的重现期值(吴少华 等,2002b)

单位：cm

月份	重现期/a								
	10000	1000	500	200	100	50	20	10	2
1月	601	554	540	521	507	493	474	459	421
2月	594	549	535	517	504	490	472	458	421
3月	604	559	545	527	513	499	480	466	428
4月	573	537	526	512	501	491	475	464	434
5月	561	530	521	509	500	491	478	468	443
6月	569	538	529	519	507	498	485	475	450
7月	615	575	563	547	535	523	507	494	462
8月	649	603	589	571	557	544	525	511	474
9月	682	625	608	585	568	550	527	509	463
10月	644	596	581	562	547	533	513	498	458
11月	691	628	609	584	565	546	521	501	450
12月	590	547	535	518	505	492	475	461	427
年	702	647	631	609	593	576	554	537	492

由表6.5可知，塘沽沿海的8月、9月、10月和11月的高潮位重现期值较大，8月和9月主要是由台风或台风登陆以后北上减弱为低气压所引起的高潮位，而10月和11月是由温带天气系统引起的高潮位。从表6.4和表6.5可以看出，11月份是温带风暴潮最频发的时间，要严加防范历史上大的温带增水过程，大部分都发生在此月份。

吴少华等(2002b)分析研究表明，天津沿海是世界上风暴潮最频发区和最严重的区域之一，一年四季均有发生，夏季(主要是8月和9月)有台风风暴潮灾害发生，1992年9216号热带风暴影响天津沿海期间，罕见的风暴潮高潮位就越过闸顶，向市区漫溢。春、秋、冬季均有灾害性温带气旋引发的风暴潮，尤其要注意10月、11月、2月和4月的温带风暴潮过程。

由于多年的过量开采地下水引发地面沉降，天津沿海地区局部地段已与海平面持平，甚至低于平均海平面，致使防潮工程高度降低，防潮能力减弱，风暴潮灾害已成为当地政府、有关单位和民众的一大忧患。

天津市滨海新区是继浦东之后中国的新的经济开发区，由表 6.5 可知，欲保护滨海新区不受千年一遇的风暴潮影响，则需要修建 6.5 m 高的防浪堤。

(2)天津市沿海 50 a 一遇的风暴潮风险分析

有了 T 年一遇的最高潮位，在精细的 GIS 的支持下，很容易计算出在此潮位下的淹没范围和水深。仍以天津市沿海地区为例，50 a 一遇的最高潮位 5.76 m(见表 6.5)，天津市沿海淹没面积和不同水深淹没面积见表 6.6。

表 6.6　天津市 50 a 一遇的潮位淹没面积

总积水面积/km²	最大积水深度/m	积水深度/m	0.1～0.25	0.25～0.5	0.5～0.8	>0.8
1156.394	3.176	积水面积/km²	265.725	211.054	127.428	117.130

(3)全国风暴潮风险区划

如果我们能够获得全国各验潮站的历史资料，我们同样可以计算出每个验潮站 2 a、10 a、20 a、50 a、100 a、200 a、500 a、1000 a、10000 a 一遇的高潮位的重现期值，从而得到我国沿海风暴潮风险区划图。

根据不同验潮站保存资料完整性和准确性的不同，王喜年、吴少华等学者分别计算了中国沿海吕泗等 17 个验潮站不同重现期的风暴潮位和塘沽不同重现期的高潮位与风暴潮位。这些结果有的已被部分工程设计部门作为设计依据，有的对当地防潮工程设计与防潮减灾有重要参考意义(王喜年 等，1984；吴少华 等，2002a)。可能最高风暴潮 PMSS(Probable Maximum Storm Surge)的计算对我国沿海正在新建和拟建核电站设计高潮位的确定至关重要。

6.3.2　基于信息扩散的风险区划方法

如果样本不足，为弥补信息不足所出现的问题，信息扩散技术提供了一种可用的方法，其原理可简单表述为：把只有一个观测值的样本扩散为一个模糊集，即把单值样本扩散为集值样本。扩散方式有多种，如用数学形式表达，则称为扩散函数(Diffusion Function)。扩散函数是递减的。常用的扩散函数有等值扩散、三角模糊扩散、梯形模糊扩散和正态模糊扩散等，最简单的信息扩散函数是正态扩散函数。

(1)信息扩散方法

信息扩散方法可以将一个分明值的样本点，变成一个模糊集。或者说，是把单值样本点，变成集值样本点。

设灾害指数论域为：

$$U=\{u_1,u_2,\cdots u_m\} \tag{6.28}$$

一个单值观测样本点 x 根据下式可以将其所携带的信息扩散给 U 中的所有点。

$$f_i(u_j)=\frac{1}{h\sqrt{2\pi}}\exp\left[-\frac{(x_i-u_j)^2}{2h^2}\right] \tag{6.29}$$

式中，h 称为扩散系数，可根据样本集合中样本的最大值 b 和最小值 a 及样本个数 m 来确定，其计算公式如下：

$$h=\begin{cases}1.6987(b-a)/(m-1) & 1<m\leqslant 5\\1.4456(b-a)/(m-1) & 6\leqslant m\leqslant 7\\1.4230(b-a)/(m-1) & 8\leqslant m\leqslant 9\\1.4208(b-a)/(m-1) & 10\leqslant m\end{cases}\tag{6.30}$$

这里：

$$b=\max_{1\leqslant i\leqslant n}\{x_i\},a=\min_{1\leqslant i\leqslant n}\{x_i\}\tag{6.31}$$

令：

$$C_i=\sum_{j=1}^{m}f_i(u_j)\tag{6.32}$$

相应模糊子集的隶属函数是：

$$\mu_{x_i}(u_j)=\frac{f_i(u_j)}{C_i}\tag{6.33}$$

称 $\mu_{x_i}(u_j)$为样本点 x_i 的归一化信息分布。

对 $\mu_{x_i}(u_j)$进行处理，便可得到一种效果更好的风险评估结果。

令：

$$q(u_j)=\sum_{i=1}^{n}\mu_{x_i}(u_j)\tag{6.34}$$

其物理意义是：由$\{x_1,x_2,\cdots,x_n\}$，经信息扩散推断出，如果灾害观测值只能取 $u_1,u_2,\cdots,u_m$ 中的一个，在将 x_i 均看作是样本点代表时（包括部分地代表在随机实验中没有出现的样本点），观测值为 u_j 的样本点个数为$q(u_j)$。显然 $q(u_j)$通常不是一个正整数，但一定是一个不小于零的数。再令：

$$Q=\sum_{j=1}^{m}q(u_j)\tag{6.35}$$

Q 事实上就是各 u_j 点上样本点数的总和，从理论上来讲，必有 $Q=n$，但由于数值计算四舍五入的误差，Q 与 n 之间略有差别。可知：

$$p(u_j)=\frac{q(u_j)}{Q}\tag{6.36}$$

式中，$p(u_j)$就是样本点落在 u_j 处的频率值，可作为概率的估计值。超越 u_j 的概率值是：

$$P(u_j)=\sum_{k=j}^{m}p(u_j)\tag{6.37}$$

式中，$P(u_j)$就是我们所要求的某一种灾害超越概率风险估计值。

(2)湖南农业的水旱灾和广东风暴潮风险区划

黄崇福等(1998)针对小区域内历史灾情资料不多的特点，引入了信息扩散的模糊数学方法，对湖南农业的水旱灾风险和广东风暴潮风险进行了研究。

① 湖南农业的水旱灾风险分析

利用民政部农村自然灾害情况统计表所提供的农业灾情资料，对历史灾情资料进行优化处理，根据农业灾情数据库和摘自湖南省统计年鉴的经济背景数据库，对湖南省的各县市获得14 a 的资料。

设 $s_j(j=1,2,\cdots,14)$分别为

1979 年、1980 年、1981 年、1982 年、1983 年、1984 年、1985 年、1987 年、1988 年、1989 年、1990 年、1991 年、1992 年、1993 年的旱灾受灾面积，S_j 为相应年份的播种面积，则旱灾受灾指数为：

$$Y_j = s_j / S_j (j=1,2,\cdots,14) \tag{6.38}$$

为了计算机计算的方便，并考虑计算精度的要求，取受灾指数论域为：

$$U=\{u_1,u_2,\cdots,u_{51}\}=\{0,0.02,0.04,\cdots,1\} \tag{6.39}$$

分别将 Y_j 按式(6.29)、式(6.30)和式(6.31)进行处理，求得它们的归一化信息分布 $LY_j(u_i)$。再利用式(6.32)—式(6.37)，即可求出旱灾受灾风险 $P_{\text{drought}}(u_i)$。

应用地理信息系统软件 Mapinfo，将计算所得的数据制成风险图。它是以同等受灾程度为基础，以不同超越概率值来标明地区差别的图件。

表 6.7 中标志 5%的一列意为今后每一年中，旱灾受灾面积/播种面积≥5%的概率；10%意为今后每一年中，旱灾受灾面积/播种面积≥10%的概率，依此类推。以旱灾受灾指数为35%这个风险水平下的风险图为例，由表 6.7 知衡阳的风险值为 0.2025。粗略地说可以解释为：在衡阳这个地区，几乎每 5 a 就要遇到一次受灾面积超过 35%的旱灾。

表 6.7　湖南省旱灾受灾风险估计值(黄崇福 等，1998)

县名	概率								
	5%	10%	15%	20%	25%	30%	35%	40%	50%
长沙	0.9032	0.7483	0.5450	0.4181	0.3015	0.2315	0.1356	0.0702	0.0008
望城	0.9021	0.6828	0.2873	0.1309	0.0025	0.0000	0.0000	0.0000	0.0000
浏阳	0.6888	0.2303	0.0903	0.0827	0.0667	0.0243	0.0003	0.0000	0.0000
宁乡	0.7639	0.3632	0.1519	0.0999	0.0803	0.0563	0.0063	0.0003	0.0000
株洲	0.9694	0.8947	0.8000	0.7373	0.6366	0.5518	0.4081	0.3271	0.2244
攸县	0.9309	0.6408	0.3168	0.1994	0.1175	0.0979	0.0862	0.0676	0.0058
茶陵	0.8509	0.4187	0.1394	0.0233	0.0000	0.0000	0.0000	0.0000	0.0000
衡阳	0.9727	0.8410	0.6267	0.5046	0.3689	0.2909	0.2025	0.1705	0.1223

② 广东沿海台风风暴潮灾害风险

张俊香等(2008)选择 6 个验潮站作为代表站进行广东省沿海地区台风风暴潮灾害的风险评估。其中，汕头站和汕尾站代表粤东沿海，赤湾站和黄埔站代表珠江口地区，湛江站和南渡站代表雷州半岛东岸地区。选用各代表站 1949—2005 年的台风风暴潮最大增水值序列资料作为各站的观测样本，各站的样本见表 6.8。表 6.8 中各站的最大增水值样本不一致，如汕头只有 8 个样本，而汕尾有 18 个样本。这些站点的样本都属于小样本，远远达不到传统方法对样本数目的要求。基于各站的台风风暴潮灾害记录样本是小样本的情况，采用基于信息扩散理论的风险评估模型对台风风暴潮灾害风险进行评估。

将台风风暴潮的最大增水值作为风暴潮灾害强度指数。设：

$$x_{ij}=\{x_{i1},x_{i2},\cdots,x_{in}\} \quad i=1,2,\cdots,6;j=1,2,\cdots,n$$

分别为各测站历次台风风暴潮灾害的最大增水值。

根据台风风暴潮最大增水值的变化范围，把一维实数空间上的集合[0.5,4]作为 x_i 的论域并将连续论域[0.5,4]按等间距取点，转变为离散论域，考虑到计算精度的要求，取 8 个控制点($n=8$)，构成离散论域：

$$U=\{u_1,u_2,\cdots,u_8\}=\{0.5,1.0,1.5,2.0,2.5,3.0,3.5,4.0\}$$

各验潮站台风风暴潮的最大增水的样本个数 m、样本最大值 a、样本最小值 b,以及扩散系数 h,如表 6.8 所示。

表 6.8　台风风暴潮风险评价有关参数(张俊香 等,2008)

站名	样本名 x_{ij}	样本个数 m	最大值 a	最小值 b	扩散系数 h
汕头	x_{1j}	8	3.14	0.4	0.557003
汕尾	x_{2j}	18	1.72	0.36	0.1136
赤湾	x_{3j}	14	1.96	0.4	0.170496
黄埔	x_{4j}	16	2.53	0.59	0.183757
湛江	x_{5j}	13	4.56	0.32	0.502016
南渡	x_{6j}	8	5.90	0.69	1.059119

根据式(6.29)—式(6.37)计算,可以得出广东省沿海各验潮站台风风暴潮的最大增水的风险估计值(表 6.9)。

表 6.9　风暴潮灾害风险估计值(张俊香 等,2008)

潮位站	控制点							
	0.5	1.0	1.5	2.0	2.5	3.0	3.5	4.0
汕头	1	0.8029	0.5748	0.3708	0.2234	0.1285	0.0664	0.0277
汕尾	1	0.5865	0.1042	0.0132	0	0	0	0
赤湾	1	0.4764	0.1286	0.0696	0.0005	0	0	0
黄浦	1	0.7614	0.2836	0.0639	0.0616	0.0023	0	0
湛江	1	0.7633	0.5273	0.3525	0.2297	0.1420	0.0947	0.0419
南渡	1	0.8641	0.6913	0.6262	0.4578	0.3224	0.2175	0.1222

由表 6.9 分析得出,雷州半岛东岸的南渡站台风风暴潮的最大增水在各个风险水平的风险估计值均大于其他各验潮站。在[0.5,2.0]这一风险水平区间,粤东沿海的汕头站台风风暴潮的最大增水的风险估计值略高于雷州半岛东岸的湛江站,而在[2.5,4.0]这一风险水平区间,汕头站台风风暴潮的最大增水的风险估计值略低于湛江站。珠江口的赤湾站和粤东沿海的汕尾站的台风风暴潮的最大增水的风险估计值在各个风险水平上均低于其他验潮站。这一结果与各验潮站台风风暴潮发生的实际情况基本吻合。

张俊香等(2008)将基于信息扩散技术的风险计算结果与基于风暴潮数值预报的风险计算结果(1949—1991 年的台风风暴潮增水序列、并采用 Fisher/Gumbel 极值分布函数而得出的估计值)进行比较,发现两种方法的计算结果都与实际风险情况基本吻合。广东省沿海是台风风暴潮灾害的频发区和严重区,尤其是雷州半岛东岸、粤东的饶平、澄海,汕头一带,以及珠江口三个岸段。

6.3.3　基于物理/生物模型的风险区划方法

如果某个物理/生物模型能够较好地描述灾害事件过程,则可以用这个物理/生物模型去制作该灾害的风险区划。例如某个水文模型能够较好地描述某个流域的洪水过程,可以从洪水水位和流量历史序列资料用 Fisher 分布函数求得 T 年一遇洪水水位和流量,然后用该水文

模型确定 T 年一遇洪水的流域临界面降水量。同样，如果某个风暴潮数值模式能够较好地描述某海域的风暴潮过程，则可以从 T 年一遇的海平面风场和气压场，然后用风暴潮数值模式求得的风暴潮的高度。下面介绍吴少华等(2002a)用风暴潮数值模型计算连云港可能最大温带风暴增水的方法。

(1)确定连云港可能最大温带风暴潮增水的天气系统

吴少华等(2002a)依据分离出的温带天气系统增水值和所建立的年极值增水序列，通过查阅东亚地面天气图和分析研究，确定可能最大温带风暴潮天气型为"北高(压)南低(压)"型，并通过对显著温带风暴增水过程的分析研究，掌握此类天气系统的配置规律。

吴少华等(2002a)为了确定严重的北高南低天气型，从东亚地面天气图读出每年此类最大增水过程中位于渤海西岸的乐亭(位于 39°25′N，118°54′E)和锦州(位于 41°08′N，121°07′E)两站的气压，取其平均值(P_n)代表造成渤海、黄海"东北偏东"大风的北方高压的强度；取位于东海北部和黄海南部的低压(或气旋)中心气压(P_s)，以反映"南低"的强度，P_n 与 P_s 之差代表渤海、黄海向岸风强度，进而建立 P_n 与 P_s 差的年极值序列(1967—1996 年)，并采用 Gumbel 方法计算了不同重现期气压差。其结果列于表 6.10。

表 6.10　1967—1996 年北高南低型气压差(乐亭与锦州两站气压平均值与对应的南方低压中心气压之差)年极值重现期 Gumbel 计算结果(吴少华 等，2002a)

重现期/a	1000	500	200	100	50	20
气压差/hPa	41.0	38.3	34.7	32.0	29.3	25.7

从表 6.10 可知，1000 a 一遇气压差为 41.0 hPa，采用此气压差值，设计连云港可能最大温带风暴潮(增水)天气(北高南低型)的地面气压场分布。

据对 48 次(1967—1996 年，19 个引起显著温带风暴潮过程的气旋发生在 28°—36.9°N，114.04°—126.5°E)的气旋中心移速的统计，最大移速 135 km/h，最小移速 12 km/h，平均移速 53 km/h，移向均是由陆上入海向偏东方向移动。

吴少华等(2002a)经大量实际温带风暴增水个例的研究发现：所有北高南低型增水过程均是由偏东风造成的，其风速的变化是由小到大，再由大到小。参考已出现的北高南低型引起连云港显著风暴潮过程中气旋的路径、强度和上述气旋移速统计结果，确定了 5 个时次(6 h 为间隔)的乐亭和锦州两站的气压平均值与对应的南方低压中心气压之差和最大温带风暴增水天气型(北高南低)的气旋参数(表 6.11)。表 6.11 中气旋中心移速取 30 km/h，低于平均移速，大于最慢气旋移速，这是因为对孤立气旋而言，连云港的风暴潮随东移气旋移速的增大而减小，最后设计了 5 个时次的地面气压场分布，见表 6.11。

表 6.11　连云港最大温带风暴增水天气型(北高南低)的气旋路径参数(吴少华 等，2002a)

模拟时间	北纬/°	东经/°	气旋中心气压/hPa	气压差/hPa
11 月 11 日 02:00	32.380	118.216	995	33
11 月 11 日 08:00	33.000	121.000	990	38
11 月 11 日 14:00	33.620	122.784	985	41
11 月 11 日 20:00	34.240	124.582	985	41
11 月 12 日 02:00	34.860	126.392	990	37

根据以上的地面气压场分布,采用客观分析方法和海上风的边界层模式分别计算了风暴潮模式计算所需的气压场和风场。

(2)可能最大温带风暴增水

吴少华等(2002a)采用所建立的风暴潮数值模型,将所计算的可能最大温带风暴增水气压场和风场输入风暴潮数值模型,最终计算出连云港可能最大温带风暴增水为336 cm。

对于台风引发的风暴潮,可以采用类似的方法确定 T 年的台风最大增水。对于连云港,千年一遇的最大台风增水为445 cm,比最大温带风暴增水大。

对于我国沿海的其他城市都可以如法炮制,选用合适的风暴潮数值模型模似 T 年一遇的增水值,再叠加天文潮位可以得到 T 年一遇的高潮位值,从而得到全国风暴潮的风险区划。

6.3.4 邻域类比法

对于发生概率很低的自然灾害,可能30 a也不会出现一次,短历史时期没有出现的灾害,不等于将来就不会出现,就不存在这种灾害的风险。例如卡特琳娜台风引发的强风暴潮、莫拉克台风的强降水、河南"75・8"特大暴雨都是100～1000 a一遇的灾害,但是"卡特琳娜"台风只给美国新奥尔良市造成了"灭顶之灾","莫拉克"台风重创台湾南部,"75・8"特大暴雨只造成河南省板桥等水库垮坝并造成重大人员伤亡,影响都只是局部地区,别的地区是否也会受这种强度气象灾害的影响?

邻域类比法给我们提供了一种研究历史上没有记录到某种灾害的地方是否会出现这种灾害的可能方法。

(1)邻域类比法思路

邻域类比法的思想:尽管实际降水过程的雨量空间分布或大风过程的风力空间分布不均,但是从长的历史时期考察,相同气候地质地理生态区中的任何地方都有可能发生类似等级的降水或风力,这便是邻域类比法的思想。邻域类比法适用于几乎所有平原城市的强降雨,所以,其内涝风险区划都是用暴雨强度公式来做的。

(2)天津市区内涝风险区划

每年天津市区出现暴雨的次数不多,降水量级在50～74.9 mm之间的普通暴雨的重现期为0.78 a,即平均每年1～2次,而更大暴雨的重现期更长。天津市的暴雨次数虽然少,但短历时、突发性的局地强降雨过程较多,降雨强度往往较大,经常在几个小时内产生100 mm以上的大暴雨。这是根据天津市气象观象台的观测资料得出的结论,天津市区其他地方的降水是否也具有同样的规律?天津市区(不包括滨海新区)位于平原上,气候和地理条件相同,尽管实际降水过程的雨量空间分布不均,但从长时期考察,天津市城区任何地方都有可能发生类似等级的降水,这便是邻域类比法的思想。解以扬等(2004)研究了天津市城区内涝风险区划,具体方法如下。

① 根据天津市气象观象台的观测资料分析暴雨等级分布特征。暴雨以日降水量来划分等级,将暴雨以上降水按25 mm一个量级,划分成7个等级,在每一个等级内挑选历史上相对强的降水过程进行模拟,选择原则里,降水强度≥20 mm/h的至少一次。由于7级降水在81 a样本中未出现过,假设过程降水量为180 mm,平均分配在9 h中。根据降水等级出现的概率 P 计算该等级降水的重现期(为该等级降水出现概率的倒数,即 $T=1/P$)。

② 根据天津市汛期排水运作规则:两低、一腾空(泵站、河道水位低,排水管道腾空)。设

计计算初始条件为：海河河道水位 1.0 m(注：模型中高程坐标系均选用大沽高程系)；管道内基本腾空；所有排水泵站闸门均开启；计算过程中除海河之外的其他一级河道由上下游水位控制，河道内最高水位控制在 2.0 m；二级河道内最高水位控制在 1.5 m。

③ 将选择的 7 级降水过程的降水量代入暴雨内涝水文动力模型仿真系统进行模拟。

④ 分析不同重现期强降水的内涝等级分布情况，进行风险评估和区划。

模拟结果表明：同等强度的暴雨过程对市区不同地方会造成不同程度的内涝；在不同暴雨过程中随着暴雨强度增加，多数地区的灾情也有不同程度的增加。随着降水强度增加，内涝风险会不同程度地加重，市区暴雨内涝的风险以Ⅰ级和Ⅱ级为主，降水量未达 150 mm 时，通常不会出现Ⅲ级的内涝风险。50～124.9 mm 的降水的重现期为 1～5 a，经常容易发生，而对应的Ⅱ级内涝风险的比例已达 19%～36%，对城市交通和人民生活有一定影响，排涝减灾的任务较重。解以扬等(2004)还给出了天津市区重现期为一年一遇的暴雨内涝风险区划图(图 6.2)。

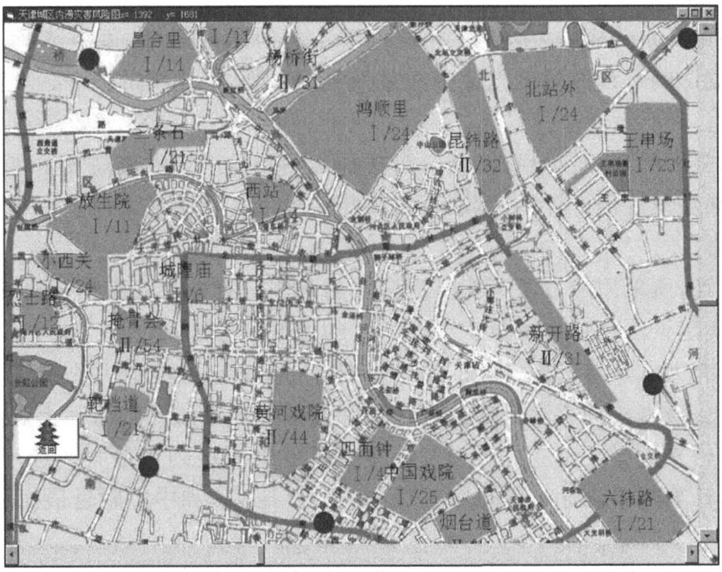

图 6.2　天津市暴雨重现期为一年的积水灾害风险图(解以扬 等，2004)

图 6.2 给出的天津市内涝风险区划是在假设初始海河河道水位 1.0 m(注：模型中高程坐标系均选用大沽高程系)时，仅考虑市内降雨不考虑上游来水时的风险，如果考虑海河上游的来水或海河河道水位更高，则风险要更大。不过，有了内涝物理模型，各种可能条件下的风险都可以计算出来。在考虑海河洪水不同重现期的基础上叠加天津市区不同等级的降水则可以得到不同的内涝风险区划。

当天津市区排水条件发生重大变化时，必须用水文动力内涝模型重新模拟，得到新的内涝风险区划。

(3)核电站选址热带气旋最大风力评估

在沿海建核电站，必须对拟选地址进行热带气旋最大风力评估。

① 评估区域选择及热带气旋历史资料的获取

根据 HAD 101/11 的规定，设计基准热带气旋的评估区域应为以厂址为中心，直径为 300～400 km 范围内的区域。这里实际上采用了邻域类比法的思想。对于一个特定的厂址，由于有热带气旋纪录的历史样本长度不够,很少有一个场地的热带气旋资料是足够的。但是,对于沿海厂址来说,如果评估区域内有足够长的海岸线,而且对于热带气旋来说这一海岸线可考虑在地理上是均匀的,则沿该海岸线 300～400 km 范围内曾经发生的所有气旋资料,从长时间(例如 1000 a)来考察都可能影响厂址所在地。这样一来,我们得到的所有气旋资料对评价最大热带气旋(PMTC)的参数可能是足够的。

根据 HAD 101/11 推荐的评价可能 PMTC 相关参数的一般方法,得出的热带气旋可用作设计基准热带气旋;随后用这些参数作为推导设计基准浪涌和设计基准风的输入。

通过普查《台风年鉴》《热带气旋年鉴》及中国气象局发布的其他台风路径信息,收集通过评估区域的所有已知的热带气旋,作为概率论法和确定论法推算最低气压和最大风速的基础资料。资料内容包括热带气旋路径的经纬度、时间、中心气压 P_0、中心附近最大风速 V_{max}。

通过普查天气图,收集评估区域附近海域海平面气压的闭合等压线最外圈气压值,作为 PMTC 的边缘气压 P_w。

在以拟建核电厂址为中心,半径为 300～400 km 的圆形区域,每年选择一个热带气旋中心最低气压,建立影响厂址的热带气旋中心最低气压序列,以同样的方法建立热带气旋中心附近最大风速序列。

最低气压和最大风速均应设置阈值。可选择实测资料序列的最高气压和最小风速作为阈值,当某一年无热带气旋经过评估区域,可将该年的最低气压和最大风速由相应的阈值代替。

② 评估方法

对于特定厂址,所采用的方法可能要受资料的限制。有较长序列热带气旋资料,采用概率论法;否则采用确定论法(略)。评价 P_0 及 V_{max} 的概率论方法如下。

对于某个具有大量热带气旋资料的拟建厂址来说,确定可能最大热带气旋(PMTC)的中心气压 P_0 及 V_{max} 最直接的方法是通过对厂址邻近的陆地站或开阔海面上观测到的中心压力和最大风速的分析来进行。建立的热带气旋逐年最低气压序列和最大风速序列,利用极值Ⅰ型耿贝尔法可以计算得出设计基准热带气旋的中心气压 P_0 和中心附近最大风速 V_{max}(1000 a 一遇值)。

在实际工作中,宜选用 1974 年以来的热带气旋资料进行概率论法计算,原因是 1974 年以前无卫星、雷达的先进的技术手段,热带气旋强度普遍估计过高,根据这些资料计算得出的中心气压 P_0、V_{max} 均明显偏强。

根据国家核安全局(1991)制定的核安全导则 HAF101《核电厂厂址选择的极端气象事件》中对外部事件设计基准评价的要求,对厂址区域出现龙卷风的可能性必须做出评价。如果该地区曾经出现过龙卷风,则必须收集详细的历史资料。按照核安全导则 HAF101 中的相关规定,确定以核电站厂址为中心的龙卷评价区域(以下简称为评价区域),该区域面积为 3°(纬度)× 3°(经度)。同样采用了邻域类比法的思想。具体计算方法请查阅核安全导则 HAF101。

注意邻域类比法不能乱用,它有两个要点。

第一,类比的区域必须是“邻域”,即很靠近曾经出现过灾害的区域,对于自然灾害而言,邻域与灾害发生的区域必须同处于一个气候区,地形地貌、地质和生态条件相似。显然天津市区是符合这个条件的;

第二,类比的要素和方法不能受孕灾环境和人工防灾工程的影响。例如,从长时间看,相同气候区有相同的气候规律，可以产生相同的降水量，这是可以类比的。但由于每条山洪沟的河道参数（长短、宽窄、沟深）不同，致洪的临界面雨量都不相同，致洪临界面雨量不能类比，即不能把邻近山洪沟的致洪临界面雨量当作研究山洪沟的致洪临界面雨量，除非河道参数也相同；同样，由于城市的每个社区、立交桥的排水条件不同，水浸的临界雨量都不相同，水浸的临界面雨量也不能类比。

6.3.5　经验估计法

有些自然灾害出现很少，又没有正式记录，如何判断这种自然灾害出现的概率？向老人调查是一种有效的方法，它虽然没有严格的概率论作为基础，但是老人的经历和经验还是可以提供相当可靠的判断。例如 2008 年初的冰冻灾害，老农说是“50 a 一遇”的灾害，这种判断就有相当高的可信度。对于少数缺乏纪录的自然灾害，经验估计法也不失为一种可用的方法。

例如，制作社区、村屯的自然灾害风险区划，主要依据当地居民的经验，包括以下方面。

(1)对过去自然灾害的回顾分析

按本地自然灾害发生的频率排序，并对灾损进行分析。进行这项工作可以寻求当地老人的帮助。这是很重要的一步，是备灾、减灾计划的基础。

(2)编制自然灾害的季节历

根据曾经发生的自然灾害事件，按月编制自然灾害的季节历，即每种自然灾害最可能在哪些月份发生，它可以为备灾和模拟演习提供依据。

备灾型社区、村屯的一项重要工作即是绘制当地的自然灾害风险地图、脆弱性地图和救灾能力地图，这些图应当在相关科技人员的指导下由当地人来绘制，当地人为了绘制风险图会主动搜集一些基础数据。

在制图之前，社区、村屯成员应当进行相互间的讨论，讨论以前遇到自然灾害时的经验以及以后可能遇到的灾害。

这种地图不需要精确测量，包含以下内容即可。

① 自然灾害风险和脆弱性地图：在自然灾害风险地图中标识出社区容易发生的灾害及容易受灾的地方，划出低洼地、近水地区和风向。通过这样的制图，社区成员可以明确在各种灾害中需要保护的资产。

② 安全出口和转移路线图：社区成员应标出社区中的安全地区，如坚固的建筑、高地等。在躲避灾害时，这些地方可以成为人们的避难所。还必须在图中标出紧急情况发生后用于避难的预备通道。

③ 资源地图：包括资源描述、分布状态和运达的路径。

6.3.6　错误的风险区划方法

如果在网上搜索自然灾害风险区划的论文，可以发现有两类文章最多。第一类是把自然灾害区划当作自然灾害风险区划。自然灾害区划是自然灾害造成的损失的地理分布，是统计过去多年已经发生过的情况得到的，但没有未来的情景，即没有 T 年一遇的风险—可能损失，所以它不是风险区划，尽管它在防御自然灾害中是有用的。

第二类自然灾害区划是将自然灾害风险指数[灾害风险指数 $= w_1 \times$ 危险性 $+ w_2 \times$ 物理暴露 $+ w_3 \times$ 承灾损脆弱性 $+ w_4 \times$ 人类防灾减灾能力，见式(5.7)]分级的区域分布作为自然灾害风险区划,也有将致灾因子强度、承灾体的物理暴露、脆弱性、人类防灾能力四个因素相乘,将其分级的区域分布作为自然灾害风险区划,其中尤以加法模型的文章为多。它们的系数或指数,可能是通过层次分析法、模糊数学、灰色系统等复杂的数学方法得到的(以证明其有水平),其间难以避免专家打分。5.2 节已经指出,这些方法从理论到方法都是错误的,拿来做风险评估得不到可能的损失,现在又把它当作风险区划,更是无稽之谈。它不可能包含任何自然灾害的概率或超越某一概率的自然灾害最大等级的信息。很可惜,这两类文章占了自然灾害风险区划文章的绝大多数,真正正确的风险区划文章很少,可见理论和方法的拨乱反正是何等的重要。

6.4 精细致灾临界条件空间格点资料的获取方法

自然灾害风险区划必须有空间每个格点较长历史的致灾临界条件的资料,才能应用相应的概率密度函数求出每个格点致灾临界条件的概率,从而编制出自然灾害风险区划图。

通常在我国境内,一般一个县市仅有一个气象站具有 30 a 以上的历史资料,气象站的资料对于与其气候、地质、地理、生态等条件相同的地区具有代表性。对于其他地区,气象站的资料则不具代表性,尤其是对自然灾害而言更是如此。同样,水文站有较长时间的水位和流量资料,可以用于中型以上河流的洪水风险区划研究,但是山洪沟里没有水文站,用河流上水文站的资料不能做山洪风险区划。研究致灾临界条件的区划碰到的最大困难是缺乏每个格点致灾临界条件的历史资料,怎么办?当然,最好的办法是在山洪沟里建自动水位和雨量两要素站,在滑坡、泥石流易发区建自动雨量站。资料积累的年限多了,就可以用来做风险区划。2005 年以来,气象、水文、地质部门正是这样做的,2035 年之后,做山洪和地质灾害风险区划就有了相关的资料了。

那么,在缺乏资料的情况下,怎么办?有的人把气象站的资料采用各种数学方法(包括 GIS)内插到网格点上,这样做可行吗?只有温度尚可以用 GIS 内插(因为 GIS 中包含了经纬度和地形信息),但也要考虑不同地区不同季节温度垂直递减率和坡向的影响,其他气象要素不能用任何数学内插法得到细网格值。这是因为气象要素的分布是由天气系统(尤其是中小天气系统)及其复杂的物理过程决定的,任何数学内插方法都不可能真实反映气象要素的分布特征,对于自然灾害尤其如此。

《气象灾害风险评估与区划方法》(章国材,2010)一书详细阐述了各种精细致灾临界气象条件历史资料的获取方法,下面做简要的介绍。

6.4.1 灾情推演法

书中推介的灾情推演法本来是最普适的方法,但是因为历史灾情资料的极端不完备性,尤其是缺少致灾因子的资料,致使该方法在自然灾害风险区划中难以应用。但是,不能因为历史灾情资料不完备就否定这个方法的普适性。如果气象台站按照《气象法》的要求,对每一次气象灾害过程都能够进行详细的调查研究,分析致灾的气象原因,找到致灾临界气象条件:下多大雨导致洪灾,冰雹多大持续多长时间造成了多大灾害,造成灾害的风有多大等,如此坚持下去,30 a 以后我们就有了致灾临界气象条件空间分布的历史资料了,只要选用合适的概率密度函数便容易求出致灾临界气象条件的概率,而且这样得到的资料比其他方法更直接更最准确,从而更具有普适性。

6.4.2　天气雷达回波定量反演降水

对于河流洪水风险区划，由气象和水文部门降水观测资料计算得到的流域面雨量的精度和代表性是足够的。但是对于山洪风险区划，这些资料的代表性和精度不够，也不能用任何数学内插的方法得到网格点的降水量，很多研究者都用 GIS 内插得到网格点的降水资料，是很不恰当的。解决的办法是用天气雷达回波定量反演降水，这是物理内插法。10 cm 或 5 cm 波长的天气雷达回波强度能够比较真实地反映降水的强度，天气雷达回波定量反演降水具有物理基础。为了提高天气雷达测量降水的精度，还需要使用地面自动气象站的雨量资料实时校准雷达回波，所用的 Z-R 关系如下：

$$R = A \cdot Z^b \tag{6.40}$$

式中，R 为降水量，Z 为天气雷达回波强度。实时校准便是按式(6.40)用地面自动气象站的雨量资料实时动态确定式(6.40)中的 A、b 系数。

用式(6.40)反演的降雨量与地面自动气象站的雨量有很高的相关系数，但在降雨强度很大时，反演的降雨量偏小，所以，需要用反演的降雨量与地面自动气象站雨量建立的回归方程来纠正这种偏差。

6.4.3　小气候观测资料的订正法

对于温度，可以使用有一定时间长度的不同海拔高度和坡向小气候观测资料，研究得到温度随经纬度、海拔高度和坡向的变化规律，用这个规律内插得到每个格点的温度。

对于较长时段的降水量(例如月、季降水量)也可以用小气候观测资料得到的规律进行降水量的地形订正。但是对于短历时强降水和过程雨量都不可能通过地形订正得到精细降水量分布。其他气象要素也不能用 GIS 或其他数学内插方法内插获取细网格的值

6.4.4　遥感资料的应用

卫星遥感资料的应用前景广阔。利用卫星遥感资料可以得到较好的雪盖历史资料，卫星遥感雪深资料在用气象站观测的雪深资料较准后可以用于雪灾风险区划。卫星遥感的干旱监测资料目前还没有达到可用的水平，随着遥感通道的增加和资料融合技术的发展，不久的将来可能达到可用水平。

6.4.5　相关分析法

(1)气象要素相关分析法

县以下区域致灾临界条件历史样本很少，不可能用于计算概率。但是，我们从 2005 年开始就在进行区域自动气象站建设了，如果区域自动气象站观测的某气象要素与县市气象站观测的该气象要素相关性好，我们就可以建立二者的回归方程，然后用县(市)气象站的观测资料和回归方程延长区域自动气象站该气象要素历史系列，求区域自动气象站该气象要素的概率或超越概率。我们在福建省宁化翠江洪涝风险区划中会阐述如何使用这种方法。

(2)气象要素经纬度、海拔高度、坡向等相关内插法

如果某区域某气象要素(例如气温、电线覆冰)与海拔高度、纬度、经度、坡向等有较好的相

关关系,我们便可以利用气象台站该气象要素的历史资料,建立该气象要素与海拔高度、纬度、经度、坡向等的函数关系(例如回归方程),再利用这个函数关系,内插得到经纬度网格点的该气象要素的值。在黑龙江低温冷害风险区划中会阐述如何使用这种方法。由于气象台站的海拔高度有限,不能用这个函数关系外插超过气象台站海拔高度的经纬度网格点的值。

(3)致灾因子与孕灾环境因子相关分析法

如果我们有批量灾害调查资料(符合数理统计要求的样本数),这些灾害调查资料中致灾因子与孕灾环境因子又有较好的相关关系(通过统计检验),我们便可以构建致灾因子与孕灾环境因子的函数关系,然后,利用气象站长序列的气象资料求致灾临界条件出现的概率,最后再利用致灾因子与孕灾环境因子的函数关系订正致灾临界条件各经纬度网格上的值,从而得到风险区划。

例如,冰雹和电线覆冰风险区划,由于冰雹和电线覆冰与孕灾环境关系密切,我们首先收集一批有冰雹大小和持续时间/架空输电线事故时的覆冰厚度及灾情出现地的孕灾环境资料,研究冰雹指数/电线覆冰厚度与孕灾环境要素的相关性,选择相关性好的孕灾环境因子,建立冰雹指数/电线覆冰厚度与孕灾环境因子的函数关系。然后,由气象站长序列冰雹指数/电线覆冰厚度(换算成标准冰厚)资料,选用合适的概率密度函数,求出各种冰雹指数/标准覆冰厚度的出现概率,或 T 年一遇(或超越概率为 $1/T$)的冰雹指数/标准覆冰厚度的数值。最后,用上面得到的冰雹指数/电线覆冰厚度与孕灾环境因子的函数关系,订正每个网格点的 T 年一遇(或超越概率为 $1/T$)的冰雹指数/标准覆冰厚度的数值,从而得到冰雹/架空输电线的风险区划。我们在冰雹风险区划和架空输电线覆冰风险区划中会用到这种方法。

6.4.6 数值模拟法

一些致灾因子强度可以通过数值模拟的方法得到。例如在研究风灾风险区划时,需要每个格点历年最大风力,但是目前只有国家气象站具有 30 a 以上风的观测资料,如何确定每年每个格点的最大风力?此时可以采用数值模拟法,对于每年的大风过程,在精细 GIS 数据的支持下,可以将气象站的实测风输入合适的数值模式(例如 Ansys Fluent 流体仿真软件)得到大风过程每个格点的风,从而建立每个格点历年最大风力序列,然后对最大风力序列进行概率密度函数检验,选择最适宜的概率密度函数确定每个格点不同风力级别出现的概率。

如果研究的是台风引发的风灾风险区划,那么只需要针对每年的台风过程,采用以上的方法得到格点的风就行了。

以下分灾种讨论风险区划编制问题。

6.5 山洪风险区划

《洪水风险区划及防治区划编制技术要求》(水利部,2021)提出:洪水风险区划以综合风险度为主要特征,反映多个洪水量级淹没综合影响下,洪水风险的分布特征以及区域间洪水风险的差异性。山洪风险区划有水文学方法与山洪分析和水文动力模式模拟等方法。

6.5.1　山洪风险区划的思路

对于山洪沟，由于山洪沟内没有水文站，缺乏历年山洪的水位资料。《洪水风险区划及防治区划编制技术要求》（水利部，2021）提出："对于没有实测水文资料和降雨资料，但具有部分河道信息资料，建议采用当地暴雨图集或水文手册或中小流域水文图集等信息资料进行不同频率降雨设计，然后运用水文学方法计算不同频率降雨的洪水过程，再利用马斯京根方法推求流量，并通过水位流量关系获得河道水面线，以此沿程在垂直于河道水流方向水平外延至陆地或挡水建筑物（例如堤防）得到风险要素。"

为此，需要对山洪沟小流域近 30 a 每年的最大降雨过程进行分析。在加密建立自动雨量站的山洪沟，可以用附近几个雨量站的资料，用泰森多边形法求得山洪沟小流域逐小时面雨量。在没有自动雨量站的山洪沟，则用中尺度数值天气预报模式（水平分辨率 1 km）模拟降雨，得到每年的最大降雨过程山洪沟小流域逐小时的格点降雨量。

与此同时，需要通过风险普查得到山洪沟小流域某一预警点（隐患点）处山洪淹没痕迹和时间，测量最大水淹深度，用于率定淹没模型（3.3 节）。并用模拟的数据计算 1 h、2 h、3 h、4 h、5 h、6 h 面雨量与淹没深度的相关系数，取相关系数最高的时效 c 为致洪时效，然后计算每年最大降雨过程中最大降雨 c 时段山洪沟小流域的面雨量，形成历史系列，用 Fisher Ⅰ 型概率密度函数计算 T 年一遇的 c 时段面雨量。分析 c 时段的雨型。

最后，在分辨率高于 1∶1 万的 DEM 数据支持下，将 T 年一遇的 c 时段面雨量和雨型输入率定好的淹没模型，模拟 T 年一遇的淹没范围和水深。在承灾体数据库和脆弱性曲线库的支持下，评估水淹的人口、房屋、道路、桥梁、农田和经济损失。

下面用两个案例分别介绍如何用"技术要求"中的水文学方法及本书提出的山洪分析和模拟方法进行山洪风险区划。

6.5.2　水文学方法在山洪风险区划中的应用

吕志朋（2017）应用水文学方法分析了广东省阳春市 3 个典型小流域山洪灾害的风险，为了节省篇幅，不失一般性，本书只选择三甲圩 1 个典型小流域。三甲镇坐落在三甲圩上，境内的河流是由北向南流。主要河流是漠阳江支流的三甲河，由山坪河汇合中寮河至三坪汇入庞洞河，再与曲江河汇合后注入漠阳江。三甲河全长 47 km，流域面积 283 km^2。

（1）设计暴雨计算

设计暴雨计算内容包括小流域时段雨量、暴雨频率和暴雨时程分配的确定和分析（王劲峰，1993）。

① 设计暴雨参数

吕志朋（2017）设计暴雨参数计算基于《广东省暴雨径流查算图表》，得到阳春市不同时段、不同频率暴雨变差系数 C_v、偏态系数 C_s 与变差系数 C_v 比值（C_s/C_v）、点面折减系数、时段雨量折减系数等，从而得到所选小流域暴雨计算参数成果见表 6.12。

② 设计暴雨量计算

三甲圩小流域设计暴雨量计算成果见表 6.13 所示。

表 6.12　三甲圩小流域设计暴雨参数成果(吕志朋,2017)

	类别	10 min	60 min	6 h	24 h
	点雨量 H/mm	22.06	54.18	107.18	189.13
	点面换算系数 α	0.758	0.791	0.848	0.914
	C_v	0.33	0.37	0.50	0.42
K_p	P=0.5%	2.20	2.39	3.05	2.63
	P=1%	2.03	2.19	2.74	2.39
	P=2%	1.86	1.99	2.42	2.15
	P=5%	1.63	1.71	1.99	1.81
	P=10%	1.44	1.5	1.66	1.56
	P=20%	1.24	1.27	1.33	1.29

表 6.13　三甲圩小流域设计暴雨量成果(吕志朋,2017)

频率 P/%	10 min	60 min	3 h	6 h	24 h	τ=6
0.5	37	102	189	278	455	278
1	34	94	171	249	413	249
2	31	85	152	220	371	220
5	27	73	128	181	314	181
10	24	64	108	151	270	151
20	21	54	89	121	223	121

③ 设计暴雨时程分配计算

设计暴雨时程分配是将计算得到设计暴雨量按照一定的规则分配到等距的计算时段上,反映本地区一般暴雨的雨情特征,也作为设计洪水的雨量过程输入。结合设计洪水的推理公式法、综合单位线法计算方法,其中综合单位线法的计算时段需要根据面积确定,同时在修正系数较低时需要调整计算时段,若综合单位线修正系数小于 0.95,则将综合单位线计算时段减小一个级别(依次为 3 h、2 h、1 h、30 min、20 min);若综合单位线修正系数大于 1.05,则将综合单位线计算时段加大一个级别(依次为 20 min、30 min、1 h、2 h、3 h),在计算时段调整后,应该重新计算综合单位线设计洪水。在此基础上,将计算所得总雨量按比例分配,即得到计算所需的暴雨时程。

(2)设计洪水计算

吕志朋(2017)在设计洪水分析中,假定暴雨与洪水同频率,基于设计暴雨成果,以沿河村落的河道控制断面为计算断面。根据流域水文、下垫面特征选择合适方法进行各种频率(重现期)设计洪水的计算和分析,得到洪峰、洪量、上涨历时、洪水历时以及控制断面各频率洪峰水位等信息。同时采用水位流量关系和曼宁公式等水力学方法,绘制各防治区水位-流量关系曲线和水位-人口关系曲线。

① 净雨分析

在设计暴雨洪水计算中，净雨分析包含初损和后损，且时间长度一般为 24 h，其中，初损主要是植被截留和洼地蓄水，后损主要考虑稳渗。

② 典型频率设计洪水计算

吕志朋(2017)根据上述试算与分析，典型频率设计洪水计算主要采用推理公式法、综合单位线法进行。根据阳春市流域面积大小，流域汇水面积在 100 km^2 以上的以单位线为主；面积 10 km^2 以上，50 km^2 以下的以推理公式法为主，面积介于 50～100 km^2 的根据流域形状、汇流时间等特征值进行人工检验估算选择，面积在 10 km^2 以下的采用广东省洪峰流量经验公式。

(a)推理公式法与综合单位线法

吕志朋(2017)采用推理公式法与综合单位线法两种方法同时计算各个防治区设计洪水，并全部按照查算图表要求进行参数协调，提高设计洪水的可靠性。

(b)设计洪水计算成果

吕志朋(2017)为给防灾对象现状防洪能力评价和危险区等级划分提供较为全面的支撑，根据阳春市山丘区的特点，分析了山洪洪水要素，包括洪峰流量、洪量、上涨历时、洪水历时 4 个要素。经过上述计算，典型防治区的设计洪水成果见表 6.14。

表 6.14　三甲圩防治区设计洪水成果(吕志朋，2017)

洪水要素	P/%					
	0.5	1	2	5	10	20
洪量/万 m^3	5039	4514	3986	3281	2739	2187
涨洪历时/h	5.5	5.5	5.5	5.5	5.5	5.5
洪水历时/h	16.5	16.5	16.5	16.5	16.5	16.5
洪峰水位/m	32.87	32.31	31.73	30.86	30.14	29.32
洪峰流量/(m^3/s)	2517	2219	1920	1525	1225	933

③ 水位-流量关系推算

(a)水位-流量关系曲线

计算水位-流量关系时，需要对防治区所在河段进行详细的考察分析，包括沟道位置所在的微地形、沟道纵断面剖面形状、沟道横断面形状、发生山洪灾害时的实际过水方向等，结合实际情况确定断面漫滩以及分段糙率，确定水力坡度(断面比降)，最后采取合适的方法计算各级水位的过流流量，建立水位-流量关系曲线，再采用曼宁公式计算得到三甲圩防治区的水位-流量关系。

(b)水位-人口关系曲线获取

吕志朋(2017)在建立阳春市水位-人口关系曲线时，主要根据山洪灾害现场调查汇总成果进行，即分析居民住房位置及高程测量成果中控制断面的水位-人口对应情况，获取相应的水位-人口关系曲线，得出阳春市三甲圩防治区控制断面的人口高程水位流量关系(图 6.3)。

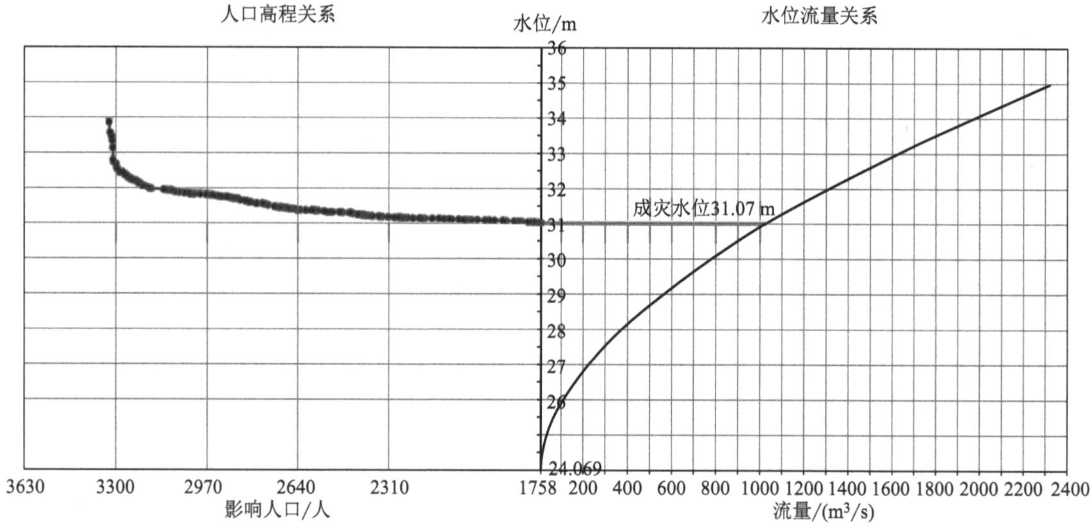

图 6.3 阳春市三甲镇三甲圩人口高程水位流量关系(吕志朋,2017)

(3)雨量预警指标分析

雨量预警指标分析内容包括各预警时段各级指标的临界雨量,即预警时段的准备转移雨量和立即转移雨量。

① 预警流量计算

吕志朋(2017)采用曼宁公式,针对每一个预警对象,计算成灾水位对应临界流量。成灾水位由现场调查测量确定。分析时,采用水位流量关系或曼宁公式等水力学方法,求出成灾水位对应的洪峰流量,阳春市三甲圩防治区的成灾水位对应临界流量计算如表 6.15。

表 6.15 三甲圩防治区临界流量值(吕志朋,2017)

成灾水位/m	比降/‰	左边滩糙率	主岸糙率	右边滩糙率	流量/(m^3/s)
31.07	2.789	0.065	0.033	0.065	1028

② 预警时段计算

预警时段指雨量预警指标中采用的典型降雨历时,是雨量预警指标的重要组成部分。受防灾对象上游集雨面积大小、降雨强度、流域形状及其地形地貌、植被、土壤含水量等因素的影响,预警时段会发生变化,因此需要合理地确定。吕志朋(2017)根据对基础资料的分析和设计暴雨洪水的分析,确定了研究对象三甲圩预警时段均为 1 h、3 h、6 h。

③ 雨量及雨型分析

吕志朋(2017)雨量初值以 24 h 雨量给出,采用雨力公式,计算所拟定的各预警时段的总雨量,并按雨型分布,求得 5 a 一遇频率暴雨时程分配,进一步分析计算得到各个降雨时间的雨量,得到相应的可供计算的降雨过程系列,作为模型试算最初的输入条件。

④ 模型建立

吕志朋(2017)建模时考虑了地形地貌、河网特征、土地利用、植被覆盖、土壤质地等流域特征,以及降雨、产流、汇流以及演进 4 个环节。降雨环节考虑雨量和雨型,主要根据设计暴雨方法进行；产流环节以净雨代入汇流环节进行计算；汇流环节采用了综合单位线法及 SCS 模型法进行流域的汇流分析计算；演进环节采用了运动波行分析计算(赖成光 等，2015)。

⑤ 阈值分析

吕志朋(2017)考虑流域土壤含水量较干、一般及较湿 3 种情景，根据计算的雨量临界值进行阈值分析，合理确定临界雨量的变幅。根据流域响应时间，得到临界雨量要素计算的截止时刻，向前倒推求得时段累积雨量、降雨强度、场次累积雨量、降雨驱动指标的关系，得到准备转移和立即转移预警指标阈值范围。

⑥ 雨量预警指标综合确定

吕志朋(2017)综合考虑防灾对象所处河段河谷形态、洪水上涨速率、预警响应时间和站点位置等因素，在临界雨量的基础上确定准备转移和立即转移的雨量预警指标；并利用预警指标进行暴雨洪水复核校正。通常情况下，临界雨量是成灾水位对应流量的洪水推算得到，故在数值上认为临界雨量即立即转移雨量指标。阳春市三甲圩防治区的预警指标见表 6.16。

表 6.16　三甲镇(三甲圩)防治区的预警指标(吕志朋，2017)

预警时段 (汇流时间)	预警雨量/mm		临界雨量/mm
	准备转移	立即转移	
1 h	80	89	89
3 h	131	145	145
6 h	173	192	192

(4)风险区划

吕志朋(2017)在进行风险等级区划时，主要根据洪水发生频率这一关键信息，并参照防治对象及其控制断面水位流量关系类型等信息，将分析计算获得的风险区划分为极高风险、高风险、风险 3 个等级的区域，并统计相应风险区内的人口和房屋分布信息，分析、校核或修正转移路线和临时安置地点的信息。

基于现场调查成果中关于沿河村落、集镇和城镇人口-高程分布关系，以及测量断面的实际情况和设计洪水计算成果，统计确定三甲镇(三甲圩)防治区各频率洪水的风险，得到不同高程下淹没的人口、户数和房屋(表 6.17)。

表 6.17　三甲圩各频率洪水的风险(吕志朋，2017)

风险区等级*	频率/a	高程/m	人口/人	户数/户	房屋/间
极高风险区	＜5	＜29.32	0	0	0
高风险区	5～20	29.32～30.86	0	0	0
风险区	20～100	30.96～32.31	3244	602	602
其他	＞100	＞32.31	79	18	18

注：* 原文用的是危险区，笔者改为风险区。因为原文中的危险区与本书的风险区含义是相同的。

6.5.3　山洪分析和模拟的风险区划方法

以福建省宁化翠江流域洪涝风险区划为例说明山洪分析和模拟方法的应用(章国材，

2014)。

福建省宁化翠江属沙溪支流九龙溪上游,主要支流有东溪、西溪、七里圳溪、石罗坑溪、安乐溪,先后在不同河段汇流出境,境内河长 75.1 km,流域面积 1622.4 km^2,总落差 660 m。宁化溪河短小湍急,落差大,易涨易退,属山地性河流。

(1)翠江流域面雨量与宁化县翠江镇降雨量的关系

用于计算流域面雨量的雨量站共有 6 个(图 6.4),面雨量计算方法为泰森多边形法。分析翠江流域面雨量与宁化县翠江镇降雨量的关系(图 6.5),发现二者相关性很好。

$$Y=0.7966X+0.1489 \tag{6.41}$$

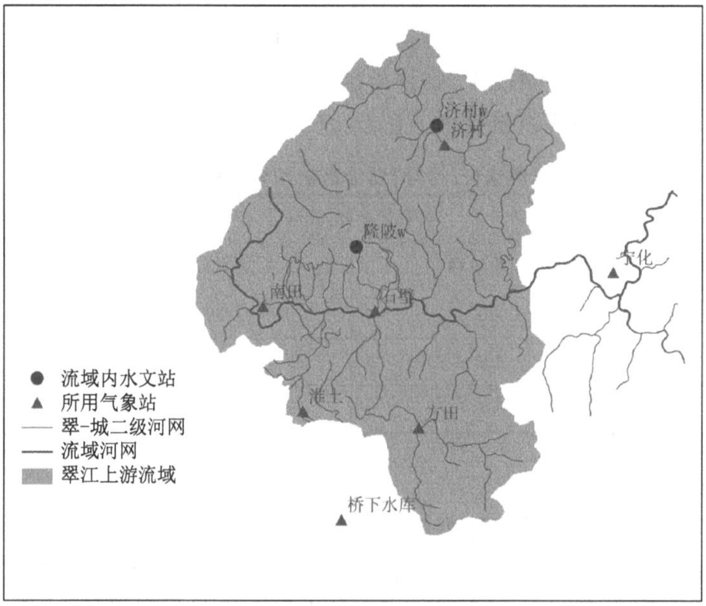

图 6.4 翠江流域河网及雨量站分布图

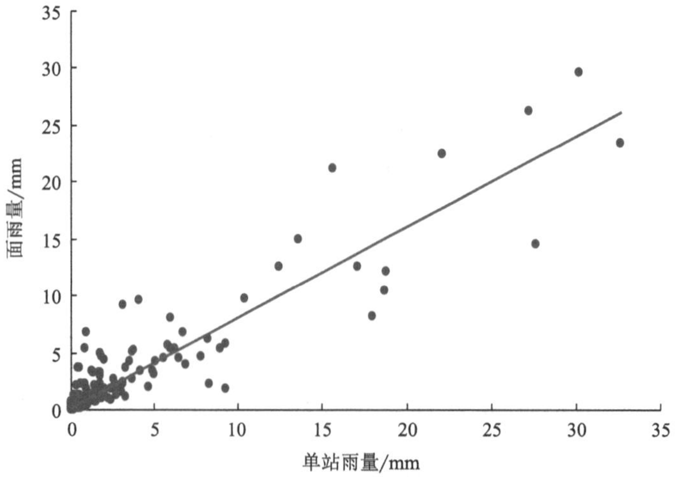

图 6.5 流域面雨量与翠江镇降雨量关系

式中，Y 表示翠江面雨量，X 为宁化单站雨量，方程的复相关系数为 0.93，通过 0.001 的信度的 t 检验，表明宁化单站雨量可以很好地代表翠江流域面雨量。因此，可以用宁化站的降水资料来做翠江流域洪涝风险区划。

(2)致洪面雨量的时效

选取宁化水文站 2002 年 6 月 11—19 日、2005 年 5 月 3—6 日、2005 年 5 月 11—15 日、2005 年 5 月 25—27 日、2005 年 6 月 15—24 日、2006 年 5 月 16—19 日、2006 年 5 月 30 日—6 月 8 日、2006 年 6 月 13—18 日、2010 年 5 月 19—23 日、2010 年 6 月 13—27 日十个过程的水位资料，其中 2010 年 6 月 16 日 18 时—18 日 10 时缺测时段较长。分析翠江流域这 10 次洪水过程水位与宁化单站滑动累积的雨量的相关关系(图 6.6(彩))，发现 13 h 之前，相关系数不断增大，累积到达 13 h 时，相关系数趋于稳定，相关系数基本在 0.8 以上。因此，可以将宁化站 13 h 滑动累积雨量作为致洪的面雨量。

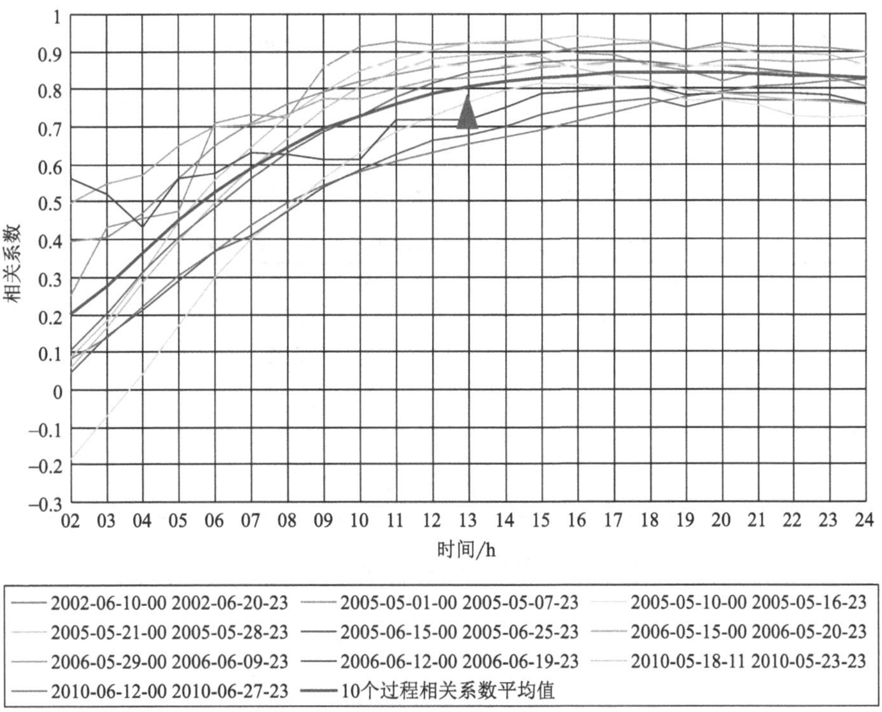

图 6.6(彩) 水位和滑动累积雨量相关分析

(3)翠江流域 T 年一遇的致洪面雨量

根据宁化单站降水历史资料，建立历史洪水对应宁化站 13 h 降水量序列(图 6.7)，用 Fisher Ⅰ型/Gumbel 分布函数计算概率。

由此得到翠江流域 T 年一遇的致洪面雨量如表 6.18。

(4)不同洪水重现期风险

由重现期洪水水位，在 1∶1 万 GIS 数据的支持下，应用淹没模型中的漫坝模块模拟计算出淹没范围和水深。根据目前村庄的情况，可以计算出不同重现期洪水受淹的村镇(表 6.18，表 6.19)，图 6.8(彩)给出了 100 a 一遇的洪水淹没范围和水深。

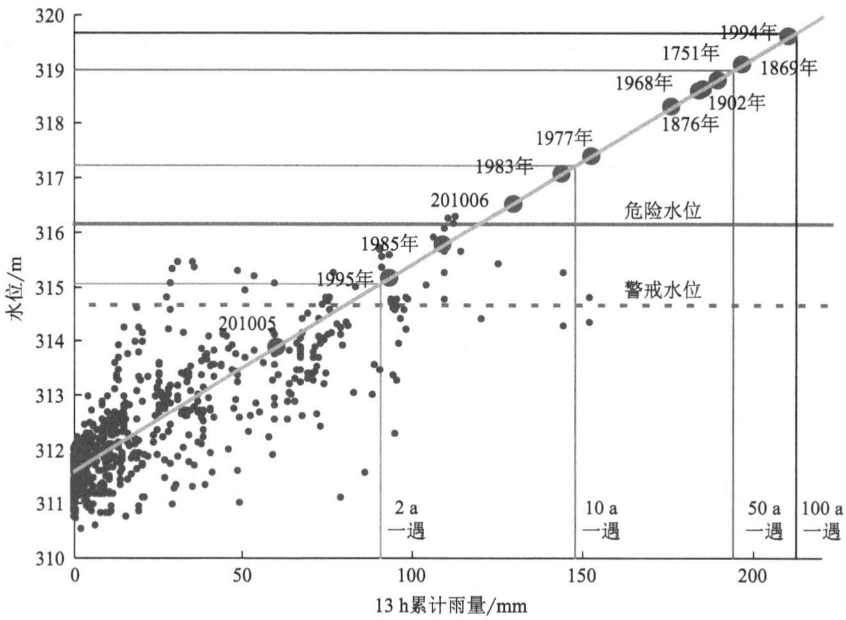

图 6.7　宁化历史洪水记录的重现期

表 6.18　翠江流域不同洪水重现期临界雨量和水位

重现期/a	13 h 累积降水设计值/mm	宁化水文站水位/m	淹没面积/km^2
100	212.54	319.55	15.7
50	194.12	319.16	15.1
20	168.6	318.06	13.8
10	148.0	317.07	12.4
5	125.6	316.32	9.8

表 6.19　翠江流域洪水不同重现期受淹村庄

重现期/a	受淹村庄
100	乌龙峡电站、鱼龙铺、鱼龙村、伍家坊、鱼龙林场、班竹、麦墩、城南村、曲墩、铜锣丘、何家园、窑上、宁化县机械厂、宁化县造纸厂、双虹村、宁化县精神病院、翠江镇、中山村、宁化县、城郊乡、江下、红卫村、宁化县合成氨厂、锅厂下、东山桥、桥上、宁化县粮食局仓库、段上、东溪电站、下石、黄家山
50	乌龙峡电站、鱼龙铺、鱼龙村、伍家坊、鱼龙林场、班竹、麦墩、铜锣丘、何家园、窑上、宁化县机械厂、宁化县造纸厂、双虹村、翠江镇、中山村、宁化县、城郊乡、江下、红卫村、宁化县合成氨厂、锅厂下、东山桥、东溪电站、下石、黄家山
20	乌龙峡电站、鱼龙铺、鱼龙村、伍家坊、鱼龙林场、班竹、麦墩、铜锣丘、何家园、窑上、宁化县造纸厂、双虹村、翠江镇、中山村、宁化县、城郊乡、江下、红卫村、宁化县合成氨厂、锅厂下、东山桥、东溪电站、下石
10	乌龙峡电站、鱼龙铺、鱼龙村、伍家坊、鱼龙林场、班竹、麦墩、铜锣丘、何家园、窑上、宁化县造纸厂、双虹村、翠江镇、中山村、宁化县、城郊乡、江下、红卫村、宁化县合成氨厂、东溪电站
5	乌龙峡电站、鱼龙铺、鱼龙村、伍家坊、鱼龙林场、班竹、麦墩、铜锣丘、窑上、宁化县造纸厂、双虹村、翠江镇、中山村、宁化县、城郊乡、红卫村、宁化县合成氨厂、东溪电站

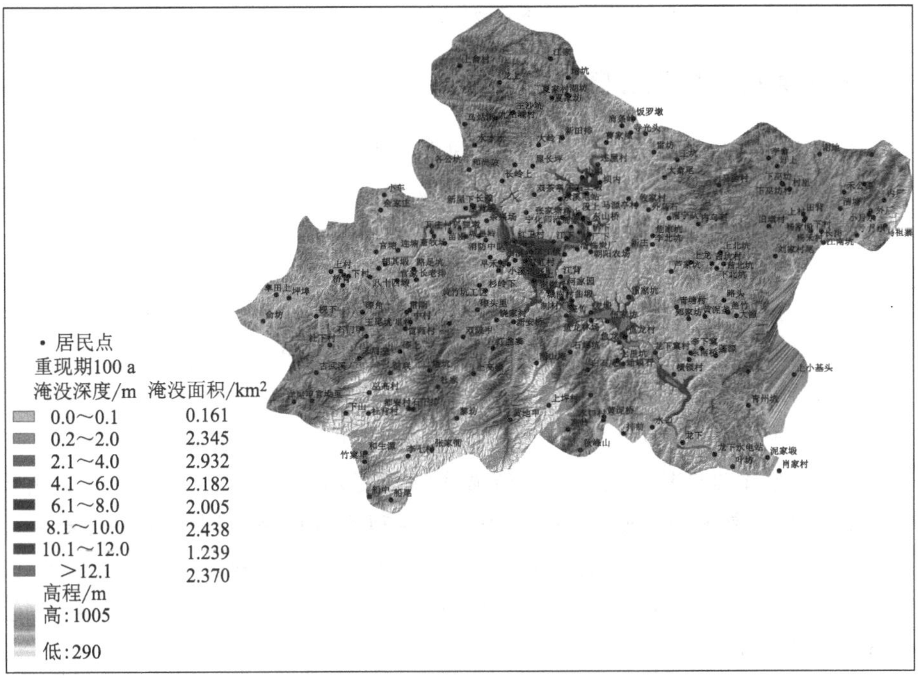

图 6.8(彩)　翠江流域 100 a 一遇的洪水淹没范围和水深

6.6　中小河流洪涝风险区划

6.6.1　中小河流洪水风险区划思路

水利部 2021 年发布的《洪水风险区划及防治区划编制技术要求》提出:“对于具有设计洪水成果或水文实测资料丰富地区,并且具备河道断面资料和较高精度的 DEM 数据,可直接采用水力学方法(包括一维水力学模型、二维水力学模型或者一二维水动力学耦合模型)计算不同频率方案下的三个洪水风险要素。”

上文所说三个洪水风险要素是指最大淹没水深、最大行进流速、最大淹没历时。河流洪水风险区划具体步骤如下。

第一,选用合适的水文模型,用河流上水利设施建设之前的若干场洪水过程率定模型参数,使之符合水文手册的要求。用模拟洪峰时的流量与水位建立二者的函数关系。

第二,分析每年洪水过程的历时和雨型,确定洪水过程几种可能的历时 t 和雨型。

第三,计算每年最大洪水过程 t 时段的降水量,建立洪水 t 时段降水量历史系列,选择合适的概率密度函数(一般是皮尔逊-Ⅲ型曲线或耿贝尔曲线),求 T 年一遇的 t 时段降水量。

第四,将 T 年一遇的 t 时段降水量按雨型的时间分布输入率定好了的水文模型,得到 T 年一遇的洪水流量,再用流量与水位的函数关系换算 T 年一遇的洪水水位。

第五,T 年一遇的洪水水位超过堤坝高度时,在精细 GIS 的支持下,用淹没模型模拟淹没的范围和水深,评估被水淹的人口、建筑物、桥梁、道路和农田等,在承灾体脆弱性曲线的支持下,评估可能的经济损失。

下面举两个例子，一个针对干流，一个针对水库。

6.6.2 东津河洪水灾害风险区划

东津河流域位于皖南山区，是水阳江上游三源之一，流域面积 1014 km^2，河道全长 65 km，上口宽 80 m，洪水深度 7.5 m，枯水深度 0.4 m 左右，比降 5.94‰。谢五三等(2017)研究了东津河流域暴雨洪涝灾害风险区划，

(1)资料

谢五三等(2017)所用资料主要有东津河流域内及周边所有国家气象站和区域站建站至 2014 年逐日和逐小时降水资料，水文资料为沙埠水文站典型洪水过程的逐小时流量和水位观测资料。DEM 数据来自 SRTM1，栅格精度为 30 m，绝对高程和绝对水平精度分别为 16 m 和 20 m，由于东津河河宽一般都在 100 m 以上，DEM 数据的精度能够刻画出东津河河道信息，满足 FloodArea 模型淹没模拟分析需要。流域内河流堤坝高度、长度是通过精细化暴雨洪涝灾害风险普查得到的，叠加到流域的 DEM 中。土地利用数据来自国家地理信息中心研制的基于 2010 年全球 30 m 地表覆盖产品，曼宁系数是根据不同土地利用类型的粗糙度计算而得，人口和 GDP 数据来自《安徽省统计年鉴(2011)》(安徽省统计局，2011)，均为 2010 年的统计数据。

(2)确定致洪临界面雨量

谢五三等(2017)基于 DEM 数据和 D8 算法，运用 GIS 空间分析技术，得到东津河流域地形指数的空间分布，将沙埠站(东津河流域水文控制站)流量观测值转换为径流深，并根据数据序列把模型步长设为 1 h，将雨量、蒸发量和地形指数代入到 TOPMODEL 中运算，进行流量模拟并与实测径流深进行比较，用来率定模型参数和检验模型适用性。采用 2007 年、2009 年汛期的洪水过程完成了模型参数率定，模型确定性系数均在 0.7 以上，模拟的洪峰量值与出现时间均与实际较为吻合，有较好的适用性。继而采用 TOPMODEL 模型进行流量模拟，如果模拟流量和给定的临界流量(即警戒水位、保证水位、堤顶高度等水位所对应的流量)相差较大，那么重新给定面雨量进行模拟，通过多次模拟，直到模拟与临界流量一致，此时得到的面雨量就是致洪临界面雨量。

谢五三等(2017)以小时资料为步长，采用统计方法，建立东津河面雨量与流量和水位的关系。通过对 2007 年、2009 年东津河流域汛期的两次洪水过程分析，水位与前 16 h 面雨量的相关性均超过了 0.9。最终利用 TOPMODEL 模型得到东津河流域不同基础水位 16 h 致洪临界面雨量(表 6.20)

表 6.20 东津河流域不同基础水位的 16 h 致洪临界(面)雨量表(谢五三 等，2017)

单位：mm

	警戒水位(59 m)	保证水位(61 m)	堤顶高度(64 m)
基础水位(57 m)	60.8	72.0	121.6
基础水位(58 m)	44.8	67.2	113.6

(3)确定不同重现期的致洪面雨量

东津河流域及周边共有国家站 7 个，流域内的区域站共有 22 个，区域站中建站时间较早(2006 年建站)的共有 6 个，因此采用东津河流域及周边的 7 个国家站小时雨量资料，运用逐步回归法，对东津河流域内的 6 个区域站进行历史长序列小时雨量资料重建。根据泰森多边

形面积权重及各区域站重建的小时雨量资料，计算东津河流域长序列逐小时面雨量序列，进而得到长序列逐日面雨量序列，对照东津河流域致洪临界面雨量结果，结合沙埠站基础水位、精细化暴雨洪涝灾害风险普查灾情数据以及1984—2010年气象灾害普查数据库的灾情数据等，挑选出东津河流域共56个致洪面雨量历史样本个例，采用广义极值分布函数进行参数估计及拟合优度检验。参数估计结果为：形状参数－0.4913，尺度参数8.2028，位置参数68.0660，由形状参数可知，东津河流域致洪面雨量服从极值Ⅱ型分布，根据概率分布函数计算出东津河流域不同重现期（T 年一遇）致洪面雨量（表6.21）。

表6.21 东津河流域 T 年一遇16 h的致洪面雨量（谢五三 等，2017）

重现期/a	5	10	15	20	30	50	100
致洪面雨量/mm	86.3	101.8	113.5	123.2	139.4	164.9	211.4

（4）确定不同重现期洪水的风险

谢五三等（2017）根据东津河流域致洪面雨量序列（56个典型个例）以及逐小时降水资料，计算逐小时降水概率，确定东津河流域小时降水雨型分布。

将计算得到的东津河流域不同重现期致洪面雨量、小时雨型分布、叠加堤坝信息的DEM、Manning系数等数据代入Flood Area水动力模型进行洪水淹没模拟，得到不同重现期下洪水淹没图（图略）。不同重现期下淹没较深的区域均位于河道两侧地势低洼地带，查阅相关历史洪涝灾情数据并实地调查走访可知，该流域河道两侧低洼地带为暴雨洪涝灾害易发区，表明洪水淹没模拟结果与实况较为吻合。

东津河流域不同重现期下（5 a、10 a、15 a、20 a、30 a、50 a、100 a一遇）暴雨洪涝淹没结果分别叠加该流域内栅格化的人口、GDP以及土地利用信息，最终得到不同重现期下人口、GDP以及土地利用等风险区划图谱（表6.22，表6.23）。

表6.22 不同重现期下淹没人口信息（谢五三 等，2017）

单位：人

淹没水深/m	5 a	10 a	15 a	20 a	30 a	50 a	100 a
＜0.1	78775	76235	75651	75164	74704	73815	72660
0.1～0.3	3661	3208	3280	3289	3177	3104	3092
0.3～0.5	2305	1604	1556	1443	1434	1477	1420
0.5～1.0	3420	2698	2494	2431	2374	2164	2045
＞1.0	4041	8456	9220	9875	10514	11463	12816

表6.23 受不同重现期洪水影响的GDP（谢五三 等，2017）

单位：元

淹没水深/m	5 a	10 a	15 a	20 a	30 a	50 a	100 a
＜0.1	251963	243920	241826	239595	237743	233886	227666
0.1～0.3	11734	7971	8327	8834	8320	8436	7823
0.3～0.5	5959	5382	5120	4266	4518	4638	4002
0.5～1.0	19156	9949	8307	8351	8333	7443	7932
＞1.0	22079	43669	47311	49844	51977	56328	63314

6.6.3 富水水库上下游暴雨洪涝灾害风险区划

我国中小河流大多建有水库,水库的人工调蓄功能使得水库上下游暴雨洪涝风险评估和区划出现困难。李兰等(2017)分析近年暴雨诱发中小河流洪涝灾害典型案例及其特点发现,水库上游洪涝风险主要为上游强降水引起的河水水位上涨导致流域内出现渍涝;水库下游受大坝调蓄功能的保护,洪涝风险减小,但出现超标准洪水时,水库大坝受到威胁,堤坝溃决会造成下游洪涝灾害,故主要风险源于水库大坝的溃堤引发的中小河流洪水。在此基础上,以富水水库为例,提出以中小河流控制性水库为界的上下游洪涝灾害风险区划方案。

富水为长江中游下段南岸一级支流,流域面积 5310 km^2,发源于湖北省的通山、崇阳和江西省修水三县交界处的幕阜山北麓,向东流经通山、阳新两县,沿途顺次纳入龙港河和三溪河等支流及湖泊来水,境内地势西南高东北低,干流长度 194.6 km,至富池口汇入长江。当长江中游下段水位高时,江水从富池口倒灌进入富水下游,当富水流域强降水过程遭遇长江中下游高水位时,流域性洪涝灾害不可避免。富水水库于 1966 年基本建成,位于湖北省阳新境内,水库控制流域面积 2450 km^2,富水水库既表征了上游汇水特征,又可控制下游的洪涝灾害,所以可通过研究该处的水位变化或洪水过程(富水站)来研究流域洪涝灾害风险。富水流域的西南山区,系湖北省暴雨中心之一,流域多年平均降水量 1594 mm,降水分配不均,4—8 月占全年降水量的三分之二,洪涝灾害时有发生。

(1)资料和方法

所用的资料包括:富水水库 1969 年洪水流量、灾情资料,1983—2013 年每年一个最大洪水过程逐时流量资料,流域上游 13 个水文雨量站逐日面雨量、单站雨量资料,2003—2013 年流量大于等于 1000 m^3/s 洪水过程水位流量资料,2006—2013 年上游 17 个气象站逐小时雨量资料,富水水库历史灾情资料,富水流域 1∶25 万地理信息资料、1995 年土地利用资料。

李兰等(2017)在分析水库历史洪水典型案例的基础上,统计分析入库洪水特征、致洪暴雨过程时程特征、暴雨过程天气学特性、洪峰时刻与降水峰值的时间关系。在此基础上,建立年致洪降水极值序列,采用耿贝尔极值Ⅰ型分布法求取流域不同重现期面雨量,用新安江模型模拟 100 a 一遇致洪暴雨洪水流量过程曲线,以此为基础,利用水动力模型模拟洪涝风险情景,并用历史灾情对风险情景进行检验。

(2)富水水库上游洪水过程特征及降水特征

富水水库建成后,共发生 5 次大的入库洪水,分别发生在 1964 年 6 月 24 日、1967 年 6 月 24 日、1969 年 7 月 17 日、1973 年 6 月 22 日、1999 年 6 月 28 日,其中,1969 年 7 月 17 日大坝出险。

以富水水库站入库流量超过 1000 m^3/s 的过程作为一次洪水过程,得到 1983—2013 年洪水过程共 74 个。通过同期日面雨量数据分析发现,其中 57 个洪水过程在洪峰前日或当日水库上游有≥50 mm 的面雨量出现,可见 77%的洪水过程为暴雨诱发。

① 致洪暴雨特征

李兰等(2017)对洪水过程逐时流量分析表明,入库洪水一个过程持续时间约 24~72 h,多为单峰型洪水。入库洪水不仅与雨量有关,而且与降雨时程分布、汇流时间有关。利用逐时流量资料和日面雨量资料,对所有洪水过程及相关的降水过程进行分析,洪水大部发生于 6—7 月。洪峰出现第一高值时段为 16—18 时,第二高值区为上午 08 时。对暴雨过程中仅出现一个暴雨日(或大暴雨日)的洪水过程分析表明,洪峰时刻位于暴雨当日 16 时后,或者暴雨日次日的 16 时前。

利用 57 个暴雨洪水过程水文雨量资料,分析暴雨过程时程特征。降水以 2～4 d 为最常见(图 6.9),第 4 日雨量占比仅 0.015,因此,致洪暴雨过程取 3 d。为了分析暴雨过程雨量空间分布特征,选择水文雨量站数稳定的 2000—2012 年的 16 个暴雨过程,统计发现 13 站平均过程雨量 100～127 mm,分布相对均匀,说明诱发富水流域上游洪水的暴雨多为系统性区域强降水,而非局地强降水。

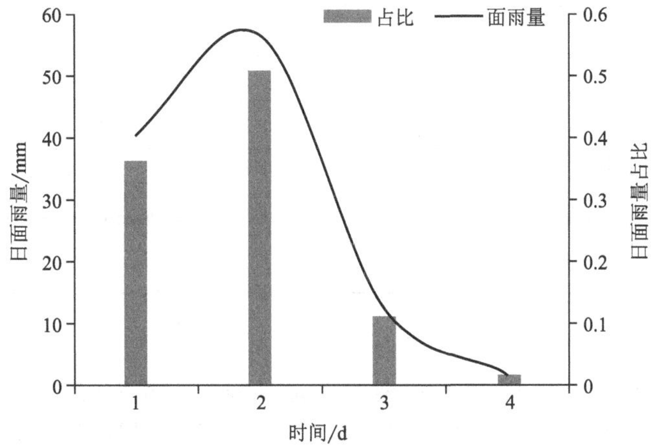

图 6.9　富水水库上游致洪暴雨过程日面雨量及占比分布(李兰 等,2017)

② 雨型分布

由于水文雨量站仅有日雨量资料,为了得到暴雨日逐小时雨型分布,李兰等(2017)利用 2006—2013 年富水上游 17 个气象站逐小时降水资料,用泰森多边形法求取面雨量,得到 17 个降水量大于等于 50 mm 的暴雨日(时间为世界时 00—00 时,即北京时 08—08 时),其逐小时雨量分布形态如图 6.10。雨型大致为偏态分布,暴雨日降水峰值区位于北京时 16 时左右。利用洪峰出现时间特点及暴雨时程特点,判定暴雨过程峰值出现后 4～24 h 出现洪峰,平均为 14 h。

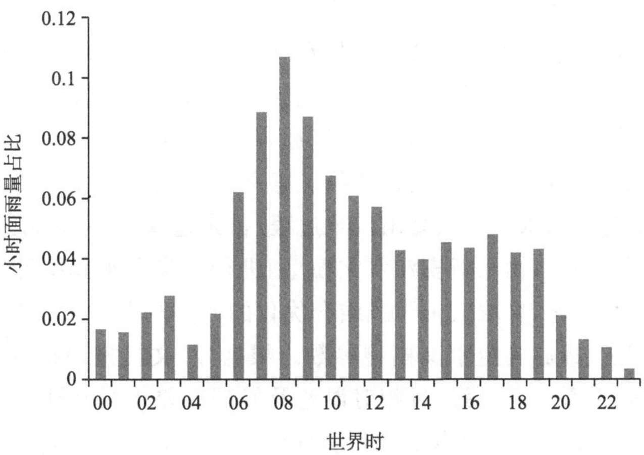

图 6.10　富水水库上游暴雨逐时形态分布(李兰 等,2017)

从富水水库特征水位(表 6.24)可见，多年平均库水位 51.87 m，汛限水位 55 m。对洪水过程及库水位的相关分析表明，正常发电时，从多年平均水位上升到汛限水位，需要至少两个洪水过程，或连续 2 d 面雨量达到暴雨以上级别、日数大于 4 d 的降水过程。2011 年 6 月 10—11 日的洪水过程使库水位从 51.47 m 涨到 54.02 m，2011 年 6 月 13—16 日的洪水过程才使水位上升到汛限水位以上，后一洪水过程的流量达 2167 m^3/s 时(6 月 14 日 22 时)，库水位达到 55.03 m。同时也说明，多年平均库水位下，一个暴雨过程对库水位的威胁不大。

表 6.24 富水水库特征水位(李兰 等,2017)

富水水库相关指数	特征水位/m
多年平均库水位	51.87
汛限水位	55.00
防洪高水位	58.60
历史最高水位	59.28(1969 年大坝闸门出险)
设计洪水位	62.06

(3)富水水库上游不同重现期致洪面雨量

致洪降水过程为 3 d 分布，故重现期的雨量过程以 3 d 为时长。李兰等(2017)选取 1983—2013 年每年一个最大的致洪降水过程资料建立序列，运用耿贝尔极值Ⅰ型分布法原理求得重现期面雨量(表 6.25)。

表 6.25 富水水库上游重现期致洪面雨量(李兰 等,2017)

重现期/a	2	5	10	20	30	50	100	1000
3 d 雨量/mm	128.1	190.6	232	271.7	294.5	323.1	361.6	488.8

(4)洪水过程模拟分析

在多年平均库水位(51.87 m)时，一个暴雨过程对水库威胁不大。汛限水位是水库在汛期的法定最高水位，是防洪时的起调水位。当水库到达汛限以后，洪涝风险才有可能发生，因此汛限水位设定为富水水库洪涝灾害风险的基础水位(55 m)。

李兰等(2017)采用水文模型来模拟极端降水条件下富水水库的洪水过程曲线，在此基础上开展富水流域暴雨洪涝风险分析。结合流域气候特点，选用三水源新安江水文模型来进行水文模拟，该模型采用蓄满产流与马斯京根汇流原理，有分单元、分水源、分汇流阶段的特点，其结构简单、参数较少，且各参数具有明确的物理意义，计算精度较高。

李兰等(2017)结合富水水库流域暴雨洪水过程，首先选取 30～40 场洪水过程开展水文模拟试验，将降水和流量等资料输入新安江水文模型，进行初步洪水模拟计算，将计算结果与实际水文站监测结果进行对比，采取人工干预结合优化的方法对水文参数进行修正，直到计算结果与实际监测结果相近，最后确定水文模型参数。根据《水文情报预报规范》(GB/T 22482—2008)采用模型过程效率系数、洪峰流量相对误差及峰现时差指标来评定所确定参数，并采用 2008—2011 年期间 7 场洪水过程对参数进行验证(表 6.26)，2011 年 6 月 9 日洪水模拟与实况对比见图 6.11。可见所率定的水文模型参数可用于洪水模拟试验。

表 6.26　富水水库 7 次洪水模拟过程参数验证(李兰 等,2017)

洪号	实测洪峰流量/(m^3/s)	模拟洪峰流量/(m^3/s)	洪峰相对误差/%	峰现时差/h	过程效率系数/%
20081105	2135	2125.7	0.46	0	85.6
20100304	1334	1375	3.09	1	77.8
20100412	1556	1558	0.13	0	90.5
20100419	1660	1731	4.30	2	88.6
20100519	1260	1203	4.52	0	82.6
20101012	1500	1215	19	3	71.6
20110609	2501	2521	0.79	1	83.5

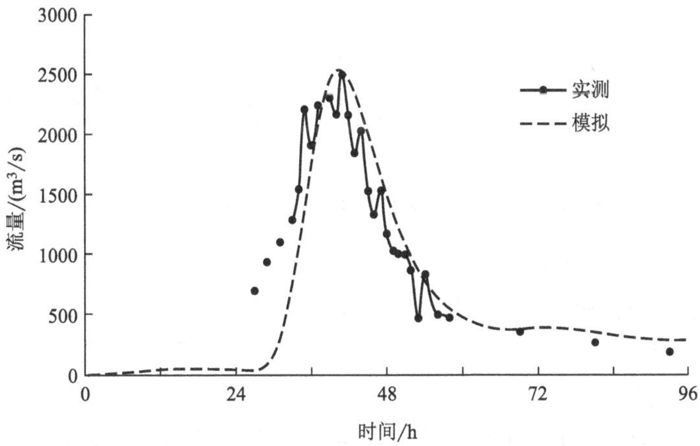

图 6.11　洪水过程(20110609)模拟与实况对比(李兰 等,2017)

(5)100 a 一遇致洪暴雨诱发洪水风险分析

李兰等(2017)根据富水流域上游重现期致洪面雨量计算结果,选取富水流域 100 a 一遇致洪面雨量 362 mm 模拟富水流域暴雨洪涝风险。降水时程采取图 6.10 的分布,其中暴雨日小时雨量采取图 6.10 所示的分布,非暴雨日采用均匀分布。由于水库在洪水期间具有调蓄功能,利用 1983—2013 年洪水过程各水位泄流数据,发电所用流量(通常情况下为 140 m^3/s),结合富水水库防洪抢险预案(收集到的个例资料不能涵盖所有水位,故高水位段排泄量参考应急预案),设定富水水库调蓄方案见表 6.27,降雨前库水位为洪涝风险的基础水位-汛限水位 55 m。

表 6.27　富水水库调蓄方案(李兰 等,2017)

水位(h)限制/m	排水量/(m^3/s)
$h \leq 57.5$	140
$57.5 < h \leq 57.8$	510
$57.8 < h \leq 58.4$	966
$58.4 < h \leq 59.7$	2000
$h > 59.7$	2440

图 6.12 中的流量曲线为富水水库 100 a 一遇强降水条件下的入库洪水过程线，5000 m^3/s 以上的流量维持 8 h，最大流量达 5685 m^3/s，超过 1969 年 7 月 17 日的最大流量(5211 m^3/s)，水位最高达 59.42 m，超过历史最高水位 59.28 m 达 9 h，可见，当富水上游出现百年一遇的致洪暴雨过程时，有洪涝灾害发生的风险。

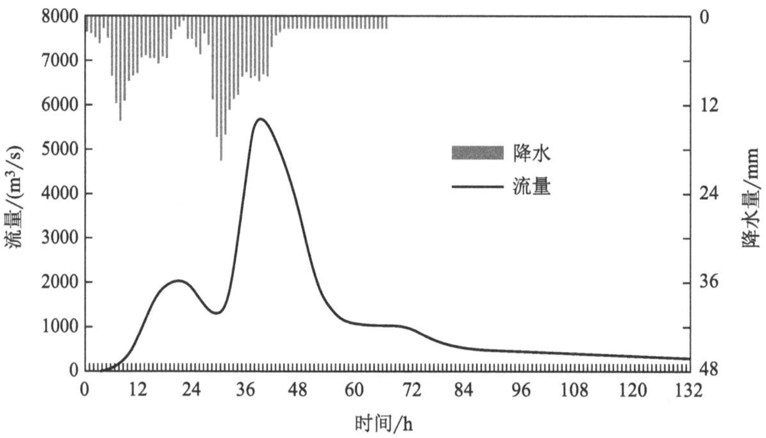

图 6.12　富水水库 100 a 一遇降水条件下洪水入库过程曲线(李兰 等,2017)

(6)富水流域溃堤风险情景模拟

极端降水洪水模拟试验表明：富水水库在 100 a 一遇降水条件(362 mm)下，库前水位可达到 59.41 m，超过历史最高水位 59.28 m，持续 9 h，并且可在防洪高水位 58.6 m 上维持 32 h，堤坝存在溃决风险。

坝体溃决后，洪水迅速向下游传播，如何获取溃口处的洪水过程是暴雨洪涝淹没模拟的重要基础条件之一。目前国内外溃坝最大流量计算的方法及经验公式很多，如波额流量法、波流与堰流相交法等。根据富水大坝工程情况及富水流域的洪水特征，采用部分溃坝的波流与堰流相交简化法模拟溃坝最大流量，具体公式如下：

$$Q_m = \frac{8}{27}\sqrt{g}\left(\frac{B}{b_m}\right)^{\frac{1}{4}} b_m (H_0)^{\frac{2}{3}} \tag{6.42}$$

式中，Q_m、g、b_m、H_0 分别表示堤坝溃决最大流量(m^3/s)、重力加速度(m/s^2)、坝长(m)、溃决水深(m)，B 为堤坝长度。

富水电站溃口坝前水深 26 m，堤坝长度 30 m，溃口宽度设为 6 m，由式(6.42)计算得到溃口最大流量为 67160 m^3/s。入流量 Q_0 忽略不计，将溃坝洪水过程概化无因次过程线。

将模拟溃堤洪水逐小时流量作为输入量，运用基于 GIS 的暴雨洪涝淹没模型中的溃坝模型对溃坝淹没过程进行模拟，该淹没模型在 2011—2015 年汛期进行了多次实例检验，广泛运用于洪涝灾害风险评估。计算富水水库下游的不同时刻的风险淹没情景如表 6.28，溃堤 48 h 后，风险淹没面积(0.2 m 以上)为 66×10^3 hm^2。

表 6.28　富水流域溃堤不同时刻淹没情景(李兰 等,2017)

淹没历时/h	1	6	12	24	48
淹没面积/10^3 hm^2	3.2	11.8	18.7	34	66

选择 1969 年 7 月 17 日水库闸门失事的灾情，与模拟溃堤风险情景进行比较。《富水水库志》42～43 页记载，因 1 号闸门失控，最大泄洪量达到 4000 m^3/s，致水库以下的富水、星潭、排市、率州、城关（已改名兴国镇）等地的沿河两岸农田房屋被淹，渍涝成灾，全县受灾面积约 23×10^3 hm^2，无收面积 16×10^3 hm^2，倒塌房屋 10156 间，毁坏塘堰堤垸等 561 处，死亡 20 人，伤 54 人（富水水库管理局，1992）。

为了检验风险情景图，将 1969 年 7 月闸门失事造成的受淹村镇作为灾情点按经纬度标识在风险淹没情景图上，从图上可见富水、星潭、排市、率州、兴国镇均处于淹没风险区。

由于灾情记录为农田受灾面积，而风险图表达的是洪水淹没区所有面积，为了进行比较，选用能获取的早期富水流域土地利用资料（1995 土地分类），可以看到阳新覆盖富水水库下游，北部地区虽有一区域未包含在流域内，但由于流域边界的阻挡，溃堤洪水不会越过流域边界进入该区域，对比淹没情景图及土地利用分类图（图略），在富水镇至排市镇的区域，风险淹没区域覆盖了沿河的全部耕地及河道两岸的部分其他用地，排市镇至兴国镇风险淹没区则基本覆盖的是耕地，所以风险淹没面积大于农田受灾面积。换算 1969 年 7 月 17 日闸门失事的农田受灾面积为 23×10^3 hm^2，小于设计大坝溃堤后 24～48 h 的淹没面积。同时，溃堤最大流量也远远大于闸门失事的最大流量，所以认为 100 a 一遇富水流域风险情景图基本合理。

6.7　城市内涝风险区划

城市内涝风险区划在城市规划，特别是排水管网的设计中具有重要的作用，越来越受到重视。城市内涝风险区划基本上都是使用城市内涝动力模型来做的，输入的降雨量来自城市暴雨强度公式。

6.7.1　城市内涝风险区划思路

首先确定城市 T 年一遇的降雨量和雨型。所有的城市都建有一个有长历史资料的气象站。如果城市地势平坦且降雨特征差异不大，根据邻域类比法可以选择这个气象站的降雨资料编制城市暴雨强度公式；如果城市地形地貌或降雨特征差异大，宜选择多个气象站编制不同的暴雨强度公式。中国使用的暴雨强度公式都来源于芝加哥暴雨强度公式：

$$q=\frac{167A_1(1+c\lg P)}{(t+b)^n} \tag{6.43}$$

式中：q 为降雨强度（mm/min），P 为重现期（a），取值范围为 0.25～100 a；t 为降雨历时（min）；A_1、b、c、n 是与地方暴雨特性有关且需求解的参数：A_1 为雨力参数，即重现期为 1 a 时的 1 min 设计降雨量（mm）；c 为雨力变动参数；b 为降雨历时修正参数，即对暴雨强度公式两边求对数后能使曲线化成直线所加的一个时间参数（min）；n 为暴雨衰减指数，与重现期有关。参数 b、c、n 可以用城市长历史资料气象站自记每分钟的降雨资料来确定。

（1）两种取样方法

年多个样法：从逐分钟雨量资料中每年选 5 min、10 min、15 min、20 min、30 min、45 min、60 min、90 min、120 min、150 min、180 min 共 11 个降雨历时的 8 个最大值作为原始数据，每个历时数据从大到小排序，将排序后的资料从大到小选取资料年数 4 倍的数据作为统计样本，其重现期采用 0.25 a、0.33 a、0.5 a、1 a、2 a、3 a、5 a、10 a、20 a、30 a、50 a、100 a 12 个期限。

年最大值法：从逐分钟雨量资料中每年选 5 min、10 min、15 min、20 min、30 min、45 min、60 min、90 min、120 min、150 min、180 min 共 11 个降雨历时的最大值作为统计样本，其重现期采用 1 a、2 a、3 a、5 a、10 a、20 a、30 a、50 a、100 a 9 个期限。

(2)暴雨强度概率分布的曲线拟合

暴雨强度概率分布的曲线一般采用皮尔逊Ⅲ型曲线、指数分布和耿贝尔分布进行拟合，可以得到不同历时降水重现期的变化曲线，计算降水强度 i、降水历时 t、重现期 P 三者的关系，即 i-t-P 三联表，作为理论样本。对不同曲线拟合的结果进行误差计算，得到 3 种曲线在不同重现期的平均绝对均方根误差 σ 和平均相对均方根误差 f。

$$\sigma=\sqrt{\frac{1}{N}\sum_{i=1}^{N}(x_i-x'_i)^2} \tag{6.44}$$

$$f=\frac{\sigma}{\overline{x}}$$

式中，N 为抽样的样本个数，x 为暴雨强度公式计算出来的雨量，x' 为 i-t-P 三联表中对应的降雨强度值，$\overline{x}$ 为 x 的平均值。

(3)暴雨强度公式计算

运用最小二乘法和高斯牛顿法，对皮尔逊Ⅲ型曲线、指数分布和耿贝尔分布曲线拟合的样本进行计算，得到暴雨强度公式，并利用式(6.44)计算其平均绝对均方根误差和平均相对均方根误差。将公式计算误差分析结果与曲线误差分析结果进行对比，在两种取样方法下，比较最小二乘法与高斯牛顿法的误差大小，取小值者为最优解。

首先，从最优解的暴雨强度公式得到该城市 T 年一遇的降水历时为 t 的降雨量。分析该城市降水历时为 t 的降雨随时间的分布的特点，确定暴雨的雨型。

其次，选用合适的城市内涝水文动力模型，用若干场城市内涝过程率定模型参数，使之符合水文手册的要求。

最后，把 T 年一遇的降雨量和设计雨型输入率定好的城市内涝动力模型，得到 T 年一遇的淹没范围和水深，在精细城市承灾体的数据库和承灾体脆弱性曲线库的支撑下，评估 T 年一遇的风险。

下面举两个例子，第一个例子只考虑一种短历时强降雨情景，第二个例子设计多种暴雨过程。大多数作者在做城市内涝风险区划时使用的水文动力模型都是 MIKE 系列模型。

6.7.2 武汉光谷中心城内涝风险区划

任智博等(2019)采用 MIKE 系列中的 MIKE URBAN 和 MIKE 21 模型，构建武汉光谷中心城雨洪模型，模拟了在 50 a 一遇的暴雨重现期下城市地面洪水演进、积水情况和排水管网的排水情况。

研究区域位于东湖高新技术开发区中部，北边为地势较高的森林公园，南面为综合保税区，西邻光谷三路，东接光谷生物医药园。核心区总面积为 23.5 km^2。研究区域处于江汉冲积平原与江南丘陵过渡地带，地貌类型为剥蚀堆积岗状平原，光谷中心城地面的高程范围为 24～45 m。

(1)数据资料

MIKE URBAN 的建模对象为地下雨水管网。在模型概化过程中，需要收集管网分布图，管道基本信息(尺寸、流向等)、检查井信息等。其中由于检查井的数量很多且收集到的资料较为分散,需检查和修正检查井信息。排水口为管网水体的出口,需在管网资料中找出排水口的位置。管段由检查井的分布来划分,需确定管段的起终点高程、管径和长度等。

(2)建立模型

任智博等(2019)利用 MIKE 系列软件中的 MIKE FLOOD 耦合计算 MIKE 21 和 MIKE URBAN 模型。其中 MIKE 21 是地表漫流模型,用来模拟雨水在地面的汇集演进情况;MIKE URBAN 模型主要用来模拟排水管网中水流流动情况。建模技术路线图如图 6.13 所示。

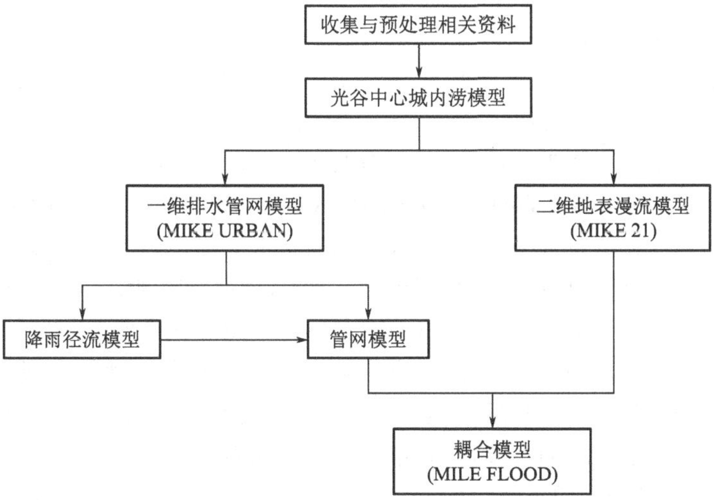

图 6.13　建模技术路线图(任智博 等,2019)

将中心城区检查井以及排水管道的基本空间数据及属性信息导入 MIKE URBAN 软件中,然后利用软件自带的工具对管网的拓扑关系进行检查。修正拓扑关系后,进行集水区的划分与连接。目的是使汇水区域内的降雨能够通过与之相连的集水点流入排水管网。

二维模型计算范围包括光谷中心城所在的东湖高新区的中部,考虑到降雨汇流面积以及排洪入湖的需要,本次计算范围较光谷中心城区域扩大,计算范围北起黄家村附近,南至豹澥湖,西起光谷一路,东至郑家附近。

对光谷中心城区进行网格剖分。研究区域的建筑和道路比较规则且考虑到模型运行的时间和效率等因素,网格剖分采用规则 20 m×20 m 的结构化矩形网格。

光谷中心城区由于水系被道路分割为不同片区,仅分布有零星水塘和沟渠,需要采用地面二维、地下管网耦合的模型进行降雨内涝的模拟。

在 MIKE FLOOD 环境下通过地下管网模型中的检查井与相应的二维模型中的计算网格连接使得 MIKE 21 和 MIKE URBAN 实现耦合计算。

降雨设置:采用武汉市短历时暴雨的强度公式,暴雨重现期为 50 a 一遇:

$$q=\frac{557(1+0.96\lg\lg P)}{(t+2.26)^{0.432}} \tag{6.45}$$

式中:q 设计暴雨强度$[L/(s\cdot hm^2)]$;P 为重现期(a);t 为降雨历时(min)。

地面糙率:依据土地下垫面的不同而赋予不同的地面糙率,在模型中糙率以曼宁值体现,在分析光谷中心城具体情况下,同时也参考了其他城市模型模拟的设置。

(3)模型验证

由于水文资料有限,目前关于光谷中心城的内涝资料为2016年6月底发生的特大暴雨灾情记录,可对模型的准确性进行分析。由灾情资料显示,在一周的暴雨期间,城区光谷六路在高新二路到高新三路的路段附近以及高新三、四路与光谷三、四路合围区域内涝比较严重。对比模型计算的最终结果,可以看出模型计算结果中的受灾区域与灾情状况基本吻合。在模型的计算结果中,有部分区域也面临一定的积水风险,而灾情资料中没有,主要是因为灾情资料调查的范围有限,信息来源不足。总体来说,模型计算的具有防涝风险的区域与实际情况基本吻合,模型可用于光谷中心城地区的防涝风险研究。

(4)50 a一遇暴雨洪水演进过程分析

任智博等(2019)根据《武汉市中心城区排水防涝规划》,武汉市的防涝目标为有效应对50 a一遇暴雨,所以对光谷中心城区在50 a一遇降雨条件下的洪水演进情况进行模拟(图略)。降雨6 h,在武钢公司附近区域,中心城东北部中国医药集团附近的低洼区域积水水深大于0.4 m,局部水深超过0.8 m,市区其他大部分区域淹没水深均小于0.01 m。降雨12 h,随着降雨强度增大,地面径流也进一步增加,各水系的积水范围扩大、水深加大,分别逐步汇入东湖和豹澥湖。市区低洼处等局部区域水深超过0.4 m,中心城其他区域地面积水超过0.15 m的范围不断扩大。降雨16 h,此时降雨强度达到最大值,地面积水尤为明显。市区地面大部分区域有积水现象,尤其在武钢公司附近,梅家村东侧附近积水明显,水深超过0.8 m,局部超过1.0 m,淹没范围也达到最大。其他各路段附近淹没水深超过0.3 m的面积增加。降雨24 h,随着降雨强度减小,排水系统的持续作用,市区大部分地面积水小于0.15 m,局部低洼区域如光谷十七小学南侧区域积水明显,超过0.8 m。局部地面低洼处积水仍有0.8 m以上的水深。豹子溪、新月溪、九峰溪水系及其附近水深超过0.8 m,局部超过1.0 m。

(5)洪涝风险图绘制

任智博等(2019)根据武汉市对城市内涝风险等级划分,市区地面积水小于0.15 m为一般积水,风险等级Ⅳ;积水深度大于0.15 m小于0.3 m且积水时间大于30 min,对城市正常交通造成影响,风险等级Ⅲ;积水深度大于0.3 m小于0.4 m,积水时间大于15 min,致使城市交通受到严重影响,风险等级Ⅱ;积水深度大于0.4 m,致使城市交通、基础设施和各类建筑物受到威胁,风险等级Ⅰ。城市内涝风险等级划分详情见表6.29。

表6.29 武汉市内涝风险等级划分(任智博 等,2019)

风险等级	划分依据		
	积水深度	积水时间	危险程度
Ⅰ	>0.4 m		城市交通、基础设施和各类建筑物受到威胁
Ⅱ	0.3~0.4 m	>15 min	城市交通受到严重影响
Ⅲ	0.15~0.3 m	>30 min	城市交通不便
Ⅳ	<0.15 m		一般积水

任智博等(2019)根据等级划分规则,绘制光谷中心城在50 a一遇降雨条件下对应的区域洪涝风险图,并根据光谷中心城的内涝资料对洪水风险图的准确性进行评估。根据2016年6月底发生的特大暴雨灾情记录中记载的易涝点位置和相应的受灾程度与洪水风险图中的受灾区域与风险等级基本吻合,洪水风险图可用于防涝分析研究。

对 50 a 一遇洪水风险图分析可知：大部分区域积水深度小于 0.15 m，多数路段洪水风险等级为Ⅳ。局部路段积水深度在 0.15～0.3 m，以国药控股湖北有限公司西北侧、泰然生物谷西北侧、中建科技产业园南侧为主，风险等级为Ⅲ。明志医学检验实验室西北侧、三里村东南侧等区域积水深度大于 0.3 m 小于 0.4 m，风险等级Ⅱ。都市环保武汉水务有限公司西北侧、朗诗地产东南侧、绿地国际理想城南侧等局部区域积水深度大于 0.4 m，风险等级为Ⅰ级。

(6)内涝原因分析

任智博等(2019)利用 MIKE 模型计算了 50 a 一遇降雨条件下光谷中心城的洪涝情况并绘制出洪水风险图，明确了面临较大防涝风险的区域，并对易涝点原因进行了分析。

① 光谷中心城从南向北地势逐渐降低，从模拟结果来看，地势较低的地方容易发生内涝且比较集中。雨水汇水在地势较低处容易聚集，无法顺畅排出，存在积涝风险。

② 城区目前正在开发建设阶段，城市化的进程南北差异明显，城区南部开发程度较大，北部以自然地貌为主。通过洪水风险图可以看出城区南部易涝点较多且较为分散。一方面是因为在城市建设过程中改变了下垫面，不仅使雨水无法渗入土地而且加快了雨水聚集的过程；另一方面城市在建设时期，相关的雨水排水措施不完善，没有足够的排水能力，导致局部地区面临着内涝的风险。

③ 目前光谷中心城有许多天然的小池塘，尤其在九峰溪和新月溪水系附近的区域，在降雨初期起到了储水的作用，但当降雨量变大，超过了池塘的储水能力，就会对周边区域产生淹水风险。

④ 管网建设问题。从管网计算结果可以看出，管道充满度基本小于 0.1，局部在 0.1～0.2。降雨 16 h 情况下大部分检查井未出现溢流，局部溢流在 1.0 m 以内，大致分布在碧桂园云玺附近的检查井，另外有极少数检查井溢流超过 1.0 m，主要集中在朗诗地产东南侧和保利国际理想城南侧附近。分析可知部分检查井溢流是因为管道管径较小，前期在设计雨水排水管道时低估了部分地区的排水量，管径较小使得过流能力不足，在发生暴雨时容易产生积水。

6.7.3　不同暴雨情景下城市内涝风险评估

以上案例都只设计了一种暴雨情景，它可能是引发城市内涝的主要暴雨过程，但是，实际引发城市内涝过程的肯定不会只有一种类型的暴雨过程。孟宪红(2019)设计了多种暴雨过程情景，评价了各种暴雨过程情景下城市内涝的风险。

(1)暴雨情景设计

孟宪红(2019)根据中华人民共和国住房和城乡建设部发布的国家标准《室外排水规范》(GBJ 14—87)中定义的暴雨强度公式，使用上海市区(徐家汇站 1949—2012 年)实测降水统计资料，采用年最大值法选样和耿贝尔频率分布曲线，通过最小二乘法拟合得到的研究区暴雨持续时间、暴雨重现期、暴雨强度公式为：

短历时($t=5\sim120$ min)：

$$i_p=\frac{8.8112+7.8717\lg T_e}{(t+6.1005)^{0.6453}} \tag{6.46}$$

长历时($t=180\sim1440$ min)：

$$i_p=\frac{8.9117+13.5855\lg T_e}{(t-9.3687)^{0.7185}} \tag{6.47}$$

式中,i_p 为设计暴雨强度,单位:mm/min;T_e 为暴雨重现期,单位:a;t 为暴雨持续时间,单位:min。

在不同重现期下,结合暴雨持续时间,设计暴雨强度和雨型,设计暴雨情景,模拟研究区暴雨内涝过程。将泊松雨型和正态雨型与暴雨、中雨、小雨三种暴雨强度相结合,利用暴雨强度公式,共设计 70 个暴雨情景并生成 70 个降雨文件用于老静安区暴雨内涝模拟和低影响开发(LID)效能评价(表 6.30)。

表 6.30　70 种暴雨设计情景(孟宪红,2019)

正态雨型		泊松雨型	
T_e/a	t/min	T_e/a	t/min
2 a	5、10、15、20、30、45、60	2 a	5、10、15、20、30、45、60
3 a	5、10、15、20、30、45、60	3 a	5、10、15、20、30、45、60
5 a	5、10、15、20、30、45、60	5 a	5、10、15、20、30、45、60
10 a	5、10、15、20、30、45、60	10 a	5、10、15、20、30、45、60
20 a	5、10、15、20、30、45、60	20 a	5、10、15、20、30、45、60

(2)动力模型的建立

孟宪红(2019)收集整理上海中心城区暴雨内涝相关数据,有城市排水管网、实测降雨量、城市 DEM 数据、城市土地利用的数据。利用 ArcGIS 预处理了建模所需要的相关数据,基于 MIKE 水文/水力软件构造了地表汇流、地下管网流、地表漫流共三个相互独立又可自由耦合的城市二维水动力模型。模型参数的选取主要参考野外实验观测、相似流域和下垫面条件下参数移植、MIKE 用户手册默认值、ArcGIS 相关文件等。通过输入降水数据,对研究区在不同暴雨情景下的地表积水过程进行模拟。结果表明,暴雨时地表汇流发生,径流峰值时间稍滞后于暴雨峰值时间,地下管流峰值时间稍滞后于径流峰值时间。当管网处于饱和状态地表漫流发生,基本符合城市环境下的水动力过程。

(3)研究成果

孟宪红(2019)通过研究取得如下成果。

① 探讨了雨量峰值位置的不同对城市暴雨地表积水过程的影响。单峰雨型对上海市的内涝影响较大,单峰暴雨中尤以暴雨前期集中型出现频次最高,而暴雨后期集中型较少。基于构建的二维水力模型,研究了泊松雨型和正态雨型下共 70 场暴雨事件的城市暴雨地表积水过程,分析了两种雨型下地表径流量峰值、地下管网流量峰值及地表积水过程发生时间的差异。结果表明,雨量峰值出现时间的不同影响地表汇流和地下管网流量过程,进而使得地表积水过程存在差异。相同暴雨重现期、暴雨历时下,当雨峰较早出现时,地表径流量峰值、地下管网流量峰值的出现时间也较早,地表径流量峰值、地下管网流量峰值的位置与其所对应的雨型雨量峰值位置一致。泊松雨型下管网排水压力较大,地表积水出现时间较早,内涝更为严重。

② 研究了现状土地利用和城市暴雨内涝时空分布规律。研究区整体地势较低,绿地和水域占比合计仅有 3.99%,地表透水性差,且绿地多与人行道同高或上凸地形,区域内主要道路地势较低。基于水文模型,分析了 70 场暴雨情景下研究区地表积水的时空变化特征。结果表明,泊松雨型的同一暴雨重现期下,随着暴雨持续时间的增加,积水深度增加,积水面积扩大;空间上从研究区中部地势低洼的主干道上扩散。同一暴雨持续时间下,随着暴雨重现期的增

加，积水深度增加，积水面积扩大，且积水严重的区域大多在城区主干道的两侧或者道路交叉口。正态雨型下，地表积水的深度和面积随时间的变化和空间分布与泊松雨型相似。

③ 定量分析了不同绿色屋顶方案降低城市暴雨内涝风险的差异，并选出最佳方案。结合研究区自然条件、低影响开发（LID）措施现状及 LID 的可行性，选择四种绿色屋顶方案，讨论对暴雨内涝的减轻效果。以两种雨型、降雨持续时间为 60 min 的暴雨事件为例，对叠加了绿色屋顶措施的地表积水过程进行模拟，与未叠加绿色屋顶措施的地表积水过程对比，评价四种方案在暴雨情景下缓解城市暴雨内涝风险的功能。结果表明，四种方案都能有效降低城市暴雨内涝风险，一般在暴雨强度较小时效能发挥较好。随着暴雨强度的增加，每种方案对地表径流量的削减幅度、地下管网排水压力的缓解、最大积水深度和积水面积的缩减呈显著性下降趋势，泊松雨型下的减缓效果相对较好。对各种水深区间和积水面积的减缓幅度，随着水深增加呈上升趋势，随着暴雨重现期的增加呈下降趋势。四种方案中，LID2（除坡屋顶之外的平屋顶随机抽取 50％的屋顶设为绿色屋顶，实际上绿色屋顶面积之和占总建筑面积的 26.83％）和 LID3（所有建筑随机抽取 50％的屋顶设为绿色屋顶，实际上绿色屋顶面积之和占总建筑面积的 50.49％）对积水深度和积水面积的减缓幅度较大且在各种暴雨情景下表现相对稳定。

6.8　风暴潮风险区划

风暴潮风险区划是因地制宜地制定防潮规划、潮灾风险管理、防灾减灾政策的重要依据。

风暴潮风险区划有静态淹没分析法和动态淹没分析法两种方法，前者获取历年验潮站月、年最大潮位资料（如果只研究台风风暴潮风险区划，只需要提取每年台风引发的风暴潮的最大潮位），对历年最大潮位时间序列进行概率密度函数检验，选择最适宜的概率密度函数（例如 Fisher Ⅰ型概率密度函数、皮尔逊Ⅲ型概率密度函数）计算 10 a、20 a、30 a、50 a、100 a、500 a、1000 a 一遇的风暴潮潮位。在 GIS 的支持下，计算 T 年一遇的风暴潮的可能淹没范围、淹没水深；在承灾体数据库和脆弱性曲线库的支持下，评估 T 年一遇的风暴潮灾害可能的直接经济损失。

动态淹没分析法综合考虑历史天气过程和当地天文高潮情况，利用建立好的风暴潮漫滩模型，配合当地天文高潮，计算不同等级天气系统影响下的陆地淹没范围和水深。也可以把 T 年一遇的风暴潮潮位作为边界条件，计算在 T 年一遇的边界条件下的陆地淹没范围和水深，最后评估各种财产的经济损失和综合经济损失以及受影响的人口。

当海塘工程发生重大变化时，应当重新研究风险区划。当承灾体的物理暴露和脆弱性发生重大变化时，应当重新评估风险。

6.8.1　静态淹没分析法

（1）沧州沿海风暴潮风险区划

沧州沿海风暴潮灾害风险区划是建立在大量的勘测、历史灾情分析和实地调查了解的基础上做出的。风险区划是基于 1∶50000 数字地图及补充勘测的基础上绘制的，但是由于精度有限，加之沧州沿海地区人为扰动因素大，河流、坑塘密布，实际地形异常，通过历史灾情资料再现，实际地形勘测，最大程度上还原真实潮水上涨的情况，然后分析评估风险区内的各行业损失情况，来确定一次风暴潮灾害带来的损失（章国材，2014）。

对黄骅港历年最高潮位时间序列,采用 Fisher Ⅰ型/Gumbel 概率密度函数计算,得到 T 年一遇的风暴潮高度。

4.66 m 是黄骅港警戒潮位暨两年一遇潮位,很少有灾害发生。下面仅给出沧州 50 a、100 a 一遇的潮位及淹水范围和风险。

① 50 a 一遇风暴潮,潮位 5.8 m

浪头已经开始越过海堤侵入内地,海堤作用正在丧失,沿海一线渔村,开始大范围进水,人员大量撤离,海水大量侵入内地 5～10 km,淹没虾池、盐田。海水沿河道上溯十多千米。航道被部分淤埋逐渐丧失航运功能。

预计受灾面积达到 700 多平方千米,渤海新区,部分大型工厂、电厂、开始遭受损失。经济损失接近 5 亿元。

② 100 a 一遇风暴潮,潮位为 6.0 m

海水越过海堤和海防公路大量涌入,深入堤内十余千米,淹没沿途盐田、虾池、村庄、工厂。房屋倒塌,人员流离失所。交通、电力中断。海水还带来大量泥沙淤积河道,造成极大经济损失。

(2)广东省沿海风暴潮风险区划

王喜娜(2016)用静态淹没分析法编制了广东省沿海风暴潮风险区划。与沧州沿海风暴潮风险区划不同的是,广东省大陆海岸线长达 4000 多千米,101 个验潮站,有些验潮站的实测潮位数据是基于该验潮站的水尺零点的,需要换算到珠江基面的高程起算面上,然后换算到 1984 年国家高程基准。这是因为 SRTM、ASTER、QDEM 等卫星影像产品高程是基于 WG84 高程系统,否则不能使用它们的影像产品制作的 DEM 进行淹没分析。

王喜娜(2016)对于有长期(>20 a)实测潮位年极大值序列的验潮站,采用耿贝尔分布拟合潮位频率曲线,计算 $T=10$ a,$T=20$ a,$T=50$ a,$T=100$ a,$T=200$ a,$T=500$ a 时的重现期潮位,作为各验潮站的重现期高潮位。以广东省 101 个验潮站的以上六种重现期的总潮位作为输入,采用克里金插值法,以广东省边界为处理范围,插值出不同重现期的海水面。然后将不同重现期的海水面与 DEM 高程相减,生成的结果图像中大于 0 的栅格为被淹没的区域,栅格的值表示淹没的深度;小于 0 的栅格表示未被淹没的区域。

由此可以得到 10 a、20 a、30 a、50 a、100 a 的淹没图,这里只给出广东省 100 a 一遇风暴潮淹没范围和深度的分布图(图略)。淹没深度分四个等级,可以看到广州南沙区、佛山顺德区、东莞市区和江口新会区是受风暴潮威胁最大的区域。当遭遇百年一遇的风暴潮时,这些区域的淹没深度可能达 1.8 m 以上。潮州、惠州、深圳、珠海、阳江、湛江沿海风暴潮灾害危险性较高。

广东省 100 a 一遇风暴潮 GDP 损失风险主要集中在广州市、佛山、东莞市和江门市,其中广州、佛山、东莞经济损失风险较高,每个 500 m×500 m 栅格上 GDP 损失最高可达约 1.39 万元,经济损失比较严重的地区还有湛江、阳江、珠海、惠州和潮州沿海。受风暴潮影响的人口同样主要集中在珠江三角洲,受影响人口风险较高的其他区域有湛江、阳江、珠海和潮州沿海。

6.8.2 动态淹没分析法

(1)黄骅市沿海风暴潮灾害风险区划

丁玉蓉等(2022)采用 ADCIRC 模型建立台风和温带风暴潮漫滩数值模型,评估不同工况条件下风暴潮灾害的危险性，同时结合承灾体脆弱性分析，开展风暴潮灾害风险评估和区划研究。

① 漫滩模型建立与检验

收集黄骅市历史风暴潮水文与气象观测资料、1∶10000 的基础地理数据提取的高程数据、沿海及其沿岸的地形数据(海堤、河流和河口、主要公路、养殖区和盐场)，利用 30 a 再分析气象场重构易对黄骅市造成风暴潮的台风和温带天气系统，对风场强度进行分级。

丁玉蓉等(2022)选用 ADCIRC 模型来构建台风和温带风暴潮漫滩数值模型，版本为 50.99。ADCIRC 模型是由美国北卡罗来纳大学海洋研究所联合多所大学共同研发的有限元海洋模型，具有高效、准确、守恒和自动捕捉间断流动等特点，不仅可用于模拟常规的河道和近海浅水流动，如天文潮、风暴潮、漫堤淹没等，还可以模拟涌潮、海啸和溃坝等特殊的水流现象。适用于海岸地区的平面二维水动力数值模拟，如海啸、天文潮和风暴潮等，可应用于水利工程设计及规划、复杂条件下的水流计算、治理规划和洪水风暴潮防灾减灾等。

由于台风和温带气旋在影响范围和强度上的不同特点，丁玉蓉等(2022)采用两种来源的风场来驱动风暴潮模型。台风在水平方向上风速相对变化较大，需要较高的分辨率来刻画台风风场变化，因此选用 Holland 台风风场模型来驱动台风风暴潮。温带气旋影响范围较大，往往还会出现温带气旋和冷高压共同作用的情况，风场需要反映计算区域内整体天气形势，因此选用过去 30 a 再分析风场来驱动温带风暴潮。

漫滩模型的计算区域范围是 117°—130°E、21°—41°N，包括渤海、黄海以及东海部分海域。高程数据为覆盖黄骅市的 1∶10000 的基础地理数据提取，该数据基于 85 高程，最高分辨率约 50 m。模式计算范围较大，分辨率很高，约有 75%的网格节点分布在风暴潮可能淹没的陆地区域，既消除了边界对计算结果的影响，又大大缩短了计算时间，整套高分辨率网格包括了 844190 个三角形单元，共计 426189 个节点。

黄骅市近海和外海的水深数据采用分辨率为 2′×2′的 ETOPO2 和 GEBCO 水深数据。海岸线和海堤数据参考历史数据，结合外业调查进行修正后综合确定。

② 天文潮及典型风暴潮模拟检验

丁玉蓉等(2022)采用精细化风暴潮数值模型模拟了 2019 年 8 月的潮位过程，模拟的站点分别为京唐港站、曹妃甸站、塘沽站和黄骅站。京唐港站模拟天文潮的平均绝对误差为 19.7 cm，曹妃甸站误差为 21.4 cm，塘沽站误差为 23.3 cm，黄骅站误差为 23.6 cm，模型模拟的天文潮与调和分析的结果相位重叠好，模拟潮位的误差合理。

采用精细化风暴潮数值模型，对产生重大风暴潮灾害的数次台风风暴潮过程(6005、7203、9711、0509、1410、1909)和温带风暴潮过程(20031011、20090213、20090415、20130320、20151107、20161022)进行了数值模拟。从模拟结果可以看出(表 6.31)，黄骅沿海高分辨率非结构网格的风暴潮模型可以较好地刻画风暴潮过程，所建立的风暴潮模式可靠。

表 6.31　黄骅站风暴潮计算值与实测值的误差统计分析表(丁玉蓉 等，2022)

过程编号	实测最大增水/cm	模拟最大增水/cm	绝对误差/cm	相对误差/%
9711	245	188.4	56.6	23.1
0509	134	107.5	26.5	19.8
1410	73	71.2	1.8	2.4

续表

过程编号	实测最大增水/cm	模拟最大增水/cm	绝对误差/cm	相对误差/%
1909	233	188.6	44.4	19.1
20031011	233	208.4	24.6	10.6
20090213	164	171.8	7.8	4.8

③ 风暴潮灾害风险区划

丁玉蓉等(2022)综合考虑历史天气过程和当地天文高潮情况,利用建立好的精细化风暴潮漫滩模型,配合当地天文高潮,计算不同等级天气系统影响下的陆地淹没水深和分布。

主要步骤包括:①台风等级的划分。取黄骅沿海 400 km 范围内历年经过本海区的台风最小中心气压值为进入该区域的热带气旋中心气压年极值序列,采用极值Ⅰ型分布计算千年一遇的台风中心气压值,作为该区域采用的最强台风气压值,根据台风中心气压和风速的关系,最终确定本次风险评估划定的台风等级和风速(表 6.32)。②温带天气系统的选取。以引起"0311"特大温带风暴潮灾害的天气形势作为黄骅市温带风暴潮风险分析的温带天气系统,在此基础上用风速作为不同级别天气系统划分的依据。选择 18 m/s、22 m/s、27 m/s、32 m/s 和 36 m/s 风速作为 5 档天气系统划分标准。③台风路径的确定。选取 1949 年以来登陆河北最强的 7203 号"Rita"台风路径为基础平移,每隔 0.25R(R 取 60 km)生成一条台风路径,从这些路径中寻找一条对黄骅市影响最为严重的路径。计算得出以 7203 号"Rita"台风原路径向南偏移 1.75R 的路径为最有利于黄骅市沿海风暴增水的台风路径。④天文潮的叠加。选取黄骅潮位站连续 19 a(2000—2018 年)月最高天文潮 10%超越概率高潮位作为天文潮位,用以叠加台风风暴潮情况。

丁玉蓉等(2022)利用 ADCIRC 模式进行风暴潮淹没计算,分别得到各类台风强度等级下可能的最大淹没深度与分布范围,并以此对风暴潮淹没开展危险性分析。依据淹没深度大小,将风暴潮灾害危险性划分为 4 个等级(表 6.33)

表 6.32 风暴潮风险评估台风等级划分标准(丁玉蓉 等,2022)

台风级别	一级	二级	三级	四极	五级
中心气压/hPa	955	965	975	985	995
风速/(m/s)	46	40	34	28	20
最大风速半径/km	50	55	60	70	80
重现期/a	1000	200～500	50～100	10～20	2～4

表 6.33 风暴潮危险性分级表(丁玉蓉 等,2022)

危险性等级	淹没水深/cm	影响实例
Ⅰ	[300,+∞)	需 2 楼以上避难
Ⅱ	[120～300)	人员伤亡增多
Ⅲ	[50～120)	行走困难,有人员伤亡
Ⅳ	[15～50)	有财产损失

丁玉蓉等(2022)在考虑风暴潮和近岸浪导致的海堤溃堤过程的基础上，通过数值模拟计算得出风暴潮最大淹没范围、淹没深度以及可能的海堤损毁情况(表 6.34)。

表 6.34　海堤损毁条件表(丁玉蓉 等,2022)

海堤损毁程度	损毁条件(单位:m,A 为设计潮位)
无损坏	实际潮位＜1.2×A,且实际爬高＜堤顶高程＋0.6
防浪墙损毁	1.2×A≤实际潮位＜1.6×A,且 0.6≤实际爬高＜堤顶高程＋1.5
海堤严重损毁	实际潮位≥1.6×A,且实际爬高≥堤顶高程＋1.5

(a)台风风暴潮风险区划

对于台风风暴潮过程，在 985 hPa 及以下强度的台风影响下，沿岸不会出现漫堤，海堤后方不会发生淹没。在 975 hPa 强度影响下，沿岸开始出现轻微漫堤，海堤后方发生小面积淹没，淹没水深不大，岐口—西高头以及后徐家堡—冯家堡一带海堤出现了轻微漫堤，堤后出现了小范围淹没，风暴潮危险等级大多在Ⅱ级以下。在 965 hPa 及以上强度台风影响下，海堤后方开始出现大面积淹没，淹没水深随着台风强度的增加而逐渐加大。在 955 hPa 强度台风影响下，黄骅沿岸最高潮位超过海堤堤顶高程 1～2 m，大量海水涌入堤后陆域，淹没面积和淹没水深较之前等级有明显扩大，沿岸海堤几乎都有可能出现严重损毁。堤后淹没深入内陆的距离自南向北逐步增加，淹没最远可达海新村—邢庄科村一带区域(表 6.35)。

表 6.35　一级台风强度(955 hPa)影响下淹没统计(丁玉蓉 等,2022)

淹没水深等级	淹没面积/km^2	主要区域
Ⅰ级危险＞3.0 m	81	黄骅市沿海海堤以外
Ⅱ级危险 1.2～3.0 m	449	管养场水库、南大港水库、闫家房子、小郭庄与海堤之间区域、黄骅港全域
Ⅲ级危险 0.5～1.2 m	22	管养场水库向西至兴港路、搬倒井村、小司庄村至刑庄科村、小郭庄村、中疏港路至铁路等
Ⅳ级危险＜0.5 m	77	向西淹没区域

黄骅市风险区面积随台风强度的增大而增大，在 995 hPa、985 hPa、975 hPa、965 hPa、965 hPa(溃堤)、955 hPa 和 955hPa(溃堤)7 种情况下，黄骅市风险区面积分别为 36.58 km^2、62.29 km^2、139.11 km^2、491.80 km^2、573.47 km^2、843.79 km^2和 879.02 km^2。

在风险级别方面，995 hPa、985 hPa 和 975 hPa 下风险等级主要为Ⅲ级；965 hPa 和 965 hPa(溃堤)情况下，Ⅰ、Ⅱ、Ⅲ、Ⅳ级面积相当；955 hPa 和 955 hPa(溃堤)情况下，Ⅰ级和Ⅲ级面积较大。受台风风暴潮影响的区域包括黄骅港、新村回族乡、南排河镇、羊三木回族乡、南大港农场、中捷友谊农场和吕桥镇。

(b)温带风暴潮风险区划

丁玉蓉等(2022)温带风暴潮和台风风暴潮危险性评估使用同一套网格，采用中尺度模式的再分析风场驱动模型。在 22 m/s 及以下强度温带天气过程影响下，沿岸不会出现漫堤，海堤后方不会发生淹没。在 27 m/s 强度温带天气过程影响下，沿岸开始出现轻微漫堤，漫堤主要集中在北部的岐口—西高头；南部冯家堡一带堤后陆域出现小面积淹没，淹没水深不大，风暴潮危险等级基本都在Ⅲ级以下。在风速 18 m/s、22 m/s 和 27 m/s 强度温带天气过程影响时，考虑海堤的溃决作用与不考虑海堤溃决情况一致，淹没区域没有变化。当风速达到 32 m/s

和 36 m/s 时，海堤后方都会出现大范围的淹没，大部分风暴潮危险等级为Ⅱ级，黄骅港区完全被淹没，风暴潮危险等级达到Ⅱ级以上，风暴潮危险性等级较高。在风速 36 m/s 情况下，堤后危险性Ⅰ级的区域相应增大，淹没水深随着台风强度的增加而逐渐加大，北部的淹没范围达到了高口村—方庄村一带，南部的淹没范围达到了前苗村—东辛庄村一带，淹没深度在 1.2～3.0 m 之间(表 6.36)。

表 6.36　12 级(36 m/s)温带天气系统强度影响下淹没统计(丁玉蓉 等,2022)

淹没水深等级	淹没面积/km^2	主要区域
Ⅰ级危险＞3.0 m	166	黄骅市沿海海堤以外黄骅市沿海海堤以外及靠近海堤的村、黄骅部分区域
Ⅱ级危险 1.2～3.0 m	652	虎狼庄村、孔家庄村、王肖庄村、六里灶村、刑庄科村、海丰村与海堤之间区域、黄骅港区域
Ⅲ级危险 0.5～1.2 m	214	周青庄村、十里河村、刘官庄村、大郭庄村、大左庄村周围区域
Ⅳ级危险＜0.5 m	114	向西淹没区域

温带风暴潮风险区面积随温带天气系统风速的增大而增大，18 m/s、22 m/s、27 m/s、32 m/s、32 m/s(溃堤)、36 m/s 和 36 m/s(溃堤)7 种情况对应的风险区面积分别为 42.69 km^2、57.09 km^2、102.25 km^2、644.74km^2、699.89 km^2、1153.59 km^2 和 1184.54 km^2。

32 m/s 和 32 m/s(溃堤)天气系统情况下，Ⅰ～Ⅲ级风险区面积相当，Ⅳ级风险区面积最大。36 m/s 和 36 m/s(溃堤)天气系统情况下，Ⅲ级风险区面积最大，Ⅰ级次之，Ⅱ级最小。受温带风暴潮影响的乡镇与台风风暴潮一致。

对比台风风暴潮和温带风暴潮风险评估结果可见，温带风暴潮灾害风险区面积比台风风暴潮大。对于最严重的台风风暴潮，黄骅市的风险区面积为 879.02 km^2，而最严重的温带风暴潮的风险区面积为 1184.54 km^2。南排河镇和新村回族乡两种风暴潮灾害造成的风险区面积相当，然而对于其他临海或近海乡镇，如旧城镇、南大港农场、中捷友谊农场和羊三木回族乡，温带风暴潮造成的风险性灾害面积均大于台风风暴潮。

丁玉蓉等(2022)风暴潮灾害风险区划以社区(村)评估结果为依据，当同一个社区(村)分布有两个风险等级时，取高风险等级；评估单元大部分有淹没时，按照评估等级划定风险等级；评估单元有零星淹没且等级较低的，可不划定风险等级。据此，本文最终形成黄骅市风暴潮灾害风险区划(表 6.37)。

表 6.37　黄骅市沿海社区(村)风暴潮灾害风险区划(丁玉蓉 等,2022)

风险等级	乡镇数	发布区域
Ⅰ级	32	南排河镇：大辛堡村、东高头村、关家堡村、海丰村、后范村、后唐村、后徐村、季家堡村、贾家堡村、李家 堡村、刘家堡村、歧口村、前唐村、前徐村、沈家堡村、苏东村、小辛堡村、辛立灶村、张巨河村、赵家堡村 南大港农场：盐场 新村回族乡：冯家堡村、新村、沿海区 羊二庄回族乡：大孙庄村、沧盐集团、刘洪博村、黄骅市盐场、羊二庄镇、渔沟村 中捷友谊农场：大丰庄村、中捷石化集团、中捷盐场

续表

风险等级	乡镇数	发布区域
Ⅱ级	1	羊二庄回族乡:齐庄村
Ⅲ级	19	南大港农场:八大队、第二虾场、二队、管理区、红海村、南大港湿地、三大队、三队、尚庄大队、五大队 中捷友谊农场:沧州临港海辰水产养殖有限公司、刘官庄村、十队、七队村、总场部
Ⅳ级	24	黄骅镇:后苗村、沈庄村 吕桥镇:大王庄村、高口村、河北村、孙正庄村、王大本村、郑口村 南大港农场:小辛庄大队 齐家务乡:杨官庄村 羊二庄回族乡:八里庄村、大左庄村、东辛庄村、海丰镇村、后街村、马庄村 羊三木回族乡:刘皮庄村、三虎庄村、羊四村、羊一村 中捷友谊农场:大郭庄村、六里灶村、唐洼村、十八队

(2)天津市滨海新区风暴潮风险区划

段丽瑶等(2013)研究了 T 年一遇的风暴潮与强降雨叠加的情景下,沿海城市淹没的风险。他们采用耿贝尔分布的推算结果,得到天津沿海地区 10 a、20 a、30 a、50 a、100 a 一遇的重现期潮位分别为 528 cm、543 cm、552 cm、563 cm、577 cm。对重现期风暴潮淹没情景的模拟设计了 2 个试验方案。方案 1:只用重现期潮位作为模型的边界条件;方案 2:用重现期潮位和 2012 年 7 月 25—26 日的暴雨作为模型的边界条件。2012 年 7 月 25—26 日的大暴雨为天津沿海地区近 30 a 来出现的最强降水。

不同重现期潮位变化曲线选取历史上出现过的与不同重现期潮位相同或者接近的风暴潮个例的潮位逐小时变化曲线作为重现期潮位变化曲线,并将相似年份的潮位订正到重现期相同的潮位。

两个方案计算出的滨海新区最大积水水深度详见表 6.38。

表 6.38　不同重现期风暴潮潮位淹没模拟情况对比(段丽瑶 等,2013)

重现期	最高潮位/m	试验方案	积水面积/km^2	最大积水/m	积水等级			
					0.1～0.25 m	0.25～0.5 m	0.5～0.8 m	>0.8 m
					积水面积/km^2			
10 a 一遇	5.28	潮位	51.031	1.12	5.4929	12.3979	4.6737	4.1317
		潮位+降水	1061.6387	3.169	244.7496	178.5794	81.7436	84.6415
20 a 一遇	5.43	潮位	81.4289	1.278	25.6737	19.1063	10.8664	5.7042
		潮位+降水	1071.8351	3.16	259.5931	175.2295	89.7106	85.2327
50 a 一遇	5.63	潮位	168.4578	1.473	26.9411	48.2748	33.8946	20.5874
		潮位+降水	1122.9284	3.168	258.0919	203.5245	110.5780	99.9378
100 a 一遇	5.77	潮位	218.0223	1.615	41.7609	52.8539	48.4572	33.8343
		潮位+降水	1156.3944	3.176	265.725	211.0544	127.4281	117.1301

6.8.3　上海市金山区台风风暴潮风险区划

郭豪爽等(2020)基于 ADCIRC 模式建立了上海金山地区高分辨率风暴潮数值模型,模拟分析了 5 种不同强度台风下金山区最大可能淹没与危险性。

金山区位于上海市西南部，南临杭州湾，北与青浦区和松江区相连，东与奉贤区接壤，西与浙江省平湖市、嘉善县为邻。全区地势低平，东南略高，西北偏低，大部分区域地面高程在 1.5～3.5 m，全区总面积 611.55 km^2。全区海堤总长为 23.368 km，其中公用海塘长 4.31 km，石化企业专用海塘长 10.109 km，上海化工区专用海塘长 8.949 km，防御等级均为 100 a 一遇或以上的海潮。

(1)资料

金山区附近海域采用中国人民解放军海军司令部航海保证部 2012 年出版的海图岸线和水深数据，外海地形水深来自美国国家海洋大气管理局(NOAA)地球物理数据中心(NGDC)发布的 ETOP1′×1′的水深数据。金山区海堤高程为 2016 年上海市海洋局实测数据，陆地高程、土地利用现状和承灾体数据来源于国土部门，社会经济资料主要来源于《2016 年上海市金山区统计年鉴》。台风资料取自中国气象局(CMA)的热带气旋最佳路径数据集。

(2)风暴潮数值模拟

① 模型设置

计算网格范围为 115°—134°E，16°—41°N。整个计算区域共有 59358 个网格节点及 113592 个三角单元，杭州湾和上海金山的网格精度较高，在沿岸海堤处进行重点局部加密，金山沿岸网格最高分辨率约为 100 m。模型提前 48 h 起算，时间步长设为 0.5 s，初始流速场和初始水位场均设为 0，外海潮位开边界考虑了 13 个主要分潮(M_2、S_2、N_2、K_2、K_1、O_1、P_1、Q_1、$2N_2$、M_4、M_f、M_m、S_1)，采用藤田-高桥(Fujita-Takahashi)圆对称风场模型计算台风气压场和风场(高钦钦 等，2012)。

② 模型验证

郭豪爽等(2020)选取历史上给上海带来严重影响的 5612 号和 9711 号台风风暴潮做模拟验证(图略)。结果显示，模型可以较准确地模拟台风风暴潮期间水位和增水在杭州湾地区的变化。

(3)不同等级台风构造

郭豪爽等(2020)选取 1949—2016 年间进入上海市金山区沿海半径 300 km 范围内台风中心最低气压，采用皮尔逊Ⅲ型分布计算出 100 a 一遇台风中心气压为 920 hPa，按照气压逐级升高的原则，形成了 4 个台风等级，在此基础上设计了一个更严重的情况，将台风等级划分为 5 个等级(表 6.39)，台风近中心最大风速半径和最大风速采用 Atkinson 等(1997)和江志辉等(2008)的经验公式计算得到。

表 6.39 不同等级台风强度(郭豪爽 等，2020)

台风等级	一级	二级	三级	四级	五级
中心气压/hPa	950	940	930	920	910
最大风速半径/km	41	37	33	30	27
最大风速/(m/s)	48	53	58	63	67

选用历史上增水最大的 5612 号台风路径作为典型台风路径，将其向北平移至杭州湾地区，并以此向两侧平移 0.5 R(R 为台风最大风速半径)，形成覆盖整个杭湾地区的 13 条平移路径。采用将最大增水叠加在天文潮高潮位上来计算最高潮位，模拟 5 种不同强度台风下金

山区最大可能淹没范围及水深。

(4)风暴潮风险评估

郭豪爽等(2020)根据淹没水深将风暴潮危险性划分为四个等级(表 6.40)。

表 6.40　风暴潮危险性等级划分标准(郭豪爽 等,2020)

等级	低	中	较高	高
水深/m	(0,0.5]	(0.5,1.2]	(1.2,3]	(3,+∞)

当台风中心气压以 950 hPa 和 940 hPa 登陆时,乍浦站的最大增水分别为 321 cm 和 387 cm,金山区无风暴潮灾害。其余等级台风登陆时,金山各镇淹没情况见表 6.41。

表 6.41　金山区各镇的淹没面积(单位:km^2)和最大淹没水深(单位:m)(郭豪爽 等,2020)

台风等级	930 hPa		920 hPa		910 hPa	
	淹没面积	最大水深	淹没面积	最大水深	淹没面积	最大水深
石化街道	1.80	0.34	17.13	2.75	18.92	3.99
山阳镇	32.51	0.99	42.48	3.76	42.56	4.37
漕泾镇	20.33	0.71	36.18	1.21	41.23	2.34
金山卫镇	3.48	0.44	38.92	1.49	54.75	2.37
张堰镇	9.68	0.44	33.17	1.14	34.92	1.53
亭林镇	17.11	0.48	109.19	1.07	12.41	1.36
吕巷镇	7.38	0.43	29.56	0.76	55.47	1.01
廊下镇	—	—	16.21	0.63	46.37	0.90
朱泾镇	—	—	20.77	0.83	65.40	1.10
枫泾镇	—	—	—	—	2.62	0.95
合计	92.29	—	343.61	—	482.65	—

当台风中心气压以 930 hPa 叠加天文高潮登陆时,乍浦站的最大增水为 441 cm,金山区淹没总面积为 92.29 km^2,淹没水深小于 1 m,风暴潮危险性较低,以中低等级为主,中危险等级主要集中在山阳镇。当 920 hPa 级别台风叠加天文高潮登陆时,乍浦站的最大增水为 509 cm,淹没面积为 343.61 km^2,最大淹没水深为 3.76 m,海水大面积漫过山阳镇公用海塘段海堤,由于金山区南高北低,地面高程在 2 m 左右,长时间漫堤过程导致金山区几乎全面被淹,而沪杭公路和主备塘等二道防线的存在阻挡了海水向漕泾镇上海化学工业区的流动,在一定程度上减轻了金山区的淹没程度;较高危险等级主要集中在山阳镇和石化街道,除枫泾镇无危险性外,其余各镇危险性以中低等级为主;当 910 hPa 强度台风叠加天文高潮袭击金山时,乍浦站的最大增水为 558 cm,部分海堤段发生局部越浪,淹没范围进一步扩大,达到 482.65 km^2,最大淹没水深为 4.37 m,淹没程度加重,灾害危险将进一步增加。

6.9　大风灾害风险区划

大风灾害风险区划工作至今仍然很薄弱,除了少量的专项大风灾害风险评估,例如 6.3.4 节提到的核电站选址大风灾害风险评估之外,至今还没有区域(全国或省)大风灾害风险区划。

由于台风、龙卷、飑线、气旋等都可以产生灾难性大风,它们形成大风的机理各不相同,所以目前还没有基于机理的动力模型可用于大风灾害风险区划,都是用统计分析法来做大风灾害风险区划的。

6.9.1 台风灾害风险区划问题

有些人在做台风灾害风险区划,用的方法就是我们在 6.2.6 小节中批判的线性模型。那么,可不可以做台风灾害风险区划呢?

台风灾害风险区划除了 6.3.6 节指出的问题外,还有自身的一个特殊问题。台风的致灾因子有暴雨、大风和风暴潮,其致灾机理是完全不同的。笔者在本书 4.4.1(4)中讨论浙江省致灾因子综合强度评估指标中,以县为单位,选取 2004—2007 年有财产损失的台风个例 257 个,摘录相应气象站的过程雨量和过程最大风力资料,进行典型相关分析,用以确定在财产损失中,大风与暴雨的影响力(即典型变量系数)。将上述两种相应典型变量系数进行综合,得出暴雨权重系数为 0.6722,大风权重系数为 0.6639。余瀚等(2023)在综合致灾因子强度计算中,参考实地调研中走访当地财产保险公司所获取的台风灾害保险业务的理赔案例及经验,结合历史灾情数据分析设定台风大风、降雨综合权重分别为 0.2 和 0.8。这种做法在台风风险评估中尚有可取之处,但用于风险区划就有问题了。这是因为每一个台风,其风、雨的分布是完全不同的,所以对于一个研究的区域,历年台风最大风速系列的概率与历年最大台风暴雨系列的概率是完全不同的。历年致灾因子综合强度系列的概率并不是真实存在的。所以,台风灾害风险区划是做不出来的。

所以,我们只能做台风大风灾害风险区划、台风暴雨灾害风险区划和台风引发的风暴潮灾害风险区划,而不能做台风灾害风险区划。

6.9.2 河北省日光温室大风灾害风险区划

李婷等(2020)研究了河北省日光温室大风灾害风险区划。

(1)资料与方法

① 资料

(a)气象数据。河北省 142 个国家地面气象站(1984—2016 年)和 602 个区域地面气象站(2014—2016 年)的逐日观测资料,观测指标为日最大风速和日极大风速,取自河北省气象局。地理信息数据取自河北省地理信息局。

(b)承灾体数据。河北省 2015 年各县域日光温室种植面积,取自河北省农业厅。根据河北省地方标准,日光温室是跨度大于 6 m,中高大于 2 m 的利用太阳辐射增温,有后墙、山墙和后坡,前屋面硬盖透明覆盖物和保温覆盖物的栽培设施。

② 研究方法

李婷等(2020)选取日极大风速作为大风灾害强度指标。由于区域气象站日极大风速观测时间较短,因而建立区域气象站与国家气象站最大风速与极大风速的回归方程,通过高低异常值检验、空间异常值检验、时间一致性检查等数据质量控制,最终选择反演效果较好的区域站 385 个,由此延长区域气象站日极大风速长时间序列数据。利用极值概率分布模式,构建了河北省大风风速超越概率风险分布图,利用他们构建的大风风速-日光温室损失率脆弱性曲线,见 4.4.1 节(2),对不同重现期河北省大风灾害日光温室受损风险进行定量评估。

(2)大风致灾危险性区划

李婷等(2020)提取每个站点 1984—2019 年日极大风速年极值，运用韦伯分布、伽马分布、耿布尔分布等不同分布函数对 AM 序列进行拟合，以 AIC 指数选择最优分布函数，计算得到各站点不同重现期的极大风速，利用 ArcGIS10.5 软件选择反距离权重插值法，得到不同重现期致灾因子危险性分布图。随着重现期的增大，极大风速的致灾强度逐渐增加，影响范围也在扩大。风灾高危险区主要分布在河北省东南部、承德东北部以及西北边缘地区。其中，东南部地区的风灾危险性最高，主要位于沧州东部、衡水北部和邯郸东部；东北部地区的危险性次之，以承德中北部为主；西北部地区以张家口西部和保定中西部为主。5 a 一遇极大风速致灾强度的高值区位于太行山以东的衡水北部和邯郸东部地区，零星分布有 28.5 m/s(11 级)以上的大风。10 a 一遇全省大部分地区的极大风速强度已超过 20.8 m/s，风力在 9 级及以上。从 30 a、50 a 到百年一遇，风力和高值区域进一步增大，承德中北部、张家口西部、保定以南的风速在 24.5 m/s(10 级)以上，其中东南部的平原城市风速已超过 32.6 m/s，达到 12 级大风水平。

李婷等(2020)根据国家标准《建筑结构荷载规范》的规定，基本风压采用重现期为 50 a 一遇日最大风速计算得到。其空间分布情况与河北省的地形地貌趋于一致，在太行山脉以东-燕山山脉以南的平原地区和冀西北的张家口高原地区，是基本风压的高值区，在 0.22 kN/m^2 以上。张家口的康保、尚义和蔚县，廊坊的霸州、永清和安次，石家庄无极、辛集，衡水深州和安平，保定市区以及沧州海兴县，建筑结构设计应满足基本风压在 0.3 kN/m^2 以上，最高值出现在张家口蔚县，达 1.1 kN/m^2。研究得到的大风致灾高危险区分布在东南部、东北部和西北部。由于东南部的平原地区地势低平，地表的阻挡物(如山地、丘陵等)较少，为风的流动和发展提供了空间，风力作用更强，其中衡水北部和邯郸东部的风速最大，超过 32.6 m/s，达到 12 级水平。基本风压的分布与地形呈现一致，西北高原和东南平原区较高，对于坝上高原，其下垫面广阔而单一，有利于气压中心的形成，易与周边产生较大的气压差，冷热不均导致风力较大。而太行-燕山山区，由于山的阻挡，气流阻力大，其风速和风压值均较小。

(3)日光温室超越概率风险

河北省日光温室在冀北的张家口使用较少，使用密集区主要分布在东北部的承德、唐山、秦皇岛，面积在 2000 hm^2 以上。日光温室受损风险总体呈现西北低东南高的趋势。随着重现期的增加，损失范围逐渐扩大，损失值有所增加。重现期为 5 a 和 10 a 一遇，唐山西部、廊坊北部、保定中部、衡水北部和邯郸东部的温室损失风险相对较高，其他地区的地均损失在 10 万元/km^2 以下。承德中部和唐山东部以及邢台东部遭遇 30 a 一遇的风险有所增加，损失值达 30 万元/km^2 以上。到 50 a 和 100 a 一遇时，高风险区域分布在唐山-秦皇岛交界、唐山西部、廊坊以及太行山以东、沿海以西的中南部地区，损失超过 50 万元/km^2。

6.9.3　江苏北部沿海风电场大风灾害风险区划

杨梦兮等(2014)对江苏北部沿海风电场进行了大风灾害风险评估和区划。

(1)资料来源

所用资料包括：江苏北部沿海地区赣榆站、新浦站、西连岛站、东海站、灌云站、燕尾港站、灌南站、射阳站、大丰站 9 个国家基本气象站 1951—2011 年 10 m 高度测风资料。

(2)江苏北部沿海风电场 50 a 一遇最大风速

风电场工程设计通常要考虑当地的极端大风事件，即考虑风机对极端大风造成强风压的抵抗能力,防止其损坏及保障周围公共安全。50 a 一遇最大风速(10 min 平均风速)和极大风速(3 s 平均风速)是判别风电场安全等级的主要指标,杨梦兮等(2014)综合考虑我国风能年际变化特点及评估资料均一性原则,利用江苏北部沿海地区 9 个国家基本气象站 30 a 以上气象资料计算各站 10 m 高度处 50 a 一遇最大风速。风速的年最大值 z 采用极值 I 型的概率分布,经计算,江苏北部沿海地区 10 m 高度 50 a 一遇最大风速为 18.4～29.0 m/s,射阳站最小,西连岛站最大。

(3)江苏北部沿海风电场大风灾害风险评估

杨梦兮等(2014)利用江苏沿海地区风切变指数 α(平均取 0.15)推算出风电场轮毂高度(70 m)处 50 a 一遇最大风速。

$$V_2 = v_1 \left(\frac{z_2}{z_1}\right)^{\alpha} \tag{6.48}$$

式中,V_2 为高度 z_2 处的风速,v_1 为高度 z_1 处的风速,α 为风切变指数。

根据国际风电机组设计标准,由平均阵风系数(一般取 1.4),目前我国风能资源评估中也多采用这样的阵风系数推算出各站 70 m 高度处 50 a 一遇极大风速。计算结果见表 6.42。

表 6.42 江苏北部沿海地区风电场轮毂高度 50 a 一遇最大风速和极大风速(杨梦兮 等,2014)

地区分类	站名	70 m 高度最大风速/m/s	70 m 高度极大风速/m/s
内陆	东海站	27.1	38.0
	新浦站	25.3	35.4
	赣榆站	26.5	37.1
	灌云站	25.8	36.1
	灌南站	26.2	36.7
	射阳站	24.7	34.6
	大丰站	25.6	35.8
沿海岸带	燕尾港站	36.6	51.2
近海	西连岛站	38.9	54.4

杨梦兮等(2014)经计算发现江苏北部沿海岸带及其内陆地区,其 50 a 一遇最大风速和极大风速符合国家Ⅲ型风机安全运行标准,而其近海则应选择抗风等级更高的Ⅱ型风机(表 6.43),但总体而言抗风等级较浙江、福建、广东等省低。

表 6.43 国家风力发电机安全运行等级(杨梦兮 等,2014)

项目	安全等级		
	Ⅰ	Ⅱ	Ⅲ
风速/(m/s)	<50.0	<42.5	<37.5
最大风速*/(m/s)	<70	<59.5	<52.5

注:* 表示与最大风速对应的极大风速。

6.10 冰雹灾害风险区划

冰雹灾害风险区划是风险区划的薄弱环节之一,一些省做了一些有意义的探索。目前冰雹风险区划只有统计分析法可用。

6.10.1　冰雹精细化危险性区划

尹丽云等(2022)对云南省精细化冰雹灾害危险性区划进行了分析研究。

(1)资料和方法

利用 2009—2021 年云南省 966 个防雹作业点和 125 个气象观测站收集到的 3001 条冰雹记录,包含具体降雹受灾地点(冰雹落点乡、镇或街道、村的经纬度)、发生时间(精确到时、分)、持续时间、受灾面积、经济损失等详细记录。

尹丽云等(2022)使用 ArcGIS 软件将所有冰雹数据投影到 Xian 1980 3 Degree GK Zone 35 坐标下,形成冰雹数据矢量文件的属性数据,然后将冰雹信息叠加到地形数据表形成冰雹字段,生成网格化冰雹矢量文件属性数据层。统计分析时,样本需要服从正态分布或近似正态分布,利用 SPSS 制作以县为最小行政单元的冰雹频数概率 PP 图,结果显示,以 125 个气象站点统计的冰雹频数符合正态分布。

尹丽云等(2022)根据 1∶250000 全国 DEM 资料提取云南省区域数字地形图,投影到 Xian 1980 3 Degree GK Zone35 坐标(本文中所有图像均投影到此坐标)。在 DEM 基础上利用 GIS 平台直接提取经纬度、海拔信息。坡度、坡向、地形起伏度和地形切割深度等微观地形因子的计算方法如下。

① 坡度和坡向

坡度计算采用简化差分公式,计算公式为:

$$S_1 = \frac{180^\circ}{\pi}\arctan\left(\sqrt{(f_x^2 + f^y)}\right) \tag{6.49}$$

式中,S_1 是地形坡度(°),f_x 是水平方向海拔高度变化率,f_y 是垂直方向海拔高度变化率。

坡向是地表面上任意一点切平面的法线矢量在水平面的投影与过该点正北方向的夹角,计算公式为:

$$P = \arctan\left(\frac{f_x}{f_y}\right) \tag{6.50}$$

规定正北方为 0°,顺时针将 360°分为 8 个坡向,0°～45°为 N—NE 坡向,46°～90°为 NE—E,91°～135°为 E—SE,136°～180°为 SE—S,181°～225°为 S—SW,226°～270°为 W—SW,271°～315°为 W—NW,316°～60°为 N—NW。

② 地形切割深度

地形切割深度(D_{H_m})是指某点邻域范围内平均海拔高度 H_m 与该邻域范围内最低海拔高度 $H_{\min}$ 的差值,公式为:

$$D_{H_m} = H_m - H_{\min} \tag{6.51}$$

尹丽云等(2022)在分析地形因子时,分析窗口采用 30 m× 30 m 大小的矩形窗口,邻域范围为围绕该矩形窗口的 8 个矩形窗口,即 90 m ×90 m 范围内平均海拔高度与最低海拔高度的差值为该点地形切割深度。

(2)云南省冰雹分布与地形因子关系

① 冰雹频数与地形高程的关系

尹丽云等(2022)对冰雹频数和对应的地形高程进行 Pearson(皮尔逊分布)相关分析,结果显示云南冰雹频数与地形高程相关性达 0.74,经统计检验 $P=0.02<0.05$,具有显著统计学意义,表明冰雹活动与海拔相关性显著,可见海拔高度的变化是造成云南冰雹活动差异的主要影响因子之一。

为进一步研究海拔高度变化与冰雹频数的分布,尹丽云等(2022)以 50 m 为统计单元,云南冰雹频数随地形海拔增加呈先增加后减小的变化特征,海拔<800 m 以下区域,冰雹频数较少且随海拔变化不明显,海拔高度≥800 m 以上的区域冰雹频数缓慢增加,海拔高度增加到 1650 m 以上冰雹频数显著增加,其中海拔高度在 1950～2000 m 区域的冰雹频数达到峰值,随后线性减少,海拔高度>2400 m 的区域,冰雹频数随海拔变化幅度减小,海拔高度>3000 m 以上区域较少出现冰雹活动。这一现象揭示了云南不同海拔高度区域冰雹频数变化的差异性。

对网格化的云南冰雹频数和地形海拔高度数据,利用高斯拟合和迭代算法(迭代 22 次),建立冰雹频数与地形高程的拟合曲线方程:

$$X_1 = x_1 + \frac{1}{\omega_1\sqrt{2\pi}}\exp\left(-\frac{(x-x_c)^2}{2\omega_1^2}\right) \tag{6.52}$$

式中,X_1 为冰雹频数,$x_1=9.48$,$\omega_1=484$,x 为地形海拔,$x_c=1870$,方程通过 0.05 置信度 F 检验。

② 冰雹频数与地形坡度和切割深度的关系

尹丽云等(2022)以 DEM 数据 30″为单位对冰雹过程的坡度和地形切割深度做统计。云南省地形坡度和地形切割深度以哀牢山脉和横断山脉为界,云南地形分为东西两侧,东侧滇中、滇东和滇南为海拔、坡度变化均较小的盆地丘陵地带,西侧滇西、滇西南为海拔较高但地形坡度较小区域,与地形切割深度较小地区对应较好,哀牢山、横断山脉一线则为高海拔、大坡度和较大地形割切深度的高山峡谷地形。通过对 3001 次冰雹出现点对应的地形坡度和地形切割深度做 Pearson 相关分析,发现地形坡度和地形切割深度具有较好相关性,相关系数 0.97,通过置信度 0.01 的显著性检验。

分别对冰雹频数与分级地形坡度、地形切割深度进行统计分析,发现云南冰雹活动随坡度呈先增后减变化特征,冰雹主要出现在 0°～30°坡度范围,其中 0°～5°坡度范围内的冰雹活动最为活跃,13 a 里共出现冰雹 1193 次,占总冰雹次数的 39.8%,3°～4°坡度区域内冰雹出现次数占总次数的 9.2%,>30°坡度区域出现冰雹次数仅为 2%,冰雹活动随分级地形切割深度的变化特征与分级坡度变化特征基本一致,可见,云南冰雹过程多出现在坡度和地形切割深度较小、地形较为缓和的丘陵、坝子和小盆地。

尹丽云等(2022)结合云南冰雹强对流活动的天气形势,春季云南冰雹强对流活动的天气系统主要为南支槽,自东向西移动过程中受高海拔、小坡度和弱地形切割深度影响,上升气流在不断抬升过程中加强,出现冰雹的概率较大,西部海拔相对较高但地势相对平缓的德宏州、保山市为春季冰雹活动高发区,强对流自西向东移至哀牢山西侧后随着海拔、地形坡度、地形切割深度急剧增加,垂直气压梯度力减小,不利于云内粒子增长,哀牢山沿线冰雹活动概率明显减小。强对流翻越哀牢山后则继续向东南方向移动,途经区域地形海拔高度和坡度、地形切割深度变化明显减小,多以丘陵、盆地为主,如果此阶段低层有冷空气南下入侵,强对流将得到明显加强,会在玉溪市南部、红河州和文山州出现降雹过程,降雹后强对流沿偏东路径或偏南路径移动过程中海拔高度不断降低,强对流减弱消失。夏季云南冰雹强对流活动的主要影响气系统为冷锋切变和辐合区，强对流常在冷暖空气交汇的云南中东部坡度<10°、地形切割深度<10 m、地形海拔高度变化较小区域生成，沿切变线或辐合线前侧向西或向南移动并不断发展，在坡度和地形切割深度较小的曲靖市、昆明市和昭通市南部出现降雹过程。

尹丽云等(2022)利用高斯拟合和迭代算法，建立冰雹频数与地形坡度、地形切割深度拟合曲线方程：

$$X_2 = x_2 + \frac{1}{\omega_2\sqrt{2\pi}}\exp\left(-\frac{(s-s_c)^2}{2\omega_2^2}\right) \tag{6.53}$$

$$X_3 = x_3 + \frac{1}{\omega_3\sqrt{2\pi}}\exp\left(-\frac{(q-q_c)^2}{2\omega_3^2}\right) \tag{6.54}$$

式中，X_2、X_3 均为冰雹频数，$x_2=6$，$w_2=4.5$，s 为地形坡度，$s_c=5.7$；q 为地形切割深度，$x_3=5.4$，$w_3=2q_c=4.5$，拟合曲线方程均通过 0.05 置信度 F 检验。

③ 冰雹频数与地形坡向的关系

尹丽云等(2022)利用云南省 DEM 数据提取坡向，按照 8 个范围(本节(1)中所述)分类形成云南省地形坡向分布图(图略)，可见云南省地形坡向分布与山脉走向基本一致，整体呈南北纵向分布。Pearson 相关分析对冰雹频数和分级地形坡向数据做方差分析，发现冰雹频数与坡向没有显著统计学意义($F=1.366$，$P=0.178>0.05$)。

坡向在强对流活动中的作用随季节出现变化。春季冰雹强对流天气自西向东发展过程中，对流层中下部为西南风或偏南风控制，哀牢山、无量山和高黎贡山是迎风坡和背风坡的分界线，在哀牢山、无量山和高黎贡山西侧的第三象限(91°～180°)为迎风坡，其余为背风坡，迎风坡有利于冰雹强对流迅速发展，背风坡则抑制或减弱冰雹强对流过程。减弱的强对流系统越过哀牢山后，低层受偏北冷空气南下入侵转为沿东南或南方向移动，迎风坡则转为以北向为主，昆明市、玉溪市、红河州北部、文山州北部海拔 1800～2200 m 的小坡度区域为迎风坡和背风坡分界线，其北侧第一象限(0°～90°)为迎风坡，其余为背风坡。夏季冰雹强对流系统自东北向西南或自东向西移动，哀牢山-苍山-玉龙雪山山脉是迎风坡和背风坡的分界线，其东侧第一、二象限(0°～180°)为迎风坡，其余为背风坡。

④ 冰雹频数与经纬度的关系

不同海拔高度和纬度的热力条件差异较大，不同经度在不同天气形势下的热力、动力和不稳定条件的显著差异也是造成冰雹灾害分布差异的地理因素之一，尹丽云等(2022)对冰雹频数与经纬度分别进行 Pearson 相关分析，发现冰雹频数与经度的相关系数 $R=0.342$，统计检验 $P=0.001$，小于 0.01，显著性好；与纬度的相关系数 $R=0.19$，统计检验 $P=0.1$，大于 0.01，没有通过显著性检验，表明纬度不是影响云南冰雹活动的地理因子，而经度差异是导致云南冰雹活动的主要影响因子之一，随经度增加，冰雹活动呈线性增加。

(3)云南冰雹危险性区划

通过前面分析可知，云南冰雹频数与海拔高度、坡度、地形切割深度和经度具有显著相关性，与地形坡向的相关性则表现为明显的季节性和地域性特征。尹丽云等(2022)在进行云南冰雹危险性区划计算时，以冰雹频数为因变量，利用层次分析法和权重判别模型得出上述 4 个因子的权重系数，利用多重线性回归建立云南冰雹灾害危险评估方程：

$$Y = 0.4X_1 + 0.3X_2 + 0.15X_3 + 0.05X_4 + 0.1X_5 \tag{6.55}$$

式中，Y 为冰雹危险性指标，X_1、X_2、X_3 为式(6.52)、式(6.53)、式(6.54)中利用海拔高度、地

形坡度和地形切割深度拟合出的冰雹频数，X_4 为是否迎风坡的判断，见上述。迎风坡取值 1，背风坡取值 0。X_5 为地理经度的标准化值。拟合的冰雹灾害危险评估方程通过 F 检验，有统计学意义。

在建立模型方程的基础上，基于 ArcGIS 对上述 5 个自变量进行栅格统计运算，得到基于精细化地形数据的云南冰雹危险性空间分布图层，归一化处理后计算 Y 的平均值 $\overline{Y}$，每个栅格的冰雹危险性等级按照冰雹灾害风险普查技术规范(表 6.44)，采用自然断裂法(Natural Breaks)将云南冰雹灾害危险性区划分为 4 个等级，得到云南冰雹灾害危险性区划图(图 6.14(彩))。

表 6.44 冰雹灾害危险性评估等级划分标准(尹丽云 等,2022)

危险性级别	级别含义	划分原则
Ⅰ	高危险	$(1.5\overline{Y}, +\infty)$
Ⅱ	较高危险	$(\overline{Y}, 1.5\overline{Y})$
Ⅲ	中危险	$(0.5\overline{Y}, \overline{Y})$
Ⅳ	低危险	$(0, 0.5\overline{Y})$

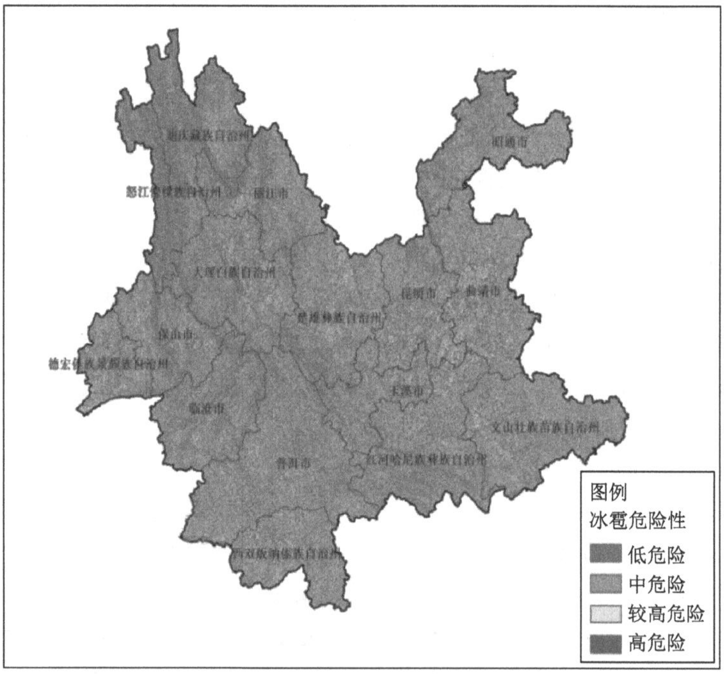

图 6.14(彩) 云南省冰雹危险区划图(尹丽云 等,2022)

从图 6.14 可以看到，云南冰雹危险性空间分布总体以哀牢山为界，分为东西两大区域，东部高危险区主要分布在云南省中东部海拔 1800～2200 m、坡度<5°、地形切割深度较小的曲靖市中北部、昭通市南部、昆明市东南部、玉溪市东部和红河州东北部，对应云南夏季烤烟主要种植区，同时也是夏季冷锋切变和两高辐合区天气系统造成的冰雹多发区，2009—2021 年冰雹资料显示该区域，多年平均冰雹频数为 6～8 次/a，其中宣威市年平均冰雹频次高达 19.7 次/a。较高危险区主要分布在海拔 2200～2500 m、坡度 3°～10°、地形切割深度较小的丽江市东部、楚雄市中部、昆明市西北部和文山州北部的迎风坡区域，多年平均冰雹频数

为 3～6 次/a。中危险区为昭通市东部、迪庆州、大理州东部、楚雄市南部、玉溪市西部和文山州南部地区，该区域地形海拔 2500～3300 m 或 1000～1800 m，坡度＞10°，地形切割深度较大，多年平均冰雹频数为 2～4 次/a。

西部的冰雹高危险区域主要分布在海拔范围 1000～1600 m、坡度＜8°、地形切割深度较小的德宏州、保山市西北部，对应云南春季烤烟主要种植区，同时也是春季南支槽天气系统影响的冰雹高发区，多年平均冰雹频数为 3～5 次/a。较高危险区主要分布在海拔 1600～2500 m、坡度＜10°的普洱市西部、西双版纳州的迎风坡区域，多年平均冰雹频数为 2～4 次/a。中危险区域为保山市东部、临沧市西部海拔 2500～3000 m、坡度 10°～12°、地形切割深度较小区域，多年平均冰雹频数为 1～2 次/a。迪庆州北部、丽江市西部、怒江州海拔高度＞3500 m 的西北部地区和海拔高度＜800 m、地形坡度＞15°、地形切割深度较大的金沙江河谷、元江河谷和红河河谷是冰雹灾害低危险区域，多年平均冰雹频数为 0.2 次/a。

这篇文章没有给出四个等级冰雹危险区的期望损失。实际上，我们在 4.5 节已经指出，冰雹的危害主要是在农业，占了其造成的灾害 90%，云南两个冰雹高危险区恰恰是云南烤烟主要种植区，所以这两个区域也应当是经济损失最高的区域。

6.10.2 青海省冰雹灾害风险区划

刘彩红等(2012)利用青海省 42 个台站 1961—2010 年逐次冰雹过程的气象资料，补充了灾情资料中冰雹数据，共得到 7926 次过程资料；同时将冰雹大小记录定性描述转换为定量数据，如"鸡蛋大小"转换为 40 mm，"核桃大小"转换为 20 mm，"豌豆大小"转换为 5 mm。灾损主要包括农作物受灾面积及减产量。

统计表明，1961—2010 年青海省平均降雹日为 7.3 d，三江源是降雹的高频带，平均降雹日在 11 d 以上，次大区位于环青海湖地区，在 5.9～12.5 d 之间，降雹日数在 7 d 以下的地区主要在东部农业区及柴达木盆地。全省平均降雹直径为 5.6 mm，持续时间约 7.7 min；环青海湖地区降雹直径最大，平均超过 10 mm，持续时间最长，平均 11.5 min。统计分析表明，1961—2010 年 7926 次冰雹，直径为 4 mm 及以下的冰丸，占 51.8%，5～14 mm 占 43.4%，15 mm 以上只占 4.8%，可见小冰雹居多。

(1)冰雹致灾危险性分析

《青海省气象灾害标准》(DB63/T 372—2010)规定，在青海地区，当冰雹直径超过 5 mm 且持续短暂时间(≤2 min)就可能形成雹灾，给农作物造成损害，因此将冰雹直径和持续时间作为评估冰雹危险性的两个因子，并按它们对农作物的损害程度分级(表 6.45)。

表 6.45 青海高原冰雹分级标准(刘彩红 等，2012)

冰雹发生概率/%	等级	冰雹直径阈值/mm	等级	冰雹持续时间阈值/min	等级
68	无风险	$D<6$	无风险	$T<9$	无风险
15	低风险	$6\leqslant D<8$	低风险	$9\leqslant T<13$	低风险
10	中风险	$8\leqslant D<10$	中风险	$13\leqslant T<20$	中风险
5	高风险	$10\leqslant D<18$	高风险	$20\leqslant T<29$	高风险
2	特高风险	$D\geqslant 18$	特高风险	$T\geqslant 29$	特高风险

刘彩红等(2012)定义冰雹指数：

$$H = D \times T \tag{6.56}$$

式中，H 为冰雹指数，D 为冰雹直径，T 为冰雹持续时间。

定义农作物受灾率：

$$V_a = \Delta A_I / A_I \times 100\% \tag{6.57}$$

式中，V_a 为农作物受灾率，ΔA_I 为某次雹灾造成的某区域(州、县或乡)农作物受灾面积，A_I 为当年该区域农作物播种面积。根据式(6.57)计算出各区县历次农作物受灾率，最小值为0.28%，最大值为66.3%，平均为9.3%。

建立冰雹指数和农作物受灾率的回归方程：

$$H = 77.676 + 2.725V_a \tag{6.58}$$

经检验，上式复相关系数为0.345，$F=9.48$，通过信度0.01显著性检验。

依据农作物实际受灾的各级冰雹灾害出现的频率，将受灾率正态标准化，可计算出受灾体的频率比重：

$$p_i = g_i / F \tag{6.59}$$

式中，p_i 为受灾体第 i 个等级出现频率的比重，g_i 为冰雹灾害第 i 个等级出现的频率，F 为冰雹灾害出现的总频率。

刘彩红等(2012)根据式(6.58)和式(6.59)，首先将冰雹指数计算结果平滑处理，根据农作物受灾频率比重，确定分级冰雹指数的阈值(即冰雹灾害的临界气象条件)，结果见表6.46。

表6.46　出现不同等级冰雹指数的阈值(刘彩红 等,2012)

冰雹灾害等级	轻灾	中灾	重灾	特大灾
冰雹灾害出现频率/%	15	10	5	2
农作物受灾频率比重/%	47	31	16	6
冰雹指数值	78	87	108	160

(2)冰雹灾害风险区划

计算致灾因子强度出现的频率：

$$f_i = t_i / Y \tag{6.60}$$

式中，f_i 为第 i 级致灾因子强度(临界气象条件)出现的频率，t_i 为在统计年限 Y 内第 i 级致灾因子强度出现的次数，Y 为统计年限，一般要求30 a以上。

刘彩红等(2012)根据式(6.60)，统计历史时期不同台站各级冰雹灾害出现的频率，利用GIS空间插值，得到不同级别冰雹灾害的空间分布-风险区划(表6.47)。

表6.47　青海省冰雹灾害风险分区(刘彩红 等,2012)

风险级别	地区
特高风险区	贵南，共和，刚察，兴海，海晏，大通，化隆，湟源，湟中，民和，泽库，天峻
高风险区	贵德，同仁，囊谦，杂多，玛多，曲麻莱，久治，甘德，达日，玛沁，茫崖
中风险区	祁连，野牛沟，门源，班玛，同德，沱沱河
低风险区	冷湖，大柴旦，都兰，格木尔，乌兰，清水河，治多

特高风险区的频率在 7.5%～10.7%之间，其中冰雹发生频率最高、强度最大的环青海湖地区为最高风险区，平均发生特大冰雹灾害的频率达到 9%，柴达木盆地由于近年来降雹日数增加，发生冰雹灾害的风险也随之加大。

高风险区主要位于三江源中、东部，农牧交错带，发生重雹灾的频率均在 6%以上。中风险区主要位于祁连山地区，发生中灾的频率超过 4%。低风险区位于柴达木盆地中西部及南北交界的个别地区，发生轻灾的频率在 0.7%～5.4%之间。

本研究利用 GIS 将青海省 42 个气象台站得到的结果进行空间插值，这是很多文章的做法，对于冰雹灾害风险区划略显粗糙，如果能够按 6.12.3 节那样去做就更好了。

6.10.3 安徽省冰雹灾害风险区划

我们在 3.8.1 节得到安徽省的冰雹灾损指数(式(3.57))：

$$I = 15.788t + 6.578d - 0.418 \qquad (n = 599)$$

式中，I 为灾损指数，t 为降雹持续时间，d 为冰雹最大直径，n 为样本量。并按百分位数，将 I 分为 4 个灾害等级：轻、中、重、特重。我们可以用冰雹灾损指数编制安徽省冰雹灾害风险区划(章国材，2014)。

(1)初级冰雹风险区划

利用式(3.55)计算安徽省所有冰雹过程(1951—2009 年)的灾损指数，然后根据冰雹灾害等级级划分标准，采用百分位数法，将冰雹灾害等级划分为 4 级，具体见表 6.48。

表 6.48 安徽省冰雹灾害等级表

等级	百分位数/%	灾损系数(I)	灾害等级
4	60	$I \leqslant 0.99$	轻
3	80	$0.99 < I \leqslant 3.05$	中
2	90	$3.05 < I \leqslant 5.17$	重
1	95	$I > 5.17$	特重

(2)不同等级灾损指数频次与孕灾环境因子的关系

利用各站点不同等级灾损指数的发生频次与孕灾环境因子进行偏相关分析(较于相关分析，可去除要素间的自相关性)，结果表明：除轻级灾损指数的发生频次与高程达极显著性相关外，其他等级的发生频次与地理信息数据相关程度均未达到显著性水平(表 6.49)。这是可以理解的结果，因为按照《地面气象观测规范》，气象站都应当选在空旷的地方，因此，气象站的环境特征不可能反映出地形切割、坡向和坡度等孕灾因子的特征。

表 6.49 不同等级灾损指数的发生频次与孕灾环境因子的相关分析结果

	高程	地形切割	坡向	坡度
轻级频次(n=74)	0.483	−0.226	0.181	−0.036
中级频次(n=67)	0.028	0.107	0.096	−0.107
重级频次(n=60)	0.059	−0.151	0.095	−0.071
特重级频次(n=23)	0.035	−0.038	−0.168	—

由表 6.49 可见，只有轻级灾损指数发生频次与高程的相关性通过了 $\alpha=0.05$ 的统计检验，所以利用气象站的资料只能对轻级冰雹风险区划进行细化。

为了更加细致地分析冰雹灾害风险与高程的关系，划分不同海拔高度，分别与轻风险频次进行相关分析，结果表明：随着海拔的上升，相关系数逐渐增加，海拔在 50 m 以上的台站相关程度最高(表 6.50)，达 0.887。

表 6.50　不同海拔台站冰雹轻级灾损指数发生频次与高程的相关分析结果

海拔高度/m	≥50	≥30	≥20
相关系数	0.887	0.782	0.699
显著性水平	$\alpha<0.001$	$\alpha<0.001$	$\alpha<0.001$
样本量	20	42	64

因此，建立海拔(50 m 以上)高度与轻级灾损指数频次的关系：

$$y=0.870x+0.102 \tag{6.61}$$

式中，y 为轻级灾损指数发生频次，x 为高程归一化值。

(3)轻级冰雹风险区划订正

为了获得全省每个格点的轻级灾损指数发生频次，海拔 50 m 以上，由式(6.61)推算；50 m 以下，利用台站灾损指数频次在 GIS 平台上插值；然后，两者叠加后得到高分辨率(100 m×100 m)的轻级雹灾风险区划图(图 6.15(彩))。

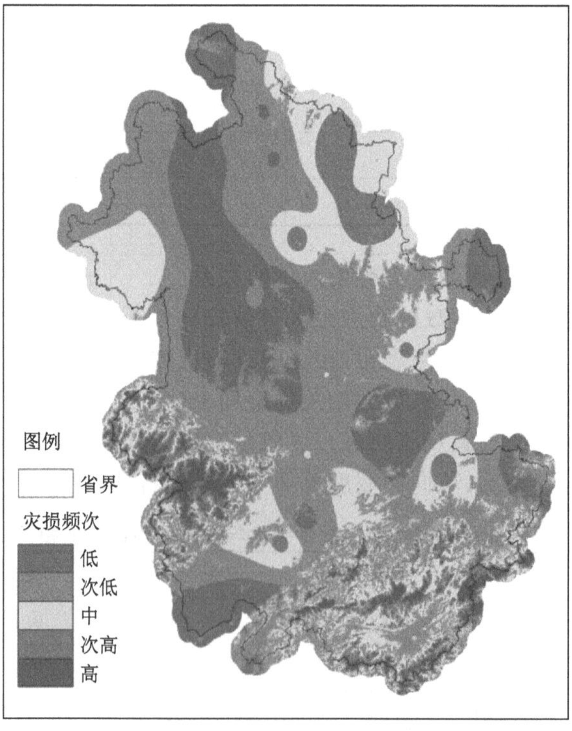

图 6.15(彩)　安徽省轻级雹灾风险区划图

与海拔高度订正前的轻级雹灾风险区划图相比(图略),除了保留东北部和西南部的高频次区以外,频次高发区主要位于安徽的两大山区,与观测事实一致。

由于上面提及的气象站资料的局限性,为了制作其他等级冰雹风险区划图,必须收集各种孕灾环境下的冰雹直径、持续时间资料,分析各种孕灾环境因子与不同等级冰雹灾损指数的相关关系,选择相关关系好的孕灾环境因子对灾损指数发生频次进行订正。我们在 6.12.3 节讨论电线覆冰风险区划时将会做详细的介绍。

6.11　旱灾风险区划

在自然灾害风险区划中,农业旱灾风险区划是研究得比较多的,旱灾风险区划有统计分析法和作物模型法两种方法。

6.11.1　黄淮海玉米干旱风险区划

在 4.5.2 节中,我们介绍了贾慧聪等(2011)应用 EPIC 模型研制的玉米旱灾脆弱性曲线,下面介绍他们 2011 年利用 EPIC 模型如何做玉米干旱风险区划。

他们模拟了黄淮海夏播玉米区内 8 km 网格单元上 1960—2005 年玉米的生长过程,并提取每个生长季内受水分胁迫影响日的水分胁迫因子值,计算出每个生长季的致灾强度指数,结合典型玉米品种的自然脆弱性曲线,计算出研究区玉米受旱灾打击的产量损失率。

(1)黄淮海玉米干旱风险区划

贾慧聪等(2011)在此基础上,通过计算每个评价单元减产损失的超越概率,绘制出黄淮海夏播玉米区不同致灾水平下的成灾风险系列图,包括了 4 个风险水平:2 a 一遇、5 a 一遇、10 a 一遇和 20 a 一遇(图 6.16(彩))。

结果表明:1966—2005 年,黄淮海夏播玉米区的旱灾损失风险的空间分布呈现出东部和南部地区整体损失较小,而西部和北部地区整体损失偏高的格局。主要是由气候干旱和下垫面的地形所导致的区域水热再分配差异综合决定的。其中,北部山区多为雨养型玉米种植区,人工灌溉条件相对薄弱,这也是进一步使旱灾加剧的原因之一。2 a、5 a、10 a 一遇致灾水平时产量损失风险的高值区($R \geqslant 0.5$)分别占黄淮海夏播玉米区玉米总面积的 0.08%、0.61%、3.26%。重点关注 20 a 一遇致灾水平时损失风险的高值区,主要集中分布在冀北高原山地和山东省中南部地区,占黄淮海夏播玉米区玉米总面积的 7.63%,这与其致灾风险水平是一致的。这些区域应是黄淮海夏播玉米区防范玉米旱灾风险的关键区域。

(2)不同生育期成灾风险年际变化

随着生育期的变化,生物量在玉米各器官之间进行分配以及不断积累。贾慧聪等(2011)基于黄淮海夏播玉米区内每个 8 km 网格的每年不同生育期,在 EPIC 模型里,通过设定 2 个情景:S1 情景(完全满足养分与完全满足水分)和 S2 情景(完全满足养分与完全雨养),分别进行 1966—2005 年各自生育阶段的逐日生物量(Biomass)值模拟(图 6.17)。比较 40 a 因旱生物量损失的风险年际变化,以揭示变化的特征和变化的原因。图 6.17 中 a、b 两条曲线表示玉米干物质累积的动态变化,而 a、b 两条曲线之间间距表示因旱生物量损失值。

从 40 a 变化看,在 7 月中旬抽雄期—乳熟期,因旱生物量损失值达到最大(即 7 月 20 日对应的 a、b 两条曲线之间间距最大),为 1.44 t/hm^2;而后,因旱损失呈现缩小的趋势。生物量

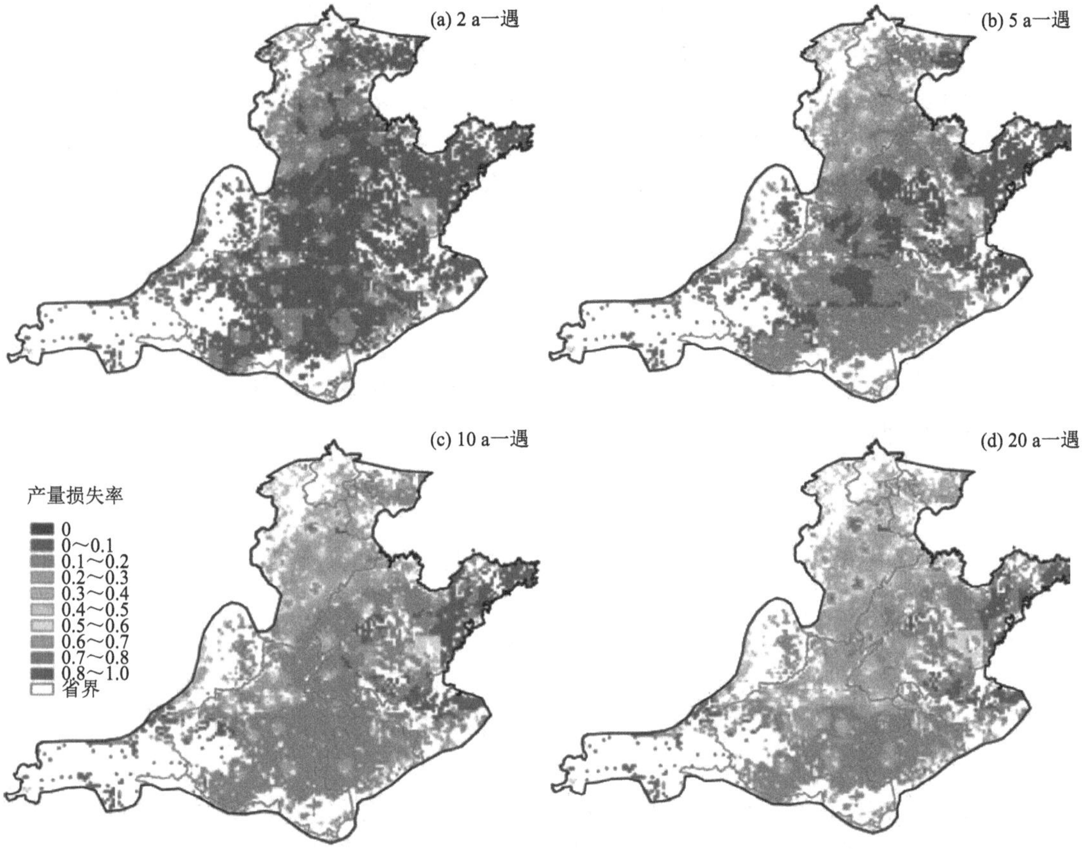

图 6.16(彩) 黄淮海夏播玉米区玉米旱灾固定风险水平的产量损失率分布图(贾慧聪 等,2011)

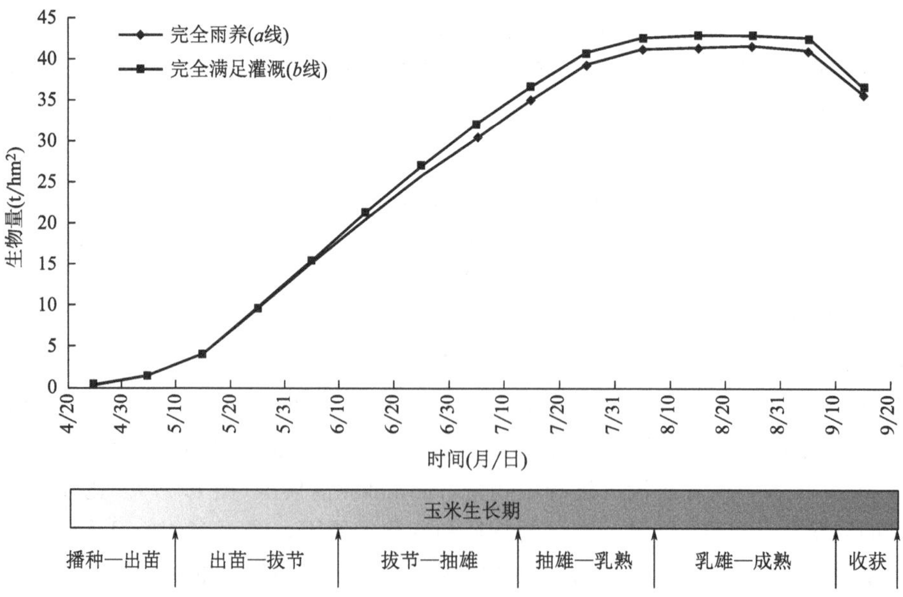

图 6.17 黄淮海夏播玉米区不同生育期对应生物量损失 40 a 均值变化(1966—2005 年)(贾慧聪 等,2011)

的积累在 8 月中下旬达到最高，在收获期还有降低的表现。这是因为玉米植株个体干物质积累速率，一般是生育前期和后期较低，而中期较高。根据干物质重量的增长曲线(Leopold et al.，1975)，从出苗期到拔节期，干物质绝对重量增长小，而相对重量增长大；从拔节期到抽雄期，干物质重量增长数量大，是玉米一生中生长最旺盛、增长速率最快的时期；而从抽雄期到乳熟期，干物质积累速率逐渐减慢，日增重降低，体现了玉米干物质积累的动态变化。因此，拔节期—乳熟期是玉米生物量累积的最快速阶段。

6.11.2　青海省油菜旱灾风险区划

刘义花等(2013)选取青海地区 1961—2010 年灾害普查资料和同时段青海省 47 个气象站降水及 12 个农气代表站土壤相对湿度等资料，并采用历年青海省统计年鉴中青海省旱灾造成的农作物受灾面积及农作物减产量等经济数据，分析了油菜生育期土壤相对湿度与降水距平百分率的关系，最终确定青海省油菜不同生育关键期干旱风险评估的实际阈值；并通过海拔、经度、纬度、油菜生育期旱灾发生频次的拟合方程，对青海省油菜不同生育期干旱进行风险区划。

(1)油菜干旱等级指标

刘义花等(2013)根据油菜生育期土壤相对湿度来确定干旱等级指标，即土壤相对湿度 $D_i>60\%$、$50\%<D_i\leqslant60\%$、$40\%<D_i\leqslant50\%$、$30\%<D_i\leqslant40\%$和 $D_i\leqslant30\%$，分别对应的干旱等级指标为无灾、轻灾、中灾、重灾和特大旱灾。

然后，分别对青海省 5 个农业气象代表站土壤相对湿度与同期、前期降水距平百分率进行拟合，确定油菜在不同生育关键期(油菜五叶期、抽薹期、开花期)的降水距平百分率的阈值；最后，选取土壤相对湿度与同期、前期降水距平百分率相关最高，建立有较高信度的拟合方程 $\Delta R=F(D_i)$，其中，5 个方程通过 $\alpha=0.05$ 的显著性检验，湟源五叶期的拟合方程通过 $\alpha=0.10$ 的显著性检验(表 6.51)。

表 6.51　生育期土壤相对湿度与降水距平百分率的拟合方程(刘义花 等，2013)

生育期	气象站	方程	相关系数
五叶期	共和	$y=2.0549x-114.5$	0.4368*
	互助	$y=2.9474x-246.1$	0.4638*
	湟源	$y=1.1006x-81.515$	0.3716
抽薹期	互助	$y=1.4573x-98.117$	0.7258*
开花期	湟源	$y=1.3708x-105.12$	0.5110*
	互助	$y=2.1271x-136.48$	0.8356*

注：* 表示拟合方程通过 $\alpha=0.05$ 的显著性检验。

利用土壤相对湿度与降水距平百分率的拟合方程，并参考国家气象干旱标准，以确定青海省油菜不同生育关键期干旱降水距平百分率的实际阈值(表 6.52)。

表 6.52　青海省不同生育期降水距平百分率的干旱指标阈值(刘义花 等，2013)

%

生育期	无旱	轻旱	中旱	重旱	特旱
五叶期	$\Delta p<-20$	$-45<\Delta p\leqslant-20$	$-65<\Delta p\leqslant-45$	$-90<\Delta p\leqslant-65$	$\Delta p\leqslant-90$
抽薹期	$\Delta p<-10$	$-25<\Delta p\leqslant-10$	$-40<\Delta p\leqslant-25$	$-50<\Delta p\leqslant-40$	$\Delta p\leqslant-50$
开花期	$\Delta p<-15$	$-30<\Delta p\leqslant-15$	$-50<\Delta p\leqslant-30$	$-70<\Delta p\leqslant-50$	$\Delta p\leqslant-70$

(2)油菜理论生育期

刘义花等(2013)根据青海省5个农业气象代表站多年平均不同生育期(五叶期、抽薹期、开花期)出现天数,建立以海拔、经度、纬度、生育期的回归模型,其拟合方程分别是:

$$y_1 = -861.771 + 16.628x_1 + 3.014x_2 + 0.0397x_3$$
$$y_2 = -252.295 + 7.747x_1 + 1.015x_2 + 0.014x_3 \tag{6.62}$$
$$y_3 = -323.887 + 10.466x_1 + 1.229x_2 - 0.00005x_3$$

式中,y_1、y_2、y_3 分别代表五叶期、抽薹期、开花期的出现天数,x_1 代表纬度,x_2 代表经度,x_3 代表海拔高度。

由以上回归模型推算出青海省理论上的不同作物的生育期(五叶期、抽薹期、开花期)(表6.53)。因五叶期、抽薹期、开花期分别是油菜营养期、生殖生长期、产量形成期的关键期,因此就将五叶期、抽薹期、开花期的理论期分别当作油菜营养期、生殖生长期、产量形成期的代表日。

表6.53 青海省油菜理论五叶期、抽薹期、开花期代表日期(刘义花 等,2013)

站点	五叶期(月-日)	抽薹期(月-日)	开花期(月-日)	站点	五叶期(月-日)	抽薹期(月-日)	开花期(月-日)
茫崖	06-13	06-25	07-06	海东	05-16	06-12	07-01
冷湖	06-22	06-29	07-14	民和	05-03	06-07	07-01
托勒	08-01	07-13	07-21	化隆	06-07	06-19	06-27
野牛沟	07-27	07-11	07-18	伍道梁	07-06	06-28	06-07
祁连	07-04	07-02	07-17	兴海	06-11	06-19	06-19
小灶火	05-19	06-14	06-23	贵南	06-09	06-18	06-20
大柴旦	06-29	06-30	07-07	同德	06-07	06-17	06-17
德令哈	06-19	06-26	07-05	尖扎	05-05	06-07	06-26
天峻	07-11	07-03	07-06	泽库	06-20	06-21	06-15
刚察	07-10	07-03	07-08	循化	05-21	06-12	06-25
门源	06-27	06-28	07-10	沱沱河	06-14	06-18	05-27
格尔木	05-20	06-14	06-22	治多	06-03	06-14	05-28
诺木洪	05-24	06-15	06-24	杂多	05-13	06-04	05-16
乌兰	06-14	06-23	07-01	曲麻莱	06-08	06-16	05-30
都兰	06-12	06-21	06-24	玉树	05-05	06-02	05-20
茶卡	06-19	06-24	07-01	玛多	07-03	06-26	06-10
海晏	06-27	06-27	07-04	清水河	06-16	06-18	05-28
湟源	06-06	06-20	07-02	果洛	06-09	06-17	06-08
恰卜恰	06-05	06-19	06-27	甘德	06-13	06-17	06-02
大通	06-04	06-19	07-06	达日	06-05	06-14	05-31
互助	06-04	06-19	07-05	河南	06-09	06-17	06-12
西宁	05-26	06-16	07-03	久治	05-23	06-09	05-30
贵德	05-11	06-09	06-26	囊谦	04-18	05-25	05-11
湟中	06-05	06-19	07-01	班玛	05-09	06-02	05-23
乐都	05-11	06-10	07-02	同仁	05-14	06-09	06-21

(3)油菜旱灾风险区划

刘义花等(2013)选取降水距平百分率作为青海省干旱灾害的致灾因子,具体方法是先统计青海省油菜生育期 1981—2010 年各气象台站各旬降水量,按油菜理论生育期(表 6.53)计算各台站不同生育期降水距平百分率;然后,将降水距平百分率作为一个序列,按降水距平百分率的干旱指标阈值(表 6.52)计算出全省不同生育期、不同指标等级下的干旱强度频次,基于 GIS 地理信息系统得到青海省各级降水距平百分率的频次分布图(图略)。考虑到青南牧区不种植油菜的实际情况,所以在区划结果分析中不做讨论。

从五叶期旱灾不同等级频次可以看出,轻旱易发生在青南牧区东南部,频率在 20.0%～31.9%,柴达木盆地西北部发生轻旱的频率较低,频率在 5.0%以下;中旱易发生在柴达木大部分地区及东部农业区东南部少数地区,频率在 9.0%～13.3%;重旱易发生在柴达木盆地大部及东部农业区东南部少数地区,频率为 8.0%～15.3%;特旱易发生在柴达木地区,频率为 9.0%～20.7%。由此可见,油菜营养期发生旱灾的频率很高,尤其是柴达木地区发生重旱、特旱的频率最高,其次,东部农业区是青海省油料作物生产的主要地区,发生中旱、重旱的频率很高,给当地的油菜种植带来了严重的影响。

从抽薹期旱灾不同等级频次可以看出,轻旱易发生在祁连山地区、果洛地区及东部农业区部分地区,频率在 20.0%～37.7%,柴达木地区大部以发生轻旱的频率较低,频率在 9.0%以下;中旱易发生在东部农业区东南部少数地区,频率在 17.0%～24.6%;重旱和特旱均易发生在柴达木盆地大部分地区,出现频率分别为 9.0%～13.3%、23.6%～41.6%。可见,油菜生殖期发生旱灾的频率很高,柴达木地区发生特旱、重旱的频率最高,其次,东部农业区发生轻旱、中旱的频率较高。

开花期旱灾不同等级频次显示,轻旱易发生在祁连山地区、东部农业区部分地区,出现频率为 17.0%～23.1%;中旱易发生在东部农业区、青海湖地区及柴达木盆地地区中东部,频率为 12.1%～25.4%,重旱和特旱易发生在柴达木地区西部地区,出现频率分别为 10.0%～12.5%、14.0%～23.1%。

从产量形成期旱灾不同等级频次可以看出,柴达木盆地地区及东部农业区易发生旱灾频率最高。

综上所述,从青海省整个油菜生育期来看,格尔木大部及都兰西北部少数地区是旱灾发生的高风险区,德令哈南部、都兰的东北部部分地区及乌兰的西南部少数地区是次高风险区,共和及东部农业区大部是旱灾易发生的中风险区,门源、大通及东部农业区东南部少数地区是旱灾的低风险区。

6.12　冰雪灾害风险区划

冰雪灾害风险区划的研究受到越来越多学者的重视,但使用的方法都是统计分析法。

6.12.1　青海省雪灾风险区划

在 3.9.1 节中我们选择≥2 cm 的积雪深度(h)和持续时间(d)的乘积(称为积雪指标)来表示雪灾致灾危险性因子(SI)(式(3.73)),即:

$$\mathrm{SI}=h\times d$$

我们可以用积雪指标编制青海省雪灾风险区划(章国材,2014)。

雪灾风险区划需要获取每个格点积雪指数的历史数据,青海地域辽阔,气象台站分布不均,在青海西部地区及高海拔地区气象站点分布稀疏,气象积雪观测资料空间分辨率过低。而卫星遥感积雪覆盖面积资料准确率很高,关键是卫星遥感反演的雪深资料是否具有足够的准确度。

(1)遥感雪深资料的可用性分析

卫星遥感有反演得到的 25 km×25 km 逐日雪深历史资料。为了验证逐日雪深格点资料适用性,根据青海省 50 个气象台站所在位置的经纬度,提取 50 个气象台站遥感逐日雪深资料,计算 1981—2005 年 1 月、2 月、3 月、4 月、11 月和 12 月积雪指标 SI。分别计算 50 个气象台站遥感积雪指标值和实测积雪指标值的相关性,根据不同地理位置和地貌特征将青海省 50 个气象台站划分为东部农业区、环湖区、柴达木盆地和三江源地区 4 个区域,每个区域中各台站相关系数的平均值即作为该区域遥感值和实测值的相关系数。

结果发现:东部农业区和环湖区通过信度为 0.05 的显著性检验,三江源地区通过信度为 0.01 的显著性检验,而在柴达木盆地两者相关性不大,但因柴达木盆地降水较少,气候干燥发生雪灾的概率较小,因此对整个青海地区的雪灾风险区划影响较小,见图 6.18。

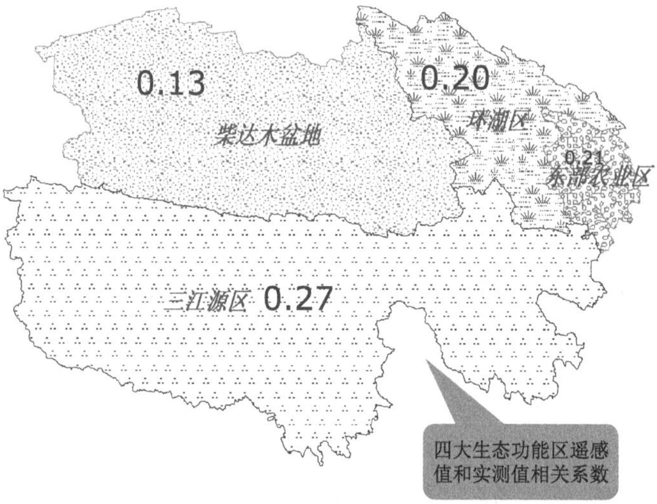

图 6.18 卫星遥感积雪指数与实测积雪指数的相关系数

总体来看,利用卫星遥感监测的格点积雪指数资料进行雪灾风险区划是可行的。

卫星遥感积雪指标 SI 分布表明,青海三江源地区和祁连山区的部分地区致灾因子危险性最高,柴达木盆地的西部和东部农业区以及环湖的部分地区致灾因子危险性较低。见图 6.19(彩)。

(2)青海省雪灾风险区划

根据每年卫星遥感积雪指数和不同等级雪灾的临界指标(表 3.56),可以得到 1981—2005 年每年 11 月—次年 4 月青海省每个格点(25 km×25 km 分辨率)雪灾等级,然后求青海省每个格点(25 km×25 km 分辨率)不同等级雪灾出现的频率,画出青海省不同等级雪灾出现的频率图 6.20(彩)。

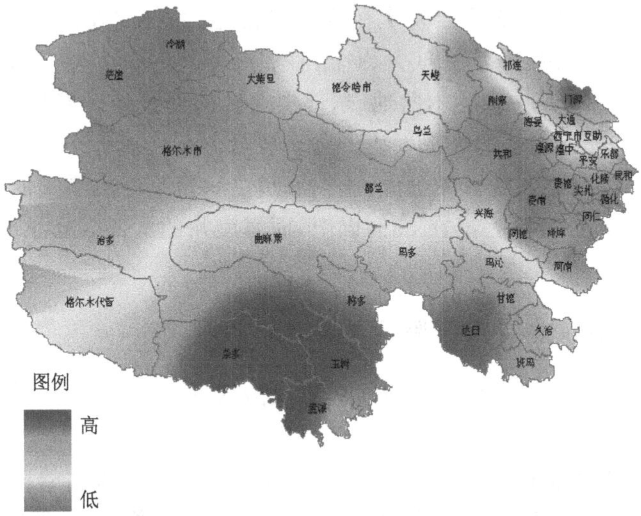

图 6.19(彩)　青海省冰雪致灾危险性因子分布图

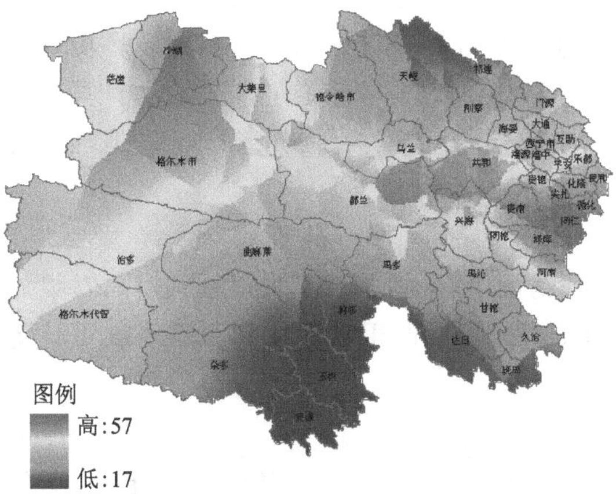

青海省轻灾发生频率分布图

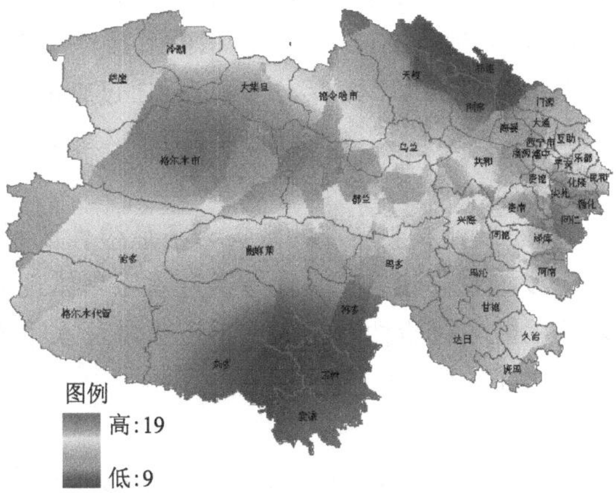

青海省中灾发生频率分布图

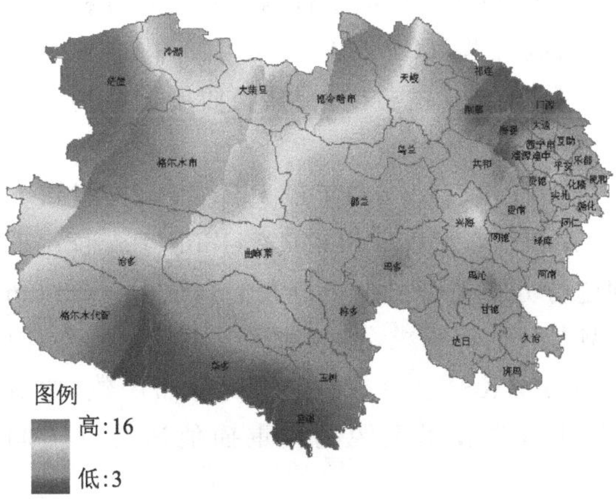

青海省重灾发生频率分布图

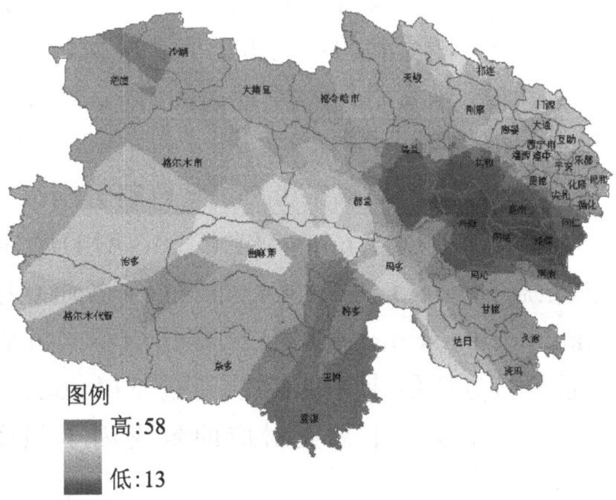

青海省特大灾发生频率分布图

图 6.20(彩)　青海省雪灾风险区划

从图 6.20 中可以看出,轻灾主要发生在柴达木盆地、东部农业区的大部和环湖的部分地区,这些地区发生轻灾的频率大都在 50%以上,牲畜死亡率<5%,中灾和重灾在青海发生频率均不高,都在 20%以下,其中柴达木盆地、东部农业区的部分地区发生中灾和重灾的频率相对较高,而三江源区和祁连山区的大部发生的频率较低。

三江源的大部尤其是三江源区的囊谦、玉树和称多一带是特大雪灾的高发区,发生频率均在 50%以上,一旦发生,牲畜死亡率在 30%以上,而海南州的大部以及东部农业区的发生特大雪灾的频率较低。

6.12.2 河北省设施农业雪灾风险区划

李婷等(2018)对河北省设施农业进行了雪灾风险区划。

(1)资料来源

李婷等(2018)利用河北省 1951—2017 年 142 个国家地面气象站的逐日积雪深度资料(来自河北省气象局),1984—2017 年河北省各县域雪灾灾情统计数据,主要字段包括灾害开始时间、结束时间、发生地点、天气过程描述、损失数据、灾情描述等来自河北省气象局与《中国气象灾害大典·河北卷》(藏建升 等,2008),各县域内逐年地区生产总值来自河北省统计局的经济年鉴资料,地均 GDP(单位面积内直接经济损失)空间分布数据来自中国科学院资源环境科学数据中心,基于 2010 年分布数据,通过查阅 2011—2015 年河北省年末总 GDP 数据,计算年均 GDP 增长率,计算得到河北省 2015 年地均 GDP 栅格数据,分辨率为 1 km×1 km。地理信息基础数据来自河北省地理信息局。

(2)设施农业雪灾的致灾因子危险性区划

设施农业的雪灾主要是通过雪压来体现的,一般情况下,降雪强度越大,积雪越深,对设施农业的致灾风险性就越大。雪压为单位水平面积上的雪重,根据积雪深度和积雪密度可计算得到雪压,公式如下:

$$s = h\rho g \tag{6.63}$$

式中,h 为积雪深度(m);ρ 为华北地区积雪密度,取值 130 kg/m^3;g 为重力加速度,取值 9.8 m/s^2。

基本雪压为雪荷载的基准压力,是指结构试用期间,在水平地面上根据气象记录资料经统计得到的可能受到的最大雪压值。根据《建筑结构荷载规范》(GB 50009—2012),一般建筑结构的基本雪压采用 50 a 重现期的雪压,对雪荷载敏感的结构(主要指大跨、轻质层盖结构),采用 100 a 重现期的雪压。

李婷等(2018)根据历史逐日资料分别提取年最大日积雪深度和年最大日雪压,构建致灾因子年极值数据(AnnualMaximum,AM)序列。使用极值 I 型(Gumbel)、Weibull、Pearson-Ⅲ型、正态分布等 10 种常见分布函数对各站点序列进行分布拟合。由于最大似然法(Maximum Likelihood Estimation,MLE)能适应不同极值模型参数估计需求,参数估计效果精确度高,因此选择该方法估计模型参数,通过 Kolmogorov-Smirno(KS)检验法确定最优分布函数,然后计算不同重现期下雪灾对应的致灾因子强度,通过 GIS 技术反距离权重插值法得到空间分布。

从不同重现期下河北省最大日积雪深度的分布图(略)可见,随着重现期的增加,积雪深度和范围逐渐增加。重现期为 5 a 一遇时,西部太行山区和张家口东北部、承德、唐山北部的致灾强度相对较高，积雪深度在 10 cm 以上。10 a 一遇时，全省绝大部分地区积雪深度介于 11～15 cm 之间，而张家口东北部、承德和唐山北部的积雪深度相对更高，达到 15 cm 以上。30 a 一遇时，高值区主要分布在石家庄西部山区、张家口东北部、承德以及唐山北部和南部，积雪深度超过 20 cm，而 50 a 一遇时，几乎整个太行山区和保定以北地区均在 20 cm 以上。而在承德、唐山交界处及唐山东南部，30 a 一遇积雪深度达 44 cm，50 a 一遇高达 66 cm。总体来说，地势较高的河北西部山区和北部张承地区的雪灾致灾因子危险性较高，这是由于相对平原而言，山区或坝上等高海拔区气温相对偏低，持续低温不利于积雪融化，导致积雪深度更大，致灾危险性较高。

从不同重现期河北省雪压强度分布图(略)可见，重现期为 10 a 一遇时，除衡水和沧州地区，其他大部分地区雪压在 0.16～0.20 kN /m^2之间。30 a 一遇时，石家庄西部、张家口、承德及唐山南部和北部的雪压达 0.20 kN/m^2 以上，而张家口东北部的沽源县和承德南部兴隆县的雪压相对较高，超过 0.30 kN/m^2。根据 50 a 一遇雪压分布，河北西部山区和北部地区的基本雪压在 0.25 kN/m^2 以上，其中，张家口中东部、承德以及唐山地区的北部和南部，建筑结构荷载设计应满足基本雪压在 0.30 kN/m^2 以上。而对于雪荷载敏感的结构，石家庄西部和保定以北地区应满足 0.36～0.50 kN/m^2，承德与唐山交界处、唐山东部乐亭县附近则应满足 0.5 kN/m^2 以上的雪压。

(3)河北省设施农业雪灾风险区划

李婷等(2018)以归一化的致灾因子强度指数和直接经济损失率建立二者的函数关系，对结果进行拟合优度检验，发现指数函数的确定系数最大($R^2=0.8649$)，对应的残差平方和(SSE＝0.000344)和剩余标准差(RMSE＝0.003505)均是最小，拟合优度最佳，因此选择指数函数来表达二者的关系：

$$y=0.0007205\ \exp^{4.257x} \tag{6.64}$$

式中，y 为直接经济损失率，x 为归一化的致灾因子强度指数。

从不同重现期河北省雪灾经济损失的分布(图略)来看，不同重现期的经济损失与地均 GDP 的空间分布大体一致，高风险区主要分布在中南部和东北部地区。重现期越大，地均 GDP 越大，经济损失值越高。重现期为 5 a 一遇时，唐山、廊坊北部、石家庄、邯郸部分地区的地均受灾损失在 10～25 万元/km^2 之间，而保定和石家庄市区出现 50 万元/km^2 以上。10 a 一遇时，唐山南部曹妃甸工业区的损失值也超过了 50 万元/km^2。30 a 一遇时，自北向南，唐山、廊坊及太行山脉以东的河北中南部地区，经济损失较高，以石家庄中东部、廊坊北部和唐山较为突出。30 a 和 50 a 一遇时，中南部各市市辖区附近，以及唐山北部遵化市和南部曹妃甸区均出现了 50 万元/km^2 以上明显的损失高值中心。因此，在太行山脉以东、燕山山脉以南地区，虽然致灾因子强度较低，但其经济相对发达集中，受雪灾影响的损失风险相对较高，表明经济损失风险受到致灾因子强度和自身 GDP 大小的共同作用。

6.12.3　架空输电线覆冰风险区划

架空输电线覆冰风险区划思路：首先收集与整理气象资料、电力灾害资料，将电力灾害中的实际覆冰厚度换算成标准冰厚和设计冰厚；接着对电线覆冰的孕灾环境和致灾因子进行识别，分析致灾因子、孕灾环境与电线覆冰的关系，选择与电线覆冰相关好的孕灾环境因子，建立每个因子与覆冰厚度的函数关系；然后计算具有长序列覆冰资料站 30 a、50 a 一遇的覆冰厚度,再由孕灾环境因子与覆冰厚度的函数关系求出 30 a、50 a 一遇的覆冰厚度的孕灾环境因子订正公式,最后利用地理信息系统的空间栅格计算功能进行网格推算,从而得到标准冰厚和设计冰厚的风险区划图。

下面以鄂西南架空输电线覆冰风险区划为例予以说明(章国材,2014)。

(1)资料收集整理

收集与整理的资料包括气象资料、电力事故资料和地理信息资料等。具体见下表 6.54。

表 6.54 资料信息表

电力-灾害资料收集	地域,线、站名称,电压(kV),故障时间,故障点,故障类型,经度,纬度,高度等;电力损失情况;冰害事故记录	湖北省	所有
电力-灾害资料地理信息化处理	建立灾害数据地理信息文件	湖北省	有经、纬度的灾害点
高程数据	反映地表海拔高度	湖北省 1∶5 万	
河网	河道、湖泊水库影响因子(距离)	湖北省 1∶5 万	最新
土地利用/覆盖	2000 年湖北省 TM30M 土地利用/覆盖数据	湖北省 1∶5 万	最新
坡度	某点所处 TIN 表面与水平面的夹角	湖北省 1∶5 万	最新
坡向	某点所处三角形面的坡向	湖北省 1∶5 万	最新
表面阴影	计算栅格单位照明值,表征地形立体形态		最新
坡度变率	提取坡向变化率,反映地表局部微小范围内坡向的最大变化情况	湖北省 1∶5 万	最新
坡向变率	地面坡度在微分空间的变化率,表征地面高程相对于水平面的二阶导数	湖北省 1∶5 万	最新
粗糙度	特定区域内地球面积与其投影面积之比,反映地表形态的宏观指标	湖北省 1∶5 万	最新
起伏度	特定区域内,最高海拔与最低海拔高度差,描述区域地形特征的宏观指标	湖北省 1∶5 万	最新
山脊线	山脊和山谷线构成地形起伏变化的骨架线,山脊表示分水性、山谷表示汇水性	湖北省 1∶5 万	最新
山谷线		湖北省 1∶5 万	最新

电力灾害资料为湖北省境内 20 世纪 80 年代后期以来的故障调查资料,资料中有明确经、纬度的灾害点 82 个,有覆冰厚度记载的 49 个(图略)。对 82 个灾害点进行地理信息化处理,读取相应的地理信息。

(2)实测冰厚与标准冰厚、设计冰厚转换

对于电线覆冰厚度,输电线线路的不同高度、不同线径以及不同覆冰密度等有不同的参数。因此评估覆冰厚度与气候条件、地形地貌的相互关系需要在同一覆冰厚度计量标准下进行。根据《电力工程气象勘测技术规程》(DL/T 5158—2002,以下简称《规程》)对实测冰厚与标准冰厚进行转换,将标准冰厚订正到 15 m 高 330 kV 的设计冰厚。标准冰厚计算公式如下:

$$B_0=\left(\frac{\rho}{0.9}(K_sR^2-4r^2)+r^2\right)^{0.5}-r \tag{6.65}$$

式中：B_0 表示标准冰厚，单位：mm；R 表示覆冰半径（包括导线），单位：mm；K_s 表示覆冰形状系数（$K_s=b/a$）；ρ 表示实测或调查覆冰密度，单位：g/cm^3；r 为导线半径，单位：mm。

根据标准冰厚推算设计冰厚：

$$B=K_hK_TK_\varphi B_0 \tag{6.66}$$

式中，B 表示设计冰厚，mm；B_0 表示标准冰厚，mm；K_h 表示高度订正系数；K_T 表示重现期换算系数；K_φ 表示线径订正系数，这些参数在《规程》中都有计算公式。

（3）标准冰厚、设计冰厚（300 kV，15 m）与孕灾环境因子的关系分析

① 相关性分析

对标准覆冰厚度、设计冰厚（300 kV，15 m）与孕灾环境因子的相关性进行分析，结果表明，各孕灾环境因子与设计冰厚的相关性由高到低依次为地形起伏度、土地利用影响度、坡度、海拔高度、坡度变率、坡向、河网影响因子、山脊点影响、表面照明度、山谷点影响（相关系数见表 6.55）。孕灾环境因子与设计冰厚的相关程度由高到低依次为土地利用影响度、地形起伏度、坡度、海拔高度、坡向、坡度变率、河网影响因子、山脊点影响、坡向变率、山谷点影响、表面照明度。

表 6.55　标准覆冰厚度与孕灾环境因子相关性分析表

	标准冰厚	地形起伏度	土地利用影响度	坡度	海拔	坡度变率	坡向	水体影响范围等级	坡向变率	山脊点影响	表面照明度	山谷点影响
标准冰厚	1.00											
地形起伏度	0.67	1.00										
土地利用影响度	0.65	0.37	1.00									
坡度	0.60	0.89	0.26	1.00								
海拔	0.51	0.75	0.50	0.60	1.00							
坡度变率	0.37	0.64	0.36	0.49	0.63	1.00						
坡向	0.29	0.14	0.07	0.10	0.04	0.09	1.00					
水体影响范围等级	0.20	−0.04	0.16	−0.07	−0.26	−0.09	0.31	1.00				
坡向变率	−0.19	−0.12	−0.05	−0.24	0.07	0.25	0.09	0.16	1.00			
山脊点影响	0.16	−0.05	0.14	−0.11	0.03	−0.01	−0.05	0.10	0.32	1.00		
表面照明度	−0.12	−0.61	−0.16	−0.63	−0.51	−0.36	0.43	0.29	0.09	0.01	1.00	
山谷点影响	0.08	0.03	0.14	−0.19	−0.06	0.05	0.21	0.21	0.34	−0.04	0.11	1.00

对相关系数进行 F 检验（取信度为 0.01），只有地形起伏度、土地利用影响度、坡度、海拔高度、坡度变率等通过了检验。另外，由表 6.55 还可以看出，地形起伏度、坡度、坡度变率三者之间相关度很高，并不是独立的因子，选其中一个因子就行了，例如选坡度，则对电线覆冰厚度有明显影响的孕灾环境因子为土地利用影响度、坡度、海拔高度 3 个因子。

② 求孕灾环境因子与覆冰厚度的函数关系

求每个孕灾环境因子与覆冰厚度之间的最佳函数关系。得到覆冰厚度与海拔高度的函数关系如图 6.21 所示，坡度与覆冰厚度的函数关系如图 6.22 所示。

从覆冰厚度与海拔高度、坡度关系图（图 6.21、图 6.22）可以看出，覆冰厚度随着海拔高度

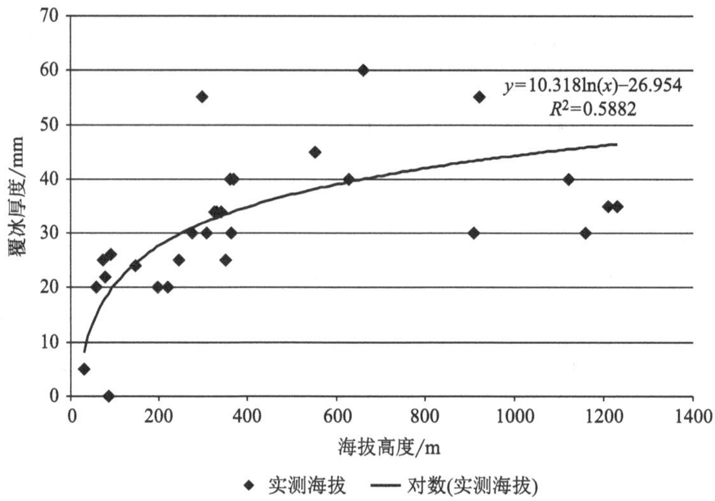

图 6.21　覆冰厚度与海拔高度的关系

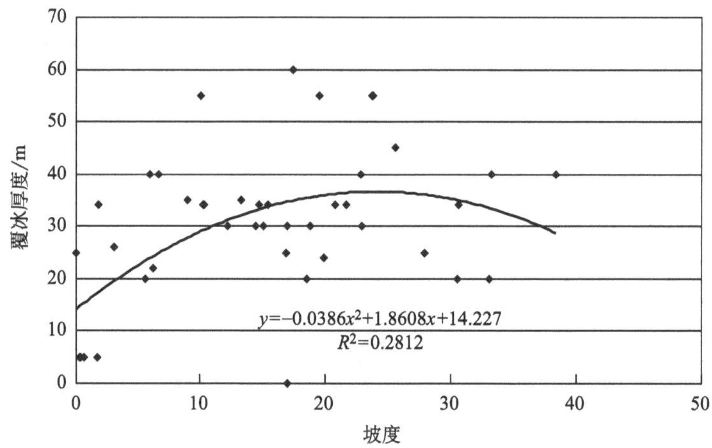

图 6.22　覆冰厚度与坡度的关系

的上升而增加，到一定高度(800 m)增加趋势减缓，用对数曲线拟合效果最佳，其函数关系为：

$$D = 10.358\ln z - 26.954 (R^2 = 0.5882) \tag{6.67}$$

式中：D 为标准冰厚，单位：mm；z 为海拔高度，单位：m。

覆冰厚度随着坡度增加有一个先升后降的过程，坡度在 20°～30°之间时，最容易覆冰，用二次曲线拟合效果最好，其函数关系为：

$$D = -0.0386\alpha^2 + 1.8608\alpha + 14.227 (R^2 = 0.2812) \tag{6.68}$$

式中：D 为标准冰厚，单位：mm；α 为坡度，单位：°(度)。

(4)求 30 a、50 a 一遇的电线覆冰厚度

首先求有长序列覆冰观测资料的气象站 30 a、50 a 一遇的覆冰厚度，由于鄂西南地区只有绿葱坡站有 25 a 以上的电线覆冰样本数据，故只对绿葱坡站进行计算。然后再求各孕灾环境因子的覆冰厚度订正值。

① 绿葱坡站 30 a、50 a 一遇的覆冰厚度(表 6.56)

表 6.56　绿葱坡 30 a、50 a 一遇的覆冰厚度

观测开始时间	观测结束时间	年平均雨凇日数/d	年平均雾凇日数/d	离地 20 m 高标准冰厚/mm			
				30 a 一遇		50 a 一遇	
				皮尔逊Ⅲ型分布	Gumbel 分布	皮尔逊Ⅲ型分布	Gumbel 分布
1957 年 1 月	1997 年 12 月	65.1	77.1	34.1	35.4	36.1	38.1

② 孕灾环境因子的覆冰厚度订正

任意网格点电线覆冰厚度 D 与绿葱坡电线覆冰厚度 D_0 之差可以表达为如下函数形式：

$$\Delta D = D - D_0 = f(h, \alpha, u, d) \tag{6.69}$$

式中，h、α、u、d 分别表示海拔高度、坡度、土地利用影响、坡向。

首先进行海拔高度订正，按照公式 $D = 10.318\ln h - 26.954$ 得：

$$\Delta D_h = 10.318\ln\left(\frac{h}{h_0}\right) \tag{6.70}$$

式中，ΔD_h 为海拔高度订正值，h_0 为绿葱坡的海拔高度。

我们同样可以求出土地利用影响度、坡度的标准冰厚(或设计冰厚)订正值 ΔD_U、ΔD_α，则得到任意网格点 30 a、50 a 一遇的标准冰厚(或设计冰厚)的计算公式：

$$D = D_0 + \Delta D$$
$$\Delta D = \Delta D_h + \Delta D_U + \Delta D_\alpha \tag{6.71}$$

③ 网格点设计冰厚推算

利用式(6.67)和式(6.68)，用地理信息系统的空间栅格计算功能计算每一个网格点 30 a、50 a 一遇的标准冰厚和设计冰厚，便得到了架空输电线覆冰的风险区划图 6.23(彩)。

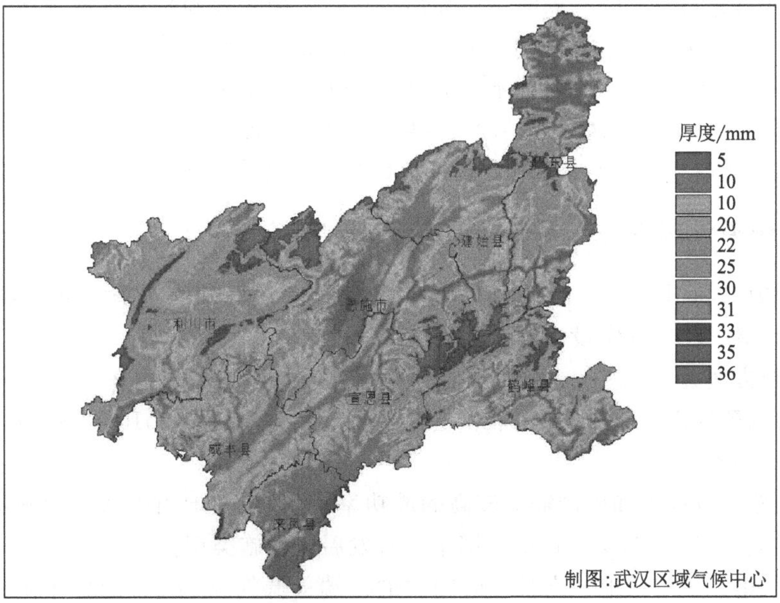

图 6.23(彩)　鄂西南区 30 a 一遇 26.82 mm 线径电线覆冰厚度分布图

6.13 低温冷害风险区划

针对农业的低温冷害风险区划开展得比较好，目前低温冷害风险区划只有低温冷害指标一种方法。

6.13.1 黑龙江省玉米延迟型冷害指标

在3.10.1节中我们选择5—9月气温距平作为黑龙江省玉米延迟型冷害气象指标，并根据减产率确定了黑龙江省不同品种玉米延迟型冷害轻、重两级的指标。我们可以用这个低温冷害指标编制风险区划(章国材，2014)。

(1)格点冷害指标值的获取

编制低温冷害风险区划需要每个格点的低温冷害指标值。研究发现黑龙江省玉米延迟型冷害指标与海拔高度和纬度有较好的相关性，因此，可以将各站点的纬度和海拔与相应的低温冷害临界指标建立关系式，从而获得格点上的低温冷害临界指标值，关系式为：

$$\Delta T_{5\text{-}9}^{1}=0.148L+0.001615H-8.612 \tag{6.72a}$$

$$\Delta T_{5\text{-}9}^{2}=0.327L+0.003564H-18.303 \tag{6.72b}$$

式中，L为纬度(°)，H为海拔高度(m)，$\Delta T_{5\text{-}9}^{1}$和$\Delta T_{5\text{-}9}^{2}$分别为一般低温冷害临界指标值和严重低温冷害临界指标值。

当$\Delta T_{5\text{-}9}^{2}\leqslant\Delta T_{5\text{-}9}\leqslant\Delta T_{5\text{-}9}^{1}$时，出现一般低温冷害；当$\Delta T_{5\text{-}9}\leqslant\Delta T_{5\text{-}9}^{2}$时，则出现严重低温冷害。

(2)玉米延迟型冷害风险区划

经偏度、峰度检验，$T_{5\text{-}9}$服从正态分布，因此可以用正态分布描述$T_{5\text{-}9}$的概率分布规律。并由此计算出不同重现期冷害影响范围(图6.24)。

由图6.24可见，大兴安岭、黑河、伊春的大部、哈尔滨东部和牡丹江的山区半山区等地每3 a就会发生一次冷害，其中大兴安岭、黑河中部等地更是达到严重冷害程度；松嫩平原北部、三江平原南部等地每4 a会发生一次低温冷害，个别地区可达严重冷害程度；每5 a黑龙江省大多数地方都会至少遭受一次延迟型冷害，其中黑龙江省北部、哈尔滨东部和牡丹江的山区半山区等级可达严重冷害；每10 a黑龙江省各地都会至少遭受一次严重延迟型冷害。

6.13.2 安徽省设施农业冬季低温风险区划

李德等(2013)利用1960—2010年安徽省29个气象观测站的冬季气象监测资料，由年极端低温发生的气候概率，确定设施农业类型布局。

(1)资料与方法

资料取自安徽省内29个国家基本和基准气象观测站1960—2010年冬季(12月—次年2月)逐日气象观测资料。

从冬季设施运行成本和生产需要较高的成功率来说，当一地出现某种设施不能抵御的极端低温的气候概率(P)≥80%时，此地即不适宜发展该设施类型。

因此，如果事先获得某地一定长度时间内的极端最低气温(T_{min})的分布函数$F(X)$或概率密度函数$f(x)$，就可由$F(X)$或$f(x)$推测其不同等级极端低温(T)的发生概率，即

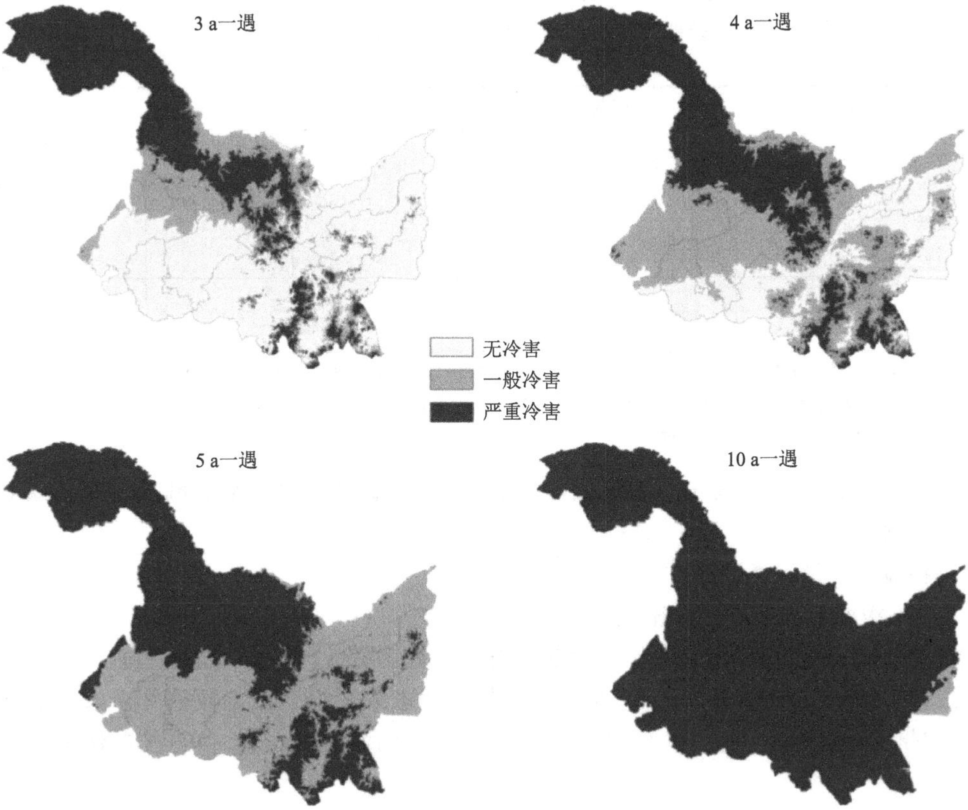

图 6.24　黑龙江玉米延迟型冷害风险区划

$F(X)=F_2-F_1$ 或 $P(T)=\int_0^T f(x)\mathrm{d}x$。如果这一等级的低温是某种设施类型所不能忍受的下限指标，则由低于这一极端低温界限指标发生的风险值的高低，即可确定某地冬季是否适宜发展某种设施类型。

确定极端最低气温序列分布函数时，需先判定序列是否符合正态分布，采用峰度(C_s)和偏度(C_e)对极端最低气温序列进行检验。若不符合正态分布，可采用正态信息扩散法获得某序列分布的概率密度。

(2)安徽省不同设施类型的低温危害指标

李天来(2011)研究表明，冬季极端最低气温出现≤−3.0 ℃和≤−5 ℃的气候概率≥80%的地区，分别不能采取塑料小拱棚和单层塑料大棚生产喜温瓜菜；出现≤−10 ℃的气候概率≥80% 的地区，只能采用日光温室来生产喜温瓜菜。根据不同设施形式所能抵御的极端低温和瓜菜生长发育对温度的基本要求，结合安徽省不同设施类型内外部温度关系及其不同保温措施的保温效果，综合得到不同设施类型的低温危害指标，见表 6.57。

由表 6.57 并结合喜温瓜菜正常生长发育对温度的基本要求可知，当设施内部出现 0 ℃以下低温即会引起喜温瓜菜发生冻害，出现 10 ℃ 以下的低温喜温瓜菜即会遭受冷害。从安全生产对避灾防灾的基本要求看，喜温瓜菜生育期偶遇一次低温冷害，可通过一定补救措施以减轻危害程度；但若连续发生低温冷害，则需改变设施类型或提高防御成本(如加温等)。

表 6.57 不同设施类型不同保温措施下发生冷冻害的内(T_{min}-in)、外部(T_{min}-out)最低温度指标(李德 等,2013)

单位:℃

	塑料小拱棚	塑料大棚		日光温室		
	1层草苫	1层草苫	1层草苫+内扣小拱	1层草苫	1层草苫+1层薄膜	1层草苫+1层薄膜+1层纸被
外部最低温度指标	−3.0*	−5.0*	−8.0*	−10.0**	−12.0**	−15.0**
内部最低温度指标	≤−1.0	≤−3.0	≤0.0	≤8.0	≤10.0	≤8.0

注:* 指外界气温低于此温度喜温瓜菜(在安徽省冬季主要指黄瓜、番茄、辣椒、茄子等,下同)会遭受冻害,轻者植株中上部叶片凋萎,幼茎呈水浸状,重者花果大量脱落;** 指外界气温低于此温度喜温瓜菜会发生低温冷害,轻者植株上部叶片凋萎,重者花果大量脱落,影响产量与品质。

因此,使用表 6.57 指标时,还应结合一地某界限低温发生的频率或风险概率高低对某种设施类型的影响。

(3)各地适宜设施类型分析

① 各站极端低温概率分布密度

李德等(2013)首先分别对各代表站冬季极端最低气温进行峰度-偏度检验。结果显示,芜湖、安庆等 14 个站点符合正态分布,采用极大似然法求取各自分布函数的 2 个参数的估计值(略)。宿州、寿县、蚌埠、宣城等 15 个不符合正态分布的站,采取正态信息扩散法求取各自的概率密度。

② 各地低温概率和适宜设施类型

李德等(2013)根据各站极端低温的概率分布密度,分别计算安徽冬季各站点不同等级低温指标(表 6.57)的发生概率(图略)。

从≤−3.0 ℃和≤−5.0 ℃的概率分布图(图略)可见,整个冬季安徽省各地出现≤−3.0 ℃甚至≤−5.0 ℃的概率均超过 0.8,尤其是沿淮和淮北平原甚至接近 1.0。说明安徽省整个冬季从南到北均不能采用单一的塑料大、中、小拱棚形式生产喜温瓜菜,而只能依靠提高设施保温能力(如增加保温材料的厚度)来生产如芹菜、萝卜等耐寒蔬菜。近年,沿江和江淮之间地区,冬季塑料大棚瓜菜常遭受低温冻害的主要原因即在此。

从≤−8.0 ℃的概率分布图(图略)可见,在和县、巢湖、经肥西、六安到岳西县以南的大部区域内其风险概率在 0.3~0.5 之间。表明这个区域内的冬季,可以采取“塑料大棚+内扣小拱棚”进行蔬菜生产。

由≤−10.0 ℃的概率分布图(图略)可见,安徽省整个冬季出现≤−10.0 ℃的概率在 0.2 以下的区域基本为沿淮河一线以南,即西起霍邱、经寿县至定远、再到明光市以南。在这些区域内,考虑到生产成本和危害低温的发生概率,一般不宜发展日光温室。

此线以北的整个淮北平原,出现≤−10.0 ℃的概率由南向北逐渐增大,尤其是自西部的阜南、利辛与颍上县交界处、经蒙城到固镇和五河县以北的范围内,≤−10.0 ℃的概率已高达 0.5 以上,这些区域需发展日光温室,方能在冬季生产喜温瓜菜。

李德等(2013)研究表明,在外部环境极端最低气温出现−12.0 ℃或以下时,采用“1 层草苫+1 层薄膜”进行保温的日光温室生产喜温瓜菜时,日光温室内部会出现低于 5 ℃的低温,将导致大部瓜菜尤其是坐果期的瓜菜(如黄瓜、茄子等)遭受低温冷害。因此,出现≤－12 ℃低温概率较高(≥0.3)的区域,冬季要实现瓜菜安全生产,必须适当提高日光温室的保温能力,常年要备好必要的保温材料,以抵御出现≤－12 ℃的强低温。分析各地出现≤－12.0 ℃的概率(图略)可见,沿淮淮北平原冬季出现≤－12 ℃的概率在 0.2～0.4 之间,发生概率超过 0.3 的区域,主要分布在淮北平原东北部,即从亳州、涡阳、经埇桥至灵璧、泗县一线往东的区域。

安徽省整个冬季≤－15.0 ℃的发生概率均较小,沿淮河以南地区,尤其是自霍山与岳西县交界处、经舒城县至含山县与和县的以南区域内基本不会出现≤－15 ℃的低温。在淮北平原出现≤－15.0 ℃的概率约 10 a 一遇,分布区域与出现≤－12.0 ℃的气候概率高值区域基本一致,主要分布在淮北平原东北部,在这些区域内,采取日光温室生产喜温瓜菜,遇冬季严寒年份必须采取“1 层草苫＋1 层薄膜＋1 层纸被(或棉毡)”方式进行保温,方能有效抵御强低温的危害。

李德等(2013)综合分析各等级低温区划概率分布情况认为,在冬季,安徽省以淮河为南北分界线,从淮河南侧到江淮之间,再到沿江江南,应以发展塑料大棚为主,即使是冬季低温风险较低的沿江江南地区冬季也不能利用塑料小拱棚生产蔬菜。在江淮之间遇到严寒年份,应发展塑料大棚内扣小拱棚的形式来抵御低温危害。沿淮河以北的淮北平原,在冬季应发展日光温室来栽培喜温瓜菜,尤其是冬季低温风险较高的淮北平原东北部大片区域内,发展日光温室时还应备足一定的保温材料,以防御出现低于－15 ℃的低温危害。整个淮北平原只有少数冬季偏暖年份,可以选择“塑料大棚＋小拱棚”的设施形式来生产喜温瓜菜,但遭遇低温危害的风险较高,这是生产中必须注意的问题。

6.14　其他自然灾害风险区划

至此,还有两个重要灾害:地质灾害和海啸的风险区划没有涉及。地质灾害风险区划编制难度大,在这里我们只谈一谈思路;虽然有很多学者在做海啸灾害风险区划,但因其不确定性很大,可用性大打折扣。例如,由于日本本州东北部海区的地震风险区划最高震级只有 7 级,但 2011 年 3 月 11 日 13 时 46 分(北京时间),却发生 M_w9.0 级特大地震,给福岛核电站造成了灭顶之灾,我们在 6.1 节已经谈过了。

6.14.1　地质灾害风险区划

虽然地质灾害对人类社会影响很大,但是几乎所有的地质灾害风险区划文章都是按照 1992 年联合国灾害风险计算公式(风险性＝危险性×易损性)或者“危险性＋易损性”进行的,根本找不到按本书风险原理和方法进行风险区划的文章。而恰恰是地质灾害风险区划最需要按本书的原理和方法编制,因为地质灾害的风险是人生命的损失。地质灾害风险区划必须明确地质灾害可能影响的区域,在地质灾害可能影响区域内不能建房屋和基础设施,如果确实需要建(例如高速公路),应当建什么标准的防护墙,以保证房屋或基础设施不会受到影响。不能回答这两个问题的风险区划,是我们所不需要的。

(1)地质灾害风险区划思路

地质灾害风险区划应当是在查明各种致灾地质作用的性质、规模和承灾对象社会经济属性(承灾对象的价值,可移动性等)的基础上,从致灾体稳定性概率上分析入手,对其潜在的危险性进行客观评估。

但是,致灾体稳定性概率是很难求得的,它不像洪水和风暴潮风险区划那样,用一个动力模型就可以得到不同概率下的降雨量或风力、气压,然后又可以用淹没模型得到淹没范围和水深,而求降雨型滑坡、泥石流的临界雨量和影响范围需要对每一条滑坡、每一条泥石流沟进行地质调查和认真分析求解,工作量是很大的。

对于降雨型滑坡灾害风险区划可以这样做:首先确定每一条滑坡的临界雨量和影响范围:根据长时间系列的历史降雨资料,设计降雨情景(包括雨量、历时和雨型),然后将每一种降雨情景下的降雨输入合适的滑坡动力模型,得到该滑坡的临界雨量和影响范围,临界雨量和影响范围的准确性取决于滑坡动力模型的科学性;其次,用经过自动雨量站的雨量校正的天气雷达估测降水,建立每一条滑坡所在地的临界雨量历时的年最大雨量系列,选择合适的概率密度函数,求该滑坡临界雨量的概率;如果样本数不足,可以用信息扩散方法求概率。如果滑坡临界雨量包括有效雨量和激发雨量,那么需要建立二者联立的概率密度函数,计算将更加复杂。但目前为止,尚没有人这样尝试过。

对于泥石流,因为至今没有可用的动力模型,所以只有通过地质调查和县志调查,如果能像舟曲泥石流沟那样,分析得到不同规模泥石流的临界雨量和影响范围,然后对照当地 T 年一遇的雨量,得到不同规模泥石流发生的超越概率。然而,对于绝大多数泥石流沟而言,这是很难做到的。

非降雨型地质灾害风险区划更是无任何方法可循。所以,与其做不了,或者编制很困难,不如另辟他途。例如,地质灾害易发性区划在防御地质灾害方面也很有用,尽管它不能代替风险区划。例如要求在地质灾害高易发性区内不建任何房屋,我们同样可以规避地质灾害的风险。但是,能不能做到这一点又是另一回事。例如,舟曲县城就是在地质灾害高易发性区内发展起来的,最后居然占用了泥石流沟,不造成灾害才怪呢!

(2)地质灾害易发性评价

滑坡易发性评价旨在确定一定区域内滑坡发生的空间分布概率。静态易发性评价假定评价因子(如地形因子)在很长一段时间不会发生重大变化,因此可以采用逻辑回归、确定性系数法以及一些机器学习的方法来进行易发性分区。

于成龙(2021)对吉林省和龙市典型地质灾害崩滑危险性进行区划研究。首先选取基于曲率分水岭法划分的形状多处于正三角形与圆形之间、面积更为均匀、内部坡向与坡度变化较小的斜坡单元为制图单元;根据研究区内崩滑地质灾害空间分布与地质环境的关系、崩滑地质灾害危险性区划相关文献,建立了包含岩土类、地形地貌类、地质构造类、植被覆盖类、气象水文类、人类活动类、诱发因素类、特殊地质环境类 8 大类共计 13 个评价指标在内的评价指标体系,并针对研究区特殊地质环境——长白山火山活动因子进行重点研究;接着对评价指标进行关联性分析,结果显示地层为 Q(第四系)与 J(侏罗系)、坡度区间为 18°～24°与 24°～30°、东南与南坡向、高程区间为 255～860 m、起伏度为 103～180 m,252～339 m,339～595 m、凸形坡、距离断层、河流、道路越近、裸地与人工植被与崩滑地质灾害危险性的相关性最高;然后选取信息量法(ICM)、层次分析法(AHP)、随机森林(RF)对研究区崩滑地质灾害危险性进行建模,并采用统计参数与受试者工作特征曲线进行模型优选,结果显示 RF 模型的预测精度最高;最后基于 RF 模型的区划结果对研究区崩滑危险性结果进行分析,结果显示低、中、高、极高危险分区面积占比分别为 40.28%、27.75%、19.09%和 12.88%，四个危险性等级分区中分别包含已知崩滑和不稳定斜坡地质灾害隐患点 0 个、2 个、31 个和 126 个，分别占已知崩滑和不稳定斜坡隐患点个数的 0.00%、1.26%、19.50%和 79.24%，且崩滑地质灾害危险性等级为高—极高的地区集中分布在人类生活、生产活动十分集中的各城镇村庄周边，一旦发生崩滑等地质灾害，将造成较大的生命财产损失，因此，建议在这些地区加大灾害监测力度，实现对崩滑灾害的实时监测预警，重视防灾减灾工作的部署。

陈涛等(2020)以三峡库区秭归县郭家坝镇为研究区，从多源数据中提取 12 类滑坡评价因子，在采用网格单元作为评价单元的基础上，利用深度信念网络(Deep Belief Network，DBN)对该区域的滑坡易发性进行评价，生成了该区域的滑坡易发性分区图，并与浅层神经网络和传统的逻辑回归方法进行比较，采用受试者工作特征曲线、总体精度和 Kappa 系数 3 种精度评价方法对结果进行评价。结果表明，基于深度信念网络的滑坡易发性评价模型具有较好的稳定性，其预测结果的曲线下面积、总体精度、Kappa 系数在 3 个模型中最优，分别为 0.95、90%和 0.81，表明 DBN 在滑坡易发性评价中具有较好的预测能力。

李佳春等(2023)为了研究震后滑坡易发性评价结果的时效性，对四川省彭州市西北部龙门山镇银厂沟景区附近震后滑坡进行了遥感解译与野外调查，并筛选出 10 个易发性评价因子，利用确定性系数法，以斜坡为评价单元建立震后滑坡易发性模型。将研究区划分为 5 个易发性等级，根据滑坡解译数据的空间分布和数量关系特征分析易发性评价的时效性。结果表明：银厂沟地区基于 2010 年解译数据的震后滑坡易发性评价结果在 2010 年和 2014 年时效性较好，但于 2016 年以后滑坡发育情况差异较大，基本失去时效性。研究说明强震区震后滑坡易发性评价的时效性较短，针对震后灾害频发地区的滑坡易发性评价需要提升评价频率或开展多时相评价，以有效应用于滑坡风险治理。

6.14.2　海啸风险区划

海啸风险区划有基于历史数据和基于数值模拟两种方法。

(1)基于历史数据的海啸风险区划

如果某一场地有足够的历史海啸观测记录，则可以统计出该场地的历史海啸浪高年超越概率，可以按照上面我们列举的诸多自然灾害风险区划中的统计分析法进行分析。例如，俄罗斯的堪察加半岛附近的海啸记录可以追溯到 3000 a 左右，其统计的海啸回归周期为 100 a 左右(Kurkin et al.，2004)。1977 年美国的 Houston 等将概率方法与简单的地震发生模型结合计算了夏威夷群岛海啸浪高的发生频率。但是，特大地震往往具有很长的历史重现期，有些地区从有地震记录起至今也仅有几百年甚至更短，若使用记录到的历史最大地震作为海啸潜源的震级上限，显然会低估海啸潜源的危险性。所以历史海啸观测记录是很不完备的，海啸是稀有事件，历史海啸观测记录中很难包含高强度的海啸，依靠少量样本或者样本虽多但缺少高强度海啸样本，做极值分析，是得不到可信的结论的。

(2)基于数值模拟的海啸风险区划

对于那些没有足够历史海啸观测记录的地区，例如我国的古海啸沉积研究处于起步阶段，不能为概率方法提供可靠的地震海啸数据。因此只能采用基于数值模拟的分析方法来评价我国的地震海啸危险性。

将基于概率的地震海啸危险性分析方法(PTHA)定义为：对于某一给定海滨地区，要求给出将来若干年内一定海啸波高值的超越概率。其思路如下:①划分潜在地震海啸源区;②统计相关地震参数;③数值模拟地震海啸随机样本并计算沿岸波高,或统计历史地震海啸波高记录;④计算地震海啸波高年累积频率和超越概率。

宋昱莹等(2014)选取由美国康奈尔大学研究开发的COMCOT多网格海啸模型作为数值模拟的模型,基于数值模拟技术,给出了大鹏湾附近场点地震海啸波高超越概率曲线。

由于大鹏湾近场断层产生的地震海啸规模较小,对除本地外的区域基本无影响;且琉球海沟地震引发的海啸波在传播到大鹏湾的过程中受到台湾岛的阻碍。所以对于该场点,只需考虑马尼拉海沟、珠-坳中部断裂及担杆列岛海外段断裂的地震海啸危险性。根据中国地震局地质研究所、中国地震局地球物理研究所、中国地震局地震预测研究所于2011年发表的《琉球海沟、马尼拉海沟地震构造背景及震源参数评估报告》,以上三个海啸潜在源区地震活动性参数见表6.58。

表6.58 影响大鹏湾附近场点潜在地震海啸源区地震活动性参数(宋昱莹 等,2014)

地震海啸源	长度/km	宽度/km	深度/km	方向角/°	倾角/°	滑移角/°	震级上限/M_{uz}	b 值
马尼拉海沟	210	82	20	350	14	110	8.2	0.89
	310	109	20	29	20	110	8.6	0.98
	135	66	20	3	20	90	7.9	0.98
	140	66	20	351	20	90	7.9	0.98
	166	71	20	353	30	50	8	0.98
	142	66	20	308	30	50	7.9	0.98
珠-坳中部断裂	52	50	20	74	60	90	7.5	0.73
担杆列岛海外段断裂	135	50	20	63	60	90	7.5	0.73

马尼拉震级上限 M_{uz} 见表6.58;取7.0级作为起算震级 M_0;震级频度关系式中的 b 值见表6.58。担杆列岛海外段、珠一坳中部断裂震级上限 M_{uz} 见表6.58;取7.0级作为起算震级 M_0;区域性震级频度关系为 $\lg N=2.81-0.73M$,则 b 值取0.73。

宋昱莹等(2014)采用的COMCOT模型是康奈尔大学研制的一个多重网格耦合海啸数值模拟软件,模拟海啸从产生、深海传播到近岸爬高淹没的全过程。通过数值模拟与计算,得到了大鹏湾场点各波高值的超越概率,场点2.0 m的海啸波高100 a超越概率为16.19%,重现期为566 a。

宋昱莹等(2014)在数值模拟的过程中,发现在所有近海及局部潜在海啸源区产生的危险性中,马尼拉海沟的危险性起了主导作用。这是由于近海断层的震级上限仅为7.5,且近海水深浅,因此产生的海啸能量较小,造成的影响也较小。

(3)不确定性问题

刘也等(2022)将PTHA视为由两个过程组成:海啸的生成过程和海啸的传播过程。由于地质构造的不明确和地震的随机性,海啸产生和传播过程包含了大量的不确定性,既有随机不确定性,也有认知不确定性。海啸传播过程中的不确定性是相对较小的,主要与海啸的传播数值模型和水深数据有关。海啸生成过程的不确定性是PTHA中不确定性的主要来源,其中包含了对复杂的地震破裂过程的模拟和对随机性较强的地震发生位置、地震重现期等参数的确定。表6.59给出了PTHA中主要涉及的不确定性参数及模型，同时依据其性质进行分类，并给出建议的处理方法。对于随机不确定性，通常采用统计的方法给出参数的概率分布，可以对不确定性进行量化；对于认知不确定性，通常采用逻辑树的方法进行处理。

表6.59 PTHA中涉及参数的不确定性类型(刘也 等,2022)

	模型及参数	不确定性类型
传播过程	海啸传播模型	认知不确定性
	海洋水深数据	认知不确定性
生成过程	地震重现期模型	认知不确定性
	滑移分布模型	认知不确定性
	地震位置分布模型	认知不确定性
	倾角分布模型	认知不确定性
	破裂面面积模型	认知不确定性
	震级上限	认知不确定性
	地震震级	随机不确定性
	地震位置	随机不确定性
	地震深度	随机不确定性
	倾角	随机不确定性
	滑移角	随机不确定性
	破裂面积	随机不确定性

地震海啸是由发生在海底的地震使海床产生垂直位移扰动海水引起的。地震引起海床垂直位移的大小决定了海啸初始规模，因此震级被认为是影响地震海啸规模的主要因素之一。2004年印度洋海啸和2011年日本东北海啸发生前，由于人们对这两个地区的地震震级上限缺乏科学的认知，低估了海啸危险性，造成灾难来临时缺乏足够的应对措施和手段。因此，海啸潜源的震级上限是PTHA中的重要不确定性来源之一。震级上限属于认知不确定性，通常采用逻辑树的方法进行分析处理。刘也等(2022)以前述(1)讨论过的马尼拉海啸潜源震级上限不确定性为例，给出逻辑树方法分析不确定性的流程。

马尼拉海啸潜源是中国南海地区规模最大的潜源，由于中国南海地区复杂的地质条件和目前海底断层探测手段的匮乏，马尼拉海啸潜源的震级上限存在较大的认知不确定性。下文先对PTHA中的海啸潜源震级上限进行敏感性分析，随后给出针对震级上限不确定性的分析途径。

刘也等(2022)针对马尼拉海啸潜源，采用蒙特卡罗采样技术制定四个设定地震样本集，每个样本集的震级下限均设置为$M_W7.0$，震级上限M_{max}分别设置为$M_W8.6$，$M_W8.8$，$M_W9.0$和$M_W9.2$，每个样本集包含600次地震海啸事件。模拟每个样本集中的海啸事件生成和传播过程，记录每次地震海啸事件自发生10 h之内的目标场点波高分布，绘制危险性曲线。

根据Choi等(2001)的研究，海啸波高服从对数正态分布，但对数正态分布自变量的取值为零到正无穷，而海啸波高受海啸潜源震级上限的限制不可能无限变大。因此，采用截尾对数正态分布(truncated lognormal distribution)代替传统的对数正态分布对波高分布进行拟合，

将设定地震样本集中的最大震级地震引发的海啸在监测点产生的波高最大值作为截尾正态分布的上限,其概率密度函数为:

$$F(h;\mu,\sigma,b)=\frac{\varphi\left(\frac{\ln h-\mu}{\sigma}\right)}{h\sigma\varphi\left(\frac{\ln b-\mu}{\sigma}\right)} \tag{6.73}$$

式中:h 为海啸波高;μ 和 σ 分别为 $\ln h$ 的均值和标准差;b 为海啸波高上限,根据设定地震样本集中最大震级地震引发的海啸在目标场点产生的最大波高确定;φ 为标准正态分布概率密度函数。海啸波高超越 H 的概率为:

$$F(h\geqslant H;\mu,\sigma,b)=\int_H^b\frac{\varphi\left(\frac{\ln h-\mu}{\sigma}\right)}{h\sigma\varphi\left(\frac{\ln b-\mu}{\sigma}\right)}\mathrm{d}h \tag{6.74}$$

刘也等(2022)以中国东南沿海某场点为例绘制危险性曲线(图略),采用截尾对数正态分布的结果,当波高较小时与采用对数正态分布拟合的结果非常接近;当波高高于上限值时出现了截尾现象,年发生率快速趋于零。随着震级上限的增大,海啸波高的年发生率随之增大,相同重现期的海啸波高值也随之增大,震级上限的改变对 2500 a 重现期的海啸波高影响大于 975 a 重现期和 475 a 重现期的海啸波高,重现期越长,海啸波高对震级上限越敏感。因此,海啸潜源的震级上限改变将对海啸危险性结果产生显著影响,进行 PTHA 计算时应重点考虑震级上限引起的不确定性。

刘也等(2022)以不确定性参数震级上限 $M_{\max}$ 为例,构造一个简单的逻辑树模型。逻辑树的每一个分支代表根据不同模型估计的震级上限的取值,并对每个分支分配相应的权重。通常来说,逻辑树每一个分支的权重应当根据每个分支所代表的模型可信度进行分配,但本节的目的在于展示逻辑树方法的计算流程,给出处理认知不确定性的主体思路,故在此不对权重的取值进行讨论,只是简单地进行等权重分配,最终采取加权的方式计算年发生率:

$$v(h\geqslant H)=\sum_{i=1}^{n}W_i v_i(h\geqslant H) \tag{6.75}$$

式中:W_i 为第 i 分支的权重,此处设每个分支权重为 0.25;n 为分支数,此处 $n=4$;$v_i(h\geqslant H)$ 为每个分支其波高大于 H 的年发生率。

经过加权计算后的海啸危险性结果大于仅考虑震级上限为 $M_W8.6$ 和 $M_W8.8$ 情况下的结果,小于仅考虑震级上限为 $M_W9.2$ 情况下的结果,在波高 0~5 m 范围内与仅考虑震级上限为 $M_W9.0$ 情况下的结果较为接近,在 5~10 m 范围内年平均发生概率大于仅考虑震级上限为 $M_W9.0$ 情况下的结果。

由上述分析可见,这种采用逻辑树的方法实际上综合考虑了目前对物理或经验模型的多种认知可能性,可将不确定性的问题转化为确定性的问题。

除了海啸潜源的震级上限的认知不确定性外,刘也等(2022)还得到以下结论:地震破裂面倾角、滑移角和破裂面积的随机不确定性对海啸危险性分析结果的影响较为显著,取值不同时,危险性曲线差异明显。事件树方法加权平均后的预期危险性值保证率远高于 20%,略低于 80%,基本满足大多数工程抗海啸设计要求。

6.15　自然灾害风险区划更新问题

我们在第 2 章已经指出，当孕灾环境发生重大变化，或新建了防灾工程，自然灾害风险区划需要更新。在这两种情况下，需要利用孕灾环境发生重大变化或新建防灾工程后的致灾因子的数据重新编制风险区划。

另外一种情况是，由于气候变化等原因，致灾因子的强度在发生变化，自然灾害风险区划编制完成后若干年需要更新。与此同时，十几年来，气象和水文部门建立了大量的自动气象站和自动水文站，积累了大量地理分布更精细的雨量、温度、风向风速、水位等长系列的资料，为更新自然灾害风险区划提供了更好的条件。

风险区划更新的目的和作用在于用最新信息修正原有认识，减少由于认识不完善造成的主观不确定性和客观不确定性。风险更新是依据最新信息对原有风险分析结果进行修正更改的过程。用概率来度量风险时，风险更新就意味着概率分布参数的变动，甚至概率分布函数的变动。从旧样本估计结果变换到新旧样本估计结果的过程就是风险更新过程。最新信息表现形式多样，涵盖了风险分析中涉及的任何信息，例如专家经验、观测结果、社会环境变化等。最常见的风险更新是基于数据的风险更新，即最新信息为新观测资料。约束时空下的风险分析结果会随着数据量的增多或环境的改变而变化，认知并解释这一变化过程的行为就是风险更新行为。

由于新观测资料的加入，概率分布函数有可能发生变动，因此，我们需要用新旧样本（如果是孕灾环境发生重大变化或新建了防灾工程，则只能用新样本）重新检验概率分布函数，然后用通过统计检验的概率分布函数重新计算致灾临界条件的概率或超越某一概率的致灾临界条件灾害最大等级的空间分布，并阐述不同超越概率（或不同重现期）下自然灾害的风险。本章所介绍的方法大有用武之地。

参考文献

安徽省统计局,2011. 安徽省统计年鉴:2011[M]. 北京:中国统计出版社.

白媛,张兴明,徐品泓,2011. 青海省畜牧业雪灾风险评价研究[J]. 青海师范大学学报(自然科学版)(1):71-77.

包红军,张珂,晁丽君,等,2017. 基于水土耦合机制的流域滑坡预报研究[J]. 气象,43(9):1117-1129.

包红军,林建,曹爽,等,2020. 基于流域地貌的中小河流致洪动态临界面雨量阈值研究[J]. 气象,46(11):1495-1507.

边明远,李克强,2005. 基于双指数模型的纵向附着系数计算模型[J]. 农业机械学报,36(50):5-8.

车骞,2006. 基于 SWAT 模型的黄河源区分布式水文模拟[D]. 兰州:兰州大学.

陈辉,黄卓,田华,等,2009. 高温中暑气象等级评定方法[J]. 应用气象学报,20(4):451-457.

陈景武,1990. 蒋家沟暴雨泥石流预报[M]//吴积善,康志成,田连权,等. 云南蒋家沟泥石流观测研究. 北京:科学出版社.

陈舜华,吕纯谦,李吉顺,1994. 福建省台风灾害评估试验[J]. 中国减灾,4(3):31-34.

陈涛,钟子颖,牛瑞卿,等,2020. 利用深度信念网络进行滑坡易发性评价[J]. 武汉大学学报(信息科学版)(11):1809-1817.

陈伟,2022. 基于深度学习的三峡库区典型滑坡灾害预警研究及平台开发[D]. 宜昌:三峡大学.

陈笑娟,陈小雷,李婷,等,2019. 河北省设施农业的抗风能力及大风灾害风险预警[J]. 贵州农业科学,7:138-142.

陈长胜,2003. 海洋生态系统动力学与模型[M]. 北京:高等教育出版社:1-10.

崔春光,彭涛,沈铁元,等,2010. 定量降水预报与水文模型耦合的中小流域汛期洪水预报试验[J]. 气象,36(12):56-61.

崔利鹏,2023. 高层建筑塔式起重机施工过程中吊臂风荷载数值模拟研究[J]. 工程技术研究,8(130):1-4.

崔鹏,杨坤,陈杰,2003. 前期降雨对泥石流形成的贡献——以蒋家沟泥石流形成为例[J]. 中国水土保持科学,1(1):11-15.

崔鹏,高克昌,韦方强,2005. 泥石流预测预报研究进展科学发展[J]. 20(5):363-369.

邓夕胜,张元,唐煜,2021. 基于失效概率的边坡降雨阈值曲面探讨[J]. 中国地质灾害与防治学报(3):70-75.

丁大发,1999. 黄河下游防洪工程体系减灾效益分析方法及计算模型研制报告[R].

丁继新,杨志法,尚彦军,等,2006. 降雨型滑坡时空预报新方法[J]. 中国科学 D 辑地球科学,36(6):579-586.

丁玉蓉,王世彬,刘仕潮,等,2022. 黄骅市沿海风暴潮灾害风险评估区划研究[J]. 海洋预报,39(4).

董姝娜,姜鎏鹏,张继权,等,2012. 基于"3S"技术的村镇住宅洪灾脆弱性曲线研究[J]. 灾害学,27(2):34-38+42.

董智强,王萌萌,李鸿怡,等,2019. WOFOsT 模型对山东省夏玉米发育期与产量模拟的适用性评价[J]. 作物杂志(5):159-165.

董智强,李曼华,李楠,等,2020. 山东夏玉米土壤干旱阈值研究与影响评价[J]. 中国农业科学,53(21):4376-4387.

段丽瑶,解以扬,陈靖,等,2013. 基于"城市内涝仿真模型"的天津沿海地区风暴潮灾害评估[R]. 全国气象灾害风险评估会议.

范江琳,郭小军,青泉,等,2020. 基于降雨分级的泥石流降雨 *I-D* 预报模型[J]. 气象科技,48(2):242-247.

冯·贝塔朗菲[法],1968. 一般系统论基础发展和应用[M]. 林康义,译. 北京:清华大学出版社.

冯红英,赵金涛,岳耀杰,等,2017. 棉花苗期雹灾损失定量分析[J]. 江苏农业科学,45(12):208-211.

冯涛,李迅,德平,等,2012. 高速公路不同路况下的安全限速[J]. 气象科技,40(5):865-868.

富水水库管理局,1992. 富水水库志[Z]. 富水:富水水库管理局:42-43.

傅太生,姚允龙,陆益,2007. 相应水位变化相关法预报长江干流感潮河段潮位的探讨[J]. 水文(4):56-58.

高华喜,殷坤龙,2007. 降雨与滑坡灾害相关性分析及预警预报阀值之探讨[J]. 岩土力学,28(5):1055-1060.

高钦钦,朱建荣,端义宏,等,2012. 对称和非对称台风对东海南海风暴潮影响比较[J]. 华东师范大学学报(自然科学版)(6):57-72.

葛涛涛,2019. 基于机器学习算法的日喀则地区泥石流易发性研究[D]. 南京:南京信息工程大学.

宫博亚,王容,2021. 江河重要控制断面水文干旱评价指标确定及旱情评价[J]. 中国防汛抗旱,31:87-92.

宫文壮,2009. 广东沿海地区村镇低矮房屋台风易损性研究[D]. 哈尔滨:哈尔滨工业大学.

顾小丽,钱燕珍,周伟军,等,2022. 台风"利奇马"灾害风险及气象服务效益评估[J]. 热带气象学报,38(1):35-42.

郭豪爽,郭伟其,邱桔斐,等,2020. 上海市金山区台风风暴潮灾害风险评估研究[J]. 海洋湖沼通报(6):18 26.

郭思顺,2010. 架空送电线路设计基础[M]. 北京:中国电力出版社:8-22.

郭文云,安佰超,裘诚,等,2021. 基于多源数据的台风风暴潮概率预报研究:台风集合的构建[J]. 海洋预报,38(1):26-33.

国家科委,国家计委,国家经贸委自然灾害综合研究组,1998. 中国自然灾害区划研究进展[M]. 北京:海洋出版社.

国务院灾害调查组,2022. 河南郑州"7·20"特大暴雨灾害调查报告[R]. 北京.

何飞,2010. 区域农业旱灾系统研究——以湖南蒸水流域水稻旱灾为例[D]. 北京:北京师范大学.

何娜,李井军,江祥伟,等,2021. 2021 年 5 月 11 日嘉禾雹灾过程及烤烟气象服务思考[J]. 农业灾害研究,11(10):45-46.

胡凯衡,葛永月,崔鹏,等,2010. 对甘肃舟曲特大泥石流灾害的初步认识[J]. 山地学报,28(5):628-634.

黄崇福,刘新立,周国贤,等,1998. 以历史灾情资料为依据的农业自然灾害风险评估方法[J]. 自然灾害学报,7(2):1-8.

黄发明,曹中山,姚池,等,2021. 基于决策树和有效降雨强度的滑坡危险性预警[J]. 浙江大学学报(工学版),55(3):472-482.

黄冠,简文星,谭宏大,2019. 花岗岩残积土水-力相互作用特性研究[J]. 安全与环境工程,26(2):195-201.

黄秀凤,2004. 模糊数学在地质灾害易发程度分区评价中的应用[J]. 南方国土资源,11:95-96+98.

贾慧聪,王静爱,潘东华,等,2011. 基于 EPIC 模型的黄淮海夏玉米旱灾风险评价[J]. 地理学报,66(5):643-652.

江志辉,华锋,曲平,2008. 一个新的热带气旋参数调整方案[J]. 海洋科学进展,26(1):1-7.

蒋娟,张火明,2011. SPLASH 诺模图的修正及应用[J]. 中国计量学院学报(3):277-281.

蒋天娇,简文星,姚远,等,2020. 基于改进 Green-Ampt 降雨入渗模型的花岗岩风化带边坡稳定性分析[J]. 安全与环境工程,27(2):58-65.

蒋兴良,中强,2010. 环境参数对导线覆冰厚度影响的试验分析[J]. 高电压技术,36(5):1096-1100.

井国庆,丁东,2017. 严寒地区高速铁路冰雪飞溅特性及防治研究[J]. 铁道工程学报,228:29-34.

康西言,等,2011. 冬小麦干旱指标及干旱预测模型研究[J]. 中国生态农业学报,19(4):860-865.

亢兴,张蓓,堵盘军,等,2015. 海岛地形下风暴潮单站统计预报方法研究[J]. 华东师范大学学报(自然科学版)(4):26-33.

赖成光,陈晓宏,赵仕威,等,2015. 基于随机森林的洪灾风险评价模型及其应用[J]. 水利学报,46(1):58-66.

李德,杨太明,刘瑞娜,等,2013. 安徽省设施农业冬季低温风险分析和区划[J]. 中国农业气象,34(6):703-709.

李恩越,2016. 变化环境下渭河流域干旱和洪水的风险评估[D]. 西安:西安理工大学.

李国英,段继军,孔军,等,2002. 2001 年北疆棉区低温冷害的发生特点及几点建议[J]. 新疆农业大学学报,25(3):24-28.

李汉浸,王运行,张相梅,等,2009. 濮阳高新区洪灾城市经济损失评估[J]. 气象,35(1):97-101.

李佳春,孟祥瑞,胡顺忠,等,2023. 震后滑坡易发性评价及其时效性研究[J]. 西华师范大学学报(自然科学版),44(3):269-278.

李健,2021. 黄、渤海区风暴潮致灾机理与风险评估研究[D]. 北京:中国科学院大学.

李兰,周月华,叶丽梅,等,2013. 基于 GIS 淹没模型的流域暴雨洪涝风险区划方法[J]. 气象,39(1):112-117.

李兰,周月华,周黄贞,等,2016. 暴雨诱发中小河流洪涝灾害风险区划方法研究[R]. 第 33 届中国气象学会年会 S9 水文气象灾害预报预警. 西安:11 月 2—4 日.

李丽敏,温宗周,李璐,等,2017. 基于多参数融合和 RBF 神经网络的泥石流预报[J]. 西安工程大学学报(1):77-81.

李璐,2019. 基于机器学习的滑坡地质灾害预报模型研究[D]. 西安:西安工程大学.

李宁,许健聪,2012. 无限长均质斜坡降雨入渗解析解[J]. 岩土工程学报,36(4):2325-2330.

李培仁,孙鸿娉,李军霞,2006. 冰雹对苹果的灾损模式研究[J]. 中国农业气象,27(2):84-88.

李树华,陈文广,彭云胜,等,1992. 广西沿海港口台风暴潮数值预报诺模图及最大增水预测[J]. 海洋通报(4):7-16.

李铁山,林德成,孙立,等,2003. 冷害与棉花的生长发育[J]. 石河子科技(3):3-4.

李婷,孙玉龙,陈笑娟,等,2018. 基于经济损失的河北省雪灾风险定量评估[J]. 灾害学,33(4):72-77.

李婷,陈笑娟,张静,等,2020. 基于脆弱性曲线的河北省日光温室大风灾害风险评估[J]. 湖北农业科学,59(4):63-69.

李天来,2011. 设施蔬菜栽培学[M]. 北京:中国农业出版社.

李香颜,刘忠阳,李彤宵,2011. 淹水对夏玉米性状及产量的影响试验研究[J]. 气象科学,31(1):79-82.

李向阳,程春田,林剑艺,2006. 基于 BP 神经网络的贝叶斯概率水文预报模型[J]. 水利学报,37(3):354-359.

李筱杨,朱克云,范广洲,等,2017. 吉林省春玉米生长期干旱指标研究[J]. 四川农业大学学报,35(1):1-9.

李翊,凌育洪,刘伯洋,2018. 低层四坡屋面风荷载数值模拟[J]. 广东土木与建筑,25(10):26-32.

李媛,孟晖,董颖,等,2004. 中国地质灾害类型及其特点——基于全国县市地质灾害调查成果分析[J]. 中国地质灾害与防治学报,15(2):29-34.

李云波,董泳,刘肖峰,等,2023. 基于 Slide 的水电站高边坡稳定性分析及支护方案研究[J]. 水力发电,49(3):29-32,103.

李云嫚,2018. 耦合降水集合预报的 SWAT 模型研究及其在洪水预报中的应用[D]. 武汉:华中科技大学.

李长江,麻土华,孙乐玲,等,2011. 降雨型滑坡预报中计算前期有效降雨量的一种新方法[J]. 山地学报,29(1):81-86.

李峥嵘,2021. 长江流域气象与水文干旱时空变化特征及干旱风险研究[D]. 宜昌:三峡大学.

廖玉芳,段丽洁,2010. 湖南电线覆冰厚度估算模型研究[J]. 大气科学学报,33(4):395-400.

林建,井国庆,黄红梅,2016. 严寒地区高速铁路冰雪飞溅与防治[J]. 铁道科学与工程学报,13(1):28-33.

刘彩红,王黎俊,王振宇,等,2012. 基于灾损评估的青海高原冰雹灾害风险区划[J]. 冰川冻土,34(6):1409-1415.

刘昌军,吕娟,翟晓燕,等,2021. 河南"21·7"暴雨洪水风险模拟及对比分析[J]. 水利水电快报,42(9):8-14.

刘传正,苗天宝,等,2011. 甘肃舟曲 2010 年 8 月 8 日特大山洪泥石流灾害的基本特征及成因[J]. 地质通报,30(1):141-151.

刘春霞,廖菲,赵中阔,2016a. 广州风暴潮数值预报模式(GZSSM-V1.0)规格书[R]. 广州:中国气象局广州热带海洋气象研究所.

刘春霞,赵中阔,袁金南,等,2016b. 南海海详气象数值预报系统(Grapes-MAMS)及其业务应用[J]. 热带气象学报,32(6):896-899.

刘敦龙,张少杰,杨红娟,2014. 基于水土耦合的泥石流预报系统设计与实现[J]. 计算机工程与设计,35(10):3667-3673.

刘改红,2016. 接触网参数对接触网风致响应的影响及风洞试验验证[J]. 铁道标准设计,60(2):144-148.

刘可群,场文刚,刘志雄,等,2011. 冬季大棚蔬菜低温冰雪灾害评估与预警研究[J]. 湖北农业科学(22):4617-4621.

刘荣花,2008. 河南省冬小麦干旱风险分析与评估技术研究[D]. 南京:南京信息工程大学.

刘耀龙,陈振楼,王军,等,2011. 经常性暴雨内涝区域房屋财(资)产脆弱性研究——以温州市为例[J]. 26(2):66-71.

刘也,任叶飞,温瑞智,等,2022. 海啸危险性概率分析的不确定性研究[J]. 地震学报,44(4):688-699.

刘义花,苏建军,2013. 青海省油菜旱灾风险评估与区划[J]. 安徽农业科学,41(20):8617-8620.

刘毅,吴绍洪,徐中春,等,2011. 自然灾害风险评估与分级方法论探研——以山西省地震灾害风险为例[J]. 地理研究,30(2):195-208.

刘勇,2016. 台风"妮妲"今早减弱掠过广州,广东多地仍将有暴雨[EB/OL]. (2016.8.2)[2016.9.30]. https/news. Vcwb. com/2016-08/02/content 22638456. htm.

刘元锋,李书博,2023. 统计分析法在辽宁省中小河流致洪暴雨临界雨量计算中的应用[J]. 监测预报,33(1):61-66.

刘媛媛,张丽,李磊,等,2020. 基于多变量 LSTM 神经网络模型的风暴潮临近预报[J]. 海洋通报,39(6):689-694.

吕志朋,2017. 广东省阳春市 3 个典型小流域山洪灾害分析研究[J]. 广东水利水电:36-41.

马东涛,祁龙,1997. 三眼峪泥石流灾害及其综合治理[J]. 水土保持通报,17(4):26-31.

马天男,2017. 基于大数据的电网覆冰灾害预测与风险管理研究[D]. 保定:华北电力大学.

马毅,2005. 广东省防潮警戒水位核定研究[D]. 青岛:中国海洋大学.

马玉平,王石立,王馥堂,2005. 作物模拟模型在农业气象业务应用中的研究初探[J]. 应用气象学报,16(3):293-303.

满开泉,王婷婷,丁闪峰,2020. 冰雪天气对高速铁路轨旁设备的影响及对策[J]. 铁路通信信号工程技术(RSCE),17(11):107-110,116.

孟宪红,2019. 城市暴雨内涝模拟与减缓研究[D]. 上海:上海师范大学.

潘铁夫,方展森,赵洪凯,等,1983. 农作物低温冷害及其防御[M]. 北京:农业出版社.

潘耀忠,1996. 中国近 40 年旱灾时空格局分析[J]. 北京师范大学学报:自然科学版,32(1):138-142.

庞丹琦,任传友,王艳华,等,2020. 基于产量损失的玉米水分适宜指数构建与评价[J]. 自然灾害学报,29(2):185-194.

彭涛,2011. 流域洪水预警预报中水文气象耦合技术方法研究[R]. 武汉:武汉大学博士后研究工作报告.

彭涛,宋星原,殷志远,等,2010. 雷达定量估算降水在水文模式汛期洪水预报中的应用试验[J]. 气象,36(12):50-55.

彭涛,殷志远,李兰,2014. 水文模型在计算中小流域致汛临界面雨量中的应用[J]. 气象,40(11):1354-1362.

齐述华,张源沛,牛铮,等,2005. 水分亏缺指数在全国干旱遥感监测中的应用研究[J]. 土壤学报,42(3):367-372.

邱川芷,2016."妮妲"台风过境未造成人员伤亡,"妮妲"为何看似不给力[EB/OL]. (2016-08-03)[2016-09-30]. https://city. Shenchuang. com/tfxx/2016-0803/372698. shtml.

任智博,付小莉,李南生,2019. 城市防涝风险分析研究——以武汉光谷中心城为例[J]. 土木工程,8(2):233-243.

沈策,施鹏佳,彭子平,等,2014. 大风条件下的架空输电线路停运概率模型[R]. 2014 年中国电机工程学会年会.

石勇,2010. 灾害情景下城市脆弱性评估研究——以上海市为例[D]. 上海:华东师范大学.

石勇,许世远,石纯,等,2009. 洪水灾害脆弱性研究进展[J]. 地理科学进展,28(1):41-46.

世界气象组织,2012. 标准化降水指数用户指南[Z]. WMO-No. 1090.

水利部,2013. 中国水利年鉴:第 6 卷第 7 册[M]. 北京:中国水利水电出版社.

水利部水旱灾害风险普查项目组,2021. 洪水风险区划及防治区划编制技术要求[Z].

司巧灵,杨传国,顾荣直,陈雨春,2018. HEC-HMS 模型在城市化流域洪水模拟中的应用[J]. 人民长江,49(4):17-22.

宋国煜,郭文云,葛建忠,等,2023. 基于多源数据的长江口概率风暴潮预报系统[J]. 海洋预报,40(1):10-20.

宋昱莹,温瑞智,任叶飞,等,2014. 沿海场点地震海啸危险性概率分析[J]. 地震工程和工程振动,34(增刊):1060-1064.

苏鹏程,刘希林,郭洁,2006. 四川泥石流灾害与降雨关系的初步探讨[J]. 自然灾害学报,15(4):19-23.

孙相雨,张明亮,陈伏彬,2019. 格构式塔吊结构风荷载数值模拟研究[J]. 建筑施工,41(8):1565-1568.

孙洋洋,2018. 渭河流域气象与水文干旱时空演变特征[D]. 杨凌:西北农林科技大学.

孙跃,任刚,孙鸿娉,等,2023. 一次高炮防雹的相控阵双偏振雷达观测特征[J]. 应用气象学报,34(1):65-77.

汤垚天,2008. 沿海地区低矮民居台风致破坏风险分析研究[D]. 重庆:重庆大学.

唐燕玲,徐卢笛,贺治国,等,2019. 洋山海域三维潮流和余流特征的数值模拟明[J]. 浙江大学学报(工学版),53(2):315-324.

王宝鉴,黄玉霞,周晓军,等,2012."5·10"岷县特大冰雹山洪泥石流灾害气象风险预警与服务[M]//毕宝贵,魏丽. 2012 年灾害性天气预报技术论文集. 北京:气象出版社.

王博妮,袁成松,等,2015. 2013 年初春一次平流雾过程对江苏交通的影响分析[J]. 气象与环境科学,38(1):46-53.

王晨,刘金萍,杨益众,等,2023. 干旱胁迫对棉花上棉蚜种群增长影响的评价方法[J]. 植物保护,49(1):193-199.

王虎,2013. 不同空间尺度台风风暴潮灾害情景模拟与风险评估[D]. 上海:华东师范大学.

王建鹏,薛春芳,解以扬,等,2008. 基于内涝模型的西安市区强降水内涝成因分析[J]. 气象科技,36(6):772-775.

王劲峰,1993. 中国自然灾害影响评价方法研究[M]. 北京:中国科技出版社.

王睛,钱传海,董林,等,2023. 台风"梅花"(2212)的主要特点和路径预报难点分析[J]. 海洋气象学报,43(1):52-62.

王丽荣,李姣,张素云,等,2019. 雷达对冰雹灾害落区的跟踪及鉴定[J]. 灾害学,34(3):66-70.

王念秦,申辉辉,鲁兴生,2021. 边坡变形监测技术发展现状及问题对策[J]. 科学技术与工程,21(19):7845-7855.

王培涛,于福江,赵联大,等,2012a. 越洋海啸的数值模拟及其对我国的影响分析[J]. 海洋学报,34(2):39-47.

王培涛,于福江,赵联大,等,2012b. 2011 年 3 月 11 日日本地震海啸越洋传播及对中国影响的数值分析[J]. 地球物理学报,55(9):3088-3096.

王培涛,于福江,刘秋兴,等,2013. 台风风暴潮异模式集合数值预报技术研究及应用[J]. 海洋学报,35(3):56-64.

王培涛,于福江,范婷婷,等,2014. 海啸波传播的线性和非线性特征及近海陆架效应影响的数值研究[J]. 海洋学报,36(5):18-29.

王喜娜,2016. 风暴潮灾害风险评估与事件预警研究[D]. 武汉:武汉大学.

王喜年,陈祥福,1984. 我国部分测站台风潮重现期的计算[J]. 海洋预报,1(1):18-25.

王一鸣,袁民豪,殷坤龙,等,2011. 浙东南山丘区泥石流爆发的临界雨量分析[J]. 中国地质灾害与防治学报,22(3):21-26.

王永明,蓝琳琳,2022. 2021 年 12 月美国龙卷风事件浅析[EB]. 应急管理部. 2022-07-05 16:46:37.

王月宾,2007. 渤海西岸致灾风暴潮的统计预报模型[J]. 气象,33(9):40-46.

王振波,李开成,贺玉芹,等,2018. 高寒天气对铁路轨旁设备的影响及防护[J]. 铁道通信信号,54(1):21-23.

王志强,2008. 基于自然脆弱性评价的中国小麦旱灾风险研究[D]. 北京:北京师范大学.

王志强,方伟华,史培军,等,2008. EPIC 农作物生长模型应用研究进展[J]. 北京师范大学学报(自然科学版),44(5):533-538.

王志强,方伟华,史培军,等,2010. 基于自然脆弱性的中国典型小麦旱灾风险评价[J]. 干旱区研究,27(1):6-12.

韦方强,胡凯衡,陈杰,2005. 泥石流预报中前期有效降水量的确定[J]. 山地学报,23(4):4453-4457.

魏军,俞海洋,胡会芳,等,2019. 石家庄市城市内涝气象风险监测预警系统研制及应用[J]. 中国农村水利水电,2:34-38,43.

魏新功,王振国,包红霞,2008. 降水原因造成的舟曲县地质灾害分析[J]. 甘肃科技,24(21):84-88.

温华洋,田红,唐为安,等,2013. 安徽省冰雹气候特征及其致灾因子危险性区划[J]. 中国农业气象,34(1):88-93.

温家洪,黄蕙,陈珂,等,2012. 基于社区的台风灾害概率风险评估——以上海市杨浦区富禄里居委地区为例[J]. 地理科学,32(3):348-355.

吴少华,王喜年,于福江,等,2002a. 连云港温带风暴潮及可能最大温带风暴潮的计算[J]. 海洋学报,24(5):8-18.

吴少华,王喜年,宋珊,等,2002b. 天津沿海风暴潮灾害概述及统计分析[J]. 海洋预报,19(1):29-35.

吴燕锋,章光新,2018. 松花江区气象水文干旱演变特征[J]. 地理科学(10):1731-1739.

谢德洛克,贾尔迪尼,格林塔尔,等,2001. 全球地震危险性评估计划(GSHAP)的全球地震危险性图[J]. 国际地震动态(10):25-29.

谢静芳,吕得宝,2006. 气象条件对高速公路路面抗滑性能影响的试验[J]. 气象科技,34(6):788-791.

谢文鸿,徐广珺,董昌明,2022. 基于 ConvLSTM 机器学习的风暴潮漫滩预报研究[J]. 大气科学学报,45(5):674-687.

谢五三,吴蓉,田红,等,2017. 东津河流域暴雨洪涝灾害风险区划[J]. 气象,43(3):341-347.

解以扬,韩素芹,由立宏,等,2004. 天津市暴雨内涝灾害风险分析[J]. 气象科学,24(3):342-349.

解以扬,李大鸣,李培彦,等,2005. 城市暴雨内涝数学模型的研究与应用[J]. 水科学进展,16(3):384-390.

邢颖,2014. 气候变化情景(B2)下中国洪水灾害风险的定量研究[D]. 北京:中国地质大学.

徐杰,过霁冰,陈智强,等,2022. 洋山港海域一次冷锋型温带风暴潮特征及各影响因子贡献的对比分析[J]. 热带海洋学报,41(4):126-135.

许焕斌,2001. 爆炸防雹中可能动力机制的探讨[J]. 气象学报,59(1):66-76.

许强,曾裕平,钱江澎,等,2009. 一种改进的切线角及对应的滑坡预警判据[J]. 地质通报,28(4):501-505.

许强,汤明高,黄润秋,2015. 大型滑坡监测预警与应急处置[M]. 北京:科学出版社.

许强,董秀军,李为乐,2019. 基于天-空-地一体化的重大地质灾害隐患早期识别与监测预警[J]. 武汉大学学报(信息科学版),44(7):957-966.

薛昌颖,霍治国,李世奎,等,2004. 华北北部冬小麦干旱和产量灾损的风险评估[J]. 自然灾害学报,12(1):131-139.

杨林,曹春荣,林秋,等,2015. 台风"苏力"灾害风险与防御行为效益评估[J]. 气象与环境学报. 31(1):106-

111.

杨梦兮,班欣,2014. 江苏北部沿海风电场气象灾害风险评估[J]. 气象科技,42(3):524-529.

杨庆,李明星,郑子彦,等,2017. 7种气象干旱指数的中国区域适应性[J]. 中国科学:地球科学,47(3):337-353.

杨绚,张立生,杨琨,等,2020. 台风大风低矮房屋易损性及智能网格预报的应用[J]. 气象,46(3):429-440.

姚成,章玉霞,李致家,等,2013. 无资料地区水文模拟及相似性分析[J]. 河海大学学报(自然科学版),41(2):108-113.

姚成,邱桢毅,李致家,等,2019. API模型和新安江模型的参数区域化研究与应用[J]. 河海大学学报(自然科学版),47(3):189-194.

姚健,叶子样,庄千宝,等,2010. 台风环境场特征相似预报方法[J]. 暴雨灾害,29(4):344-349.

殷洁,戴尔阜,吴绍洪,等,2013. 中国台风强度等级与可能灾害损失标准研究[J]. 地理研究,32(2):266-274.

殷志远,彭涛,王俊超,等,2012. 基于AREM模式的贝叶斯洪水概率预报试验[J]. 暴雨灾害,31(1):59-65.

尹丽云,梅寒,张腾飞,等,2022. 云南省精细化冰雹灾害危险性区划分析[J]. 灾害学,37(3):99-105.

尹庆江,王喜年,1987. 渤海台风潮预报的诺模图方法[J]. 海洋预报 (4):45-55.

尹庆江,吴少华,王喜年,1997. 美国SLOSH模式在我国的应用——杭州湾台风风暴潮的数值模拟[J]. 海洋预报,14(1):70-74.

尹圆圆,王静爱,赵金涛,等,2012. 棉花冰雹灾害风险评价—以安徽省为例[J]. 安徽农业科学,40(25):12506-12509.

游勇,柳金峰,陈兴长,2010."5·12"汶川地震后北川苏保河流域泥石流危害及特征[J]. 山地学报,28(3):358-366.

于成龙,2021. 和龙市典型地质灾害风险性区划与地质环境承载力综合评价研究[D]. 长春:吉林大学.

余斌,杨永红,苏永超,等,2010. 甘肃省舟曲"8·7"特大泥石流调查研究[J]. 工程地质学报,18(4):437-444.

余斌,朱渊,王涛,等,2014. 沟床起动型泥石流预报研究[J]. 工程地质学报,22(3):450-455.

余瀚,郭浩,王静爱,2023. 面向区划的台风灾害综合风险评价[J]. 中山大学学报(自然科学版). 62(1):86-95.

余学知,刘发挥,吴桂初,等,2001. 水稻田间干旱模拟试验研究[J]. 中国农业气象,22(3):20-23.

袁方超,吴向荣,张世民,2016. 海洋预警报工作探讨:以厦门海洋预报台"杜鹃"台风预警报工作为例[J]. 海洋开发与管理,33(4):87-89.

袁方超,张文舟,叶雨颖,等,2022. 厦门风暴潮淹没风险预警系统研究[J]. 海洋开发与管理(4):102-106.

原文林,高倩雨,张晓蕾,2018a. 基于成灾信息的山洪灾害临界雨量综合检验复核方法[J]. 水电能源科学,36(7):47-51.

原文林,刘美琪,宋汉振,2018b. 基于雨型的小流域雨量预警指标不确定性研究[J]. 中国农村水利水电(11):35-41.

曾碧球,解河海,查大伟,2020. 基于SPI和SRI的马别河流域气象与水文干旱相关性分析[J]. 湖北农业科技(12):40-44.

张弘,陈怀亮,徐爱东,等,2007. 河南省小麦条锈病发生发展气象等级预报研究[R]. 广州:中国气象学会年会.

张厚荣,张力,杨跃光,等,2008. 覆冰工况下耐张塔失效预警技术研究[J]. 南方电网技术,12(1):33-40.

张俊香,黄崇福,刘旭拢,2008. 广东沿海台风暴潮灾害的地理分布特征和风险评估(1949—2005)[J]. 应用基础与工程科学学报,16(3):393-402.

张璇,许杨,郝芳华,等,2022. 滦河流域气象干旱向水文干旱传播特征及风险分析[J]. 水利学报(2):165-175.

张学艺,张晓煜,李剑萍,等,2007. 我国干旱遥感监测技术方法研究进展[J]. 气象科技,35(4):574-578.

张永红,2004. 影响陕西棉花产量的气象因素分析[J]. 中国棉花,3(2):19-20.

章国材,2010. 气象灾害风险评估与区划方法[M]. 北京:气象出版社.

章国材,2014. 自然灾害风险评估与区划原理和方法[M]. 北京:气象出版社.

章卫军,廖青桃,杨森,等,2021. 从郑州“2021.7.20”水灾模型推演看城市洪涝风险管理[J]. 特别关注,31(9):1-4.

藏建升,温克刚,2008. 中国气象灾害大典·河北卷[M]. 北京:气象出版社.

庄晓翠,周鸿奎,王磊,等,2015. 新疆北部牧区雪灾评估指标及其成因分析. 干旱区研究,32(5):1000-1006.

长江流域规划办公室水文处,1980. 水利工程实用水文水利计算[M]. 北京:水利出版社:283.

赵东升,靳京,吴绍洪,2022. 区域地震灾害房屋脆弱性曲线构建研究[J]. 自然灾害学报,31(1):127-136.

赵龙,桑国庆,武玮,等,2022. 基于随机森林回归算法的山洪灾害临界雨量预估模型[J]. 济南大学学报(自然科学版),36(4):404-411,423.

赵人俊,1984. 流域水文模拟[M]. 北京:水利电力出版社:5-8.

赵人俊,王佩兰,1988. 新安江模型参数的分析[J]. 水文,8(6):2-9.

郑维,林修碧,1992. 新疆棉花生产与气象[M]. 乌鲁木齐:新疆科技卫生出版社.

中国地震局震灾应急救援司,2010,2015,2020. 2001—2005,2006—2010,2011—2015 年中国地震灾害损失评估汇编[M]. 北京:地震出版社.

中国社会科学院语言研究所词典编辑室,2016. 现代汉语词典[M]. 北京:商务印书馆.

周超,2011. 基于 ANSYS 的冰雹灾害风险评估与模拟方法研究[D]. 天津:南开大学.

周洪奎,武建军,李小涵,等,2019. 基于同化数据的标准化土壤湿度指数监测农业干旱的适宜性研究[J]. 生态学报,39(6):2191-2202.

周剑,汤明高,许强,等,2022. 重庆市滑坡降雨阈值预警模型[J]. 山地学报,40(6):847-858.

周瑶,王静爱,2012. 自然灾害脆弱性曲线研究进展[J]. 地球科学进展,27(4):435-442.

邹陈,陈冬花,吉春容,等,2012. 障碍型冷害对石河子棉区花铃期棉花生长的影响研究[J]. 中国农学通报,28(12):54-59.

AKBAS S O,BLAHUT J,STERLACCHINI S,2009. Critical assessment of existing physical vulnerability estimation approaches for debris flows[C]//Proceedings of Landslide Processes:From Geomorphologic Mapping to Dynamic Modeling. Strasbourg France:67-74.

ALMER W C,1968. Keeping track of crop moisture conditions,nationwide:The new crop moisture index[J]. Weatherwise,4(21):156-161.

American Meteorological Society,1997. Meteorological drought policy statement[J]. Bulletin of the American Meteorological Society,78:847-849.

AMYL Luers,DAVID B Lobell,LEONARD S Sklar,et al,2003. A method for quantifying vulnerability,applied to the agricultural system of the Yaqui Valley,Mexico[J]. Global Environmental Change(13):255-267.

ANON,Webster's,1989. Encyclopedic Unabridged Dictionary of the English Langnage,Gramercy Books[M]. New York:987-1458.

ATKINSON G D,HOLLIDAY C R,1997. Tropical Cyclone Minimum Sea Level Pressure-Maximum Sustained Wind Relationship for Western North Pacific[J]. Monthly Weather Review,105(4):421-427.

ATWATER B F,CISTEMAS Marco V,BOURGEOIS Joanne,et al,1997. Surviving a tsunami—lessons from Chile,Hawaii,and Japan[R]. U. S,Geological Survey Circutar t187.

BARBOLINI M,CAPPABIANCA F,SAILER R,2004. Empirical estimate of vulnerability relations for use in snow avalanche risk assessment[C]//Brebbia C ed. Risk Analysis Ⅳ. Southampton:WIT:533-542.

BELL R,GLADE T,2004. Quantitative risk analysis for landslides—Examples from Bildudalur,NW-Iceland[J]. Natural Hazards and Earth System Science,4(1):117-131.

BEN Wisner,2000. At Risk:Natural Hazards,People's Vulnerability and Disasters[M]. London:Routledge.

BLAIKIE P,CANNON T,DAVIS I,et al,1994. At Risk:Natural hazards,people's vulnerability and disasters[M]. Routledge New York:284.

BOHLE H C,DOWNING T E,WATTS M J,1994. Climate change and social vulnerability[J]. Global Environmental Change,4(1):37-48.

BURCKHARDT M,1993. Fahrwerktechnik Radschl up fregel systeme[M]. Wurzburg:Vogel-Verlag.

CANNONS H,GARTNER J E,WILSON R C,2008. Storm raifall conditions for flood sand debris flows from recently burned areas in southwestern Colorado and southern California[J]. Geomorphology,96:250-269.

CAPPABIANCA F,BARBOLINI M,NATALE L,2008. Snow avalanche risk and mapping:A new method based on a combination of statistical analysis,avalanche dynamics simulation and empirically based vulnerability relations integrated in a GIS platform[J]. Cold Regions Science and Technology,54(3):193-205.

CARDONA O D,HURTADO L E,CHARDON A C,et al,2005. Indicators of disaster risk and management Main technical report[R]. Program for Lath America and the Caribbean IADB-UNC/IDEA,World Bank,1-216.

CHANGNON JR S A,1971. Hailfall characteristics related to crop damage[J]. Journal of Applied Meteorology,10(2):270-274.

CHEN C,BEARDSLEY R C,COWLES G,et al,2011. An unstructured grid,finite—volume costal ocean model FVCOM manual[R]. Cambridge:Massachusetts Instinne of Technolog.

CHOI B H,HONG S J,PELINOVSKY E,2001. Simulation of prognostic tsunamis on the Korean Coast[J]. Geophysical Research Letters,28(1):2013-2016.

CLAUSEN L K,1989. Potential Dain Failure:Estimation of Consequences and Implications for planning[M]. Middlesex:Middlesex poly technic.

COLOMBI M,BORZI B,CROWLEY H,et al,2008. Deriving vulnerability curves using Italian earthquake damage data[J]. Bulletin of Earthquake Engineering,6(3):485-504.

CONLEY S P,PEDERSEN P,CHRISTMAS E P,2009. Main—stem node removal effect on soybean seed yield and composition[J]. Agronomy Journal,101(1):120-123.

DAVIDSON R A,LAMBER K B,2001. Comparing the hurricane disaster risk of U. S. Coastal counties[J]. Natural Hazards Review(8):132-142.

DEYLE R E,FRENCH S P,OLSHANSKY R B,et al,1998. Hazard Assessment:The factualbasis for planning and mitigation[M]//Burby R J. Cooperationg with Nature:Confronting Natural Hazards with Land Use Planning for sustainable Communities. Washington D C:Joseph Henry Press:119-166.

DILLCY M,CHEN R S,DEICHMARM U,et al,2005. Natural Disaster Hotepots:A Global Risk Analysis [R]. Washington D C:Hazard Management Unit,World Bank:1-132.

DOWNING T E,BUTTERFIELD R,COHEN S,et al,2001. Climate Change Vulnerability[M]. Oxford:Oxford Environmental Change Institute.

DUTTA D,HERATH S,MUSIAKE K,2003a. A mathematical model for flood loss estimation[J]. Journal of Hydrology,277(1/2):24-49.

DUTTA D,TINGSANCHALI T,2003b. Development of loss functions for urban flood risk analysis in Bangkok[R]. Proceedings of the 2nd International Symposium on New Technologies for Urban Safety of Mega Cities in Asia,ICUS,The University of Tokyo:229-238.

EIDSVIG U M,MEDINA-CETINA Z,KVELDSVIK V,et al,2011. Risk assessment of a tsunamigenic rockslide at Aknes[J]. Natural Hazards,56(2):529-545.

ELVIDGE C D,ZISKIN D,BAUGHK E,et al,2009. A fifteen year record of global natural gas flaring derived from satellite data[J]. Energies,2(3):595-622.

EMERGENCY PREPAREDNESS CANADA,1992. Evaluation of Peacetime Disaster Hazard[R]//Emergency Preparedness Program Course—Including Annexes A—D. Ottawa:Emergency Preparedness Canada.

FAN,YUNUS A P,SCARINGI,et al,2001. Rapidly evolving control of landslides after strong earthquake and implications for hazard assessments[J]. Geophysical Research Letters,48(1):e2020GL090509.

FEMA. HAZUS-MH,2003a. Flood Model:Technical Manual[S]. Washington D C:Federal Emergency Management Agency.

FEMA. HAZUS-MH,2003b. Flood Model: User Manual[S]. Washington D C: Federal Emergency Management Agency.

FUCHS S,2009. Susceptibility versus resilience to mountain hazards in Austria-paradigms of vulnerability revisited[J]. Natural Hazards and Earth System Science,9(2):337-352.

FUCHS S,HEISS K,HÜBL J,2007. Towards an empirical vulnerability function for use in debris flow risk assessment[J]. Natural Hazards and Earth System Science,7(5):495-506.

GALLI M,GUZZETTI F,2007. Landslide vulnerability criteria:A case study from Umbria,central Italy[J]. Environment Manage,40(3/4):649-664.

GARCIA R R,WEISS B E,MURPHY A H,1976. Relationships between crop damage and hailfall parameters on the hish plains[M]. Boulder:National Center for Atmospheric Research:28.

GEORGE A D E,1989. Race,ethnicity and the spatial dynamic:towards a realistic study of black crime,crime victimization and criminal justice processing of black[J]. Social Justice,17(3):153-166.

GISSING A,BLONG R,2004. Accounting for variability in commercial flood damage estimation[J]. Australian Geographer,35(2):209-222.

GREEN W H,AMPT G A,1911. Studies on Soil Physics: Ⅰ. Flow of air and water through soils[J]. J Agric Sci,4:1-24.

GREVING,2006. Multi-risk assessment of Europes region[M]//Birkmann J. Measuring Vulnerability to Hazards of National Origin. Tokyo:UNU Press:210-226.

GUMBEL E J,1958. Statistics of Extremes[M]. New York:Columbia University Press.

HENEKA P,HOFHERR T,2011. Probabilistic winter storm risk assessment for residential buildings in Germany[J]. Natural Hazards,56(3):815-831.

HOHL R,SCHIESSER H,ALLER D,2002a. Hailfall:The relationship between radar-derived hail kinetic energy and hail damage to buildings[J]. Atmospheric Research,63(1/2):177-207.

HOHL R,SCHIESSER H,KNEPPER I,2002b. The use of weather radars to estimate hail damage to automobiles:An exploratory study in Switzerland[J]. Atmospheric Research,61(3):215-238.

HOUSTON J R,CARVER R D,MARKLE D G,1977. Tsunami wave elevation frequency of occurrence for the Hawaiian Islands[R]. U. S. Army Corps of Engineers Waterways Experiment Station Technical Report:77-16.

HWANG H,LIU J,2004. Seismic fragility analysis of reinforced concrete bridges[J]. China Civil Engineering Journal,37(6):47-51.

SALVANO Briceno, 2008. International Strategy for Disaster Reduction[EB/OL]. [2008-06-24]. http://www. unisdr. org/eng/library/lib-terminology-eng%20 home. htm.

IPCC,2001. Climate Change 2001:Impacts, Adaptation and Vulnerability, Summary for Policymakers[M]. Geneva:WMO.

IRIGOYEN I,DOMENO I,MURO J,2011. Effect of defoliation by simulated hail damage on yield of potato euhivars with different maturity performed in Spain[J]. American Journal of Potato Research,88(1):82-90.

JACKSON R D,WILLIAM P K,BHASKAR J C,1988. A reexamination of the crop water stress index[J]. Irrigation Science,4(9):309-317.

JARVIS P S,1976. The interpretation of the variation in leaf water potential and stomatal conductance found in canopies in the field[J]. Philosophical Transactions of the Royal Society B:Biological Sciences,273:593-610.

JELESNIANSKI C P,SPLASH I,1972. Landfall Storm[M]. NOAH,Tech Man. NWS TDL-46,Washington:1-52.

JOHNS B,1978. The modeling of tital flow in a channel using a turbulence energy closure scheme[J]. J Phys Oceanogr,8:1042.

JONASSON K,SIGUROSSON S,ARNALDS P,1999. Estimation of Avalanche Risk[R]. Vedurstofu Islands n. R99001-ur01,Reykjavik.

KASPERSON J X,KASPERSON R E,2005. Vulnerability to global environmental change[M]. London:The Social Contours of Risk:245-285.

KATZ R W,GARCIA R R,1981. Statistical relationships between hail fall and damage to wheat[J]. Agricultural Meteorology(24):29-43.

KEYLOCK C J,BARBOLINI M,2001. Snow avalanche impact pressure-vulnerability relations for use in risk assessment[J]. Canadian Geotechnical Journal,38(2):227-238.

KHANDURI A C,MORROW G C,2003. Vulnerability of buildings to wind storms and insurance loss estimation[J]. Journal of Wind Engineering and Industrial Aerodynamics,91(4):455-467.

KOGEN F N,1990. Remote sensing of weather impacts on vegetation in non-homogeneous areas[J]. International Journal of Remote Sensing,11(8):1405-1419.

KURKIN A A,PELINOVSKII E N,CHOI B H,et al,2004. A comparative estimation of the tsunami hazard for the Russian Coast of the Sea of Japan Based on numerical simulation[J]. Oceanology C/C of Okeanologiia,44:163-172.

LANE H,1959. Simulated hail damage experiments in cotton[J]. Bulletin of the Texas Agricultural Experiment Station,934:1-16.

LEE K H,ROSOWSKY D V,2005. Fragile assessment for roof sheathing failure in high wind regions[J]. Engineering Structures,27:857-868.

LEONE F,LAVIGNE F,PARIS R,et al,2011. A spatial analysis of the December 26th,2004 tsunami-induced damages:Lessons learned for a better risk assessment integrating buildings vulnerability[J]. Applied Geography,31(1):363-375.

LEOPOLD C,KRIDEMAN P E,1975. Growth and Development of Plant[M]. Beijing:Scienee Press.

LINSLEY R,KOHLER M,PAULHUS J,1982. Hydmlogy for Engineers(third edition)[M]. New York:Mccmw—Hill.

LIU Yi,WU Shaohong,XU Zhongchun,et al,2011. Methodology for assessment and classification of natural disaster risk:A case study on seismic disaster in Shanxi Province[J]. Geographical Research,30(2):195-208.

LIU Z F,HE C Y,ZHANG Q F,et al,2012. Extracting the dynamics of urban expansion in China using DMSP-OLS Night time light data from 1992 to 2008[J]. Landscape Urban Plan,106(1):62-72.

LOTTO P D,TESTA G,2000. Risk assessment:A simplified approach of flood damage evaluation with the use of GIS[C]//Interpraevent 2000-Villach /Osterreich,Italy.

LUERS A L,2005. The surface of vulnerability:An analytical framework for examining environmental change [J]. Global Environmental Change(15):214-223.

MASKREY A,1989. Disaster Mitigation:A Community Based Approach[M]. Oxford:Oxfam.

MCKEE T B,DOESKEN N J,KLEIST J,1993. The relationship of drought frequency and duration to time scales[R]//Proceedings of the 8th Conference on Applied Climatology. Boston,MA:American Meteorological Society.

MCLAUGLIN P,DIETZ T,JAEGER C,et al,2003. The Human Dimensions of Global Environmental Change [M]. Cambridge ,MA:MIT Press.

MERGILI M,MARCHESINI I,ALVIOLI M,et al,2014. A strategy for GIS-based 3-D slope stability modelling over large areas[J]. Geosci Model Develop,7(4):5407-5445.

MERZ B,KREIBICH H,THIEKEN A,et al,2004a. Estimation uncertainty of direct monetary flood damage to buildings[J]. Natural Hazards and Earth System Science,4:153-163.

MERZ R,BLOSCHLl G,2004b. Regionalisation of catchment model parameters[J]. Journal of Hydrology,287 (1):95-123.

MOEL H D E,AERTS J C J H,2010. Effect of uncertainty in land use,damage models and inundation depth on flood damage estimates[J]. Natural Hazards,58(1):407-425.

NACHTERGAELE F,VAN VELTHUIZEN H,VERELST L,2009. Harmonized world soil database(version 1. 1)[R]. Rome,Italy,Laxenburg,Austria:FA0,IIASA.

National Oceanic and Atmospheric Administration, 1999. Community Vulnerability Assessment Tool: New Hanover County, Noah Carolina[R]. Charleston S C: National Oceanic and Atmospheric Administration Coastal Services Center.

NATURAL DISASTERS ORGANIZATION, 1991. Community Emergency Planning Guide[R]. Australia: Natural Disasters Organization.

NOAH Webster,1989. Webster's Dictionary[M]. Springfield:Merriam-Webster.

NICK Brooks,2003. Vulnerability,risk and adaptation:A conceptual framework[M]. UK:University of East Anglia.

ORSINI G A,1999. Model for buildings vulnerability assessment using the parameterless scale of seismic intensity(PSI)[J]. Earthquake Spectra,15(3):463-483.

PACEJKA H B,SHARP R S,1991. Shear force developments by pneumatic tires in steady-state conditions:A review of modeling aspects[J]. Vehicle Systems Dynamics,20:121-176.

PALMER W C,1965. Meteorological drought[R]. Washington D C:US Department of Commerce Weather Bureau.

PALMER W C,1968. Keeping track of crop moisture conditions,nationwide:The new crop moisture index[J]. Weatherwise,21:156-161.

PAPATHOMA-KHLE M,KAPPES M,KEILER M,et al,2011. Physical vulnerability assessment for alpine hazards:State of the art and future needs[J]. Natural Hazards,58(2):645-680.

PELLING M,MASKREY A,RUIZ P et al,2004a. United Nations Development Programme. A global report reducing disaster risk:A challenge for development[R]. New York:UNDP:1-146.

PELLING M,2004b,Visions of Risk:A Review of International Indicators of Disaster Risk and its Management[R]. ISDR/UNDP:Kings College,University of London:1-56.

PENG Tao,SHEN Tieyuan,CUI Chunguang,et al,2011. Application of the coupling technology of hydrometeorology on flood warning and forecasting in flood season[J]. Adv Geosci,23(7):1-8.

PENNING-ROWSELL E C,CHATTERTON J B,1977. The Benefits of Flood Alleviation:A Manual of Assessment Techniques[M]. UK:Gower Technical Press.

PERLES Roselló M J,et al,2009. Vulerability of human environment to risk:Case of groundwater contamination risk. Environment international(2):325-335.

QUINN N,LEWIS M,WADEY M P,et al,2014. Assessing the temporal variability in extreme storm-tidetime series for coastal flood risk assessment[J]. Journal of Geophysical Research Oceans,119(8):4983-4998.

SANDHOL T I,RASMUSSEN K,ANDERSEN J,2002. A simple interpretation of the surface temperature/

vegetation index space for assessment of surface moisture status[J]. Remote Sensing of Environment,79(2-3):213-224.

SATAKE K,2006. 海啸[J]. 薛艳,译. 世界地震译丛,3:59-75.

SEINO H,1985. Experimental study on crop damage by hail I:The effect of simulated hailfall on cop yield[J]. Journal of Agricultural Meteorology,40(4):361-368.

SEN Yang,1997. The Development of UNEP's APELL Programme in Shanghai[J]. Industry and Environment,20(3):36-37.

SHI B J,CHANG C H,2006. Damage survey of water supply systems and fragility curve of PVC water pipelines in the Chi-Chi Taiwan Earthquake[J]. Natural Hazards,37(1/2):71-85.

SHI Yong,XU Shiyuan,SHI Chun,et al,2009. A review on development of vulnerability assessment of floods [J]. Progress in Geography,28(1):41-46.

SIJ J W,OTT J P,OLSON B L S,et al,2005. Growth and yield response to simulated hail damage in guar[J]. Agronomy Journal,97(6):1636-1639.

SINGHAL A,KIREMIDJIAN A S,1996. Method for probabilistic evaluation of seismic structural damage[J]. Journal of Structural Engineering,122(12):1459-1467.

SINGHAL A,KIREMIDJIAN A S,1998. Bayesian updating of fragilities with application to RC frames[J]. Journal of Structural Engineering,124(8):922-929.

SIVAPALAN M,TAKEUCHI K,FRANKS S W,et al,2003. IAHS decade on predictions in ungauged basins (PUB),2003-2012:Shaping an exciting future for the hydrological sciences[J]. International Association of Scientific Hydrology Bulletin,48(6):857-880.

SMALL C,ELVIDGE C D,BALK D,et al,2011. Spatial scaling of stable night lights[J]. Remote Sens Environ,115(2):269-280.

SMITH D I,1994. Flood damage estimation—A review of urban stage damage curves and loss functions[J]. Water SA Manuscript,20(3):231-238.

SMITH K,1996. Environmental Hazards:Assessing Risk and Reducing Disaster[M]. New York:Routledge.

STEPPE W H M S,2012. Estimating evapotranspiration and drought stress with ground-based thermal remote sensing in agriculture:a review[J]. Journal of Experimental Botany,63(13):4671-4712.

TOBIN G A,MONTS B Z,1997. Natural Hazard:Explanation and Integration[M]. New York:The Guilford Press.

TURNER B L II,KASPERSON R E,MATSON P A,et,al,2003. A framework for vulnerability analysis in sustainability science[J]. Proceedings of the National Academy of Sciences of the United States of America,100(14):8074-8079.

UNDP,2004. Reducing Disaster Risk:A Challenge for Development[M]. USA:John S Swift co. www. undp.org/bcpr.

UN/ISDR,2004. Living with Risk:A Global Review of Disaster Reduction Initiatives 2004 Version[Z]. United Nations Publication.

United Nations,2002. Risk awareness and assessment[R]//Living with Risk. ISDR,UN,WMO and Asian Disaster Reduction Centre,Geneva:39-78.

United Nations,2005. Draft programme outcome document. Building the resilience of nations and communities to disasters:Hyogo framework for action 2005—2015[R]. World Conference on Disaster Reduction,Kobo,Hyogo,Japan.

United Nations Department of Humanitarian Affairs(UNDHA),1991. Mitigating Natural Disasters:Phenomena,Effects and Options:A Manual for Policy Makers and Planners[M]. New York:United Nations:1-164.

United Nation Department of Humanitarian Affairs(UNDHA),1992. Internationally Agreed Glossary of Basic Terms Related to Dissasters Managiment[R]. DNA/93/36,Geneva.

United Nations Disaster Relief Organization,1991. Mitigating Natural Disasters:Phenomena,Effects and Options:A Manual for Policy makers and Planners[R]. New York:United Nations.

UNU-EHS,2008. Core Terminology of Disaster Reduction[EB/OL]. Katharina Thywissew. Core Terminology of Disaster Reduction. UNU-EHS.

USACE,1985. Business Depth-Damage Analysis Procedures,U. S. Army Corps of Engineers[R]. Engineering Institute for Water Resources,Research Reports 85-R-5.

VICKERY P J,LIN J,SKERL J P F,et al,2006. HAZUS-MH hurricane model methodology. Ⅰ:hurricane hazard,terrain,and wind load modeling[J]. Nat Hazards Rev,7(20):82-93.

WANG H,刘晶波,2004. 地震作用下钢筋混凝土桥梁结构易损性分析[J]. 土木工程学报,37(6):47-51.

WEI Y,NEWMAN A V,HAYES G P,et al,2014. Tsunami forecast by joint inversion of real time tsunami waveforms and seismic or GPS Data:Application to the Tohoku 2011 tsunami[J]. Pure and Applied Geophysics,171(12):3281-3305.

WILIIELM C,1998. Quantitative risk analysis for evaluation of avalanche protection projects[C]//Hestness E. Proceedlings 25 Years of Snow Avalanche Research,aoslo:187-291.

WILLIAMS J R,JONES C A,KINIRY J R et al,1989. The EPIC crop growth model[J]. Transactions of the ASAE,32(2):489-511.

WILLIAMS J R,1997. The EPIC model[Z]. Remple,TX:USDAARS Grassland,Soil and Water Research Laboratory.

WILLMOTT C J,1981. On the validation of models[J]. Physical Geography 2(2):184-194.

WOJTIW L,RENICK J H,1973. Hailfall and crop damage in Alberta[R]//The 8th conference on severe local storms. Denver:138-141.

World Meteorological Organization(WMO),2012. Standardized Precipitation Index User Guide: WMO—No. 1090[M]. Geneva:WMO.

XUE Changying,HUO Zhiguo,LI Shikui,et al,2003. Risk assessment of drought and yield losses of winter wheat in the northern part of North China[J]. Journal of Natural Disasters,12(1):131-139.

YAMOAHA C F,WALTERS D T,SHAPIRO C A,et al,2000. Standardized precipitation index and nitrogen rate effects on crop yields and risk distribution in maize[J]. Agriculture,Ecosystems and Environment,80(1):113-120.

YEVJEVICH V, 1967. An objective approach to definitions and investigations of continental hydrologicdroughts[R]. COLORADO.

YU B,LI L,WU Y F,et al,2013. A formation model for debris flows in the Chenyulan river watershed,Taiwan[J]. Natural Hazards,68(2):745-762.

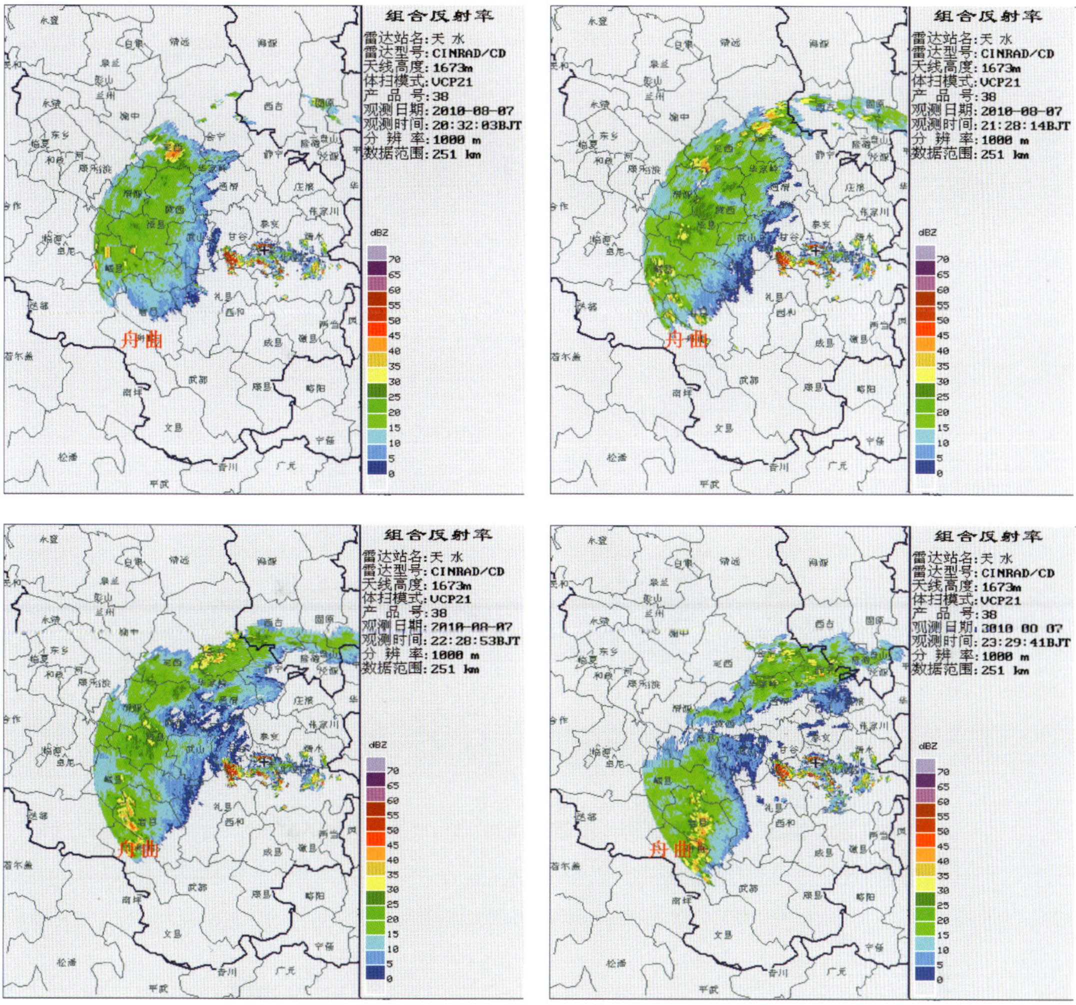

图 3.24　2010 年 8 月 7 日夜间甘肃天水雷达观测舟曲降雨回波图

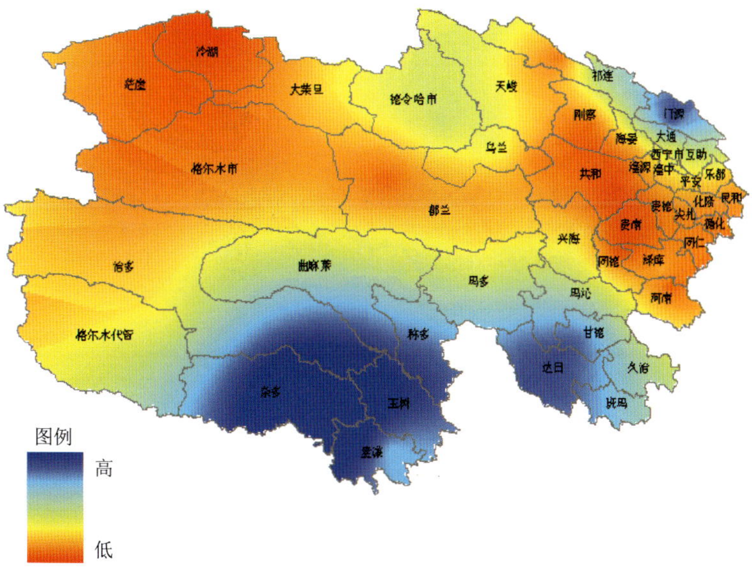

图 3.29　青海省致灾危险性因子——积雪指标分布图

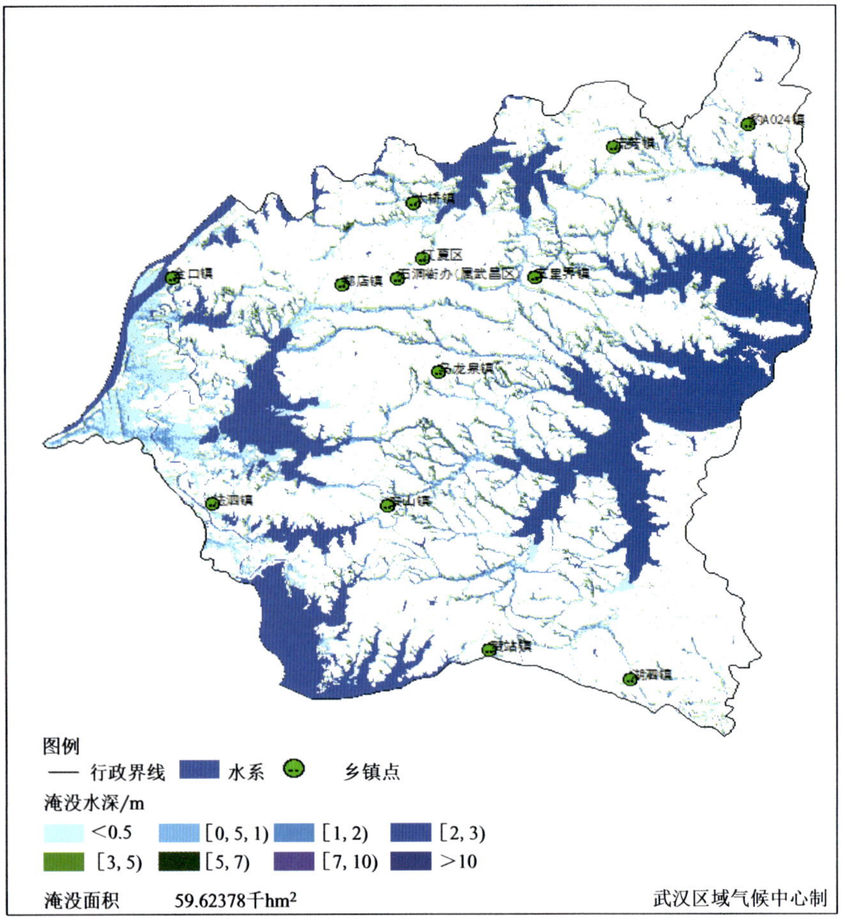

图 5.2　江夏洪涝淹没分布图

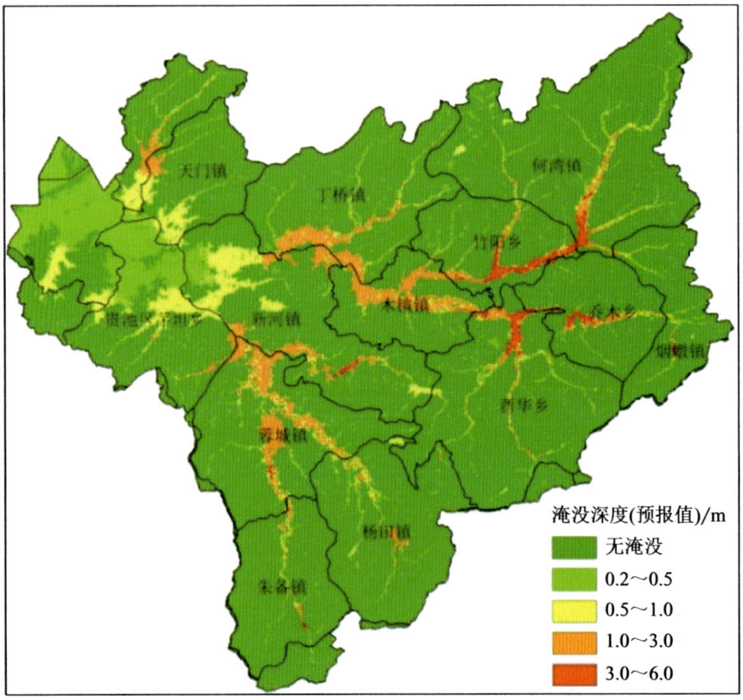

图 5.3　大通河暴雨洪水淹没预报图

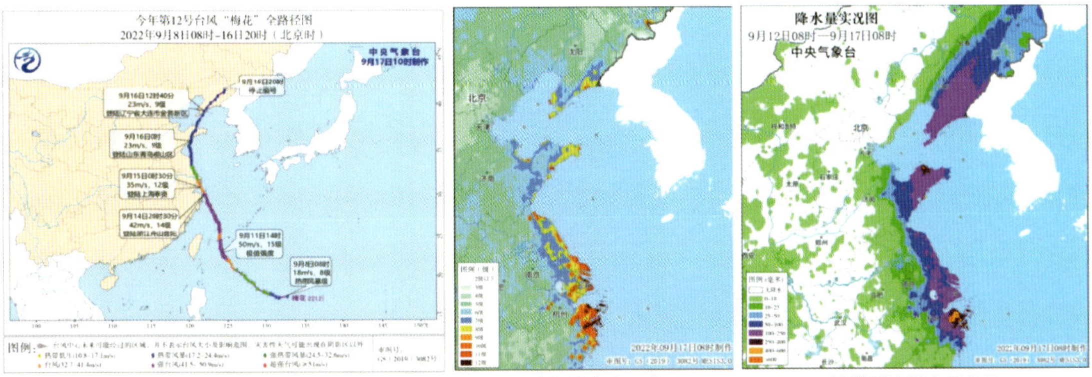

(a) 全路径　　(b) 过程最大阵风实况　　(c) 过程累计降水量实况

图 5.6　台风“梅花”路径及实况资料(王晴 等,2023)

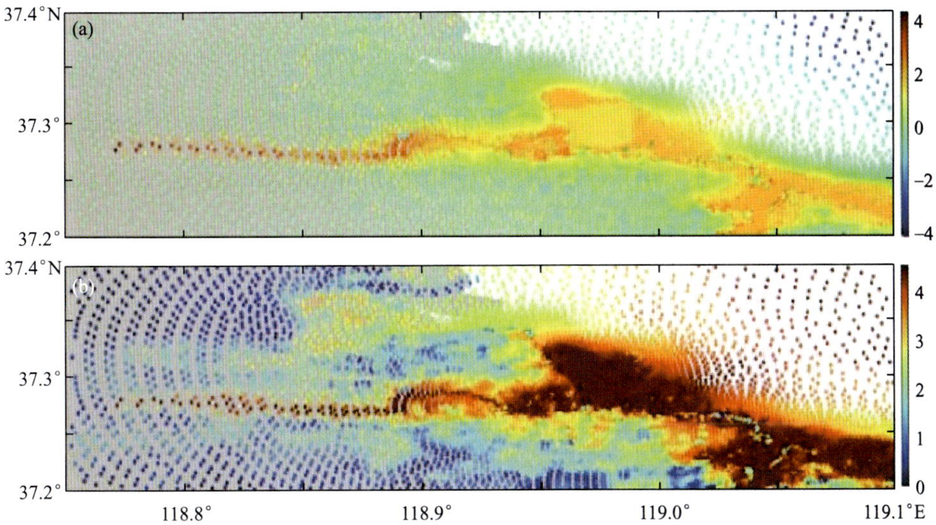

图 5.16　最大风暴增水时刻的洪水淹没图(a)和共同淹没图(b)

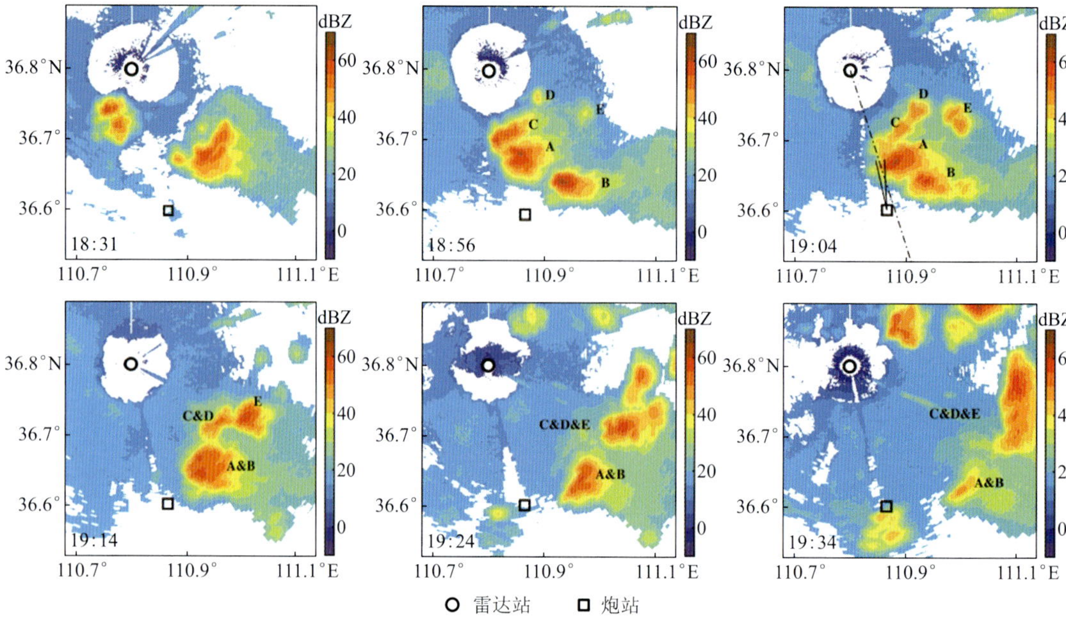

图 5.22　2021 年 6 月 28 日隰县 X 波段相控阵双偏振雷达的组合反射率因子(V 型黑实线为高炮防雹作业方位范围。黑色点划线为雷达 162°方位角，A—E 为单体编号，& 表示多个单体合并)(孙跃 等，2023)

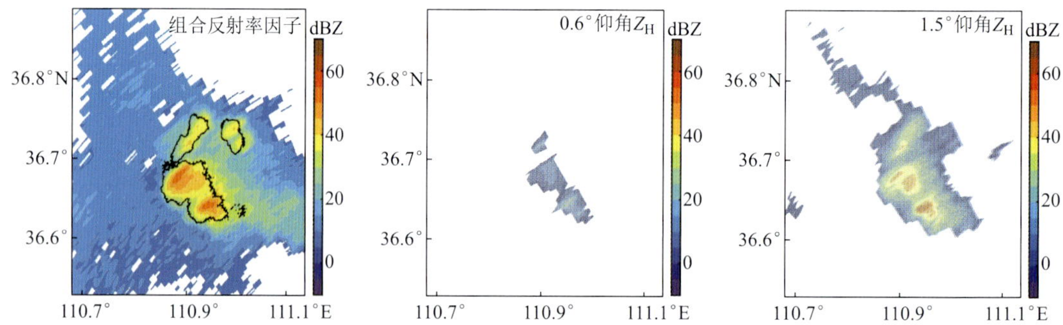

图 5.23　2021 年 6 月 28 日 19:01 临汾 C 波段业务天气雷达的组合反射率因子和低仰角 Z_H(孙跃 等，2023)

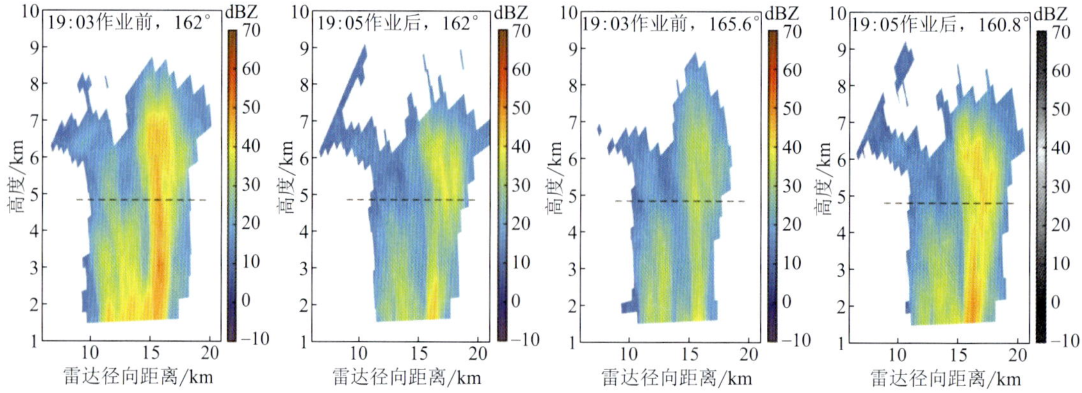

图 5.25　2021 年 6 月 28 日隰县 X 波段相控阵双偏振雷达探测的单体 A 作业前后 1 min RHI 的 Z_H(黑色虚线为 0 ℃层高度)(孙跃 等，2023)

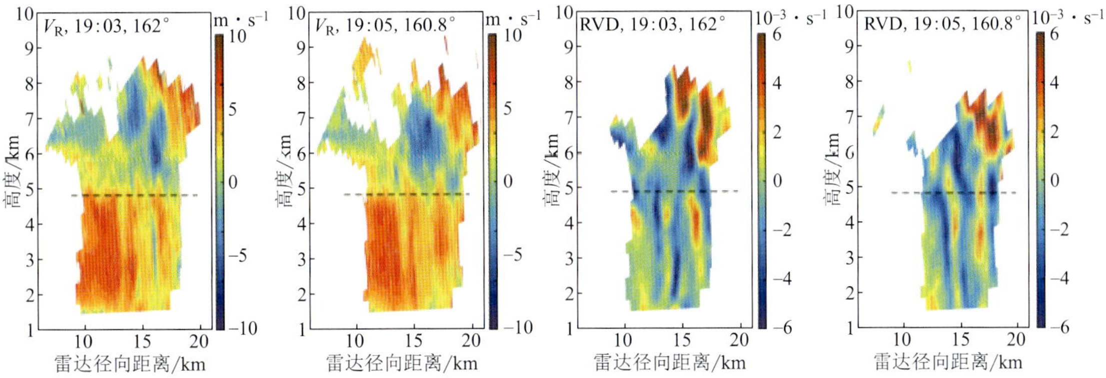

图 5.26　2021 年 6 月 28 日隰县 X 波段相控阵双偏振雷达探测的单体 A 作业前后 1 min 的 RHI 上的 V_R 和 RVD（黑色虚线为 0 ℃层高度）（孙跃 等，2023）

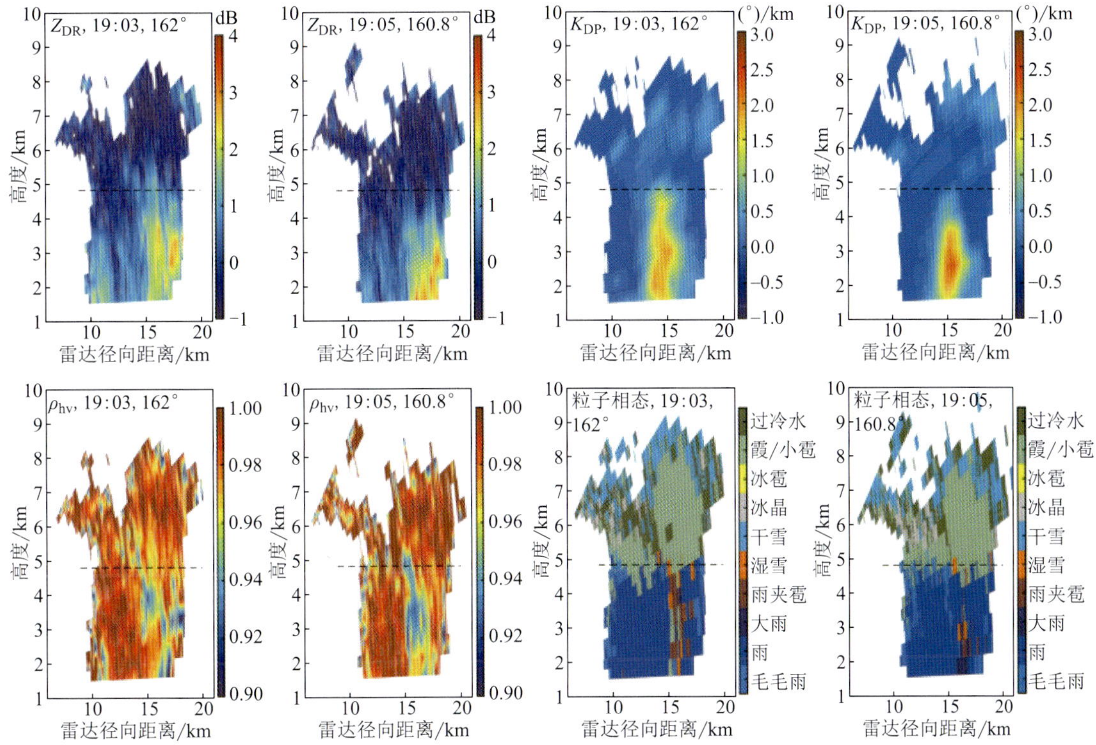

图 5.27　2021 年 6 月 28 日隰县 X 波段相控阵双偏振雷达探测的单体 A 作业前后 1 min 的 RHI 上的偏振参量和粒子相态(黑色虚线为 0 ℃层高度)(孙跃 等，2023)

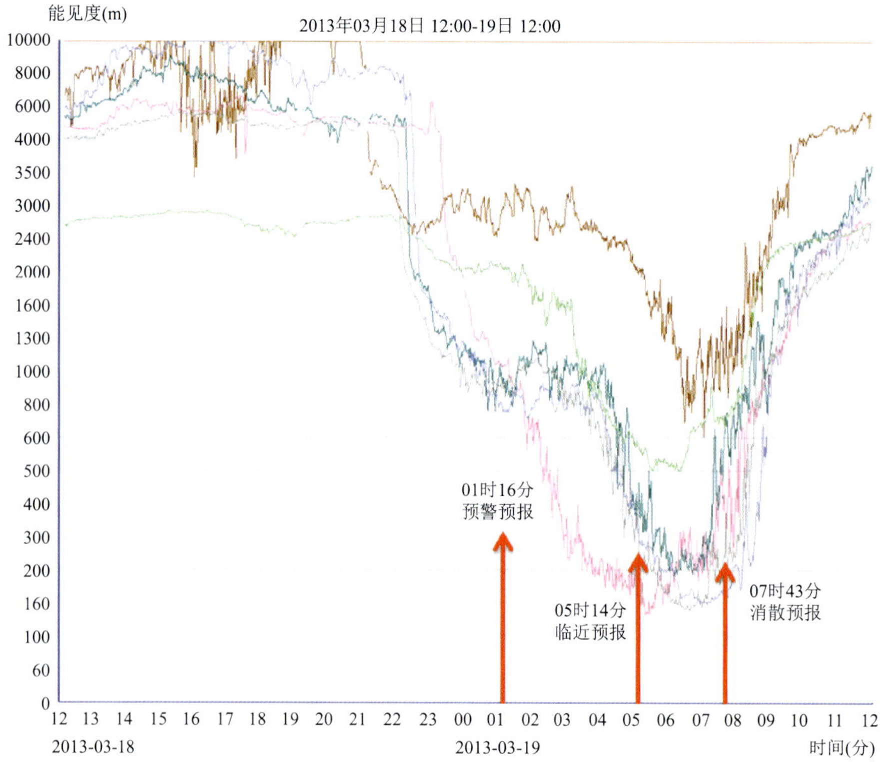

图 5.34　2013 年 3 月 18 日 12 时—19 日 12 时

宁靖盐高速公路能见度监测实况曲线

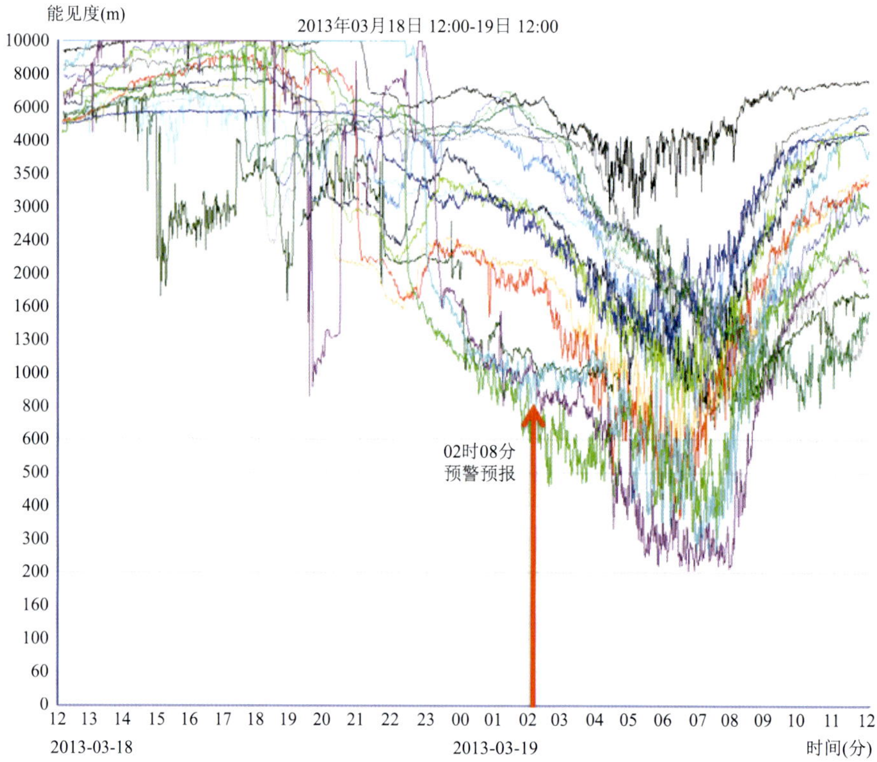

图 5.35　2013 年 3 月 18 日 12 时—19 日 12 时

宁靖盐高速公路能见度监测实况曲线

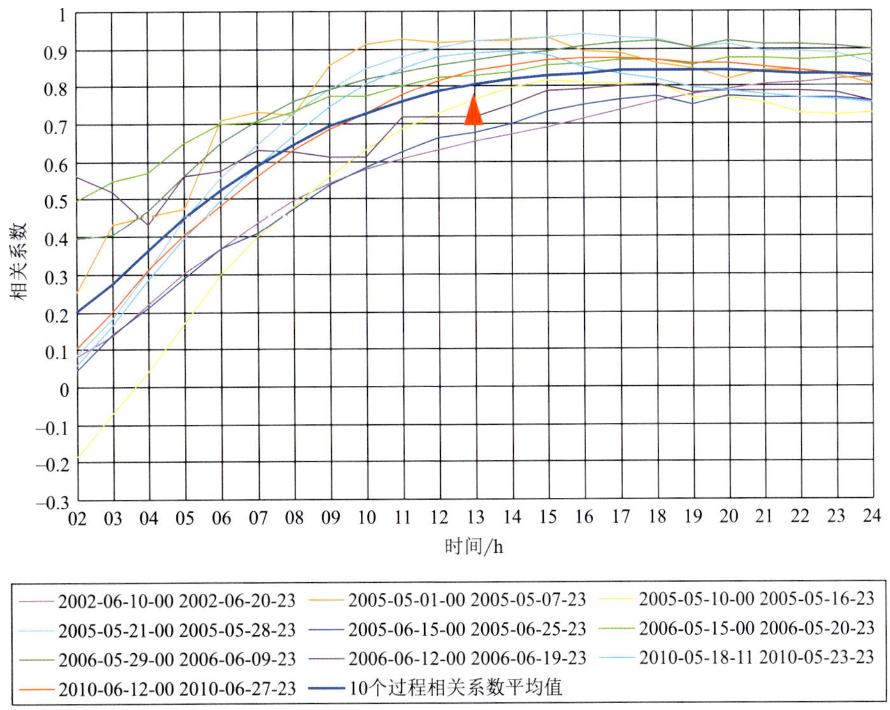

图 6.6　水位和滑动累积雨量相关分析

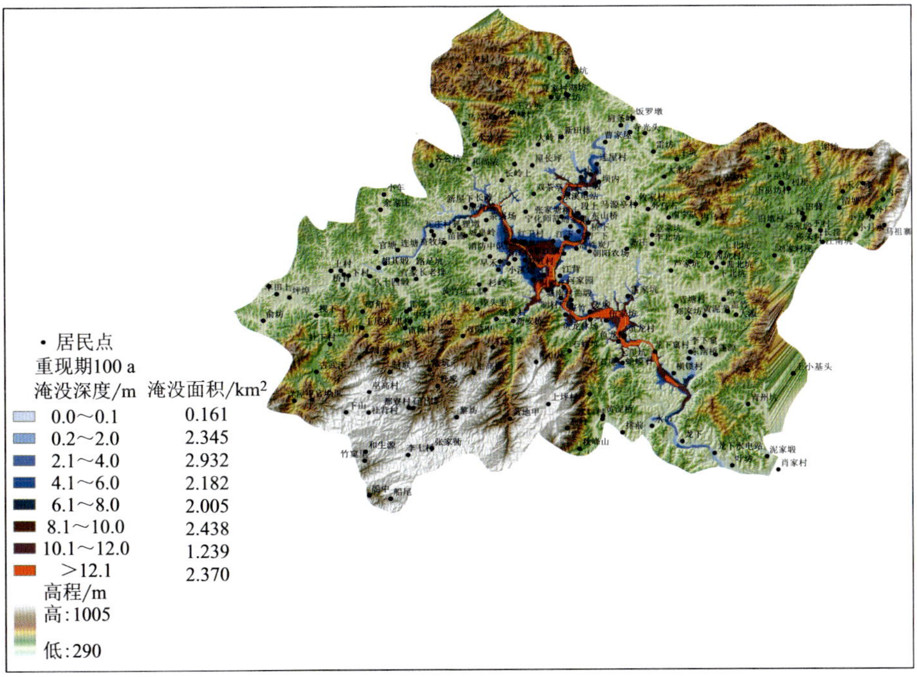

图 6.8　翠江流域 100 a 一遇的洪水淹没范围和水深

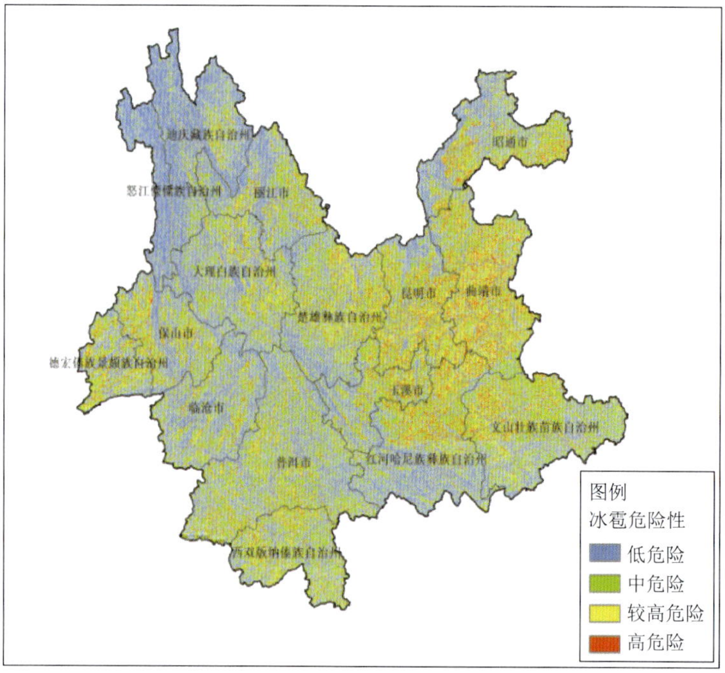

图 6.14　云南省冰雹危险区划图(尹丽云 等,2022)

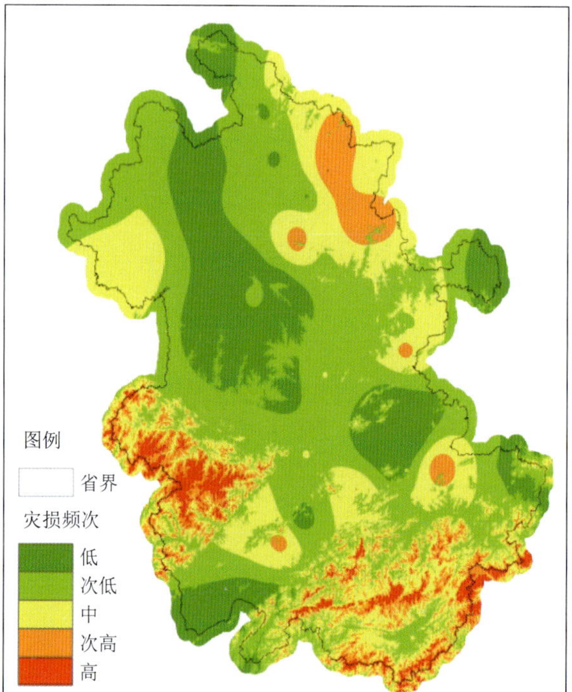

图 6.15　安徽省轻级雹灾风险区划图

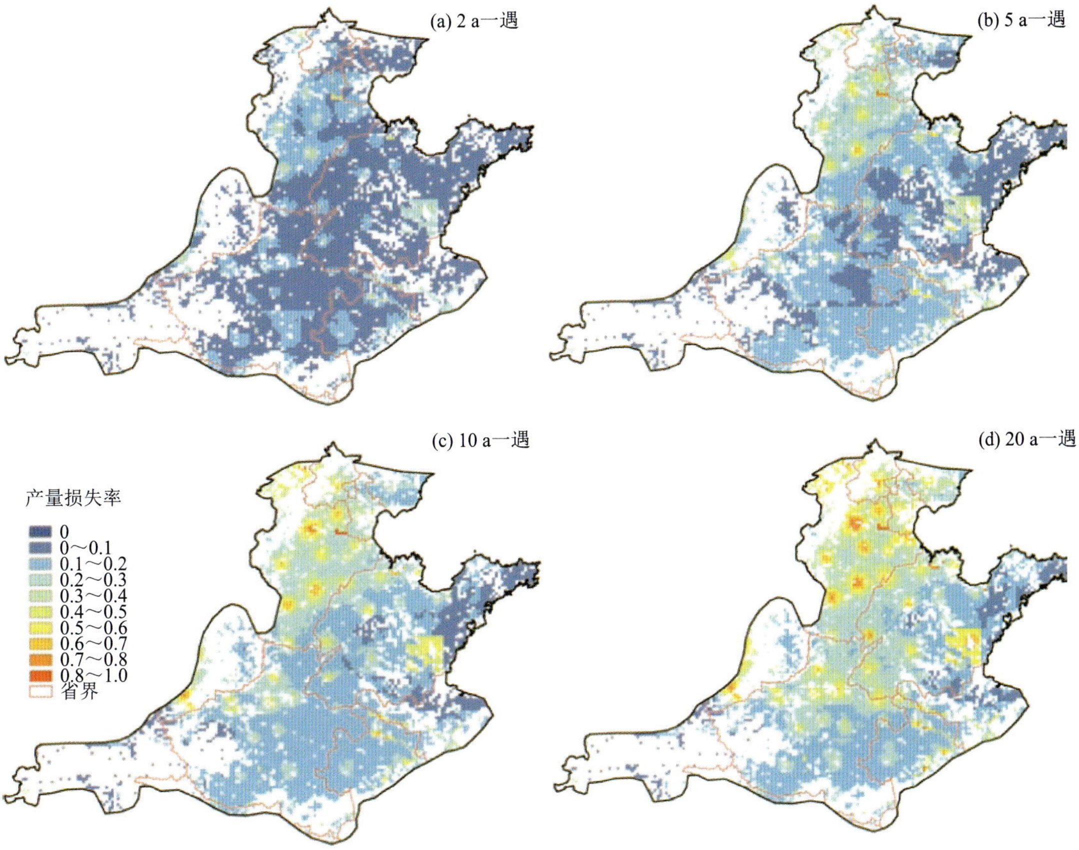

图 6.16 黄淮海夏播玉米区玉米旱灾固定风险水平的产量损失率分布图(贾慧聪 等,2011)

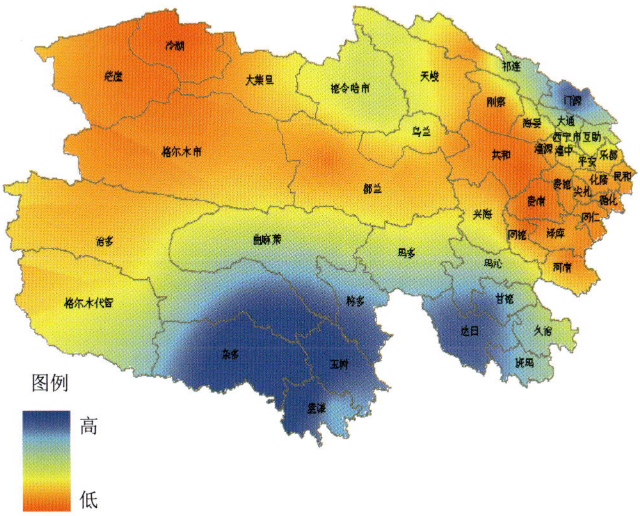

图 6.19 青海省冰雪致灾危险性因子分布图

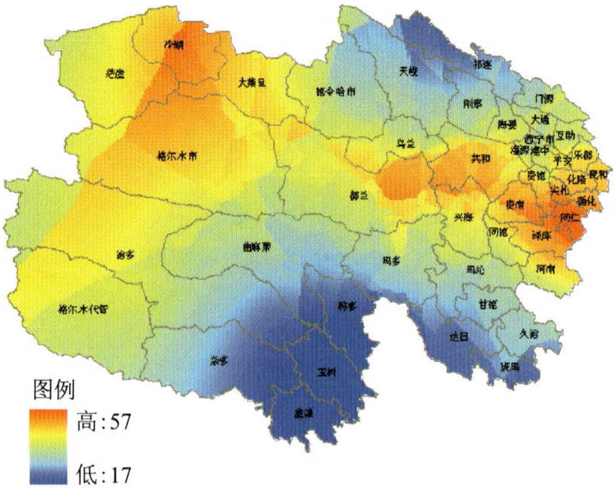

青海省轻灾发生频率分布图

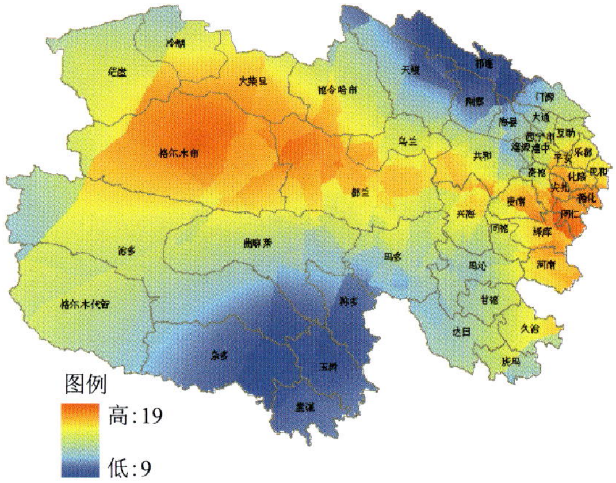

青海省中灾发生频率分布图

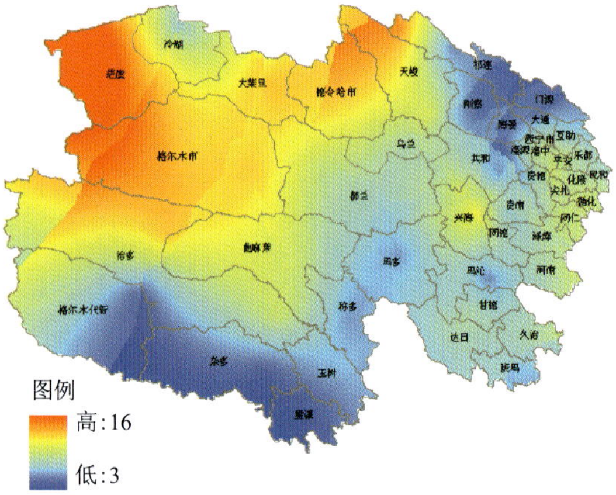

青海省重灾发生频率分布图

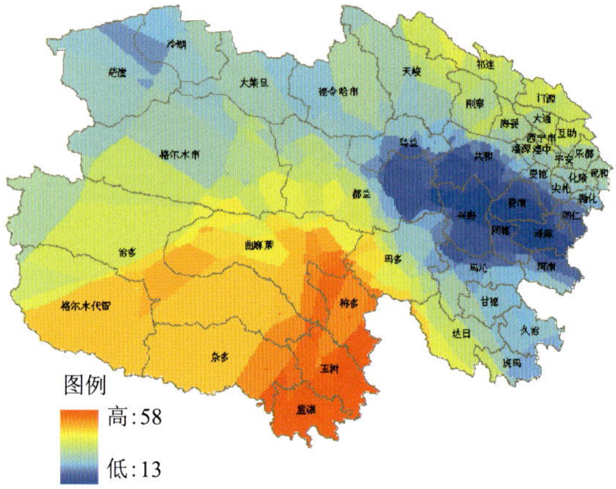

青海省特大灾发生频率分布图

图 6.20　青海省雪灾风险区划

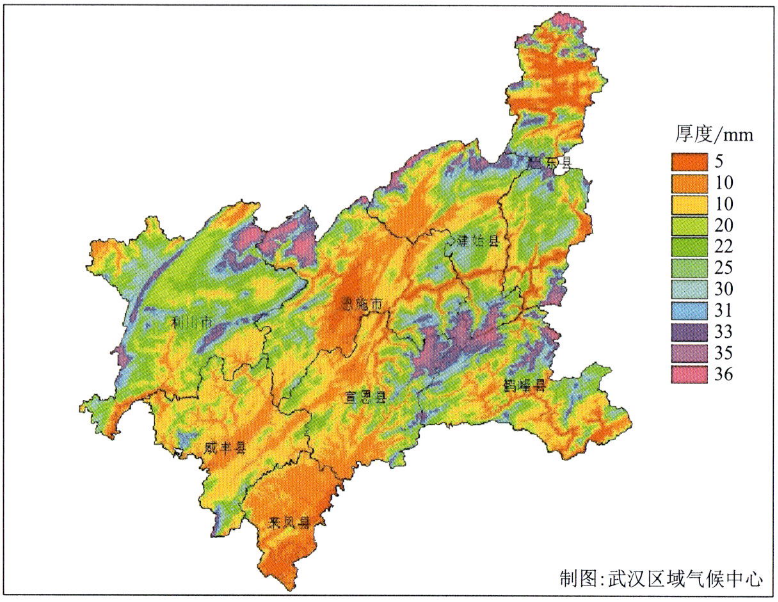

图 6.23　鄂西南区 30 a 一遇 26.82 mm 线径电线覆冰厚度分布图